Hochschultext

J. Kiefer

Biologische Strahlenwirkung

Eine Einführung in die Grundlagen
von Strahlenschutz und Strahlenanwendung

Mit 214 Abbildungen

Springer-Verlag
Berlin Heidelberg New York 1981

Jürgen Kiefer

Strahlenzentrum der Justus-Liebig-Universität Gießen
Leihgesterner Weg 217
6300 Gießen

ISBN-13: 978-3-540-10547-3   e-ISBN-13: 978-3-642-67947-6
DOI: 10.1007/978-3-642-67947-6

CIP-Kurztitelaufnahme der Deutschen Bibliothek
Kiefer, Jürgen:
Biologische Strahlenwirkung: e. Einf. in d. Grundlagen von Strahlenschutz
u. Strahlenanwendung / J. Kiefer. – Berlin; Heidelberg; New York:
Springer, 1981.
(Hochschultext)

NE: GT

Offsetdruck: Julius Beltz, Hemsbach/Bergstr.
2152/3140-543210

Für Waltraud, Anja und Ingmar Kiefer

Vorwort

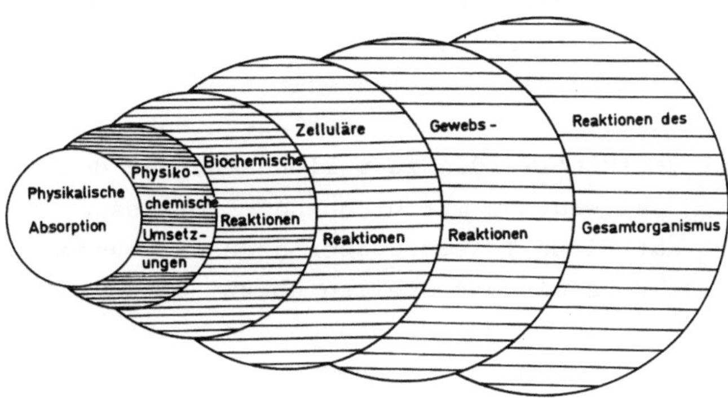

Die Beschäftigung mit der biologischen Strahlenwirkung besitzt im
Rahmen der Kernenergiediskussion natürlich eine erhöhte Aktualität,
doch war dies weder Anlaß noch Ausgangspunkt für den Plan, dieses
Buch zu schreiben. Vielmehr glaube ich, daß die Wechselwirkung zwischen Strahlung und biologischen Systemen ein interessantes Studien-
objekt darstellt, bei dem einmal die Verflechtung von Physik, Chemie
und Biologie von besonderem Reiz sind und zum anderen Erkenntnisse
gewonnen werden können, welche bei einer strengen Fächertrennung unzugänglich blieben; Fragestellungen der Biologie haben z.B. nicht
selten auch zu neuen Ansätzen in der Physik geführt. Die Mikrodosimetrie (Kapitel 4) ist hierfür ein Beispiel.

Die Strahlenwirkung umfaßt alle Ebenen der biologischen Organisation,
wie das Eingangsbild zu veranschaulichen sucht. Sie beginnt bei der
Wechselwirkung mit den Atomen und endet bei der Krebsentstehung und
der genetischen Belastung späterer Generationen. Entsprechend ist
das Buch aufgebaut: ausgehend von den physikalischen Grundlagen werden zunächst chemische und subzelluläre Systeme besprochen. Einen
weiten Raum nehmen zelluläre Effekte ein, weil sie den Ausgangspunkt
für alle weiteren Überlegungen bilden. Wirkungen auf den Gesamtorga-

nismus schließen sich an. Den Abschluß bilden die "praktischen" Überlegungen zum Strahlenschutz und einige Anmerkungen zur Strahlentherapie.

Die biologische Strahlenwirkung ist ein so breites Gebiet, das in einer Unzahl von Arbeitsgruppen auf der ganzen Welt bearbeitet wird, daß es eigentlich vermessen ist, eine Darstellung durch einen einzigen Autor in einem Band vorzulegen. Daß ich es dennoch gewagt habe, resultiert aus der Erfahrung, daß eine geraffte Einführung von mancher Seite gewünscht wird, wobei nicht zuletzt auch die Bitten meiner Studenten eine Rolle spielten, den Stoff der Vorlesung schriftlich darzustellen. Dieses Manuskript erhebt in keiner Weise den Anspruch, ein "Lehrbuch" zu sein, vielmehr versucht es, wichtige Aspekte exemplarisch vorzuführen. Die Auswahl ist notwendigerweise subjektiv und beeinflußt von der Liebe zu dem, was man selbst betreibt. Ich hoffe dennoch, daß keine allzu gravierenden Auslassungen vorgekommen sind. Ebenso soll nicht versucht werden zu verleugnen, daß der Autor von Haus Physiker ist - allerdings mit brennendem Interesse an der Biologie. Vielleicht hat diese Tatsache aber doch dazu geführt, das Physik und Mathematik an einigen Stellen überbetont wurden. Allerdings habe ich mich bemüht, nicht fertige Ergebnisse zu zitieren, sondern auch den Weg aufzuzeigen, was nicht unwesentlich zu einer ursprünglich nicht geplanten Ausweitung des Umfangs beigetragen hat. Auch wenn es auf den ersten Blick nicht so scheint, sind die mathematischen Anforderungen gering - Nichtphysiker mögen sich bitte nicht von der Zahl von Formeln abschrecken lassen. Sie demonstrieren u.a., daß wir es hier mit einem speziellen Gebiet der quantitativen Biologie zu tun haben. Bis auf wenige Ausnahmen wurden Einheiten gewählt, die auf dem "Système International d'Unités" basieren (eine kurze Zusammenstellung findet man im Anschluß an dieses Vorwort).

Die Wechselwirkung zwischen Strahlung und Leben ist so alt wie das Leben selbst; sie spielte mit Sicherheit eine wesentliche Rolle bei der Entstehung selbstorganisierender Systeme - ein Aspekt, auf den hier nicht eingegangen werden konnte. Aber auch bei der weiteren Evolution war sie von Bedeutung; die Tatsache, daß die Absorptionsspektren von Ozon und DNS weitgehend übereinstimmen, ist ganz gewiß kein evolutionärer Zufall.

Ich habe mich bemüht, den heutigen Kenntnisstand exemplarisch darzustellen, wobei sich eine gewisse Oberflächlichkeit schon aus Umfangsgründen nicht vermeiden ließ. Historische Aspekte sind weitgehend ausgespart, was zu bedauern ist, denn wir verdanken gerade diesem Gebiet wichtige Erkenntnisse, die weit über den Rahmen der eigentlichen

Disziplin hinausreichen. Beispiele sind das Aktionsspektrum für die Mutationsauslösung, wodurch lange vor der Identifizierung der Nukleinsäuren als Träger der genetischen Information deren Bedeutung demonstriert wurde. Zu nennen wäre auch die Aufdeckung der Reparaturprozesse bis zu deren Rolle bei menschlichen Erbkrankheiten. Die Geschichte der Strahlenbiologie ist noch zu schreiben - es wäre eine faszinierende Lektüre.

Die Bibliographie mußte kurz gehalten werden; es sind vor allem neuere zusammenfassende Arbeiten zitiert, über die ein weiterer Einstieg in die Thématik möglich ist. Quellen für einzelne Probleme findet man in den Abbildungslegenden, die also neben der Erläuterung noch einen weiteren Zweck haben. Ich hoffe, daß auf diese Weise die Lesbarkeit verbessert und der Umfang in Grenzen gehalten wurde, ohne den Autoren der Originalbeiträge die Anerkennung zu versagen.

Der Weg von dem Plan, ein Buch zu schreiben, bis zu dessen endgültiger Ausführung ist weit. Nicht selten überfällt den Autor die "Einsamkeit des Langstreckenläufers" mit dem dringenden Wunsch, die ganze Sache aufzugeben. Ich habe meiner Familie und meinen Mitarbeitern zu danken, daß sie mich auf der Strecke unterstützt haben. Mein ganz besonderer Dank gilt aber den zwei jungen Damen, ohne die ein Abschluß gar nicht möglich gewesen wäre: Eva-Maria Peter, welche das Manuskript in der vorliegenden Form erstellte, und Heidemarie Pickl, die alle Abbildungen zeichnete. Beide leisteten eine große Arbeit! Meinen Mitarbeitern und Studenten verdanke ich manche kritische Anmerkung und wertvolle Hinweise. Fehler, die sicher noch vorhanden sind, gehen auf mein Konto; Hinweise hierauf werden mit Dank entgegengenommen. Zum Abschluß sei noch dem Springer-Verlag, und hier besonders Herrn Dr. F. Boschke und Frau A. Heinrich für Verständnis und manche Hilfestellung gedankt.

Gießen, im September 1980

Jürgen Kiefer

Inhaltsverzeichnis

Kapitel 1   Strahlenarten, ihre Charakterisierung und
             Erzeugung   1

             1.1   Strahlenarten   1
             1.2   Emissionsspektrum   6
             1.3   Strahlenquellen   8

             1.3.1   Optische Strahlung   8
             1.3.2   Ionisierende Strahlung   10

             1.4   Radioaktivität   15

Kapitel 2   Grundlagen der Schwächung von Strahlung bei
             Durchgang von Materie   25

             2.1   Wechselwirkungsquerschnitt   25
             2.2   Stoßprozesse   28

Kapitel 3   Wechselwirkungsprozesse   35

             3.1   Optische Strahlung   35
             3.2   Ionisierende Strahlung   37

             3.2.1   Photonen   37

             3.2.1.1   Allgemeines   37
             3.2.1.2   Compton-Effekt   37
             3.2.1.3   Fotoeffekt   41
             3.2.1.4   Paarbildung   42
             3.2.1.5   Auger-Effekt   43
             3.2.1.6   Zusammenfassung   43

             3.2.2   Neutronen   44
             3.2.3   Ionen   46
             3.2.4   Mesonen   49
             3.2.5   Elektronen   50
             3.2.6   Reichweiten   51
             3.2.7   Fluenzspektren   52

Kapitel 4   Deposition der Strahlenenergie   57

             4.1   Grundsätzliches zum Dosisbegriff   57
             4.2   Ionisierende Strahlung   58

             4.2.1   Makroskopische Aspekte   58

             4.2.1.1   Generelle Überlegungen. Dosis und
                        exposure   58

4.2.1.2	LET	65
4.2.2	Tiefendosiskurven	71
4.2.3	Mikrodosimetrie	72
4.2.4	Bahnspur	84
4.2.5	Dosimetrie inkorporierter Radionuklide	89
4.3	Dosimetrie optischer Strahlung	94
Kapitel 5	**Elemente der Foto- und Strahlenchemie**	**97**
5.1	Fotochemie	97
5.1.1	Grundbegriffe	97
5.1.2	Fotosensibilisierung	99
5.1.3	Aktionsspektroskopie	100
5.1.4	Spezielle Reaktionen	102
5.1.4.1	Atmosphärische Fotochemie	102
5.1.4.2	Bildung von Vitamin D	104
5.2	Strahlenchemie	105
5.2.1	Grundbegriffe	105
5.2.2	Strahlenchemie des Wassers	106
5.2.3	Direkter und indirekter Effekt	114
Kapitel 6	**Foto- und Strahlenchemie der DNS**	**117**
6.1	Fotochemische Veränderungen	117
6.1.0	Vorbemerkungen	117
6.1.1	UV-induzierte Veränderungen	117
6.1.2	Sensibilisierte Reaktionen	122
6.2	Strahlenchemie der DNS	123
Kapitel 7	**Strahlenwirkung auf subzelluläre Systeme**	**134**
7.1	Die Treffertheorie	134
7.2	Viren und transformierende DNS	139
7.2.1	Techniken	139
7.2.2	Strahlenwirkung	141
7.2.2.1	Inaktivierung	141
7.2.2.2	Induktion	147
7.2.3	Spezielle Reparaturprozesse	147
7.2.3.1	Wirtszellreaktivierung	147
7.2.3.2	Weigle-Reaktivierung	148
7.2.3.3	Phageneigene Reparatur	148
7.2.3.4	Multiplizitätsreaktivierung	149
7.3	Genkartierung	149
Kapitel 8	**Zellen: Verlust der Reproduktionsfähigkeit**	**152**
8.1	Überlebenskurven	152
8.2	Abhängigkeit der Empfindlichkeit von Zellkernparametern	158
8.3	Abhängigkeit von der Strahlenqualität.	160
8.3.1	Aktionsspektren	160
8.3.2	LET-Abhängigkeit	162

8.3.3	Wechselwirkung zwischen UV- und ionisierender Strahlung	169
Kapitel 9	**Strahlensensibilisierung und Protektion**	**173**
9.1	Fotosensibilisierung	173
9.2	Sensibilisierung und Protektion bei ionisierenden Strahlen	174
9.2.1	Strahlenschutzsubstanzen	174
9.2.2	Der Sauerstoffeffekt	177
9.2.3	Strahlensensibilisatoren	189
Kapitel 10	**Strahlung und Zellzyklus**	**194**
10.1	Abhängigkeit der Empfindlichkeit vom Zyklusstadium	194
10.2	Progressions- und Teilungsvermögen ...	195
10.3	DNS-Synthese	198
Kapitel 11	**Chromosomenaberrationen**	**202**
Kapitel 12	**Mutation und Transformation**	**213**
12.1	Arten von Mutationen und Testverfahren	213
12.2	Mutationsauslösung in Bakterien	216
12.3	Mutationsauslösung in Säugerzellen ...	220
12.4	Vergleich der strahleninduzierten Mutationen in verschiedenen Systemen	223
12.5	Neoplastische Transformation in vitro	223
Kapitel 13	**Reparatur und Erholung**	**227**
13.1	Allgemeine Vorbemerkungen und Abgrenzungen	227
13.2	Spezielle Reparaturprozesse	228
13.2.1	Fotoreaktivierung	228
13.2.2	Exzisionsreparatur	232
13.2.3	Postreplikationsreparatur	235
13.2.4	"SOS"-Reparatur	237
13.2.5	Reparatur von Einzelstrangbrüchen	239
13.2.6	Reparatur von Doppelstrangbrüchen	241
13.3	Erholung	241
13.3.1	Erholung vom subletalen Strahlenschaden	241
13.3.2	Erholung vom potentiell letalen Strahlenschaden	244
13.4	Genetische Abhängigkeit der Reparaturprozesse	244
Kapitel 14	**Modifikationen der Strahlenwirkung durch äußere Einflüsse**	**250**
14.1	Vorbemerkungen	250
14.2	Zeitliches Bestrahlungsmuster	250

14.3   Temperatur 254
14.4   Chemikalien 258
14.5   Tonizität 259

Kapitel 15   Spezielle Fragen der zellulären Wirkung 261

15.1   Wirkung von nahem UV und sichtbarem
            Licht 261
15.2   Andere Strahlenarten 265

15.2.1   Vorbemerkung 265
15.2.2   Ultraschall 265
15.2.3   Radio- und Mikrowellen 266

15.3   Inkorporierte Radionuklide 266
15.4   Radiomimetika 270

Kapitel 16   Theoretische Modelle zur zellulären Strahlen-
            wirkung 274

16.1   Treffer- und Treffbereichstheorie 274
16.2   Das Zwei-Läsionen-Modell 276
16.3   Die "dual-action"-Theorie 281
16.4   Die "molekulare" Theorie 283
16.5   Das "δ-Elektronen"-Modell 284
16.6   Reparatur-Modelle 287
16.7   Vergleichende Betrachtungen 289

16.7.1   Verhalten bei niedrigen Dosen 289
16.7.2   LET-Abhängigkeit 291
16.7.3   Überlebensverhalten 295
16.7.4   Die Größe des empfindlichen Bereichs .. 299

Kapitel 17   Zelluläre Wirkung und Schädigung des Gesamt-
            organismus 301

17.1   Allgemeines 301
17.2   Erneuerungsgewebe 301
17.3   Zellüberleben in vivo 303

Kapitel 18   Akute Strahlenschäden 307

18.1   Vorbemerkungen 307
18.2   Haut 307
18.3   Auge 311
18.4   Letale Wirkungen und Strahlensyndrom .. 312

18.4.1   Überlebensverhalten 312
18.4.2   Das Knochenmarkssyndrom 315
18.4.3   GI-Syndrom 318

18.5   Verlauf und Therapie der Strahlen-
            krankheit 320

Kapitel 19   Strahlenwirkung und Nachkommenschaft 323

19.0   Vorbemerkungen 323
19.1   Fertilitätsstörungen 323
19.2   Praenatale Strahlenschäden 326
19.3   Genetische Veränderungen 328

Kapitel 20   Späteffekte 336

    20.1   Augenkatarakte 336
    20.2   Strahlenbedingte Lebensverkürzung 337
    20.3   Krebsentstehung 339

    20.3.1   Vorbemerkungen 339
    20.3.2   Optische Strahlung 344
    20.3.3   Ionisierende Strahlen 345

Kapitel 21   Wirkungen interner Belastung 351

    21.1   Aufnahme und Verteilung von Radio-
                nukliden 351
    21.2   Dosisabschätzungen 357
    21.3   Spezielle Wirkungen 360
    21.4   Schlußfolgerungen 362

Kapitel 22   Strahlenökologie und Strahlenschutz 364

    22.1   Vorbemerkungen 364
    22.2   Optische Strahlung 368
    22.3   Ionisierende Strahlung 372

    22.3.1   Natürliche Belastung 372

    22.3.1.1   Kosmische Strahlung 372
    22.3.1.2   Terrestrische Strahlung 373

    22.3.2   Künstliche Strahlenquellen 376

    22.3.2.1   Kernenergie 376
    22.3.2.2   Andere zivilisatorische Strahlen-
                belastungen 380

    22.4   Prinzipien von Strahlenschutz-
                bestimmungen 383

Kapitel 23   Strahlenbiologische Überlegungen zur Strahlen-
                therapie 392

    23.1   Fototherapie 392
    23.2   Ionisierende Strahlung 393

    23.2.1   Vorbemerkung 393
    23.2.2   Der Tumor als strahlenbiologisches
                Versuchsobjekt 394
    23.2.3   Experimentelle Techniken und Modell-
                systeme 400

    23.3   Modifikationen der Strahlentherapie .. 404

    23.3.1   Strahlenqualität 404
    23.3.2   Hyperthermie 406
    23.3.3   Kombination mit Chemotherapie 407

ANHANG 410

    I   Mathematisch-physikalische
                Beziehungen 410

    I.1   Polarkoordinaten 410
    I.2   Mittlere Wegstrecke in einer Kugel ... 412
    I.3   Das "Kepler-Problem" 414
    I.4   Die Poisson-Verteilung 420

I.5   LaPlace-Transformation 422
I.6   Die Probit-Transformation 425
I.7   Reaktionskinetik 426

II   Biologische Fragen 429

II.1   Struktur und Replikation der DNS 429
II.2   Zell- und Teilungszyklus 433
II.3   Gen-Kartierung 435
II.4   Bemerkungen zur Genetik 435

LITERATUR 438

Sachverzeichnis 467

1. Strahlenarten, ihre Charakterisierung und Erzeugung

Als Basis für die weiteren Überlegungen werden in diesem Kapitel zunächst die Strahlenarten, ihre Charakterisierung und Erzeugung besprochen. Dabei kann die technische Realisierung nur angedeutet werden. Verschiedenen Arten der Spektrendarstellung, die auch an anderer Stelle noch benötigt werden, ist der zweite Abschnitt gewidmet. Den Abschluß bilden die Grundlagen der Radioaktivität, soweit sie in diesem Zusammenhang von Bedeutung sind, wobei auch die später verwendeten Meßgrößen eingeführt werden.

1.1 Strahlenarten

Unter Strahlung versteht man den Transport von Energie ohne vermittelndes Medium. Dabei kann es sich entweder um elektromagnetische Wellen ("Wellenstrahlung") oder Partikel ("Korpuskularstrahlung") handeln. Wir werden im Verlaufe des Buches meist von "Teilchen" sprechen, denn auch die Wellenstrahlung hat nach PLANCK und EINSTEIN einen diskreten Charakter, d.h. die Energieübertragung erfolgt in "Quanten" oder "Photonen" gemäß Beziehung (1.1)

$$E = h\,\nu \tag{1.1}$$

Dabei ist E die Energie eines Quants, h die PLANCK'sche Konstante und ν die Frequenz. Eine oft gebrauchte Einheit für Quantenzahlen ist das "Einstein", das die Zahl der Quanten als Vielfache des Zahlenwertes der Avogadro-Zahl N_A angibt: 1 Einstein ist also gewissermaßen "1 Mol Quanten". Dies erweist sich oft für die Beschreibung photochemischer Umsetzungen als praktisch. Eine Übersicht über die Beziehungen bei verschiedenen Wellenstrahlungen gibt Abbildung 1.1. Von dem großen Spektrum interessiert hier nur einmal der Bereich der ultravioletten Strahlung (Wellenlängen zwischen ca. 200 und 380 nm), zum Teil der sichtbaren (380 - 800 nm), wobei die Übergänge nicht scharf definiert sind. Die UV-Strahlen werden aus praktischen Gründen häufig noch weiter unterteilt: man spricht von fernem (λ < 300 nm) und nahem UV (λ > 300 nm). Eine weitverbreitete Klassifikation, vor allem in der Medizin, ist die folgende:

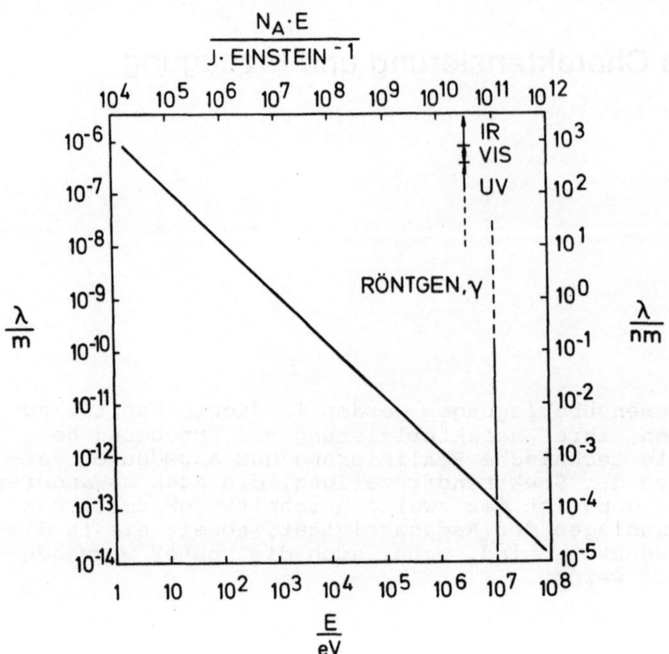

Abb. 1.1 Beziehungen einiger Kenngrößen elektromagnetischer Wellenstrahlung

        UV A: 315 - 380 nm
        UV B: 280 - 315 nm
        UV C: 200 - 280 nm.

    Ionisierende Korpuskularstrahlung kann aus geladenen oder ungela-
denen Partikeln bestehen. Zu der ersten Art gehören Elektronen, Mesonen sowie beschleunigte Ionen, zu der zweiten vor allem Neutronen.
Ihre Energie wird durch Masse m und Geschwindigkeit v bestimmt. Einige
Strahlenarten und ihre Eigenschaften sind in Tabelle 1.1 zusammengestellt.

    Die Geschwindigkeit v wird oft auf die Vakuumlichtgeschwindigkeit
bezogen. Der so erhaltene dimensionslose Ausdruck β steht mit der kinetischen Energie T in der Beziehung

$$\beta = \frac{v}{c} = \frac{1}{c}\sqrt{\frac{2T}{m}} \tag{1.2}$$

Zur praktischen Berechnung dient die einheitenbezogene Relation

$$\beta = 4,63 \cdot 10^{-2} \cdot \sqrt{\frac{T/MeV}{m/u}} \tag{1.3}$$

u: atomare Masseneinheit = $1,66 \cdot 10^{-27}$ kg.

Tabelle 1.1 Eigenschaften einiger Teilchenarten. Quelle: WACHSMANN und DREXLER 1976

Name	Symbol	Ruhemasse		Ladung	Ruhe-energie	Halbwerts-zeit s
		m_O 10^{-27} kg	m_O/m_{eo} [a]		gie MeV	
Photon	γ		0	0	0	∞
Neutrino,Antineutr.	$\nu\ \bar{\nu}$		0	0	0	∞
Elektron	e^-,β^-	$9,1\cdot10^{-4}$	1	-1	0,511	∞
Positron	e^+,β^+	$9,1\cdot10^{-4}$	1	$+1$	0,511	∞
π-Meson	π^-,π^+	0,2489	273,2	$-1, +1$	139,6	$18\cdot10^{-9}$
Proton	p^+	1,6725	1836,1	$+1$	938,26	∞
Neutron	n	1,6748	1838,6	0	939,55	700
Deuteron	d	3,3443	3675,1	$+1$	1875,5	∞
α-Teilchen	α	6,644	7301,1	$+2$	3727,2	∞

[a] m_{eo}: Elektronenruhemasse

  Da für die Geschwindigkeit der Quotient Energie/Masse bestimmend ist, wird - vor allem bei beschleunigten Ionen - oft die "spezifische Teilchenenergie" (MeV/u) angegeben.

  Impuls $\vec{p}$ und kinetische Energie T stehen in folgendem Zusammenhang

$$\vec{p} = m \cdot \vec{v} \tag{1.4}$$

$$T = \frac{mv^2}{2} = \frac{p^2}{2m} \tag{1.5}$$

Die gegebenen Beziehungen gelten nur für den sogenannten "nicht relativistischen" Fall, d.h. wenn $v \ll c$. Falls diese Bedingung nicht mehr erfüllt ist, muß beachtet werden, daß die Masse mit der Geschwindigkeit ansteigt:

$$m = \frac{m_O}{\sqrt{1 - \beta^2}} \tag{1.6}$$

Hierbei ist m_O die "Ruhemasse". Für ein freies Teilchen setzt sich die Gesamtenergie E aus "Ruheenergie" E_O und kinetischer Energie T zusammen:

$$E_0 = m_0 c^2 \tag{1.7}$$

$$E = T + E_0 \tag{1.8}$$

und

$$E = mc^2$$

$$= \frac{m_0 c^2}{\sqrt{1 - \beta^2}} \tag{1.9}$$

und damit

$$T = \frac{m_0 c^2}{\sqrt{1 - \beta^2}} - m_0 c^2 \tag{1.10}$$

Der Impuls ist

$$\vec{p} = m\vec{v} = \frac{m_0 \vec{v}}{\sqrt{1 - \beta^2}} \tag{1.11}$$

Gesamtenergie und Impuls hängen in folgender Weise zusammen:

$$E^2 = p^2 c^2 + m_0^2 c^4 \tag{1.12}$$

wie man durch Einsetzen verifiziert.
Für die relative Geschwindigkeit erhält man dann

$$\beta = \sqrt{1 - \frac{m_0^2 c^4}{E^2}} \tag{1.13}$$

bzw. in Relation zur kinetischen Energie

$$\beta = \frac{\sqrt{1 + 2 \dfrac{E_0}{T}}}{1 + \dfrac{E_0}{T}} \tag{1.14}$$

Zur praktischen Berechnung werden wieder die einheitenbezogenen Gleichungen angegeben:

$$\beta = \frac{\sqrt{1 + 1862 \dfrac{m_0/u}{T/MeV}}}{1 + 931 \dfrac{m_0/u}{T/MeV}} \tag{1.14a}$$

Speziell für Elektronen gilt

$$\beta = \frac{\sqrt{1 + \dfrac{1,022}{T/MeV}}}{1 + \dfrac{0,511}{T/MeV}} \qquad (1.14b)$$

Man sieht aus (1.14b), daß ein Elektron der kinetischen Energie 1 MeV schon ca. 94% der Lichtgeschwindigkeit erreicht hat. Nach der Relativitätstheorie ist auch den masselosen Photonen ein Impuls zuzuordnen (vgl. 1.12)

$$P_{Photon} = \frac{E}{c} = \frac{h\nu}{c} \qquad (1.15)$$

Dem entspricht bei energiereichen massebehafteten Teilchen eine zuzuordnende Wellenlänge bzw. Frequenz:

$$\nu = \frac{mc^2}{h} \qquad (1.16)$$

bzw.

$$\lambda = \frac{h}{mc} \qquad (1.17)$$

In Tabelle 1.2 sind einige zahlenmäßige Beziehungen zwischen verschiedenen Energieeinheiten zur praktischen Umrechnung zusammengestellt.

Tabelle 1.2 Beziehungen zwischen Energieeinheiten

	$eV^{a)}$	$J^{a)}$	$J\ mol^{-1\ d)}$	$Hz^{b)}$	$kg^{a,c)}$	$n^{a,c)}$
$eV^{a)}$	1	$1,6 \cdot 10^{-19}$	$9,62 \cdot 10^{4}$	$2,42 \cdot 10^{14}$	$1,78 \cdot 10^{-36}$	$1,07 \cdot 10^{-9}$
$J^{a)}$	$6,25 \cdot 10^{18}$	1	$6,02 \cdot 10^{23}$	$1,51 \cdot 10^{33}$	$1,11 \cdot 10^{-17}$	$6,71 \cdot 10^{3}$
$Jmol^{-1\ d)}$	$1,04 \cdot 10^{-5}$	$1,66 \cdot 10^{-24}$	1	$2,51 \cdot 10^{9}$	$1,85 \cdot 10^{-41}$	$1,11 \cdot 10^{-14}$
$Hz^{b)}$	$4,14 \cdot 10^{-15}$	$6,63 \cdot 10^{-34}$	$3,99 \cdot 10^{-10}$	1	$7,35 \cdot 10^{-51}$	$4,42 \cdot 10^{-24}$
$kg^{a,c)}$	$5,61 \cdot 10^{35}$	$8,99 \cdot 10^{16}$	$5,41 \cdot 10^{40}$	$1,36 \cdot 10^{50}$	1	$6,02 \cdot 10^{26}$
$n^{a,c)}$	$9,32 \cdot 10^{8}$	$1,49 \cdot 10^{-10}$	$8,98 \cdot 10^{13}$	$2,26 \cdot 10^{23}$	$1,66 \cdot 10^{-27}$	1

a) bezogen auf ein Teilchen

b) Frequenz

c) gem. $E = mc^2$

d) dies ist eigentlich keine Energieeinheit; sie ist aus praktischen Gründen hier aufgeführt und ergibt sich aus der vorhergehenden Spalte bzw. Zeile durch Multiplikation mit bzw. Division durch die Avogadrokonstante $N_A = 6.02 \cdot 10^{23}$ mol^{-1}. Diese Angaben werden benutzt, um den Energieinhalt eines Einstein zu bestimmen.

1.2 Emissionsspektrum

Die meisten Strahlenquellen emittieren nicht Teilchen nur einer bestimmten Energie bzw. Wellenlänge, sondern ein Gemisch. Die quantitative Darstellung einer solchen Verteilung bezeichnet man als das Emissionsspektrum der Quelle. Eine solche pauschale Definition ist jedoch nicht eindeutig, vielmehr müssen die für die Charakterisierung benutzten Größen angegeben werden. Außerdem muß man sich darüber im klaren sein, daß die Bestimmung der Parameter nicht unendlich scharf vorgenommen werden kann, sondern immer einen bestimmten Bereich überstreicht. Als Maß der Ausstrahlung kann entweder die pro Zeiteinheit emittierte Teilchenzahl oder die Energie dienen. Letztere ist meist gemeint, wenn von "Intensität" die Rede ist. Ein Emissionsspektrum kann also darstellen:

a) Zahl der Teilchen pro Energie- (bzw. Frequenz-)intervall als Funktion der Energie.

b) Emittierte Energie pro Energieintervall als Funktion der Energie.

c) Zahl der Teilchen pro Wellenlängenintervall als Funktion der Wellenlänge.

d) Emittierte Energie pro Wellenlängenintervall als Funktion der Wellenlänge.

Die Darstellungsarten unterscheiden sich sowohl quantitativ als auch qualitativ beträchtlich. Weitere zu beachtende Veränderungen ergeben sich bei einem Übergang zu einem logarithmischen Raster, worauf hier jedoch nicht eingegangen wird.

Problemlos ist die Darstellungsart, wenn die Emission nur in einigen wenigen engen Energiebereichen erfolgt. Man bezeichnet solche Quellen als Linienstrahler. Beispiele sind die Hg-Niederdrucklampen im UV- oder γ-Strahlen emittierende Radionuklide. In dem meisten Fällen haben wir jedoch kontinuierliche Spektren vorliegen (denen möglicherweise Linien überlagert sein können). Die Emission wird dann charakterisiert durch die Gesamtzahl N der über den gesamten Bereich ausgesandten Teilchen sowie durch eine Verteilungsfunktion $f_T(E)dE$, welche den Anteil der im Intervall E .... E + dE emittierten Teilchen angibt. Damit gewinnt man ein Teilchenspektrum als Funktion der Energie. Interessiert man sich jedoch für den Anteil der Energie, die im Intervall dE emittiert wird, so ergibt sich eine andere Verteilungsfunktion, die mit $f_E(E)$ bezeichnet sei. Die im gegebenen Intervall liegende Teilchenzahl ist $N \cdot f_T(E)dE$, die emittierte Energie $N \cdot E \cdot f_T(E)dE$. Ein wie oben normiertes "Energiespektrum" $f_E(E)$ erhält man dann durch

$$f_E(E)\,dE = \frac{E^2 f_T(E)\,dE}{\int E\ f_T(E)\,dE} \qquad\qquad (1.18)$$

wobei über den Gesamtbereich zu integrieren ist. Im Nenner steht der Mittelwert der Funktion $f_T(E)\,dE$. Da er sich auf die Teilchenzahl bezieht, bezeichnet man ihn auch als "Zahlenmittel" $\overline{E}_T$. Man kann auch einen "Energiemittelwert" $\overline{E}_E$ angeben, den man entsprechend aus $f_E(E)\,dE$ gewinnt:

$$\overline{E}_E = \int E\ f_E(E)\,dE$$

$$= \frac{\int E^2\ f_T(E)\,dE}{\overline{E}_T} \qquad\qquad (1.19)$$

Man sieht aus dieser Betrachtung, daß die Angabe von Mittelwerten durchaus nicht eindeutig ist. Überlegungen verwandter Art spielen an vielen Stellen der Strahlenbiophysik eine Rolle.

Obige Betrachtungen lassen sich wegen des proportionalen Zusammenhangs ohne Schwierigkeiten auf Spektren mit der Frequenz als Parameter übertragen. Anders ist es bei Verwendung der Wellenlänge. Es ist nicht damit getan, einfach ν und λ auszutauschen, vielmehr ist zu beachten, daß ($\nu = \frac{c}{\lambda}$)

$$- d\nu = \frac{c}{\lambda^2}\ d\lambda \qquad\qquad (1.20)$$

gilt, d.h.

$$f(\lambda)\,d\lambda = \frac{\nu^2}{c}\ f(\nu)\ d\nu \qquad\qquad (1.21)$$

Hiermit gelangt man natürlich auch wieder zu neuen Mittelwerten, die "mittlere" Frequenz $\overline{\nu}$ und die "mittlere" Wellenlänge $\overline{\lambda}$ sind nicht durch den üblichen Zusammenhang verbunden:

$$\overline{\lambda} \neq \frac{c}{\overline{\nu}} \quad !$$

Die Verhältnisse sind in Abb. 1.2 am Beispiel eines schwarzen Strahlers veranschaulicht.

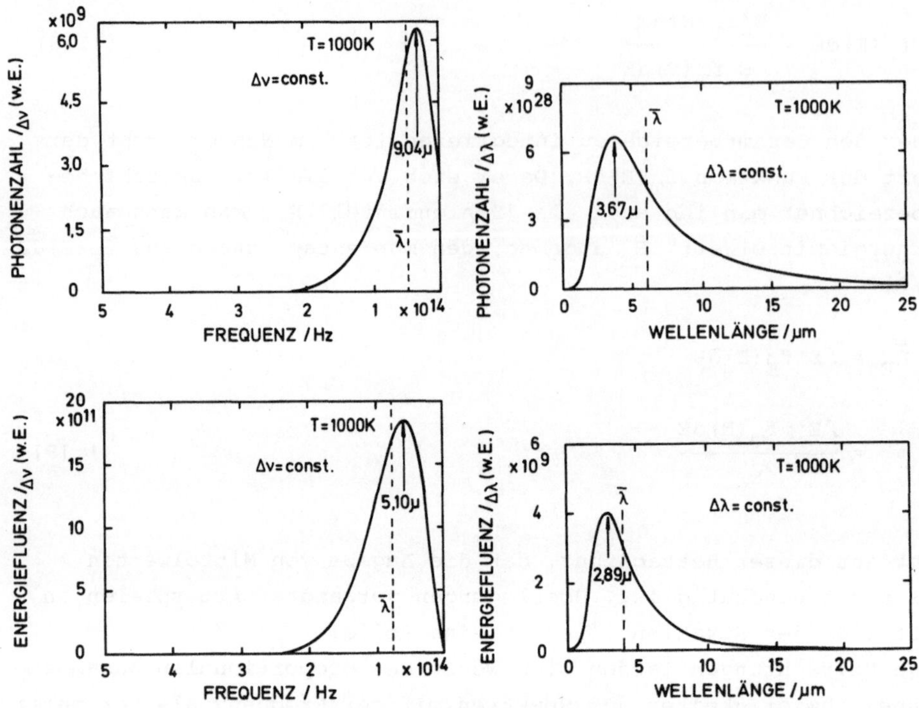

Abb. 1.2 Spektrum eines schwarzen Strahlers von 1000 K in verschiedener Darstellung; links: Photonenzahl und Energiefluenz als Funktion der Frequenz bei konstantem Frequenzintervall; rechts: dasselbe für konstantes Wellenlängenintervall als Funktion der Wellenlänge. λ_m: Wellenlänge, die dem Zahlen- bzw. Energiemittelwert bei der entsprechenden Darstellung entspricht. Quelle: SCHULZE und KIEFER 1977

1.3 Strahlenquellen

Es soll nicht Aufgabe dieses Abschnitts sein, einen umfassenden Überblick zu geben, sondern es sollen nur einige wichtige Vertreter exemplarisch genannt werden. Auch können wir nicht auf Fragen der praktischen Realisierung eingehen.

1.3.1 Optische Strahlung

Die größte UV-Strahlenquelle für die Erde stellt die Sonne dar. Ihr Spektrum entspricht recht gut dem eines schwarzen Strahlers der Temperatur 6000 K; es wird jedoch durch die absorbierenden Eigenschaften der Atmosphäre verändert. Von besonderer Bedeutung ist hierbei das Ozon, das fernes UV weitgehend zurückhält, so daß man die kurzwellige Grenze des Sonnenlichts auf der Erdoberfläche bei ca. 300 nm ansetzen kann (Abb. 1.3).

Die Gesamtbestrahlungsstärke beträgt außerhalb der Atmosphäre 1393 W m^{-2}, was auf die ganze Erde bezogen einer Leistung von $1,6 \cdot 10^{11}$ Megawatt entspricht. Aufgrund von Absorption, Reflexion und Streuung ist die Bestrahlungsstärke auf der Erdoberfläche deutlich geringer, beträgt in Mitteleuropa aber immer noch im Jahresdurchschnitt ca. 125 W m^{-2}.

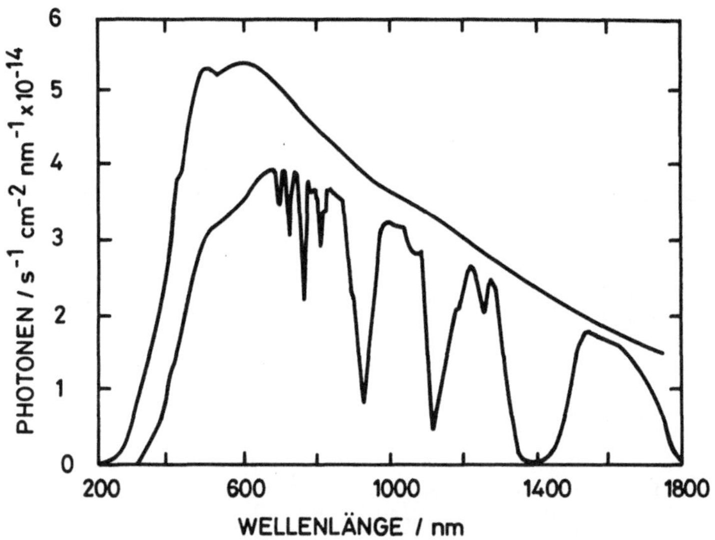

Abb. 1.3 Photonenflußdichte der Sonnenstrahlung außerhalb der Atmosphäre (obere Kurve) und auf Seehöhe (Zenithwinkel 60°C). Quelle: SELIGER 1977

Künstliche UV-Strahler sind vor allem Gasentladungslampen, insbesondere solche, die mit Quecksilberdampf gefüllt sind. Die Spektren hängen vom Dampfdruck ab: der Hg-Niederdruckstrahler ist als nahezu monochromatische Quelle für die Wellenlänge 254 nm anzusprechen, bei höheren Drucken treten auch andere Linien auf. Ihre Zahl kann durch Dotierung mit Fremdatomen (z.B. Cadmium) erhöht werden, um das Gesamtspektrum besser abzudecken. Spektren sind in Abb. 1.4 dargestellt.

Als weitere UV-Quellen kommen Xenon- oder Deuteriumlampen in Betracht (Abbildung 1.5), die über mehr oder weniger kontinuierliche Spektren verfügen. Bei der Untersuchung wellenlängenabhängiger Phäno-

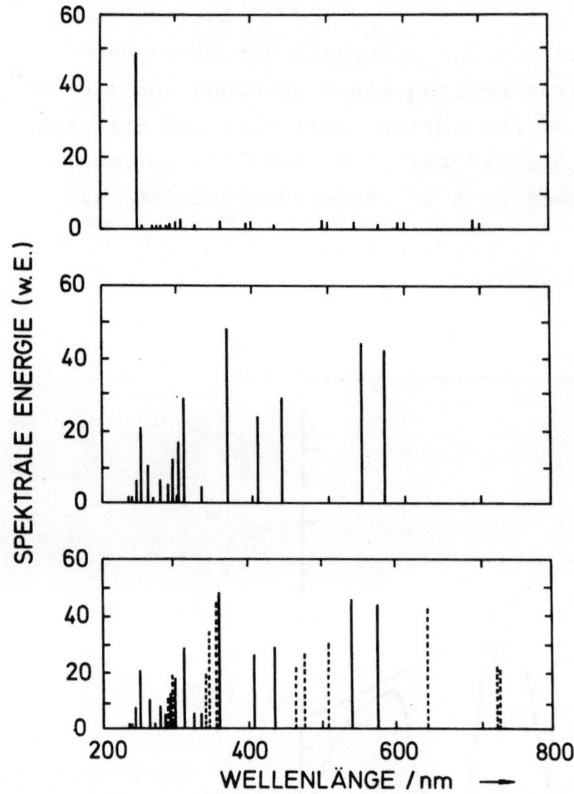

Abb. 1.4 Spektren von Hg-Niederdrucklampen; oben: Niederdrucklampe; mitte: Hochdrucklampe; unten: mit Cd dotierte Hochdrucklampe (punktiert:Cd-Linien). Quelle: SCHÄFER und HEINRICH 1977

mene - wie sie in der Strahlenbiophysik meist vorliegen - muß in der Regel eine Monochromatisierung mit Hilfe von Prismen, Gittern oder Filtern vorgenommen werden. Monochromatische Strahlung liefern Laser. Eine für die Wissenschaft interessante Strahlenquelle ist die Synchrotronstrahlung, die bei der Beschleunigung von Elektronen auf Kreisbahnen entsteht. Sie erstreckt sich - je nach Elektronenenergie - von den Röntgenstrahlen bis zu Radiowellen, wobei das Maximum der Intensität im UV und bei kürzeren Wellenlängen liegt.

1.3.2 Ionisierende Strahlung

R ö n t g e n s t r a h l e n entstehen durch die Abbremsung schneller Elektronen in Materie. Hierbei sind zwei Prozesse zu unterscheiden: Es können einmal Hüllenelektronen der unteren Schalen der Atome des absorbierenden Materials angeregt oder herausgeschlagen werden, wobei die entstehenden Fehlstellen aus oberen Schalen aufgefüllt werden. Hierbei wird wie bei der Desaktivierung des angeregten Zustands

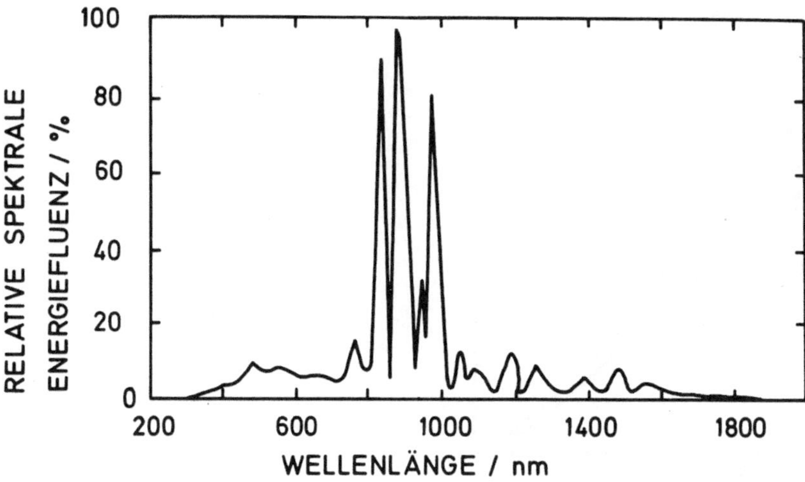

Abb. 1.5 Spektrum einer Xenon-Lampe. Quelle: SCHÄFER und HEINRICH 1977

Strahlung emittiert, deren Wellenlänge für das betreffende Material typisch ist. Man bezeichnet sie daher als "charakteristische Strahlung". Außerdem werden die Elektronen im Kernfeld abgelenkt, wobei sie - analog der Verhältnisse am Synchrotron - Strahlung emittieren und dadurch an Energie verlieren. Die Strahlung ist kontinuierlich ("Bremskontinuum") und erstreckt sich über einen weiteren Energiebereich, wobei die obere Grenze durch die Beschleunigungsspannung der Elektronen gegeben ist, welche allgemein zur Charakterisierung der verwendeten Röntgenstrahlung benutzt wird. Diese Angabe ist in bezug auf das zur Verfügung stehende Spektrum durchaus nicht eindeutig, da es vor allem vom Abbrems-, aber auch z.B. dem Fenstermaterial der Röhre abhängig ist. Durch Zwischenhalten von Metallfiltern (Aluminium, Kupfer) kann die Strahlung "aufgehärtet" werden, weil der niederenergetische Anteil stärker absorbiert wird als die energiereiche, "härtere" Komponente.

Abbildung 1.6 zeigt das Emissionsspektrum einer 250 kV-Röhre mit Wolframanode bei unterschiedlicher Filterung. Man erkennt klar die aufgesetzte charakteristische Strahlung und den Aufhärtungseffekt. Außerdem sieht man, daß das Maximum der Emission bei weniger als der halben oberen Grenzenergie liegt.

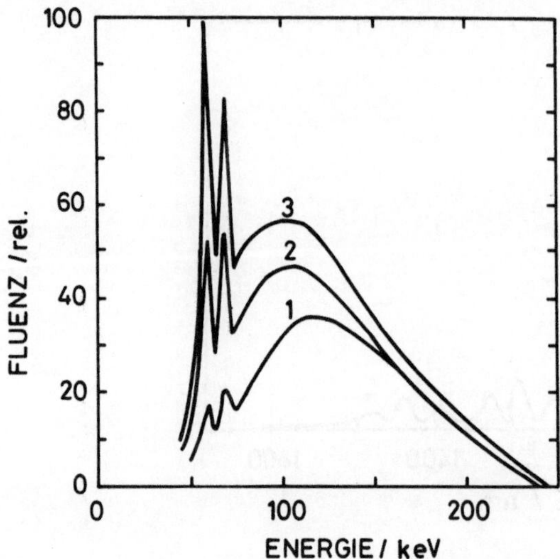

Abb. 1.6 Photonenspektrum einer bei 250 kV betriebenen Röntgenröhre:
1: 2.7 mm Cu-Filter; 2: 2 mm Cu-Filter; 3: 1,5 mm Cu-Filter. Quelle:
WACHSMANN und DREXLER 1976

G a m m a s t r a h l e n treten definitionsgemäß nur als Folge von
Kernprozessen auf; als Quellen kommen also in der Regel nur radioaktive Isotope - Radionuklide - in Betracht (Abschnitt 1.4). Die Bedeutung
γ-strahlender Nuklide liegt auf verschiedenen Ebenen: der Anwendung als
Strahlenquellen in Technik und Medizin, der Bedeutung als Indikatoren
in der Nuklearmedizin und der Belastung der Biosphäre als Komponente
der Umgebungsstrahlung. Für die Benutzung als Strahlenquelle ist -
außer der geeigneten Energie - eine relativ lange Halbwertszeit erwünscht, während man sie in der nuklearmedizinischen Diagnostik zur
Vermeidung der Patientenbelastung möglichst kurz wählt. In Tabelle
1.3 sind verschiedene wichtige Radionuklide aufgeführt, weitere Einzelheiten entnehme man der Tabelle 1.6.

Tabelle 1.3 Einige wichtige γ-strahlende Nuklide

Name	Bedeutung	andere Emissionen
^{60}Co	technisch	β: 0,31 MeV
^{137}Cs	technisch	β: 0,51 MeV
^{125}J	Medizin	β: 0,03 MeV
^{131}J	Medizin	β: 0,061 MeV
^{99m}Tc a)	Medizin	-
^{198}Au	Medizin	β: 0,97 MeV

a) "m" bezeichnet einen metastabilen angeregten Kern

<u>E l e k t r o n e n</u> werden zwar als β-Strahlung von einer Reihe von
Radionukliden emittiert, für praktische Bestrahlungszwecke spielen sie
aber keine Rolle. In diesem Falle erzeugt man hochenergetische Elektronen mit Hilfe von Linear- und Ringbeschleunigern.

Reine β-Strahler werden vor allem in der biochemischen Forschung
zur Markierung von Stoffwechselprodukten eingesetzt, außerdem spielen
sie natürlich auch bei der Strahlenbelastung der Biosphäre eine Rolle.
Tabelle 1.4 führt einige der wichtigsten Vertreter auf.

Tabelle 1.4 Einige wichtige β-Strahler

Name	Bedeutung
^{3}H	Biochemie
^{14}C	Biochemie
^{32}P	Biochemie
^{35}S	Biochemie
^{90}Sr/^{90m}Y	Kernwaffenfallout

<u>M e s o n e n</u> bilden eine wichtige Komponente der Höhenstrahlung,
dies hat aber nur wissenschaftliche Bedeutung. In den letzten Jahren
hat jedoch die Anwendung von π^--Mesonen in der Strahlentherapie großes
Interesse geweckt, was vor allem auf ihre äußerst günstige Tiefendosisverteilung (Kapitel 4) zurückzuführen ist. Ihre Erzeugung ist jedoch sehr aufwendig: Sie entstehen bei der Wechselwirkung von Protonen, Neutronen oder α-Teilchen mit Kernen, wobei die kinetische Energie größer als die Ruheenergie des Mesons sein muß ($1,4 \cdot 10^8$ eV im
Falle des π^--Mesons). Die Wirkungsquerschnitte sind sehr klein (ca.
10^{-29} m² bei Protonen der Energie 10^9 eV), was in sehr geringen Ausbeuten resultiert. Die Beschleunigung der Projektilteilchen erfordert
sehr aufwendige Anlagen, von denen bisher nur wenige existieren (in
Europa am Schweizerischen Institut für Nuklearforschung, SIN, an dem
auch die Bundesrepublik beteiligt ist. Hier werden 590 MeV Protonen
benutzt mit Strömen um 100 μA). Es entstehen sowohl ungeladene π^0 als
auch π^+- und π^--Mesonen sowie andere Elementarteilchen, die jedoch
durch magnetische Felder getrennt werden können. Die erreichbaren Intensitäten sind recht klein, die Dosisleistungen liegen in der Größenordnung von 0,1 Gy min^{-1} (vgl. Kapitel 4).
<u>α - P a r t i k e l</u> aussendende Radionuklide bilden einfache Quellen
energiereicher Ionen, jedoch ist ihre Bedeutung - außer im Strahlen-
schutzbereich - wegen der relativ geringen Eindringtiefe auf Labor-
untersuchungen beschränkt. Neben der α-Strahlung tritt meistens auch
noch eine γ-Komponente auf; Tabelle 1.5 führt einige typische Nuklide

auf.

Tabelle 1.5   Einige wichtige α-Strahler.

Name	Bedeutung	andere Emissionen
^{222}Rn	natürlich	vernachlässigbar
^{226}Ra	natürlich	γ: 0,186 MeV
^{239}Pu	Kernwaffen u. -reaktoren	vernachlässigbar
^{241}Am	Laboranwendung	γ: 0,06 MeV

Für den praktischen Einsatz kommen wieder Beschleuniger zum Tragen. Es ist heute möglich, Ionen aller Elemente bis zu spezifischen Energien von 10 MeV/u zu beschleunigen (UNILAC, Gesellschaft für Schwerionenforschung, Darmstadt). Durch eine Kombination von Linear- und Ringbeschleuniger gelang es in Amerika (BEVALAC, Berkeley, USA), leichteren Ionen spezifische Energien bis zu einigen hundert MeV/u zu verleihen. Da es sich hier um die Beschleunigung primärer Teilchen handelt, sind relativ hohe Intensitäten erreichbar.

Eine "natürliche" N e u t r o n e n quelle ist das Radionuklid Californium-252, ein Transuranelement. Es zerfällt zwar im wesentlichen unter Aussendung von α-Teilchen, aber mit einem Anteil von ca. 3% treten auch spontane Kernspaltungen auf, wobei im Mittel 3,8 Neutronen frei werden. Ihr Spektrum (Abb. 1.7) überstreicht einen weiten Bereich, wie es für Spaltneutronen typisch ist. Die erreichbaren Quellstärken sind allerdings bei der derzeitig verfügbaren Technologie noch recht gering (ca. $2 \cdot 10^7$ Neutronen pro Sekunde). Die Halbwertszeit, die weitgehend durch den α-Zerfall bestimmt wird, beträgt 2,65 Jahre. Die stärksten Neutronenquellen sind - natürlich neben Kernwaffen - die Kernreaktoren. Sie werden praktisch aber nur selten für Bestrahlungszwecke, sondern nur zur Isotopenproduktion eingesetzt.

Neutronen können, da sie ungeladen sind, nicht direkt beschleunigt werden, sondern man muß sie durch Kernreaktionen erzeugen. Es gibt eine ganze Reihe von möglichen Prozessen, praktisch wichtig sind aber vor allem diejenigen, bei welchen beschleunigte Deuteronen verwandt werden. Sie werden z.B. durch Zyklotrons geliefert. Man schießt sie auf Berylliumtargets, wobei je nach Deuteronenenergie und Anordnung Neutronen im Energiebereich zwischen 3 und 8 MeV produziert werden. Wegen der Notwendigkeit der Beschleunigungsanlagen ist der Aufwand natürlich recht hoch.

Sehr interessant ist die Reaktion von Deuteronen mit Tritium, weil hier das Maximum der Wechselwirkungswahrscheinlichkeit bei Deuteronen-

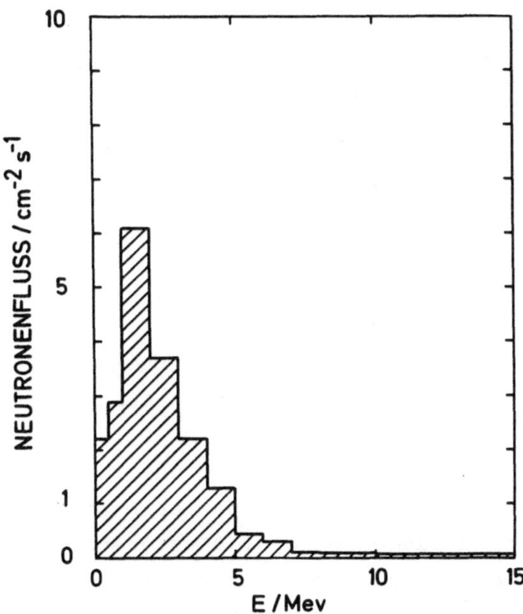

Abb. 1.7 Neutronenspektrum von ^{252}Cf. Quelle: HALL und ROSSI 1974

energien um 200 keV liegt, die relativ einfach zu erreichen sind. Das
Problem liegt hier in der Technologie des Targets, da Tritium gasför-
mig und radioaktiv ist. Man löst es meist in Metallen wie Tantal,
Zirkon oder Titan, aber die verfügbaren Konzentrationen sind natürlich
begrenzt und die Targets haben eine relativ kurze Lebensdauer; außerdem ergeben sich nicht zu vernachlässigende Strahlenschutzprobleme.
Die entstehenden Neutronen zeigen eine relativ schmale Energieverteilung um 14 MeV. Quellen dieser Art erfreuen sich in der Strahlentherapie steigender Beliebtheit.

1.4 Radioaktivität

Man versteht hierunter bekanntlich die Eigenschaft bestimmter Atomkerne, spontan unter Aussendung von Strahlung in einen anderen Kern überzugehen. Dies ist der Prototyp eines rein zerfallsbedingten - stochastischen - Prozesses (s. Anhang I.4), der einer Poisson-Verteilung
folgt. Die Zahl der im Mittel pro Zeiteinheit zerfallenden Kerne ist
der Zahl N der vorhandenen proportional:

$$\overline{\frac{dN}{dt}} = - \lambda\, N \tag{1.22}$$

Man bezeichnet - $\overline{\dfrac{dN}{dt}}$ = A als die Aktivität der betreffenden Substanzen
und λ als die Zerfallskonstante. Die Halbwertszeit τ - d.h. die Zeit,
in welcher die Aktivität auf die Hälfte zurückgeht - ist dann

$$\tau = \frac{\ln 2}{\lambda} \tag{1.23}$$

Es gibt verschiedene Arten des radioaktiven Zerfalls:

α - Z e r f a l l: Es wird ein Helium-Kern emittiert, dabei wird die
Ordnungszahl um 2, die Kernmasse um 4 reduziert.

β - Z e r f a l l: Es wird ein Elektron (seltener ein Positron) emittiert, das zur Erhaltung des Drehimpulses stets von einem Antineutrino
(bzw. Neutrino) begleitet wird. Die Ordnungszahl steigt um 1 (bzw.
fällt um 1 bei Positronenstrahlen), die Kernmasse bleibt unverändert.

K - E i n f a n g: Anstelle der Emission eines Positrons kann prinzipiell auch ein Elektron der Hülle eingefangen werden. Dies geschieht
meist aus der kernnahen K-Schale und nur bei Elementen höherer Ordnungszahl, weil hier aufgrund der höheren Kernladung eine stärkere
Wechselwirkung besteht. Die entstandene Elektronenlücke wird durch
Übergang aus höheren Schalen aufgefüllt, wobei charakteristische Röntgenstrahlung entsteht. Häufig tritt aber auch der AUGER-Effekt auf,
d.h. es werden ein oder mehrere Elektronen aus äußeren Schalen emittiert, welche die bei dem Auffüllen der Lücke gewonnene Energie über-
nehmen (vgl. Abschnitt 3.2.1.5).

S p o n t a n e S p a l t u n g: Einige künstliche Isotope sehr hoher
Kernmasse können sich spontan spalten, wobei auch Neutronen entstehen.
Praktisch am wichtigsten ist das Californium-252.

γ - S t r a h l u n g: Die durch radioaktiven Zerfall entstandenen
Kerne befinden sich meist in einem angeregten Zustand, der durch Emis-
sion von γ-Quanten desaktiviert wird. Aus diesem Grunde tritt sie als
Begleiterscheinung der meisten Zerfälle auf.

Form der Spektren: Die Energieverteilung von α- und β-Strahlung
ist diskret, die der β-Strahlung jedoch kontinuierlich. Letzteres ist
darauf zurückzuführen, daß ein Teil der Energie von dem Antineutrino
übernommen wird. Abb. 1.8 zeigt als Beispiel das Elektronenspektrum
des Tritium. Als Energie des Zerfalls wird immer die Maximalenergie
angegeben.

Radioaktive Isotope kommen natürlich vor (s.u.), können aber auch
von jedem Element künstlich hergestellt werden. Tabelle 1.6 gibt eine
beschränkte Auswahl wichtiger Vertreter.

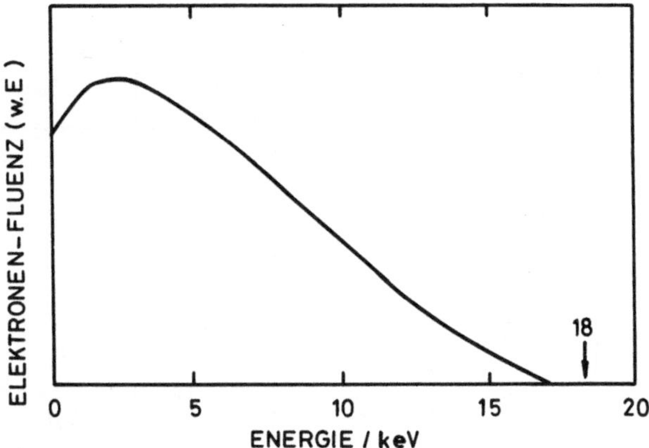

Abb. 1.8 β-Spektrum von Tritium

Tabelle 1.6 Eigenschaften einiger wichtiger Radionuklide. Quelle: Handbook of Physics and Chemistry 1978

Ordnungs-zahl	Name	Symbol	Isotop (Atomge-wicht)	Halbwerts-zeit	Zerfalls-art	Energie MeV	Bedeutung[g]
1	Wasserstoff	H	3	12,3 a	β^-	0,019	c,d,e
6	Kohlenstoff	C	14	5730 a	β^-	0,156	c,d,e
11	Natrium	Na	22	2,6 a	β^+,EC γ	0,55 0,55	d
15	Phosphor	P	32	14,3 d	β^-	1,71	c
16	Schwefel	S	35	88 d	β^-	0,167	c
19	Kalium	K	40	$1,3 \cdot 10^9$ a	EC,β^-,β^+ γ	1,4 1,46	d
24	Chrom	Cr	51	27,8 d	EC γ	0,75 0,32	b
26	Eisen	Fe	59	45 d	β^- γ	0,46;0,27 1,1 ;1,3	b
27	Kobalt	Co	57 58 60	270 d 71 d 5,3 a	β^+,EC β^+,EC γ β^-	0,84 0,47 0,81 0,32	b a
34	Selen	Se	75	120 d	β^- γ	0,47 1,36;2,65	b
36	Krypton	Kr	85	10,8 a	β^-	0,67	e
37	Rubidium	Rb	87 85	$5 \cdot 10^{11}$ a 64 d	β^- EC	0,27 1,11	d b

Fortsetzung Tab. 1.6

Ordnungs-zahl	Name	Symbol	Isotop (Atomge-wicht)	Halbwerts-zeit	Zerfalls-art	Energie MeV	Bedeutung[g]
38	Strontium	Sr	89	52 d	β^-	1,46	e
			90	28,1 a	β^-	0,55	e
39	Yttrium	Y	90	64 h	β^-	2,27	e
40	Zirkon	Zr	95	65 d	β^-	0,4	e
					γ	0,8	
43	Technetium	Tc	99m	6 h	IT(γ)	0,143	b
			125	60 d	EC	0,149	b
53	Jod	J	129	$1.7 \cdot 10^7$ a	β^-	0,19	e
			131	8 d	β^-	0,61	b,e
					γ	0,77	
54	Xenon	Xe	133	5,3 d	β^-	0,35	b,e
					γ	0,08	
			135	9,2 h	β^-	0,92	e
55	Caesium	Cs	134	2,1 a	β^-	0,66	e
			137	30 a	β^-	0,511	a,e
					$\gamma\,(^{137}\text{Be})$	6,6	
79	Gold	Au	198	2,7 d	β^-	0,96	b
					γ	0,41	
80	Quecksilber	Hg	203	47 d	β^-	0,21	b
					γ	0,3	
86	Radon	Rn	220	55 s	α	6,3	d
			222	3,8 d	α	5,5	d
88	Radium	Ra	226	1600 a	α	4,8	d
90	Thorium	Th	232	$1.4 \cdot 10^{10}$ a	α	4,0	d
94	Plutonium	Pn	238	86 a	α	5,5	e
			239	$2.4 \cdot 10^4$ a	α	5,2	e
95	Americium	Am	241	458 a	α	5,5	a,e
98	Californium	Cf	252	2,6 a	α,SF	5,8	a

[g] Bedeutung der Abkürzungen:

  a) technisch; b) medizinisch; c) Biochemie (Labor); d) natürliche
     Strahlenbelastung; e) Kernreaktoren; f) Laborstrahlenquelle
  EC: Elektroneneinfang; IT: innere Konversion; SF: spontane Spaltung

Häufig ist der bei einem Zerfall entstehende Kern selbst wieder instabil. Dann ergeben sich Zerfallsreihen. Sie sind bei der natürlichen
Radioaktivität von Bedeutung (aber nicht nur dort, s.u.), hierbei lassen sie sich wie in Tabelle 1.7 angeben, klassifizieren. Da sich die
Kernmassen nur bei einem α-Zerfall ändern, folgen sie innerhalb einer
Reihe immer einem bestimmten Schema, das ebenfalls in der Tabelle angegeben ist. Die Neptuniumreihe kommt in der Natur nicht mehr vor, da
sie insgesamt über eine im Vergleich zum Alter unseres Sonnensystems
zu kurze Halbwertszeit verfügt. Die größte Bedeutung für die natür-

Tabelle 1.7   Natürliche Zerfallsreihen

Name	Start	τ/a [a]	Ende	Formel	Bereich von n
Thorium-R.	$^{232}_{90}Th$	$1,4 \cdot 10^{10}$	$^{208}_{82}Pb$	M=4n	58...52
Neptunium-R.	$^{237}_{93}Np$	$2,2 \cdot 10^{6}$	$^{209}_{83}Bi$	M=4n+1	60...52
Uran-Radium-R.	$^{238}_{92}U$	$4,5 \cdot 10^{9}$	$^{206}_{82}Pb$	M=4n+2	59...51
Uran-Aktinium-R.	$^{235}_{92}U$	$7,1 \cdot 10^{8}$	$^{207}_{82}Pb$	M=4n+3	58...51

[a] Halbwertszeit des Startprodukts

liche Radioaktivität haben die Thorium- und die Uran-Radium-Reihe, die
in Abbildung 1.9 detaillierter dargestellt sind. Die meisten der Zwi-
schenkerne tragen historisch bedingte Namen, die nur selten mit dem
tatsächlichen Element übereinstimmen. Sie sind in Tabelle 1.8 aufgeschlüsselt.

Tabelle 1.8   Historische Namen von Zerfallsreihengliedern

Radium A	^{216}Po	Mesothorium I	^{228}Ra	
Radium B	^{214}Pb	Mesothorium II	^{228}Ac	
Radium C	^{214}Bi	Radiothorium	^{228}Th	
Radium C'	^{214}Po	Thoron	^{220}Rn	
Radium C"	^{210}Tl	Thorium X	^{224}Ra	
Radium D	^{210}Pb	Thorium A	^{216}Po	
Radium E	^{210}Bi	Thorium B	^{212}Pb	
Radium E"	^{206}Tl	Thorium C	^{212}Bi	
Radium F	^{210}Po	Thorium C'	^{212}Po	
Uran I	^{238}U	Thorium C"	^{208}Tl	
Uran II	^{234}U	Thorium D	^{208}Pb	
Uran X_1	^{234}Tl			
Uran X_2	^{234m}Pa [a]			
Uran Z	^{234}Pa			
Ionium	^{230}Tl			

[a] metastabiler angeregter Kern

Der Beitrag von Tochternukliden spielt auch noch sonst häufig eine
Rolle: Sr-90 zerfällt mit einer Halbwertszeit von 28 Jahren und einer
β-Energie von 0.55 MeV zu Y-90, das seinerseits sich sehr schnell

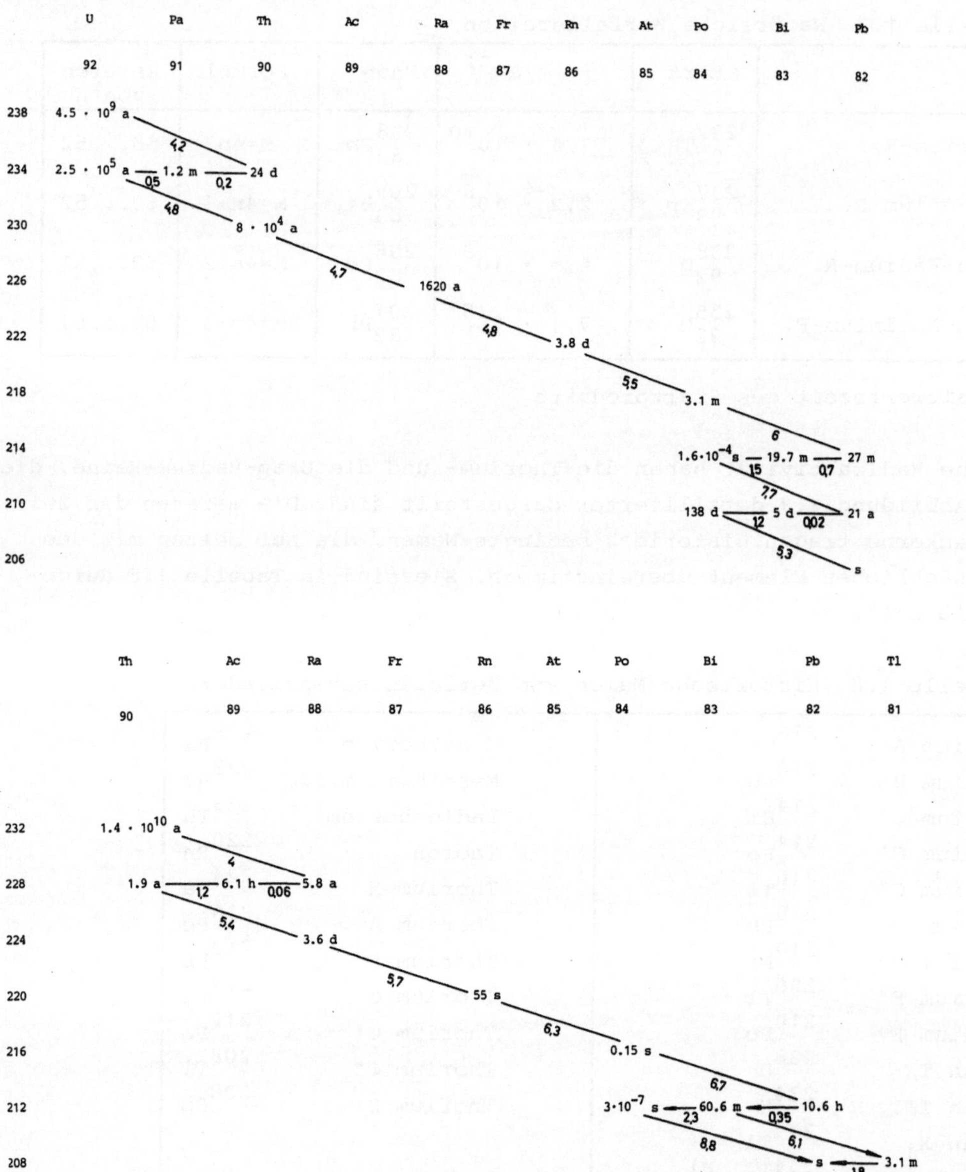

Abb. 1.9 Die zwei wichtigsten natürlichen Zerfallsreihen. Es sind nur die Hauptwege eingezeichnet. Angegeben werden die Halbwertszeiten sowie die Energie des wichtigsten Zerfalls in MeV. Diagonale Richtung: α-Zerfall, waagerechte: β-Zerfall. Oben: U-Ra-Reihe, unten: Th-Reihe.

(τ = 64 h) unter Aussendung eines β-Teilchens von 2.27 MeV in das stabile ^{90}Zr umwandelt. Der größte Teil der Strahlungsenergie wird also vom Tochterprodukt geliefert. Interessant ist auch ^{137}Cs, das als technischer γ-Strahler eingesetzt wird, obwohl diese Strahlung (0,66 MeV) eigentlich von dem Folgekern ^{137m}Ba (τ = 2,6 min) aus einem angeregten Zustand abgegeben wird.

Außer den Komponenten der Zerfallsreihen gibt es noch eine Reihe anderer natürlicher Radionuklide, die sich aufgrund ihrer langen Halbwertszeit erhalten haben, z.B. ^{40}K und ^{87}Rb ("Radiofossilien"). Auf die Neubildung durch Wechselwirkung mit kosmischer Strahlung wird an anderer Stelle eingegangen (Abschnitt 22.3.1). Die Aktivität der Tochternuklide ist natürlich für die Strahlenwirkung zu berücksichtigen, wenn man eine Substanz betrachtet, welche Glied einer Zerfallsreihe ist. Generell gilt folgendes lineare Differentialgleichungssystem

$$- A_o = \frac{dN_o}{dt} = - \lambda_o N_o$$

$$\frac{dN_1}{dt} = \lambda_o N_o - \lambda_1 N_1$$

$$\frac{dN_2}{dt} = \lambda_1 N_1 - \lambda_2 N_2 \tag{1.24}$$

$$\vdots$$

$$\frac{dN_s}{dt} = \lambda_{s-1} N_{s-1}$$

wobei der Index o die Ausgangssubstanz und der Index s das stabile Endprodukt kennzeichnen.

Die Lösung des Systems ergibt - außer für N_o - Summenausdrücke von konstanten Gliedern und Exponentialfunktionen mit negativen Exponenten. Da A_o immer ungleich Null ist, kann sich kein echter stationärer Zustand (abgesehen von dem Trivialfall, daß alle Nuklide vollständig zerfallen sind) einstellen. Ein Quasigleichgewicht kann sich jedoch dann ergeben, wenn λ_o sehr viel kleiner ist als alle folgenden Zerfallskonstanten, d.h. $A_o \approx 0$. In diesem Fall kann man alle zeitlichen Ableitungen gleich Null setzen. Damit erhält man $\lambda_i N_i = \lambda_{i+1} N_{i+1}$, d.h. die Aktivitäten aller Nuklide innerhalb des betrachteten Reihenabschnitts sind gleich. Die Nuklidmengen verhalten sich jedoch umgekehrt wie die

22

Zerfallskonstanten.

$$\frac{N_i}{N_{i+1}} = \frac{\lambda_{i+1}}{\lambda_i} \qquad (1.25)$$

Ein Quasigleichgewicht kann sich innerhalb einer Reihe zwischen Nukliden langer Halbwertszeit als Start- und Endkern der Teilreihe ausbilden.
Die Schnelligkeit der Einstellung hängt natürlich von der Komponente
mit der kleinsten Zerfallskonstante ab. Wir wollen dies am praktischen
Beispiel des Zerfalls von ^{226}Ra betrachten, wobei wir nur den Hauptweg
des Zerfalls betrachten und Verzweigungen vernachlässigen (vgl. Abbildung 1.10).

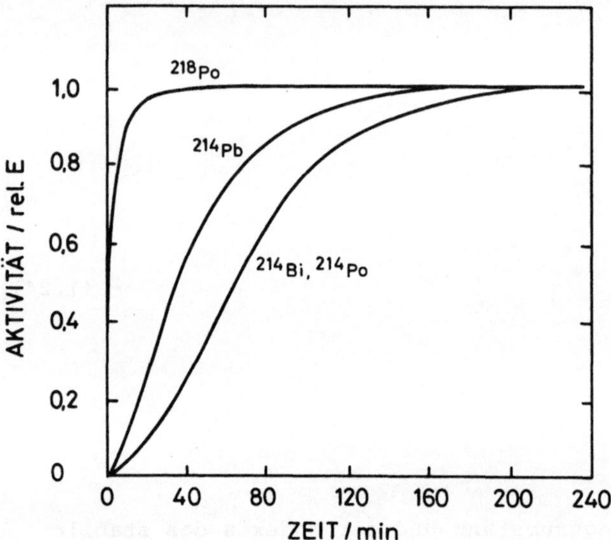

Abb. 1.10   Zeitlicher Aufbau von ^{222}Rn-Folgeprodukten bei als konstant
angenommener Aktivität der Muttersubstanz

Der "geschwindigkeitsbestimmende" Schritt ist offenbar der Zerfall
des Radons, alle folgenden Nuklide bis zum ^{210}Pb zerfallen sehr viel
schneller, während dieses letzte Glied im Vergleich zu den anderen
recht stabil ist, so daß seine Abnahme vernachlässigt werden kann. Man
kann so abschätzen, daß ein "Quasigleichgewicht" nach ca. 6,6 Rn-Halb-
wertszeiten ($\approx$ 25 d) bis auf 1% erreicht ist. In diesem Fall sind einem
α-Teilchen des Radiums noch drei weitere der Folgereaktionen, sowie

zwei β-Zerfälle hinzuzurechnen. Dem ist bei Dosisabschätzungen (Abschnitt 4.2.5) Rechnung zu tragen. Geht man vom Radon aus, so ist der quasi-stationäre Zustand schon nach ca. drei Stunden erreicht. Abbildung 1.10 demonstriert den zeitlichen Verlauf für den zweiten Fall.

Die Einheit der Aktivität ist das Becquerel (Bq), welches das früher übliche Curie (Ci) ablöst. Es gelten die Beziehungen

$$
\begin{aligned}
1 \text{ Bq} &= 1 \text{ s}^{-1} \quad (1 \text{ Zerfall pro Sekunde}) \\
1 \text{ Ci} &= 3{,}7 \cdot 10^{10} \text{ s}^{-1} \\
&= 37 \text{ GBq} \\
1 \text{ Bq} &= 2{,}7 \cdot 10^{-11} \text{ Ci}
\end{aligned}
\tag{1.26}
$$

Die Abschätzungen der bei Inkorporation radioaktiver Stoffe auftretenden Dosen wird in Abschnitt 4.2.5 gegeben.

Eine andere zu betrachtende Größe ist die spezifische Aktivität $\frac{A}{m}$, wobei m die Masse des entsprechenden Nuklids bezeichnet, mit der Einheit Bq kg^{-1}. Mit (1.22) sieht man sofort

$$
\frac{A}{m} = \frac{\lambda}{m_N}
\tag{1.27}
$$

Hierbei ist m_N die Kernmasse des entsprechenden Nuklids. In SI-Einheiten gilt dann die Einheitenbeziehung:

$$
\frac{A}{m}/\text{Bq kg}^{-1} \quad \frac{\ln 2}{\tau/s \cdot K_r/u \cdot 1{,}66 \cdot 10^{-27}/\text{kg u}^{-1}}
\tag{1.28}
$$

Dabei ist K_r die auf die atomare Masseneinheit u bezogene relative Kernmasse.

Bei der Exposition durch natürliche radioaktive Edelgase (^{222}Rn und ^{220}Rn) ist noch eine andere Einheit gebräuchlich, die sich aus historischen Gründen erhalten hat, nämlich der "Working level" (WL). Es wird hierbei davon ausgegangen, daß zwischen dem Gas und seinen Folgeprodukten Gleichgewicht besteht. Nach (1.25) verhalten sich dann die Atomzahlen umgekehrt wie die Zerfallskonstanten. Jedem zerfallenden Rn-Kern kann man nun eine potentielle α-Energie zuordnen, die sich ergibt aus der α-Zerfallsenergie aller Folgeprodukte gewichtet mit ihrem relativen Anteil. Hierbei sind auch die β-Strahler mit einzubeziehen, da sie wegen der Folgeprodukte ebenfalls "potentielle"

α-Strahler darstellen. Für ^{222}Rn werden wieder nur (Zerfallsenergien in MeV in Klammern) ^{218}Po(6), ^{214}Pb(kein α-Zerfall), ^{214}B(kein α-Zerfall) sowie ^{214}Po(7,7) betrachtet. Mit den aus Abbildung 1.9 zu entnehmenden Zerfallskonstanten ergibt sich dann für eine ^{222}Rn-Aktivität von 1 pCi:

$$E_{\alpha,pot} = \left(13,7 \cdot 9,77 + 7,7(85,8 + 63,1 + 1 \cdot 10^{-5})\right) \frac{MeV}{pCi}$$

$$= 1,28 \quad 10^3 \frac{MeV}{pCi} \tag{1.29}$$

Als 1 WL ist nun diejenige Rn-Aktivitätskonzentration definiert, bei der die potentielle α-Energie der Folgeprodukte im Gleichgewicht $1,3$ 10^5 MeV pro Liter beträgt, also gilt

$$1 \text{ WL} \approx 100 \text{ pCi/l } ^{222}\text{Rn} \tag{1.30}$$

Für ^{220}Rn ("Thoron") ergibt sich

$$1 \text{ WL} \approx 7,5 \text{ pCi/l } ^{220}\text{Rn}.$$

<u>LITERATUR:</u>
von BUTTLAR 1964
CHARLESBY 1964
FINKELNBURG 1964
GLOCKER und MACHERAUCH 1965
HAXEL 1966
SCHÄFER und HEINRICH 1977
SCHULZE und KIEFER 1977

2. Grundlagen der Schwächung von Strahlung bei Durchgang von Materie

Es ist das Ziel dieses Kapitels, grundlegende Begriffe und Mechanismen
der Wechselwirkung von Strahlung und Materie einzuführen. Damit werden
die Voraussetzungen für spätere detailliertere Behandlungen bereitge-
stellt. Zunächst wird das Konzept des Wechselwirkungsquerschnitts besprochen, dann auf Stoßprozesse eingegangen, deren Formalismus ausführlich dargestellt wird, und zwar sowohl für rein mechanische Stöße als
auch die Ablenkung in einem Zentralfeld. Als wesentliche Ergebnisse
werden die quantitativen Beziehungen für die übertragene Energie gewonnen.

2.   <u>Schwächung von Strahlung bei Durchgang von Materie</u>

2.1 <u>Wechselwirkungsquerschnitt</u>

Tritt Strahlung durch Materie, so wird sie im allgemeinen abgeschwächt.
Dies kann - wie später diskutiert - aufgrund einer Reihe von Prozessen
beruhen, wie z.B. Absorption oder Streuung. Sie basieren aber alle auf
einer Wechselwirkung mit den Atomen oder Molekülen. Man kann daher zunächst ohne spezielle Betrachtungen die Schwächung rein formal beschreiben (Abbildung 2.1):

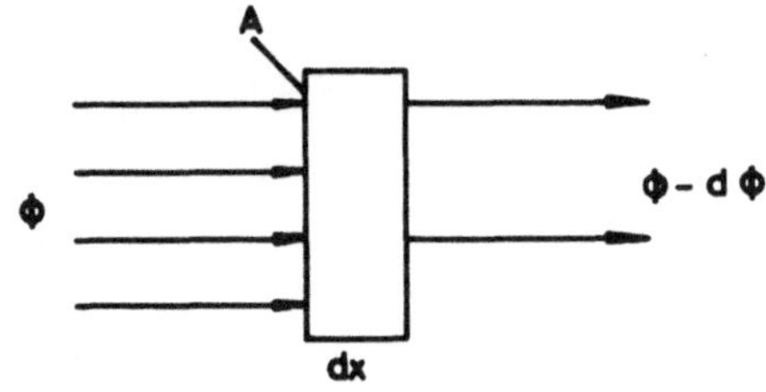

Abb. 2.1 Zur Ableitung des Wirkungsquerschnitts

Wir betrachten ein Massenelement dm der Dichte dx, der Fläche A und
der Dichte ρ. Senkrecht zur Fläche A fällt die Strahlung in einem
schmalen Bündel mit der Teilchenfluenz ϕ ein. Beim Durchtritt durch dm
wechselwirkt sie mit den darin enthaltenen Atomen bzw. Molekülen und
nimmt dabei um dϕ ab. Bezeichnen wir mit dN die Zahl der Wechselwirkungszentren in dm, so gilt offensichtlich

$$- d\phi = \sigma \cdot \phi \cdot \frac{dN}{A}, \tag{2.1}$$

da die Wahrscheinlichkeit der Wechselwirkung sowohl der Zahl der Quanten pro Fläche als auch der Zahl der Wechselwirkungszentren pro Fläche proportional ist. σ - der Proportionalitätsfaktor - ist ein Maß für die Wechselwirkungswahrscheinlichkeit. Diese Größe hat die Dimension einer Fläche und wird als "Wechselwirkungsquerschnitt" (interaction cross section) bezeichnet. Anschaulich gesprochen gibt σ die Fläche um ein Atom bzw. Molekül an, durch die ein Strahlungsquant hindurchtreten muß, damit es zu einer Wechselwirkung kommt. Die Beziehung (2.1) läßt sich auf verschiedene Weise umformen: Das Volumen des Massenelements ist $dV = A \, dx$.

$\frac{dN}{dV}$ gibt die Zahl der Wechselwirkungszentren pro Volumeneinheit an, also eine Konzentration. Man erhält sie aus der üblichen Konzentrationsangabe Mol/Volumen durch Multiplikation mit der Avogadrozahl N_A ($6,02 \cdot 10^{23} \, \text{mol}^{-1}$). Bezeichnet man die Konzentration (Mol/Volumen) mit c, so erhält Gleichung (2.1) die Form

$$- d\phi = \phi \cdot \sigma \cdot N_A \cdot c \cdot dx \tag{2.2}$$

Die Integration liefert

$$\phi = \phi_o \, e^{-\sigma \cdot N_A \cdot c \cdot x} \tag{2.3}$$

Dies ist im wesentlichen das LAMBERT-BEER'sche Gesetz, das für die Absorption optischer Strahlung homogener Lösungen benutzt wird. In der Praxis wird allerdings eine andere Form gewählt

$$\phi = \phi_o \cdot 10^{-\epsilon c x} \tag{2.4}$$

ϵ - eine wellenlängenabhängige substanzspezifische Größe - trägt den Namen "molarer dekadischer Extinktionskoeffizient", dabei werden nach bisheriger Übung die Konzentration in mol/dm^3 und die Schichtdicke in cm gemessen. ϵ hängt - wie man durch Vergleich von (2.3) und (2.4) sieht - mit dem Wirkungsquerschnitt σ zusammen

$$\epsilon = \sigma \cdot N_A \cdot \log_{10} e \tag{2.5}$$

oder numerisch

$$\frac{\sigma}{m^2} = 3{,}82 \cdot 10^{-25} \frac{\varepsilon}{mol^{-1} \ dm^3 \ cm^{-1}} \qquad (2.6)$$

Typische Extinktionskoeffizienten starker Absorber liegen bei ca. 10^4 $mol^{-1} \ dm^3 \ cm^{-1}$. Daraus errechnet man mit (2.6) einen Wirkungsquerschnitt von $3{,}92 \cdot 10^{-21} \ m^2$, was bei einer kreisförmigen Fläche einem Radius von ca. $3{,}5 \cdot 10^{-11}$m entspricht. Dies ist die Größenordnung des Halbmessers einer Elektronenbahn im Wasserstoffatom ("Bohr-Radius": $5{,}3 \cdot 10^{-11}$ m). Man kann aus dieser - zugegebenermaßen nicht gerade stringenten - illustrierenden Abschätzung entnehmen, daß die Lichtquanten mit den Elektronenbahnen in Wechselwirkung treten.

Optische Strahlung wird von Atomen oder Molekülen - den Chromophoren - selektiv absorbiert. Hierfür ist die bisherige Beschreibung angemessen. Im Falle ionisierender Strahlung absorbiert jedoch die gesamte der Strahlung ausgesetzte Masse. In einem homogenen Körper ist dann die in Mol/Volumen gemessene Konzentration

$$c = \frac{dm}{M_A \ dV} = \frac{\rho}{M_A} \frac{dV}{dV} = \frac{\rho}{M_A} \qquad (2.7)$$

wobei M_A die Masse eines Mols der betreffenden Substanz bezeichnet. Mit obiger Beziehung erhält man für die Beschreibung der Strahlenabsorption

$$\phi = \phi_o \ e^{-\sigma \cdot \rho \cdot \frac{N_A}{M_A}} \qquad (2.8)$$

Gleichung (2.8) wird für Röntgen- und γ-Strahlen oft in der Form verwandt

$$\phi = \phi_o \ e^{-\mu x} \qquad (2.9)$$

wobei μ als "Schwächungskoeffizient" bezeichnet wird. Auf ihn wird an späterer Stelle noch näher einzugehen sein. Durch Vergleich erhält man wieder

$$\mu = \sigma \cdot \rho \cdot \frac{N_A}{M_A} \cdot \qquad (2.10)$$

Der Schwächungskoeffizient μ ist also der Dichte ρ proportional. Für eine allgemeine Anwendung ist es daher sinnvoll, die Größe $\frac{\mu}{\rho}$ zu verwenden, die als "Massenschwächungskoeffizient" bezeichnet wird. Er beträgt z.B. für 1 MeV γ-Strahlung (entspricht ungefähr ^{60}Co-γ-Strahlung) und Blei als Absorber $7 \cdot 10^{-3}$ m² kg^{-1}. Damit erhält man für den Wirkungsquerschnitt ($M_A = 0,207$ kg mol^{-1}) $\sigma = 2,4 \cdot 10^{-27}$ m², was bei einer Kreisfläche einem Radius von $2,8 \cdot 10^{-14}$ m entspricht.

Wie wir später sehen werden (Kapitel 3), kommen als Wechselwirkungszentren nicht die Atome als Ganze, sondern hauptsächlich die Elektronen in Frage. Bei Blei beträgt ihre Zahl 82, so daß man als Querschnitt erhält:

$$\sigma_e = 2,93 \cdot 10^{-29} \text{ m}^2$$

bzw. als Radius bei kreisförmiger Fläche $3,1 \cdot 10^{-15}$ m. Dieser Wert ist fast identisch mit dem klassischen Elektronenradius, der $2,8 \cdot 10^{-15}$ m beträgt. Es muß allerdings darauf hingewiesen werden, daß für diesen illustrierenden Vergleich eine γ-Energie herangezogen wurde, bei welcher der Compton-Effekt überwiegt, der als Streuprozeß an quasi-freien Elektronen betrachtet werden kann (Abschnitt 3.2.1.2); in anderen Fällen sind die Verhältnisse weniger durchsichtig.

2.2 Stoßprozesse

Bei der Wechselwirkung von Strahlung mit Materie spielen Stoßprozesse eine wichtige Rolle. Aus diesem Grunde werden einige Prinzipien dieser mechanischen Vorgänge hier rekapituliert.

Wir betrachten zwei Teilchen der Massen m_1 und m_2 mit den Geschwindigkeiten $\vec{v}_1$ bzw. $\vec{v}_2$. Auf das System sollen keine äußeren Kräfte wirken, so daß Bahnänderungen nur aufgrund von Wechselwirkungen zwischen den Teilchen herrühren können. In diesem Fall bleiben Gesamtimpuls und Gesamtenergie erhalten. Wir wollen weiter annehmen, daß keine Prozesse stattfinden, bei denen Bewegungsenergie in andere Energieformen - z.B. Wärme - verwandelt wird (elastische Stöße). Bezeichnet man die Geschwindigkeiten nach dem Stoß mit u_1 bzw. u_2, so gilt

$$m_1 v_1{}^2 + m_2 v_2{}^2 = m_1 u_1{}^2 + m_2 u_2{}^2 \quad \text{(Energiesatz)} \qquad (2.11)$$

sowie

$$m_1 \vec{v}_1 + m_2 \vec{v}_2 = m_1 \vec{u}_1 + m_2 \vec{u}_2 \quad \text{(Impulssatz)} \qquad (2.12)$$

Wir führen nun noch den Schwerpunkt des Systems ein (Abbildung 2.2).
Seine Lage in einem beliebigen System ist gegeben durch den Vektor $\vec{r}_c$

$$\vec{r}_c = \frac{m_1\vec{r}_1 + m_2\vec{r}_2}{m_1 + m_2} \tag{2.13}$$

wobei $\vec{r}_1$ und $\vec{r}_2$ die Ortsvektoren von m_1 und m_2 bedeuten.

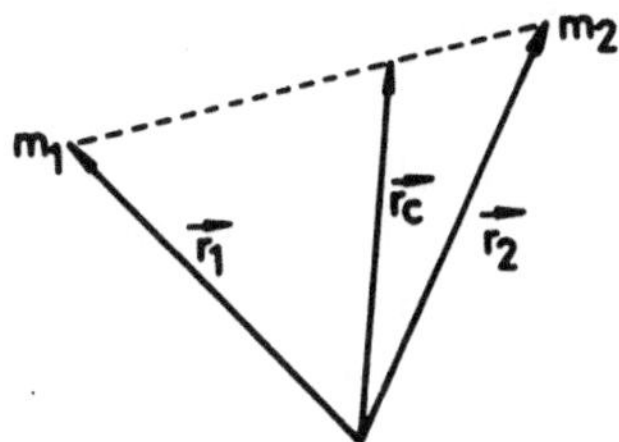

Abb. 2.2 Ortskoordinaten des Schwerpunkts

Differenzierung nach der Zeit führt zu

$$\frac{d\vec{r}_c}{dt} = \vec{v}_c = \frac{m_1\vec{v}_1 + m_2\vec{v}_2}{m_1 + m_2} = \frac{m_1\vec{u}_1 + m_2\vec{u}_2}{m_1 + m_2} \tag{2.14}$$

wobei von (2.12) Gebrauch gemacht wurde. Dies bedeutet, daß sich die
Schwerpunktsgeschwindigkeit nicht ändert. Die Behandlung vieler Pro-
bleme vereinfacht sich beträchtlich, wenn man die Bewegung der Massen
relativ zur Schwerpunktsbewegung betrachtet (Übergang von Labor- zum
Schwerpunktssystem). Die entsprechenden Vektoren werden mit großen
Buchstaben bezeichnet. Es gilt dann

$$\vec{v}_1 = \vec{v}_c + \vec{V}_1 \quad \text{etc.}$$

Im weiteren wollen wir voraussetzen, daß sich m_2 zu Beginn in Ruhe be-
findet·($v_2 = 0$). Dann kann man schreiben

$$\vec{V}_1 = \vec{v}_1 - \frac{m_1\vec{v}_1}{m_1 + m_2} = \frac{m_2\vec{v}_1}{m_1 + m_2} \tag{2.15}$$

$$\vec{V}_2 = - \frac{m_1\vec{v}_1}{m_1 + m_2}$$

und für die Impulse

$$m_1 \vec{V}_1 = -\,m_2 \vec{V}_2 = \frac{m_1 m_2}{m_1 + m_2}\ \vec{v}_1 = \mu\ \vec{v}_1 \qquad (2.16)$$

Die Größe $\mu = \dfrac{m_1 m_2}{m_1 + m_2}$ bezeichnet man als "reduzierte Masse". Im Schwerpunktsystem haben also beide Teilchen entgegengesetzt gleiche Impulse.

Aufgrund der speziellen Wechselwirkung zwischen den Teilchen kann bei einem Stoß auch die Richtung der Geschwindigkeiten geändert werden, die Ablenkwinkel im Laborsystem seien α_1 und α_2. Für ihre Größe kann allgemein keine Aussage gemacht werden, da sie von der Art der Wechselwirkung abhängt. Da im Schwerpunktsystem beide Teilchen gleiche Impulse - allerdings mit umgekehrten Vorzeichen - haben, sind hier auch die Ablenkwinkel gleich. Sie seien mit ψ bezeichnet (Abb. 2.3):

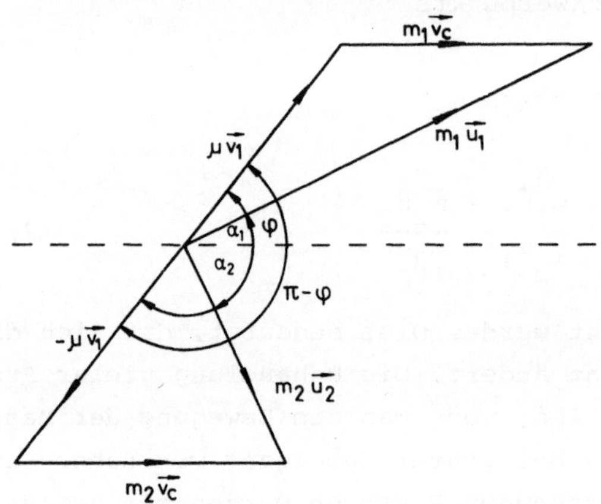

Abb. 2.3 Impulsdiagramm im Schwerpunkt- und Laborsystem

$$m_1 u_1 \cos \alpha_1 = m_1 v_c + \mu\, v_1 \cos\psi \qquad (2.17)$$

$$m_1 u_1 \sin \alpha_1 = \mu\, v_1 \sin\psi$$

Division der beiden Gleichungen liefert

$$\operatorname{tg} \alpha_1 = \frac{\sin\psi}{m_1/m_2 + \cos\psi} \qquad (2.18)$$

Abb. 2.3 kann auch herangezogen werden, um den Energieverlust bei dem Stoß zu bestimmen. Aus (2.17) folgt

$$m_1{}^2 u_1{}^2 = (m_1 v_c + \mu\, v_1 \cos\psi)^2 + \mu^2 v_1{}^2 \sin^2\psi$$

$$= m_1{}^2 v_1{}^2\, \frac{m_1{}^2 + m_2{}^2 + 2\, m_1 m_2 \cos\psi}{(m_1 + m_2)^2} \qquad (2.19)$$

oder mit der Abkürzung $A = \dfrac{m_2}{m_1}$

$$\frac{u_1{}^2}{v_1{}^2} = \frac{1 + A^2 + 2A\,\cos\psi}{(1 + A)^2} \qquad (2.20)$$

Dieser Ausdruck gibt das Verhältnis von Ausgangs- zu Endenergie bei dem stoßenden Teilchen an.

Der Energieverlust ε relativ zur Anfangsenergie $T_o = \dfrac{m_1 v_1{}^2}{2}$ ist dann

$$(\varepsilon/T_o = 1 - \frac{u_1{}^2}{v_1{}^2})$$

$$\varepsilon/T_o = \frac{2A}{(1 + A)^2}\, (1 - \cos\psi) \qquad (2.21)$$

Diesen Ausdruck kann man mit Hilfe bekannter trigonometrischer Beziehungen auch schreiben:

$$\varepsilon/T_o = \frac{4A}{(1 + A)^2}\, \sin^2\,\psi/2 \qquad (2.21a)$$

Ein maximaler Energieverlust findet statt bei $\cos\psi = -1$, d.h. $\psi = \pi$, also einem "zentralen Stoß":

$$\varepsilon_{max} = \frac{4A}{(1 + A)^2}\, T_o \qquad (2.22)$$

Man sieht aus (2.22), daß nur für $m_1 = m_2$ (A = 1) die Energie des stoßenden Teilchens voll auf seinen Partner übertragen wird. Dies bedeutet anschaulich, daß das stoßende Teilchen stehenbleibt, während sein
Partner die Geschwindigkeit voll übernimmt. Bei großen Massenunter-
schieden sind auch bei zentralem Stoß die übertragenen Energiebeträge
gering.

Wir haben bisher die räumliche Ausdehnung der Stoßpartner vernach-
lässigt. Die allgemeine Behandlung soll nun noch für den Fall zweier
Kugeln mit Radien r_1 und r_2 spezialisiert werden, die im Abstand b
("Stoßparameter") aufeinander zufliegen (Abb. 2.4).

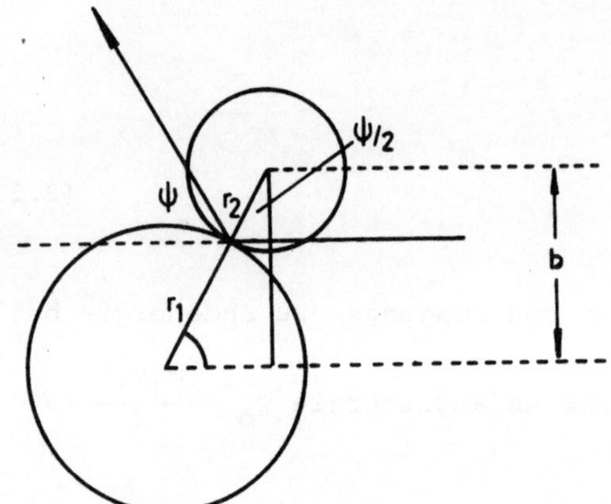

Abb. 2.4   Stoß zweier Kugeln im Schwerpunktsystem

Wir nehmen wieder an, das zweite Teilchen sei anfangs in Ruhe und
betrachten den Prozeß im Schwerpunktsystem. Auftreff- und Abprallwinkel
an den Tangenten im Stoßpunkt sind gleich: aus der Figur ersieht man:

$$\cos \frac{\psi}{2} = \frac{b}{r_1 + r_2} \tag{2.23}$$

und aus

$$\cos \frac{\psi}{2} = \sqrt{\frac{1 + \cos\psi}{2}}$$

erhält man mit (2.21)

$$\frac{\varepsilon}{T_o} = \frac{4A}{(1 + A)^2}\left(1 - \frac{b^2}{(r_1 + r_2)^2}\right) \tag{2.24}$$

Der übertragene Energiebetrag ist also - wie zu erwarten - bei zentralem Stoß (b = 0) am größten und verschwindet, wenn $b \geq r_1 + r_2$, d.h. wenn die Partner aneinander vorbeifliegen.

Es soll nun die Verteilung der übertragenen Energiebeträge bestimmt werden. Dazu wird der "differentielle Wirkungsquerschnitt" $d\sigma$ benutzt:

$$d\sigma = 2\pi\, b\, db = \pi \cdot \frac{d}{db}\,(b^2) \qquad (2.25)$$

Er gibt den anteiligen Wechselwirkungsquerschnitt für Stöße mit dem Parameterwert b an. Mit (2.24) erhält man

$$-\frac{d\sigma}{d\varepsilon} = \frac{\pi(1 + A)^2\,(r_1 + r_2)^2}{4A\,T_o} \qquad (2.26)$$

Das negative Vorzeichen hat keine Bedeutung, es gibt lediglich die Richtung der Veränderung an. Den "integralen" Wirkungsquerschnitt σ liefert die Integration

$$\sigma = \int_0^{\varepsilon_{max}} \left(\frac{d\sigma}{d\varepsilon}\right)\, d\varepsilon$$

$$= \pi\,(r_1 + r_2)^2 \qquad (2.27)$$

(2.27) ist unmittelbar aus der Anschauung zu verstehen: ein Stoß findet immer dann statt, wenn die stoßende Kugel die ruhende trifft.

Den Anteil der übertragenen Energiebeträge - und somit die Energieverteilung für die gestoßenen Partikel - gewinnt man dann als

$$\frac{d\sigma}{\sigma}\,(\varepsilon) = \frac{(1 + A)^2}{4A\,T_o}\, d\varepsilon \qquad (2.28)$$

für den Bereich $\varepsilon \leq \varepsilon_{max}$. Er ist natürlich Null für $\varepsilon > \varepsilon_{max}$. Beziehung (2.28) ist insofern ein interessantes Ergebnis, als es beinhaltet, daß die Energieverteilung nach dem ersten Stoß nicht von der übertragenen Energie abhängt - sie beschreibt eine sogenannte "Kastenfunktion".

Zur Vorbereitung auf die Wechselwirkung geladener Teilchen sei nun noch die Ablenkung in einem Zentralfeld besprochen, wobei die Partikel als Massenpunkte betrachtet werden (KEPLER-Problem): In diesem Fall wirkt zwischen den Wechselwirkungspartnern eine Kraft K/r^2, deren

Richtung mit der Verbindungslinie zwischen den Partnern übereinstimmt und wobei r der Abstand zwischen ihnen ist. K ist eine Konstante und bei elektrischer Wechselwirkung gleich dem Produkt der Ladungen (Coulombsches Gesetz).

Wir wollen die etwas längliche Ableitung hier nicht durchführen – sie ist im Anhang I.3 zu finden –, sondern nur die wichtigsten Ergebnisse bringen:

Unter der Voraussetzung, daß einer der Stoßpartner eine sehr viel größere Masse als der andere besitzt (Beispiel: Ion und Elektron), erhält man für den differentiellen Wirkungsquerschnitt (Gleichung A.I.2.21):

$$d\sigma(\varepsilon) = \frac{2\pi\,K^2}{m_2 v_1^{\ 2}}\ \frac{d\varepsilon}{\varepsilon^2} \tag{2.29}$$

Der Gesamtwirkungsquerschnitt pro Stoßzentrum ist dann

$$\sigma = \int_{\varepsilon_{min}}^{\varepsilon_{max}} d\sigma = \frac{2\pi\,K^2}{m_2 v_1^{\ 2}} \left[\frac{1}{\varepsilon_{min}} - \frac{1}{\varepsilon_{max}} \right] \tag{2.30}$$

Man sieht aus (2.29), daß der Anteil der übertragenen Energiebeträge ε mit dem Kehrwert des Quadrates abnimmt. Im – vorausgesetzten – Fall von $m_1 \gg m_2$ ist nach (2.22)

$$\varepsilon_{max} = 2\,m_2\,v_1^{\ 2}$$

Auf die Bedeutung von ε_{min} wird später an entsprechender Stelle (Abschnitt 3.2.3) eingegangen.

LITERATUR:

von BUTTLAR 1964

PAUL 1969

3. Wechselwirkungsprozesse

Es werden - aufbauend auf Kapitel 2 - die für die biologischen Wirkungen wichtigsten Wechselwirkungsprozesse beschrieben und quantitativ behandelt. Besonders wird hierbei der Anteil geladener Teilchen
(bei ionisierender Strahlung) herausgestellt. Dabei werden grundsätzliche Ansätze zur Bestimmung ihrer Reichweite und der energieabhängi-
gen Fluenzverteilung vorgestellt.

3.1 Optische Strahlung

Die Photonen der optischen Strahlung können von Atomen oder Molekülen
selektiv absorbiert werden, wenn die Energiedifferenz ΔE zweier elektronischer Zustände gerade der des Lichtquants entspricht:

$$\Delta E = h \cdot \nu$$

Den reinen elektronischen Niveaus sind in Molekülen noch Schwingungs-
und Rotationszustände überlagert. Die Absorption erfolgt im Regelfall
im Grundzustand, d.h. wenn sich alle Elektronen im niedrigsten Ener-
gieniveau befinden, wobei allerdings Schwingungen und Rotationen durchaus aufgrund der themischen Wechselwirkung angeregt sein können. Für
fotochemische Prozesse ist der erste angeregte Zustand am wichtigsten.
Prinzipiell sind Anregungen auch auf hoch angeregte Elektronenzustän-
de möglich, doch ist deren Lebensdauer so kurz, daß sie im allgemeinen
für weitere Reaktionen keine Rolle spielen. Durch Wechselwirkungen
innerhalb des Moleküls oder mit seiner Umgebung erfolgt sehr schnell
eine "Desaktivierung" auf den ersten angeregten Zustand. Seine Lebensdauer ist beträchtlich länger, so daß von ihm photochemische Prozesse
ausgehen können. Wir haben grundsätzlich zwischen zwei Arten angeregter Zustände zu unterscheiden: Bleibt bei der Anregung die ursprüngliche Elektronenspinrichtung erhalten, so spricht man von einem Singulettzustand S, wird sie jedoch aufgrund von inter- oder intramoleku-
larer Wechselwirkung "umgeklappt" ("intersystem crossing"), so erhält
man einen Triplettzustand T. Diese Konversion ist streng genommen in
isolierten Systemen nicht erlaubt, was sich in der Realität dahinge-
hend äußert, daß sie relativ unwahrscheinlich ist. Ist ein Triplett-

zustand jedoch einmal entstanden, so ist die Wahrscheinlichkeit der
Rückkonversion ebenfalls niedrig - seine Lebensdauer ist beträchtlich
größer als die des entsprechenden Singulettzustandes. Er spielt daher
für viele fotochemische Vorgänge eine wichtige Rolle. Wegen des Pauli-
verbots (Elektronen dürfen nicht in allen Quantenzahlen übereinstimmen) ist der Grundzustand - mit Ausnahme sehr spezieller Fälle wie O_2 -
immer ein Singulettzustand. Angeregte Moleküle verlieren ihre Energie
entweder durch Aussendung eines entsprechenden Lichtquants (Fluoreszenz bei Singulettanregung, Phosphoreszenz bei Triplettanregung) oder
auch strahlungslos, z.B. durch Reaktionen mit anderen Molekülen. Die
geschilderten Verhältnisse sind in Abb. 3.1 (Jablonski-Diagramm) noch
einmal schematisch zusammengefaßt.

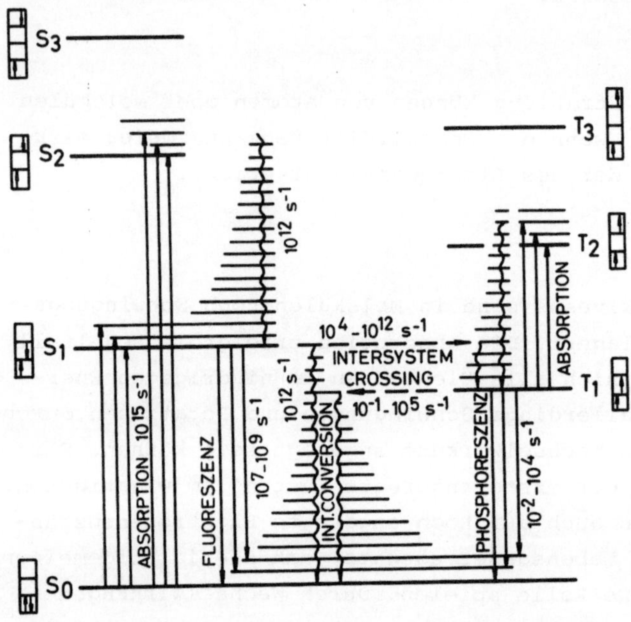

Abb. 3.1 JABLONSKI-DIAGRAMM: Mögliche Übergänge bei und nach Anregung
durch optische Strahlung (S: Singulett-, T: Triplettzustände). In den
Kästchen sind die Spinrichtungen symbolisiert. Schlangenlinien bezeichnen strahlungslose Übergänge.

Die Wahrscheinlichkeit für eine Anregung wird durch den wellenlängen-
abhängigen Wirkungsquerschnitt $\sigma(\lambda)$ angegeben, der nach Beziehung
(2.5) bzw. (2.6) mit dem Extinktionskoeffizienten ε zusammenhängt.

3.2 Ionisierende Strahlung

3.2.1 Photonen

3.2.1.1 Allgemeines

Photonen, deren Energie zur Ionisierung der bestrahlten Materie ausreicht, wechselwirken - in Abhängigkeit von der Energie und der atomaren Zusammensetzung des exponierten Stoffes - aufgrund von vier Prozessen: Streuung ohne Energieverlust, Compton-Streuung, Photoeffekt
und Paarbildung. Bei der reinen Streuung kommt es zu keiner Absorption, sie kommt daher für Strahleneffekte nicht in Betracht und wird
deshalb nicht im einzelnen besprochen. Allerdings muß sie bei dosimetrischen Überlegungen beachtet werden. Compton- und Photoeffekt beruhen auf einer Wechselwirkung mit den Elektronen des bestrahlten Stoffes und können als relativistische Stoßprozesse behandelt werden; die
Paarbildung beschreibt die Entstehung eines Elektron-Positron-Paars
aufgrund der relativistischen Energie-Masse-Äquivalenz. Der Vollständigkeit halber muß auch noch die Wechselwirkung mit Kernen erwähnt
werden (Kernfotoeffekt), die jedoch hier im Rahmen unserer Betrachtungen keine Rolle spielt.

3.2.1.2 Compton-Effekt

Wir betrachten hier den speziellen Fall des Stoßprozesses eines Photons mit einem als frei angenommenen Elektron, d.h. die Energie des
Photons sei sehr viel größer als die Bindungsenergie des Elektrons.
Die Ableitungen des Abschnitts 2.2 sind hier nicht ohne weiteres übertragbar, da dort die Konstanz der Masse vorausgesetzt war, was bei
Annäherung an die Lichtgeschwindigkeit, also im relativistischen Fall,
nicht mehr zutrifft. Wir müssen also mit den relativistischen Größen
von Impuls und Energie (s. Kapitel 1) rechnen. Die Behandlung wird im
Laborsystem durchgeführt (Abb. 3.2): Ein Photon der Frequenz ν_o stößt
auf das ruhende Elektron, das unter dem Winkel ρ_1 mit dem Impuls p
und der kinetischen Energie T davonfliegt. Das Photon wird um den Winkel ρ_2 abgelenkt und habe nach der Kollision die Frequenz ν'.
Der Impulssatz liefert (vgl. Kapitel 1 für die relativistischen Größen):

$$\frac{h\nu_o}{c} = \frac{h\nu'}{c} \cos \rho_2 + |p| \cos \rho_1 \tag{3.2}$$

$$O = \frac{h\nu'}{c} \sin \rho_2 - |p| \sin \rho_1 \tag{3.2}$$

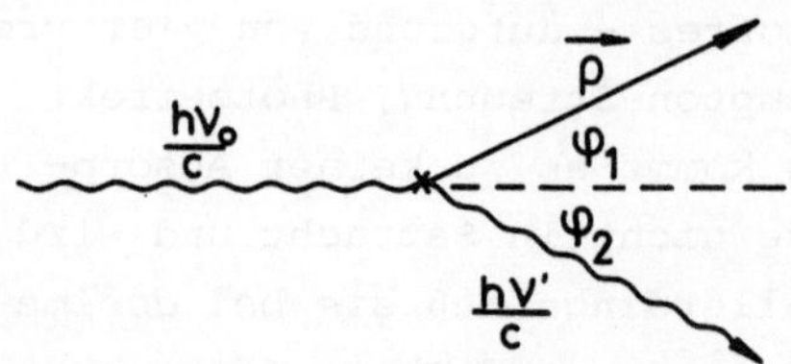

Abb. 3.2 Zur Ableitung des Compton-Effekts.

Aus dem Energiesatz folgt für die kinetische Energie T des Elektrons

$$T = h\nu_o - h\nu' \tag{3.3}$$

Gleichungspaar (3.2) führt zu

$$p^2 c^2 = (h\nu')^2 + (h\nu_o)^2 - 2 h\nu_o\, h\nu' \cos \rho_2 \tag{3.4}$$

Da $p^2 c^2 = T (T + 2\, m_{eo} c^2)$ (m_{eo}: Elektronenruhemasse) (Gleichung 1.12) ergibt sich für das gestreute Photon

$$h\nu' = \frac{h\nu_o}{1 + \frac{h\nu_o}{m_{eo} c^2} (1-\cos \rho_2)} \tag{3.5}$$

Die kinetische Energie des gestoßenen Elektrons ist dann

$$T = h (\nu_o - \nu') = (h\nu_o)^2 \frac{1 - \cos \rho_2}{m_{eo} c^2 + h\nu_o (1 - \cos \rho_2)} \tag{3.6}$$

Die maximale Energie wird also bei Rückwärtsstreuung des Photons (ρ_2 = π) übertragen:

$$T_{max} = \frac{2 \ (h\nu_o)^2}{2 \ h\nu_o + m_{eo}c^2} = \frac{h\nu_o}{1 + \frac{1}{2} \frac{m_{eo}c^2}{h\nu_o}} \qquad (3.7)$$

Man sieht, daß niemals die gesamte Photonenenergie dem Elektron mit-gegeben werden kann, d.h. unter den gemachten Voraussetzungen resul-tiert immer auch ein gestreutes Photon. Der Grund liegt in der Not-wendigkeit, Energie und Impuls zu erhalten. Da das Elektron als frei angenommen, d.h. die Bindung an das Atom vernachlässigt wurde, kann der Restimpuls von diesem nicht übernommen werden.

Betrachten wir noch die Winkelabhängigkeit des fortfliegenden Elek-trons: Für den Ablenkungswinkel ρ_1 gilt

$$\mathrm{tg}^2 \ \rho_1 = \frac{2 \ \frac{h\nu_o}{m_{eo}c^2} \ (h\nu_o - T) - T}{T \ (1 + \frac{h\nu_o}{m_{eo}c^2})^2} \qquad (3.8)$$

Die Beziehungen sagen aus, daß bei gegebener Photonenenergie die Elek-tronenenergie eine eindeutige Funktion des Ablenkwinkels ist.

Die Wahrscheinlichkeit für einen bestimmten Energieverlust läßt sich nicht so elementar ableiten, da sie die Wechselwirkung zwischen Elektron und dem Feld des Photons beinhaltet. Wir geben daher nur das Ergebnis an, und zwar für die differentielle Verteilung der Rückstoß-elektronen, wobei die Notation des Kapitels 2 benutzt wird (bezogen auf ein Elektron):

$$d \ \sigma_e(T) = C \cdot \frac{m_{eo}c^2}{(h\nu_o)^2} \left[2 + (\frac{T}{h\nu_o - T})^2 \ (\frac{m_{eo}^2 c^4}{(h\nu_o)^2} + \frac{h\nu_o - T}{h\nu_o} - \right.$$

$$\left. \cdot \ \frac{2 \ m_{eo}c^2}{h\nu_o} \cdot \frac{(h\nu_o - T)}{T}) \right] dT \qquad (3.9)$$

C ist hierbei eine Normierungskonstante. Beziehung (3.9) gilt natür-lich nur für den Bereich $0 \le T \le T_{max}$. Für $T > T_{max}$ ist $\frac{d \ \sigma(T)}{\sigma} = 0$.

Für einige Photonenenergien ist die Rückstoßelektronenverteilung in
Abbildung 3.3 dargestellt.

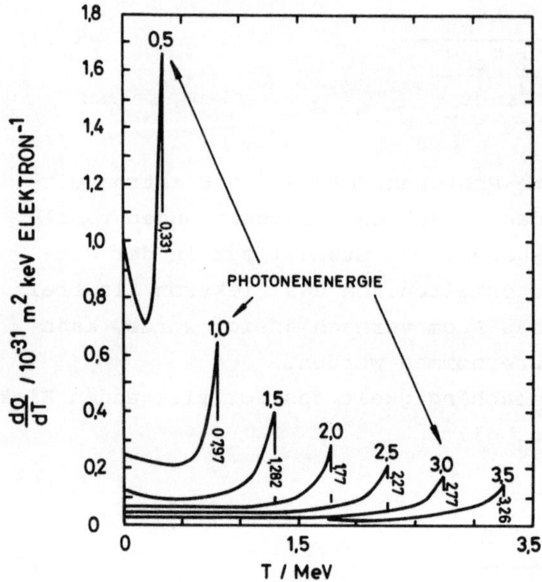

Abb. 3.3 Differentieller Wirkungsquerschnitt für die Compton-Streuung
an einem Elektron bei verschiedenen Photonenenergien. Quelle: JOHNS
u.a. 1952

Man sieht, daß der größte Anteil pro gegebenem Energieintervall immer
bei der Maximalenergie gefunden wird.

Die Wahrscheinlichkeit für eine Compton-Wechselwirkung steigt proportional mit der Elektronendichte im bestrahlten Medium, ist also der
Kernladungszahl Z proportional. Die Abhängigkeit von der Energie des
einfallenden Photons ist komplizierter und ergibt sich im Prinzip aus
einer Integration von Gleichung (3.9). Bei sehr niedrigen Energien erhält man näherungsweise für ein Elektron

$$\sigma_e \approx \frac{8}{3}\,\pi\,\frac{e^4}{m_{eo}{}^2 c^4}\,\left(1 - 2\,\frac{h\nu_o}{m_{eo}c^2}\,\ldots\,\right) \tag{3.10}$$

(e: Elektronenladung).

Bei Energien, die wesentlich größer sind als die Elektronenruheenergie,
gilt

$$\sigma_e \approx \pi \frac{e^4}{m_{eo}^2 c^4} \cdot \frac{1 + 2 \ln 2 \frac{h\nu_o}{m_{eo} c^2}}{2 \frac{h\nu_o}{m_{eo} c^2}} \tag{3.11}$$

d.h. dann fällt die Wahrscheinlichkeit ungefähr umgekehrt proportional mit der Photonenenergie, da der Logarithmus eine sich nur langsam verändernde Funktion ist.

Die Annahme eines ungebundenen Elektrons ist sicher für kleine Photonenenergien nicht zutreffend, doch ist das nicht sehr gravierend, da in diesem Fall die Comptonwechselwirkungswahrscheinlichkeit ohnehin gering ist und der Fotoeffekt (Abschnitt 3.2.1.3) dominiert. Anders ist es bei der Compton-Streuung an kernnahen Elektronen, besonders bei schweren Elementen. Hier sind die referierten Ergebnisse nicht ohne weiteres anzuwenden. Für biologische Materialien können die Abweichungen jedoch in der Regel vernachlässigt werden.

3.2.1.3 Fotoeffekt

Im vorhergehenden Abschnitt war gezeigt worden, daß Photonen niemals ihre gesamte Energie auf freie - oder als frei betrachtete - Elektronen übertragen können. Die Verhältnisse sind anders bei niedrigen Photonenenergien. Es kann nun die Bindung der Elektronen im Atom nicht mehr vernachlässigt werden. Die Erhaltung des Gesamtimpulses wird jetzt dadurch sichergestellt, daß die Differenz vom Atomrumpf übernommen wird. Das Elektron erhält als kinetische Energie die des Photons vermindert um die Bindungsenergie:

$$T = h\nu_o - E_B \tag{3.12}$$

(E_B: Bindungsenergie).

Der Fotoeffekt ist also genaugenommen ein komplizierterer Fall der Compton-Streuung. Aus diesem Grund sind die Abhängigkeiten von Kernladungszahl und Photonenenergie nicht so leicht zu erfassen. Da das gesamte Atom wechselwirkt, spielt nicht nur die Elektronendichte im Medium eine Rolle. In befriedigender Näherung gilt

$$\sigma_{Foto} \approx \frac{Z^4}{(h\nu_o)^3} \tag{3.13}$$

Die Wahrscheinlichkeit für den Fotoeffekt nimmt also sehr stark mit
der Photonenenergie ab.

Der Fotoeffekt ist keineswegs auf die Außenelektronen beschränkt,
ganz im Gegenteil werden - vor allem bei Atomen niedriger Ordnungszahl
- vor allem Elektronen der inneren Schalen freigesetzt. Die entstehenden "Löcher" werden nachgefüllt, wobei Röntgenfluoreszenzstrahlung
auftritt oder es aber zur Emission von Auger-Elektronen kommt (Abschnitt 3.2.1.5).

3.2.1.4 Paarbildung

Sowohl Compton- als auch Fotoeffekt nehmen mit steigenden Photonenenergien ab, wenn auch in unterschiedlicher Weise. Wenn $h\nu_o > 2\,m_{eo}c^2$
(= 1,02 MeV) wird, kann sich das Photon "materialisieren", wobei ein
Elektron und ein Positron entstehen, da die Erhaltung der Gesamtladung
gewährleistet sein muß. Diese "Paarbildung" erfordert ein elektrisches
Feld, üblicherweise das eines Atomkerns. Dieser übernimmt einen Teil
des Impulses, während die Photonenenergie auf die beiden entstandenen
Teilchen aufgeteilt wird:

$$h\nu_o = E_{Elektron} + E_{Positron} \tag{3.14}$$

$$= T_{Elektron} + T_{Positron} + 2m_{eo}c^2 \tag{3.15}$$

Wegen der Beteiligung des Kerns ist weder die Art der Energieaufteilung
noch die Winkelabhängigkeit eindeutig.

Die Behandlung der Wahrscheinlichkeit für die Paarbildung ist
wieder recht komplex. In erster Näherung kann man sagen

$$\sigma_{Paar} \sim Z^2 \cdot (h\nu_o) \tag{3.16}$$

Die entstandenen Partikel, welche u.U. über beträchtliche Energien
verfügen, können auf ihrem Weg durch Materie Bremsstrahlung produzie-
ren, wodurch also ein Teil der ursprünglich absorbierten Wellenstrahlung wieder als solche emittiert wird. Diese "Bremsstrahlungsverluste"
können auch schon bei energiereichen Compton-Elektronen eine Rolle
spielen. Sie sind wichtig für die Dosimetrie, besonders im Hinblick
auf den Unterschied zwischen Dosis und KERMA (Kapitel 4). Außerdem

kommt es nach Abbremsung zu einer Reaktion zwischen Elektronen und Positronen, wobei die sogenannte "Vernichtungsstrahlung" entsteht - eine Umkehrung des Paarbildungseffekts. Dabei werden zwei Quanten mit der Gesamtenergie $2\,m_{eo}c^2$ emittiert.

3.2.1.5 Auger-Effekt

Falls Foto- oder Comptonelektronen aus inneren Schalen der Atome freigesetzt werden, gibt es dort Leerstellen, die aus höheren Niveaus aufgefüllt werden. Hierbei entsteht dann für die Übergänge charakteristische Röntgenfluoreszenzstrahlung. Dies ist aber nicht der einzige mögliche Prozeß. Falls der durch das Nachrücken gewonnene Energiebetrag größer ist als die Bindungsenergie eines Hüllenelektrons, so kann es zu dessen Ablösung kommen. Das geschieht nicht - wie man meinen könnte - dadurch, daß die Röntgenfluoreszenzstrahlung einen erneuten Fotoeffekt bewirkt, sondern strahlungslos, gewissermaßen als "atominterne Energieverrechnung". Man bezeichnet diesen Vorgang als "Augereffekt" und entsprechend die freigesetzten Elektronen als "Auger-Elektronen". Sie können immer dann auftreten, wenn in kernnahen Elektronenschalen Leerstellen vorhanden sind. Der Prozeß kann sich u.U. kaskadenförmig fortsetzen, so daß durch die Wechselwirkung mit einem ursprünglichen Photon auch mehr als zwei Elektronen freigesetzt werden. Das zurückbleibende Atom ist dann natürlich mehrfach ionisiert. Ein allgemeiner Wirkungsquerschnitt läßt sich für den Auger-Effekt nicht angeben, da er einmal von den vorhergehenden Prozessen und zum anderen von der speziellen atomaren Elektronenkonfiguration abhängig ist. Wegen der hohen lokalen Ladungsdichte kommt dem Auger-Effekt möglicherweise eine große biologische Bedeutung zu.

3.2.1.6 Zusammenfassung

Wird Materie mit energiereichen Photonen bestrahlt, so laufen alle drei Prozesse - allerdings zu unterschiedlichen Anteilen - ab. Der Gesamtwechselwirkungsquerschnitt σ_{PH} setzt sich additiv aus den Fraktionen für Foto-, Compton- und Paarbildungseffekt zusammen:

$$\sigma_{PH} = \sigma_{Foto} + \sigma_{Compton} + \sigma_{Paar} \tag{3.17}$$

Die einzelnen Komponenten haben - wie dargelegt - unterschiedliche Abhängigkeiten sowohl von der Photonenenergie als auch der Kernladungs-

zahl des exponierten Mediums. Die Verhältnisse sind in Abbildung 3.4
für Wasser näher aufgeschlüsselt.

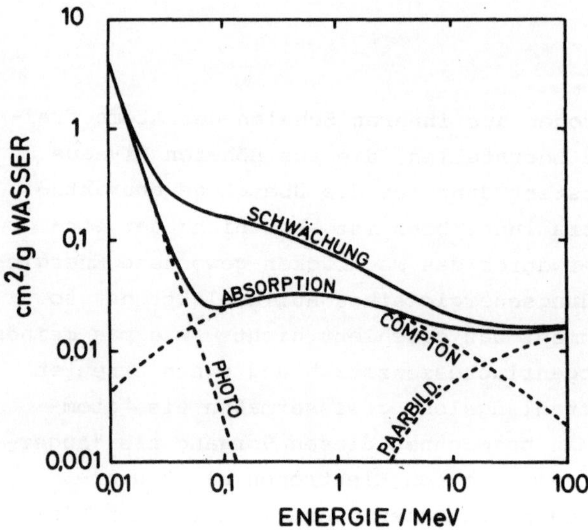

Abb. 3.4 Die Beteiligung von Foto-, Compton- und Paarbildungseffekt
bei der Bestrahlung von Wasser mit energiereichen Photonen. Außerdem
ist auch noch die Gesamtschwächung (d.h. einschließlich elastischer
Streuung) eingetragen. Quelle: JOHNS und LAUGHLIN 1956

Man sieht zunächst, daß wegen des Anteils der Streuung zwischen Ab-
schwächung und tatsächlicher Absorption unterschieden werden muß. Für
$h\nu_o$ < 50 keV dominiert der Fotoeffekt, im Bereich zwischen 0,1 und
3 MeV hat man es nahezu ausschließlich mit Comptonstreuung zu tun,
bei höheren Energien kommt dann immer mehr die Paarbildung zum Tragen.
In jedem Fall treten als Produkte aber Elektronen auf. Sie sind die
eigentlichen Träger der Wechselwirkung mit dem Medium und so letztlich
auch für die biologischen Effekte verantwortlich, weil sie auf ihrem
Weg weitere Anregungen und Ionisationen auslösen.

3.2.2 Neutronen

Neutronen können - abgesehen von Streuung ohne Energieverlust - aufgrund von fünf Prozessen mit den Atomkernen der bestrahlten Materie
wechselwirken:

     1. elastischer Stoß

     2. inelastischer Stoß

     3. nicht elastischer Stoß

4. Einfang

5. Spallation

Im ersten Fall haben wir den klassischen Stoßprozeß (s. Kapitel 2.1.2) vor uns, im zweiten liegt ein Kernprozeß vor, bei dem das Neutron eingefangen und mit veränderter Energie wieder emittiert wird, während im dritten als Reaktionsprodukt das Neutron als Teil eines anderen Partikels - z.B. eines α-Teilchens - auftritt. Bei den Einfangreaktionen verbleibt das Neutron im Kern, der dann andere Teilchen emittieren kann. Unter Spallation versteht man ein Zerbrechen des getroffenen Kerns in eine Reihe verschiedener Reaktionsprodukte. Mit Ausnahme des ersten Prozesses sind alle anderen in der Regel auch mit einer Emission von γ-Quanten verbunden. Die Wahrscheinlichkeit aller Wechselwirkungsarten ist energieabhängig. Bei niedrigen Neutronenenergien - unter 5 MeV - spielt praktisch nur der elastische Stoß eine Rolle, allerdings nicht bei sehr niedrigen Energien (unter 100 keV), wo der Einfang dominiert.

Inelastische und nicht elastische Wechselwirkung beginnen bei ca. 2,5 bzw. 5 MeV, die Spallation bei ca. 20 MeV. Neutroneneinfang hat vor allem im niedrigen Energiebereich der thermischen Neutronen Bedeutung. Hierbei kommen vor allem (n,p)-Reaktionen vor. Außerdem findet natürlich auch Energieübertragung auf die bei den Kernprozessen entstehenden γ-Quanten statt. Stark vereinfacht - aber als erste Näherung ausreichend - kann man jedoch als überwiegende Wechselwirkungsprodukte Rückstoßprotonen ansehen. Das Grundsätzliche des elastischen Stoßprozesses ist bereits in Abschnitt 2.1.2 dargestellt worden. Der maximal mögliche Energieverlust hängt gemäß Beziehung (2.22) von dem Massenverhältnis der beiden Partner ab und ist am größten, wenn dieses gleich Eins ist. Aus diesem Grund spielen Protonen bei der Neutronenwechselwirkung die größte Rolle. Der differentielle Wirkungsquerschnitt ist nach (2.28) unabhängig vom übertragenen Energiebetrag, d.h. auch ursprünglich monoenergetische Neutronen der Anfangsenergie T_O verteilen sich schon nach einem Stoß gleichmäßig auf den Bereich zwischen T_O und $T_O - \varepsilon_{max}$, die Rückstoßteilchen haben dann Energien zwischen 0 und ε_{max}, wenn man die Bindungsenergien vernachlässigt. Nach mehreren Stößen geht die "Kastenfunktion" in eine kontinuierliche Verteilung über. Für die Energiedeposition und damit den biologischen Effekt sind - ähnlich wie bei Photonen die Elektronen - ganz überwiegend die geladenen Sekundärteilchen, also vor allem Protonen, verantwortlich. Nur bei hohen Neutronenenergien spielen auch schwere Teilchen eine Rolle. Das Gesagte hat Konsequenzen für die LET-Verteilung (Kapitel 4).

3.2.3 Ionen

Ionen zeigen in Abhängigkeit von ihrer Energie drei Wechselwirkungsarten:

>Elektroneneinfang (niedrige Energien)
>Stöße mit Elektronen (mittlere Energien)
>Kernstöße und Kernreaktionen (sehr hohe Energien).

Der letztere Punkt spielt im Rahmen unserer Betrachtung nur eine untergeordnete Rolle und wird nicht besprochen. Am wichtigsten sind die Stoßprozesse mit Elektronen, bei denen die Wechselwirkung durch die elektrischen Felder der Partner vermittelt werden und somit vom Stoßparameter abhängen. Bei großer Entfernung ist die übertragene Energie gering, das bedeutet, daß die Bindung im Atom nicht vernachlässigt werden kann. Man spricht in diesem Fall von "streifenden" oder auch "weichen" Stößen (glancing oder soft collisions). Die analytische Behandlung erfordert quantenmechanische Betrachtungen und soll hier nicht
durchgeführt werden. Das Resultat dieser Interaktionen sind nicht nur
Ionisationen, sondern auch Anregungen, deren beider Wahrscheinlichkeit
natürlich von dem Energietermschema der exponierten Moleküle abhängt.
Es ist daher auch nicht möglich, die Reaktion nur als Stoß zwischen
dem Ion und einem Elektron zu beschreiben; das Atom bzw. Molekül wechselwirkt als Ganzes.

Bei kleinen Stoßparametern haben wir das schon in Kapitel 2 und
Anhang I.3 behandelte "Kepler-Problem" vor uns. Es war dort gezeigt
worden, daß der Wechselwirkungsquerschnitt pro Elektron σ_e in differentieller Form gegeben ist durch

$$\frac{d\,\sigma_e(\varepsilon)}{d\varepsilon} = -\frac{2\pi\,Z^{*2}\,e^4}{m_{eo}v_I^2} \cdot \frac{1}{\varepsilon^2} \tag{3.18}$$

Hierbei sind (in entsprechender Übertragung von (2.30):

Z^*: effektive Kernladungszahl des Ions, die von der tatsächlichen
wegen möglicherweise eingefangener Elektronen abweicht,

m_{eo}: Elektronenruhemasse

e: Elementarladung

v_I: Ionengeschwindigkeit.

Um den Gesamtwechselwirkungsquerschnitt σ zu erhalten, müssen wir noch
mit der Elektronendichte im Medium $\frac{d\,N_e}{dV}$ multiplizieren:

$$\frac{d\sigma}{d\varepsilon}(\varepsilon) = \frac{2\pi\ Z^{*2}\ e^{4}}{m_{eo}v_{I}^{2}} \cdot \frac{d\ N_{e}}{dV} \cdot \frac{1}{\varepsilon^{2}} \qquad (3.19)$$

Z^{*} verringert sich mit fallender Geschwindigkeit aufgrund des Elektroneneinfangs. Eine empirische Beziehung für diese Abhängigkeit ist als "BARKAS-Formel" bekannt:

$$Z^{*} = Z\left(1 - \exp\left(- 125\ \beta \cdot Z^{-2/3}\right)\right) \qquad (3.20)$$

($\beta = \dfrac{v_{I}}{c}$ und Z: tatsächliche Kernladungszahl des Ions). Für einige Ionenarten ist die Beziehung (3.20) in Abbildung 3.5 grafisch dargestellt.

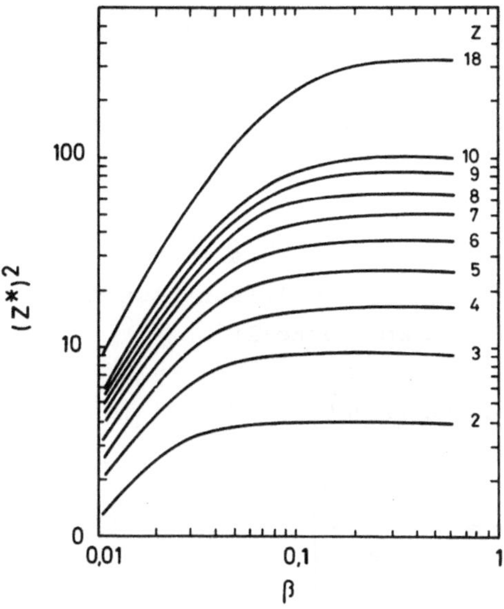

Abb. 3.5 Zusammenhang zwischen Z* und relativer Ionengeschwindigkeit für verschiedene Ionenarten (BARKAS-Beziehung). Quelle: BUTTS und KATZ 1967

Gleichung (3.19) kann herangezogen werden, um den mittleren Energieverlust des Ions pro durchlaufene Wegstrecke zu bestimmen. Genau genommen müssen natürlich auch die "weichen" Stöße berücksichtigt werden, bei denen die übertragenen Energiebeträge zwar klein sind, deren große Zahl jedoch ins Gewicht fällt. Wir wollen sie jedoch näherungsweise zunächst einmal vernachlässigen. Es ist dann (T: kinetische Energie des Ions)

$$- \frac{dT}{dx} = \int_{\varepsilon_{min}}^{\varepsilon_{max}} \varepsilon \cdot d\sigma(\varepsilon)$$

$$= \frac{2\pi \, Z*^2 \, e^4}{m_{eo} v_I^2} \ln \frac{\varepsilon_{max}}{\varepsilon_{min}} \qquad (3.21)$$

Die quantenmechanische Behandlung zeigt, daß

$$\frac{\varepsilon_{max}}{\varepsilon_{min}} = \left(\frac{2 \, m_{eo} v_I^2}{I} \right)^2 \qquad (3.22)$$

so daß wir erhalten

$$- \frac{dT}{dx} = \frac{4\pi \, Z*^2 \, e^4}{m_{eo} v_I^2} \cdot \frac{d \, N_e}{dV} \ln \frac{2 \, m_{eo} v_I^2}{I} \qquad (3.23)$$

I ist das sogenannte mittlere Ionisationspotential, das im Prinzip zwar berechnet werden kann, aber in praxi meist empirisch bestimmt wird. Einige Werte sind in Tabelle 3.1 zusammengestellt.

Tabelle 3.1 Werte des mittleren Ionisationspotentials für einige Materialien. Quelle: ICRU 1970

Substanz	I/eV
Wasser	65,1
Methan	44,1
Luft	86,8
Muskel	65,9
Knochen	85,1

Berücksichtigt man alle bisher vernachlässigten Einflüsse, so erhält man als endgültige Formel ("BETHE-BLOCH-FORMEL")

$$- \frac{dT}{dx} = \frac{4\pi \, Z*^2 \, e^4}{m_e v_I^2} \cdot \frac{d \, N_e}{dV} \left[\ln \frac{2 \, m_e v_I^2}{I(1-\beta^2)} - 2\beta^2 - \delta - U \right] \qquad (3.24)$$

Die letzten beiden Terme in der Klammer sind Korrekturen, die erst
bei sehr hohen Energien eine Rolle spielen (Dichte bzw. Schalenkorrek-
tur).

Aus (3.24) geht hervor, daß der mittlere differentielle Energieverlust nicht von der Masse des Ions, sondern nur von Ladung und Geschwindigkeit abhängt. Mit fallender Ionenenergie nimmt er stark zu,
bis aufgrund von Elektroneneinfang wieder eine Verminderung eintritt
– er durchläuft also ein Maximum. Es ist üblich, $-\frac{dT}{dx}$ auf die Dichte
des bestrahlten Mediums zu beziehen, man spricht dann von <u>Massenbrems-
vermögen</u>. Sein Verlauf ist für Protonen und Wasser in Abbildung 3.6
grafisch dargestellt.

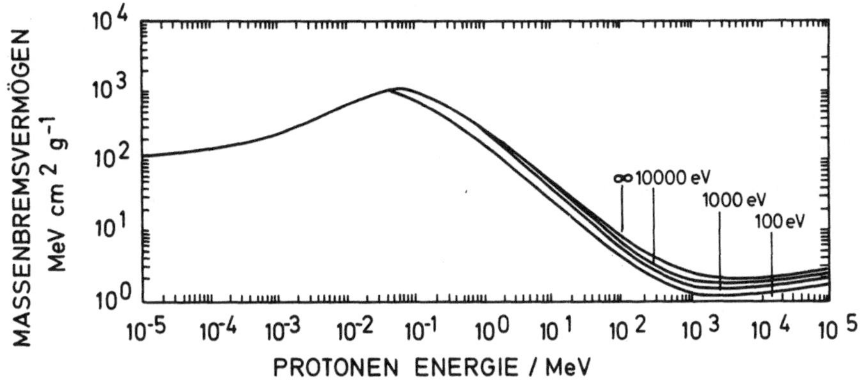

Abb. 3.6 Massenbremsvermögen (∞) für Protonen in Wasser als Funktion
der Energie. Quelle: ICRU 1970

Hier interessiert nur die mit "∞" gekennzeichnete Kurve, auf die Bedeutung der anderen wird im nächsten Kapitel eingegangen. Aus (3.24)
geht hervor, daß $-\frac{dT}{dx}$ bei Ionen gleicher Geschwindigkeit im wesentlichen nur von der effektiven Kernladungszahl abhängt. Man kann daher
Abbildung 3.6 benutzen, um das Massenbremsvermögen eines beliebigen
Ions zu bestimmen: bei gegebener Geschwindigkeit steigt es proportional
zum Quadrat der effektiven Kernladungszahl.

3.2.4 <u>Mesonen</u>

π^--Mesonen werden z.Zt. als alternative Strahlenquelle für die Krebstherapie diskutiert. Ihre Wechselwirkung mit Materie beruht im wesentlichen auf zwei Prozessen: Stöße mit Hüllenelektronen und Einfang durch
Atomkerne mit anschließender Spallation. Der erste Vorgang entspricht

prinzipiell den Verhältnissen bei Ionen (abgesehen vom Ladungszustand),
die im vorhergehenden Abschnitt besprochen wurden. Die angegebenen
Formeln können mit Anpassung der unterschiedlichen Massen und Ladungen
übernommen werden. Gegen Ende der Reichweite ergeben sich allerdings
wichtige Unterschiede: Langsame π^--Mesonen werden durch die Kerne des
Mediums eingefangen, wobei diese in einen hoch angeregten Zustand versetzt werden, die Anregungsenergie entspricht der Ruheenergie des Mesons von 140 MeV. In der weiteren Folge kommt es zu einer spontanen
Zertrümmerung des Kerns (Spallation), wobei neben γ-Quanten, Neutronen,
Protonen und α-Teilchen auch größere Bruchstücke auftreten. Die Ein-
fangwahrscheinlichkeit hängt vom Nuklid ab; im Biologischen spielen
vor allem ^{12}C und ^{16}O eine Rolle, wobei das letztere Isotop für ca.
75% aller Spallationen verantwortlich ist. Die Bruchstücke deponieren
ihre Energie in nächster Nähe des Spallationsortes, da sie nur über
kurze Reichweiten verfügen.

3.2.5 Elektronen

Bei der Wechselwirkung von Elektronen mit Materie spielen vier Vorgänge eine Rolle:

1. Stöße mit den Hüllenelektronen
2. Bremsstrahlung
3. Cerenkow-Strahlung
4. Kernprozesse.

Hier werden nun die ersten beiden Fälle besprochen, die Cerenkow-Strahlung kommt erst bei recht hohen Elektronenenergien zum Tragen, das
gleiche gilt noch mehr für Kernprozesse. Stöße mit den Hüllenelektronen
folgen im Prinzip den in Abschnitt 2.1.2 besprochenen Grundsätzen,
doch ist die nicht relativistische Behandlung in den meisten Fällen
unangemessen. Eine ausführliche Diskussion muß hier unterbleiben, vielmehr gehen wir sofort die BETHE-Formel für den Energieverlust pro Wegstrecke an:

$$-\frac{dT}{dx} = \frac{2\pi e^4}{m_{eo} v^2} \frac{dN}{dV} \ln \frac{m_{eo} v^2 \cdot T}{2 I^2 (1-\beta^2)} - (2\sqrt{1-\beta^2} - 1 + \beta^2)\ln 2$$

$$+ (1 - \beta^2) + \frac{1}{8}(1 - \sqrt{1 - \beta^2})^2 \tag{3.25}$$

Diese Beziehung gilt natürlich nur für die Stoßverluste, schließt aber die "glancing collisions" ein.

Bei steigenden Energien spielen Bremsstrahlungsverluste eine immer größere Rolle. Sie basieren auf einer Richtungsänderung der Elektronen im Kernfeld und hängen somit auch von der atomaren Zusammensetzung des exponierten Mediums ab. Eine grobe Abschätzung ihres Anteils gibt folgende Beziehung:

$$r = \frac{T\ Z_M}{700} \tag{3.26}$$

Dabei ist r das Verhältnis von Strahlungs- zu Stoßverlusten, T die kinetische Energie des Elektrons in MeV und Z_M die Kernladungszahl des Mediums. In Abbildung 3.7 ist das Massenbremsvermögen mit und ohne Bremsstrahlungsverluste für Wasser aufgetragen.

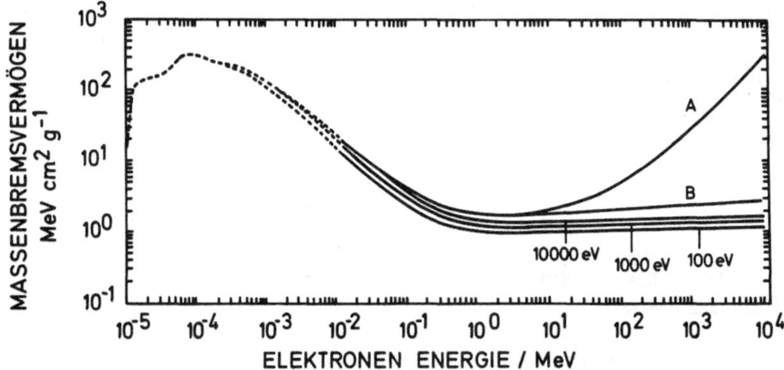

Abb. 3.7 Massenbremsvermögen von Elektronen in Wasser. A: einschließlich Bremsstrahlungsverlust; B: nur Stoßverluste. Quelle: ICRU 1970

3.2.6 Reichweiten

Im Gegensatz zu Photonen haben geladene Teilchen definierte Reichweiten, die im Prinzip aus den Energieverlustformeln zu bestimmen wären:

$$R = \int_0^{T_o} \frac{dT}{dT/dx} \tag{3.27}$$

wobei R die Reichweite und T_o die Anfangsenergie des Teilchens sind. Hierbei wird jedoch außer acht gelassen, daß die Energieverlustprozesse statistischen Charakter haben und die entstehenden Sekundärteil-

chen einer Energie- bzw. Reichweitenverteilung folgen. Im Fall von
Elektronen kommt hinzu, daß ihr Weg aufgrund von Vielfachstreuungen
einen stark gewundenen Weg durchlaufen. Die obige Formel ist daher nur
von begrenztem Wert. Man kennzeichnet sie mit dem Schlagwort "continuous
slowing down approximation" (csda).

Abbildung 3.8 zeigt die Abhängigkeit der csda-Reichweiten für Elektronen und Protonen in Wasser als Funktion der Energie. Tabellen hierzu findet man im ICRU-Report No. 16 (1970).

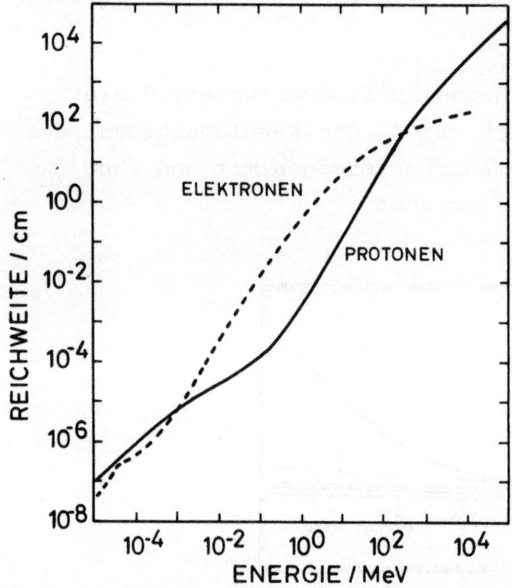

Abb. 3.8 Reichweiten von Elektronen und Protonen in Wasser. Quelle:
ICRU 1970

Alle geladenen Teilchen verlieren auf ihrem Weg durch das bestrahlte
Medium Energie; damit verändert sich aber auch ihr Bremsvermögen. Man
bezeichnet die Abhängigkeit des Bremsvermögens von der Eindringtiefe
auch als "BRAGG-Kurve".

3.2.7 Fluenzspektren

Bei indirekt ionisierenden Strahlen wird der überwiegende Anteil der
primär absorbierten Energie auf sekundäre Teilchen übertragen, die
ihrerseits wieder Ionisationen und Anregungen hervorrufen. Sie sind
also nahezu ausschließlich für die Wechselwirkung mit der Materie zuständig. Jedes Massenelement kann als eine Quelle dieser Teilchen angesehen werden, das aber auchaus seiner Umgebung von anderen getroffen
wird. Falls jedes Teilchen, welches das betrachtete Element verläßt,

durch ein gleiches mit derselben Energie kompensiert wird, so bildet sich ein stationärer Zustand aus, den man als Sekundärteilchengleichgewicht bezeichnet. Bei Photonenstrahlung, auf die wir uns hier beschränken wollen, haben wir es nur mit Elektronen zu tun. Aufgrund der vielfachen Streuprozesse gibt es im Inneren eines homogenen Körpers für sie keine Vorzugsrichtung - der Fluß ist isotrop. Im Falle des Sekundärteilchengleichgewichts wird jedes Massenelement gleichmäßig aus allen Richtungen von einem bestimmten Elektronenspektrum durchsetzt, das wir durch die Fluenzverteilung $\phi(E)dE$ charakterisieren wollen. Die _Fluenz_ ist definiert als die Zahl von Elektronen, die in ein kugelförmiges Volumen mit Radius r eintreten, dividiert durch die Querschnittsprojektion senkrecht zur Elektronenrichtung (πr^2). (Dabei wird r so klein vorausgesetzt, daß die Bahnen als gerade betrachtet werden können.)

Sekundärteilchengleichgewicht kann nur dann herrschen, wenn das betrachtete Massenelement eine größere Entfernung von den Grenzflächen des Körpers hat als die Reichweite der energiereichsten Sekundärteilchen beträgt. Diese - notwendige, aber nicht hinreichende - Bedingung hat Konsequenzen für den Dosisverlauf an und nahe den Grenzflächen.

Die initiale Energieverteilung ist durch die Wechselwirkungswahrscheinlichkeit gegeben, wie sie z.B. in Abb. 3.3 für den Comptoneffekt angegeben sind. Wir wollen die pro Masseneinheit freigesetzte Zahl mit der Energie E als $n_o(E)dE$ bezeichnen. Aufgrund weiterer Prozesse stellt sich dann im Falle des Sekundärelektronengleichgewichts eine stationäre Verteilung $n(E)dE$ ein, welche die Zahl von Elektronen der Energie E angibt, die pro Masseneinheit aufgrund aller Wechselwirkungen entstehen. Jeder Energie ist eine mittlere freie Weglänge $l(E)$ zuzuordnen, welche die Strecke angibt, die von dem Elektron zwischen seiner Entstehung und dem nächsten Stoß im Mittel durchlaufen wird. Betrachten wir nun eine rechteckige Fläche A im Inneren des Körpers. Wegen der Isotropie können wir uns auf die Elektronen beschränken, welche A senkrecht durchsetzen. Sie entstehen in einem Quader, dessen Grundfläche A und dessen Höhe l ist, weil nur die Elektronen A treffen können, deren Entstehungsort nicht weiter als ihre freie Weglänge entfernt ist. Es gilt daher

$$A \cdot \phi(E)dE = A \cdot l(E) \cdot n(E)dE \qquad (3.28)$$

Wenn wir mit $n'(E,E_o)$ die Zahl der Elektronen der Energie E bezeichnen, die im Gleichgewicht aus einem initialen Elektron der Energie E_o entstehen, so gilt auch

$$n(E) = \int_{E}^{\infty} n'(E,E_O) n_O(E_O) dE_O \qquad (3.29)$$

und damit

$$\phi(E) = l(E) \cdot \int_{E}^{\infty} n'(E,E_O) n_O(E_O) dE_O \qquad (3.30)$$

Man faßt zusammen

$$y(E,E_O) = l(E) \cdot n'(E,E_O) \qquad (3.31)$$

so daß man schreiben kann

$$\phi(E) = \int_{E}^{\infty} y(E,E_O) n_O(E_O) dE_O \qquad (3.32)$$

Die Größe $y(E,E_O)$ gibt also die gesamte freie Weglänge der Elektronen mit einer Energie E an, die aus einem initialen Elektron der Energie E_O hervorgehen. Man bezeichnet $y(E,E_O)$ als das "slowing down"-Spektrum. Man kann es z.B. dadurch errechnen, daß man Wege und Reaktionen der Elektronen unter Zugrundelegung der verschiedenen Wechselwirkungsquerschnitte simuliert (Monte-Carlo-Methode). Ist $y(E,E_O)$ und $n_O(E_O)$ bekannt, so läßt sich $\phi(E)$ bestimmen. Um den Einfluß der unterschiedlichen Anfangsenergien zu eliminieren, kann man auch $\frac{y(E,E_O)}{E_O}$ verwenden. Solche Spektren sind in Abbildung 3.9 dargestellt. Man sieht, daß im unteren Energiebereich völlige Übereinstimmung besteht, was auch verständlich ist, wenn man bedenkt, daß ursprünglich höherenergetische Elektronen recht schnell abgebremst werden und dann ihre Herkunft "vergessen".

Fluenzspektren für verschiedene Strahlenarten zeigt Abb. 3.10. Interessant ist der Vergleich bei ^{60}Co-γ-Strahlung mit den initialen Spektren für 1 MeV-Photonen in Abbildung 3.3: Die Gleichgewichtsverteilung ist sehr deutlich zu niedrigeren Energien verschoben.

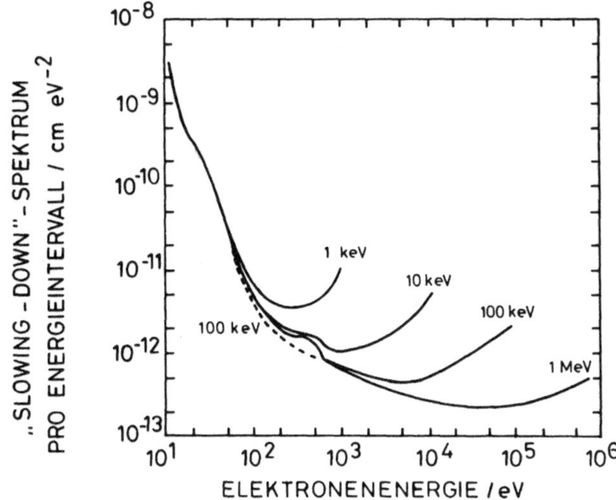

Abb. 3.9 Normierte "slowing down"-Spektren für verschiedene Anfangsenergien bei Abbremsung in Wasser. Die ausgezogenen Kurven berücksichtigen auch Auger-Effekte, die bei der gestrichelten vernachlässigt
sind. Quelle: HAMM u.a. 1978

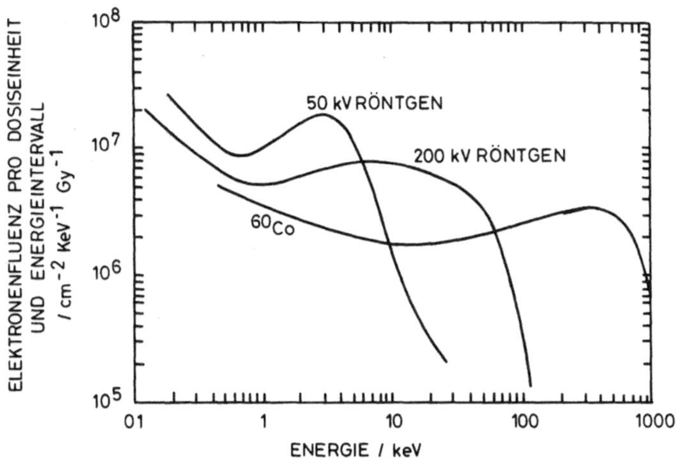

Abb. 3.10 Fluenzspektren für verschiedenen Photonenstrahlen in Wasser.
Quelle: ICRU 1970

LITERATUR (3):

ATTIX u.a. 1968

BLUME und GÜSTEN 1977a

FITZGERALD u.a. 1967

HAXEL 1966

HINE und BROWNELL 1956

KASE und NELSON 1978

MORGAN und TURNER 1973

4. Deposition der Strahlenenergie

Die Energieübertragung von Strahlung auf biologische Systeme ist so-
sowohl von prinzipieller als auch praktischer Bedeutung. Die zentrale
Meßgröße ist bei ionisierender Strahlung die Dosis (absorbierte Energie pro Masseneinheit); es ist jedoch zu unterscheiden zwischen über-
tragener und tatsächlich absorbierter Energie, wie im einzelnen erläutert wird. Außerdem spielt aber auch die lokale Verteilung der Ab-
sorptionsereignisse eine Rolle, die makroskopisch durch den "Linear
energy transfer" (LET) beschrieben wird. Die Anwendbarkeit dieses Konzepts wird kritisch diskutiert.In mikroskopischen Bereichen spielt
die stochastische Natur der Energieabsorption eine Rolle, welche in
dem Abschnitt "Mikrodosimetrie" behandelt wird. Einige Vorstellungen
über die Energieverteilung in unmittelbarer Nachbarschaft der Bahnspur
ionisierender Teilchen werden im Anschluß vorgestellt. - Bei optischer
Strahlung ist der Begriff der "Dosis" im angegebenen Sinne nicht anwendbar; es lassen sich für spezielle Verhältnisse Beziehungen zwischen Energie- bzw. Quantenfluenz angeben.

4.1 Grundsätzliches zum Dosisbegriff

Der erste Akt der biologischen Strahlenwirkung beruht auf einer Energieübertragung auf essentielle Bestandteile der Zelle. Bei optischer
Strahlung geschieht dies in der Regel durch eine selektive Absorption
in einzelnen Molekülen, bei ionisierender Strahlung wirken im Prinzip
alle Komponenten mit. Das zieht nach sich, daß in der Dosimetrie beider Strahlentypen mit unterschiedlichen Begriffen operiert wird. Dosis im eigentlichen Sinne ist die pro Masseneinheit absorbierte Energie, und so nur bei ionisierender Strahlung sinnvoll anzuwenden, während bei optischer Strahlung die Quantenfluenz die eigentliche Meßgröße
darstellt. Häufig wird allerdings hier auch die Energiefluenz als
"Dosis" bezeichnet, was terminologisch falsch ist, weil sie eine Strahlungsfeldgröße darstellt und unabhängig ist vom exponierten Objekt.
Man kann sie analog zur "exposure" betrachten (s. nächster Abschnitt).
Wir wollen uns in diesem Kapitel - abweichend von der üblichen Reihenfolge - wegen der größeren Komplexität und der grundsätzlichen Bedeutung - zunächst mit ionisierenden Strahlen beschäftigen.

4.2 Ionisierende Strahlung

4.2.1 Makroskopische Aspekte

4.2.1.1 Generelle Überlegungen. Dosis und exposure

Wie wir im vorigen Kapitel gesehen haben, übertragen ionisierende Strahlen Energie auf Materie durch Ionisationen und Anregungen. Entscheidend für alles Weitere ist dabei die Tatsache, daß ein welchselwirkendes Teilchen - sei es Quant oder Partikel - in der Regel seine gesamte Energie nicht aufgrund eines einzigen Absorptionsaktes verliert und daß außerdem sekundäre Teilchen freigesetzt werden, die Energie vom primären Wechselwirkungsort forttransportieren können. Betrachten wir ein vereinfachtes Schema in Abbildung 4.1: Ein Teilchen der Energie E trete in ein Massenelement der Masse Δm ein, wo es eine Wechselwirkung erleidet. Dabei verliert es einen Energiebetrag ΔE, der sich zusammensetzt aus der kinetischen Energie T' eines freigesetzten sekundären Teilchens, dessen Bindungsenergie E_B sowie Bremsstrahlenverlusten, die durch ein Quant der Energie E'_γ symbolisiert seien.

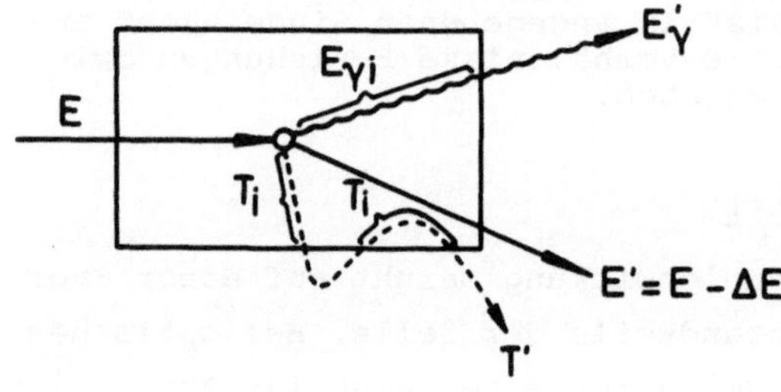

Abb. 4.1 Vorgänge bei der Energiedeposition in kleinen Volumina durch ein ionisierendes Teilchen. Erklärung s. Text.

ΔE verbleibt aber nur zu einem Bruchteil in Δm, weil die sekundären Teilchen das Massenelement verlassen können und einen Teil ihrer Anfangsenergie mit sich führen. Man sieht daraus, daß zwischen <u>übertragener</u> und <u>absorbierter</u> Energie unterschieden werden muß. Hierbei gehen zwei Größen entscheidend ein: die Reichweite des sekundären Teilchens und das Ausmaß der Bremsstrahlenverluste.

Für die in Δm verbleibende Energie ΔE_{abs} gilt gem. Abbildung 4.1:

$$\Delta E_{abs} = E_B + E'_{\gamma i} + T'_i \tag{4.1}$$

während

$$\Delta E = E_B + E'_\gamma + T' \tag{4.2}$$

d.h. $\quad \Delta E \gtrless E_{abs}$

Das Gleichheitszeichen gilt nur dann, wenn der Weg des sekundären Teilchens vollständig in Δm verläuft und Bremsstrahlenverluste vernachlässigt werden können.

Als Dosis D definiert man nun den Mittelwert pro Masseneinheit absorbierter Energie:

$$D = \frac{\overline{\Delta E_{abs}}}{\Delta m} \tag{4.3}$$

Die Notwendigkeit der Mittelwertbildung ergibt sich aus der statistischen Natur der Energieübertragung, dieser Aspekt wird ausführlich in Abschnitt 4.2.2 (Mikrodosimetrie) besprochen. Die Einheit der Dosis ist das "Gray" (Gy):

$$1 \text{ Gy} = 1 \text{ J kg}^{-1}.$$

Früher - und z.T. noch heute - wurde das "rad" (rd) benutzt.

$$1 \text{ rd} = 100 \text{ erg g}^{-1} = 10^{-2} \text{ Gy}.$$

Die oben gemachten Anmerkungen sind besonders wichtig bei indirekt ionisierenden Strahlenarten, also Photonen und Neutronen. Hier besteht der Primärakt bekanntlich in der Freisetzung geladener Teilchen, vor allem Elektronen und Protonen (bei Neutronen). Diese können bei genügend hoher Energie wieder Bremsstrahlung erzeugen, wodurch ein Teil der ursprünglich übertragenen Energie das Medium wieder verläßt. Um begriffliche Klarheit zu schaffen, definiert man für die gesamte auf die entstehenden Teilchen übertragene kinetische Energie eine spezielle Größe, die man KERMA (= Kinetic energy released per mass) nennt. Sie ist die gesamte pro Masseneinheit in kinetische Teilchenenergie umgewandelte Photonen- bzw. Neutronenenergie und wird in J kg^{-1} gemessen.

Innerhalb eines bestrahlten Mediums sind die einzelnen Massenele-

mente natürlich nicht als isoliert zu betrachten. Teilchen verlassen
ihn ebenso wie aus der Umgebung andere eintreten. Unter bestimmten Umständen kann sich ein Gleichgewicht einstellen, so daß jedes austre-
tende Teilchen durch ein ankommendes der gleichen Art und Energie kompensiert wird. In diesem Fall spricht man von Sekundärteilchengleichgewicht. Eine notwendige, aber nicht hinreichende Bedingung hierfür
ist, daß sich das Massenelement in einem homogenen Medium befindet,
dessen Ausdehnung größer ist als die Reichweite aller auftretenden
Teilchen. Daraus ergibt sich sofort, daß dieser Zustand an Grenzflächen nicht gegeben ist. KERMA und Dosis sind aber auch im Gleichge-
wichtsfall nur dann identisch, wenn keine Bremsstrahlung auftritt. Das
Gesagte ist in Abbildung 4.2 illustriert:

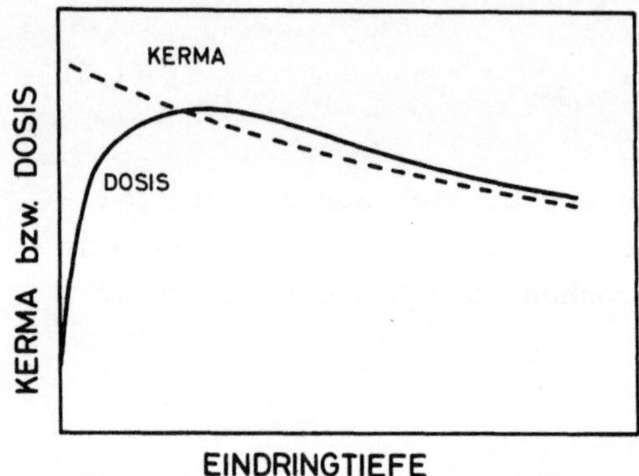

Abb. 4.2 Zur Beziehung zwischen KERMA und Dosis. Quelle: nach ALPER
1979

Nahe der Eintrittsstelle ergeben sich wegen des fehlenden Gleichgewichts große Unterschiede, die später geringer werden und dann nur
noch auf Bremsstrahlungsverluste der Sekundärteilchen zurückgehen.
    Die Schwächung der Primärstrahlung wird - wenn wir von reiner
Streuung absehen - durch den Massenschwächungskoeffizienten μ/ρ beschrieben. Um den oben getroffenen Unterscheidungen gerecht zu werden, hat
man analog noch andere Koeffizienten eingeführt, den Massenenergie-
übertragungskoeffizienten μ_K/ρ und den Massenenergieabsorptionskoeffi-
zienten μ_{en}/ρ. Der erste ist im Zusammenhang mit der KERMA zu sehen,
während bei μ_{en} auch die Bremsstrahlenverluste berücksichtigt sind;
er ist für die Dosisbestimmung der eigentlich entscheidende.
    Die Ionisierung ist in zweierlei Hinsicht für die biologische Strah-
lenwirkung ein entscheidender Prozeß: einmal ist sie der Ausgangspunkt
für die meisten Folgereaktionen, zum anderen läßt sich verhältnismäßig

leicht messen – das zweite gilt allerdings nur in Gasen. Aus diesem
Grunde hat man ursprünglich die Ionisation der Luft als Dosismaß benutzt. Das ist jedoch nicht korrekt, da die tatsächlich absorbierte
Energie von dem bestrahlten Medium abhängt. Man bezeichnet daher im
internationalen Bereich die so gewonnene Größe als "Exposure" X, in
Deutschland hat sich der Name "Ionendosis" erhalten, was etwas unglücklich erscheint. Die Meßgröße ist die pro Massenelement durch Strahlung freigesetzte Ionenladung eines Vorzeichens:

$$X = \left(\frac{dQ}{dm}\right)_{Luft} \tag{4.4}$$

(X: exposure, Q: Ladung).
Die Einheit ist $C\ kg^{-1}$, früher war das "Röntgen" (R) üblich:

$$1\ R = 2{,}58 \cdot 10^{-4}\ C\ kg^{-1} \tag{4.5}$$

Wie betont ist die Exposure eigentlich eine Strahlungsfeldgröße, bei
bekanntem Medium und Sekundärteilchengleichgewicht (sowohl in der Luft
als auch im Medium) kann man aber Umrechnungsfaktoren angeben. Hierzu
benötigen wir die zur Bildung eines Ionenpaares aufzuwendende Energie
W. Sie ist nicht mit dem in Kapitel 3 verwendeten Ionisationspotential
I zu verwechseln, das etwas über die Bindungsenergie aller Elektronen
im Atom aussagt. Da die Ionisationen vor allem an den schwächer gebundenen äußeren Elektronen ausgelöst werden, ist W < I. W ist von Teilchenart und -energie abhängig, für dünn ionisierende Strahlung kann
man jedoch von einem einheitlichen Wert von 33,7 eV ausgehen.

Für Luft können wir unter Kenntnis von W aus der Exposure X die
Dosis errechnen:

$$D = \frac{W \cdot X}{e} \tag{4.6}$$

wobei e die Elementarladung ist.
Numerisch erhält man

$$D/Gy = 33{,}7\ X/C\ kg^{-1} \tag{4.7}$$

Für ein beliebiges anderes Medium M ist mit dem Verhältnis der Massen-energieabsorptionskoeffizienten zu multiplizieren:

$$D_M = \frac{(\mu_{en}/\rho)_M}{(\mu_{en}/\rho)_{Luft}} \cdot D_{Luft} \qquad (4.8)$$

Für W̲a̲s̲s̲e̲r̲ erhält man so numerisch bei ^{60}Co-γ-Strahlung

$$D/Gy = 37,5 \cdot X/C\ kg^{-1} \qquad (4.9)$$

Werte für einige andere Stoffe und Energien sind in Tabelle 4.1 zusammengestellt.

TABELLE 4.1 Zusammenhang zwischen Dosis und Exposure für verschiedene Stoffe und Photonenenergien. Quelle: ICRU 30, 1979

Photonen Energie keV	Wasser Gy/C kg^{-1}	Knochen Gy/C kg^{-1}	Muskel Gy/C kg^{-1}
10	35,0	140	34
50	34,7	134	34,3
100	36,9	56,1	36,5
200	37,4	37,9	37,0
400	37,5	36,1	37,0
600	37,5	35,9	37,0
1000	37,5	35,8	37,0
2000	37,5	35,6	37,0

Da zur Strahlungsmessung meist Ionisationskammern benutzt werden, haben diese Angaben große praktische Bedeutung. Es sei jedoch noch einmal darauf hingewiesen, daß die Beziehungen nur für den Fall des Sekundärelektronengleichgewichts zutreffen.

Bei indirekt ionisierender Strahlung ist noch die Beziehung zwischen KERMA bzw. Dosis und der auftreffenden Teilchenfluenz ϕ von Interesse (bei direkt ionisierender Strahlung wird sie über den LET hergestellt, s. nächster Abschnitt). Für Photonen einer Quantenenergie E gilt im Falle des Sekundärelektronengleichgewichts

$$D = \phi \cdot E \cdot \frac{\mu_{en}}{\rho} \qquad (4.10)$$

oder für die Exposure X in Luft

$$X = \phi \cdot E \cdot \frac{e}{W} \cdot \frac{\mu_{en}}{\rho} \qquad (4.11)$$

Graphisch ist die Beziehung in Abb. 4.3 dargestellt.

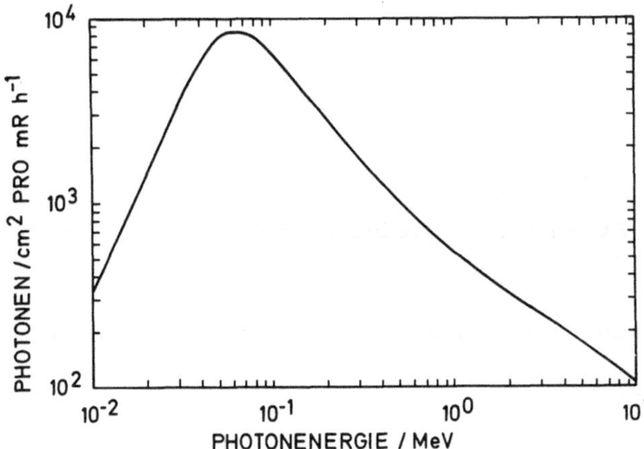

Abb. 4.3 Beziehung zwischen Photonenfluenzrate und Exposurerate. Die Angabe ist gem. der Originalquelle noch in den "alten" Einheiten. Quelle: ICRP 21, 1973

Das Maximum kommt dadurch zustande, daß zu niedrigen Energien μ_{en} stärker ansteigt als die Energie abnimmt.

Beziehung 4.11 kann auch benutzt werden, um die Dosisleistung von γ-Strahlern zu bestimmen. Als Maß hierfür benutzt man die sogenannte "spezifische Strahlungskonstante" Γ, welche die Exposurerate einer punktförmigen Quelle im Abstand von einem Meter im Vakuum angibt. Bezeichnen wir die Aktivität mit A, mit n(E) die Zahl emittierter Photonen der Energie E pro Zerfall, so gilt für die Exposure X_m in einem Meter Abstand

$$X_m = \frac{A}{4\pi} \, \Sigma \, n(E) \cdot E \cdot \frac{e}{W} \cdot \frac{\mu_{en}}{\rho} \qquad (4.12)$$

und

$$\Gamma = \frac{1}{4\pi} \Sigma \; n(E) \; \cdot \; E \; \cdot \; \frac{e}{W} \; \cdot \; \frac{\mu_{en}}{\rho} \tag{4.13}$$

wenn μ_{en}/ρ in m^2 kg^{-1} gemessen wird. Für ^{60}Co, bei dem pro Zerfall jeweils ein Quant der Energie 1,173 und 1,332 emittiert wird, ergibt sich z.B.

$$\Gamma = \frac{1,602 \cdot 10^{-19}}{4\pi \cdot 33,7} \; (1,17 \cdot 10^6 \cdot 2,7 \; 10^{-3} + 1,33 \cdot 10^6 \cdot 2,6 \cdot 10^{-3})$$

$$\frac{C \; m^2}{kg \cdot s \cdot Bq} = 2,51 \cdot 10^{-18} \; \frac{C \; m^2}{kg \cdot s \cdot Bq}$$

Werte für μ_{en}/ρ findet man tabelliert bei ATTIX u.a. 1968. Für einige Nuklide sind die spezifischen Strahlungskonstanten in Tabelle 4.2 aufgeführt.

TABELLE 4.2 Spezifische Strahlungskonstanten Γ für einige γ-Strahler. Quelle: ICRU 30, 1979

Nuklid	Γ $\dfrac{C \; m^2}{kg \cdot s \cdot Bq}$
^{22}Na	$2,3 \; \cdot \; 10^{-18}$
^{40}K	$1,56 \; \cdot \; 10^{-19}$
^{59}Fe	$1,21 \; \cdot \; 10^{-18}$
^{60}Co	$2,51 \; \cdot \; 10^{-18}$
^{131}J	$4,1 \; \cdot \; 10^{-19}$
^{137}Cs	$6,26 \; \cdot \; 10^{-19}$
^{198}Au	$4,47 \; \cdot \; 10^{-19}$
^{226}Ra (+ Folgeprodukte)	$1,59 \; \cdot \; 10^{-18}$

Bei Neutronen sind die Verhältnisse nicht so übersichtlich, weil eine ganze Reihe von Wechselwirkungsprozessen berücksichtigt werden müssen, wobei allerdings in der Regel Stöße mit Protonen dominieren (Kapitel 3). Wir wollen hier auf Einzelheiten verzichten und geben in Abbildung

4.4 lediglich die Beziehung zwischen Neutronenfluenz und KERMA in
Wasser an.

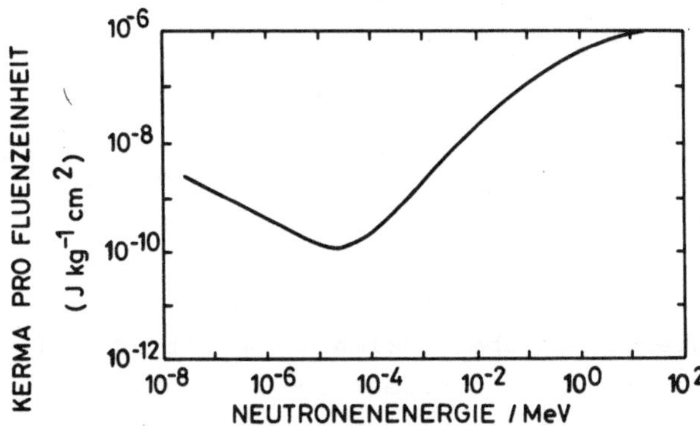

Abb. 4.4 Beziehung zwischen KERMA und Neutronenfluenz. Quelle: AUXIER,
SNYDER und JONES 1968.

4.2.1.2 <u>LET</u>

Wie schon mehrfach betont, geschieht die eigentliche Energiedeposition
im bestrahlten Medium weitgehend durch geladene Teilchen. Sie ionisie-
ren die Materie längs ihrer Bahn, wobei sie sukzessive Energie verlieren, bis sie an das Ende ihrer Reichweite gelangt sind. Je nach Teilchenart liegen also die einzelnen Ionisationsorte mehr oder weniger
nah zusammen, was natürlich Einfluß auf die Größe der in mikroskopischen Volumina absorbierten Energie hat. Man charakterisiert dies
durch die Angabe der pro Wegstrecke absorbierten Energie. Die entsprechende Meßgröße heißt LET (linear energy transfer), sie ist definiert als der Quotient aus <u>lokal</u> absorbierter Energie und durchlaufe-
ner Wegstrecke. Auf das Attribut "lokal" ist besondere Betonung zu
legen, da damit gefordert wird, daß nur solche übertragenen Energiebeträge berücksichtigt werden, die in dem betrachteten Bereich auch
tatsächlich Ionisationen (und Anregungen) hervorrufen und nicht solche,
die in Form kinetischer Energie freigesetzter Teilchen ihn verlassen.
Eine scharfe Definition ist hier nicht möglich, da dafür die Ausdehnung
des Bereichs spezifiert werden müßte. Der Fall ist vor allem wichtig
bei Elektronen, die über beträchtliche Reichweiten verfügen können.

Man gibt meist eine Grenze an, unterhalb derer man eine Energieübertragung als "lokal" betrachtet ("energy restriction"). Üblich ist meist 100 eV, was einer Elektronenreichweite von ca. 5 nm entspricht. Die weiterreichenden höherenergetischen Elektronen bezeichnet man als "δ-Elektronen". Man kann natürlich auch eine obere Grenze für die räumliche Ausdehnung festsetzen ("range restriction"). Die gesamte pro Wegstreckeneinheit <u>übertragene</u> Energie ist schon in Kapitel 3 als $-\frac{dT}{dx}$ eingeführt worden. Sie ist nur dann mit dem LET zahlenwertmäßig identisch, wenn man alle Energieverluste als lokal betrachtet. Man spricht dann von LET_∞, der also numerisch, aber nicht konzeptionell mit $-\frac{dT}{dx}$ gleich ist. LET bezieht sich nämlich auf die Energiedeposition im Medium, $-\frac{dT}{dx}$ auf den Energieverlust des Teilchens. Führt man Energiegrenzen ein, die man auch als "cut-off-Energien" bezeichnet, so gibt man diese (in eV) als Index an.

Wir hatten im vorigen Kapitel gesehen, daß in der Regel die Sekundärteilchen einen weiten Energiebereich überstreichen. Da der LET eine Funktion der Energie ist, haben wir es also normalerweise auch mit einer LET-Verteilung zu tun. (Eine Ausnahme bilden Ionen bei Exposition dünner Schichten, s.u.) Häufig möchte man sie durch Mittelwerte charakterisieren. Dabei ergibt sich - wie schon in Kapitel 1 bei der Betrachtung von Spektren diskutiert - die Frage, wie diese angemessen zu definieren sind.

Bezeichnen wir mit f(L)dL den Anteil von Teilchen mit LET-Werten im Intervall L .. L+dL, so kann man zunächst das sogenannte "Zahlenmittel" $\overline{L_T}$ bilden:

$$\overline{L_T} = \int L \cdot f(L)\,dL \tag{4.14}$$

Es ist dann angemessen, wenn man an der Frequenz bestimmter Ereignisse interessiert ist und nicht an ihrem Anteil an der gesamten deponierten Energie. In diesem zweiten Fall benötigt man das sogenannte "Energiemittel" L_D (vgl. Kapitel 1). Der Anteil d(L)dL der Gesamtenergiedeposition (und damit auch der Dosis), der auf Ereignisse mit einem LET-Wert L zurückgeht, ist

$$d(L)\,dL = \frac{L \cdot f(L)\,dL}{\int L\,f(L)\,dL} \tag{4.15}$$

und der entsprechende "Dosismittelwert"

$$\overline{L_D} = \frac{\int L^2 \, f(L) \, dL}{\overline{L_T}} \qquad (4.16)$$

Beide Mittelwerte sind nur identisch, wenn die Verteilung unendlich schmal ist, d.h. ihre Streuung σ verschwindet:

$$\sigma^2 = \int (\overline{L_T} - L)^2 \, f(L) \, dL$$

$$= \overline{L_T} \cdot \overline{L_D} - \overline{L_T}^2 \quad \text{(durch Ausmultiplizieren)} \qquad (4.17)$$

und daraus

$$\frac{\overline{L_D}}{\overline{L_T}} = 1 + \frac{\sigma^2}{\overline{L_T}^2} \qquad (4.18)$$

Man sieht aus (4.18) auch, daß $\overline{L_D}$ immer größer ist als $\overline{L_T}$ und daß beide nur bei $\sigma = 0$ zusammenfallen.

Der Frequenzmittelwert $\overline{L_T}$ erlaubt es auch, eine Beziehung zwischen Teilchenfluenz ϕ und Dosis herzustellen: Wir betrachten dazu wieder eine Kugel mit Radius r, die von einer Fluenz ϕ durchflossen wird. Die LET-Verteilung sei wie oben gegeben. Außerdem ist noch zu beachten, daß die Bahnlängen in ihr gemäß einer Funktion $s(1) \, dl$ verteilt sind. Die Dosis ist dann

$$D = \phi \cdot \pi \, r^2 \cdot \frac{\int\limits_{l=o}^{l_{max}} \int\limits_{L=o}^{L_{max}} 1 \cdot L \, s(1) \cdot f(L) \, dl \, dL}{\frac{4}{3} \pi \, \rho \, r^2}$$

$$= \phi \cdot \frac{\overline{L_T} \cdot \overline{1}}{\frac{4}{3} \rho \, r} \qquad (4.19)$$

da die Mittelungen über L und 1 unabhängig voneinander durchgeführt werden dürfen. $\overline{1}$ ist nach Anhang I.2 aber $\frac{4}{3}$ r, so daß sich ergibt

$$\phi = \frac{D \cdot \rho}{\overline{L_T}} \qquad (4.20)$$

Man kann diese Beziehung noch für eine andere Betrachtung, die wir in
Kapitel 16 benötigen werden, benutzen. Nach (4.15) ist

$$f(L)\,dL = \overline{L_T} \cdot \frac{d(L)\,dL}{L}$$

und mit (4.20)

$$f(L)\,dL = \frac{D\rho}{\phi} \cdot \frac{d(L)\,dL}{L} \qquad (4.21)$$

Bezeichnen wir die Fluenz der Teilchen mit einem LET-Wert L mit $\phi(L)\,dL$,
so ergibt sich

$$\phi(L)\,dL = \phi \cdot f(L)\,dL$$

$$= D \cdot \rho \cdot \frac{d(L)\,dL}{L} \qquad (4.22)$$

Wir wollen nun einige LET-Verteilungen betrachten und verwenden dazu
integrale Verteilungskurven, d.h. wir tragen auf der Ordinate denjenigen Anteil der Gesamtdosis auf, der auf Ereignisse zurückgeht, bei
denen der LET kleiner oder gleich dem Abszissenwert ist, nämlich $\int_o^L d(L)\,dL$.
In den Abbildungen 4.5 - 4.7 sind solche Verteilungen für eine Reihe
von Strahlenarten dargestellt. Man sieht, daß ^{60}Co-γ-Strahlung durch
eine breite Verteilung gekennzeichnet ist, was wir aufgrund der Betrachtungen des vorigen Kapitels auch nicht anders erwarten würden.
Alle Strahlen, bei denen Elektronen als einzige sekundäre Teilchen
auftreten, streben einem Maximalwert zu, der im Prinzip - bis aus die
Cut-off-Energie - durch das Maximum in Kurve 3.7 gegeben ist. Die
Kurve für α-Teilchen zerfällt offenbar in zwei Teile, einen, der durch
die entstehenden Elektronen bestimmt wird, wofür das gerade Gesagte
gilt, und einen, der durch die α-Teilchen selbst bestimmt ist, die natürlich einen größeren LET-Wert haben. Falls man die Exposition in
dünnen Schichten durchführt, ist die Streubreite der LET-Verteilung

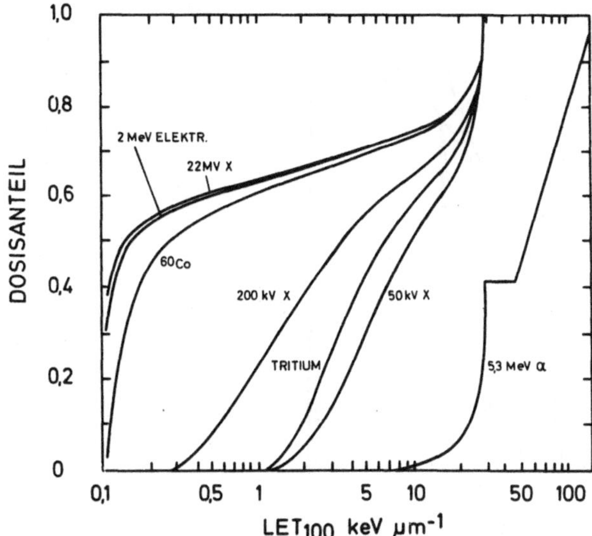

Abb. 4.5 LET-Verteilung für verschiedene Strahlenarten. Quelle: ICRU 16, 1970.

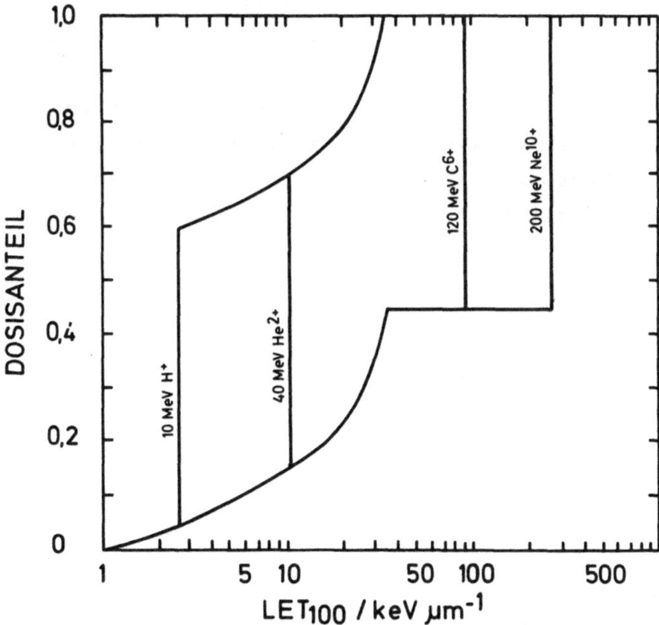

Abb. 4.6 LET-Verteilungen für verschiedene Ionen bei einer spezifischen Energie von 10 MeV/u. Quelle: ICRU 16, 1970.

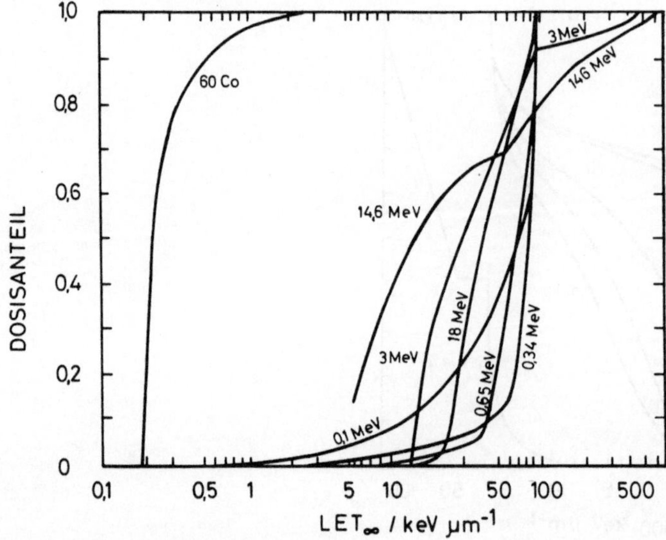

Abb. 4.7 LET-Verteilungen für Neutronen. Quelle: ICRU 16, 1970

bei Ionen relativ gering, so daß der Primärstrahl kaum verändert wird
("track segment-Experimente"). Das sieht man vor allem aus Abbildung
4.6; ca. 50% der Dosis werden durch Teilchen eines einzigen LET-Wertes
übertragen. Im Falle der Neutronen (Abb. 4.7) ergeben sich wieder recht
breite Verteilungen, weil Elektronen, Protonen und u.a. andere Partikel
an der Energieübertragung beteiligt sind. Analog wie oben für Elektronen kann man hier auch das Protonenmaximum erkennen. In Tabelle 4.3
sind für einige Strahlenarten die Mittelwerte der LET-Verteilungen zusammengestellt.

TABELLE 4.3 LET-Mittelwerte verschiedener Strahlenarten in Wasser.
Quelle: ICRU 16, 1970

Strahlung	"Cut off"-Energie eV	$\overline{L_T}$ keV/µm	$\overline{L_D}$ keV/µm
^{60}Co-γ	∞	0,23	0,31
	100	0,22	6,9
200 kV-Röntgen	100	1,7	9,4
^{3}H-β-Strahlen	100	4,7	11,5
50 kV-Röntgen	100	6,3	13,1
5,3 MeV-α	100	43	63

4.2.2 Tiefendosiskurven

Jede Art von Strahlung wird bei Durchgang durch Materie geschwächt, so
daß im Inneren eines bestrahlten Körpers der Fluß primärer Teilchen
immer geringer ist als an der Oberfläche. Daraus darf aber in keiner
Weise geschlossen werden, daß auch die lokale Dosis mit der Eindringtiefe abnimmt, vielmehr liegt ihr Maximum in vielen Fällen im Innern
des Körpers. Man bezeichnet diese Erscheinung als "build up". Wir können sie qualitativ folgendermaßen verstehen: Da die Energiedeposition
durch die Sekundärteilchen erfolgt und sowohl deren Fluenz als auch
ihrem LET proportional ist, muß die   Dosis dort geringer sein, wo das
betrachtete Massenelement nicht in allen Richtungen von einer Mediums-
schicht umgeben ist, die mindestens ebenso dick ist wie die Reichweite
der energiereichsten Sekundärteilchen. Da grob gesprochen - der LET
am Ende der Sekundärteilchenreichweite am größten ist, sollte man ein
Maximum der lokalen Dosis in einer Entfernung von der Oberfläche erwarten, die ungefähr der mittleren Reichweite der Sekundärteilchen entspricht. Das gilt zumindest für Photonenstrahlung, wo als sekundäre
Teilchen nur Elektronen auftreten. Außerdem müssen allerdings, wenn
nicht mit schmalen Strahlenbündeln gearbeitet wird, noch reine Streu-
ungsprozesse berücksichtigt werden.

Generell muß man aber auch daran denken, daß bei dem Durchgang
durch Materie sich die Qualität des Primärstrahls ändert, wodurch Art
und Ausmaß der Wechselwirkungen tiefenabhängig werden. Dies spielt bei
Photonen, energiereichen Elektronen und Neutronen eine untergeordnete
Rolle, wohl aber bei Mesonen und schnellen Ionen. Die ersten verlieren
bei höheren Energien zunächst vor allem durch die Wechselwirkung mit
Hüllenelektronen an Geschwindigkeit, bis sie fast am Ende ihres Weges
durch Kerne eingefangen werden, was zur Spallation führt. Da hierbei
mehrere geladene Teilchen relativ großer Masse entstehen, wird dort
die Energie auf kurzen Wegstrecken abgegeben, d.h. die lokale Dosis
ist sehr hoch. Die Verhältnisse bei sehr schnellen Ionen sind ganz
ähnlich, nur daß hier die Dosisüberhöhung gegen Ende ihrer Reichweite
aufgrund der erhöhten Wechselwirkungswahrscheinlichkeit mit den Hüllenelektronen zustande kommt, wie sie im Prinzip durch die BETHE-Formel
(Kapitel 3) beschrieben wird.

Bei Neutronen sind die Verhältnisse am unübersichtlichsten, weil
die Wechselwirkungsquerschnitte für die verschiedenen sekundären Prozesse von der Neutronenenergie abhängt, die sich mit der Eindringtiefe
ändert. Beispiele für "Tiefendosiskurven" sind in der Abbildung 4.8
dargestellt. Nun ändert sich mit der Tiefe nicht nur die lokale Dosis,
sondern auch die LET-Verteilung der für die Energiedeposition verant-

Tiefendosiskurve recht hohe LET-Werte auftreten können.

4.2.3 Mikrodosimetrie

Die Besonderheit der biologischen Strahlenwirkung liegt darin, daß in
mikroskopischen Bereichen lokal konzentriert hohe Energiebeträge übertragen werden, was die Zerstörung oder Veränderung essentieller Mole-
külstrukturen zur Folge hat. Dabei ist die auf den gesamten Körper
übertragene Energie recht gering, was folgender Vergleich klarmacht:
Die mittlere letale Dosis beträgt beim Menschen größenordnungsmäßig
5 Gy, d.h. 5 J kg^{-1}. Würde sie als Wärme appliziert, so resultierte
lediglich eine Temperaturerhöhung von ca. 1/1000°. Zum Aufbrechen einer
chemischen Bindung sind Energien von ca. 400 kJ/mol notwendig, d.h.
auf Wasser bezogen ungefähr 2000 kJ/kg, was einer <u>lokalen</u> "Erhitzung"
um 2000° entsprechen würde. Aus dieser Überlegung wird folgendes deutlich: erstens, die Rechnung mit dem makroskopischen Mittelwert "Dosis"
ist für die Erklärung der zugrunde liegenden Prozesse unangemessen –
wenn sie auch als Meßgröße praktisch und nicht ersetzbar ist –, zweitens, da im Einzelfall sehr hohe Energiebeträge übertragen werden, ist
die Anzahl dieser Ereignisse offenbar klein. Wann und wo sie stattfinden, kann lediglich durch statistische Gesetze beschrieben werden.
Die Sparte der Strahlenforschung, die sich mit der mikroskopischen
Verteilung der Energiedeposition beschäftigt, bezeichnet man als Mikrodosimetrie.

Das mikroskopische Pendant zur Dosis ist die spezifische Energie
z. Sie ist ganz analog definiert als die in einem kleinen Massenelement
absorbierte Energie dE dividiert durch seine Masse dm:

$$z = \frac{dE}{dm} \tag{4.23}$$

z ist eine stochastische Größe, die nach statistischen Gesetzen schwankt
und somit durch eine Verteilungsdichtefunktion f(z)dz charakterisiert
werden kann. Wie üblich lassen sich verschiedene Mittelwerte angeben:
1. Zahlenmittel $\overline{z_F}$:

$$\overline{z_F} = \int z \ f(z) dz \tag{4.24}$$

Wie schon im vorigen Abschnitt eingeführt, ist diese Größe gleich der
Dosis:

$$\overline{z_F} = D \tag{4.25}$$

2. Energiemittelwert $\overline{z_D}$ (vgl. Kapitel 1), auch als "Dosismittelwert" bezeichnet:

$$\overline{z_D} = \frac{\int z^2 \, f(z)\,dz}{\int z \, f(z)\,dz} = \frac{1}{\overline{z_F}} \int z^2 \, f(z)\,dz \tag{4.26}$$

Die im betrachteten Volumen absorbierte Energie setzt sich aus der bei dem Durchgang einzelner Teilchen deponierten Beiträgen zusammen. Wir müssen daher als Startpunkt weiterer Überlegungen die entsprechenden Größen für einen einzigen Durchgang, ein "Einzelereignis", einführen, die wir mit dem Index $_1$ kennzeichnen. Verteilungen und Mittelwerte sind ganz analog wie vorher definiert.

Die Funktion $f_1(z)dz$ ist natürlich, da sie sich auf einen einzelnen Durchgang bezieht, nicht von der Dosis abhängig, das gilt aber nicht für die allgemeine Verteilung $f(z)dz$, da die mittlere Zahl der Durchgänge n von der Dosis gemäß der folgenden Beziehung abhängt:

$$n = \frac{D}{\overline{z_{1F}}} \tag{4.27}$$

d.h. bei steigender Dosis ergibt sich eine Überlagerung vieler Einzelereignisse. Wir wollen zunächst die Verteilungsfunktion $f(z)dz$ bei mehreren Durchgängen bestimmen. Bei zwei Ereignissen erhält man sie durch die Multiplikation der Wahrscheinlichkeiten aller Einzelereignisse, bei denen die gesamte spezifische Energie gerade z ist

$$f_2(z)dz = \int_0^z f_1(n) \cdot f_1(z-n)\,dn \tag{4.28}$$

Hierbei ist n eine Integrationsvariable. Das Integral in (4.28) bezeichnet man als Faltungsintegral und kürzt es üblicherweise in der folgenden Weise ab:

$$f_2(z)dz = {}_\bullet f_1(z) \, \star \, f_1(z) \tag{4.28a}$$

Allgemein kann man dann offenbar schreiben

$$f_\nu(z) = f_{\nu-1}(z) * f_1(z) \tag{4.29}$$

Um die dosisabhängige Verteilung $f(z,D)$ zu gewinnen, muß man jede Funktion $f_\nu(z)$ mit der Wahrscheinlichkeit für ν Durchgänge multiplizieren und über alle Möglichkeiten summieren. Da es sich hierbei um "seltene" Ereignisse handelt, können wir wieder von der POISSON-Funktion ausgehen (s. Anhang I.4) und erhalten somit

$$f(z,D) = \sum_{\nu=0}^{\infty} f_\nu(z) \, \frac{n^\nu}{\nu!} \, e^{-n} \tag{4.30}$$

Prinzipiell kann man also bei Kenntnis von $f_1(z)$ die Verteilung $f(z,D)$ bestimmen. Eine Anmerkung ist jedoch für $\nu = 0$ notwendig: $f_0(z)$ beschreibt eine "entartete" Funktion, die nur den Wert "0" einschließt, also eine δ-Funktion, was bei der Bestimmung von $f(z,D)$ zu beachten ist.

Wir wollen uns jedoch hier auf einige charakteristische gemittelte Größen beschränken. Für ihre Bestimmung bedienen wir uns der La-Place-Transformation (s. Anhang I.5). Es ist

$$\overline{z_F} = \int z \, f(z,D) \, dz$$

$$= \int \sum_{\nu=0}^{\infty} z \, f_\nu(z) \, \frac{n^\nu}{\nu!} \, e^{-n} \, dz \tag{4.31}$$

Die Anwendung der La-Place-Transformation liefert

$$\int z \, f_\nu(z) \, dz = \nu \cdot \overline{z_{1F}} \quad,$$

so daß sich nach Ausführung der Summierung ergibt

$$\overline{z_F} = n \cdot \overline{z_{1F}} = D \quad, \tag{4.32}$$

ein uns schon aus (4.27) bekanntes Ergebnis. Für den Mittelwert des Quadrats der spezifischen Energie erhalten wir analog

$$\overline{z^2} = \int \sum_{\nu=0}^{\infty} z^2 \, f_\nu(z) \, \frac{n^\nu}{\nu!} \, e^{-n} \, dz$$

$$= \sum_{\nu=0}^{\infty} \left(\nu(\nu-1) \, \overline{z_1}^2 + \overline{z_1^2} \right) \frac{n^\nu}{\nu!} \, e^{-n}$$

$$= n^2 \, \overline{z_{1F}}^2 + n \, \overline{z_1^2} \tag{4.33}$$

und nach Umformung

$$\overline{z^2} = D^2 + \frac{\overline{z_1^2}}{\overline{z_{1F}}} \cdot D \tag{4.34}$$

bzw. unter entsprechender Anwendung von (4.26)

$$\overline{z^2} = \overline{z_{1D}} \, D + D^2 \tag{4.35}$$

Dieses wichtige Ergebnis, das in Kapitel 16 noch benutzt werden wird, besagt, daß der Mittelwert des Quadrats der spezifischen Energie "linear-quadratisch" von der Dosis abhängt, wobei der lineare Term vom "Dosismittel" der spezifischen Energie bei einem Einzeldurchgang bestimmt wird. Seine Größe hängt ganz entscheidend von der Strahlenqualität ab, zu deren Kennzeichnung im vorigen Abschnitt der LET eingeführt worden war, wobei wir auch die Grenzen dieses Konzepts kennengelernt hatten. Man definiert eine zu ihm analoge mikrodosimetrische Größe, die lineale Energie y, als die in einem Volumen absorbierte Energie dE dividiert durch den Mittelwert der Wegstrecke $\overline{l}$, die von den entsprechenden Teilchen bei der Durchquerung zurückgelegt werden. y ist natürlich wieder eine stochastische Größe mit Verteilungsdichtefunktion und wie vorher definierten "Zahlen"- und "Dosismittelwerten". z_1 und y hängen natürlich in einfacher Weise zusammen:

wortlichen Sekundärteilchen. Wie später gezeigt (Kapitel 8), hat dies

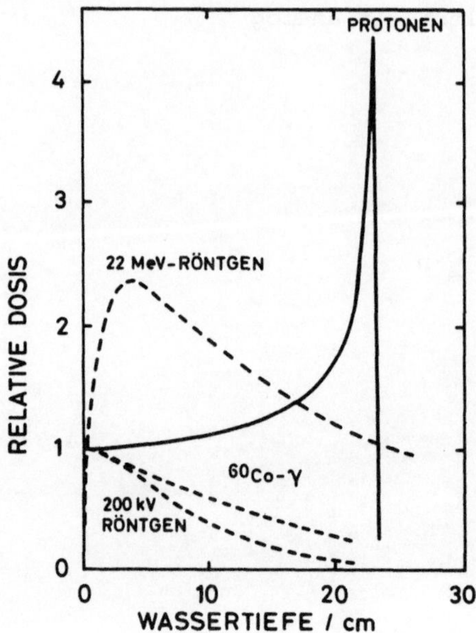

Abb. 4.8 Tiefendosiskurven für verschiedene Strahlenarten. Quelle: RAJU und RICHMAN 1972

biologische Konsequenzen. Die Änderungen sind bei Photonen und Elektronen als primäre Strahlung nicht sehr wesentlich, wohl aber bei anderen Partikelstrahlungen. Aus Abbildung 4.9 sieht man, daß im Maximum der

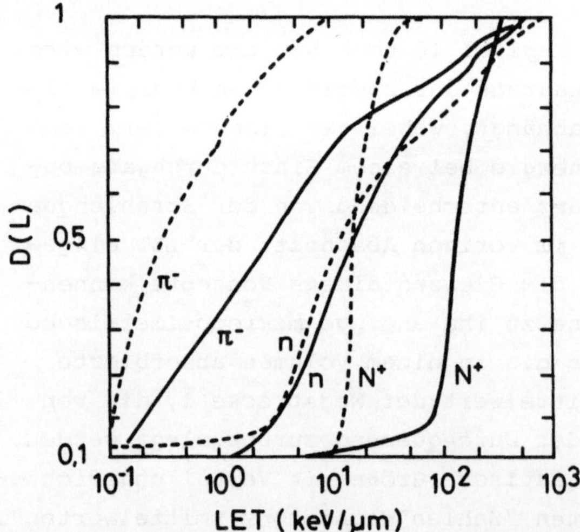

Abb. 4.9 LET-Verteilungen für verschiedene Strahlenarten nahe der Eintrittsstelle und im Maximum der Tiefendosiskurve. Quelle: RODGERS, DICELLO und GROSS 1973

$$y = \frac{\rho \cdot dV}{\bar{l}} \cdot z_1 \qquad (4.36)$$

Für den speziellen Fall einer Kugel mit Radius r geht dies über in
(vgl. Anhang I.2 für die mittlere Wegstrecke $\bar{l}$)

$$y = \pi r^2 \rho \cdot z_1 \qquad (4.37)$$

Mit Hilfe spezieller Aufbauten lassen sich z_1- und somit auch y-Verteilungen messen. Man bedient sich hierbei kleiner Ionisationskammern,
die man mit gewebeäquivalentem Gas sehr niedrigen Drucks füllt, wodurch sich Volumina in der Größenordnung von weniger als 1 µm simu-
lieren lassen. Auf die besonderen Problema kann hier nicht eingegangen
werden, wir wollen uns auf die Mitteilung einiger Ergebnisse beschränken. Man interessiert sich – ähnlich wie bei dem LET – meist für die
dosisbezogene Verteilung d(y), die man im logarithmischen Raster bezogen auf gleiche logarithmische Intervalle darstellt:

$$d(y)\,dy = y \cdot d(y)\ d(\ln y) \qquad (\text{vgl. } 4.15)$$

Auf der Ordinate ist daher $y \cdot d(y)$ aufgetragen. Einige Beispiele verzeichnet Abbildung 4.10.

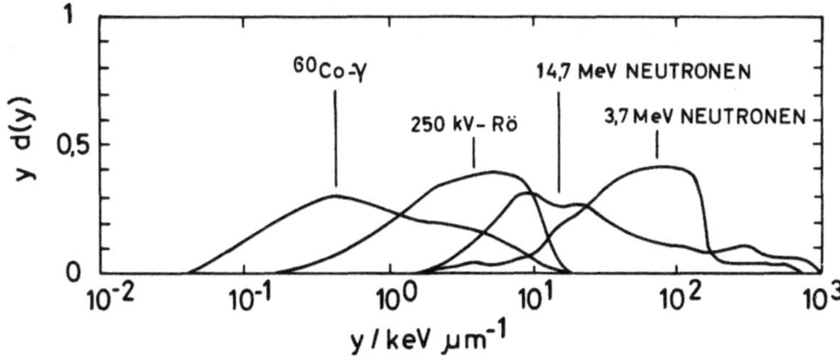

Abb. 4.10 Verteilungen der linealen Energie für verschiedene Strahlenarten bei einem simulierten kugelförmigen Volumen von 1 µm Durchmesser.
Quelle: KELLERER und ROSSI 1972

Man sieht daraus, daß - wie zu erwarten - die Spektren sich mit steigender Ionisationsdichte zu höheren Werten verschieben. Tabelle 4.4 führt eine Reihe von experimentell bestimmten Mittelwerten auf.

TABELLE 4.4 Mittelwerte der linealen Energie y für verschiedene Strahlenarten bei einem simulierten Meßvolumen einer Kugel von 1 µm Durchmesser in gewebeäquivalentem Gas. Quellen: a) BOOZ 1976; b) RODGERS und GROSS 1974

Strahlenart	$\overline{y_F}$ keV/µm	$\overline{y_D}$ keV/µm	Bemerkungen	Quellen:
^{60}Co-γ	0,39	1,86		a
200 kV-Röntgen	1,52	4,20	Durchmesser: 0,975 µm	a
65 kV-Röntgen	2,11	4,67	Durchmesser: 0,92 µm	a
^{3}H-Tritium β	3,24	5,64	Durchmesser: 0,925 µm	a
4,6 MeV-Neutronen	-	47,4		b
15 MeV-Neutronen	-	87,7		b

Die y-Verteilungen sind nicht - wie man zunächst naiverweise erwarten würde - von der Größe des simulierten Volumens unabhängig. Der Grund hierfür liegt - wie schon im Zusammenhang mit dem LET-Konzept diskutiert - darin, daß die Energieabsorption nicht in unendlich dünnen geraden Bahnen erfolgt, sondern daß im mikroskopischen Bereich eine Reihe von komplizierenden Faktoren auftreten, auf die wir am Ende dieses Abschnitts noch eingehen werden. Abbildung 4.11 zeigt zunächst die Veränderung der Spektren mit dem Meßvolumen.

Wir wollen nun auf die Wechselbeziehungen zwischen den makroskopischen (Dosis, LET) und den mikroskopischen Größen eingehen: Ein Maß der Abweichung der spezifischen Energie z von der Dosis D ist die relative Varianz $\sigma^2(z)$ der z -Verteilung. Aus (4.33) folgt

$$\sigma^2(z) = \overline{z^2} - \overline{z}^2 = \overline{z_{1D}}\, D$$

und somit

$$\frac{\sigma^2(z)}{D^2} = \frac{\overline{z_{1D}}}{D} \tag{4.38}$$

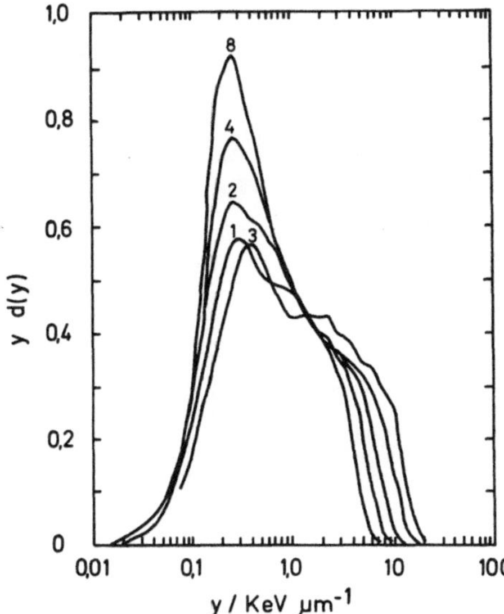

Abb. 4.11 Verteilungen der linealen Energie für ^{60}Co-γ-Strahlen bei verschiedenen Größen der simulierten Volumina (Angaben der Durchmesser in μm). Quelle: KLIAUGA und DVORAK 1978

Die Schärfe der Verteilung wird also um so größer, je höher unter gegebenen Bedingungen die Dosis ist. Andererseits hängt die Streubreite von $\overline{z_{1D}}$ direkt ab, d.h. bei gegebener Dosis ist die mikroskopische Abweichung umso ausgeprägter, je mehr Energie bei einem Einzeldurchgang übertragen wird, also bei dicht ionisierenden Strahlenarten.

Die Beziehung zwischen LET und y wollen wir wieder am Beispiel einer Kugel mit Radius r betrachten. Als erste Näherung soll angenommen werden, daß die Teilchen ihre Energie auf geraden Bahnen mit einem einheitlichen LET-Wert L deponieren und das Probevolumen vollständig durchqueren. Die Schwankungen sind dann nur durch die unterschiedlichen Bahnlängen bestimmt. Ihre Verteilung t(l) ist (Anhang I.2) gegeben durch

$$t(l)\,dl = \frac{l\;dl}{2\,r^2} \qquad 0 \le l \le 2r$$

Außerdem ist $z_1 = \dfrac{L \cdot l}{4/3\,\rho\,\pi\,r^3}$ und $dz = \dfrac{L \cdot dl}{4/3\,\pi\,r^3}$, so daß

80

$$f_1(z)\,dz = \frac{8\,\pi^2\,\rho^2\,r^4}{9\,L^2}\ z\,dz \qquad 0 \leq z \leq \frac{3}{2}\ \frac{L}{\rho\,\pi\,r^2} \qquad\qquad (4.39)$$

Entsprechend erhält man für die lineale Energie

$$f(y)\,dy = \frac{8}{9\,L^2}\ y\,dy \qquad 0 \leq y \leq \frac{3}{2}\,L \qquad\qquad (4.40)$$

Mit diesen Beziehungen kann man die Mittelwerte berechnen:

$$\overline{y_F} = L \qquad\qquad \overline{y_D} = \frac{9}{8}\,L \qquad\qquad (4.41)$$

und

$$\overline{z_F} = \frac{L}{\rho\,\pi\,r^2} \qquad\qquad \overline{z_D} = \frac{9}{8}\ \frac{L}{\rho\,\pi\,r^2} \qquad\qquad (4.42)$$

Es muß noch einmal betont werden, daß diese Beziehungen nur für die
spezifizierten Voraussetzungen gelten. Im Falle eines konstanten LET
fallen für ihn Frequenz- und Dosismittel zusammen, was aber - wie man
sieht - nicht für die mikrodosimetrischen Größen gilt, wenn auch der
Unterschied praktisch gering ist.

Wir wollen nun - unter ansonsten unveränderten Prämissen - den Fall
einer LET-Verteilung c(l) betrachten. Die Schwankungen sind jetzt also
durch die voneinander unabhängigen Bahnlängen- und LET-Verteilung bestimmt. Wir müssen also die vorher abgeleiteten Beziehungen mit der
Wahrscheinlichkeit c(L) multiplizieren und über alle möglichen Werte
integrieren. So erhält man

$$f(y) = \int\limits_0^\infty \frac{8y}{9\,L^2}\ c(L)\,dL \qquad\qquad (4.43)$$

und entsprechende Gleichungen für die anderen Funktionen. Die Mittelwerte ergeben sich zu

$$\overline{y_F} = \overline{L_F} \qquad und \qquad \overline{y_D} = \frac{9}{8}\,\overline{L_D} \qquad\qquad (4.44)$$

Die abgeleiteten Beziehungen gelten - wie mehrfach betont - nur für idealisierte Verhältnisse: Da gerade Bahnen vorausgesetzt wurden, sind sie vor allem durch Ionen zu erfüllen. Damit das LET-Konzept angewandt werden kann, muß die übertragene Energie im betrachteten Volumen verbleiben, was bedeutet, daß dieses nicht zu klein und die Energie des Ions nicht zu groß sein dürfen.

Wir wollen nun eine andere Näherung betrachten: In einem bestrahlten Körper herrsche Sekundärelektronengleichgewicht, wobei die Elektronenfluenz wie im vorigen Kapitel 3 besprochen bestimmt ist. Es soll näherungsweise wieder davon ausgegangen werden, daß die Teilchenbahnen im betrachteten Volumen gerade verlaufen, was sicher eine äußerst grobe Vereinfachung ist. Im Gegensatz zum vorigen Beispiel wollen wir nun annehmen, daß die Reichweite begrenzt ist. Die mittlere Bahnlänge im Testvolumen ist damit nicht nur durch geometrische Faktoren, sondern auch durch die Teilcheneigenschaften bestimmt.

Die mittlere Reichweite der Elektronen sei $\bar{x}$, die mittlere Spurlänge in der Probekugel $\bar{s}$. Wie im Anhang I.2 gezeigt, gilt für die Kugel

$$\frac{1}{\bar{s}} = \frac{1}{\bar{x}} + \frac{1}{\bar{l}} \tag{4.45}$$

Nähert man den Mittelwert des LET an durch

$$\overline{L_T} = \frac{\bar{E}}{\bar{x}} \tag{4.46}$$

wobei $\bar{E}$ die mittlere Teilchenenergie ist, so folgt aus (4.45), wenn man $\overline{y_F} = \dfrac{\bar{s} \cdot \overline{L_T}}{\bar{l}}$ setzt:

$$\frac{1}{\overline{y_F}} = \frac{\bar{l}}{\bar{E}} + \frac{1}{\overline{L_T}} \tag{4.47}$$

Für große Werte von $\bar{E}$ geht dies in (4.41) über. Obwohl die Bedingungen für Elektronen kaum zutreffen, ist (4.47) bei monoenergetischer γ-Strahlung erstaunlich gut erfüllt, wie man aus Abbildung 4.12 erkennt. Man kann so aus mikrodosimetrischen Messungen auch $\overline{L_T}$ abschätzen. Tabelle 4.4 gibt einige experimentell ermittelte Werte für $\overline{y_D}$ und $\overline{y_F}$ bei einem simulierten Kugeldurchmesser von 1 µm an. Ein Vergleich mit Tabelle 4.3 zeigt, daß bei dünn ionisierenden Strahlen immer $\overline{y_F}$ > $\overline{L_{T,100}}$, was darauf zurückzuführen ist, daß für das simulierte Volumen die "Cut-off-Energie" zu niedrig ist.

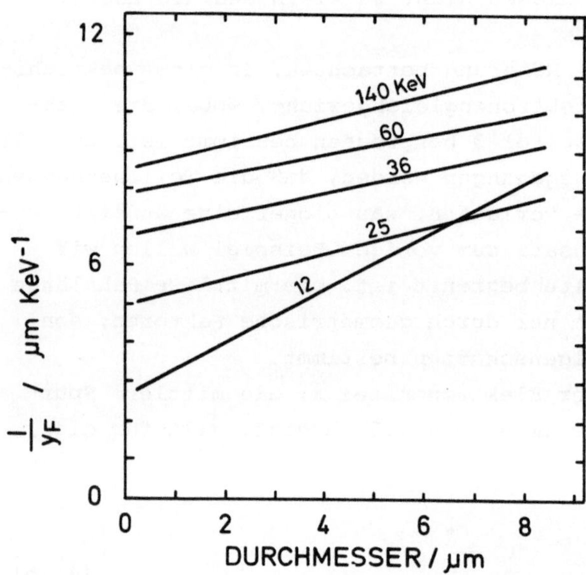

Abb. 4.12 Zusammenhang zwischen $1/\overline{y_F}$ und simuliertem Kugeldurchmesser bei verschiedenen monoenergetischen Photonen. Quelle: KLIAUGA und DVORAK 1978

Zum Abschluß dieses Abschnitts sollen die grundsätzlichen Probleme bei der Behandlung der Energieabsorption in mikroskopischen Volumina noch einmal zusammenfassend besprochen und gewertet werden. Folgende Faktoren spielen eine Rolle:

1. Schwankungen der Bahnlänge: Diese Frage ist prinzipiell lösbar, da für gegebene Volumina die Verteilung der Bahnlängen ermittelt werden kann, wie wir es für Kugeln hier getan haben.

2. Begrenzte Reichweiten: Auch dies ist schon angesprochen worden, wobei allerdings vorausgesetzt wurde, daß der Energieverlust pro Wegstrecke über die gesamte Reichweite konstant blieb. Dies ist nun aber keineswegs der Fall, vielmehr ändert er sich besonders gegen Ende der Bahn. Die Fehler machen sich vor allem bei größeren Volumina bemerkbar.

3. Diskontinuierlicher Energieverlust: Alle vorhergehenden Betrachtungen basieren auf der Annahme einer kontinuierlichen Energieübertragung. Daß sie den tatsächlichen Verhältnissen nicht gerecht wird, folgt schon aus der statistischen Natur der Wechselwirkung.

Schwankungen machen sich um so stärker bemerkbar, je kürzer die
betrachteten Wegstrecken sind, d.h. bei kleinen Volumina. Diese
recht komplizierte Problematik ist unter dem Schlagwort "energy
straggling" bekannt. Es hängt mit den Details der Bahnstruktur zusammen, die z.T. im nächsten Abschnitt angesprochen werden.

4. δ-Strahlen-Verluste: Bei kleinen Volumina wird - in Abhängigkeit
   vom Durchtrittsort - ein Teil der absorbierten Energie durch höherenergetische Elektronen (δ-Elektronen) forttransportiert. Das bedeutet, daß der LET ortsabhängig wird und somit seine Eindeutig-
   keit verliert. Dem ist auch durch die Einführung von cut-off-Energien nicht völlig beizukommen.

Wir wollen darauf verzichten, die geschilderten Einflüsse quantitativ
zu behandeln. Nur dort, wo sie alle zu vernachlässigen sind, ist der
LET ein eindeutiger und somit zu benutzender Parameter. Wann dies der
Fall ist, hängt sowohl von der Teilchenart als auch von den zu be-
trachtenden Volumina ab. Besonders kritisch ist der Fall bei Elektronen, weil hier Reichweiten- (große Volumina) und "energy straggling"-
Probleme kaum zu trennen sind. Abschätzungen über die Anwendbarkeit
des LET-Konzepts sind für verschiedene Strahlenarten als Funktion von
Energie und Volumengröße durchgeführt worden. Ergebnisse für Elektronen und Protonen sind in den Abbildungen 4.13 und 4.14 wiedergegeben.

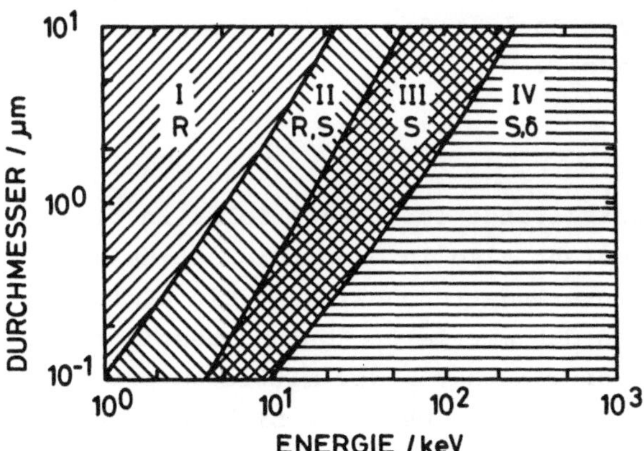

Abb. 4.13 Zur Anwendbarkeit des LET-Konzepts bei Elektronen (vgl. Text).
Quelle: KELLERER und CHMELEVSKY 1975

Hierbei sind die Bereiche, wo die oben diskutierten Einflüsse eine signifikante Rolle spielen, durch Schraffieren und Buchstaben gekennzeich-

net (R: Reichweite, S: diskontinuierlicher Energieverlust, δ: δ-Strah-
lenproblem).

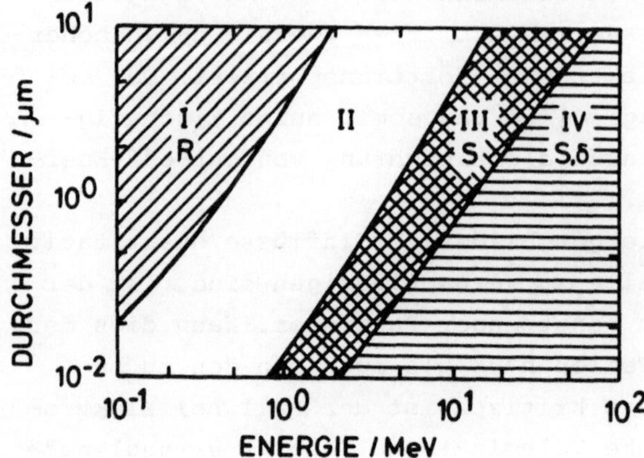

Abb. 4.14 Zur Anwendbarkeit des LET-Konzepts bei Protonen. Quelle:
KELLERER und CHMELEVSKY 1975

Man sieht, daß für Protonen der LET in weiten Bereichen anwendbar ist
(unschraffierte Sektion II). Anders sieht es - wie zu erwarten - für
Elektronen aus, d.h. somit auch für Photonen. Hier überlappen alle
Bereiche, so daß eine quantitative Analyse der Energiedeposition immer
mikrodosimetrischer Messungen bedarf.

4.2.4 Bahnspur

Die Energieübertragung durch ionisierende Teilchen erfolgt in diskreten Ereignissen. Die Bahnspur besteht also in einer diskontinuierlichen Folge von ionisierten und unveränderten Bezirken. Ein einfaches
Bild kann man gewinnen, indem man den mittleren Abstand bestimmt. Er
hängt einmal natürlich vom LET, aber auch von der mittleren pro Ereignis übertragenen Energie ab. Der letzte Wert ist nicht gut bekannt,
als vernünftige Schätzung kann man jedoch einmal 60 eV annehmen. Damit erhält man für ^{60}Co-γ-Strahlen (LET$_\infty$ = 0,23 keV/μm) einen mittleren
Abstand von 260 nm, für ^{241}Am-α-Partikel (LET$_\infty$ = 43 keV/μm) 1,4 nm.
Nun sind die Ereignisse aber keine geometrischen Punkte, sondern Bezirke, deren Ausdehnung sich vor allem durch die Reichweite der entstandenen Sekundärelektronen bestimmt. Setzt man für Wasser eine Ioni-

sierungsenergie von 33 eV an, so verbleibt eine Restenergie von 27 eV,
was einer Reichweite von 1,5 nm entspricht. Man sieht also, daß im
Falle der α-Strahlen die Bezirke überlappen, so daß man in diesem Fall
von einer durchgehenden Spur (track core) sprechen kann. Die Grenze
kann man ansetzen bei einem LET, der so klein ist, daß der mittlere
Abstand zwischen den Ereignissen mindestens 4,5 nm beträgt, was einem
Wert von LET_∞ = 13 keV/µm entspricht. Dieser wird aber durchaus auch
von Elektronen erreicht, nämlich dann, wenn ihre Energie geringer ist
als ca. 1 keV, also z.B. an den Bahnenden. Man sieht an dieser einfachen Betrachtung - die nur als Illustration zu werten ist -, daß die
Klassifikation verschiedener Strahlenarten in "dünn" oder "dicht" io-
nisierend durchaus nicht einfach ist. Eine genauere Kenntnis der Bahnstruktur ist vor allem wünschenswert, um spätere strahlenchemische
Reaktionen abschätzen zu können.

Wenden wir uns zunächst den "dünn ionisierenden" höherenergetischen Elektronen zu. Man kann sich in erster Näherung die Bahn in Form
einer gekrümmten Perlenschnur vorstellen, auf der die Ereignisse in
statistischer Folge aufgereiht sind. Die Art der Verteilung gewinnt
man wieder mit Hilfe der schon eingeführten Poisson-Verteilung: Wenn
wir mit λ_1 die mittlere Zahl der Ereignisse pro Strecke bezeichnen, so
ist die Wahrscheinlichkeit, daß bei Durchlaufen eines Abschnitts l
<u>kein</u> Ereignis stattfindet, $e^{-\lambda_1 \cdot l}$ sowie die mittlere Wahrscheinlich-
keit, daß in einem infinitesimalen Stück dl ein Ereignis geschieht
λ_1 dl. Die Wahrscheinlichkeit p(l)dl, daß genau nach Durchlaufen von
l wieder ein Ereignis festzustellen ist, ergibt sich als das Produkt

$$p(l)dl = \lambda_1 e^{-\lambda_1 \cdot l} \, dl \qquad (4.48)$$

Diese Beziehung ist als die "Verteilung der freien Weglängen" bekannt.
Man kann hieraus die mittlere freie Weglänge $\bar{l}$ bestimmen.

$$\bar{l} = \int_0^\infty \lambda_1 l \, e^{-\lambda_1 l} \, dl = \frac{1}{\lambda_1} \qquad (4.49)$$

Man könnte sich also recht grob die Bahnspur als eine Folge von Er-
eignissen vorstellen, welche gemäß Beziehung (4.48) verteilt sind.
Auch bei Inkaufnahme aller gemachten Vereinfachungen trifft dieses
Bild jedoch für kondensierte Medien - z.B. Wasser - so nicht zu. Der
Grund liegt darin, daß die freigesetzten Elektronen dem Feld der Ionen

wegen der elektrostatischen Anziehung nur bei Überschreiten einer bestimmten Mindestenergie entfliehen können, oder mit anderen Worten,
ihre Reichweite muß größer sein als die des zurückziehenden Feldes.
Eine Abschätzung gewinnt man aufgrund folgender Beziehung

$$\frac{e^2}{4\,\pi\varepsilon_r\varepsilon_0 \cdot R} \approx kT \qquad\qquad (4.50)$$

(e: Elementarladung, ε_0: absolute Dielektrizitätskonstante, ε_r: relative Dielektrizitätskonstande des Mediums, R: Reichweite, kT: mittlere
thermische Energie der Elektronen), d.h. am Ende der Reichweite muß
die mittlere thermische Energie der Elektronen hoch genug sein, damit
sie dem zurückziehenden Feld entfliehen können. ε_r ist in diesem Fall
beträchtlich kleiner als der "statische" Wert von 81, da es sich hier
um sehr schnelle Vorgänge handelt, denen die Wasserdipole nicht folgen
können. Setzt man die entsprechenden Werte ein, so erhält man R ≈ 20 nm,
was einer Elektronenenergie von 500 eV entspricht. Ereignisse, bei
denen so hohe Energiebeträge übertragen werden, unterscheiden sich
von den eingangs betrachteten dadurch, daß die Sekundärelektronen
selbst wieder zu Ionisierungen fähig sind. Wir können also zwei Ereig-
nisklassen unterscheiden: isolierte Primärionisationen (Sekundärelek-
tronenenergie < 100 eV), Primärionisationen mit lokalen Sekundärioni-
sationen (100 - 500 eV). Man bezeichnet die ersten als "spurs" ("Aus-
läufer"), die zweite als "blobs" ("Flecken"). Hinzu kommen noch die
Elektronen, bei denen sich die Einzelereignisse überlappen, die also
eine durchgehende Bahnspur bilden ("short tracks"). Man setzt hier
die Grenze - unter Berücksichtigung der Blobbildung - bei 5000 eV an.
Sekundärelektronen, die so hohe Energien haben, daß sie selbst mehrere
Ereignisse verursachen können mit separaten Spuren, werden als "branch
tracks" bezeichnet. Für sie gelten analoge Verhältnisse wie für die
Primärteilchen, und sie brauchen daher nicht gesondert betrachtet zu
werden.

Der Anteil der deponierten Energie, der in den einzelnen Klassen
auftritt, kann als Funktion der Primärenergie berechnet werden. Wir
wollen dies hier nicht nachvollziehen, sondern in Abbildung 4.15 nur
das Ergebnis mitteilen. Entsprechend der getroffenen Abgrenzung gibt
es unterhalb 5 keV nur short tracks, deren Anteil mit steigender Energie schnell abnimmt. Entsprechend steigen die isolierten Spurs an,
während die Blobs ein breites Maximum durchlaufen.

Wenden wir uns nun direkt ionisierenden Strahlen (z.B. α-Teilchen)
zu, wobei wir uns zunächst auf nicht zu hohe Energien (< 10 MeV/u)

beschränken wollen.

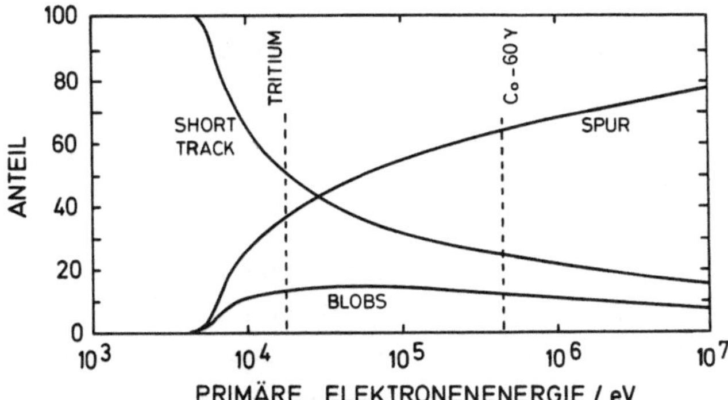

Abb. 4.15 Anteile von "Spurs", "Blobs" und "short tracks" bei verschiedenen Elektronenenergien. Quelle: MOZUMDAR und MAGEE 1966

In diesem Fall überlappen die primären Ionisationen, die Sekundärelektronen können aber u.U. über beträchtliche Energien verfügen, welche sie in einiger Entfernung vom Primärstrahl deponieren. Die örtliche Verteilung der Energiedeposition soll nun etwas näher untersucht werden. In den kleinen Bezirken kann man eigentlich nicht von Dosis sprechen, vielmehr betrachten wir in mikroskopischen Bereichen den Erwartungswert der spezifischen Energie, welchen wir mit "Lokaldosis" abkürzen wollen. Sie soll unter Zugrundelegung der Betrachtungen des Abschnitts 2.2 ("KEPLER-Problem") abgeschätzt werden.

Der differentielle Wirkungsquerschnitt für eine übertragene Energie ε ist beim Stoß eines Ions der effektiven Ladung z* mit einem Elektron in Übertragung der Formel (2.29)

$$\frac{d\sigma}{d\varepsilon} = \frac{2\,\pi\,e^4}{m_{eo}\,c^2} \cdot \frac{z^{*2}}{\beta^2 \cdot \varepsilon^2} \qquad (4.51)$$

(m_{eo}: Elektronenruhemasse).

Für die Kraftkonstante K haben wir hierbei entsprechend dem COULOMB'schen Gesetz z* · e² (die Ladung des Elektrons ist gleich der Elementarladung) eingesetzt. Die Zahl der Elektronen $dn(\varepsilon)$, auf die ein Energiebetrag ε durch ein Ion pro Wegelement übertragen wurde, erhalten wir unter Anwendung von (2.1) dann zu

$$\frac{dn(\varepsilon)}{d\varepsilon} = \frac{2\,\pi\,e^4}{m_{eo}\,c^2} \frac{d\,N_e}{dV} \cdot \frac{z^{*2}}{\beta^2 \cdot \varepsilon^2} \qquad (4.52)$$

$\dfrac{d\,N_e}{dV}$ ist die Zahl der Elektronen pro Volumenelement (= $3{,}35 \times 10^{23}$ cm^{-3} für Wasser).Die ersten Terme auf der rechten Seite fassen wir zu einer Konstanten C zusammen, welche für Wasser folgenden Wert hat:

$$C = 8{,}5 \times 10^6 \text{ eV m}^{-1}. \tag{4.53}$$

Aus obiger Beziehung (4.52) sieht man, daß der Anteil von Elektronen hoher Energien sehr schnell abnimmt. Für kleine Werte von ε ist gem. (2.21) der Ablenkwinkel nahe $\pi/2$, d.h. wir können in erster Näherung annehmen, daß die Mehrzahl der freigesetzten Elektronen senkrecht zur Ionenbahn fortfliegen. Wir wollen dies für die Bestimmung des Dosisverlaufs in der Nähe der Ionenbahn voraussetzen.

Im Falle kleiner Elektronenenergien - sie liefern wegen der $1/\varepsilon^2$-Abhängigkeit den größten Betrag - kann man einen konstanten Energieverlust pro Wegstrecke annehmen. Reichweite x und Energie ε stehen dann in dem Zusammenhang

$$x = K \cdot \varepsilon, \tag{4.54}$$

wobei K den Wert 0,1 µm/keV für Wasser hat, was einem gemittelten LET von 10 keV/µm entspricht. Diese Vereinfachung ist sicher relativ grob, mag zur Abschätzung jedoch ausreichen. Die Zahl n der Elektronen nimmt mit der Entfernung von der Ionenbahn ab, da letztlich nur die großer Reichweite, d.h. hoher Anfangsenergie, übrig bleiben. Es gilt mit den gemachten Vereinfachungen

$$n(x) = \frac{C\,z^{*2}}{\beta^2} \int_x^X \frac{K}{u^2}\,du = \frac{C\,z^{*2}\,K}{\beta^2}\left(\frac{1}{x} - \frac{1}{X}\right) \tag{4.55}$$

Hierbei ist X die maximale Reichweite der Sekundärelektronen. $n(x)$ gibt die Zahl der Elektronen an, welche eine zur Ionenbahn konzentrische Zylinderschale passieren. Ihre Dicke sei dx, die abgegebene Energie pro Elektron in ihr ist dann - entsprechend den Annahmen für die Elektronen gleich - $\dfrac{dx}{K}$. Die Lokaldosis erhält man durch Division durch das Volumen (Wasser hat die Dichte 1):

$$D_1 = \frac{C\ z^{*2}}{\beta^2} \quad \frac{dx\ K}{K \cdot 2\pi x\ dx} \cdot \left(\frac{1}{x} - \frac{1}{X}\right)$$

$$= \frac{C\ z^{*2}}{2\pi\ \beta^2 \cdot x}\ \left(\frac{1}{x} - \frac{1}{X}\right) \tag{4.56}$$

Man sieht, daß die Lokaldosis in der Nähe der Ionenbahn umgekehrt zum
Quadrat des Abstandes abnimmt. Lediglich für die höher energetischen
Sekundärelektronen - deren Anteil gering ist - ergibt sich eine andere Abhängigkeit. Von besonderer Bedeutung ist außerdem der Quotient
$\frac{z^{*2}}{\beta^2}$. Diese Größe war schon bei der Formel für das Bremsvermögen - $\frac{dT}{dx}$ -
aufgetaucht. Sie steht mit ihm jedoch nicht in einem eindeutigen Zu-
sammenhang, da beim Bremsvermögen die Geschwindigkeit auch wesentlich
eingeht, d.h. bei gleichen Werten für $\frac{z^{*2}}{\beta^2}$ können durchaus unterschiedliche - $\frac{dT}{dx}$-Werte resultieren bzw. vice versa.

Die maximale Reichweite X ergibt sich aus der Energie ε_{max} der
Elektronen, die durch einen zentralen Stoß losgelöst werden. Sie ist
nach Formel (2.22) für nicht-relativistische Fälle

$$\varepsilon_{max} = \frac{2\ m_{eo}\ c^2\ \beta^2}{\left(1 + \frac{m_{eo}}{m_I}\right)^2} \tag{4.57}$$

(m_I: Ionenmasse).
Da die Ionen sehr viel größere Massen haben als das Elektron, kann
man den Nenner gleich 1 setzen, was bedeutet, daß ε_{max} bzw. X praktisch
nur von β abhängt.

Abbildung 4.16 zeigt den Verlauf der Lokaldosen als Funktion des
Abstandes von der Ionenbahn für verschiedene Werte von β. Natürlich
sind sie nur als Näherungen zu betrachten, doch haben genauere Rechnungen und experimentelle Messungen gezeigt, daß die gemachten Fehler
das Ergebnis nur recht wenig beeinflussen.

4.2.5 Dosimetrie inkorporierter Radionuklide

Die Dosimetrie inkorporierter radioaktiver Stoffe ist für Strahlenschutzüberlegungen von großer Wichtigkeit, allerdings wegen des Zu-
sammenwirkens verschiedener biologischer und physikalischer Faktoren
auch recht kompliziert. Wir wollen hier nur einige wenige Fragen in
recht elementarer Form ansprechen; praktische Folgerungen weitergehen-
der Probleme werden in Kapitel 21 diskutiert.

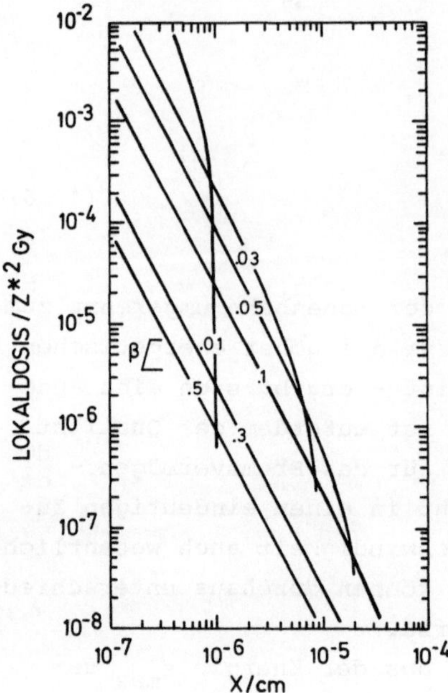

Abb. 4.16 Lokaldosis (normiert) als Funktion des Abstandes von der
Ionenbahn bei verschiedenen relativen Geschwindigkeiten. Man beachte,
daß die radiale Ausdehnung mit β zunimmt. Quelle: BUTTS und KATZ 1967

In diesem ganzen Teilkapitel wird davon ausgegangen, daß die Radioaktivität homogen in dem betrachteten Volumen verteilt ist. Diese
Voraussetzung stellt schon für viele biologische Systeme eine recht
grobe Vereinfachung dar. Wir betrachten eine Kugel des Radius r. Falls
die Reichweite aller primären und sekundären Teilchen klein ist gegen
die Kugelabmessungen, so läßt sich die Dosisleistung $\dot{D}$ leicht berechnen:

$$\dot{D} = E_{eff} \cdot A/\rho V \tag{4.58}$$

wobei E_{eff} die effektive Teilchenenergie, A/V die Aktivität (Zerfälle
pro Zeiteinheit) pro Volumeneinheit und ρ die Dichte bedeuten. Für den
praktischen Gebrauch sind einheitsbezogene Gleichungen nützlich:

$$\frac{\dot{D}}{Gy\ s^{-1}} = 1{,}6 \times 10^{-19} \frac{E_{eff} \cdot A/\rho V}{eV\ Bq\ kg^{-1}} \tag{4.59}$$

bzw. in den "alten" Einheiten

$$\frac{\dot{D}}{rad\ s^{-1}} = 5,9 \times 10^{-7}\ \frac{E_{eff} \cdot A/\rho V}{eV\ Ci\ kg^{-1}} \qquad (4.60)$$

Die Formeln gelten streng nur für den Bereich der Kugel, in welchem
die Entfernung vom Rand größer ist als die Reichweite aller Partikel.
Unter den gemachten Voraussetzungen (große Ausdehnung) können jedoch
diese Randeffekte vernachlässigt werden. Die Bedingungen liegen allerdings relativ selten vor. Beispiele sind α- und niederenergetische β-
Emitter.

Auf die effektive Energie E_{eff} muß noch näher eingegangen werden.
Sie hat bei α- und β-Strahlen unterschiedliche Bedeutung. Die Energieverteilung der Elektronen ist kontinuierlich, für E_{eff} muß daher
die mittlere Energie eingesetzt werden, die man als Faustregel zu ungefähr 1/3 der Maximalenergie rechnen kann. α-Teilchen sind zwar mono-
energetisch, aber viele α-Strahler sind Glieder von Zerfallsketten,
so daß auch die durch die Folgeprodukte deponierte Dosis mit einbe-
rechnet werden muß. Von Bedeutung sind besonders die kurzlebigen Toch-
tersubstanzen, da sich zwischen ihnen und der Mutterquelle schnell
ein radioaktives Gleichgewicht einstellt.

Betrachten wir zwei Beispiele:

1. Tritium: Die mittlere β-Energie ist 5,7 keV. Für eine gleichmäßig
   verteilte Aktivität von 1 μCi/kg erhält man dann unter Anwendung
   von (4.59) eine Dosisleistung von $3,38 \times 10^{-11}$ Gy/s bzw. $2,92 \times 10^{-6}$ Gy/d.

2. ^{222}Rn: Wir gehen vom radioaktiven Gleichgewicht mit den Folgepro-
   dukten ^{218}Po (E_α = 6 MeV), ^{214}Pb(β), ^{214}Bi(β) und ^{214}Po(E_α = 7,7
   MeV) aus. Zusammen mit den α-Teilchen des ^{222}Rn (E_α = 5,5 MeV) ergibt sich dann eine Gesamtalphaenergie von 19,2 MeV. Da die auch
   emittierten β-Teilchen über recht hohe Energien verfügen, gilt
   die eingangs gemachte Voraussetzung (kleine Reichweiten) nicht
   (s.u.) und wir berechnen nur die α-Dosis. Mit (4.59) ergibt sie
   sich bei einer Aktivität von 1 μCi/kg zu $1,14 \times 10^{-7}$ Gy/s bzw.
   $9,84 \times 10^{-3}$ Gy/d.

Bisher haben wir die Aktivitätsabnahme aufgrund des radioaktiven Zerfalls vernachlässigt. Sie spielt aber eine Rolle, wenn wir die Exposition über längere Zeit verfolgen wollen. In diesem Fall ist die Aktivität zeitlich veränderbar. Mit einer Anfangsaktivität A_o erhält

man für die Gesamtdosis nach einer Zeit t entsprechend Beziehung (4.59)

$$D = \frac{A_o \cdot E_{eff}}{\rho V} \int_o^t e^{-\lambda u} \, du$$

$$= \frac{A_o \cdot E_{eff}}{\rho \cdot V \cdot \lambda} \, (1 - e^{-\lambda t}) \qquad (4.61)$$

(λ: Zerfallskonstante).

Die Formel gilt auch, wenn die Aktivitätsabnahme aufgrund anderer Prozesse (Ausscheidung o.ä.) als dem physikalischen Zerfall erfolgt. Ziehen wir als Beispiel wieder ^{3}H heran und fragen, welche Dosis in 50 Jahren bei einer Anfangsaktivität von 1 µCi/kg akkumuliert wird. λ ist hier - wegen der relativ langen physikalischen Halbwertszeit von 12,3 Jahren - biologisch bestimmt und beträgt ca. 6×10^{-2} d^{-1}. Als Ergebnis ergibt sich $4,9 \times 10^{-5}$ Gy, was bei konstant bleibender Anfangsaktivität einer Bestrahlungsdauer von ca. 16 Tagen entsprechen würde. Lassen wir nun die Voraussetzung großer Volumina (im Vergleich zur Reichweite) fallen. Dieses Problem stellt sich sowohl bei höherenergetischen β- als auch vor allem bei γ-Strahlen. Man kann es unter zwei Aspekten betrachten: erstens, wie groß ist die Dosis innerhalb der von allen Radionukliden erfüllten Kugel und zweitens, welche Dosis wird außerhalb der Kugel in einem bestimmten Abstand deponiert. Wir stellen uns vor, daß unser betrachtetes Volumen aus einer homogenen Verteilung von punktförmigen Strahlenquellen besteht, von denen die Teilchen isotrop ausgehen. Die Dosisleistung in Abstand x von einer solchen Quelle ist dann

$$D(x) = \frac{A}{\rho V} \int_E E \phi(x,E) \, f(E) \, dE \qquad (4.62)$$

wobei $f(E)$ die Energieverteilung der Quelle ist und $\phi(x,E)$ den Anteil der emittierten Energie angibt, welcher im Abstand x in einer infinitesimal dünnen Kugelschale des Radius x pro Masseneinheit deponiert wird. Die weitere Behandlung ist unterschiedlich für Photonen und Elektronen. Die ersten nehmen bekanntlich nach einem Exponentialgesetz ab, während β-Partikel eine endliche Reichweite besitzen. Falls man von Streuung absieht, kann man bei Photonen schreiben:

$$\phi(x,E) = \frac{\mu_{en}}{4\pi\rho x^2}\, e^{-\mu_{eff}(E)x} \tag{4.63}$$

Dabei ist μ_{en} der Energieübertragungskoeffizient und μ_{eff} der effektive Schwächungskoeffizient, der bei kleinen Entfernungen geringer ist als der makroskopisch ermittelte Wert. Um die tatsächliche Dosis an einem Punkt zu erhalten, muß über alle Punktquellen integriert werden.

Betrachten wir als Beispiel das Zentrum unserer Probekugel. Es wird bestrahlt von Punktquellen aus Kugelschalen der Masse $4\pi\rho x^2$ dx, wobei x von Null bis r zu erstrecken ist. Man erhält daher

$$\dot{D} = \frac{A}{\rho V}\frac{\mu_{en}}{\mu_{eff}}\,(1 - e^{-\mu_{eff}\cdot r})\int_E Ef(E)dE$$

$$= \frac{A}{\rho V}\cdot E_{eff}\cdot\frac{\mu_{en}}{\mu_{eff}}\,(1 - e^{-\mu_{eff}\cdot r}) \tag{4.64}$$

Bei kleinen Werten von $\mu_{eff}\cdot r$ kann man die Exponentialfunktion entwickeln und bekommt dann

$$\dot{D} \approx \frac{A}{\rho V}\cdot E_{eff}\cdot\mu_{en}\cdot r \tag{4.65}$$

Für ein unendlich ausgedehntes Medium ist

$$\dot{D} = \frac{A}{\rho V}E_{eff}\cdot\frac{\mu_{en}}{\mu_{eff}} \approx \frac{A}{V}E_{eff} \tag{4.66}$$

Dieses Ergebnis ist natürlich zu erwarten, da in diesem Falle die gesamte ausgestrahlte Energie übertragen wird, was der Formel (4.58) entspricht. Werden bei einem Zerfall mehrere γ-Quanten emittiert, so ist zur Ermittlung von E_{eff} dem Rechnung zu tragen. Wir haben bei der Behandlung die Rolle der entstehenden Elektronen vernachlässigt, was bei gasförmigen Medien keinen sehr großen Fehler hervorruft, im kondensierten Milieu jedoch nicht angemessen ist. Auf eine eingehendere Darstellung müssen wir jedoch verzichten.

Für homogen verteilte β-Strahler ist es üblich, Beziehung (4.63) in einer etwas anderen Form zu schreiben und zwar mit der Modifikation

$$\phi(x,E)\ dx = \frac{F(x/x_O,E)}{4\ \pi\ \rho\ x^2}\ d(x/x_O) \qquad\qquad (4.67)$$

x_O ist hier die c.s.d.a-Reichweite des Elektrons (Kapitel 3). Die
Funktion $F(x/x_O,E)d(x/x_O)$ gibt - bis auf den Nennerausdruck - den Teil
der Anfangsenergie an, der in einem auf die Reichweite normierten Abstand übertragen wird. Sie variiert nur wenig für verschiedene Energien und kann z.B. durch Monte-Carlo-Rechnungen ermittelt werden.

Abbildung 4.17 zeigt einige Beispiele. Sie liegen auch in tabel-
lierter Form vor (BERGER 1973). Eine analytische Behandlung der Problems ist nicht möglich, die für verschiedene geometrische Fälle re-
sultierenden Dosen müssen numerisch ermittelt werden.

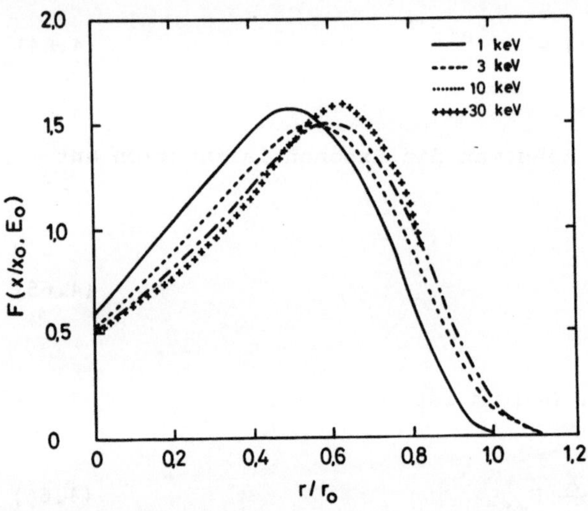

Abb. 4.17 Zur Bestimmung der Dosis inkorporierter β-Strahler (s. Text)
verschiedener Energie. Quelle: BOOZ und SMIT 1977

4.3 Dosimetrie optischer Strahlung

Die Überschrift dieses Abschnitts ist irreführend, weil sie suggeriert,
daß bei der optischen Strahlung ähnliche Meßgrößen eine Rolle spielen
wie bei der ionisierenden. Das ist aber in der Regel nicht der Fall
und auch leicht einzusehen, weil hier die Absorption nicht von allen
Bestandteilen des Bestrahlungsgutes erfolgt, sondern selektiv durch
Chromophore, deren Absorptionsspektrum mit dem Emissionsspektrum der
Quelle überlappt. Eine Angabe "absorbierter Energie pro Masse" ist

daher wenig sinnvoll, weil sie bei gegebenem Strahlungsfeld sehr entscheidend von der chemischen Zusammensetzung des bestrahlten Körpers
abhängt. Trotzdem spricht man oft - fälschlicherweise - von der "UV-
Dosis", meint damit aber im Regelfall die pro Flächeneinheit im rechten Winkel auftreffende Energie (Energiefluenz F_E). Ihre Einheit ist
Jm^{-2}. Häufig interessiert aber auch die Zahl der auftreffenden Quanten, die Quantenfluenz ϕ, die bei monochromatischer Strahlung mit der
Energiefluenz über die Beziehung (4.68) verbunden ist:

$$F_E = h \cdot \nu \cdot \phi = \frac{hc}{\lambda} \cdot \phi \qquad (4.68)$$

Ihre Einheit ist "Photonen pro m^2" oder auch "Einstein pro m^2". Mit
Intensität" meint man meist "Energiefluenz pro Zeiteinheit".

Außer den gerade genannten rein physikalischen Größen spielt im
sichtbaren Bereich häufig auch die Bewertung für das menschliche Seh-
vermögen eine Rolle. Dabei wird die physikalische Bestrahlung durch
die physiologische Beleuchtung ersetzt. Da die Unterschiede nicht immer
genügend klar herausgestellt werden, soll hier kurz darauf eingegangen werden: Die Ausgangseinheit ist die candela (cd), welche die Licht-
stärke eines schwarzen Strahles der Fläche $\frac{1}{6 \cdot 10^5}$ m^2 bei der Temperatur des unter Normaldruck erstarrenden Platins (1772°C) angibt. Es
spielt hierbei also die spektrale Verteilung eine Rolle, die zur Wahl
des Standards einigermaßen der Augenempfindlichkeit angepaßt wurde.
Eine punktförmige, isotrop ausstrahlende Lichtquelle der Stärke cd
sendet einen Lichtstrom von 1 Lumen (lm) in die Einheit des Raumwin-
kels (1 Steradiant, sr) aus. Trifft ein Lichtstrom von 1 lm gleichmäßig auf eine Fläche von 1 m^2, so herrscht dort die Beleuchtungsstärke 1 Lux (lx). Die Beleuchtungsstärke ist das Pendant zur Bestrahlungsstärke, gewichtet nach der Physiologie des Auges und entsprechend den
Einheitenkonventionen umgerechnet. Aus dieser kurzen Darstellung ist
sicher sofort klar, daß für strahlenbiologische Untersuchungen nur die
Angabe von Bestrahlungs-, nicht aber Beleuchtungsgrößen sinnvoll ist.

Bei der Durchführung von Experimenten muß man sich klarmachen, daß
die Bestrahlung an der Oberfläche eines Objektes nicht unbedingt mit
der im Inneren übereinstimmt. Selbst bei gut gerührten Suspensionen
ist die mittlere Bestrahlung nicht mit der an der Oberfläche identisch,
wenn das Suspensionsmedium selbst absorbiert. Falls Art und Konzentration der absorbierenden Spezies bekannt sind, kann man aus der Bestrahlung auch die pro Masse absorbierte Energie bestimmen. Hierbei muß
man allerdings unterscheiden, ob man auf die Gesamtmasse oder die Chro-

mophors bezieht. Die Beziehung soll für den einfachen Fall einer homogenen Lösung behandelt werden: Der Chromophor habe die Konzentration c (Mol/Volumen) und den Extinktionskoeffizienten ε. Wir betrachten ein Volumenelement ΔV der Fläche A und der Dicke Δx. Von der auftreffenden Energiefluenz F_E wird ein Anteil ΔF_E absorbiert (vgl. Gleichung 2.2 bzw. 2.5)

$$\Delta F_E = \frac{\Delta E}{A} = F_E \cdot \frac{c \cdot \varepsilon \cdot \Delta x}{\ln 10} \tag{4.70}$$

$$\frac{\Delta E}{\Delta V} = F_E \cdot \frac{c \cdot \varepsilon}{\ln 10} \tag{4.71}$$

und daraus

$$\frac{\Delta E}{\Delta m_g} = F_E \cdot \frac{c \cdot \varepsilon}{\rho \cdot \ln 10} \tag{4.72}$$

m_g bezeichnet die Gesamtmasse, ρ die Dichte. Bezieht man auf die Masse des Chromophors m_c, so erhält man

$$\frac{\Delta E}{\Delta m_c} = F_E \frac{\varepsilon}{M_A \ln 10} \tag{4.73}$$

wobei M_A die relative Molekülmasse des Chromophors ist.

<u>LITERATUR</u> (für ionisierende Strahlung):
ATTIX, ROESCH und TOCHILIN 1968
HINE und BROWNELL 1956
ICRU 16, 1970
ICRU 30, 1979
KASE und NELSON 1978
KELLERER und ROSSI 1972
MORGAN und TURNER 1973

(für optische Strahlung):
RUPERT 1974
SCHULZE und KIEFER 1977

5. Elemente der Foto- und Strahlenchemie

Es werden die Grundlagen foto- und strahlenchemischer Reaktionen erläutert, die zum Verständnis biologischer Wirkungen notwendig sind.
Hierzu zählen zunächst die Mechanismen sensibilisierter Fotoprozesse
und das Prinzip der Aktionsspektroskopie, einer Technik, die es erlaubt,
aus der Wellenlängenabhängigkeit eines biologischen Effekts auf den primären Absorber zurückzuschließen. Als spezielle Beispiele werden öko-
logisch wichtige Fotoreaktionen in der Atmosphäre und die Bildung von
Vitamin D im menschlichen Körper besprochen. Die strahlenchemische Zersetzung des Wassers in An- und Abwesenheit von Sauerstoff sowie die
LET-Abhängigkeit der Produktausbeuten bildet eine Basis für das Verständnis zellulärer Vorgänge. Abschließend werden zu erwartende Konsequenzen bei indirekter Schädigung durch Radiolyseprodukte im Vergleich
zu direkter Energieabsorption im Testmolekül gegenübergestellt.

5.1. Fotochemie
5.1.1. Grundbegriffe

Die Fotochemie behandelt solche Reaktionen, deren Ablauf durch die

Wechselwirkung beteiligter Moleküle mit optischer Strahlung (sichtba-

rer und ultravioletter Bereich) entscheidend beeinflußt oder gar erst

ermöglicht wird. Sie kennt zwei historische "Grundgesetze":

1. Das GROOTHUS-DRAPER'sche Gesetz: Fotochemische Umsetzungen gehen

    von den Molekülen aus, welche das angebotene Licht am stärksten

    absorbieren.

2. Das BUNSEN-ROSCOE-Gesetz: Die fotochemische Wirkung ist der Bestrah-

    lungsstärke des Lichtes proportional.

Wir wissen heute natürlich, daß beide Regeln darauf beruhen, daß die

Lichtquanten selektiv von Molekülen absorbiert werden. Sie sind aller-

dings in der angegebenen Form bei komplizierten Reaktionsabläufen nicht

immer gültig.

Die entscheidende Meßgröße für fotochemische Veränderungen ist die

Quantenausbeute Q. Sie ist definiert als die Zahl der durch Lichtein-

wirkung veränderten Moleküle pro absorbiertem Quant (oder Zahl der Mole

pro absorbierter Quantenzahl in Einstein) und normalerweise kleiner

als 1, kann aber bei Kettenreaktionen auch größere Werte annehmen.

Lichtabsorption führt zu Anregungen (Abschnitt 3.1), die letztlich

im ersten angeregten Zustand enden, der ein Singulett- oder Triplettzustand sein kann. Hiervon gehen die weiteren fotochemischen Reaktions-
schritte aus. Fotochemie beschäftigt sich also mit Reaktionen aus
(elektronisch) angeregten Zuständen. Es ist von daher verständlich,
daß die Reaktionsabläufe sich von denen der üblichen (thermischen) Chemie unterscheiden.

Die primären fotochemischen Prozesse verlaufen im allgemeinen äußerst schnell, so daß ihr Ablauf nicht mit klassischen chemischen Methoden verfolgt werden kann. Hier wird die Blitzlichtfotolyse eingesetzt (flash photolysis) (Abbildung 5.1).

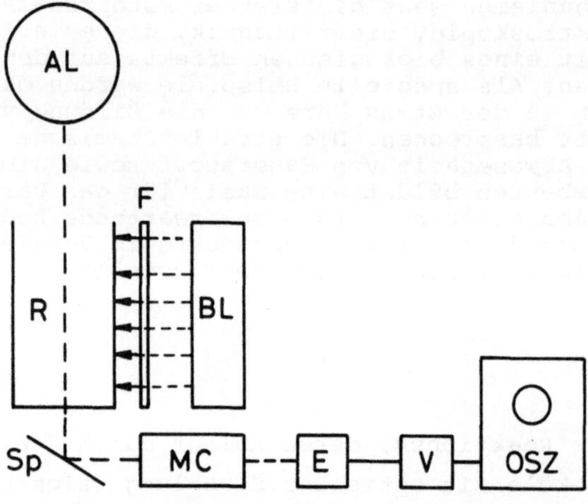

Abb. 5.1 Prinzip der Blitzlichtfotolyse. AL: Analysenlichtquelle, BL:
Blitzlampe, F: Filter, R: Reaktionsküvette, Sp: Umlenkspiegel, MC:
Monochromator, E: Empfänger, V: Verstärker, OSZ: Oszilloskop

Dieses im Prinzip einfache Verfahren besteht darin, daß mit einem ersten kurzen Lichtstoß die Reaktion gestartet wird, welche man dann mit
einem analysierenden Lichtstrahl spektroskopisch verfolgt. Es ist heute
eine zeitliche Auflösung im Picosekundenbereich möglich. Ausgehend von
dem primär angeregten Molekül können andere reaktive Zwischenprodukte
(z.B. sekundär angeregte Moleküle, freie Radikale) entstehen, die dann
weiter reagieren, bis stabile Endprodukte erreicht sind. Einige Beispiele hierzu sind im nächsten Abschnitt angesprochen. Die fotochemische Reaktion kann aber auch unimolekular verlaufen, d.h. sich auf das
absorbierende Molekül beschränken. Ein typisches Beispiel ist die Fotoisomerisierung, wobei sich Ausgangs- und Endprodukt nur in ihrer Konfiguration unterscheiden.

5.1.2 Fotosensibilisierung

Hierunter versteht man die lichtinduzierte Veränderung eines Moleküls, welches die eingestrahlten Quanten nicht selbst absorbiert. Diese Erscheinung spielt in der Fotobiologie, z.B. beim fotodynamischen Effekt (Abschnitt 9.1), eine große Rolle. Der Bestandteil, welcher für die primäre Absorption verantwortlich ist, heißt Fotosensibilisator. Allgemein bezeichnet man eine Reaktion als fotosensibilisiert, die in einem gegebenen Molekülgemisch nur dann abläuft, wenn der Sensibilisator anwesend ist und Licht der passenden Wellenlänge eingestrahlt wird. Die Art der Wechselwirkung kann äußerst verschieden sein. Einige Beispiele (S: Sensibilisatormolekül, A': fotochemisch verändertes Akzeptormolekül):

1. Der Sensibilisator bindet an das Molekül und verändert sein Absorptionsspektrum.

2. Die Anregungsenergie wird vom Sensibilisator S auf das Akzeptormolekül A übertragen:

$$S \xrightarrow{h\nu} S^*, \quad S^* + A \rightarrow S + A^* \tag{5.1}$$

(excitation transfer. Der Stern * symbolisiert die Anregung).

3. Das angeregte Molekül überträgt ein Elektron bzw. nimmt eines auf:

$$S^* + A \rightarrow S^+ + A^- \quad \text{bzw.} \quad S^* + A \rightarrow S^- + A^+ \tag{5.2}$$

(electron transfer). S^+, A^- bzw. S^-, A^+ können auch Radikalionen sein.

4. Der Sensibilisator im angeregten Zustand bildet mit dem Akzeptor einen reaktiven Komplex (exciplex):

$$S^* + A \rightarrow (S^*A) \rightarrow S + A' \tag{5.3}$$

5. Der Sensibilisator überträgt seine Anregungsenergie auf ein anderes Molekül B, das dann seinerseits mit dem Akzeptor reagiert:

$$S^* + B \rightarrow S + B^*, \quad B^* + A \rightarrow B + A'. \tag{5.4}$$

Sensibilisierte Reaktionen können grundsätzlich sowohl vom Singulett-
als auch vom Triplettzustand ausgehen, wobei der zweite Fall allerdings wegen der längeren Lebensdauer der häufigere ist.

Das letzte Beispiel (5) hat in der Fotobiologie eine besondere Bedeutung, wobei als Vermittler der Sauerstoff auftritt. Als einziges einfaches Molekül liegt O_2 im Grundzustand als Triplettzustand $^3O_2$ vor und
reagiert daher besonders leicht mit im Triplettzustand angeregten Molekülen. Der erste angeregte Zustand ist ein Singulettzustand $^1O_2^*$ ("Singulettsauerstoff"). Diese Spezies ist chemisch sehr reaktiv und ein
sehr effektives Oxydationsmittel. Die Anregungsenergie $^3O_2 \rightarrow {}^1O_2^*$ beträgt ca. 100 kJ mol^{-1} ($\hat{=}$ 1 eV); eine direkte Anregung durch Licht ist
jedoch nur bei sehr hohen Intensitäten möglich, da der Wirkungsquerschnitt äußerst klein ist. Die sensibilisierte Reaktion verläuft nach
folgendem Schema:

$$S \xrightarrow{h\nu} {}^1S^*$$

$$^1S^* \rightarrow {}^3S^*$$

$$^3S^* + {}^3O_2 \rightarrow S + {}^1O_2^*$$

$$^1O_2^* + A \rightarrow A\,O_2$$

$$(5.5)$$

Hier haben wir den speziellen Fall einer Fotooxydation vor uns, die
allerdings auch auf anderem Wege verlaufen kann.

5.1.3 Aktionsspektroskopie

Da fotochemische Umsetzungen eine Funktion des spektralen Absorptions-
vermögens sind, kann man die Abhängigkeit eines Effekts von der Wellenlänge benutzen, um auf die Art des primären Absorbers rückzuschließen.
Man bezeichnet dieses Verfahren als Aktions- oder Wirkungsspektroskopie.
Es dürfte nach dem vorhergehenden Abschnitt sofort klar sein, daß man
mit ihrer Hilfe keinen Aufschluß über das letztlich nach Durchlaufen
der Reaktionskette verbleibende Endprodukt erhält. Dennoch ist sie -
vor allem in der Fotobiologie - ein äußerst nützliches Verfahren, das
jedoch mit Bedacht und nicht kritiklos interpretiert werden muß. Es
sollen zunächst die notwendigen grundsätzlichen Voraussetzungen erklärt
werden, die häufig gar nicht einfach zu erfüllen sind:

1. Die Abhängigkeit des Effekts von der Bestrahlung soll bei allen
   Wellenlängen eine ähnliche Form zeigen, d.h. die Kurven müssen sich
   durch Anwendung eines konstanten Faktors, mit dem die Fluenz multipliziert wird, ineinander überführen lassen. Ist dies nicht der
   Fall, so sind bei verschiedenen Wellenlängen unterschiedliche Mechanismen anzunehmen.
2. Die Quantenausbeute Q soll bei allen Wellenlängen gleich sein.
3. Das Absorptionsspektrum der in Frage kommenden Substanz muß in dem
   zu untersuchenden Gemisch bekannt sein, falls es sich von dem in
   seiner isolierten Form unterscheidet.
4. Absorption oder Streuung durch andere Reaktionspartner müssen entweder vernachlässigbar oder im gesamten untersuchten Bereich konstant
   sein.
5. Die Absorption durch die Probe soll gering sein, um z.B. Sättigungs-
   effekte auszuschalten.
6. Der Effekt soll von der Bestrahlungsstärke unabhängig sein, da diese
   bei verschiedenen Wellenlängen im allgemeinen recht unterschiedlich
   ist (Reziprozitätsgesetz).

Wegen der meist komplexen Form der Dosiseffektkurven muß bei der Untersuchung immer quantitativ derselbe Effekt betrachtet werden - man erhält so Isoeffektdosen und wird unabhängig von dem speziellen Verlauf.

Bezeichnen wir die Quantenausbeute mit Q, die Quantenfluenz mit ϕ
und mit σ_{abs} den Absorptionsquerschnitt, so gilt für zwei Wellenlängen
λ_1 und λ_2

$$Q \cdot \sigma_{abs}(\lambda_1) \cdot \phi(\lambda_1) = Q\sigma_{abs}(\lambda_2) \cdot \phi(\lambda_2) \qquad (5.6)$$

Wegen der vorerwähnten Bedingung 2 gilt also für die Quantenfluenzwerte
bei gleichem Effekt

$$\frac{\phi(\lambda_1)}{\phi(\lambda_2)} = \frac{\sigma_{abs}(\lambda_2)}{\sigma_{abs}(\lambda_1)} \qquad (5.7)$$

Wegen der Proportionalität von σ_{abs} und dem Extinktionskoeffizienten ε
gilt auch (vgl. Beziehung 2.5)

$$\frac{\phi(\lambda_1)}{\phi(\lambda_2)} = \frac{\varepsilon(\lambda_2)}{\varepsilon(\lambda_1)} \qquad (5.8)$$

Wird nicht die Photonen-, sondern die Energiefluenz F_{EN} bei der Messung benutzt - was meist der Fall ist -, so erhält man

$$\frac{F_{EN}(\lambda_1) \cdot \lambda_1}{F_{EN}(\lambda_2) \cdot \lambda_2} = \frac{\varepsilon(\lambda_2)}{\varepsilon(\lambda_1)} \qquad (5.9)$$

Zur korrekten Aufnahme von Aktionsspektren sind also die für einen bestimmten Effekt notwendigen Energiefluenzwerte mit der Wellenlänge zu multiplizieren und dann mit den Extinktionskoeffizienten zu vergleichen.

5.1.4 Spezielle Reaktionen

5.1.4.1 Atmosphärische Fotochemie

Bildung von Ozon:
Molekularer Sauerstoff O_2 absorbiert Licht von Wellenlängen unter 195 nm. Das angeregte Molekül kann dissoziieren, der atomare Sauerstoff bildet dann spontan mit O_2 unter Beteiligung eines Stoßpartners M, der zur Abführung der Reaktionsenergie benötigt wird, Ozon O_3:

$$O_2 \xrightarrow{h\nu} O_2^* \rightarrow 2O^{\bullet}$$

$$(5.10)$$

$$O^{\bullet} + O_2 \xrightarrow{M} O_3$$

Diese Reaktion, die in den äußeren Schichten der Lufthülle abläuft, ist für die Bildung des Ozongürtels verantwortlich.

Fotolyse von NO_2:
NO_2, ein häufig vorkommendes Verbrennungsprodukt, kann durch Absorption von Licht im Wellenlängenbereich von 300 - 400 nm gespalten werden:

$$NO_2 \xrightarrow{h\nu} NO + O^{\bullet} \qquad (5.11)$$

Als Folgeprodukt entsteht wie oben wieder Ozon. Dieses kann NO wieder zu NO_2 oxidieren, so daß sich unter Bestrahlung ein Gleichgewicht einstellt:

$$NO_2 + O_2 \rightleftharpoons NO + O_3$$

$$(O_3) = k \frac{(NO_2)}{(NO)} \tag{5.12}$$

Dabei ist k die Gleichgewichtskonstante. Man sieht daraus, daß eine Erhöhung der NO-Konzentration zu einer Ozon-Abnahme führt.

Lichtinduzierter Ozonabbau durch Chlorfluormethane:
Chlorfluormethane (allgemeine chemische Formel F_xCCl_{4-x}) werden weltweit als Treibmittel in Sprühdosen etc. verwendet. Sie können durch Lichtabsorption ($\lambda < 200$ nm) fotochemisch gespalten werden, wobei ein Cl-Atom frei wird. Dieses reagiert mit Ozon unter Bildung von molekularem Sauerstoff:

$$F_xCCl_{4-x} \xrightarrow{h\nu} Cl^\cdot + F_xCCl_{3-x} \tag{5.13}$$

$$Cl^\cdot + O_3 \rightarrow ClO^\cdot + O_2 \tag{5.14}$$

Das Produkt $ClO^\cdot$ verhindert die Neubildung von Ozon aus atomarem und molekularem Sauerstoff (voriger Abschnitt):

$$ClO^\cdot + O^\cdot \rightarrow Cl^\cdot + O_2 \tag{5.15}$$

Cl-Atome wirken also als Katalysatoren des Abbaus von Ozon:

$$O_3 + O^\cdot \xrightarrow{Cl^\cdot} 2\,O_2 \tag{5.16}$$

Die beschriebenen Reaktionen haben eine wichtige Bedeutung für die UV-Strahlenbelastung der Erde (Abschnitt 22.2).

5.1.4.2 Bildung von Vitamin D

Vitamin D reguliert im menschlichen Körper den Calciumstoffwechsel und ist besonders wichtig für den Knochenaufbau des wachsenden Organismus. Sein Fehlen führt zu Rachitis. Es kommt jedoch im Körper nur in Vorstufen vor, aus denen durch fotochemische Reaktionen das eigentliche Vitamin gebildet wird. Der wirksame Spektralbereich liegt im UV B. Die Reaktionen zum Aufbau des Vitamins D_2 sind in Abbildung 5.2 dargestellt.

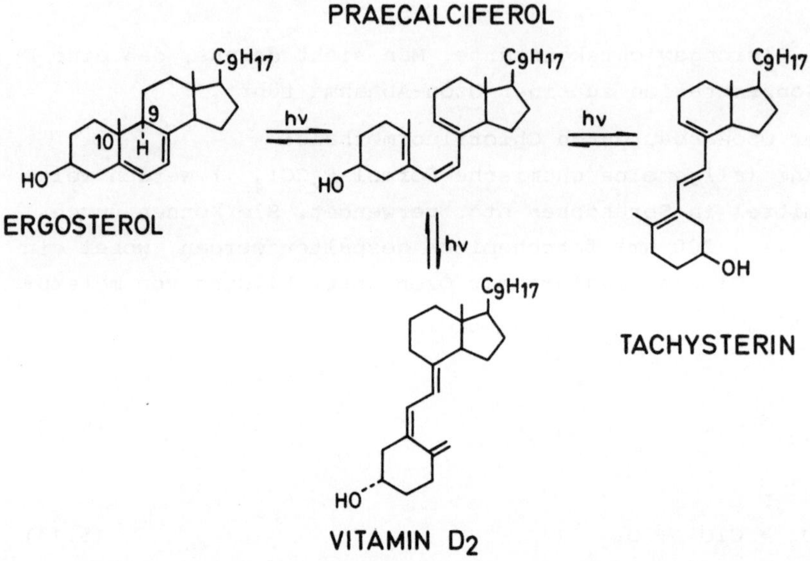

Abb. 5.2 Fotosynthese des Vitamins D_2: Aus Ergosterol entsteht zunächst die Vorstufe Praecalciferol und dann in einem zweiten lichtabhängigen Schritt das eigentliche Vitamin. Als Nebenprodukt tritt Tachysterin auf. Quelle: BLUME und GÜSTEN 1977b

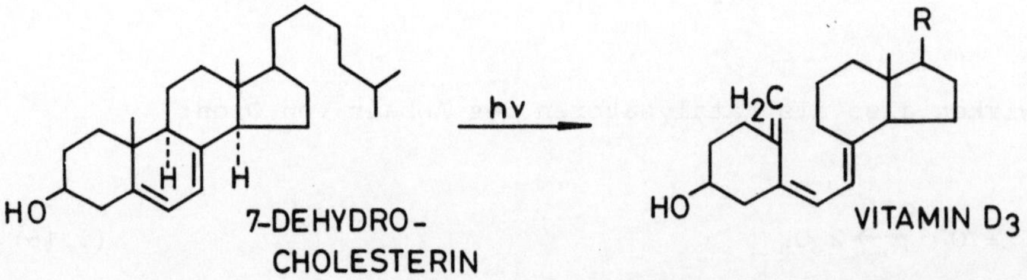

Abb. 5.3 Fotosynthese von Vitamin D_3 aus 7-Dehydrocholesterin. Quelle: HERRMANN, IPPEN u.a. 1973

Es sind also - wie man sieht - mehrere lichtabhängige Schritte notwendig, wobei auch andere Produkte entstehen.

Für den Menschen ist wahrscheinlich die Bildung von Vitamin D_3 aus 7-Dehydrocholesterin noch wichtiger (Abbildung 5.3), die nachgewiesenermaßen unter Einwirkung von UV B in der Haut abläuft. Die beschriebenen Reaktionen sind gute Beispiele der eingangs dieses Kapitels erwähnten Fotoisomerisierung.

LITERATUR (5.1):
BLUME und GÜSTEN 1977a,b
HERMANN, IPPEN u.a. 1973

5.2 Strahlenchemie
5.2.1 Grundbegriffe

Die Strahlenchemie beschäftigt sich mit Reaktionen, die durch Einwirkung ionisierender Strahlen ausgelöst werden. Ein wichtiger Unterschied zur Fotochemie liegt darin, daß die Absorption nicht selektiv an bestimmten Molekülen erfolgt, sondern von allen Bestandteilen eines Reaktionsgemisches. Energiereiche Teilchen können auf ihrem Wege durch das bestrahlte Medium eine ganze Reihe von Molekülen verändern, während das Lichtquant entweder absorbiert wird oder nicht - also immer nur mit einem Molekül wechselwirkt. Deshalb ist die Angabe einer Quantenausbeute in der Strahlenchemie auch nicht sehr sinnvoll, vielmehr bezieht man die Zahl der veränderten Moleküle auf die in der gesamten Lösung absorbierte Energie. Die entsprechende Größe heißt G-Wert und ist definiert als

$$G = \frac{\text{Zahl veränderter Moleküle}}{100 \text{ eV absorbierte Energie}} \qquad (5.17)$$

Man kann diese Beziehung auch auf molare Konzentration und die Dosis beziehen. Wenn c die Konzentration des strahlenchemisch veränderten Stoffes ist (mol dm^{-3}) und D die Dosis in Gy, so gilt

$$G/100 \text{ eV} = 9{,}64 \cdot 10^6 \; \frac{c/\text{mol } dm^{-3}}{D/\text{Gy} \cdot \rho/\text{g } cm^{-3}} \qquad (5.18)$$

(ρ: Dichte).

Falls keine Kettenreaktionen vorliegen, liegen die G-Werte im allgemeinen unter 10. Man sieht, daß z.B. zum Erreichen von millimolaren Aus-

beuten überschlagsmäßig eine Dosis von mindestens 10^3 Gy erforderlich
ist. Diese Größenordnung liegt aber für fast alle Zellen außerhalb des
"physiologischen" Bereichs, d.h. sie übersteigt die mittlere letale
Dosis um mehrere Zehnerpotenzen. Will man also strahlenchemische Veränderungen als Voraussetzungen strahlenbiologischer Phänomene erfassen,
so ist man auf sehr empfindliche Nachweismethoden angewiesen.

Neben den "üblichen" chemischen Analyseverfahren spielt in der
Strahlenchemie zur Untersuchung der schnell ablaufenden Primärvorgänge
die Pulsradiolyse eine besondere Rolle. Sie ist das strahlenchemische
Pendant zur schon erwähnten Blitzlichtfotolyse (Abb. 5.1), wobei die
Blitzlampe durch eine pulsbare Strahlenquelle (in der Praxis meist
Elektronenlinearbeschleuniger) ersetzt zu denken ist. Die wichtigsten
Erkenntnisse über den Ablauf strahlenchemischer Reaktionen sind mit
dieser Technik erhalten worden. Man ist heute in der Lage, eine zeitliche Auflösung im Subnanosekundenbereich zu erreichen. Die Wechselwirkung ionisierender Strahlung mit Materie führt nicht nur zur Bildung
angeregter oder ionisierter Moleküle, sondern auch zu der von Sekundärelektronen. Die räumliche Verteilung und die Struktur der Bezirke um
den primären Wechselwirkungsort herum ist in Abschnitt 4.2.4 im einzelnen besprochen worden. Die Verteilung der primären Reaktionsprodukte
ist unmittelbar nach der Energieabsorption danach sehr heterogen. Dies
ist entscheidend für die strahlenchemischen Folgeprozesse. Bei dünn
ionisierenden Strahlen werden zunächst einmal die Partner innerhalb der
"spurs" und "blobs" miteinander reagieren, zumindest in dem Maße, wie
es den Partnern nicht gelingt, vorher voneinander fortzudiffundieren.
Sehr viel stärker gilt dies noch für den Bahnkern ("track core") bei
dicht ionisierenden Strahlen. Es ist daher zu erwarten, daß qualitativ
und quantitativ die Ausbeuten stark von der Ionisationsdichte abhängen.
Intraspur bzw. intratrack-Reaktionen sind nach sehr kurzer Zeit abgeschlossen, können heute aber durch die Pulsradiolyse schon z.T. erfaßt
werden.

5.2.2 Strahlenchemie des Wassers

Wasser ist in allen biologischen Systemen ein Hauptbestandteil. Sein
Gehalt schwankt in vegetativen Zellen zwischen 40 und 80% und liegt
selbst bei Bakteriensporen noch bei 20%. Da es im hier betrachteten
Spektralbereich (200 - 800 nm) Licht nicht absorbiert, spielt es für
fotobiologische Untersuchungen keine Rolle.

Anders ist es bei ionisierenden Strahlen. In diesem Fall wird der
größte Teil der eingestrahlten Energie vom Wasser absorbiert. Die
Strahlenchemie des Wassers ist daher essentiell für das Verständnis

strahlenbiologischer Grundprozesse. Wir betrachten die Verhältnisse zunächst in Abwesenheit von Sauerstoff. Die primären Reaktionen sind Ionisierung und homolytische Spaltung des H_2O-Moleküls:

$$H_2O \rightarrow H_2O^+ + e_{aq} \qquad \text{(Ionisation)} \qquad (5.19)$$

$$H_2O \rightarrow H^\cdot \rightarrow + OH^\cdot \qquad \text{(Spaltung)} \qquad (5.20)$$

Die primären Reaktionsprodukte sind also $H^\cdot$, $OH^\cdot$, e_{aq} und H_2O^+. Alle diese Spezies zeichnen sich durch ein nicht abgesättigtes Elektron aus - es sind freie Radikale mit hoher chemischer Aktivität, die sehr leicht weitere Reaktionen eingehen. Besonders interessant ist das hydratisierte Elektron e_{aq}, das unten weiter behandelt wird. H-Atome können sowohl primär als auch in weiteren Schritten sekundär entstehen (s.u.). Wichtige Folgereaktionen sind:

$$H_2O^+ + H_2O \rightarrow H_3O^+ + OH^\cdot \qquad (5.21)$$

$$e_{aq} + H_3O^+ \rightarrow H^\cdot + H_2O \qquad \text{(sekundäre H-Atome)} \qquad (5.22)$$

Bis hierher haben wir nur Umsetzungen betrachtet, bei denen Radikale entstehen. Dies ist aber nicht durchgängig der Fall, es können auch stabile molekulare Verbindungen auftreten:

$$e_{aq}^- + H_2O^+ \rightarrow H_2O \qquad \text{(Rekombination)} \qquad (5.23)$$

$$H^\cdot + OH^\cdot \rightarrow H_2O \qquad \text{(Rekombination)} \qquad (5.24)$$

sowie

$$H^\cdot + H^\cdot \rightarrow H_2 \qquad (5.25)$$

$$e_{aq} + e_{aq} + 2H_2O \rightarrow H_2 + 2OH^- \qquad (5.26)$$

$$OH^\cdot + OH^\cdot \rightarrow H_2O_2 \qquad (5.27)$$

Stabile "molekulare" Endprodukte sind also - außer Wasser natürlich -
H_2, OH^--Ionen und Wasserstoffperoxid H_2O_2. Diese Reaktionen laufen natürlich auch in "spurs", "blobs" und "tracks" ab und zwar um so häufiger,
je höher die lokale Konzentration ist. Zur Wechselwirkung mit gelösten
Reaktanden stehen die primären Produkte nur insoweit zur Verfügung, wie
sie den genannten Bahnstrukturelementen entfliehen können. Für pH 7
und dünn ionisierende Strahlung erhält man folgende G-Werte (nach Abschluß der Intratrackreaktionen):

$$
\begin{aligned}
G(e_{aq}) &= 2,65 \\
G(H) &= 0,55 \\
G(OH^\cdot) &= 2,70 \\
G(H_2) &= 0,45 \\
G(H_2O_2) &= 0,70
\end{aligned}
\tag{5.28}
$$

Man sieht, daß sich oxydierende Substanzen ($OH^\cdot$, H_2O_2, G = 3,4) und reduzierende (e_{aq}, $H^\cdot$, H_2, G = 3,65) in etwa die Waage halten.

Ein besonders interessantes Produkt ist das Elektron. Es liegt in
wässriger Lösung normalerweise nicht frei vor, sondern mit einer Hydrathülle. Sie kommt dadurch zustande, daß die Wassermoleküle, die bekanntlich eine unsymmetrische Ladungsverteilung haben, sich mit ihren
positiven Ladungsschwerpunkten auf das Elektron hin ausrichten. Man
darf sich die Verhältnisse nicht statisch vorstellen, als ob das Elektron eine Hydrathülle ständig mit sich führt, vielmehr wird sie durch
ständig wechselnde Partner gebildet. Die Wechselwirkung des Elektrons
mit den Wasserdipolen hat interessante Konsequenzen: So wie im Atom
Elektronen im Feld der Kerne nur bestimmte quantenmechanische Energie-
niveaus einnehmen können, so gilt dies auch für das Elektron im "Poten-
tialtopf" der ausgerichteten Wassermoleküle. Es müßten also auch hier
spezifische Anregungsenergien existieren, die sich in einem typischen
Absorptionsspektrum äußern. Dies ist in der Tat der Fall, wie man mit
Hilfe der Pulsradiolyse zeigen konnte. Abbildung 5.4 zeigt das Absorptionsspektrum des hydratisierten Elektrons, das wegen des häufigen
Partnerwechsels recht breit ist. Die Hydratisierung wird durch den Index
aq symbolisiert. Freie - oder wie man auch oft etwas salopp abkürzt -
"trockene" Elektronen existieren in wässriger Lösung nur für sehr kurze
Zeit ($\approx 10^{-12}$ s), ihre Erforschung steht noch in den Anfängen.
Die Hydrathülle wirkt stabilisierend und führt deshalb zu einer Verlängerung der Lebensdauer des Elektrons. In sehr reinem Wasser liegt
sie bei ungefähr 600 µs. Einige Eigenschaften des hydratisierten Elek-

trons sind in Tabelle 5.1 zusammengefaßt.

Tabelle 5.1 Eigenschaften des hydratisierten Elektrons. Quelle: HENGLEIN, SCHNABEL und WENDENBURG 1969

Absorptionsmaximum (Zimmertemperatur)	720 nm
Extinktionskoeffizient (720 nm)	$15\ 800\ mol^{-1}\ dm^3\ cm^{-1}$
Diffusionskonstante	$4{,}5 \cdot 10^{-9}\ m^2\ s^{-2}$
G-Wert (pH 7)	2,65

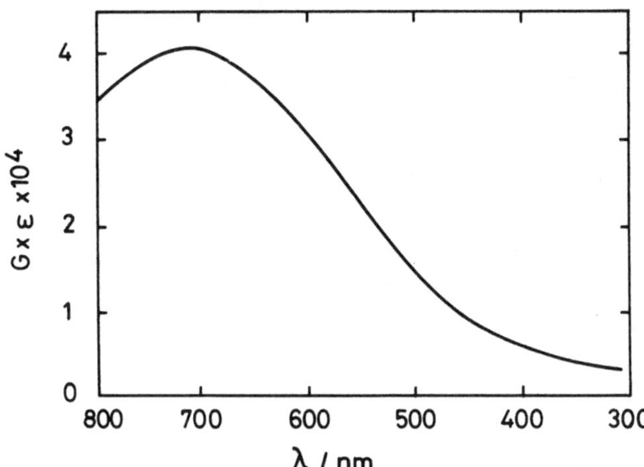

Abb. 5.4 Absorptionsspektrum des hydratisierten Elektrons. Quelle: KEENE 1963

Bisher haben wir nur Reaktionen in Abwesenheit von Sauerstoff betrachtet. In der Strahlenbiologie kommt aber diesem Molekül eine besondere Bedeutung zu, so daß wir unsere Behandlung erweitern wollen. Es müssen also zunächst noch die folgenden Reaktionen miteinbezogen werden:

$$e_{aq} + O_2 \rightarrow O_2^- \tag{5.29}$$

$$H^\cdot + O_2 \rightarrow HO_2^\cdot \tag{5.30}$$

Das OH-Radikal reagiert nicht mit dem gelösten Sauerstoff. Die beiden oben genannten Produkte sind nicht unabhängig voneinander, vielmehr besteht folgendes Gleichgewicht:

$$HO_2^\cdot \rightleftharpoons O_2^- + H^+ \tag{5.31}$$

Außerdem sind sie instabil und gehen leicht Folgereaktionen ein:

$$HO_2^{\cdot} + HO_2^{\cdot} \rightarrow H_2O_2 + O_2 \qquad (5.32)$$

$$O_2^{-} + O_2^{-} + 2H^{+} \rightarrow H_2O_2 + O_2 \qquad (5.33)$$

In sauerstoffhaltiger Lösung entsteht also in erhöhtem Maße Wasserstoffperoxid H_2O_2 unter gleichzeitiger Rückbildung eines Teils des verbrauchten Sauerstoffs. Es stellt sich somit unter Bestrahlung ein Gleichgewicht zwischen H_2O_2-Bildung und O_2-Verbrauch ein. Zum vollen Verständnis müssen allerdings auch noch Folgereaktionen betrachtet werden. In
diesem Zusammenhang ist die wichtigste:

$$e_{aq} + H_2O_2 \rightarrow OH^{\cdot} + OH^{-} \qquad (5.34)$$

H_2O_2 wird also unter Bestrahlung laufend zersetzt, wobei OH-Radikale
entstehen. Da diesen eine herausragende biologische Wirkung zugeschrieben wird, ist die obige Umsetzung für die Interpretation des Sauerstoffeffekts (Abschnitt 9.2.2) sehr wichtig.

In geringem Maße kann allerdings sogar in sauerstofffreier Lösung
unter Bestrahlung O_2 nach folgendem Schema entstehen:

$$OH^{\cdot} + OH^{\cdot} \rightarrow H_2O_2$$
$$H_2O_2 + OH^{\cdot} \rightarrow HO_2^{\cdot} + H_2O$$
$$HO_2^{\cdot} + HO_2^{\cdot} \rightarrow O_2 + H_2O_2 \qquad (5.35)$$

bzw.
$$HO_2^{\cdot} + OH^{\cdot} \rightarrow O_2 + H_2O$$

Der zweite Schritt verläuft erheblich langsamer als der erste und als
andere primäre Reaktionen, so daß er nur bei relativ hohen H_2O_2-Konzen-
trationen eine Rolle spielt. Wegen des niedrigen G-Werts dürfte also
bei locker ionisierender Strahlung die O_2-Bildung vernachlässigbar
sein.

Die Situation kann bei Strahlung hohen LETs anders sein und wir
wollen uns deshalb nun mit der Abhängigkeit der Wasserradiolyse von
der Ionisationsdichte zuwenden: Bei Röntgen- oder Gammastrahlen wird
die Ausbeute der radikalischen Primärprodukte durch Reaktionen innerhalb der "spurs", "blobs" und "short tracks" begrenzt. Wegen der relativ großen Entfernung dieser Bezirke ist eine direkte Wechselwirkung

zwischen ihnen wenig wahrscheinlich. Anders sieht natürlich die Situation im Bahnkern eines dicht ionisierenden Teilchens aus. Hier liegen über die gesamte Strecke hohe Konzentrationen primärer Radikale vor, die miteinander reagieren, bevor sie in die Lösung diffundieren können. Damit steigt die Ausbeute an molekularen Produkten auf Kosten der radikalischen, wie in Abbildung 5.5 dargestellt.

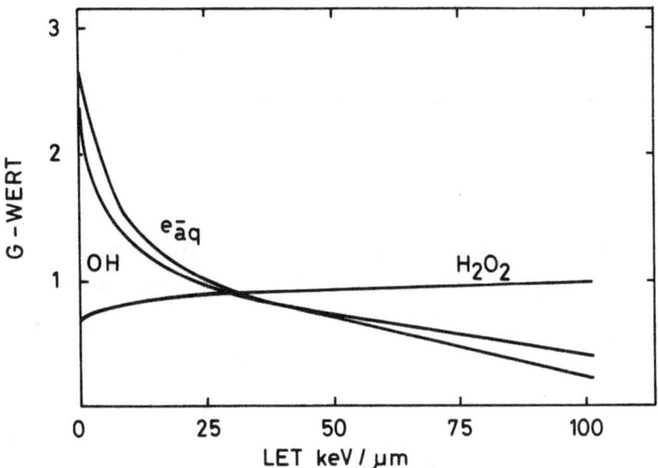

Abb. 5.5 Ausbeuten von Radiolyseprodukten des Wassers als Funktion des LET. Quelle: ALPER 1979

Hier sind die in der Lösung gemessenen Werte aufgetragen. Innerhalb der "tracks" sind die lokalen Konzentrationen natürlich sehr viel höher. Damit steigt aber auch die Wahrscheinlichkeit für die in den Beziehungen 5.23 bis 5.27 dargestellte Reaktionsabläufe. Danach könnte innerhalb der Bahn eines dicht ionisierenden Teilchens durchaus eine hohe lokale Sauerstoffkonzentration auftreten. Dies wird als eine Erklärung für die Tatsache diskutiert, daß der strahlenbiologische Sauerstoffeffekt mit steigender Ionisationsdichte abnimmt (Abschnitt 9.2.2). Über die quantitativen Ausbeuten herrscht jedoch noch weitgehend Unklarheit.

Bisher haben wir nur die Umsetzungen in reinem Wasser und mit Sauerstoff behandelt. Für die Strahlenbiologie sind aber außerdem noch solche Reaktionen interessant, bei denen primäre Strahlungsprodukte abgefangen oder ineinander umgewandelt werden können. Wir bringen hierzu zwei Beispiele:

Durch Umsetzung mit Distickstoffmonoxid können hydratisierte Elektronen in OH-Radikale überführt werden:

$$e_{aq} + N_2O \rightarrow OH^\cdot + OH^- + N_2 \qquad\qquad (5.36)$$

Diese Reaktion ist nicht nur zur Bestimmung der e_{aq}-Ausbeute wichtig (sie läßt sich über das gebildete N_2 messen), sondern vor allem auch, wenn man die relative Bedeutung von e_{aq} und $OH^\cdot$ abschätzen will. $OH^\cdot$-Radikale können durch Alkohol abgefangen werden, wobei Alkoholradikale entstehen, die aber wesentlich reaktionsträger sind:

$$OH^\cdot + CH_3CH_2OH \rightarrow CH_3\dot{C}HOH + H_2O \qquad\qquad (5.37)$$

$OH^\cdot$ reagiert aber auch mit einer ganzen Reihe anderer Substanzen, z.B. Cystein, das als "Strahlenschutzstoff" eine Rolle spielt.

Zum Abschluß dieses Kapitels wollen wir noch einmal zusammenfassend zu der Radiolyse des Wassers zurückkehren. Bisher hatten wir vor allem Entstehen und Ausbeuten der primären Produkte nach Abschluß der Intraspur- und Intratrackreaktionen betrachtet. Die radikalischen Spezies sind aber natürlich nicht stabil und reagieren weiter, bis molekulare Endprodukte erreicht sind. Eine zusammenfassende Übersicht über die wichtigsten Schritte - welche auch schon die besprochenen beinhalten - gibt Tabelle 5.2 mit Angabe der Geschwindigkeitskonstante (vgl. Anhang I.7).

Tabelle 5.2 Übersicht über Reaktionen von Wasserstoffradiolyseprodukten. Quellen: 1. SAUER u.a. 1978; 2. KOPPENOL und BUTLER 1977; 3. DRAGANIC und DRAGANIC 1971; 4. SWALLOW 1973; 5. ANBAR und NETA 1967; 6. PIKAEV 1967

Reaktion	bimolekulare Geschwindigkeitskonstante/$\text{mol}^{-1}\ \text{s}^{-1}\ \text{dm}^3$	Quellen
$OH^\cdot + OH^\cdot \rightarrow H_2O_2$	$4{,}5 - 6 \cdot 10^9$	1, 2, 3
$OH^\cdot + H^\cdot \rightarrow H_2O$	$2 - 3{,}2 \cdot 10^{10}$	1, 3
$OH^\cdot + e_{aq}^- \rightarrow OH^-$	$2{,}5 - 3 \cdot 10^{10}$	3
$OH^\cdot + HO_2 \rightarrow O_2 + H_2O$	$1{,}2 - 1{,}5 \cdot 10^{10}$	4, 5
$OH^\cdot + O_2^- \xrightarrow{H^+} O_2 + H_2O$	$1{,}0 \cdot 10^{10}$	1, 2
$OH^\cdot + H_2O_2 \rightarrow HO_2^\cdot + H_2O$	$2 - 4{,}5 \cdot 10^7$	1, 4, 5
$OH^\cdot + H_2 \rightarrow H^\cdot + H_2O$	$4 - 4{,}5 \cdot 10^7$	1, 4
$H^\cdot + H^\cdot \rightarrow H_2$	$1 - 1{,}3 \cdot 10^{10}$	1, 3

Fortsetzung Tabelle 5.2

Reaktion	bimolekulare Geschwindigkeits-konstante/$mol^{-1}\ s^{-1}\ dm^3$	Quellen
$H^\bullet + e^-_{aq} \xrightarrow{H^+} H_2$	$2,5 - 3 \quad \cdot\ 10^{10}$	1, 3
$H^\bullet + HO_2 \rightarrow H_2O_2$	$2,0 \cdot 10^{10}$	5
$H^\bullet + O^-_2 \xrightarrow{H^+} H_2O_2$	$2,0 \cdot 10^{10}$	1
$H^\bullet + H_2O_2 \rightarrow OH^\bullet + H_2O$	$6 \cdot 10^7 - 1,6 \cdot 10^8$	1, 3
$H^\bullet + O_2 \rightarrow HO_2$	$2,0 \cdot 10^{10}$	1, 4
$e^-_{aq} + e^-_{aq} \xrightarrow{H^+} H_2$	$5 \quad - 5,5 \cdot 10^9$	1, 3
$e^-_{aq} + H_2O_2 \rightarrow OH^\bullet + OH^-$	$1,2 - 1,3 \cdot 10^{10}$	1, 3, 4
$e^-_{aq} + O_2 \rightarrow O^-_2$	$1,9 \cdot 10^{10}$	1, 4
$HO^\bullet_2 + HO_2 \rightarrow O_2 + H_2O_2$	$3 \cdot 10^6 - 5 \cdot 10^7$	6
$e^-_{aq} + H^+ \rightarrow H^\bullet$	$1,7 - 2,2 \cdot 10^{10}$	1, 3
$e^-_{aq} + H_2O \rightarrow H^\bullet + OH^-$	16	

Diese Zusammenstellung verdanke ich Herrn K. Brettel, dessen Diplomarbeit sie in modifizierter Form entnommen wurde.

In reinem Wasser ist bei dünn ionisierender Strahlung die initiale Konzentration der radikalischen Spezies bedeutend größer als die der molekularen. Diese werden somit laufend wieder zersetzt:

$$H_2 + OH^\bullet \rightarrow H_2O + H^\bullet \tag{5.38}$$

$$H_2O_2 + H^\bullet \rightarrow H_2O + OH^\bullet \tag{5.39}$$

wobei wieder Wasser entsteht. Das heißt, daß in diesem Fall praktisch keine Zersetzung festzustellen ist. Anders liegen die Verhältnisse in Gegenwart von Sauerstoff. Hier stellt sich in Abhängigkeit von der Dosisleistung eine stationäre Konzentration von Wasserstoffperoxid ein, wie wir gezeigt haben. Noch gravierender ist die Lage bei dicht ionisierenden Strahlen. In diesem Fall überwiegen die molekularen Endprodukte H_2 und H_2O_2. Durch thermische Spaltung kann aus H_2O_2 Sauerstoff

entstehen, so daß sich ein Knallgasgemisch anreichern kann. Diese Überlegungen spielen für die Reaktorsicherheit eine große Rolle, weil in
ihnen durch die starke Neutronenstrahlung ein wesentlicher Teil der
Strahlenabsorption auf Hoch-LET-Ereignisse zurückgeht. Man entfernt
das Knallgas durch katalytische Rekombinationen zu Wasser.

5.2.3 Direkter und indirekter Effekt

Im vorigen Abschnitt wurde besprochen, daß bei Bestrahlung von Wasser
hoch reaktive Spezies entstehen, nämlich die Radikale e_{aq}^-, H$^\cdot$ und OH$^\cdot$.
Es ist daher zu vermuten, daß Moleküle in wässriger Lösung nicht durch
unmittelbare Wechselwirkung mit der Strahlung bzw. den von ihr freigesetzten Elektronen, sondern auch durch chemische Reaktionen mit Wasser-
radikalen inaktiviert werden können. Da biologische Systeme im allgemeinen einen hohen Wassergehalt haben, sollte dies auch für Zellen
gelten. Man spricht im ersten Fall (Strahlenabsorption im Testmolekül)
von direktem, im zweiten (Strahlenabsorption in der Umgebung und Inaktivierung durch dort induzierte Strahlenprodukte) von indirektem
Effekt. Beide sind nicht ohne weiteres voneinander zu trennen, aber
eine experimentelle Möglichkeit der Prüfung liegt in der Untersuchung
der Konzentrationsabhängigkeit des Testeffektes in Lösungen. Wir wollen
annehmen, daß der Anteil der intakten Moleküle exponentiell mit dem
Mittelwert des Anteils getroffener Moleküle abnimmt. (Dies entspricht
einem "Eintreffervorgang" - Abschnitt 7.1 -. Diese Annahme ist nicht
notwendig, aber sie macht die Überlegung durchsichtiger, die auch für
beliebige Formen von Dosiseffektkurven gilt.)

Es sei N die Zahl der in einem Volumen V vorhandenen intakten Mole-
küle, N^+ die Zahl der geschädigten, $\overline{N}^+$ ihr Mittelwert. Die "Überlebensfraktion" y ist dann

$$ y = \frac{N - N^+}{N} = e^{-\frac{\overline{N}^+}{N}} \tag{5.40} $$

Bei einer gegebenen Dosis D ist für den direkten Effekt $\overline{N}^+ = \alpha D \cdot N$,
wobei α ein Proportionalitätsfaktor ist. Damit gilt

Direkter Effekt: $y = e^{-\alpha D}$ $\tag{5.41}$

d.h., die Überlebensfraktion ist nur eine Funktion der Dosis und nicht
der Konzentration. Für die Zahl geschädigter Moleküle gilt jedoch
$(c = \frac{N}{V})$

Direkter Effekt:
$$N^+ = N(1 - e^{-\alpha D})$$
$$= c\, V(1 - e^{-\alpha D}) \tag{5.42}$$

d.h., bei festgehaltener Dosis steigt sie proportional zur Konzentration an.

Anders liegen die Verhältnisse bei reiner indirekter Inaktivierung: Durch eine bestimmte Dosis D wird im Lösungsmittel eine bestimmte Zahl R reaktiver Spezies gebildet:

$$R = \beta D \qquad (\beta\text{: Proportionalitätsfaktor}).$$

Falls die Konzentration von N nicht zu hoch ist, wird jedes Radikal ein Molekül N inaktivieren; in diesem Fall ist also nicht der Anteil, sondern die _Zahl_ der durch eine bestimmte Dosis im Mittel inaktivierten Moleküle der Dosis proportional:

Indirekter Effekt:
$$y = e^{-\frac{\beta D}{N}} = e^{-\frac{\beta V D}{c}} \tag{5.43}$$

Die Dosis, die zu einer Reduktion auf 1/e führt, bezeichnet man üblicherweise mit D_O, d.h. mit (5.43) gilt

$$D_O = \frac{c}{\beta V} \tag{5.44}$$

Trägt man also D_O gegen die Konzentration auf, so ergibt sich eine lineare Abhängigkeit, während D_O beim direkten Effekt konstant bleibt. Die Verhältnisse sind in Abbildung 5.6 noch einmal schematisch gegenübergestellt.

Die Beschreibung des Verhaltens trifft für extreme Konzentrationsbereiche nicht mehr uneingeschränkt zu: Bei sehr niedrigen Konzentrationen sinkt die Chance, daß jedes inaktivierende Radikal tatsächlich mit dem Molekül reagiert, weil Reaktionen der Radikale untereinander wichtig werden. Das führt zu einer Verringerung der Ausbeute. Bei hohen Konzentrationen beginnt die direkte Inaktivierung eine zunehmende Rolle zu spielen.

Es sei zum Abschluß darauf hingewiesen, daß indirekte Effekte auch in trockenen Systemen vorkommen. Von besonderer Bedeutung scheinen hier diffundierende Wasserstoffatome zu sein.

Versuche der beschriebenen Art lassen sich natürlich mit Zellen nicht durchführen, da man intrazelluläre Konzentrationen nicht so ohne weiteres verändern kann. Auf die Relevanz indirekter Effekte bei der Zellinaktivierung wird später eingegangen.

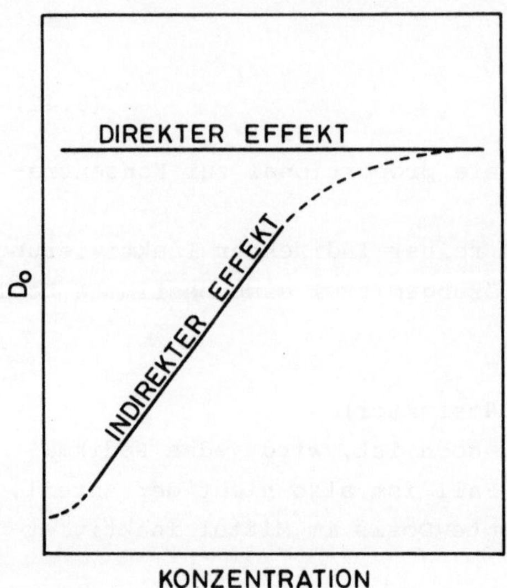

Abb. 5.6 Abhängigkeit der D_0-Werte von der Konzentration bei direktem und indirektem Effekt.

<u>LITERATUR</u> (5.2):

HENGLEIN, SCHNABEL und WENDENBURG 1966 (Strahlenchemie)

PIKAEV 1967

SWALLOW 1973

6. Foto- und Strahlenchemie der DNS

Es werden die für die biologische Wirkung wichtigsten strahleninduzierten Veränderungen an der DNS besprochen. Im Falle von UV sind dies vor allem Pyrimidindimere, bei ionisierender Strahlung kann keine eindeutige Aussage gemacht werden, obwohl sicher Doppelstrangbrüchen eine besondere Bedeutung zukommt. Der Einfluß, den eine Änderung der Versuchsbedingungen haben (Anwesenheit von Fotosensibilisatoren bei optischer Strahlung, Variation des Sauerstoffgehaltes und des LET bei ionisierender Strahlung) wird ebenfalls dargestellt.

6.1 Fotochemische Veränderungen

6.1.0 Vorbemerkungen

Die Desoxyribonukleinsäure als Träger der genetischen Information bildet - wenn auch möglicherweise nicht exklusiv (vgl. Abschnitt 16.7) - einen entscheidenden Angriffspunkt für die zelluläre Strahlenschädigung. Aus diesem Grunde werden die an ihr durch Strahlung verursachten Veränderungen ausführlicher besprochen. Einige Grundvoraussetzungen über Aufbau und Struktur dieses Moleküls sind im Anhang zusammengestellt (Anhang II.1).

Abbildung 6.1 zeigt ein Absorptionsspektrum der DNS. Man erkennt eine breite Bande um 260 nm und ein Minimum bei 220 nm mit erneutem Anstieg zu kürzeren Bereichen. Denaturierung, d.h. Auflösung der Doppelstrangstruktur führt zu erhöhter Absorption, jedoch ohne wesentliche qualitativen Veränderungen des Spektrums. Die Absorption in dem beschriebenen Bereich ist ausschließlich auf die Basen zurückzuführen, Zucker und Phosphat tragen nicht dazu bei.

Für fotochemische Untersuchungen ist noch die energetische Lage der angeregten Zustände wichtig. Sie sind in Abbildung 6.2 dargestellt, woraus man erkennt, daß der Triplettzustand des Thymins die niedrigste Anregungsenergie besitzt.

6.1.1 UV-induzierte Veränderungen

UV-Bestrahlung im Wellenlängenbereich um 260 nm führt ausschließlich zu einer Veränderung der Basen, Zucker und Phosphatreste werden -

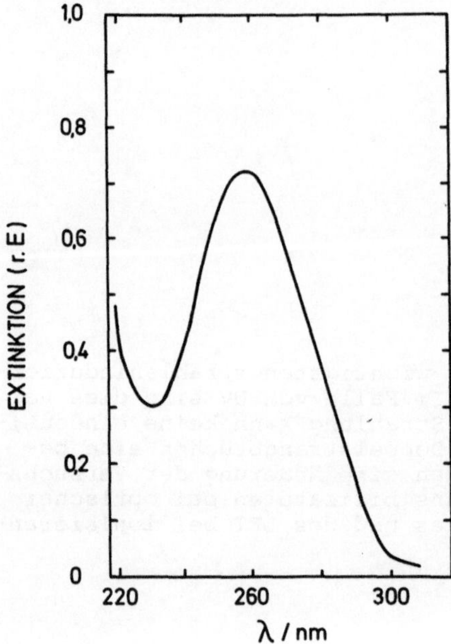

Abb. 6.1 Absorptionsspektrum der DNS

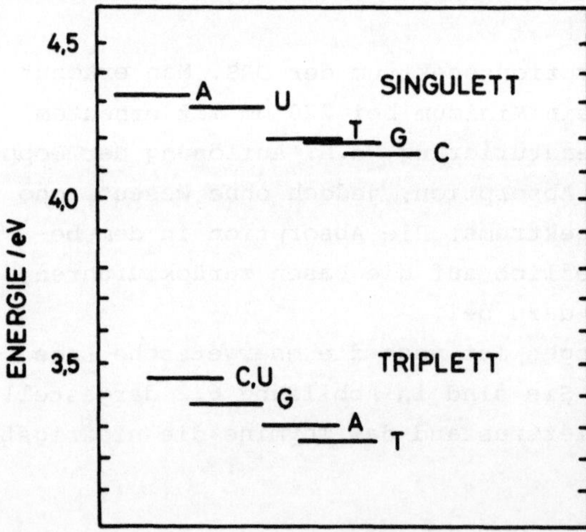

Abb. 6.2 Anregungsenergien des ersten angeregten Singulett- bzw. Trip-
lettzustandes von DNS-Mononukleotiden. Quelle: LATARJET 1972 (modifiziert)

jedenfalls primär - nicht angegriffen. Die Purinkomponenten sind um
ungefähr eine Größenordnung unempfindlicher als die Pyrimidine, so daß
man sich in erster Näherung auf diese beschränken kann. Die wichtigsten Produkte sind in Abbildung 6.3 zusammengestellt.

a)

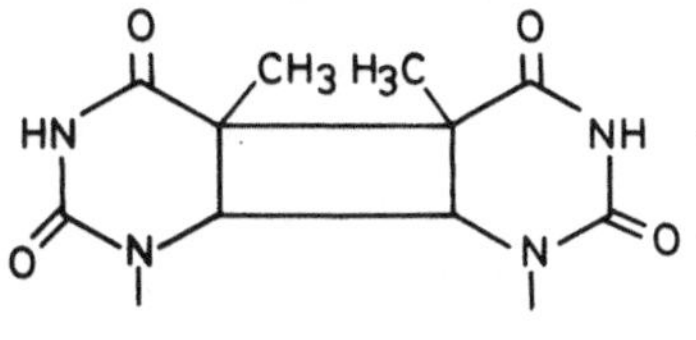

THYMIN-DIMERES

b)

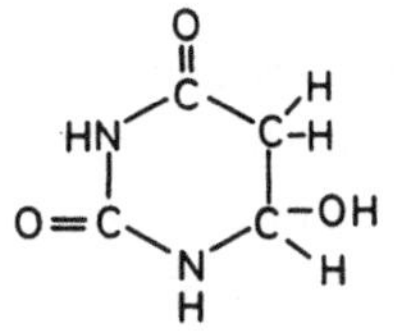

URACIL-HYDRAT

c)

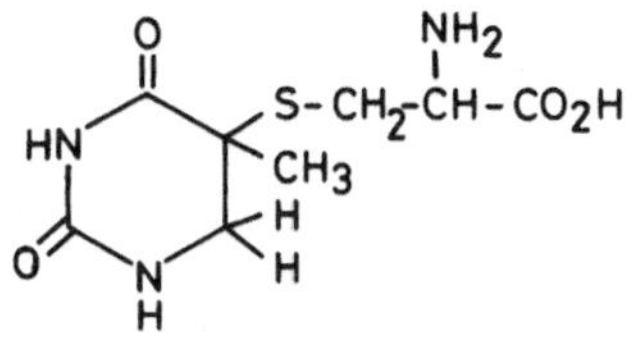

5-S-CYSTEINE, 6-HYDRO-
THYMIN
(ALS BEISPIEL EINER DNS-
PROTEINVERNETZUNG)

d)

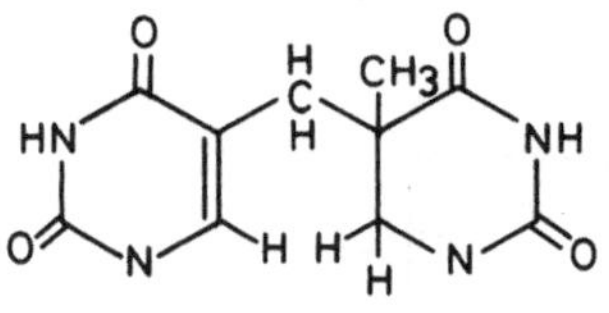

"SPORENFOTOPRODUKT"
(5-THMINYL-5,6-DIHYDRO-
THYMIN)

e)

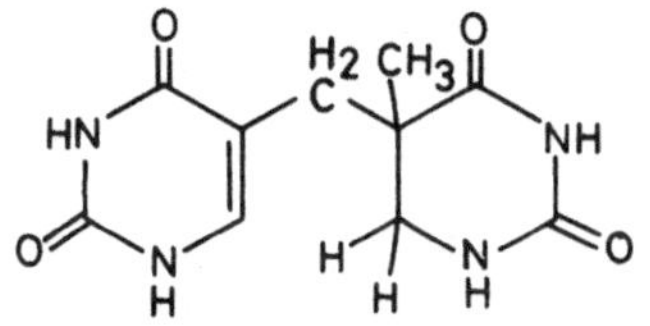

PYRIMIDIN-THYMIN-ADDUKT
(PO-T)

Abb. 6.3 UV-Fotoprodukte in der DNS (λ = 254 nm) (Erklärung s. Text).

Es handelt sich dabei um Pyrimidindimere (a), Hydrate (b), Protein-
DNS-Vernetzungen (c, dies ist nur ein mögliches Beispiel, die genaue
Struktur ist noch nicht bekannt) sowie das sogenannte "Sporenfotoprodukt" (d). Außer den genannten kommen auch noch andere fotochemisch
induzierte "Basenaddukte" vor (e). Außerdem sind allgemein Vernetzungen der DNS-Stränge zu nennen, über deren molekulare Struktur jedoch
Ungewißheit besteht.

Strangbrüche sind als unmittelbare Strahlenfolge - anders als bei ionisierenden Strahlen - zu vernachlässigen, jedenfalls in diesem Spektralbereich (vgl. aber hierzu Abschnitt 15.1).

Die mit Abstand wichtigsten Veränderungen sind <u>Dimere</u>. Sie entstehen aus zwei auf einem Strang nebeneinanderliegenden Pyrimidinbasen,
indem die 5-6-Doppelbindungen geöffnet und dann zu einer cyclischen
Verbindung geschlossen werden (Cyclobutantyp-Dimeres). Hieran kann sowohl Thymin, als auch Cytosin beteiligt sein; die Ausbeuten sind jedoch
unterschiedlich. Sie sind am höchsten für das Thymin-Thymin-Dimere.
Außer den möglichen Kombinationen $\widehat{TT}$, $\widehat{CC}$ und $\widehat{CT}$ findet man außerdem
auch noch Uracildimere. Diese Base kann durch Desaminierung aus Cyto-
sinhydraten entstehen (s.u.). Die Dimerenbildung ist ein reversibler
Prozeß, bei dem die Gleichgewichtskonstante von der Wellenlänge abhängt. Es werden also durch UV sowohl Dimere gebildet als auch gespalten. Die Wellenlängenabhängigkeit versteht man, wenn man die Absorptionsspektren betrachtet (Abbildung 6.4).

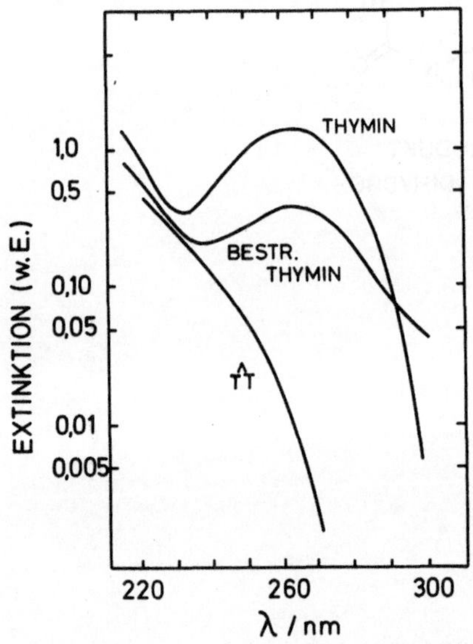

Abb. 6.4 Absorptionsspektren von unbestrahltem und mit 254 nm bestrahl-
tem Thymin sowie des Thymindimeren ($\widehat{TT}$). Quelle: JAGGER 1967

Wegen des Verlustes der Doppelbindung fehlt bei dem Dimeren die typische Absorption um 260 nm. Daraus folgt, daß bei längeren Wellenlängen
die Dimerenbildung, bei kürzeren die Spaltung bevorzugt ist. Maximale
Ausbeuten an Dimeren erhält man bei ca. 280 nm, maximale Monomerisier-
ung bei 240 nm. Diese fotochemische Spaltung darf nicht mit der enzy-

matischen Fotoreaktivierung (Abschnitt 13.2.1) verwechselt werden, bei
der längere Wellenlängen benötigt werden. Das beschriebene Verhalten,
das für Dimere typisch ist, bildet als "fotochemischer Schalter" ein
sehr nützliches analytisches Hilfsmittel.

Dimere können in verschiedener sterischer Konfiguration auftreten
(Abbildung 6.5).

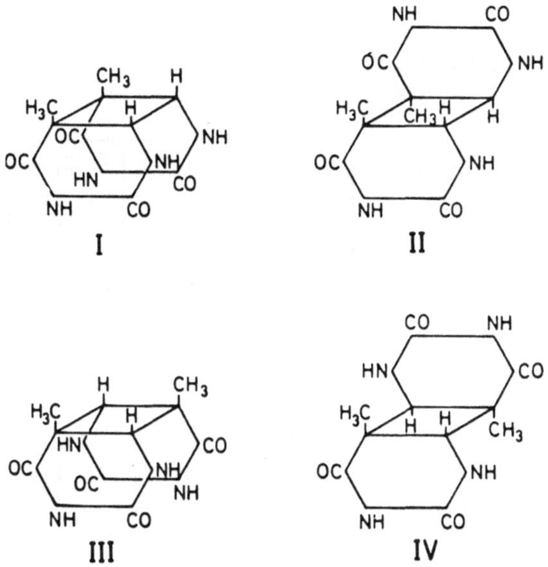

Abb. 6.5 Stereoisomere des Thymindimeren. Von II und III gibt es außerdem je zwei Isomere verschiedener optischer Aktivität.

Hinzu kommt noch, daß die Formen II und III noch unterschiedliche optische Aktivität zeigen können, so daß es insgesamt sechs Isomere gibt.
In Zellen kommt nur das cis-syn-Isomere (typ I) vor.

Pyrimidin-Dimere sind gegen chemische Einwirkungen sehr stabil und
können sogar nach saurer Hydrolyse der DNS noch quantitativ nachgewiesen werden. Sie sind für den biologischen Effekt die vor allem verantwortliche Veränderung. In Lösungen von Basen oder Nukleotiden entstehen
sie mit sehr kleiner Ausbeute, da zu ihrer Bildung eine bestimmte räumliche Anordnung notwendig ist.

Hydrate werden bei den Pyrimidinbasen durch Wasseraddition an die
5,6-Doppelbindung gebildet. Im Gegensatz zu den Dimeren sind sie recht

instabil und revertieren leicht bei Temperaturerhöhung oder pH-Veränderung. Cytosinhydrat spaltet leicht eine Aminogruppe ab, so daß Uracil entsteht. Wegen der anderen Paarungseigenschaft könnte dies Ausgangspunkt für Mutationen sein.

Die anderen UV-induzierten Veränderungen spielen im allgemeinen eine untergeordnete Rolle. Eine Ausnahme bildet das "Sporenfotoprodukt", das - wie der Name sagt - bei der Bestrahlung von Bakteriensporen entsteht, aber auch in trockenen Zellen oder bei tiefer Temperatur. Unter diesen besonderen Umständen ist es wichtiger als die Dimere. Tabelle 6.1 gibt eine Übersicht der UV-Fotoprodukte bei Bestrahlung unter unterschiedlichen Bedingungen.

Tabelle 6.1 Relative Ausbeuten verschiedener Fotoprodukte (λ = 254 nm) in Bakterien-DNS in Abhängigkeit von den Expositionsbedingungen (angegeben in Prozent der bezeichneten Base). Quelle: VARGHESE 1972

Bedingungen	$\hat{T}T/T$	$\hat{U}T/T$	PO-T/T	"Sporen"/T	$\hat{U}U/C$
native DNS	5,2	1,52	0,64	–	0,72
denaturierte DNS	6,78	1,85	0,19	–	–
trockene DNS	3,2	0,74	1,2	3,7	–
gefrorene DNS	1,99	0,48	1,75	6,01	–

6.1.2 Sensibilisierte Reaktionen

Als Sensibilisatoren spielen vor allem drei Stoffklassen eine Rolle: halogenierte Pyrimidine, die sogenannten Keton-Sensibilisatoren sowie die Gruppe der Fuorocoumarine.

In der ersten Gruppe ist vor allem Bromuracil zu nennen. Dieses Molekül trägt an der C_6-Position - wo also im Thymin eine CH_3-Gruppe liegt - ein Bromatom. Wegen der vergleichbaren Atom- bzw. Atomgruppenradien kann es in die DNS anstelle von Thymin eingebaut werden. Dadurch verändert sich zunächst die Absorption der Nukleinsäure - sie wird weiter zu größeren Wellenlängen ausgedehnt. Eine Bestrahlung mit UV von λ = 313 nm, die normalerweise sehr wenig absorbiert wird, resultiert nun in einer Absorption im Bromuracil und führt über einige Zwischenschritte zu einem Einzelstrangbruch. Da diese üblicherweise nach UV-Exposition in unsubstituierter DNS als direkte Strahlenfolge nicht festzustellen sind, erlaubt diese Technik ihre spezifische Induktion, was von großem analytischen Wert ist. Wichtig ist jedoch, daß Bromuracil tatsächlich eingebaut vorliegt, eine bloße Anwesenheit reicht nicht aus.

Die sensibilisierende Wirkung einiger Ketone beruht auf einem anderen
Mechanismus. Aceton, Acetophenon und Benzophenon absorbieren bei Wellenlängen über 300 nm, wobei in relativ großer Ausbeute auch eine Anregung
in den Triplettzustand stattfindet. Die Lebensdauern sind recht lang
(im Sekundenbereich). Da ihre Energie etwas höher liegt als die der
Triplettzustände der Nukleotide (vgl. Abbildung 6.2), kann ein Transfer
stattfinden. Der bevorzugte Akzeptor ist hierbei das Thymin, weil es
den niedrigsten Triplettzustand besitzt. Als Folge werden vor allem
Thymindimere gebildet, allerdings nicht mit der Ausschließlichkeit, wie
man zunächst glaubte annehmen zu können. So sind z.B. auch Einzelstrangbrüche nachgewiesen worden.

Die dritte Substanzklasse, die hier behandelt werden soll, sind
die Furocoumarine, die (Abschnitt 23.1) auch in der Fotochemotherapie
eine Rolle spielen. Ihr typischster Vertreter ist das Psoralen (Abbildung 6.6).

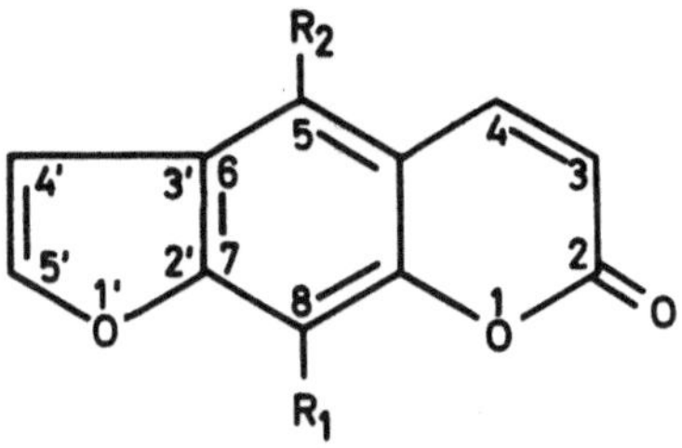

Abb. 6.6 Struktur des Psoralen und einiger wichtiger Derivate: Psoralen:
R_1:H R_2:H; 8-Methoxypsoralen: R_1:OCH$_3$ R_2:H; 8-Methylpsoralen: R_1:CH$_3$
R_2:H; Bergapten: R_1:H R_2:OCH$_3$.

Diese Substanzen lagern sich zwischen den Basen der DNS-Doppelhelix
ein, ohne kovalente Bindungen auszubilden (Interkalation). Bestrahlt
man einen solchen Komplex mit Licht der Wellenlänge um 365 nm, so kommt
es in einem Zweistufenprozeß zu einer Vernetzung der DNS-Stränge: Die
erste fotochemische Reaktion ist die Bildung eines Thymin-Psoralen-
Adduktes, welches in einem zweiten lichtabhängigen Schritt mit einer
auf dem anderen Strang liegenden Pyrimidinbase sich verbindet. Dies
äußert sich in einer drastischen Veränderung des Denaturierungsverhal-
tens.

6.2 Strahlenchemie der DNS

Strahlenchemische Veränderungen an der DNS sind sehr viel komplexer
als fotochemische. Es ist bisher noch nicht gelungen - entsprechend den
Pyrimidindimeren nach UV-Exposition - ein bestimmtes Reaktionsprodukt

für den Verlust der biologischen Aktivität verantwortlich zu machen.
Ohne Anspruch auf Vollständigkeit seien zunächst die wichtigsten Ver-
änderungen aufgezählt. Es ist nach dem Vorhergehenden klar, daß diese
Liste keine Rangfolge beinhaltet (Abbildung 6.7):

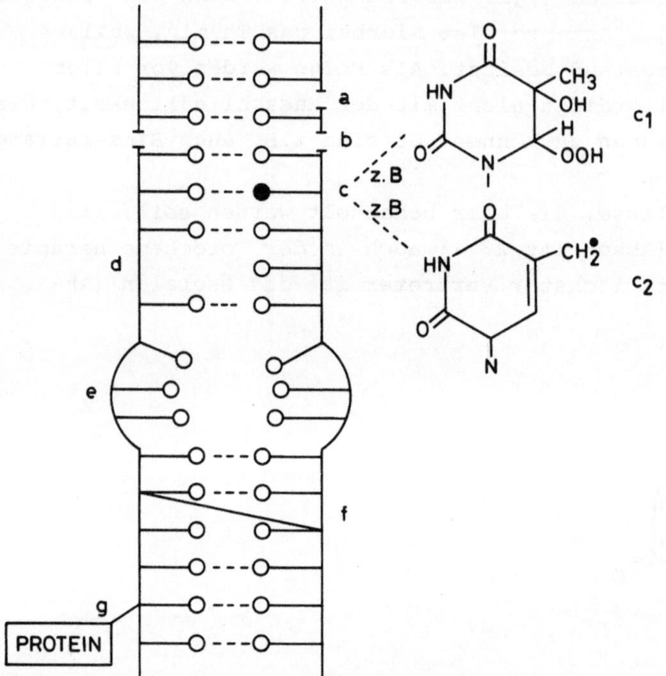

Abb.6.7 Schematische Übersicht über DNS-Veränderungen nach Einwirkung
ionisierender Strahlung (Erklärung s. Text). Die Beispiele der Basenveränderungen sind: c_1: H-Abstraktion an der CH$_3$-Gruppe des Thymins,
c_2: 5-Hydroxy-6-hydroperoxy-thymin. Quelle hierzu: CERUTTI 1974

a) Einzelstrangbrüche (ESB) (einschl. "alkalilabile Läsionen")
b) Doppelstrangbrüche (DSB)
c) Basenveränderungen
d) Basenverlust
e) denaturierte Zonen
f) intramolekulare Vernetzungen
g) DNS-Protein-Vernetzungen

Tabelle 6.2 verzeichnet G-Werte für diese Veränderungen, soweit sie
bekannt sind. Die zum Teil großen Unterschiede dürfen nicht zu der Annahme verleiten, daß den Produkten höchster Ausbeute auch die größte
biologische Relevanz zukommt. Außerdem ist die gemachte Unterteilung
z.T. recht artifiziell, weil Abgrenzungen oft nicht streng zu treffen
sind. So sind Strangbrüche oft mit dem Verlust einer Base verbunden,

Basenschädigungen führen in den meisten Fällen zu lokaler Denaturierung etc.

Tabelle 6.2 G-Werte einiger durch dünn ionisierende Strahlen bei Exposition in Luft in der DNS verursachter Veränderungen. Quellen: HÜTTERMANN, KÖHNLEIN und TEOULE 1978, außer b) ULMER, GOMEZ und SINSKEY 1979

Typ	intrazellulär	in Lösung
ESB	0,7 - 1,1	0,3 - 0,5
DSB	0,08- 0,3[b]	* [a]
Basenschädigung	-	1,3 - 2,3
denaturierte Zonen	-	7,5 - 14

[a] wegen quadratischer Dosisabhängigkeit Angabe nicht möglich

Es wäre also falsch, den gegebenen Daten eine zu große Bedeutung beizumessen, sie sind als Leitlinie jedoch nützlich. Wir besprechen die Veränderungen nun im einzelnen:

a) Einzelstrangbrüche (ESB): Man versteht darunter eine Unterbrechung im Zucker-Phosphat-Rückgrat eines DNS-Stranges. Hierdurch wird das Molekulargewicht der einsträngigen DNS reduziert, was man durch Messung der Sedimentationsgeschwindigkeit im Schwerefeld einer Ultrazentrifuge nachweisen kann. Dieses im Prinzip einfache Verfahren birgt jedoch einige technische Schwierigkeiten, auf die hier nur andeutungsweise eingegangen werden soll: DNS ist ein äußerst fragiles Makromolekül, so daß selbst bei schonender Präparation schon durch die Hantierung ESB hervorgerufen werden; dieser Untergrund begrenzt natürlich das Auflösungsvermögen der Methode. Außerdem zeigen sehr große Moleküle ein anomales Sedimentationsverhalten. Die genannten Schwierigkeiten führten dazu, daß die Untersuchungen nur bei Dosen durchgeführt werden konnten, die sehr viel größer waren als die zur Zellinaktivierung notwendigen.

Da die DNS üblicherweise im Doppelstrang vorliegt, muß der Zentrifugation eine Denaturierung vorausgehen. Dies wurde üblicherweise durch pH-Erhöhung mit Alkali erreicht. Später stellte sich heraus, daß dabei jedoch weitere Brüche erzeugt wurden, die man bei anderen Denaturierungsverfahren nicht fand ("alkalilabile Läsionen"). Ihre genaue Natur ist unbekannt, der Anteil an der Gesamtzahl der unter alkalischen Bedingungen gemessenen Einzelstrangbrüche liegt bei ca. 30%.

Ein sehr nützliches Testobjekt ist der Bakteriophage ϕX174 (Abbildung 6.8). Seine DNS liegt normalerweise als ein einsträngiges ringförmiges Molekül mit einem Molekulargewicht von $1,7 \cdot 10^6$ g/Mol vor.

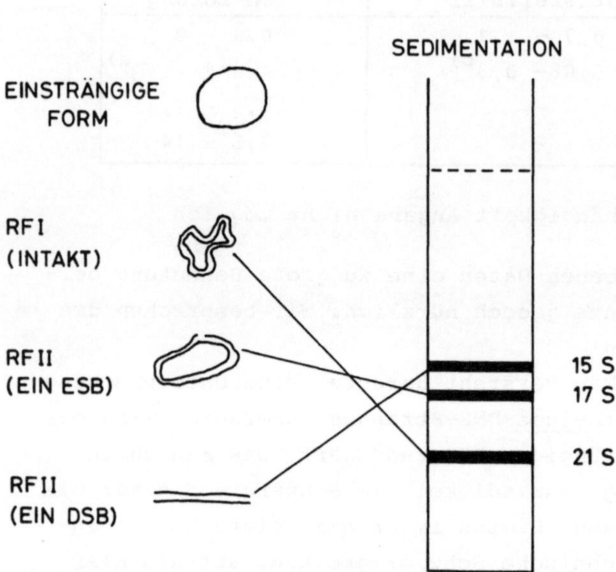

Abb. 6.8 Der Phage X174 als Objekt zur Bestimmung von Strangbrüchen (s. Text) (schematisch). Angegeben sind auch die Sedimentationskoeffizienten in Saccharose-Gradienten (s. Lehrbücher der Biochemie).

Nach der Infektion wird in der Wirtszelle eine doppelsträngige replikative Form gebildet, die eine komplizierte verknäulte Struktur hat (RFI). Durch einen einzigen Einzelstrangbruch ändert sich die räumliche Konformation schlagartig (RFII), was zu einer deutlichen Verringerung der Sedimentationsgeschwindigkeit führt. Ein Doppelstrangbruch bewirkt die Zerstörung der zirkularen Struktur und eine weitere Reduzierung der Sedimentationsgeschwindigkeit (RFIII). Man kann mit Hilfe dieses Objektes also induzierte Strangbrüche gewissermaßen abzählen und ist nicht auf die Analyse meist recht komplexer Molekulargewichtsverteilungen angewiesen.

Neben der Ultrazentrifugation sind in den letzten Jahren weitere Techniken zur Bestimmung von Strangbrüchen entwickelt worden. Zu nennen sind hier die Hydroxylapatitchromatografie (AHNSTRÖM und EDVARDSSON 1974) sowie die Fluktuationsspektroskopie (WEISSMANN

u.a. 1976), auf die hier aber nicht näher eingegangen werden kann.
ESB nach Strahleneinwirkung zeigen eine uneinheitliche chemische
Struktur. Zunächst können sie entweder durch Brüche der Phosphat-
esterbindung oder innerhalb der Zuckerkomponente entstehen. Der
zweite Fall scheint nur in Gegenwart von Sauerstoff vorzuliegen.
Einen Aufschluß über die Natur der ESB erhält man durch die Analyse der dabei freiwerdenden Endgruppen, die am elegantesten mit Hilfe spezifischer Enzyme vorgenommen wird. Eine Zusammenstellung von
Ergebnissen zeigt Tabelle 6.3.

Tabelle 6.3 Freie Endgruppen bei strahleninduzierter Einzelstrangbrüchen (dünn ionisierende Strahlung in Luft). Quellen: a) LENNARTZ,
COQUERELLE, BOPP und HAGEN 1975, b) MITZEL-LANDBECK und HAGEN 1976

Typ	intrazellulär (%)[a]	in Lösung (%)[b]
C5'-OH	10	15
C3'-OH		43
Freie Phosphatenden (Nukleosidverlust)	40	43
nicht identifiziert	50	

Es fällt auf, daß zwischen in Lösung und intrazellulär bestrahlter
DNS deutliche Unterschiede bestehen. Dies muß nicht nur auf die andere chemische Umgebung zurückzuführen sein, sondern kann auch mit
sehr schnell ablaufenden Reparaturprozessen zusammenhängen (vgl.
Abschnitt 13.2.5). Die unterschiedliche Form der Bruchenden ist
hierfür wahrscheinlich von erheblicher Bedeutung.

b) Doppenstrangbrüche (DSB): Sie können entweder aufgrund einer einzigen Wechselwirkung oder aber auch durch die räumliche Nähe zweier individuell induzierter Einzelstrangbrüche entstehen. Der Unterschied zeigt sich in der Dosisabhängigkeit - im ersten Fall sollte
sie linear, im zweiten Fall quadratisch sein. Abbildung 6.9 beschreibt die Verhältnisse bei Bestrahlung in Lösung: Man sieht, daß
in diesem Fall die direkte Induzierung von Doppelstrangbrüchen
sehr unwahrscheinlich ist. Deshalb kann man auch keinen G-Wert angeben.

Ganz anders liegen die Verhältnisse bei intrazellulärer Exposition (Abbildung 6.10) - die Abhängigkeit zeigt einen linearen
Verlauf. Das Verhältnis ESB/DSB liegt je nach Objekt bei ca. 10:1
bis 20:1. Vergleicht man die beiden Abbildungen, so sieht man, daß
die DSB-Ausbeute in wässriger Lösung um ca. einen Faktor 1000 größer ist, was sicher einmal auf intrazelluläre Schutzstoffe (Ab-

schnitt 9.2.1) und auf Unterschiede der molekularen Konformation
zurückgeht.

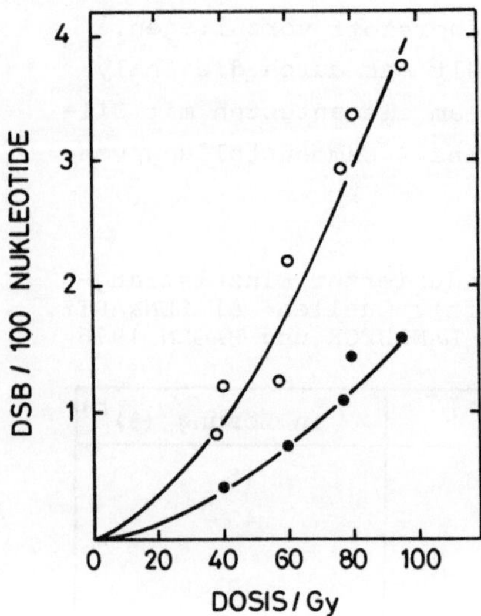

Abb. 6.9 DSB-Ausbeute als Funktion der γ-Dosis bei in Lösung bestrahlter Phagen-DNS; Exposition in Luft (o) oder Stickstoff (●).
Quelle: FREY und HAGEN 1974

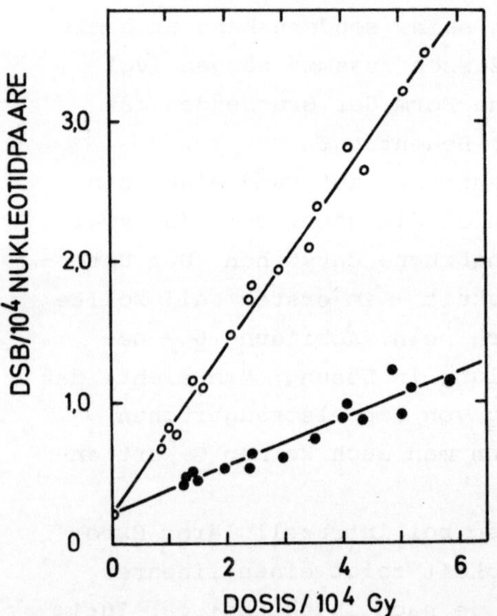

Abb. 6.10 DSB-Ausbeute bei intrazellulär in Luft (o) oder Stickstoff (●) bestrahlter Thymozyten-DNS. Quelle: LENNARTZ u.a. 1975

In Lösung dominiert der indirekte Effekt. Auch in diesem Fall zeigt sich allerdings keine rein quadratische Abhängigkeit, sondern es ist auch ein linearer Anteil vorhanden. Er spiegelt die DSB-Entstehung durch einzelne Ereignisse wider, die mit hoher Energiedeposition verbunden sind. Diese Annahme wird gestützt durch die Ergebnisse mit Strahlung höheren LETs (s.u.).

c) und d) Basenveränderungen und Basenverlust: Bestrahlt man DNS mit ionisierenden Strahlen, so stellt man eine dosisabhängige Veränderung der Absorption bei 265 nm fest. Geht man von doppelsträngiger DNS aus, so zeigt sich zunächst ein Anstieg, der auf strahleninduzierte Denaturierung zurückzuführen ist. Bei höheren Dosen nimmt die Absorption progressiv ab, was auf Basenschädigung beruhen muß, da nur sie in dem genannten Bereich absorbieren. Das Verfahren ist natürlich recht grob und gibt keinen Aufschluß über die chemische Natur. Obwohl die Strahlenchemie der DNS-Basen sehr ausgiebig untersucht und - wie zu erwarten - eine große Zahl von Produkten beschrieben worden ist, kann bisher keine eindeutige Aussage über die biologische Relevanz gemacht werden. Produkte, denen möglicherweise biologische Bedeutung zukommt, sind 5,6-dihydroxy-dihydroperoxythymin und ein Radikal, das durch H-Abstraktion von der CH_3-Gruppe des Thymins entsteht (Abb. 6.7). Beide sind in bestrahlten Zellen nachgewiesen worden. Ein Verlust kompletter Basen tritt u.a. als Begleiteffekt bei der Bildung von Strangbrüchen auf.

e) Denaturierung: Alle bisher besprochenen Veränderungen führen zu einer Veränderung der DNS-Struktur und damit auch zur Reduktion der die Doppelhelix stabilisierenden Wasserstoffbrückenbindungen, was sich in einer lokalen Denaturierung äußert und die man u.a. durch Änderungen der "Schmelzkurve" nachweisen kann (vgl. Anhang II.1). Die G-Werte sind deutlich größer als für andere Schäden, was leicht einzusehen ist, da sich hier mehrere Effekte addieren.

f) und g) Vernetzungen: Strahlenchemische Umsetzungen können zu Intrastrangvernetzungen in der DNS führen, was natürlich erhebliche biologische Konsequenzen hätte. Experimentell zeigen sie sich durch eine schnellere Sedimentation in der Ultrazentrifuge, was wahrscheinlich auf einer kompakteren Struktur beruht. Da die DNS - zumindest in eukaryotischen Systemen - immer als Nukleoprotein vorliegt, muß auch mit DNS-Proteinvernetzungen gerechnet werden.

Wir wenden uns jetzt der Frage zu, welche primären Radikale in verdünnten Lösungen für die Wechselwirkung mit der DNS verantwortlich sind. Tabelle 6.4 gibt die bimolekularen Geschwindigkeitskonstanten. Man muß sie natürlich im Zusammenhang mit den Ausbeuten sehen (Abschnitt 5.2.2), was zu der Prognose führt, daß der Reaktion mit OH$^{\cdot}$ eine Hauptbedeutung zukommt.

Tabelle 6.4 Bimolekulare Geschwindigkeitskonstanten für die Reaktionen der radikalischen Primärprodukte mit DNS und ihren Bausteinen in neutraler Lösung. Quelle: SCHOLES 1978

| | k (10^9 mol^{-1} s^{-1} dm^3) | | |
	e_{aq}	OH$^{\cdot}$	H$^{\cdot}$
__Base__			
TT	18	5,6	0,38
CC	13,2	4,7	–
UU	15	5,2	–
AA	9	4,4	0,14
__Zucker__			
TdR	–	4,8	0,38
CdR	13,2	4,8	–
UdR	15	4,3	–
AdR	9,2	4,0	0,23
__Nukleotide__			
TMP	1,5	5,3	0,42
dCMP	–	4,4	–
dAMP	–	3,5	–
dGMP	–	5,0	–
DNS	0,6 – 0,14	0,3 – 0,8	0,08

Dies deckt sich mit den experimentellen Befunden. Fängt man nämlich das OH-Radikal durch geeignete Zusätze ab (z.B. Alkohole, Jodid), so nimmt der Strahleneffekt beträchtlich ab.

Das hydratisierte Elektron scheint nur eine geringe Rolle zu spielen, denn wenn man es durch Umsetzung mit N_2O in OH-Radikale verwandelt, so nimmt die Strahlenempfindlichkeit um genau den Betrag zu, der dem Anteil von e_{aq} an der Gesamtausbeute entspricht. Obwohl das H$^{\cdot}$-Radikal sowohl eine geringere Ausbeute als auch eine niedrigere Reaktionskonstante hat, darf sein Anteil nicht vernachlässigt werden, wie folgendes Experiment zeigt: Durchströmt man eine __anoxische__ Lösung mit H_2, so ändert sich die Strahlenempfindlichkeit nicht. Verwendet man jedoch eine Mischung H_2/O_2 im Verhältnis 10 : 1, so __sinkt__ sie um fast einen Faktor 10. Dies ist so zu erklären: H_2 reagiert mit $OH^\bullet$-Radikalen unter Bildung von $H^\bullet$-Radikalen (Tabelle 5.2). In Abwesenheit von Sauerstoff führen diese offenbar zur selben Inaktivierung wie $OH^\bullet$. Sauerstoff entfernt sie jedoch, die verbleibende Schädigung ist dann auf restliche $OH^\bullet$-Radikale zurückzuführen.

Einfluß_von_Sauerstoff: Wie später (Abschnitt 9.2.2) ausführlich besprochen, steigt im allgemeinen der biologische Strahleneffekt, wenn die Exposition in Sauerstoff durchgeführt wird. Entsprechendes gilt auch für Veränderungen in verdünnter Lösung bestrahlter DNS, obwohl über das Ausmaß in der Literatur keine Übereinstimmung herrscht. Der Grund der Sensibilisierung durch O_2 wird durch den Sauerstoffverstärkungsfaktor (oxygen enhancement ratio, OER) beschrieben, welcher das Verhältnis der Dosen angibt, welche unter anoxischen und oxischen Bedingungen zum gleichen Effekt führen. Tabelle 6.5 führt OER-Werte für in Lösung bestrahlte Phagen-DNS auf. Für die spätere Diskussion ist es wichtig zu bemerken, daß unter den gegebenen Bedingungen die biologische Inaktivierung keinen Sauerstoffeffekt zeigt (s.a. Abschnitt 7.2.2), während er bei den chemischen Veränderungen durchweg um 2 lag.

Tabelle 6.5 OER-Werte für Veränderungen an in Lösung γ-bestrahlter Phagen-DNS. Quelle: FREY und HAGEN 1974

Effekt	OER
ESB + alkalilabile Läsionen	2,4
ESB (u. Hitzedenaturierung)	1,8
Endständige freie Phosphatgruppen	1,9
DSB	2,5
Basenschädigung	3,5
Lokale Denaturierung	2,05
Infektiosität der Phagen	1

Diese Tatsache hat natürlich Konsequenzen für die Bewertung der beobachteten Primärschäden. Eine analoge Zusammenstellung für intrazellulär bestrahlte DNS gibt Tabelle 6.6

Tabelle 6.6 OER-Werte für DNS-Schäden in γ-bestrahlten Thymozyten. Quelle: LENNARTZ, COQUERELLE, BOPP und HAGEN 1975

Schadenstyp	OER
ESB	5,4
alkalilabile Läsionen	2,1
DSB	3,8

Unter speziellen Bedingungen kann Sauerstoff auch durchaus desensi-
bilisierend wirken - ein Beispiel wurde schon weiter vorn gegeben (Bestrahlung in H_2-Atmosphäre). Es dürfte immer dann der Fall sein, wenn
die Schäden auf reduzierende Radikale (e_{aq}^-, H·) zurückzuführen sind.
Für weitere Beispiele sei auf die Literatur verwiesen.

E̲i̲n̲f̲l̲u̲ß̲_̲d̲e̲s̲_̲L̲E̲T̲: Eine Analyse des Einflusses der Strahlenqualität ist
noch nicht für alle besprochenen Primärschäden durchgeführt worden, sie
beschränkt sich im wesentlichen auf Doppel- und Einzelstrangbrüche.
Abbildung 6.11 zeigt die Abhängigkeit, wie sie bei ϕX174-DNS bestimmt
wurde.

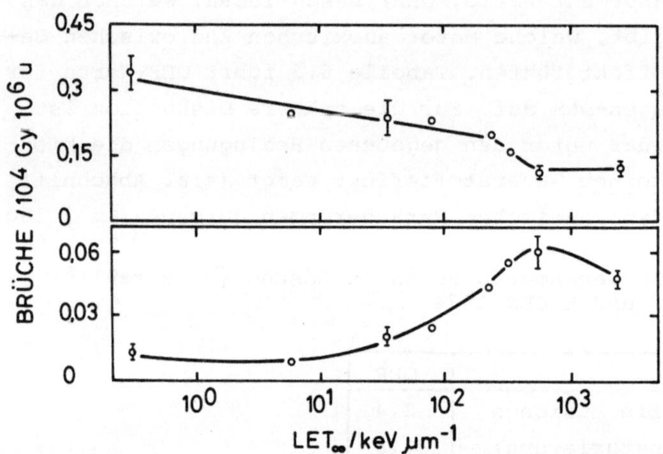

Abb. 6.11 ESB- und DSB-Ausbeute in DNS des Phagen ϕX174 (replikative
Form) als Funktion der Strahlenqualität. Angegeben ist die Zahl der
Brüche bei einer Dosis von 10^{-11}Gy bei einem Molekulargewicht von 10^6g
mol^{-1}(= 10 u). Oben: Einzelstrangbrüche, unten: Doppelstrangbrüche.
Quelle: CHRISTENSEN, TOBIAS und TAYLOR 1972.

Man sieht, daß die Ausbeute an Einzelstrangbrüchen mit steigendem LET
abnimmt, während sie für Doppelstrangbrüche zunächst zunimmt und dann
nach Passieren eines Maximums wieder abnimmt. Dieses Verhalten ist
verständlich, wenn man annimmt, daß ESB durch einzelne Ereignisse geringer Energiedeposition hervorgerufen werden, DSB aber durch Ereignisse hoher Energiedeposition, deren Frequenz mit dem LET ansteigt.
Eine eingehendere Analyse wird in Abschnitt 7.1 gegeben.

   Leider können wir diesen Abschnitt nicht mit einer klaren Aussage
über die biologische Relevanz der vorgestellten Schäden schließen,
weil - anders als bei UV - unsere experimentellen Erkenntnisse hierzu
nicht ausreichen. Doppelstrangbrüche spielen sicher eine wichtige
Rolle, ob sie allerdings die ausschlaggebenden Veränderungen sind, ist

vor allem durch die Entdeckung zweifelhaft geworden, daß sie in Zellen repariert werden können. Wir kommen auf diese grundsätzliche Frage in Abschnitt 16.7 zurück.

LITERATUR:
BLOK und LOHMANN 1973
HÜTTERMANN, KÖHNLEIN und TÉOULE 1978
KIEFER und WIENHARD 1977
KITTLER und LÖBER 1972
VARGHESE 1972
WANG 1976

7. Strahlenwirkung auf subzelluläre Systeme

Dieses Kapitel handelt von der strahleninduzierten Veränderung an Enzymen und Viren sowie der Inhibierung der Transkription. Es wird zunächst eine theoretische Betrachtung vorangestellt, wie die Inaktivierrung "kleiner" Treffbereiche bei verschiedenen Strahlenqualitäten quantitativ zu beschreiben ist und welche Information aus entsprechenden Experimenten zu gewinnen bzw. nicht zu erhalten ist. Verschiedene Techniken, bei denen Bakteriophagen oder isolierte DNS eine Rolle spielen, werden erläutert und Ergebnisse angeführt. Der Reparatur bei Schäden an subzellulären Einheiten ist ein besonderer Abschnitt gewidmet. Den Abschluß bildet eine Methode, bei der strahlenbiologische Erkenntnisse auf Probleme der allgemeinen Molekularbiologie angewendet werden.

7.1 Die Treffertheorie

Die Treffertheorie ist ein Ansatz, die Inaktivierung biologischer Einheiten quantitativ zu verstehen. Sie geht aus von der statistischen Natur der Wechselwirkung und postuliert, daß zwischen dem physikalischen Primärereignis und dem biologischen Effekt ein eindeutiger Zusammenhang besteht. Ihre Stärke liegt daher in der Erklärung von Vorgängen, die nicht durch biologische Folgeprozesse - wie Reparatur - modifiziert werden. Aus diesem Grunde wird sie hier besprochen; auf ihre Bedeutung zur Interpretation der Zellinaktivierung wird später (Kapitel 16) eingegangen.

Wie schon vorher ausgeführt (Kapitel 4) ist die mittlere Wahrscheinlichkeit dafür, daß ein Molekül durch Strahlenabsorption verändert wird, sehr gering. Das Eintreten eines solchen "Trefferereignisses" kann also durch die Poisson-Statistik beschrieben werden (Anhang I.4). Wir beschränken uns zunächst auf Verhältnisse, wo der "direkte" Effekt vorherrscht, d.h. die Inaktivierung durch Radikale des Lösungsmittels vernachlässigt werden kann. Es sei N_o die Gesamtzahl aller Moleküle, N die der ungetroffenen und λ die mittlere Trefferzahl pro Molekül. Die Wahrscheinlichkeit $p(n)$, daß ein Molekül n Treffer erhalten hat, ist dann

$$p(n) = e^{-\lambda}\, \frac{\lambda^n}{n!} \qquad\qquad (7.1)$$

p(n) ist, wenn N_O groß ist, gleich dem Anteil der Moleküle, die gerade
n Treffer erhalten haben. Nehmen wir an, daß zur Inaktivierung genau
m Treffer notwendig sind, so ergibt sich für den Anteil N/N_O der "überlebenden" Einheiten

$$\frac{N}{N_O} = \sum_{n=0}^{m-1} e^{-\lambda} \frac{\lambda^n}{n!} \tag{7.2}$$

Es wird also hierbei vorausgesagt, daß eine Trefferzahl, die kleiner
ist als der kritische Wert m, völlig wirkungslos bleibt. Besonders wichtig ist der Fall m = 1, d.h. ein einziger Treffer führt zur Inaktivierung. Man spricht dann von Eintreffervorgängen. Sie sind in einfachen
Systemen häufig realisiert; Beispiele werden weiter unten gegeben.
Gleichung (7.2) nimmt dann die Form an:

$$\frac{N}{N_O} = e^{-\lambda} \tag{7.3}$$

Die Schwierigkeit der weiterführenden Interpretation liegt nun darin,
den Begriff des "Treffers" zu konkretisieren. Es ist am einfachsten,
wenn seine chemische Natur und die Ausbeute bekannt sind. Ein Beispiel
hierfür ist die Hemmung der Transkription durch Pyrimidindimere (Abschnitt 7.3). Bezeichnen wir mit G die pro Massen- und Fluenzeinheit
induzierte Zahl von Dimeren und mit m die Masse des betrachteten Mole-
külabschnitts, des "Treffbereichs", so gilt

$$\lambda = G \cdot m \, F \tag{7.4}$$

(F: Fluenz, allgemein)
und somit für den Anteil ungeschädigter Einheiten

$$\frac{N}{N_O} = e^{-Gm \cdot F} \tag{7.5}$$

Bei bekanntem G kann also aus der Fluenzabhängigkeit der Inaktivierung
auf die Masse des Treffbereichs geschlossen werden.

Bei ionisierenden Strahlen sind die Verhältnisse komplizierter.
Hier sind im allgemeinen sowohl die Natur als auch die Ausbeute der

inaktivierenden Veränderung unbekannt. Es wird nun häufig angenommen, daß jede Primärionisation wegen der relativ hohen Energieübertragung ausreicht. Bezeichnen wir mit $\bar{\varepsilon}$ die mittlere pro Primärereignis übertragene Energie, so ist die Zahl der Primärereignisse pro Massenelement $\frac{D}{\varepsilon}$, wobei D die Dosis ist. Geht man davon aus, daß die Treffer statistisch unabhängig voneinander verteilt sind, so erhält man

$$\frac{N}{N_o} = e^{-m \cdot \frac{D}{\varepsilon}} \qquad (7.6)$$

Man hätte also hier eine Methode zur Molekülmassenbestimmung zur Verfügung, wenn $\bar{\varepsilon}$ bekannt ist und die Voraussetzungen gegeben sind. Die Anwendbarkeit von (7.6) läßt sich prüfen, indem man Moleküle bekannten Molekulargewichts gemäß (7.6) untersucht. Abbildung 7.1 zeigt ein Beispiel.

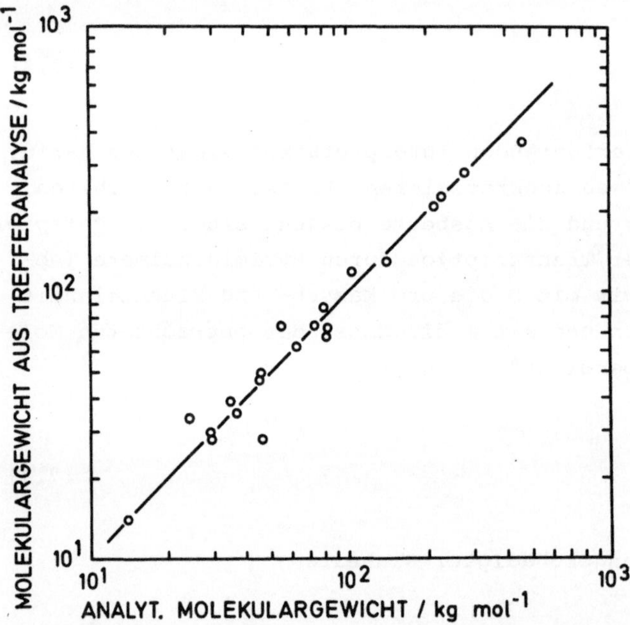

Abb. 7.1 Vergleich der durch Strahleninaktivierung und analytische biochemische Verfahren bestimmten Molekülmassen von Enzymen. Quelle: Daten übernommen von KEMPNER und SCHLEGEL 1979

Trotz der - wie gleich erläutert - groben Annahmen zeigt sich über einen weiten Bereich ein erstaunlich guter linearer Zusammenhang zwischen analytisch und mit Hilfe der Strahlenwirkung bestimmtem Molekulargewicht. Gleichzeitig erhält man einen Wert für $\bar{\varepsilon}$, der sich für dünn ionisierende Strahlen zu 66 eV ergibt. Andere in der Literatur angegebene Werte schwanken zwischen 60 und 100 eV.

In Wirklichkeit sind die Verhältnisse aber nicht so einfach. Die Ionisationen sind entlang den Teilchenbahnen angeordnet und somit nicht voneinander unabhängig. Das ist unmittelbar klar für dicht ionisierende Teilchen, gilt aber natürlich auch für Elektronen, γ- und Röntgenstrahlen. Wenn die Größe des Treffbereichs deutlich kleiner ist als der mittlere Abstand der Primärionisationen auf einer Teilchenbahn, so kann man diese als unabhängig betrachten und ein zutreffendes Ergebnis erwarten. Die Näherung gilt also nur für kleine Treffbereiche und dünn ionisierende Teilchen. Man kann sich über die Größenordnung auf folgende Weise eine Abschätzung verschaffen: Es sei angenommen, daß eine Strahlung mit einem einheitlichen LET von 2 keV/µm (z.B. 200 kV-Röntgenstrahlung) Primärereignisse mit $\bar{\varepsilon}$ = 60 eV hervorruft. Deren mittlerer Abstand ist dann 30 nm. Setzt man kugelförmige Treffbereiche mit der Dichte ρ = 1 g cm^{-3} voraus, deren Radius 1/4 des Abstandes beträgt, so erhält man als obere Grenze für das zu bestimmende Molekulargewicht ca. 10^6 g mol^{-1}. Wegen der größeren Dichte der meisten Makromoleküle dürfte sie sogar noch etwas höher liegen, was mit den in Abbildung 7.1 gegebenen Daten gut übereinstimmt. Zusammenfassend läßt sich sagen, daß unter den gemachten Voraussetzungen - nicht zu großes Molekülvolumen, dünn ionisierende Strahlung, Eintrefferinaktivierung, nur direkter Effekt - eine Abschätzung des Molekulargewichts durchaus möglich ist. Bei reinem indirekten Effekt ist der Anteil der inaktivierten Moleküle nach Abschnitt 5.2.3 von der Konzentration abhängig, so daß hier das Verfahren nicht anwendbar ist.

Wenden wir uns nun dicht ionisierender Strahlung zu. In diesem Fall kann man von der Unabhängigkeit der Primärereignisse nicht mehr ausgehen. Das bedeutet, daß ein getroffenes Molekül mit hoher Wahrscheinlichkeit mehr als eine Primärionisation erhalten hat, während bei gleicher Dosis die Zahl ungetroffener Moleküle steigt. Dies bedeutet nichts anderes, als daß die mittlere Inaktivierungsdosis ansteigt. Eintreffervorgänge sind also dadurch charakterisiert, daß die Effektivität der Strahleninaktivierung - wenn man sie auf die gleiche Dosis bezieht - mit steigendem LET abnimmt. Hier kann man aber nun einen anderen Grenzfall betrachten: Bei nicht zu kleinen Volumina und genügend hohem LET führt jede Passage eines Teilchens zur Inaktivierung. Wenn die Teilchenfluenz ϕ bekannt ist, kann man somit den Inaktivierungsquerschnitt σ_{in} berechnen und erhält die Beziehung

griert werden. $\frac{V}{1}$ ist die Fläche senkrecht zur Einfallsrichtung der Partikel, d.h. die ihrer Zahl somit $\phi \cdot \frac{V}{1}$. Damit erhält man für den mittleren Anteil der durch eine Partikelfluenz ϕ getroffenen Moleküle:

$$\lambda = 2 \pi \phi \int_{0}^{X} x \left(1 - e^{\frac{-m D_L}{\overline{\epsilon}}}\right) dx \qquad (7.10)$$

(X: maximale Reichweite der δ-Elektronen).

Wegen (7.3) (Eintreffervorgang!) und (7.7) kann man dann für den Inaktivierungsquerschnitt mit (4.56) schreiben

$$\sigma_{in} = 2 \pi \int_{0}^{X} x \left\{1 - \exp\left(- \frac{C Z^{*2} \cdot m}{2 \pi \beta^2 \cdot x \, \overline{\epsilon}} \left(\frac{1}{x} - \frac{1}{X}\right)\right)\right\} dx \qquad (7.11)$$

Dieser Ausdruck läßt sich nicht geschlossen integrieren. Ergebnisse einer numerischen Auswertung sind in Abbildung 7.2 dargestellt.

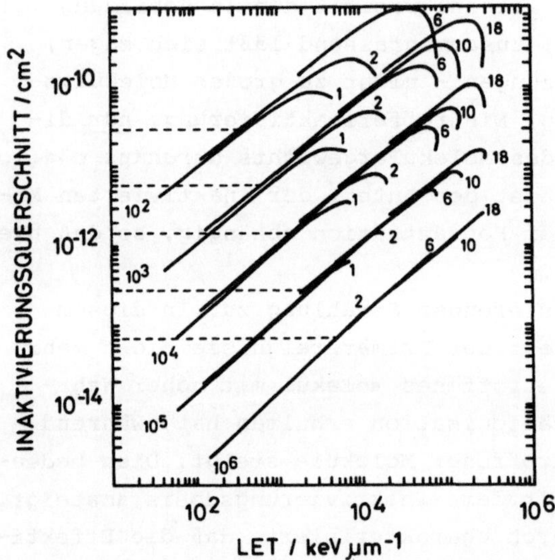

Abb. 7.2 Inaktivierungsquerschnitt als Funktion des LET bei Bestrahlung mit Ionen verschiedener Massen und unterschiedlicher Inaktivierungsdosis bei dünn ionisierenden Teilchen (in Gy). Die waagerechten Linien bezeichnen die aus der Röntgeninaktivierungsdosis mit $\overline{\epsilon}$ = 66 eV und ρ = 1 für kugelförmige Treffbereiche errechneten Querschnitte. Quelle: BUTTS und KATZ 1967 (modifiziert)

Man erkennt, daß entgegen der ursprünglich naiven Erwartung der Wirkungsquerschnitt durchaus nicht einem konstanten Endwert zustrebt. Dies liegt natürlich daran, daß er bei kleinen Treffbereichen vor allem durch die Reichweite der δ-Elektronen, nicht aber primär durch die geometrischen Abmessungen des Moleküls bestimmt wird. Zum Vergleich sind die mit Hilfe von (7.6) unter der Annahme $\bar{\varepsilon}$ = 66 eV errechneten Wirkungsquerschnitte eingetragen. Es ist offensichtlich, daß schon bei verhältnismäßig geringen LET-Werten große Abweichungen festzustellen sind. Außerdem sieht man einen Einfluß der Ionenart. Das kommt daher, daß bei hohem LET auch die wenigen δ-Elektronen großer Reichweite zur Inaktivierung beitragen. Die Reichweiten hängen aber (Abschnitt 4.2.4) von den Massen der stoßenden Teilchen ab, so daß dann der LET nicht mehr der allein bestimmende Parameter ist.

Zum Abschluß betonen wir noch einmal, daß die gemachten Überlegungen nur für "kleine" Treffbereiche gelten. In diesem Fall kann man sie jedoch als eine abgerundete Theorie des Wirkungsquerschnitts betrachten.

LITERATUR (7.1):
BUTTS und KATZ 1967
LEA 1962
ZIMMER 1961

7.2 Viren und transformierende DNS

7.2.1 Techniken

Viren bestehen aus Nukleinsäuren (DNS oder RNS) und einer Proteinhülle. Sie sind zur autonomen Replikation nicht fähig, sondern bedürfen hierzu der Maschinerie einer Wirtszelle. Falls diese ein Bakterium ist, so spricht man statt Viren von Bakteriophagen. Die Beziehung zwischen Virus und Wirt ist spezifisch, d.h. bestimmte Viren vermehren sich nur auf den für sie typischen Wirtszellen.

Bei der Infektion wird nur die Nukleinsäure in die Wirtszelle injiziert, während die Proteinhülle draußen verbleibt. Anschließend kommt es zur Replikation der Virusnukleinsäure und zur Synthese des Hüllproteins. Sind genügend Viren produziert, tritt Zelllyse ein und die Viren werden freigesetzt. Beimpft man einen dichten Zellrasen mit einer Virussuspension geeigneter Konzentration, so zeigen sich die infizierten Stellen als zellfreie klare Bezirke, sogenannte "Plaques". Man kann daher die ursprüngliche Zahl virulenter Partikel direkt makroskopisch auszählen.

Nicht immer muß eine Virusinfektion sofort zur Replikation und anschließender Lysis führen, sondern es kann auch Virusnukleinsäure in der Zelle verbleiben, ohne virulent zu werden. Man spricht dann von

"temperierten" Viren. Sie können durch äußere Einflüsse, wie z.B.
Strahlung, "induziert", d.h. zur Replikation angeregt werden. Unter
geeigneten Versuchsbedingungen gelingt auch die Infektion mit reiner
Virusnukleinsäure, d.h. nach Abtrennung des Hüllproteins. Hierzu müssen
allerdings wandlose Wirtszellen, Protoplasten, benutzt werden. In diesem Fall spricht man von Transfektion. Eine andere Technik ist die
Transformation, bei der Information aus zellulärer DNS übertragen
wird. Sie ist nur bei einigen wenigen Bakterienstämmen (z.B. Haemo-
philus influenzae, Bacillus subtilis) möglich. Es wird dabei von einer
Mutante ausgegangen, die sich durch eine leicht identifizierbare genetische Eigenschaft auszeichnet, z.B. Resistenz gegenüber einem Anti-
biotikum, die man als "genetischen Marker" bezeichnet. In einem scho-
nenden Verfahren wird die DNS isoliert und Zellen derselben Art ange-
boten, welche den Marker nicht tragen. Zu einem geringen Teil wird
die Fremd-DNS eingebaut, wobei auch das "markierte" Gen inkorporiert
wird. Die transformierten Zellen kann man anhand der erworbenen Resistenz erkennen (Abbildung 7.3).

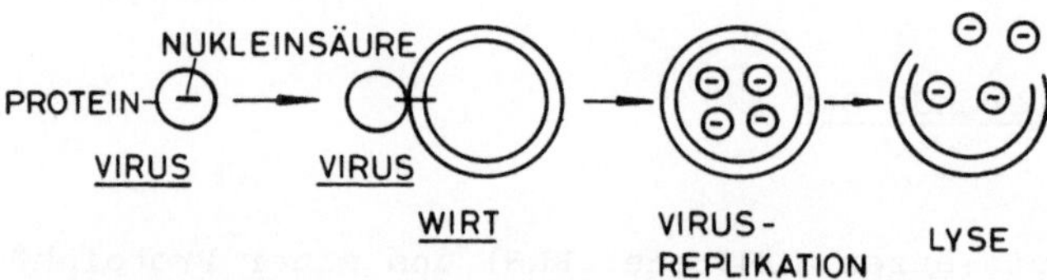

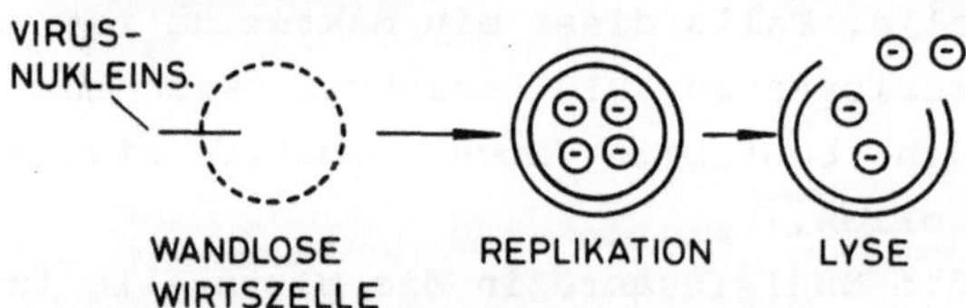

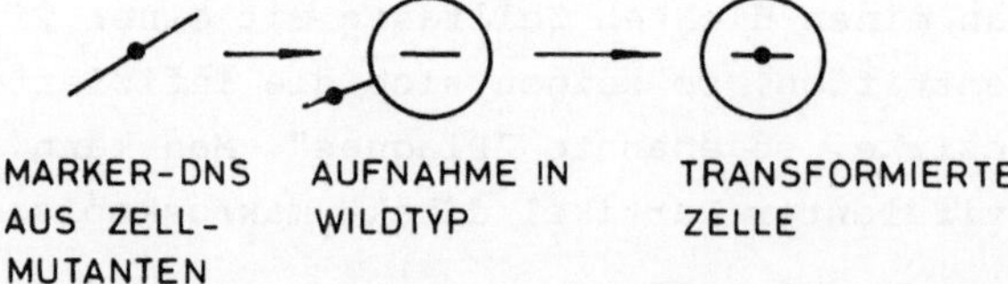

Abb. 7.3 Prinzipien von Virusinfektion, Transfektion und Transformation

Die Attraktivität der beschriebenen Techniken liegt in der Möglichkeit, Schäden außerhalb der Zelle zu setzen und ihre Relevanz in ungeschädigten Zellen zu untersuchen. Hierdurch gelingt es, die Bedeutung bestimmter Schadenstypen abzuschätzen.

7.2.2 Strahlenwirkung

7.2.2.1 Inaktivierung

Das "Plaquebildungsvermögen" bestrahlter Viren hängt bei konstanter Dosis nicht nur von den Expositionsbedingungen, sondern auch von der Wirtszelle ab. Dies ist ein deutlicher Hinweis auf intrazelluläre Reparaturprozesse, die im nächsten Abschnitt besprochen werden.

Infiziert man reparaturdefiziente Zellen mit UV-bestrahlten Viren, so erhält man im allgemeinen exponentielle Überlebenskurven, was einen Eintreffermechanismus vermuten läßt. Aus dem Wirkungsspektrum (Abbildung 7.4) kann man schließen, daß vor allem die Absorption in der Nukleinsäure für die Inaktivierung verantwortlich ist, obwohl der Anstieg bei 280 nm auch eine gewisse Beteiligung des Proteins nahelegt.

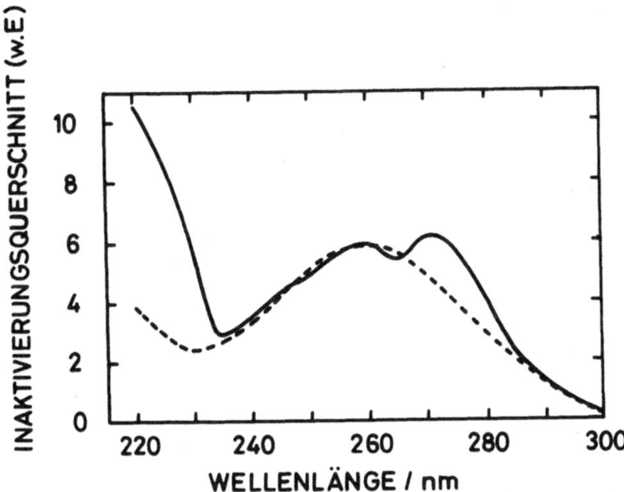

Abb. 7.4 Aktionsspektrum für die Inaktivierung von Vaccinia-Viren. Die gestrichelte Kurve zeigt das DNS-Absorptionsspektrum. Quelle: SIME und BEDSON 1973

Die chemische Natur des Schadens läßt sich besonders elegant mit Hilfe transformierender DNS studieren. Die Abnahme der Transformationsfähigkeit mit der UV-Fluenz F wird durch einen etwas unüblichen Ausdruck beschrieben:

$$y = \frac{1}{(1 + KF)^2} \tag{7.12}$$

wobei y die relative Transformationsfähigkeit bedeutet und K eine Konstante ist. Es ergeben sich also mit steigender Fluenz "durchhängende" Kurven. Die Konstante K hängt von dem untersuchten "Marker" ab und kann zur Abschätzung der Größe des entsprechenden Gens herangezogen werden. Auf diese Analyse kann hier aber nicht eingegangen werden. Bestrahlt man transformierende DNS zunächst bei einer Wellenlänge von 280 nm und läßt dann verschiedene Bestrahlungen mit 240 nm folgen, so zeigt sich (Abbildung 7.5) eine deutliche Zunahme der Transformationsfähigkeit.

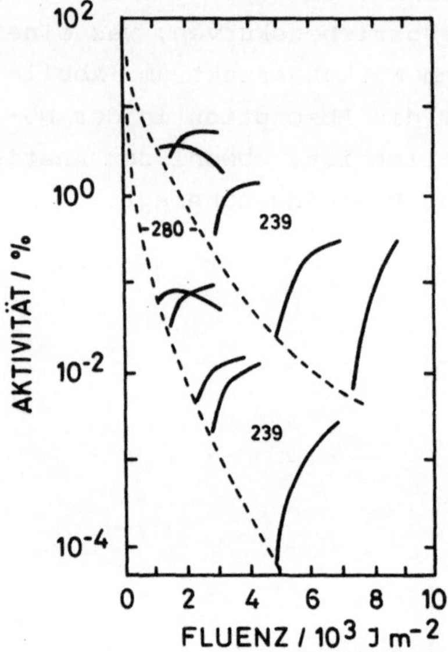

Abb. 7.5 Fotochemische Reversion der UV-induzierten Markerschädigung. Die transformierende DNS wurde zunächst mit 280 nm bestrahlt und anschließend verschiedenen Fluenzen bei 239 nm ausgesetzt. Oben: Resistenz gegen Cathomycin, unten: Resistenz gegen Streptomycin. Quelle: SETLOW und SETLOW 1962

Dies ist darauf zurückzuführen, daß (vgl. Abschnitt 6.1.1) die durch die erste Exposition gebildeten Pyrimidindimere durch die Einwirkung des kürzerwelligen Lichtes wieder monomerisiert werden. Da dieses Verhalten typisch nur für Dimere ist, beweist das Experiment ihre überragende Bedeutung. Eine weitere Stütze erhält dieser Schluß durch Fotoreaktivierungsversuche (Abschnitt 13.2.1).

Zur Aufklärung des Wirkungsmechanismus ionisierender Strahlung ist
der schon erwähnte Bakteriophage ϕX174 (Abschnitt 6.2, Abbildung 6.8)
ein besonders lohnendes Objekt. Bestrahlt man ihn in seiner einsträngigen Form, so führt die Absorption von ca. 60 eV, d.h. eine Primärionisation, in der DNS zur Inaktivierung. Es liegt nahe, hierfür einen
Einzelstrangbruch verantwortlich zu machen, jedoch fehlt die direkte
experimentelle Evidenz. In isolierter einsträngiger ϕX174-DNS ist natürlich jeder Einzelstrangbruch letal, aber nicht jedes letale Ereignis ist notwendigerweise ein Einzelstrangbruch. Eine genaue Analyse
zeigt, daß die Beteiligung anderer Strahlenprodukte mit ca. 50% anzusetzen ist.

Die replikative Form (RF) des gleichen Phagen ist besonders geeignet für Studien an doppelsträngiger DNS. Man hat mit ihr die Möglichkeit, Moleküle ohne Brüche, mit einem Einzelstrangbruch und mit
einem Doppelstrangbruch voneinander zu trennen und separat auf ihre
biologische Aktivität zu testen. Lineare Moleküle sind inaktiv, d.h.
ein Doppelstrangbruch ist (in diesem System) immer ein letales Ereignis. Die anderen Fraktionen zeigen eine mit steigender Dosis wachsende
Inaktivierung. Sie muß in der ersten Komponente - die keine Brüche enthält - auf andere Veränderungen zurückzuführen sein. So wurde abgeschätzt, daß ca. 9% auf Einzelstrangbrüche zurückgeht. Dies kann man
aus der Untersuchung der <u>LET-Abhängigkeit</u> schließen: Phagen-Suspensio-
nen (RF-Form) wurden in Gegenwart von radikalfangenden Schutzstoffen
mit beschleunigten Ionen (bis zu ^{40}Ar, spezifische Energie 10 MeV/u)
bestrahlt. Das unterschiedliche Sedimentationsverhalten von RF I (keine
Brüche), RF II (mindestens ein Einzelstrangbruch) und RF III (mindestens ein Doppelstrangbruch) erlaubte eine Analyse der Relevanz verschiedener Schadenstypen. Die Ergebnisse zeigt Abbildung 7.6: Die Strahlenempfindlichkeit der Gesamtpopulation bleibt bis zu einem $\overline{LET}_\infty$-Wert
von ca. 200 keV/µm konstant und fällt dann ab. Dies ist für Eintreffervorgänge zu erwarten. Die <u>spezifische</u> Überlebensfähigkeit der RF I-
und RF II-Fraktionen nimmt schon bei geringeren LET-Werten ab. Vergleicht man dieses Verhalten mit der LET-Abhängigkeit der Entstehung
von Doppel- und Einzelstrangbrüchen (Abbildung 6.11), so muß man schließen, daß bei niedrigem LET Basenschäden und Einzelstrangbrüche den
Hauptbeitrag zur Inaktivierung leisten. Doppelstrangbrüche werden erst
bei höheren LET-Werten wichtig, aber auch dann sind sie höchstens zu
50% für die Inaktivierung verantwortlich.

Der Einfluß des Sauerstoffs ist komplex. Bestrahlt man Phagen in
trockener Form mit dünn ionisierenden Strahlen, so wirkt seine Abwesenheit schützend. Dies liegt wahrscheinlich daran, daß unter diesen

$$\frac{N}{N_o} = e^{-\sigma_{in} \cdot \phi} \tag{7.7}$$

oder mit Hilfe von (4.20)

$$\frac{N}{N_o} = e^{-\sigma_{in} \rho \cdot \frac{D}{L_T}} \tag{7.8}$$

woraus auch hervorgeht, daß die Inaktivierungsdosis mit steigendem LET zunimmt. Man könnte stark vereinfacht feststellen, daß dünn ionisierende Strahlen zur Volumen-, dicht ionisierende zur Querschnittsbestimmung geeignet seien.

Nun darf man aber nicht ohne weiteres σ_{in} mit dem geometrischen Querschnitt des Objektes gleichsetzen. Der Grund liegt darin, daß bekanntlich die Bahnen dicht ionisierender Partikel von einem Strahlenkranz von Sekundärelektronen umgeben sind, die ihrerseits inaktivieren können, d.h. ohne daß das Objekt von dem primären Teilchen direkt getroffen wurde.

Quantitativ läßt sich dies für nicht zu hohe spezifische Energien mit Hilfe der in Abschnitt 4.2.4 abgeleiteten Beziehungen behandeln. Beziehung (4.56) gibt den Verlauf der Lokaldosis D_L als Funktion des radialen Abstandes von der Teilchenbahn an. Falls wir voraussetzen, daß die Änderungen von D_L über das betrachtete Molekül vernachlässigbar sind (das gilt streng nur für nicht zu große Treffbereiche), so ist mit (7.6) der Anteil der Moleküle, die bei Passage eines Partikels mindestens einen Treffer erhalten haben

$$1 - e^{-\frac{m\, D_L}{\varepsilon}}$$

Die mittlere Zahl $N^+(x)$ der in einer Zylinderschale mit Radius x, Dicke dx und Länge l inaktivierter Bereiche ist dann

$$\overline{N^+}(x) = 2 \pi x\, l\, dx\, \frac{N}{V} \left(1 - e^{-\frac{m\, D_L}{\varepsilon}}\right) \tag{7.9}$$

wobei $\frac{N}{V}$ die Zahl der Moleküle pro Volumeneinheit angibt. Um die gesamte Zahl der mindestens einmal bei der Passage eines Ions getroffenen Moleküls zu erhalten, muß Gleichung (7.9) über alle Entfernungen von der Bahn inte-

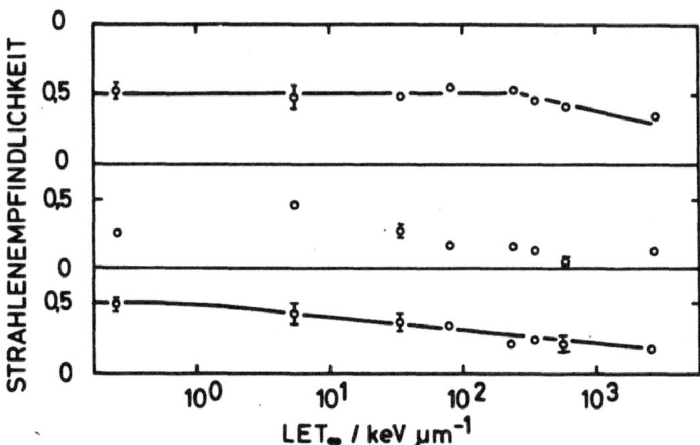

Abb. 7.6 Spezifische Strahlenempfindlichkeit der verschiedenen RF-Formen von X174 als Funktion des LET. Oben: Strahlenempfindlichkeit aller RF-Formen zusammengenommen, Mitte: spezifische Strahlenempfindlichkeit der RF I-Form, unten: spezifische Empfindlichkeit der RF II-Form. RF III ist immer nicht lebensfähig. Quelle: CHRISTENSEN, TOBIAS und TAYLOR 1972

Bedingungen diffundierende H$^\bullet$-Radikale, welche durch O_2 abgefangen werden, erheblich zur Schädigung beitragen. Bei Exposition in Puffer findet man keinen Sauerstoffeffekt, weder bei kompletten Phagen noch bei isolierter (doppelsträngiger) DNS, obwohl chemische Veränderungen, wie wir in Abschnitt 6.2 gesehen haben, OER-Werte um 2 zeigen (Tabelle 6.5). Fügt man der Phagensuspension in relativ hoher Konzentration Radikalfänger zu, so nimmt die Strahlenempfindlichkeit ab und es zeigt sich ein typischer Sauerstoffsensibilisierungseffekt (Abbildung 7.7). Auf die Bedeutung dieses Befunds wird im Rahmen der Besprechung des zellulären Sauerstoffeffekts (Abschnitt 9.2.2) eingegangen. Phagen-DNS kann auch dazu benutzt werden, um die Gefährlichkeit inkorporierter Radionuklide abzuschätzen, was für Strahlenschutzüberlegungen von großer Bedeutung ist. Einsträngige DNS wird durch den Zerfall eines einzigen eingebauten ^{32}P-Atoms inaktiviert. Da hierbei ^{32}S entsteht ("Transmutation"), kommt es zum Bruch des DNS-Rückgrats. Mit einer geringen Wahrscheinlichkeit können aber auch Doppelstrangbrüche hervorgerufen werden, da das ^{32}S-Atom über eine gewisse Rückstoßenergie verfügt und somit auch auf dem gegenüberliegenden Strang Schäden hervorrufen kann. Daß dies so ist, ergibt sich aus einem Vergleich von ^{32}P mit ^{33}P, die beide über β-Zerfall desintegrieren, sich jedoch durch ihre Rückstoßenergien unterscheiden. Die Inaktivierungswahr-

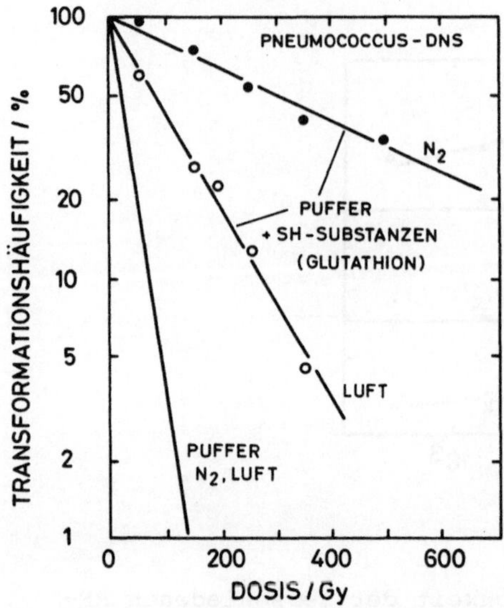

Abb. 7.7 O_2-Effekt bei transformierender DNS von Pneumococcus: Bei Exposition in Puffer zeigt Sauerstoff keine Wirkung. In Gegenwart von Glutathion zeigt sich ein Sauerstoffeffekt, der mit dem übereinstimmt, der bei intrazellulärer Bestrahlung (Punkte) gefunden wird. Quelle: HUTCHINSON 1961

scheinlichkeit betrug pro Zerfall 0,06 für ^{32}P (Rückstoßenergie 20 eV) und 0,02 für ^{33}P (1,7 eV), beides gemessen in T_4-Phagen-DNS bei -196°C.

Eingebautes Tritium wirkt lediglich durch die emittierte β-Strahlung, die allerdings wegen ihrer geringen Reichweite zu einer relativ großen lokalen Energiedeposition führt. Ein weiteres interessantes Isotop ist ^{125}J, das in der Nuklearmedizin eingesetzt wird. Es kann als ^{125}J-Uracil anstelle von Thymin in die DNS eingebaut werden. Es zerfällt durch Elektroneneinfang mit anschließender Emission mehrerer Auger-Elektronen (Abschnitt 3.2.1.5 und 4.2.5). Dabei entsteht einmal eine hohe lokale Bestrahlung, zum anderen bleibt ein mehrfach geladenes Atom zurück, was zu einer erheblichen Störung der Molekülkonformation führt. Es ist daher einzusehen, daß pro Zerfall mit ca. 50% Wahrscheinlichkeit ein (letaler) Doppelstrangbruch hervorgerufen wird. Diese Resultate müssen bei dem Einsatz von Nukliden, die durch Elektroneneinfang zerfallen, in Rechnung gestellt werden.

7.2.2.2 Induktion

Wir hatten schon erwähnt, daß eine Virusinfektion nicht immer zu der
Zerstörung der Wirtszelle führen muß. Vielmehr kann die Virusnukleinsäure in das Zellgenom eingebaut und bei dessen Replikation mit vermehrt werden. Durch äußere Einflüsse, z.B. auch durch Strahlung, kann
jedoch die Virulenz induziert werden, bei Bakterien spricht man dann
von "Prophageninduktion". Es wird angenommen, daß die Phagenvermehrung
in diesem speziellen normalerweise durch einen Repressor unterdrückt
wird, der durch Strahlenfolgeprozesse (nicht durch direkte Einwirkung)
inaktiviert wird. Es handelt sich offenbar hierbei ähnlich wie bei der
Weigle-Reaktivierung (Abschnitt 7.2.3.2) um einen induzierbaren Vorgang und man nimmt auch an, daß beide auf gleiche Mechanismen zurückgehen. Wir werden in Abschnitt 13.2.4 ("SOS"-Reparatur) noch einmal
darauf zurückkommen.

7.2.3 Spezielle Reparaturprozesse

7.2.3.1 Wirtszellreaktivierung

UV-bestrahlte Bakteriophagen können unterschiedliches Plaquebildungsvermögen zeigen, je nachdem, ob sie auf strahlenempfindlichen oder resistenten Bakterien ausgeplattet werden (Abbildung 7.8).

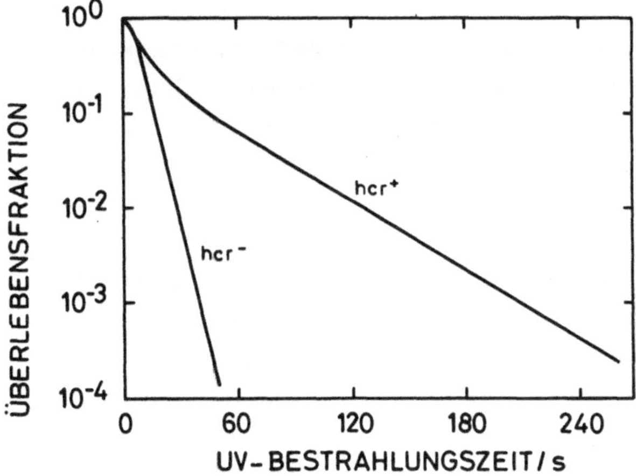

Abb. 7.8 Wirtszellreaktivierung: T1-Phagen wurden mit UV (254 nm) bestrahlt und auf Bakterien mit (HCR) oder ohne Wirtszellreaktivierungs-
vermögen (hcr) ausgeplattet. Quelle: HARM 1963

Da die Primärschäden identisch sind, kann dies nur auf intrazelluläre
Modifikationen zurückgehen. Die Phagenüberlebenswahrscheinlichkeit ist
am größten auf strahlenresistenten Bakterien, die also offenbar Schäden

am Phagengenom ausbessern, wodurch sie allerdings ihre eigenen Überlebenschancen verringern. Man bezeichnet diese Erscheinung als "Wirtszellreaktivierung" (host cell reactivation), Zellmutanten, welche diese
Fähigkeit verloren haben, kennzeichnet man als hcr$^-$. Wirtszellreaktivierung kann auch in Säugerzellen mit entsprechenden Viren nachgewiesen
werden. Eine genauere Untersuchung dieses Phänomens zeigt, daß die intrazelluläre Reparatur von Schäden am Phagengenom nicht auf einen einzigen Vorgang zurückzuführen ist. Das ist daraus zu schließen, daß je
nach Wirtszelle die Reparatur potentiell letaler Schäden entweder mit
einer Verringerung oder einer Erhöhung der Mutationsrate bei den Phagen
verbunden ist. Es muß also zwischen fehlerfrei (error proof) und fehler-
haft (error prone) arbeitenden Prozessen unterschieden werden (vgl.
nächsten Abschnitt). Wirtszellreaktivierung im ursprünglichen Sinne
wird mit dem Funktionieren des Exzisionssystems (Abschnitt 13.2.2) verbunden, d.h. exzisionsnegative Zellmutanten sind auch hcr$^-$.

7.2.3.2 Weigle-Reaktivierung

Wenn man UV-bestrahlte Phagen in vorbestrahlte Wirtszellen bringt, so
zeigt sich ein unerwartetes Ergebnis: Die Überlebensrate ist höher als
auf unbestrahlten Zellen. Diese Erscheinung, die früher als "UV-Reaktivierung" bezeichnet wurde, nennt man heute allgemein nach ihrem Ent-
decker "Weigle-Reaktivierung" - oder auch oft kurz "W-Reaktivierung".
Im Gegensatz zu der eigentlichen Wirtszellreaktivierung steigt hierbei
die Mutationsrate an, sie arbeitet also nicht fehlerfrei. Man kann sie
nicht nur nach UV-, sondern auch nach Röntgenstrahleneinwirkung demonstrieren. Sie hängt mit der intrazellulären "SOS-Reparatur" zusammen,
die in Abschnitt 13.2.4 besprochen wird.

7.2.3.3 Phageneigene Reparatur

Wirtszellreaktivierung hängt nicht nur von den verwendeten Bakterien,
sondern auch von den eingesetzten Phagen ab. Unter den sogenannten T-
Phagen von Escherichia coli gibt es einige (z.B. T4), welche auf hcr$^+$-
und hcr$^-$-Zellen gleiches Überleben zeigen. Aus der Analyse ihrer Empfindlichkeit geht jedoch hervor, daß auch bei ihnen Reparaturvorgänge
ablaufen, die aber somit nicht von den Fähigkeiten des Wirts abhängen.
Der Beweis dieser Annahme wurde durch die Isolierung von sensiblen
Phagenmutanten gefunden. Es spielen hierbei zwei Gene eine Rolle, die
man mit v und x bezeichnet. Das erste codiert für ein Enzym, das an
der Schadensstelle einen Einschnitt setzt und damit die Exzision ein-
leitet. Man bezeichnet es als "T4-Endonuclease".

7.2.3.4 Multiplizitätsreaktivierung

Es handelt sich bei dem hier zu besprechenden Prozeß nicht unbedingt um einen Reparaturvorgang, sondern mehr um eine Art Nachbarschaftshilfe. Bestrahlte Phagen, welche die Plaquebildungsfähigkeit verloren haben, können u.U. durchaus noch in die Wirtszelle eindringen. Bei einer Mehrfachinfektion kann es dann zu einem Austausch von DNS-Stücken kommen, so daß ein geschädigtes Gen eines Phagen durch das intakte eines anderen ersetzt wird - ähnlich bei der intrazellulären Rekombinationsreparatur (Abschnitt 13.2.3). Dies ist aber nicht der einzige mögliche Vorgang. Ist bei einem T4-Phagen das v-Gen mutiert, so kann die phagenautonome Reparatur nicht ablaufen. Infiziert man v-Phagen zusammen mit hochbestrahlten v^+-Phagen, die also ihre Plaquebildungsfähigkeit weitgehend verloren haben, so wird vom letzteren dennoch immer noch genügend T4-Endonuclease synthetisiert, daß Schäden in v^--Phagen repariert werden können. Sie zeigen - ohne daß Rekombinationen stattfinden - eine erhöhte Überlebensrate.

LITERATUR (7.3):

HANAWALT und SETLOW 1973

DERTINGER und JUNG 1968

HÜTTERMANN, KÖHNLEIN und TEOULE 1978

KIEFER und WIENHARD 1977

7.3 Genkartierung

Pyrimidindimere in der DNS blockieren nicht nur die Replikation, sondern auch die Transkription. Diese Tatsache eröffnet die Möglichkeit, auf einfache Weise Gengrößen zu bestimmen. Falls ein einziges Dimeres ausreicht, die Bildung eines funktionellen Genproduktes zu verhindern, so muß die Strahlenempfindlichkeit dieses Produktes in einfacher Weise von der Größe des entsprechenden DNS-Abschnitts abhängen. Da es sich um einen Eintreffervorgang handelt, gilt

$$\cdot \frac{N}{N_O} = e^{-\lambda_G} \tag{7.13}$$

Hierbei sind $\frac{N}{N_O}$ die relative Syntheserate des betrachteten Genprodukts nach Bestrahlung und λ_G die mittlere Trefferzahl pro Gen. Kennt man die Zahl der pro Fluenzeinheit im Gesamtgenom induzierten Dimere (Abschnitt 6.1) und ist die Gesamt-DNS-Menge in der Zelle bekannt, so ist

$$\lambda_G = \alpha \, \frac{m_G}{m_Z} \, F \tag{7.14}$$

Hierbei ist α die Zahl der Dimere pro Fluenzeinheit im Gesamtgenom der Masse m_Z und m_G die Masse des betrachteten Gens. Mit Hilfe dieser Technik ist es z.B. möglich abzuschätzen, ob bestimmte Proteine aus identischen Untereinheiten aufgebaut sind. Weitere Möglichkeiten liegen darin, daß der Anteil "nicht codogener" Sequenzen in der primären Messenger-RNS abgeschätzt werden kann. Es ist nämlich heute bekannt, daß das erste Transkript nicht vollständig für die Translation benutzt wird, sondern auf dem Weg zu den Ribosomen gekürzt ("prozessiert") wird. Die Fraktion nicht benutzter Stücke kann man aus einem Vergleich des Proteinmolekulargewichts mit der Größe des Gens zumindest annäherungsweise gewinnen. Allerdings ist die gewonnene Aussage nicht eindeutig. Es wird nämlich hierbei vorausgesetzt, daß die primäre Ablesung sich nur auf das betrachtete Genprodukt beschränkt. Nun kennt man aber durchaus Beispiele, daß hintereinanderliegende Gene ausgehend von einer einzigen Startstelle - dem Promotor - gemeinsam nacheinander transkribiert werden. Hier kann die Strahlenkartierung Aufschluß über die Reihenfolge liefern (Abbildung 7.9): Wir nehmen an, daß zwei Gene a und b hintereinander liegen und von links abgelesen werden; ein Dimeres irgendwo im gesamten Bereich wird auf jeden Fall die Synthese des Produkts B verhindern, während ein Schaden im Abschnitt B die Synthese von A unbeeinflußt läßt.

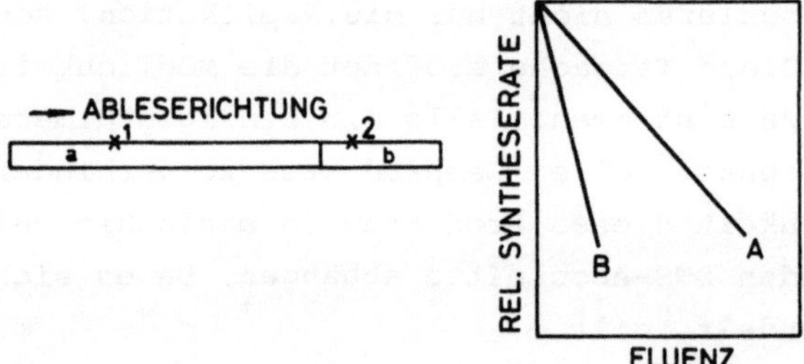

Abb. 7.9 Prinzip der Genkartierung mit UV-Strahlen: Schaden 1 führt zur Inhibierung von a und b, Schaden 2 nur zur Inhibierung von b.

Mit den vorigen Ausdrücken erhält man somit

$$\left(\frac{N}{N_0}\right)_A = e^{-\alpha\frac{m_A}{m_Z}\cdot F} \qquad (7.15)$$

bzw.

$$\left(\frac{N}{N_O}\right)_B = e^{-\alpha\frac{m_A+m_B}{m_Z}\cdot F} \tag{7.16}$$

Bezeichnet man die Fluenzwerte, die zu einer Reduktion auf 1/e führen, mit F_{OA} bzw. F_{OB}, so ergibt sich

$$F_{OA}/F_{OB} = \frac{m_A+m_B}{m_A} \tag{7.17}$$

Das Verhältnis ist also unabhängig von α und m_Z, so daß dieses Verfahren auch in weniger genau charakterisierten Systemen verwendet werden kann. Allerdings ist zumindest die Kenntnis des Verhältnisses m_B/m_A notwendig. Eine "UV-Kartierung" der beschriebenen Art ist schon in vielen zellulären und viralen Systemen benutzt worden. Bei einer solchen "tandemartigen" Transkription kann es also durchaus vorkommen (s. Beispiel in Abb. 7.10), daß das kleinere Gen die größere Empfindlichkeit zeigt, was auf den ersten Blick der Treffertheorie widerspricht. Es muß allerdings darauf hingewiesen werden, daß implizit bestimmte Voraussetzungen gemacht wurden. Man muß sicher sein, daß tatsächlich die Auswirkung des primären Schadens betrachtet wird. Da die meisten Zellen diesen recht schnell und effizient reparieren, muß unmittelbar nach Bestrahlung gemessen werden. Außerdem muß man sicher sein, daß die Synthese des betrachteten Produkts nicht durch Schäden an anderen Zellkomponenten limitiert wird. Eine solche Situation kann z.B. eintreten, wenn die Transkription eines Gens aufgrund intrazellulärer Regulation von einem anderen Genprodukt abhängt. In diesem Fall sind keine eindeutigen Aussagen möglich.

Die Analyse setzt voraus, daß die transkriptionsterminierenden Läsionen rein statistisch verteilt sind. Das ist bei UV-induzierten Pyrimidindimeren wohl gegeben, aber sichernicht bei dicht ionisierender Strahlung. Ob und in welchem Maße Röntgenschäden ebenfalls transkriptionsterminierend sind, ist noch nicht hinreichend geklärt.

LITERATUR (7.3):
SAUERBIER 1976

8. Zellen: Verlust der Reproduktionsfähigkeit

Zellüberleben wird hier verstanden als die Fähigkeit zur unbegrenzten
Reproduktion. Nach einer Beschreibung der Grundtechniken wird der Formalismus von Überlebenskurven behandelt. Im nächsten Abschnitt wird
diskutiert, wie die unterschiedliche Strahlenempfindlichkeit verschiedener Zellarten hypothetisch interpretiert werden kann und gezeigt, daß
sie mit Masse und Struktur des genetischen Materials - zumindest bei
ionisierenden Strahlen - korreliert ist. Es folgt die Abhängigkeit von
der Strahlenqualität, die bei optischer Strahlung die Aufnahme von Wirkungsspektren ermöglicht und für ionisierende Strahlen die Bedeutung
der Ionisationsdichte beinhaltet. Hier wird der Begriff der "relativen
biologischen Wirksamkeit" (RBW) eingeführt und diskutiert. Weiterhin
wird auf die Wechselwirkung von UV und ionisierender Strahlung eingegangen.

8.1 Überlebenskurven

Die Fähigkeit einer Zelle, sich durch Teilung zu reproduzieren, ist
für alle biologischen Systeme von zentraler Bedeutung. Ihre Beeinflussung durch Strahleneinwirkung bildet nicht nur die Basis der Tumorthe-
rapie, sondern spielt auch für die Beurteilung des Strahlenrisikos eine
wichtige Rolle. In geeignetem Milieu wird die Zellteilung nur durch
Nährstoffmangel, Zelldichte oder gegebenenfalls durch körpereigene Re-
gulationsfaktoren begrenzt. Zur Beurteilung des Strahleneffekts ist
dieser Verlust der potentiell unbegrenzten Teilungsfähigkeit von Interesse.

Das Prinzip der experimentellen Technik ist in Abbildung 8.1 dargestellt: Die Zellen werden in geeigneter Konzentration auf ein durch
Agar verfestigtes Nährmedium gebracht, so daß sie sich unbeeinflußt
voneinander teilen können. Nach Bebrütung entsteht so aus jeder unbegrenzt teilungsfähigen Zelle ein Zellhaufen ("Makrokolonie"), deren
Zahl mit dem bloßen Auge bestimmt werden kann. Da im allgemeinen die
Zelldichte in der Ausgangssuspension höher ist als erwünscht, werden
Verdünnungsschritte eingeschaltet. Ihre Zahl ist natürlich entsprechend
zu reduzieren, wenn ein gewisser Anteil durch Strahleneinwirkung ste-
rilisiert worden ist. Somit ist es möglich, den Verlust der Koloniebildungsfähigkeit ("colony forming ability", CFA) über mehrere Zehner-

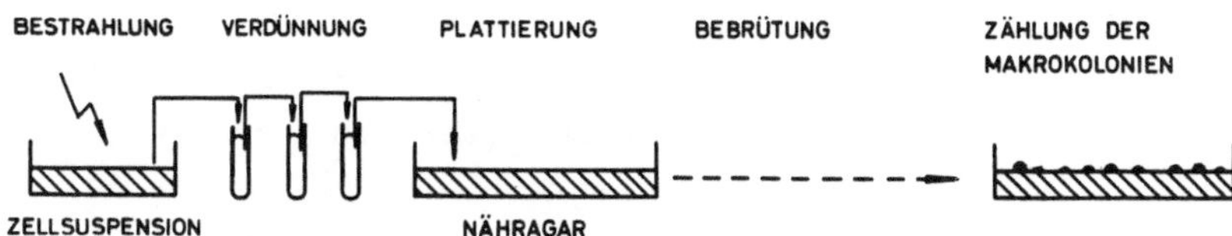

Abb. 8.1 Prinzip der Technik zur Bestimmung des unbegrenzten Teilungs-
vermögens (Koloniebildungsfähigkeit, CFA).

potenzen zu untersuchen, was der Methode eine weite Dynamik verleiht.
Man muß sich allerdings klarmachen, daß zwischen Bestrahlung und Ergeb-
niskontrolle eine biologisch lange Zeitspanne - nämlich viele Zellteilungen - liegt, während der modifizierende Prozesse eingreifen können.
Es handelt sich hierbei also keinesfalls um eine Untersuchung "primärer"
Prozesse. Auch nach hohen Strahlendosen werden meist noch einige wenige
Teilungen ausgeführt, die zur Koloniebildung allerdings nicht ausreichen. Die Zellen einer Kolonie sind bezüglich ihrer Teilungsfähigkeit
meist nicht homogen, d.h. man findet häufig einen gewissen Anteil ste-
riler Zellen, der mit der Dosis ansteigt. Man bezeichnet diesen Effekt
als "lethal sectoring".

Die beschriebene Technik ist seit langem für einzellige Mikroorganismen (Bakterien, Hefen, Algen) bekannt; ein entscheidender Durchbruch
gelang PUCK und MARCUS (1956) mit der Übertragung auf Säugerzellen. Man
ist heute in der Lage, viele Säugerzellinien in Kultur zu halten. Die
bekanntesten sind HeLa (ursprünglich Biopsiematerial eines menschlichen
Karzinoms), chinesische Hamsterzellen (verschiedene Linien), Mäuse-L-
Zellen. Mit geringerer Effizienz lassen sich auch frisch durch Biopsie
entnommene Zellen kultivieren; auf Versuche mit diesen Materialien
wird an verschiedener Stelle Bezug genommen. Der Nachteil der Säuger-
zellkultur liegt neben der experimentellen Diffizilität in einer gewissen Instabilität (z.B. Veränderungen der Chromosomenzahl). Experimente mit strahlensensiblen Mutanten sind - mit wenigen wichtigen Ausnahmen (Abschnitt 13.4) - meist noch auf Mikroorganismen beschränkt.

"Koloniebildungsfähigkeit" (colony forming ability; abgekürzt:
CFA) ist von so zentraler Bedeutung, daß man häufig ihren Verlust mit
dem Zelltod gleichsetzt, was strenggenommen nicht unbedingt richtig
ist, weil andere Funktionen durchaus noch erhalten sein können. Es hat

sich aber eingebürgert, die unbegrenzt teilungsfähige Zelle als "Überlebende" zu bezeichnen und die Darstellung ihrer Zahl relativ zu der
unbehandelten Kontrolle als "Überlebenskurven" (survival curve) zu bezeichnen.

Strahlung ist nur eine von vielen Agentien, die Zellteilung verhindern können. Ein Vergleich der Dosiswirkungsbeziehungen ist daher
nützlich, um Aufschlüsse über eventuelle Analogien zu gewinnen. Abbildung 8.2 zeigt dies.

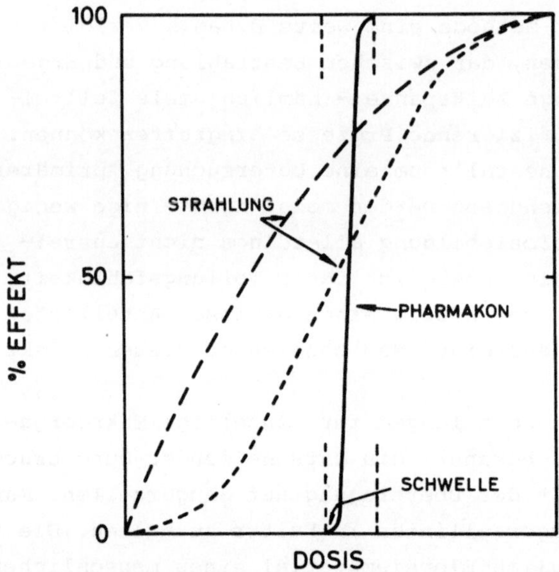

Abb. 8.2 Vergleich verschiedener Typen von Dosiseffektkurven. Quelle:
ZIMMER 1961

Es fällt auf, daß die "pharmakologische" Dosiseffektkurve einen im
Unterschied zur "Strahlenkurve" fast diskontinuierlichen Verlauf zeigt:
Unterhalb einer gewissen Dosis ist praktisch kein Effekt festzustellen,
während er dann verhältnismäßig rasch zunimmt. Ein solches Schwellen-
verhalten ist typisch für viele - allerdings nicht alle - chemischen
Gifte. (Es gibt auch Substanzen, die ein der Strahlung ähnliches Verhalten aufweisen - Radiomimetika -; das gilt vor allem für Mutagene
und die sogenannten Cytostatika. Vgl. Abschnitt 15.4.) Strahlung, auf
der anderen Seite, zeigt auch schon bei kleinen Dosen ein stetiges
Ansteigen des Effekts, die maximale Wirkung wird asymptotisch erreicht.
Im Vorgriff auf spätere Überlegungen sei darauf hingewiesen, daß dieser
Verlauf auf die stochastische Natur der Wechselwirkungsprozesse zurückzuführen ist.

In der Strahlenbiologie ist es üblich, die relative Koloniebildungsfähigkeit in logarithmischem Maßstab auf der Ordinate gegen die Dosis
(im linearen Maßstab) aufzutragen. Man erhält so "Überlebenskurven",
von denen drei typische Vertreter in Abbildung 8.3 vorgestellt sind.

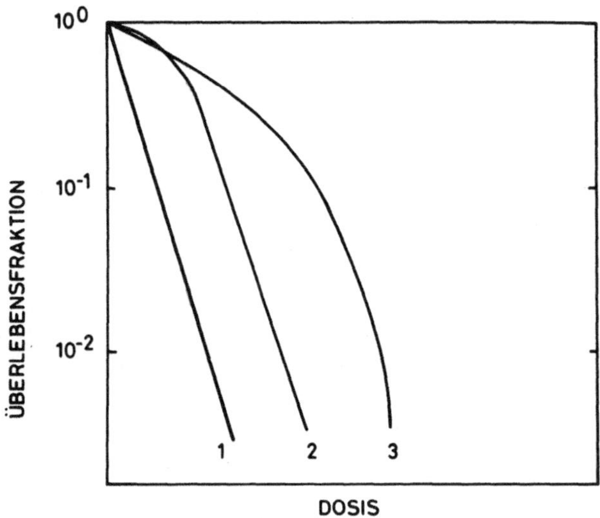

Abb. 8.3 Typen von Überlebenskurven nach Strahleneinwirkung. Erklärung
im Text.

In der Regel sind alle Überlebenskurven von homogenen Einzelzellkultu-
ren einer dieser Typen zuzuordnen (der Fall inhomogener Populationen
wird später besprochen). Typ 1 stellt den einfachsten Fall dar: Da
sich im halblogarithmischen Raster eine Gerade ergibt, ist die funktio-
nelle Abhängigkeit durch eine Exponentialfunktion zu beschreiben. Fall
2 nähert sich erst bei hohen Dosen diesem Verlauf an, während im Anfangsteil eine "Schulter" festzustellen ist. Am kompliziertesten ist
Typ 3, weil die Steigung hier mit steigenden Dosen immer mehr zunimmt.
Die größte Bedeutung hat Kurve 2, weil sie zumindest für die Inaktivierung von Mikroorganismen den üblichen Fall darstellt. Bei Säugerzellen ist die Anwendbarkeit umstritten, die verfügbaren experimentellen Techniken lassen keine eindeutige Aussage zu. In vielen Fällen
wird sie jedoch auch bei diesen Objekten der Analyse zugrunde gelegt,
was zumindest von praktischem Wert ist, da so leicht Kenngrößen der
Strahlenempfindlichkeit anzugeben sind.
Kurve 2 ist charakterisiert durch den exponentiellen Abfall im

terminalen Teil und die Breite der Schulter. Zur quantitativen Kurz-
formbeschreibung (Abbildung 8.4) gibt man zunächst die Dosis an, welche
im "linearen" Teil benötig wird, um den Anteil Überlebender (surviving
fraction) auf 1/e, d.h. ca. 37% zu reduzieren, und bezeichnet sie mit
D_o. Sie ist also der Kehrwert der Steigung des terminalen Teils bei
halblogarithmischer Auftragung. Zur Kennzeichnung der Schulterbreite

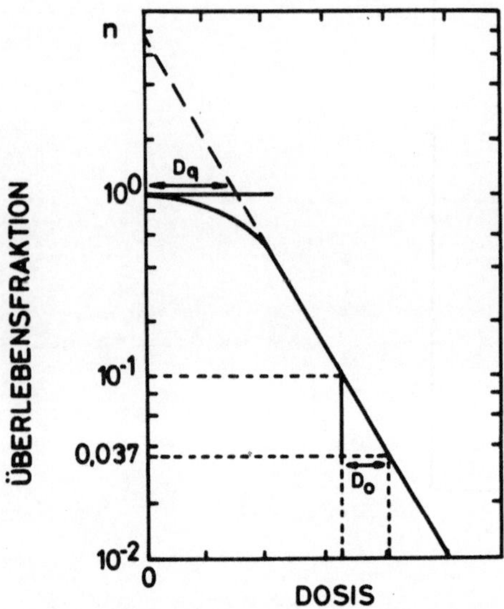

Abb. 8.4 Kenngrößen von "Schulterkurven".

sind zwei Angaben üblich. Einmal kann man den Ordinatenwert verwenden,
der sich als Schnittpunkt der rückwärtigen Verlängerung ergibt. Man
bezeichnet ihn als "Extrapolationszahl" n. Eine andere Möglichkeit ist
die Angabe des Dosiswertes, den man aus dem Schnittpunkt dieser extra-
polierten Geraden mit der 100%-Überlebenslinie erhält. Er wird üblicherweise D_q ("Quasischwellendosis", "quasi threshold dose", oft auch
fälschlich abkürzend nur "Schwellendosis"). Die drei Größen sind natürlich nicht unabhängig voneinander, wie aus der Figur hervorgeht:

$$D_o = \frac{D_q}{\ln n} \tag{8.1}$$

D_o ist die wichtigste Kenngröße zur Charakterisierung der Strahlenempfindlichkeit verschiedener Zellen. Tabelle 8.1 verzeichnet typische
Werte, wie sie nach Einwirkung von UV und dünn ionisierenden Strahlen

gemessen wurden. Zum Vergleich und im Vorgriff auf später anzustellende Betrachtungen sind außerdem DNS-Gehalt und Chromosomenzahl angegeben. Man sieht, daß - grob gesprochen - die Empfindlichkeit mit dem Grad der biologischen Komplexität zunimmt. Eine eingehendere Betrachtung folgt im nächsten Abschnitt.

Tabelle 8.1 D_O-Werte und Zellkernfaktoren bei verschiedenen Systemen.
Quelle: a) UNDERBRINK, SPARROW und POND 1968; b) KIEFER und WIENHARD 1977

Name	Art	DNS/Zelle[a] kg	Chromosomen- zahl	DNS/Chr. [a] kg	D_O (UV)[b] Jm^{-2}	D_O (Röntgen)[a] Gy
T_1-Phage	Virus	$8,1\cdot10^{-20}$	1	$8,1\cdot10^{-20}$	41	2600
E.coli B/r	Bakt.	$1,9\cdot10^{-17}$	1	$1,9\cdot10^{-17}$	85	30
Bacillus subtilis	Bakt.	$7,7\cdot10^{-18}$	1	$7,7\cdot10^{-18}$	50	33
Saccharo- myces cere- visiae	Hefe	$2,8\cdot10^{-17}$	36	$7,8\cdot10^{-19}$	1150	150
Chlamydo- monas	Alge	$1,4\cdot10^{-16}$	16	$8,8\cdot10^{-18}$	2500	24
Hamster- zellen	Säuger	$1,5\cdot10^{-14}$	22	$6,8\cdot10^{-16}$	50	1,4
HeLa- Zellen	menschl.	$1,2\cdot10^{-14}$	78	$1,5\cdot10^{-16}$	108	1,4

Nicht homogene Zellpopulationen, deren Glieder sich in ihrer Strahlenempfindlichkeit unterscheiden, weisen komplexe Überlebenskurven auf. Am einfachsten sind die Verhältnisse zu überschauen, wenn zwei Teilpopulationen vorliegen. Die resistentere Komponente bewirkt dann ein Abflachen zu höheren Dosen. Wir wollen dies am einfachen Beispiel von zwei exponentiellen Überlebenskurven betrachten: Die beiden Teilpopulationen, deren Anteil a_1 bzw. a_2 betrage, seien durch D_{o1} bzw. D_{o2} charakterisiert. Die Gesamtüberlebensfraktion y ist dann

$$y = a_1 e^{-D/D_{o1}} + a_2 e^{-D/D_{o2}} \qquad\qquad (8.2)$$

Im niedrigen Dosisbereich bestimmt die empfindliche Fraktion den Kurvenverlauf, in hohen die resistentere. Falls $D_{o1} < D_{o2}$ gilt dann $y \approx a_2 e^{-D/D_{o2}}$. Man kann also durch Rückextrapolation auf den resistenten Anteil zurückschließen. Dies ist allerdings so einfach nur bei rein exponentiellen Kurven möglich. Abbildung 8.5 illustriert dieses Beispiel.

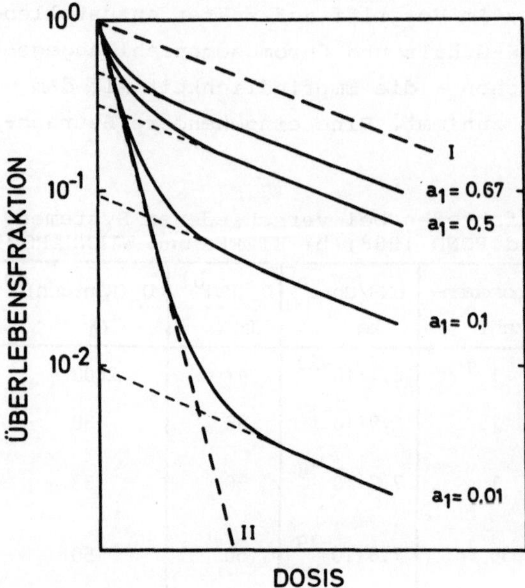

Abb. 8.5 Überlebensverhalten von in bezug auf die Strahlenempfindlichkeit inhomogenen Populationen.

8.2 Abhängigkeit der Empfindlichkeit von Zellkernparametern

Die Daten in Tabelle 8.1 legen den Schluß nahe, daß die Röntgenstrahlenempfindlichkeit mit dem DNS-Gehalt steigt. Dies würde man aufgrund folgender etwas naiven Analyse auch erwarten: Wir nehmen an, daß der Verlust der Koloniebildungsfähigkeit durch ein "letales Ereignis" bewirkt wird, daß durch direkte Wirkung in der DNS durch Deposition der Energie E_L hervorgerufen wird. D_O ist in diesem einfachen Bild die Dosis, durch welche im Mittel ein letales Ereignis hervorgerufen wird. Dann gilt

$$D_O = \frac{E_L}{m(DNS)} \tag{8.3}$$

Diese Beziehung besagt, daß D_O und DNS-Masse zueinander umgekehrt proportional sind. Die quantitative Durchrechnung ist recht instruktiv: Betrachten wir z.B. eine menschliche Zelle mit (Tabelle 8.1) D_O = 1,4 Gy und m(DNS) = 1,2·10^{-14} kg, so ergibt sich für E_L = 1,6·10^{-14} J = 100 keV, also eine sehr große Energiedeposition, welche das Akzeptieren des einfachen Bildes sehr schwer macht.

Eine eingehendere Analyse zeigt nun auch, daß die Abhängigkeiten etwas komplizierter sind. SPARROW hat mit seinen Mitarbeiters (s. UNDERBRINK und POND 1976) eine sehr große Zahl von Überlebenskurven verschiedenster Arten im Hinblick auf Relationen zu Zellkernparametern analysiert und dabei gefunden, daß entweder das mittlere Chromosomenvolumen (Kernvolumen dividiert durch Chromosomenzahl) oder aber der mittlere DNS-Gehalt pro Chromosomenvolumen geeignete Parameter der Strahlenempfindlichkeit darstellen. Im ersten Fall fand er acht, im zweiten vier distinkte Gruppen ("Radiotaxa"), in welchen das Produkt D_o x Chromosomenvolumen bzw. D_o x Chromosomen-DNS-Gehalt konstant war (Abbildung 8.6).

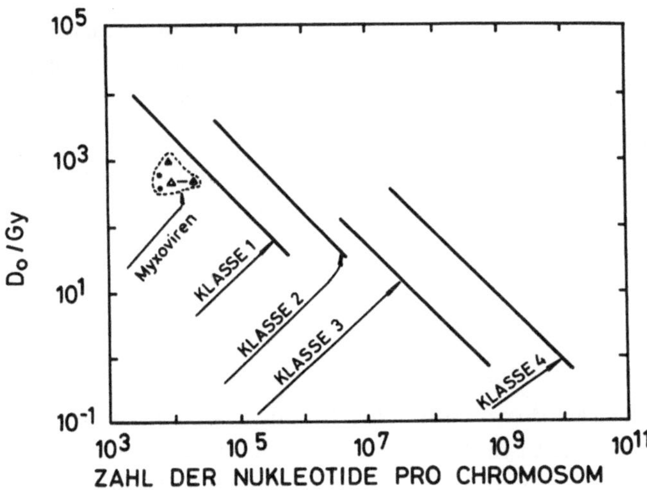

Abb. 8.6 Abhängigkeit der Strahlenempfindlichkeit vom DNS-Gehalt pro Chromosom. Erklärung im Text. Quelle: UNDERBRINK, SPARROW und POND 1968

Die Unterteilung ist interessant (wir betrachten hier nur die Relation zum chromosomalen DNS-Gehalt): Die empfindlichste Gruppe 1 besteht aus einsträngigen Viren und Phagen, die zweite aus doppelsträngigen Viren, während die dritte fast alle zellulären Organismen umfaßt. In der letzten Sektion finden sich einige wenige höhere Pflanzen. Interessant ist es nun, entsprechend der Beziehung (8.3) die pro "letale" Chromosomenschädigung aufzuwendende Energie auszurechnen. In Tabelle 8.2 sind diese Werte zusammengestellt. Vergleicht man sie mit denjenigen für die Bruchbildung (Abschnitt 6.2), so sieht man, daß größenordnungsmäßig ein "letales" Ereignis in Einstrangviren mit einem Einzelstrangbruch identifiziert werden kann.

Tabelle 8.2 Absorbierte Energiebeträge pro Chromosom pro "letales"
Ereignis. Quelle: UNDERBRINK, SPARROW und POND 1968 (umgerechnet).

Klasse	Energie/eV
1	89
2	631
3	2089
4	34666

Dasselbe gilt bei doppelsträngigen Viren bezüglich eines Doppelstrang-
bruches. Bei zellulären Systemen muß man folgern, daß mehrere Doppelstrangbrüche toleriert werden können, was mit den Erkenntnissen über
deren Reparatur (Abschnitt 13.2.6) übereinstimmt. Die hohe Resistenz
des Radiotaxons 4 ist derzeit völlig ungeklärt. Hiervon abgesehen, erscheint die Analyse biologisch sinnvoll und aufgrund des umfangreichen
Datenmaterials überzeugend. Sie hat auch zur Abschätzung der Strahlenempfindlichkeit hohen prognostischen Wert.

Für ultraviolette Strahlen ergibt sich leider keine ähnlich gela-
gerte einfache Abhängigkeit. Hier ist noch kein Versuch einer Analyse
gemacht worden.

8.3 Abhängigkeit von der Strahlenqualität

8.3.1 Aktionsspektren

Bei optischer Strahlung kann man durch das Studium der Wellenlängenabhängigkeit der Inaktivierung wichtige Anhaltspunkte über den zugrundeliegenden Mechanismus gewinnen, darüber hinaus ist diese Kenntnis auch
von praktischem Interesse. Man trägt hierbei - gem. den Ausführungen
in Abschnitt 5.1.3 - die zur Erreichung einer bestimmten Wirkung zu
applizierende Quantenfluenz als Funktion der Wellenlänge auf. Abbildungen 8.7 und 8.8 zeigen Beispiele von Bakterien- und Säugerzellen.
Aus dem Vergleich mit dem Absorptionsspektrum der DNS ersieht man,
daß die Strahlenabsorption in dieser Zellkomponente offenbar sehr wichtig ist, wenn auch bei Säugerzellen die Beteiligung von Proteinen nicht
auszuschließen ist. Dies ist gut zu verstehen, da wir wissen, in welch
enger Verflechtung Nukleinsäuren und Eiweiße in den Nukleosomen vorkommen. Aus dem starken Abfall der Aktionsspektren zu längeren Wellenlängen hin darf nicht der zunächst naheliegende Schluß gezogen werden,
daß diese keine Rolle spielen. Sie werden zwar nur in äußerst geringem
Maße absorbiert, aber bei hohen Quantenfluenzen kann ihre Wirkung doch
recht erheblich sein (s. Abschnitt 15.1). Dies spielt auch eine Rolle

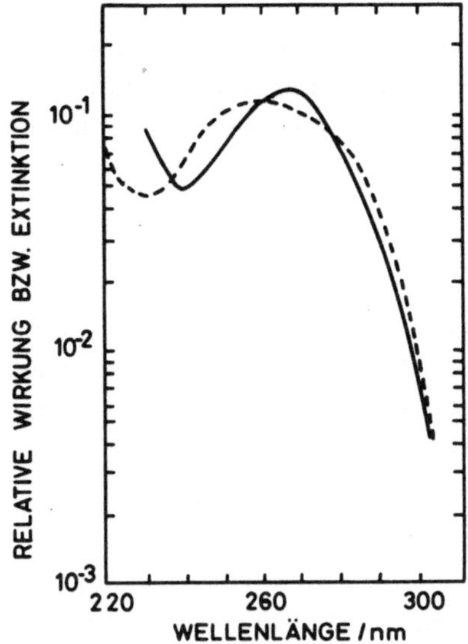

Abb. 8.7 Aktionsspektrum für die Abtötung von E.coli (unkorrigiert). Das Absorptionsspektrum der DNS ist gestrichelt eingetragen. Quelle: JAGGER 1967 nach GATES 1930

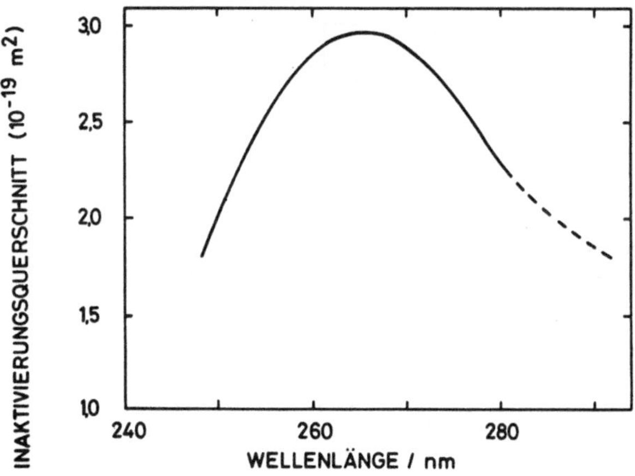

Abb. 8.8 Aktionsspektrum für die Abtötung von Säugerzellen. Quelle: TODD u.a. 1968

bei der Diskussion des "Ozonproblems" in Abschnitt 22.2. Der Verlauf
der Wirkungsspektren legt bei UV also die DNS als primären Hauptan-
griffsort nahe, damit ist jedoch noch nichts über die Beteiligung anderer Komponenten sowie die Art der auslösenden Schäden gesagt. Hierauf wird in Abschnitt 16.7 eingegangen.

8.3.2 <u>LET-Abhängigkeit</u>

Das Überlebensverhalten von Zellen nach Exposition mit ionisierenden
Strahlen hängt von der Strahlenqualität ab. Allgemein gesprochen steigt
die Effektivität einer bestimmten Dosis mit der Ionisationsdichte an.
Dieses Verhalten ist anders als bei Viren (Abschnitt 7.2.2), wo - im
Einklang mit der Treffertheorie - eine Abnahme festgestellt wird. Die
Zunahme der Inaktivierungswahrscheinlichkeit ist unabhängig von der
Form der Überlebenskurven - sie zeigt sich sowohl bei rein exponentiel-
len als auch bei "Schulterkurven". Bakterien, haploide Hefezellen sowie
menschliche Fibroblasten (exponentielle Kurven) weisen bei höheren LET-
Werten ebenso höhere Empfindlichkeit wie Hamster- und menschliche Nie-
renzellen (Schulterkurven) auf. Beispiele für Säugerzellen sind in den
Abbildungen 8.9 und 8.10 dargestellt. Im ersten Fall (T-Zellen - Ab-

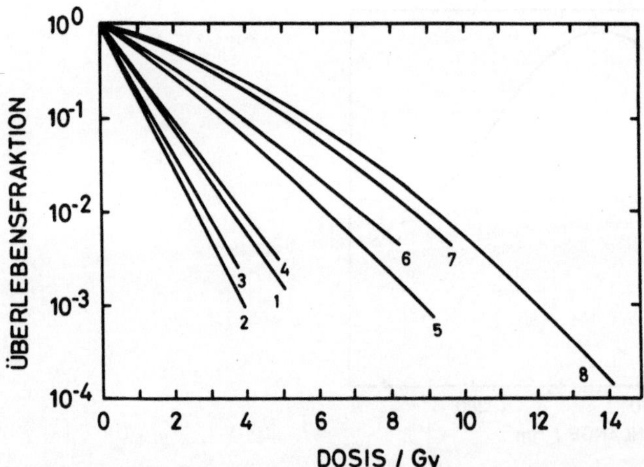

Abb. 8.9 Überlebensverhalten menschlichen Nierenzellen nach Exposition
mit ionisierender Strahlung unterschiedlichen LETs. 1: 165 keV/µm; 2:
110 keV/µm; 3: 88 keV/µm; 4: 61 keV/µm; 5: 25 keV/µm; 6: 20 keV/µm;
7: 5,6 keV/µm; 8: 25o kV-Röntgen. Quelle: BARENDSEN 1967

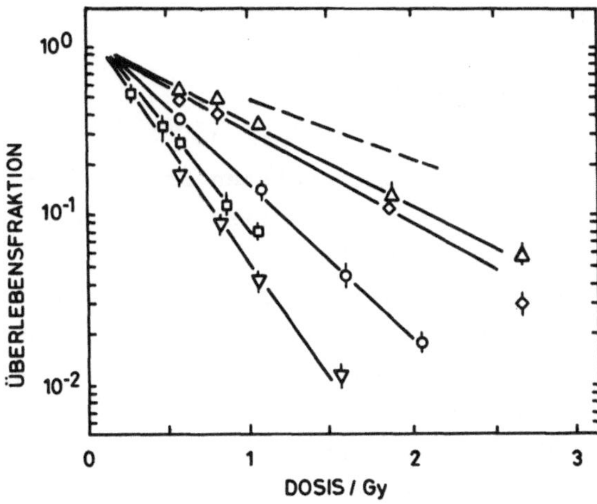

Abb. 8.10 Inaktivierung menschlicher Fibroblasten durch Strahlung verschiedenen LETs (α-Teilchen). Δ: 20 keV/μm; ◊: 28 keV/μm; O: 5o keV/μm;
◻: 70 keV/μm; ∇: 90 keV/μm; gestrichelt: 250 kV-Röntgen. Quelle: COX
und MASSON 1979

bildung 8.9) ergibt sich nicht nur eine stärkere Steigung im terminalen Teil, sondern auch ein progressiver Verlust der Schulter. Dieser
Befund, der auch in vielen anderen Systemen festgestellt wird, hat zu
der Auffassung geführt, daß mit steigendem LET die Erholungsfähigkeit
abnimmt, als deren Ausdruck die Schulter angesehen wird. Dieser Schluß
ist so nicht zwingend: Schulterkurven sind nur Ausdruck dessen, daß
ein gewisser Teil der applizierten Dosis eine geringere - subletale -
Wirkung zeigt, über die Erholungsfähigkeit ist damit noch nichts gesagt. Es kommt nun aber auch noch hinzu, daß mit Anstieg des LET die
für eine bestimmte Dosis notwendige Trefferzahl abnimmt. Im Grenzfall
sehr hoher LET-Werte kann eine Zellinaktivierung dann schon durch einen
Treffer hervorgerufen werden - die Überlebenskurve zeigt dann einen
rein exponentiellen Verlauf, der dann aber auf rein physikalische Parameter zurückzuführen ist.

Zur einfachen quantitativen Beschreibung der Abhängigkeit von der
Strahlenqualität hat man das Konzept der "relativen biologischen Wirksamkeit" RBW (relative biological effectiveness, RBE) eingeführt. Man
versteht darunter das Verhältnis der Dosen, die bei einer Vergleichsstrahlung (üblicherweise 250 kV-Röntgen- oder ^{60}Co-γ-Strahlen) und
der Teststrahlung zum gleichen Effekt führen:

$$RBW = \left[\frac{D(250\ kV\text{-}R\ddot{o}ntgen)}{D(Test)}\right]_{Isoeffekt}$$

Die RBW hat nur dann einen von der Höhe des betrachteten Effekts unabhängigen Wert, wenn die Dosiswirkungskurven geometrisch ähnlich sind. Dies ist aber in der Regel nicht der Fall. Abbildung 8.9 zeigt z.B., daß bei niedrigem LET Schulterkurven, bei hohem LET rein exponentielle Verläufe erhalten werden. In diesem Fall steigt die RBW zu niedrigen Dosen an, wie man aus Abbildung 8.11 sieht. Dem Kurvenverlauf bei sehr niedrigen Dosen kommt eine erhöhte Bedeutung zu. Wenn die Steigung mit Annäherung an den Nullpunkt sich immer mehr einem horizontalen Verlauf nähert, so steigt der RBW-Wert über alle Grenzen. Dies ist nicht der Fall, wenn eine von Null verschiedene Anfangssteigung vorliegt, es existiert dann ein bestimmter Grenzwert.

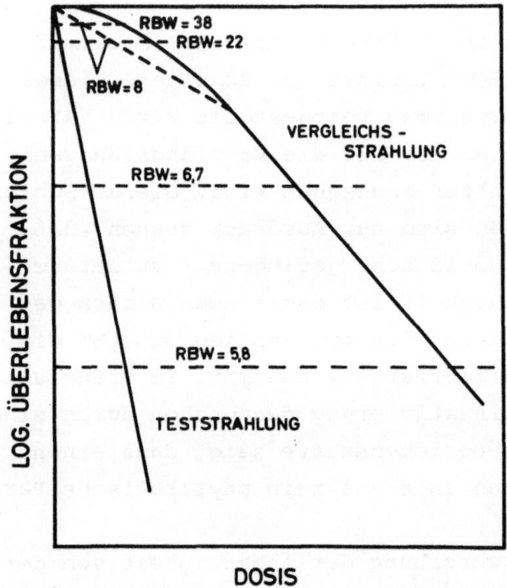

Abb. 8.11 Zur Dosisabhängigkeit der RBW

Die experimentellen Daten reichen nicht aus, hier zu eindeutigen Schlußfolgerungen zu kommen, obwohl gerade diese Frage für die Abschätzung des Strahlenrisikos von zentraler Bedeutung ist. So ist verständlich, daß sich viele theoretische Modelle (Kapitel 16) gerade mit diesem Problem beschäftigen.

Das vorgestellte Konzept war ursprünglich u.a. für Fragen des Strahlenschutzes aufgestellt worden. Wegen der grundsätzlichen Schwierigkeiten ist man jedoch davon wieder abgegangen und verwendet stattdessen empfohlene Qualitätsfaktoren, welche natürlich auf RBW-Messungen basieren (Kapitel 22). Wie wir gesehen haben, ist eine eindeutige Angabe von RBW-Werten in der Regel nicht möglich. Ein besser überschaubares Bild erhält man, wenn man die Steigung im exponentiellen Teil der Überlebenskurve gegen den LET aufträgt, wie in Abbildung 8.12 geschehen.

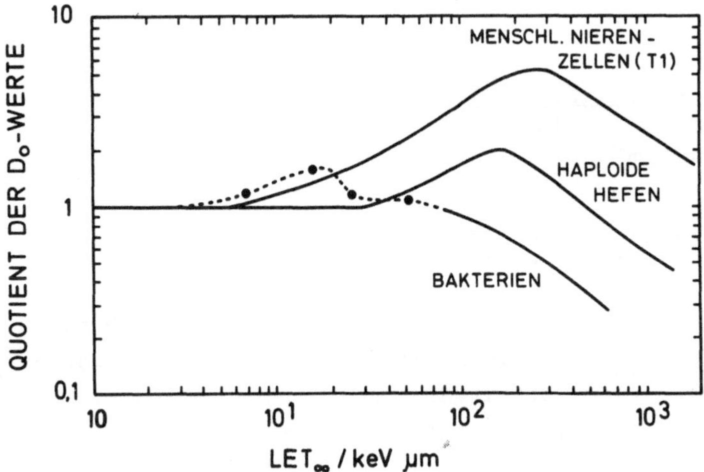

Abb. 8.12 Relative Strahlenempfindlichkeit verschiedener Zellen als Funktion des LET. Quelle: ICRU 16, gestrichelte Kurve nach Daten von ALPER, MOORE und BEWLEY 1967 (in diesem Fall ist der Parameter LET_∞).

Man erkennt hieraus, daß für alle betrachteten Systeme die Strahlenempfindlichkeit ein Maximum durchläuft, allerdings an unterschiedlicher Stelle. Der spätere Abfall ist dadurch zu erklären, daß, wenn der Durchgang eines Teilchens zur Inaktivierung schon ausreicht, jede weitere Erhöhung des LET die Wirkung nicht mehr steigern kann, wobei die Dosis pro Treffer jedoch wegen des größeren übertragenen Energiebetrags noch ansteigt. Dieser Anteil ist für den Effekt überflüssig und also verloren. Man bezeichnet daher dieses Verhalten als den "overkill" Effekt. Bei dicht ionisierenden Partikelstrahlen ist die Dosis ein nicht gerade glücklicher Parameter, da die Energie äußerst inhomogen deponiert wird. Physikalisch sinnvoller ist die Teilchenfluenz. Aus den entsprechenden Abhängigkeiten lassen sich mittlere Inaktievierungs-

querschnitte bestimmen, die man als Funktion des LET betrachten kann.
Ein Beispiel für Säugerzellen ist in Abbildung 8.13 dargestellt, aus
welcher hervorgeht, daß bei hohem LET ein konstanter Wert erreicht wird.

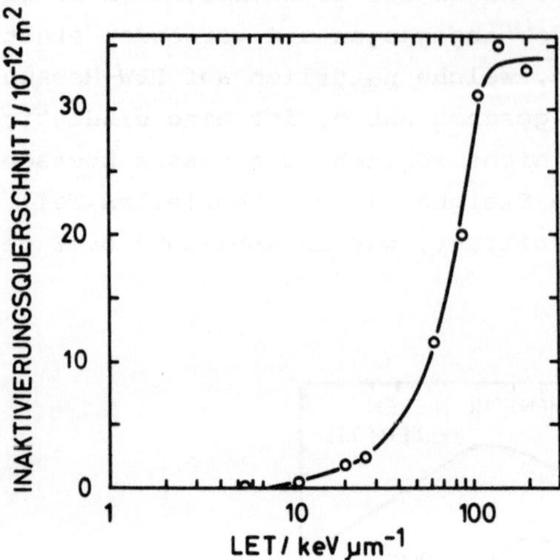

Abb. 8.13 Inaktivierungsquerschnitt für menschliche Nierenzellen als
Funktion des LET. Quelle: BARENDSEN 1970

Er liegt in der Größenordnung des Zellkernquerschnitts. Man muß sich
jedoch hüten, zu einfach die Übertragbarkeit auf andere Systeme anzunehmen, da die Strahlenempfindlichkeit des biologischen Effekts, Größe
des Treffbereichs und das δ-Strahlenspektrum der verwendeten Partikel-
sorte das Ergebnis entscheidend beeinflussen (vgl. Kapitel 16).

Die bisher beschriebenen Versuche wurden mit beschleunigten Ionen
durchgeführt. Wegen der schmalen LET-Verteilung bei Exposition in dünnen Schichten stellen sie sicher die saubersten experimentellen Voraussetzungen dar. Aus grundsätzlichen und praktischen Erwägungen müssen
aber auch andere Strahlenarten untersucht werden. Ein interessanter
Ansatz sind weiche Röntgenstrahlen, mit denen maximale LET-Werte von
ca. 30 keV/µm erreicht werden können. Abbildung 8.14 zeigt Ergebnisse
eines Experiments, bei welchem die charakteristische Strahlung von
Aluminium verwendet wurde (Photonenenergie 1,5 keV; $\overline{L_T}$ = 20 keV/µm).
Aus dem Vergleich mit α-Teilchen sieht man, daß die Wirkung bei ver-
gleichbarem LET nahezu identisch ist. Dieses Resultat hat Konsequenzen
für die Interpretation, weil die mittlere Reichweite der Sekundärelektronen bei der Röntgenstrahlung nur ca. 0 07 µm beträgt, während die
δ-Elektronen, welche die α-Teilchen auslösen, eine maximale Reichweite
von ca. 8 µm haben.

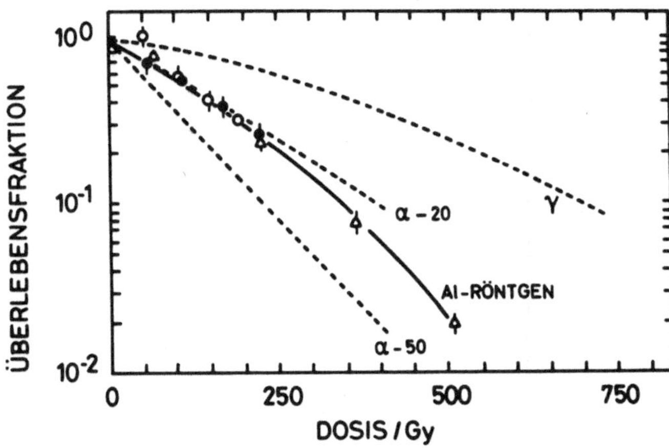

Abb. 8.14 Inaktivierung von Säugerzellen (chinesische Hamster) durch weiche Röntgenstrahlung (charakteristische Strahlung von Aluminium) sowie α-Teilchen unterschiedlichen LETs (in keV/µm). Der mittlere LET-Wert der weichen Röntgenstrahlen ist ca. 20 keV/µm. Quelle: COX, THACKER und GOODHEAD 1977

Die bisher besprochenen Strahlenarten sind wegen ihrer geringen Eindringtiefe für praktische Anwendungen nicht geeignet. Will man z.B. Tumoren im Inneren des Körpers bestrahlen und legt dabei Wert auf Komponenten mit höherem LET, so muß man indirekte Wege beschreiten, von denen sich drei anbieten: Neutronen, hochbeschleunigte Ionen sowie π^--Mesonen. Das Grundsätzliche der Wechselwirkungsmechanismen ist in Kapitel 3 und 4 besprochen worden. Der wesentliche Unterschied zwischen den Neutronen und den zwei anderen Teilchenarten liegt darin, daß erstere auf ihrem gesamten Weg Prozesse mit hohem LET auslösen, während dies bei den Ionen und Mesonen erst am Ende der Reichweite geschieht. Wir würden also qualitativ unterschiedliche Effekte am Anfang und am Ende der Bahn erwarten. Dies wird durch entsprechende Experimente verifiziert: Abbildung 8.15 zeigt Überlebenskurven von Zellen, die in einem Wasserphantom zu Beginn und zum Ende der Bahn mit Kohlenstoff-Ionen bestrahlt wurden. Die höhere Wirksamkeit in der "Peak"-Region ist offensichtlich. Entsprechende Ergebnisse erhält man auch mit π^--Mesonen. So attraktiv diese Resultate erscheinen, bedingt ihre Übertragung in die Praxis doch einen sehr hohen technischen Aufwand. Er ist bei Neutronen ungleich geringer, so daß sie auch in Zukunft ihre Bedeutung nicht verlieren werden. Zum Vergleich führt Abbildung 8.16 Resultate bei der Exposition von Säugerzellen mit Neutronen verschiedener Energie auf.

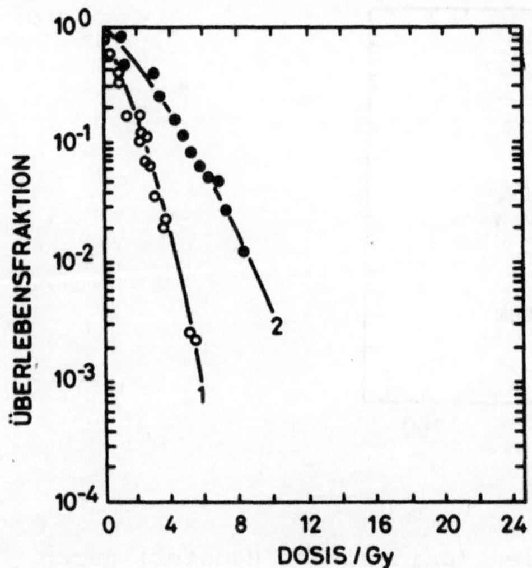

Abb. 8.15 Überlebensverhalten menschlicher Säugerzellen nach Bestrahlung
mit beschleunigten Kohlenstoff-Ionen (400 MeV/u) in verschiedenen Tie-
fen eines Wasserphantoms. 1: Im Maximum der Tiefendosiskurve; 2: am
Eintritt des Phantoms. Quelle: BLAKELY u.a. 1979

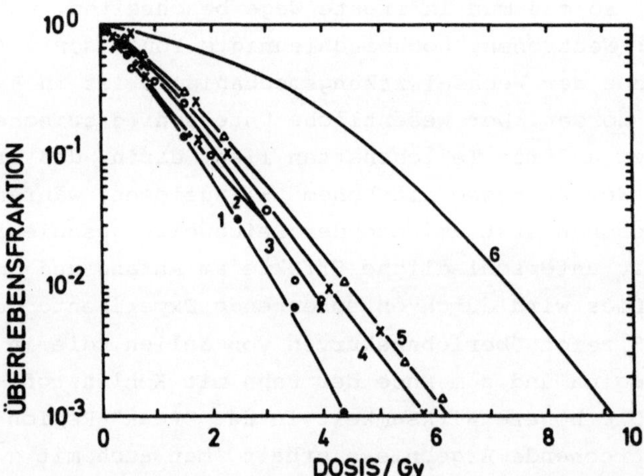

Abb. 8.16 Inaktivierung menschlicher Zellen durch Neutronen unterschiedlicher Energie. 1: Spaltneutronen ; 2: 3 MeV, 3: Aus der Reaktion 20 MeV
α-Teilchen auf Be-Targets; 4: 15 MeV-Deuterium-Ionen auf Be-Targets; 5:
15 MeV; 6: Röntgenstrahlen. Quelle: BARENDSEN und BROERSE 1967

Wir haben bisher immer den LET als Parameter gewählt. Er ist jedoch - wie in Kapitel 4 näher ausgeführt - physikalisch nicht eindeutig, weil er sowohl von der Masse als auch der Geschwindigkeit der verwendeten Partikel abhängt. Unterschiedliche LET-Werte können also entweder bei fester Teilchenart durch Variation der Energie oder bei konstant gehaltener Geschwindigkeit durch Verwendung verschiedener Partikel realisiert werden. Die beiden Methoden führen nicht zu identischen Ergebnissen. Eine bessere Übereinstimmung wird in manchen Fällen erreicht, wenn anstelle des LET die Größe $\frac{Z^{*2}}{\beta^2}$ verwendet wird. Dies deutet auf die wichtige Rolle der δ-Elektronen hin, wie in Kapitel 16 noch ausführlicher besprochen wird.

Die in vielen Systemen festgestellte Reduktion der Schulter mit steigendem LET läßt - wie schon eingangs gesagt - eine Verringerung der Reparaturfähigkeit vermuten. Aus diesem Grunde wäre es interessant, vergleichende Experimente mit sensiblen und resistenten Mutanten desselben Zellstammes durchzuführen. Sie liegen vor allem bei Bakterien vor und weisen darauf hin, daß sensiblere Mutanten eine weniger ausgeprägte LET-Abhängigkeit zeigen, was die gemachte Vermutung stützen würde. Auf die Bedeutung der Bestrahlungsbedingungen - vor allem die Anwesenheit von Sauerstoff - ist hier nicht eingegangen worden; dieser Komplex findet sich in Abschnitt 9.2.

8.3.3 Wechselwirkung zwischen UV- und ionisierender Strahlung

Unsere Kenntnisse über Wirkungsart, Initialschäden und Reparaturprozesse sind für UV sehr viel umfassender als für ionisierende Strahlen. Ein Ansatz, eine mögliche Übertragbarkeit zu prüfen, liegt darin, zu bestimmen, inwieweit in bezug auf die Zellinaktivierung die eine Strahlenart durch die andere ersetzt werden kann, also in Kombinationsexperimenten, bei denen erst z.B. UV und dann Röntgenstrahlen appliziert werden bzw. umgekehrt.

Bevor wir diese Untersuchungen vorstellen, soll jedoch ein kurzer Exkurs über die Sprachregelung bei Wechselwirkungsexperimenten eingeschoben werden, da hier häufig einige Verwirrung herrscht. Folgende Begriffe spielen dabei eine Rolle:

additiv: Zwei Agentien ersetzen sich - bei geeigneter Dosierung - gegenseitig;

synergistisch: Ein Agens erhöht bei kombinierter Anwendung die Empfindlichkeit gegenüber dem anderen;

antagonistisch: analog, jedoch gibt es hier eine Erniedrigung der Empfindlichkeit;

unabhängig: versteht sich von selbst.

Wir können diese Kriterien etwas schärfer formulieren: Bezeichnen wir
mit a und b biologisch äquivalente Dosen der beiden Agentien und mit
y(a) bzw. y(b) die Überlebensfraktion, so gilt für die verschiedenen
Fälle:

unabhängig: $y(a + b) = y(a)\,y(b)$
additiv: $y(a + b) = y(b + a)$
synergistisch: $y(a + b) < y(2b)$
antagonistisch: $y(a + b) > y(2b)$

Man kann die Art der Wechselwirkung also durch fraktionierte Behandlung
testen. Zuerst appliziert man das erste Agens und darauf verschiedene
Dosen des zweiten. Die für die verschiedenen Fälle zu erwartenden Überlebenskurven zeigt schematisch Abbildung 8.17.

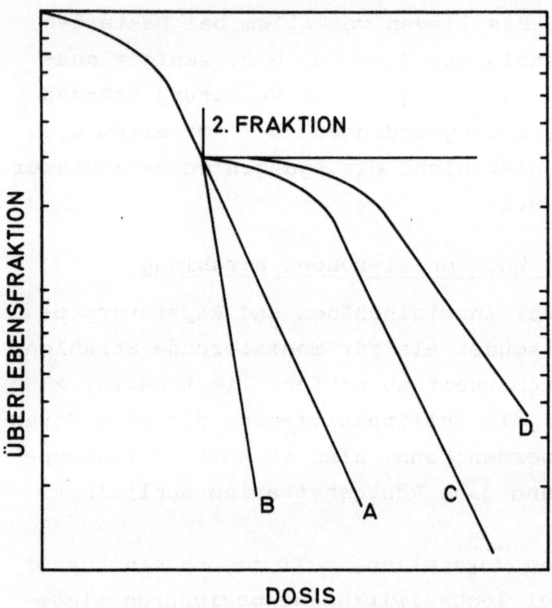

Abb. 8.17 Verschiedene Arten der Wechselwirkung zweier Agentien bei
der Inaktivierung. A: additiv; B: synergistisch; C: unabhängig; D:
antagonistisch.

Wenden wir uns nun der Interaktion von UV- und Röntgenstrahlen zu.
Ergebnisse solcher Experimente mit Säugerzellen sind in den Abbildungen
8.18 und 8.19 dargestellt: Durch eine genügend hohe UV-Dosis kann die
Schulter der Röntgenüberlebenskurve völlig zum Verschwinden gebracht
werden, ohne daß sich die terminale Steigung nennenswert ändert.

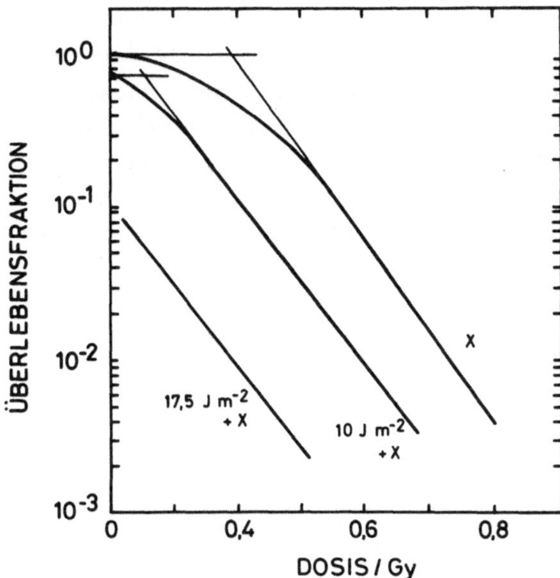

Abb. 8.18 Wechselwirkung von UV- und Röntgenstrahlen in chinesischen Hamsterzellen. Nach einer UV-Exposition mit den angegebenen Fluenzen wurden verschiedene Röntgendosen (Abszisse) gegeben. Quelle: HAN und ELKIND 1978

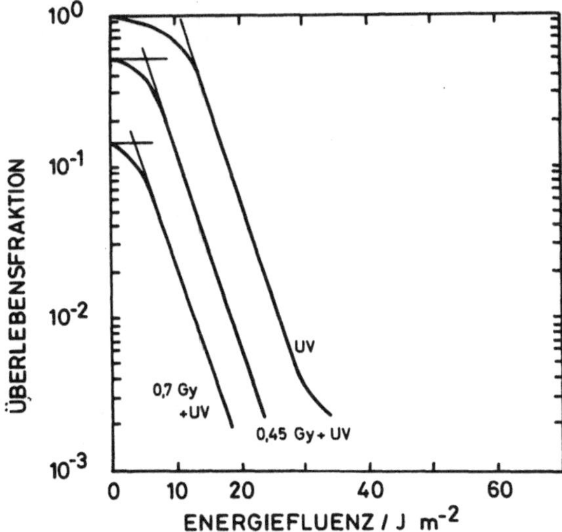

Abb. 8.19 wie 8.18, jedoch in umgekehrter Reihenfolge. Quelle: HAN und ELKIND 1978

Im umgekehrten Fall bleibt jedoch immer eine Restschulter erhalten.
Ähnliche Ergebnisse liegen für Hefezellen vor. UV- und Röntgenstrahlen
wirken also zusammen, aber in einer etwas komplexen Form. UV ist bezüglich der Röntgenwirkung streng additiv, jedoch gilt das Umgekehrte
nicht uneingeschränkt. Ein Teil der Röntgenschäden scheint von den
UV-Schäden unabhängig zu wirken. Es liegt nahe anzunehmen, daß auch
hierbei Reparaturmechanismen eine Rolle spielen. Diese Vermutung wird
erhärtet durch Befunde, daß einige reparaturdefiziente Mikroorganismen keine Additivität zeigen.

LITERATUR:
ALPER 1975
ALPER 1979
ELKIND und WHITMORE 1967
ICRU 30, 1979

9. Strahlensensibilisierung und Protektion

Am Anfang steht ein kurzer Überblick über Möglichkeiten der Sensibilisierung gegen ultraviolettes Licht. Den Hauptteil nimmt eine Diskussion über die Mechanismen bei ionisierenden Strahlen ein, wobei vor allem der sogenannte "Sauerstoffeffekt" besprochen wird und Hypothesen zu seiner Erklärung diskutiert werden. Den Abschluß bildet die Frage der Sensibilisierung durch Pharmaka, welche auch von großer klinischer Bedeutung ist. Dabei werden einige wichtige Substanzklassen vorgestellt und ihre Wirkungsweise gegeneinander abgegrenzt.

9.1 Fotosensibilisierung

Zelluläre Systeme können durch die Gegenwart bestimmter Stoffe gegen optische Strahlung sensibilisiert werden, d.h. sie werden durch geringere Bestrahlungen inaktiviert als in Abwesenheit dieser Verbindungen. Die zugrundeliegenden Mechanismen sind allerdings alles andere als einheitlich, soweit man sie überhaupt kennt. In vielen Fällen ist molekularer Sauerstoff beteiligt - man spricht dann vom "fotodynamischen Effekt". In diesem Abschnitt sollen einige Beispiele besprochen werden. Vollständigkeit ist weder angestrebt noch möglich, was klar ist, wenn man bedenkt, daß über 400 fotosensibilisierende Substanzen bekannt sind.

Die grundlegenden Vorstellungen zum chemischen Ablauf von Sensibilisierungsprozessen sind in Abschnitt 5.1.2 besprochen worden. Es ist von daher klar, daß Sensibilisatormoleküle notwendigerweise die applizierte Strahlung absorbieren müssen. Dies ist jedoch nicht hinreichend, sondern sie müssen außerdem direkt oder über Zwischenprodukte ihre Anregungsenergie auf für das Zellüberleben wichtige Struktur übertragen und diese somit verändern können. Es ist aber auch eine andere Art von "Fotosensibilisierung" denkbar, bei welcher Substanzen die Reparatur von Fotoschäden verhindern, ohne an ihrer Entstehung beteiligt gewesen zu sein. Ihre Wirkung sollte daher auch dann feststellbar sein, wenn sie nach der Exposition gegeben werden. Diese Effekte werden hier nicht besprochen. In einem wichtigen Fall läßt sich die Unterscheidung allerdings nicht klar durchhalten, und zwar bei der Sensibilisierung durch halogenierte Basenanaloge, von denen

Bromuracil (BU) das wichtigste ist (vgl. Abschnitt 6.1.2). Es trägt
an der C6-Position ein Bromatom und wird wegen seiner sterischen Ähnlichkeit anstelle von Thymin in die DNS der Zelle eingebaut. Seine Absorption ist etwas stärker als die des Thymins und außerdem zu längeren Wellenlängen verschoben. Ist bei einer Zelle ein Teil des Thymins
durch BU substituiert, so resultiert eine größere Empfindlichkeit gegenüber UV. BU wirkt nur sensibilisierend, wenn es tatsächlich eingebaut ist, seine bloße Anwesenheit reicht nicht aus. Allerdings inter-
feriert es auch mit Reparaturprozessen, was schon daraus hervorgeht,
daß seine Inkorporation die spontane Mutationsrate erhöht.

Viele Farbstoffe sensibilisieren Zellen gegen Licht aufgrund des
fotodynamischen Effekts, dessen Grundschema in den Gleichungen (5.5)
dargestellt ist. Hierzu gehören als Beispiele Riboflavin, Haematopor-
phyrin, Acridinorange, Acriflavin, Bengalrot, Thiopyronin u.v.a.m.
Die meisten sind fluoreszierend, doch ist dies keine notwendige Bedingung. Die Angriffsorte sind - soweit bekannt - unterschiedlich,
wobei Membranschäden häufiger vorzukommen scheinen als solche an der
DNS. Die Anwesenheit von Sauerstoff ist meist wichtig, allerdings bildet die Abhängigkeit des Effekts von ihm noch kein hinreichendes Indiz für den molekularen Mechanismus. Die Beteiligung von Singulettsauerstoff läßt sich durch gleichzeitige Zugabe von Substanzen prüfen,
welche ihn effektiv abfangen ("Quencher"). Dies sind z.B. Karotene
und Azid.

Ketone - wie Aceton und Acetophenon - sensibilisieren Bakterien
gegen langwelliges UV (313 nm). In höheren Zellen konnte allerdings
die Wirkung dieser "Triplettsensibilisatoren" (Abschnitt 6.1.2) noch
nicht eindeutig nachgewiesen werden.

Von großem - auch praktischem - Interesse sind die Psoralene, deren
primären Wirkungen schon besprochen wurden (Abschnitt 6.1.2). Sie vermögen sowohl Bakterien und Hefen als auch Säugerzellen gegen UV um
365 nm zu sensibilisieren und haben Eingang in die Medizin zu Fotochemotherapie bestimmter Krankheiten gefunden (vgl. Abschnitt 23.1).

LITERATUR (9.1):
GALLO und SANTAMARIA 1972

9.2 Sensibilisierung und Protektion bei ionisierenden Strahlen

9.2.1 Strahlenschutzsubstanzen

Es wurde schon frühzeitig festgestellt, daß die Strahlenempfindlichkeit
zellulärer Systeme von dem Medium abhängt, in welchem sie exponiert

werden. Dies führte vor allem in den fünfziger Jahren zu einer weit
ausgedehnten Untersuchung von "Strahlenschutzstoffen", von denen man
sich u.a. auch Vorteile bei der militärischen Anwendung der Kernwaffen
versprach. Diese Studien sind in letzter Zeit stark in den Hintergrund
getreten, sie sind aber auch für das grundsätzliche Verständnis der
Schädigungsmechanismen wichtig.

Eine erste Möglichkeit für chemische Strahlenschutzstoffe bietet
sich unmittelbar an, wenn man davon ausgeht, daß auch in zellulären
Systemen der indirekte Effekt (Abschnitt 5.2.3) eine Rolle spielt. Substanzen, welche die "gefährlichen" Radikale abfangen, müßten dann die
Strahlenwirkung reduzieren. Von den primären Spezies sind wegen der hohen Ausbeuten zunächst OH$^{\bullet}$ und e_{aq} die naheliegendsten Kandidaten.
Substanzen, welche sie abfangen, müßten eine Strahlenschutzwirkung
zeigen. Vertreter dieser Klassen sind Dimethylsulfoxid (DMSO)(Abbildung 9.1) sowie Alkohole, die alle sehr effektiv mit OH$^{\bullet}$-Radikalen
reagieren und von denen vor allem Glycerin wegen seiner geringen Toxi-
zität bedeutsam ist.

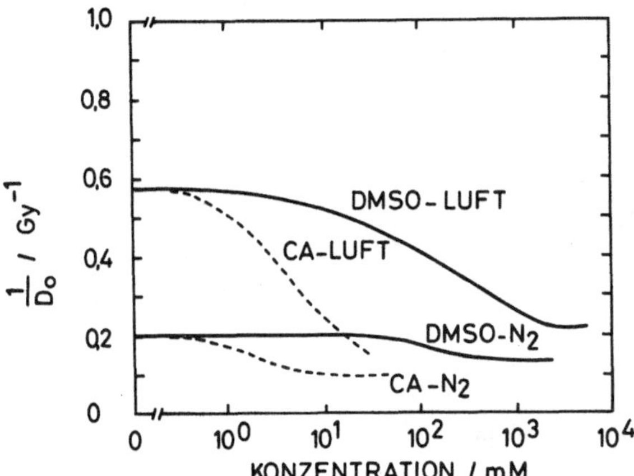

Abb. 9.1 Reduzierung der Strahlenempfindlichkeit durch verschiedene
Schutzsubstanzen in Säugerzellen (Chinesischer Hamster). Auf der Ordinate ist der 1/D$_O$ aufgetragen. Man beachte die unterschiedliche Konzentrationsabhängigkeit (DMSO: Dimethylsulfoxid , CA: Cysteamin).
Quelle: CHAPMAN u.a. 1973

Die relative Bedeutung von hydratisierten Elektronen müßte man prinzipiell mit N$_2$O testen können, das - Abschnitt 5.2.2 - diese in Abwesenheit von Sauerstoff zu OH$^{\bullet}$-Radikalen umsetzt. Während in subzellulären
Systemen N$_2$O sensibilisierend wirkt, zeigt es in höheren Zellen merkwürdigerweise keinen Effekt. Der Grund hierfür ist nicht klar. Aus Abbildung 9.1 ist aber auch zu erkennen, daß der Grad der Schutzwirkung

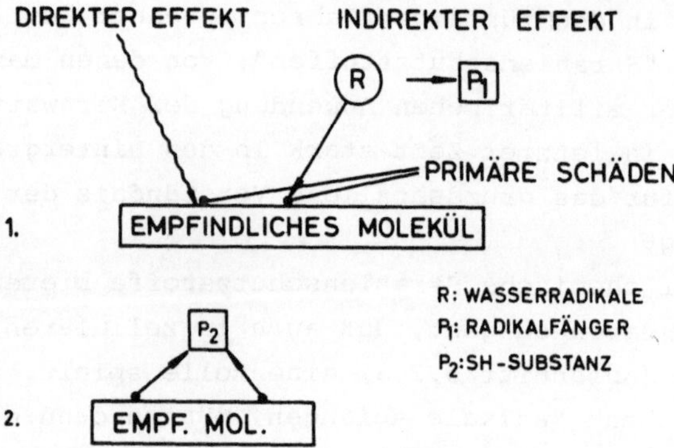

Abb. 9.2 Schema der Wirkung von Schutzstoffen. Erklärung im Text.

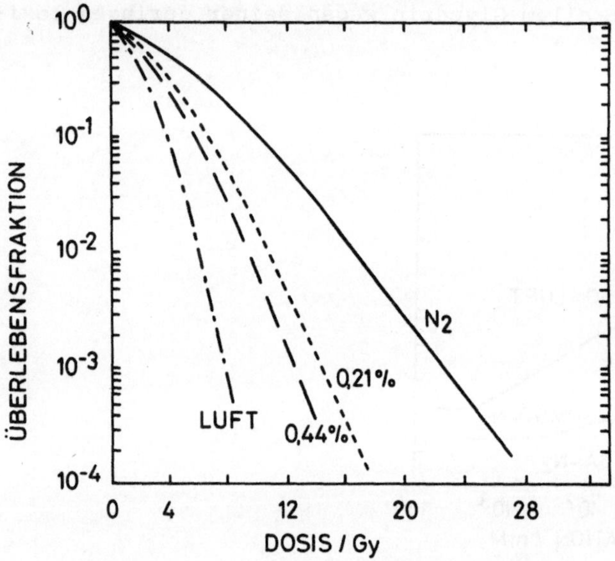

Abb. 9.3 Überlebenskurven von Säugerzellen (Chinesische Hamster) nach Röntgenbestrahlung (50 kV, Dosisleistung 0,3 Gy s⁻¹) bei verschiedenen Sauerstoffkonzentrationen. Quelle: MICHAELS u.a. 1978

kurven, während die Extrapolationszahl gleich bleibt. Das bedeutet nichts anderes, als daß die beiden Kurven durch Multiplikation der applizierten Dosen mit einem konstanten Faktor ineinander übergeführt werden können. Agentien, die auf diese Weise wirken, nennt man "dosis-modifizierend". Im Fall des Sauerstoffs bezeichnet man das Verhältnis

bei Anwesenheit von Sauerstoff größer ist als unter anaeroben Bedingungen. Dies ist durchgängig auch für die meisten anderen Schutzsubstanzen festgestellt worden - wir kommen darauf im Zusammenhang mit der Besprechung des Sauerstoffeffekts im nächsten Abschnitt zurück.

Eine andere Klasse von Strahlenschutzsubstanzen sind Verbindungen, die eine freie SH-Gruppe tragen, z.B. Cysteamin. Da sie auch mit OH-Radikalen reagieren, ist ihre protektive Wirkung nicht überraschend. Vergleicht man sie jedoch mit DMSO (Abbildung 9.1), so sieht man, daß die für gleichen Effekt notwendigen Konzentrationen um ca. einen Faktor 100 niedriger sind und sie sowohl unter aeroben als auch anaeroben Bedingungen zu einem größeren maximalen Schutz führen als DMSO. Der Unterschied in den Konzentrationen läßt sich nicht durch die höhere Reaktionswahrscheinlichkeit erklären, da die Geschwindigkeitskonstanten mit OH$^\bullet$ nur um ca. einen Faktor 2 verschieden sind (K_{OH}(DMSO) = $6 \cdot 10^9$ M^{-1} s^{-2}; K_{OH}(Cysteamin) = 10^{10} M^{-1} s^{-1}). Es muß daher angenommen werden, daß noch ein weiterer Mechanismus vorliegt. Er könnte darin bestehen, daß die strahleninduzierten Schäden durch Reaktion mit den SH-Gruppen chemisch "ausgeheilt" werden. Das ist plausibel, wenn man bedenkt, daß OH-Radikale stark oxydierend wirken, SH-Komponenten jedoch reduzierend. Der Ausheilungsprozeß könnte also z.B. in der Übertragung eines H-Atoms bestehen.

Auf der Basis der beschriebenen Versuche können wir also vorläufig folgende Vorstellungen über den Mechanismus der chemischen Strahlenprotektion entwickeln (Abbildung 9.2):

1. Die Zellinaktivierung beruht sowohl auf dem direkten als auch dem indirekten Effekt, bei letzterem spielen vor allem OH-Radikale eine Rolle. Es werden dadurch "primäre" Schäden gesetzt.
2. Radikalfänger - wie Alkohol und DMSO - reduzieren den indirekten Effekt.
3. Reduzierende Agentien - wie SH-Substanzen - reagieren mit den direkt oder indirekt entstandenen Schäden und bewirken so ihre chemische "Ausheilung", z.B. durch Übertragung eines H-Atoms.

In unserem Bild ist die Strahlenprotektion also ein Zweistufenprozeß. Ungeklärt ist hier zunächst noch die Rolle des Sauerstoffs, die im nächsten Abschnitt diskutiert wird.

9.2.2 Der Sauerstoffeffekt

Bestrahlt man Zellen in Abwesenheit von Sauerstoff mit Röntgenstrahlen, so zeigt sich eine starke Reduzierung des Effekts (Abbildung 9.3). Sauerstoff wirkt also als Strahlensensibilisator. Seine Wirkung äußert sich in einer Veränderung der terminalen Steigung in den Überlebens-

der Dosen, welche in Ab- oder Anwesenheit zum identischen Effekt führen,
als "Sauerstoffverstärkungsverhältnis", abgekürzt OER ("oxygen enhancement ratio"). Es ist also

$$OER = \left[\frac{D(-O_2)}{D(+O_2)}\right]_{gleicher\ Effekt} \qquad (9.1)$$

Die Sensibilisierung hängt - wie auch aus der Figur ersichtlich - von
der Sauerstoffkonzentration ab, wobei die maximale Wirkung in der Regel
schon in luftgesättigten Suspensionen erreicht wird. Die OER-Werte
liegen dann für 250 kV-Röntgen- oder ^{60}Co-γ-Strahlung je nach System
zwischen 2 und 3.

Der Einfluß des Sauerstoffs spielt sich nicht - wie man vermuten
könnte - auf zellphysiologischer Ebene, z.B. durch Inhibierung der Re-
spiration ab. Vergleicht man nämlich atmungskompetente und atmungs-
defiziente Mikroorganismen, so zeigt sich kein Unterschied. Der sensibilisierende Effekt tritt nur ein, wenn der Sauerstoff während oder
sehr kurze Zeiten nach der Bestrahlung anwesend ist. Die Untersuchung
der Zeitabhängigkeit kann weitere Aufschlüsse über den Mechanismus
bringen. Hier sind in den letzten Jahren beträchtliche Fortschritte
gemacht worden, wobei drei Methoden zur Anwendung kamen (Abbildung 9.4):

1. Schnellmisch-Verfahren ("Rapid mix"):

   Eine sauerstofffreie Zellsuspension wird mit einer sauerstoffgesät-
   tigten Lösung unmittelbar vor oder nach Bestrahlung gemischt. Durch
   entsprechende Anordnungen lassen sich Zeitauflösungen unter einer
   Millisekunde erreichen.

2. Doppelpulsmethode:

   Durch einen starken Strahlungspuls wird der Sauerstoff zunächst in
   den Zellen, die sich hier auf Filtern befinden, strahlenchemisch
   gebunden. Sauerstoff diffundiert anschließend aus der Umgebung nach.
   Ein zweiter Strahlungspuls wird dann nach zeitlich variablem Intervall gegeben. Die experimentelle Basis dieser Methode liegt in dem
   Befund, daß bei hohen Dosen und Dosisleistungen, wie sie bei Ein-
   zelpulsbestrahlungen auftreten, der Sauerstoffeffekt zurückgeht.

3. Gasexplosionstechnik:

   Die Zellen werden auf Filtern in dünner Schicht in Stickstoff gehalten. In unmittelbarer Nähe befindet sich ein Gefäß mit Sauerstoff unter erhöhtem Druck ("Sauerstoffbombe"), das mit Hilfe einer
   elektrischen Schnellschußeinrichtung plötzlich geöffnet werden kann,
   so daß die Probe sehr schnell oxygeniert wird. Die Exposition er-

folgt dann durch einen kurzen intensiven Röntgenstrahlenpuls. Durch
Variation des Zeitabstandes zwischen Sauerstoff- und Röntgen"schuß"
läßt sich die Kinetik des Effekts verfolgen. Auch hier liegt die
Auflösung im Submillisekundenbereich.

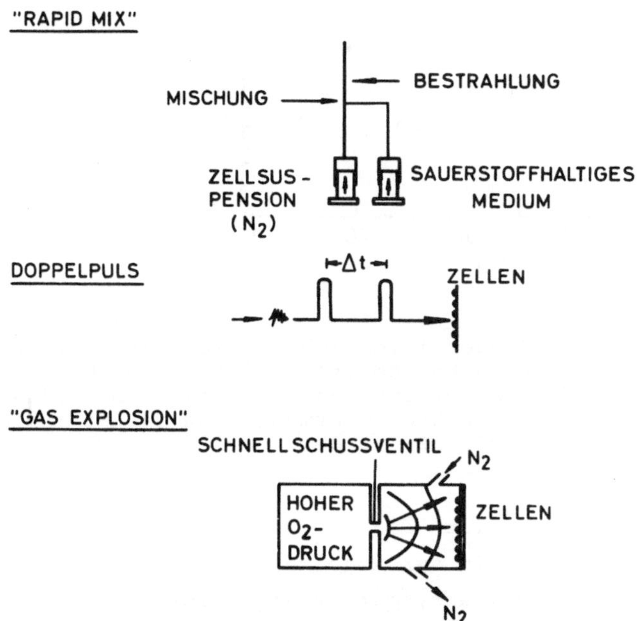

Abb. 9.4 Experimentelle Methoden zur Untersuchung der Kinetik des
Sauerstoffeffekts (Erklärung im Text). Quelle: ADAMS und JAMESON 1980
(modifiziert).

Die für die zweite Methode wichtige strahlenbedingte Sauerstoffbindung
ist in Abbildung 9.5 gezeigt: Zellen werden bei unterschiedlicher Sauerstoffkonzentration mit Einzelpulsen (Dauer einige ns) bestrahlt. Bei
niedrigen Dosen erhält man das zu erwartende Überlebensverhalten; die
Kurven knicken jedoch bei höheren Dosen ab und folgen dann dem anoxischen Verlauf. Die Lage des Knickpunktes hängt von der anfänglichen
Sauerstoffkonzentration ab. Man kann aufgrund dieses Verhaltens den
intrazellulären Sauerstoff "strahlenbiologisch titrieren" und z.B. Dif-
fusionskinetiken aufnehmen. Die Diffusion setzt eine natürliche Schran-
ke für das zeitliche Auflösungsvermögen aller angegebenen drei Methoden.

Abbildung 9.6 zeigt eine Zusammenfassung der mit der Gasexplosionstechnik erhaltenen Ergebnisse über den zeitlichen Aufbau des Sauerstoffeffekts. Obwohl zwischen den einzelnen Systemen beträchtliche

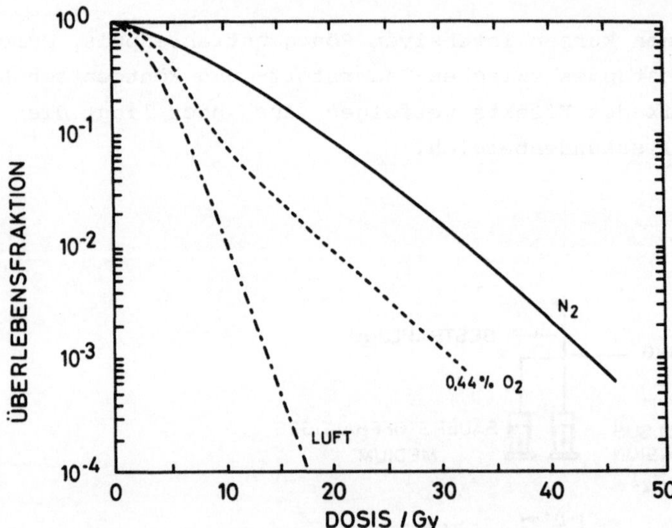

Abb. 9.5 Überlebenskurven von Säugerzellen (Chinesische Hamster) nach
Exposition mit Einzelpulsen sehr hoher Dosisleistung ($\sim 10^9$ Gy s^{-1}) bei
verschiedenen O_2-Anteilen.   Man erkennt das Abknicken bei 0,44% O_2.
Die durch Sauerstoffbindung verursachte Verarmung kann in der kurzen
Zeit durch Diffusion nicht ausgeglichen werden. Quelle: MICHELS   u.a.
1978

Unterschiede bestehen, ist doch klar, daß die zugrundeliegenden Prozesse sehr schnell verlaufen und in der Regel nach einigen Millisekunden abgeschlossen sind. Das legt nahe, daß es sich hierbei um strahlenchemische Umsetzungen handelt.

Die Abhängigkeit des OER-Wertes von der Sauerstoffkonzentration
bei "normalen" Dosisleistungen ist in Abbildung 9.7 für verschiedene
E.coli-Mutanten dargestellt. Aus ihr geht hervor, daß schon wenige
Prozent Sauerstoff zum Erreichen maximaler Sensibilisierung ausreichen.
Die Kurve läßt sich durch folgenden Ausdruck, die sogenannte "Alper-
Formel", beschreiben:

$$\mathrm{OER}(O_2) = \frac{m \, (O_2) + k}{(O_2) + k} \tag{9.2}$$

Hierbei ist (O_2) die Sauerstoffkonzentration, m der maximale OER-Wert
und k eine Konstante mit der Dimension Konzentration, welche angibt,
wann die Hälfte des maximalen Effekts erreicht ist. (Man beachte, daß

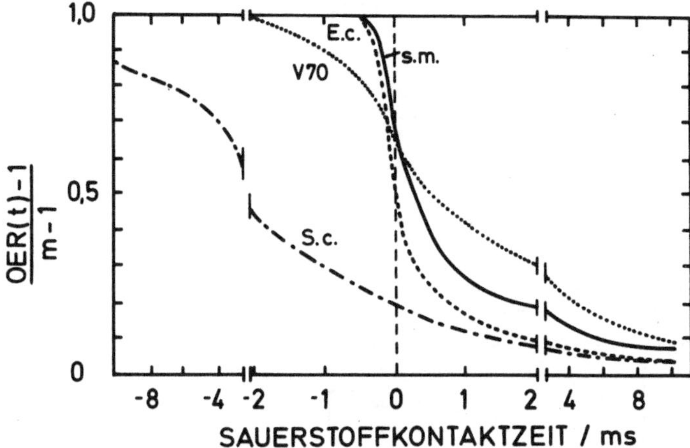

Abb. 9.6 Der Verlauf der Sauerstoffsensibilisierung als Funktion der Zeit zwischen Sauerstoffkontakt und Strahlenpuls (Strahlungspuls bei t = 0, negative Zeiten bedeuten Sauerstoffkontakt vor der Bestrahlung). Auf der Ordinate ist ein normierter Sauerstoffverstärkungsfaktor aufgetragen, um Unterschiede der verschiedenen Zellen auszugleichen. Abkürzungen: S.c: Hefezellen Saccharomyces cerevisiae; V70: Säugerzellen (Chinesische Hamster); E.c.: Bakterium Escherichia coli, S.m: Bakterium Serratia marcescens. Quelle: MICHAEL, HARROP und MAUGHAN 1979

daß OER = 1 in Stickstoff.) Einige m- und k-Werte, wie sie bei Röntgenstrahlenexposition bestimmt werden, sind in Tabelle 9.1 zusammengestellt.

Falls der Sauerstoffeffekt rein strahlenchemisch abliefe, müßte er für Mutanten unterschiedlicher Strahlenempfindlichkeit identisch sein, da davon ausgegangen werden kann, daß ihr intrazelluläres chemisches Milieu im wesentlichen gleich ist. Aus Abbildung 9.7 und Tabelle 9.1 sieht man jedoch, daß die m-Werte sich sehr erheblich unterscheiden, je nach Strahlenempfindlichkeit. Das bedeutet nichts anderes, als daß der Sauerstoffeffekt auch eine biologische Komponente hat. Wichtig ist jedoch, daß die k-Werte in allen E.coli-Mutanten übereinstimmen und auch, mit einer Ausnahme (Oedogonium), von System zu System verhältnismäßig konstant sind.

Wir wollen nun versuchen, das bisher beschriebene in einem Modell zusammenzufassen (Abbildung 9.8), wobei wir auch auf die Vorstellungen des vorigen Abschnitts zurückgreifen: Wir gehen davon aus, daß ein Targetmolekül T durch direkte oder indirekte Strahlenwirkung in einen instabilen Zustand T^* versetzt wird, z.B. in der Form eines Radikals.

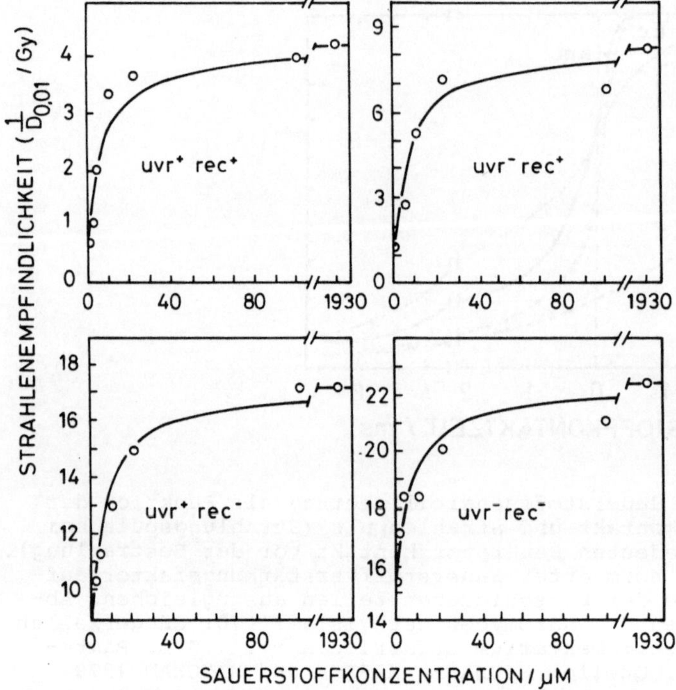

Abb. 9.7 Strahlenempfindlichkeit als Funktion der Sauerstoffkonzentration in Bakterien unterschiedlichen Reparaturvermögens (s. auch Kapitel
13). Auf der Ordinate ist der Kehrwert der Dosis aufgetragen, nach der
1% Überlebende festgestellt werden. Quelle: JOHANSEN u.a. 1974

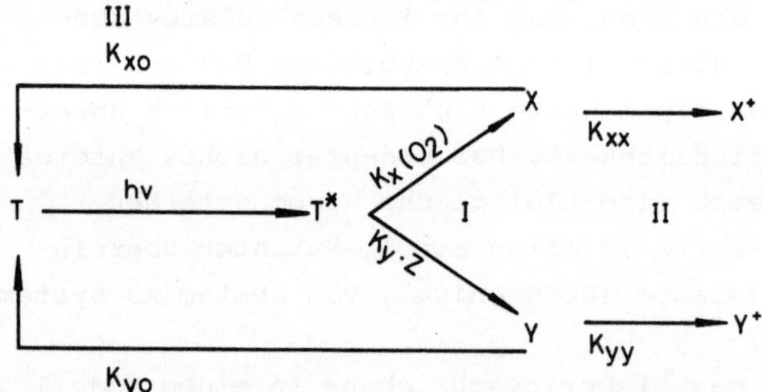

Abb. 9.8 Ein Modell des Sauerstoffeffekts (Erklärung s. Text). Quelle:
KIEFER 1974

Tabelle 9.1 Parameter des Sauerstoffeffekts bei verschiedenen Systemen.
Quelle: KIEFER 1975

Name	Art	m	k 10^{-6} mol dm^{-3}
Shigella	Bakterium	2,9	4
E.coli B/r	"	3,1	4,7
E.coli uvr$^+$ rec$^+$ a)	"	6,0	8
E.coli uvr$^-$ rec$^+$ a)	"	6,7	8
E.coli uvr$^+$ rec$^-$ a)	"	1,85	8
E.coli uvr$^-$ rec$^-$ a)	"	1,5	8
Saccharomyces (haploid)	Hefe	2,4	5,8
Oedogonium	Alge	2,9	17,6
Chin.Hamsterzellen	Säuger	3,14	8

a) vgl. auch Abbildung 9.7

T^* kann nun entweder mit intrazellulären Komponenten Z oder aber mit
Sauerstoff reagieren, wobei die zunächst stabilen Produkte Y bzw. X
entstehen. Diese können in späteren biologischen Schritten entweder
repariert werden (d.h. es resultiert wieder T) oder zu permanenten Läsionen Y$^+$ bzw. X$^+$ führen. Die für das Überleben signifikante Schadenszahl ergibt sich dann als die Summe von X$^+$ und Y$^+$. Nimmt man einfache
lineare Kinetiken an, so kann man folgendes Differentialgleichungssystem aufstellen:

$$\frac{d}{dt} X = K_x \left(O_2\right) T^* - (K_{xx} + K_{xo}) X \qquad \text{a)}$$

$$\frac{d}{dt} \left(Y\right) = K_y \, Z \, T^* - (K_{yy} + K_{yo}) Y \qquad \text{b)}$$

sowie (9.3)

$$\frac{d}{dt} \left(X^+\right) = K_{xx} X \qquad \text{c)}$$

$$\frac{d}{dt} \left(Y^+\right) = K_{yy} Y \qquad \text{d)}$$

Nach Abschluß aller Prozesse sind alle Konzentrationen konstant, d.h.
alle zeitlichen Ableitungen verschwinden. Als Lösung ergibt sich dann

$$\left(X^+\right) = \frac{K_{xx}}{K_{xx} + K_{xo}} \cdot \frac{K_x\, O_2}{K_x\, O_2 + K_y\,(Z)} \cdot T^*$$

$$(9.4)$$

$$\left(Y^+\right) = \frac{K_{yy}}{K_{yy} + K_{yo}} \cdot \frac{}{K_x\, O_2 + K_y\,(Z)} \cdot T^*$$

Falls kein Sauerstoff anwesend ist, gibt es natürlich nur Läsionen
vom Typ Y^+. In diesem Fall erhält man

$$\left(Y^+\right)_o = \frac{K_{yy}}{K_{yy} + K_{yo}} \cdot T^* \qquad (9.5)$$

Das Sauerstoffverstärkungsverhältnis ergibt sich nun als der Quotient
aus der Läsionenzahl mit und ohne Sauerstoff.

$$OER = \frac{X^+ + Y^+}{Y^+{}_o} = \frac{\dfrac{K_{xx}}{K_{xx} + K_{xo}}\,\dfrac{K_{yy} + K_{yo}}{K_{yy}} \cdot (O_2) + \dfrac{K_y\,(Z)}{K_x}}{(O_2) + \dfrac{K_y\,(Z)}{K_x}} \qquad (9.6)$$

Die resultierende Beziehung hat dieselbe generelle Struktur wie die
Alper-Formel, aber wir können nun den Konstanten eine gewisse Bedeutung
zuschreiben: m ist das Verhältnis der "Fixierungswahrscheinlichkeiten"
für X und Y. Ist es größer als eins, so besagt dies, daß anoxische Y-
Schäden mit geringerer Wahrscheinlichkeit fixiert werden als X-Pro-
dukte. Nimmt das Reparaturvermögen ab, so führt dies zu einer Reduktion von m, wie das Experiment (Abbildung 9.7) bestätigt. Der k-Wert
ist von der Reparaturwahrscheinlichkeit unabhängig und reflektiert die
strahlenchemische Komponente. Er sollte daher - wie auch gefunden -
in Mutanten unterschiedlicher Empfindlichkeit gleich bleiben. Aus dem
Modell läßt sich noch eine weitere Interpretation ableiten. In Abwe-

senheit von Sauerstoff gilt

$$\frac{d}{dt} T^* = - K_y(Z) \qquad (9.7)$$

woraus man für die mittlere Lebensdauer $\tau_{1/2}$ des metastabilen Zustandes T^* erhält:

$$\tau_{1/2} = \frac{\ln 2}{K_y(Z)} \qquad (9.8)$$

Kennt man den k-Wert sowie die Größe der Reaktionskonstante K_x, so kann man die Lebensdauer abschätzen. Setzen wir einmal die plausiblen Werte k = 10 µM (Tabelle 9.1) sowie $K_x = 10^9$ mol^{-1} s^{-1} ein (Annahme einer diffusionskontrollierten Reaktion), so gewinnt man für $\tau_{1/2}$ = 70 µs, was mit den Messungen, die in Abbildung 9.6 aufgeführt sind, durchaus verträglich ist.

Über die Natur der hypothetischen Zellkomponente Z ist noch nichts gesagt worden. Es liegt nahe, sie mit Protektorsubstanzen vom Typ der SH-Verbindungen zu identifizieren, bei denen gerade eine solche Wechselwirkung im vorigen Abschnitt postuliert worden war. Wenn das so ist, müßte der k-Wert von ihrer Konzentration abhängen. Dies ist nun auch experimentell gefunden worden (Abbildung 9.9): Das Objekt waren in diesem Fall Hefezellen, bei denen der Gehalt an freien, d.h. nicht an Proteine gebundenen SH-Substanzen durch geeignete Wahl der Aufzuchtbedingungen oder durch Behandlung mit NEM (s. nächsten Abschnitt) variiert werden kann. Man erkennt, daß in gehungerten Zellen die Kurve steiler ansteigt, also durch einen geringeren k-Wert charakterisiert wird. Schätzt man aus den angegebenen Daten die Konstanten für die Reaktion mit SH-Komponenten ab, so erhält man größenordnungsmäßig 10^7 mol^{-1} s^{-1}, was bedeutet, daß sie ca. um einen Faktor 100 niedriger liegen als für Sauerstoff. Dies ist durchaus plausibel, wenn man bedenkt, welche Diffusionsbarrieren in der Zelle bestehen und daß nicht alle SH-Komponenten an der Konkurrenzreaktion auch tatsächlich beteiligt sein müssen. Neuere Untersuchungen weisen allerdings darauf hin, daß der Sauerstoffeffekt möglicherweise aus zwei Komponenten unterschiedlicher Geschwindigkeit besteht. In diesem Fall müßte die einfache Theorie modifiziert werden, jedoch reichen die vorliegenden experimentellen Ergebnisse für eine genauere Analyse noch nicht aus.

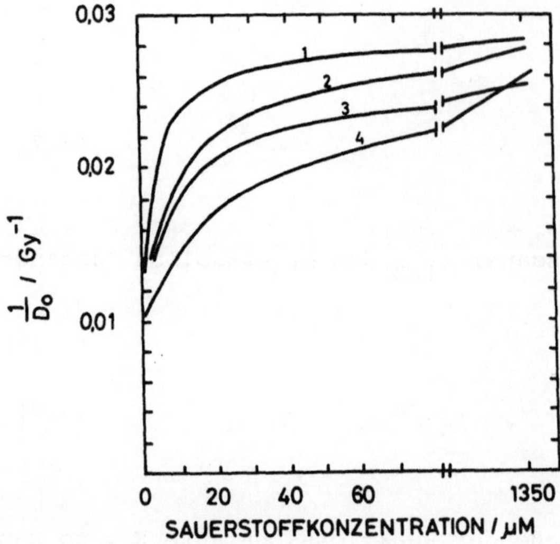

Abb. 9.9 Strahlenempfindlichkeit als Funktion der O_2-Konzentration in verschieden behandelten haploiden Hefezellen. 1: Gehungerte Zellen, behandelt mit 6 · 10^5 molarer Lösung von N-Aethylmaleimid (NEM), um den SH-Gehalt weiter zu reduzieren (Gehalt: 0,15 · 10^8 Molekül pro Zelle); 2: Umgehungerte Zellen mit NEM behandelt (SH-Gehalt: 0,62·10^8); 3: Gehungerte Zellen (SH-Gehalt: 0,31 · 10^8); 4: Ungehungerte Zellen (SH-Gehalt: 2,2 · 10^8). Quelle: BRUNBORG 1977

Bisher haben wir nur die Verhältnisse bei Röntgen- und γ-Strahlen betrachtet. Das Ausmaß des Sauerstoffeffekts ist jedoch LET-abhängig. Dies sieht man aus Abbildung 9.10: Mit steigendem LET nimmt m ab, bis es bei $\overline{\text{LET}}_\infty$ von ca. 200 keV/μm den Wert 1 erreicht. Es war schon darauf hingewiesen worden, daß verschiedene LET-Werte entweder durch Variation der Ionenart oder aber der Geschwindigkeit erreicht werden können, was in bezug auf das Überleben zu unterschiedlichen Ergebnissen führte (Abschnitt 8.3.2). Dasselbe gilt auch im Hinblick auf den Sauerstoffeffekt, wie aus der Darstellung hervorgeht. Eine bessere Übereinstimmung erhält man mit Z^2_{eff}/β^2 als Bezugsgröße. Da sie im wesentlichen das δ-Elektronenspektrum charakterisiert, ist deren besondere Bedeutung auch für den Sauerstoffeffekt aus dem beschriebenen Verhalten abzuleiten. Die Reduzierung der Sauerstoffsensibilisierung mit steigender Ionisationsdichte hat nicht nur für praktische Anwendungen bei der Strahlentherapie große Bedeutung, sondern bildet auch ein interessantes - bisher allerdings noch nicht eindeutig geklärtes - theoretisches Problem. Man kann sich verschiedene Erklärungsmöglichkeiten ausdenken: 1. Die durch Hoch-LET-Strahlung ausgelösten Schäden sind schlechter reparierbar, was nach unserem Modell eine Reduktion des Sauerstoff-

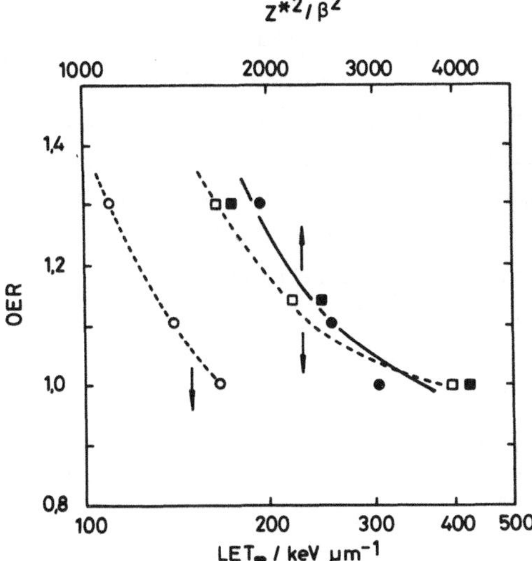

Abb. 9.10 Abhängigkeit des maximalen OER von der Strahlenqualität. Die
Ionisationsdichte wurde entweder durch Variation der Teilchenart (□,■)
oder der Teilchengeschwindigkeit (o,●) erreicht. Bei Auftragung gegen
die LET-Werte ergeben sich Unterschiede, obwohl die gleichen Zellen
(menschliche Nierenzellen) verwendet wurden. Die Diskrepanzen sind geringer, wenn Z^{*2}/β^2 als Bezugsgröße gewählt wird. Quelle: CURTIS 1970

effekts nach sich ziehen müßte.

2. Durch Radikalreaktionen innerhalb der Bahnspur wird der Primärscha-
   den augenblicklich fixiert, so daß Sauerstoff überhaupt keine Chance
   zur Wechselwirkung erhält (interacting radical hypothesis).

3. Die hohen Lokaldosen in der Bahnspur bedingen eine strahlenchemische
   Bindung des Sauerstoffs, d.h. es lassen sich experimentell gar keine
   "oxischen" Bedingungen herstellen.

4. Innerhalb der Bahnspur werden strahlenchemische Produkte gebildet,
   die wie Sauerstoff sensibilisierend wirken. In diesem Fall gibt es
   keine "anoxische" Exposition ("oxygen in the track-hypothesis").

Annahme 1 impliziert, daß durch Erhöhung der Ionisationsdichte vor
allem die "anoxische" Überlebenskurve betroffen sein müßte, da nach
unserer Modellvorstellung die unter diesen Bedingungen gesetzten Schäden in höherem Maße repariert werden. Dies ist in vielen Fällen auch
tatsächlich der Fall.

Annahme 2 gleicht der ersten insofern, als daß auch hier die "anoxischen Schäden" stärker betroffen sein müßten, nur daß hier Prozesse
auf strahlenchemischer und nicht, wie oben, auf biologischer Ebene
postuliert werden. Ansonsten gilt die Argumentation gleichermaßen.
Beide erwähnten Postulate haben keinen Einfluß auf die Abhängigkeit
des Effekts von der (O_2)-Konzentration. Dies gilt jedoch nicht für

Nummer 3 und 4. Im Falle der strahlenchemischen Sauerstoffbindung werden zur Sensibilisierung höhere Konzentrationen im Medium benötigt, was auch zu einer entsprechenden Verschiebung des k-Wertes führt. Das gilt aber auch für die strahleninduzierte Bildung von Sauerstoff, was nicht so unmittelbar einleuchtet. In diesem Fall gibt es - wie betont - keinen "anoxischen" Startpunkt, weil auch bei äußerer Abwesenheit des Sauerstoffs immer eine gewisse Sensibilisierung vorhanden ist. Das bedeutet, daß das maximal erreichbare Verstärkungsverhältnis reduziert ist. Bezeichnet man dieses mit m' und die in der Bahnspur gebildete Sauerstoffkonzentration mit a, so erhält man mit Beziehung (9.2)

$$ OER' = \frac{m((O_2) + a) + k}{((O_2) + a) + k} \, / \, \frac{m(a) + k}{a + k} \tag{9.9} $$

und nach Umformung

$$ OER' = \frac{m(O_2) \cdot \frac{a+k}{ma+k} + (a+k)}{(O_2) + (a+k)} \tag{9.10} $$

Dies ist wieder die Gleichung einer Alperkurve, aber mit veränderten Konstanten m' und k':

$$ m' = m \, \frac{a+k}{ma+k} \qquad k' = a+k $$

Man sieht, daß also das maximale Verstärkungsverhältnis verringert, der k-Wert jedoch erhöht ist. Ein solches Verhalten ist in einigen, aber nicht allen, untersuchten Systemen auch gefunden worden, was für die Plausibilität der Hypothese spricht. Allerdings muß man hier einschränken: Versucht man den tatsächlich gebildeten Sauerstoff direkt zu messen, so erhält man erheblich zu niedrige Werte. Man muß daher annehmen, daß andere Strahlenprodukte in der Bahnspur eine gleiche Rolle spielen. Außerdem dürften die Überlebenskurven bei hohen Sauerstoffkonzentrationen überhaupt keine Variation mit dem LET zeigen, was erwiesenermaßen nicht der Fall ist. Drittens wird bei Steigerung der Ionisationsdichte auch die Kurvenform verändert (Verlust der Schulter), was durch Sauerstoff, der rein dosismodifizierend wirkt, nicht bewirkt werden kann, sondern wahrscheinlich durch eine Änderung des Reparatur-

verhaltens. Strahlenbedingte Sauerstoffverarmung kann ebenfalls auf
keinen Fall allein für die Reduzierung der OER-Werte mit dem LET verantwortlich gemacht werden, vor allem, weil dann die "anoxischen Kurven" sich nicht ändern dürften, was im Gegensatz zur experimentellen
Erfahrung steht.

Zusammenfassend können wir feststellen, daß die Verringerung des
OER-Wertes mit steigendem LET mit großer Wahrscheinlichkeit auf einer
Kombination von strahlenchemischen (oxygen-in-the-track) und biologi-
schen (Reduktion der Reparierbarkeit) Faktoren zurückgeht.

9.2.3 Strahlensensibilisatoren

Wie wir im vorigen Abschnitt gesehen haben, ist Sauerstoff ein sehr
wirkungsvoller Strahlensensibilisator, oder mit anderen Worten, seine
Abwesenheit führt zu einer Resistenzerhöhung. Da dies in der Strahlentherapie eine wichtige Rolle spielt, hat man sich bemüht, Chemikalien
zu finden, die ihn ersetzen können. Eine Sensibilisierung kann jedoch
nicht nur durch solche "Sauerstoffmimetika" erfolgen, sondern auch
durch eine Inaktivierung intrazellulär vorhandener Protektoren, der
nicht proteingebundenen SH-Substanzen. Stoffe, die dies bewirken, sind
N-acetylmaleimid (NEM) oder auch Diamid (Abbildung 9.11).

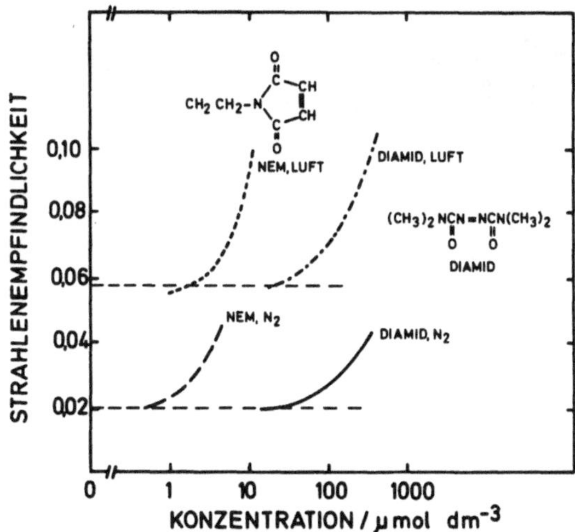

Abb. 9.11 Strahlensensibilisierung von Säugerzellen (Chinesischer Hamster) durch die SH-Gruppen-bindenden Substanzen NEM und Diamid. Als Maß
der Strahlenempfindlichkeit ist auf der Ordinate der reziproke Wert von
D_O aufgetragen. Quelle: CHAPMAN u.a. 1973

Wenn unsere Modellvorstellungen stimmen, müßten sie die Empfindlichkeit

sowohl oxisch als auch anoxisch bestrahlter Zellen erhöhen, was auch
gefunden wird, wie Abbildung 9.11 zeigt.

Wenden wir uns nun den sogenannten "hypoxischen" Sensibilisatoren
zu: Sauerstoff ist durch zwei wichtige Eigenschaften gekennzeichnet:
da er zwei ungepaarte Elektronenspins aufweist, wirkt er wie ein freies
Radikal und wird leicht mit anderen, z.B. strahleninduzierten Radikalen
reagieren. Zum anderen ist er ein starkes Oxydationsmittel, d.h. er
nimmt leicht Elektronen auf. Man nennt dies "Elektronenaffinität" und
kennzeichnet sie quantitativ durch das "Redoxpotential", das angibt,
welche Energie bei der Übertragung eines Elektrons gewonnen wird. Es
wird üblicherweise auf die "Standardwasserstoffelektrode" bezogen,
aber auch andere Bezugsgrößen sind gebräuchlich. Wegen näherer Einzelheiten, die hier keine Rolle spielen, muß auf Lehrbücher der physikalischen Chemie verwiesen werden.

Wir wollen die Redoxpotentiale lediglich als Maß der Elektronenaffinität benutzen. Es gibt natürlich eine große Menge von Substanzen,
die oxydierend wirken, aber im Hinblick auf klinische Anwendungen sind
vor allem aromatische Verbindungen, die eine NO_2-Gruppe tragen, untersucht worden. Die Strukturformeln einiger typischer Vertreter sind in
Abbildung 9.12 dargestellt.

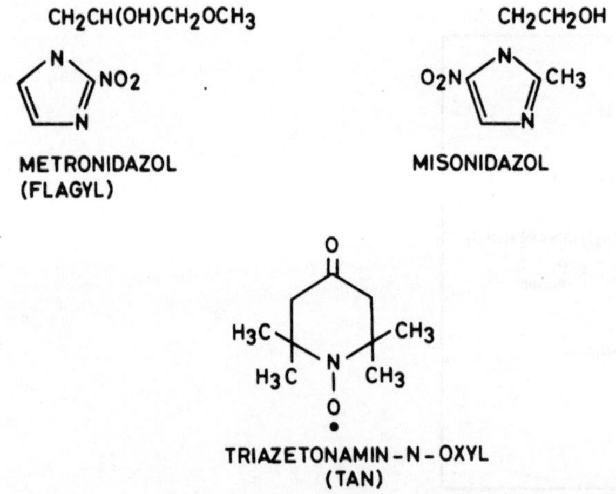

Abb. 9.12 Struktur dreier wichtiger "hypoxischer" Sensibilisatoren.

Typische Überlebenskurven von Experimenten mit einem wirkungsvollen
Sensibilisator bei oxischen und anoxischen Bestrahlungsbedingungen
zeigt Abbildung 9.13: Die Sensibilisierung ist nur in Abwesenheit von
Sauerstoff festzustellen - man achte auf den Unterschied zu NEM - und

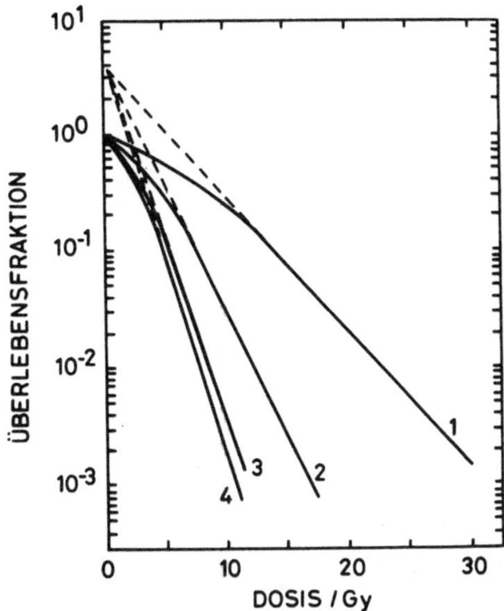

Abb. 9.13 Überlebenskurven chinesischer Hamsterzellen nach Bestrahlung in Luft und Stickstoff mit verschiedenen Konzentrationen des Sensibilisators Misonidazol. 1: N_2, 2: N_2 + 1 m mol dm^{-3} Misonidazol, 3: N_2 + 10 m mol dm^{-3} Misonidazol, 4: Luft sowohl mit als auch ohne Sensibilisator. Quelle: ADAMS u.a. 1976

die Wirkung ist wie bei Sauerstoff dosismodifizierend.

Eine vollständige Reproduktion des Sauerstoffeffekts wird jedoch in der Regel nicht erreicht, was u.a., aber wohl nicht nur, daran liegt, daß höhere Konzentrationen der Sensibilisatoren die Zellen abtöten. Um einen quantitativen Vergleich verschiedener Substanzen zu ermöglichen, kann man z.B. die Konzentration angeben, die zu einer Sensibilisierung um den Faktor 1,6 führt. Trägt man diese gegen die Redoxpotentiale auf (Abbildung 9.14), so erhält man eine eindeutige Abhängigkeit, in welche sich auch der Sauerstoff selbst sehr gut einordnet.

Eine andere Gruppe "hypoxischer" Sensibilisatoren bilden stabile freie Radikale. Sie sind bisher nicht im selben Ausmaß studiert worden wie die elektronenaffinen Substanzen. Ein typischer Vertreter ist Triacetonamin-N-oxyl (TAN) (Abbildung 9.12). Es wirkt ganz ähnlich wie die oben besprochenen Substanzen nur auf hypoxische Zellen. Genauere Studien, auf die hier nicht eingegangen werden kann, zeigen jedoch, daß die Grundmechanismen nicht identisch sind, was die schon im vorigen Abschnitt geäußerte Vermutung stützt, daß sich der Sauerstoffeffekt aus mehreren Komponenten zusammensetzt.

Wir haben versucht, ein einigermaßen systematisches Bild über die Strahlensensibilisierung zu entwerfen. Dabei war es notwendig, auf die Erwähnung vieler anderer Chemikalien mit ähnlicher Wirkung zu verzichten, deren Aktionsmechanismus jedoch noch unklar ist. Es muß daher da-

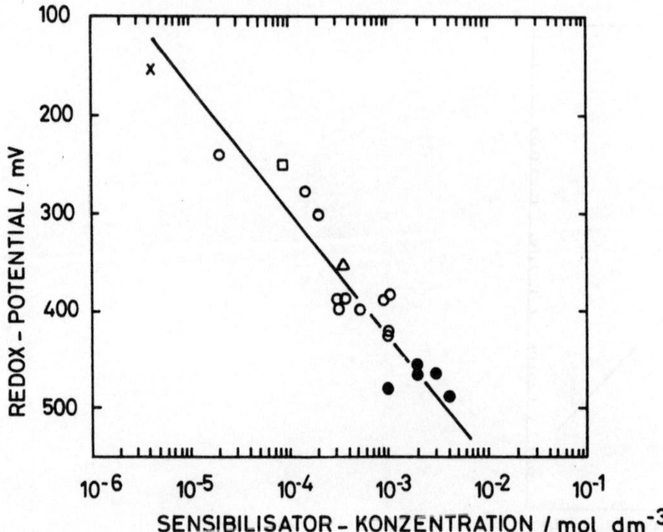

Abb. 9.14 Konzentrationen verschiedener Sensibilisatoren, die zu einem Sensibilisierungsfaktor 1,6 führen in Abhängigkeit vom Einelektronen-redoxpotential. x: O_2, o: 2-Nitroimidazole, ●: 5-Nitroimidazole, ◻: 5-Nitro-2-fuvaldoxim, Δ: p-Nitroacetophenon. Quelle: ADAMS und JAMESON 1980

rauf hingewiesen werden, daß die Diskussion in diesem Abschnitt in keiner Weise einen Anspruch auf Vollständigkeit erhebt.

Ein wichtiger Aspekt bleibt jedoch noch zu besprechen: Strahlen-sensibilisierung hat ganz offensichtlich nicht nur eine strahlenche-mische Komponente, sie kann auch bewirkt werden durch Inhibierung von Reparaturprozessen. Substanzen, welche dies bewirken, möchten wir als "Sensibilisatoren zweiter Art" bezeichnen. Die wichtigsten Vertreter sind halogenierte Basenanaloge, die wir schon in Abschnitt 9.1 als UV-Sensibilisatoren kennengelernt hatten. Sie wirken - wenn sie in die DNS eingebaut werden, und nur dann - auch bei ionisierenden Strahlen, wie man in Abbildung 9.15 sieht. Anders als die strahlenchemisch akti-ven Verbindungen führen sie zu einer qualitativen Änderung der Über-lebenskurven, aber nicht zu einer Reduzierung des OER, was deutlich auf ihre andere Aktionsweise hinweist. Allerdings ist es durchaus vor-zustellen, daß Reparaturinhibitoren auch den Sauerstoffeffekt verän-dern, wenn sie nämlich die Reparatur von X- und Y-Schäden (Abschnitt 9.2.2) differentiell verändern. Sie sind allerdings bisher noch nicht gefunden worden.

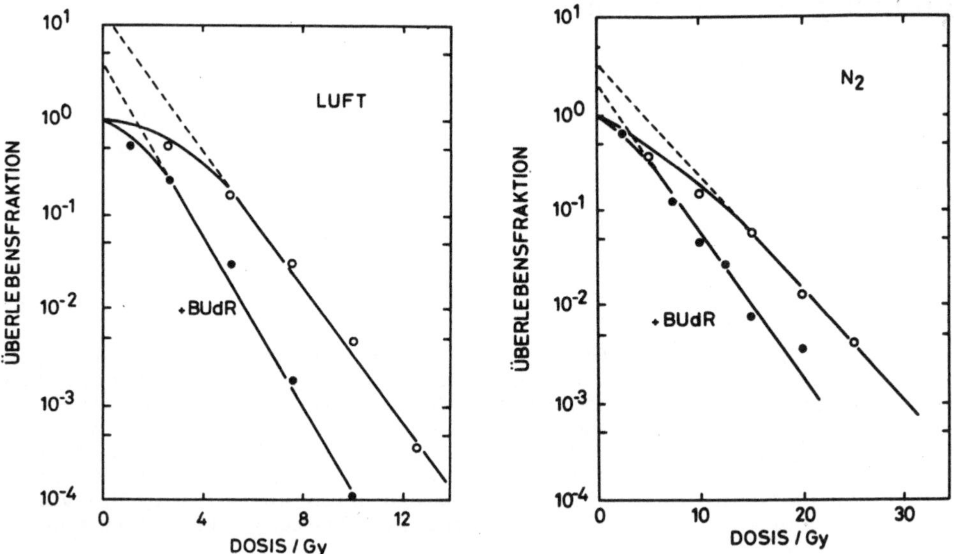

Abb. 9.15 Sensibilisierung von Säugerzellen durch Inkorporation vom Bromdesoxyuridin (BUdR) bei Bestrahlung in Luft und Stickstoff. Quelle: HUMPHREY, DEWEY und CORK 1963

LITERATUR (9.2):

ADAMS, FOWLER und WARDMAN 1978

ALPER 1979

EPP, WEISS und LING 1976

MOROSON und QUINTILIANI 1970

WARDMAN 1976

10. Strahlung und Zellzyklus

Die Strahlenempfindlichkeit (gemessen als Verlust des Koloniebildungsvermögens) hängt davon ab, in welcher Phase des Zellzyklus' die Zellen
exponiert werden. Dies gilt sowohl für UV- als auch dünn ionisierende
Strahlen, wobei beide einen ungefähr spiegelbildlichen Verlauf zeigen.
Strahlung verzögert aber auch den Ablauf des Zellzyklus, dieser Effekt
ist bei niedrigen Dosen reversibel. Im letzten Abschnitt wird die Inhibierung der DNS-Synthese besprochen, wobei auch auf eine Reihe von
Faktoren eingegangen wird, welche falsche Resultate vortäuschen können.

10.1 Abhängigkeit der Empfindlichkeit vom Zyklusstadium

Nimmt man Überlebenskurven mit synchronisierten Zellpopulationen (vgl.
Anhang II.2) auf, so zeigt sich, daß die Empfindlichkeit mit dem Zyklus-
stadium variiert. Diese Abhängigkeit ist unterschiedlich für UV- und
Röntgenstrahlen, wie aus Abbildung 10.1 hervorgeht.

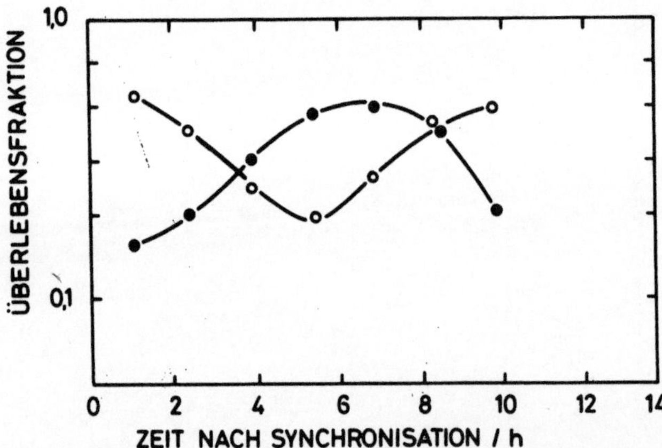

Abb. 10.1 Überlebensfähigkeit nach Bestrahlung als Funktion des Zell-
zyklusstadiums bei chinesischen Hamsterzellen. o: UV, •: Röntgenstrahlen. Quelle: HAN und ELKIND 1977

Im ersten Fall ist die Überlebenswahrscheinlichkeit am höchsten bei
Exposition in G_1 und G_2, am niedrigsten in der S-Phase. Das Verhalten

gegenüber Röntgenstrahlen folgt einem fast genau spiegelbildlichen
Verlauf. Die gezeigte Kurve ist nur als Beispiel zu betrachten. Zwar
findet man das beschriebene Verhalten essentiell auch in anderen zellulären Systemen, aber in Abhängigkeit von der relativen Dauer der einzelnen Phasen kommen Abweichungen vor, z.B. zweigipflige Kurven. Generell läßt sich jedoch sagen, daß die S-Phase (oder Teile von ihr) gegenüber UV das empfindlichste, gegenüber Röntgenstrahlen das resisten-
teste Stadium darstellt. Die Veränderungen äußern sich in den Überlebenskurven sowohl in Änderungen der Extrapolationszahl als auch der
terminalen Steigung, so daß sich keine allgemeinen Regeln aufstellen
lassen. Die Zyklusabhängigkeit des Strahleneffekts bezieht sich nicht
nur auf das Koloniebildungsvermögen, sondern gilt gleichermaßen auch
für das Auftreten von Chromosomenaberrationen und Mutationen, d.h. in
den empfindlichen Stadien ist ihre Ausbeute am größten und vice versa.
Das Ausmaß des Sauerstoffeffekts ist zyklusunabhängig, d.h. der OER-
Wert bleibt gleich. Mit steigender Ionisationsdichte der applizierten
Strahlung verschwinden die zyklischen Schwankungen. Dies läßt vermuten,
daß die beschriebene Abhängigkeit mit Erholungsphänomenen zusammenhängt,
die auch mit steigendem LET geringer werden (Kapitel 13), doch läßt
sich diese Hypothese im Moment noch nicht beweisen.

Die Zyklusabhängigkeit ist in mancherlei Hinsicht wichtig: Normale
Populationen sind asynchron, das bedeutet, daß die nach Bestrahlungen
erhaltenen Überlebenskurven eine Überlagerung verschiedener Anteile darstellen, also einen bzgl. der Proportionen der Zyklusstadien gewichte-
ten Mittelwert. Diese Feststellung ist allerdings nicht mathematisch
aufzufassen, da die Strahlenempfindlichkeit im wesentlichen von der
Dosis exponentiell abhängt. Eine quantitative "Entfaltung" der Verhältnisse ist nicht trivial. Saubere Erfassung der Parameter ist eigentlich
nur mit synchronisierten Populationen möglich.

Bei jeder Art von fraktionierter Bestrahlung ist zu beachten, daß
eine erste Dosis die Anteile der Population verschiebt. Zurück bleiben
immer vorwiegend diejenigen Zellen, die sich zum Zeitpunkt der Exposition in einem resistenten Stadium befanden. Strahlung bewirkt also
eine gewisse Synchronisation, die allerdings wegen der Breite der Kurven nicht sehr stark ausgeprägt ist. Hierauf ist besonders bei Kombina-
tionsmodalitäten zu achten.

10.2 <u>Progressions- und Teilungsvermögen</u>

Nach Strahleneinwirkung ist der normale Ablauf des Zellzyklus gestört,
es treten Verzögerungen auf, die sich jedoch je nach Strahlenart auf
die verschiedenen Phasen unterschiedlich auswirken. Bestrahlt man eine

Population proliferierender Zellen, so ist der augenfälligste Effekt
das drastische Absinken der Teilungsrate (sowohl bei UV als auch bei
ionisierenden Strahlen). Waren die Dosen nicht zu hoch, so kommt es –
in Abhängigkeit von der Dosis – später wieder zum Anstieg. Man bezeichnet dies als "mitotische Verzögerung", die nicht verwechselt werden
darf mit der selektiven Abtötung in bestimmten empfindlichen Zyklusstadien. Sie ist ein recht empfindlicher Indikator und schon bei Dosen
festzustellen, bei denen das Koloniebildungsvermögen kaum reduziert
ist. Bezieht man auf gleiche Überlebensraten, so scheint UV wirkungsvoller zu sein als Röntgenstrahlen. Auch sind die Mechanismen verschieden: UV bewirkt vor allem eine Verlängerung der S-Periode, Röntgenstrahlung hingegen äußert sich neben einer nicht sehr ausgeprägten Ausdehnung der Synthesephase in einem "G_2-Block", d.h. die Zellen werden kurz
vor der Zellteilung "angehalten". Dieser Effekt hängt wieder einmal von
der Ionisationsdichte ab: Bei hohem LET steigt für gleiche Dosen die
Verzögerung stark an (Abbildung 10.2), wobei sie nun ausschließlich auf
das Konto der G_2-Arretierung geht.

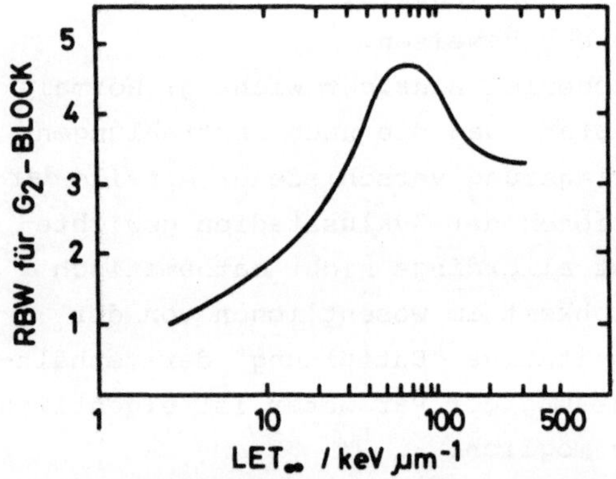

Abb. 10.2 G_2-Arretierung als Funktion des LET. Der starke Anstieg ist
bemerkenswert, weil der zyklusstadienabhängige Verlust der Koloniebildungsfähigkeit mit steigender Ionisationsdichte verschwindet. Quelle:
LÜCKE-HUHLE u.a. 1979

Wie die Inaktivierung hängt auch die Teilungsverzögerung davon ab, in
welchem Stadium die Zellen bestrahlt wurden. Hier zeigt sich wieder
die schon mehrfach zitierte Spiegelbildlichkeit von UV und Röntgenstrahlen: Mit ultraviolettem Licht ist die Verzögerung um so größer, je
früher im Zyklus die Zellen exponiert wurden, während die Situation
bei Röntgenstrahlen genau umgekehrt ist, wobei allerdings auf eine wichtige Tatsache hinzuweisen ist: Unmittelbar vor der Teilung ("späte"

G_2-Phase) bestrahlte Zellen zeigen nach Röntgeneinwirkung praktisch keine Verzögerung. Dies deutet darauf hin, daß in der G_2-Phase ein kritischer Punkt existiert, nach dessen Passieren die Teilung durch Bestrahlung nicht mehr aufgehalten werden kann ("point of no return"). Möglicherweise handelt es sich dabei um die Synthese essentieller "Teilungsproteine". Das unterschiedliche Verhalten gegenüber UV und Röntgenstrahlen ist verständlich, wenn man bedenkt, an welcher Stelle im Zyklus jeweils die Hauptverzögerung liegt, nämlich S im ersten, G_2 im zweiten Fall. Falls diese Perioden zum Zeitpunkt der Exposition schon passiert waren, so müßte eine geringere Verzögerung resultieren, was ja auch gefunden wird. Dies impliziert allerdings die Annahme, daß zwischenzeitlich Reparaturprozesse ablaufen, und zwar in allen Phasen. Hierfür fehlen bisher in diesem Zusammenhang experimentelle Beweise.

Die Teilungsverzögerung ist nicht auf den ersten Zyklus beschränkt, sondern zeigt sich - allerdings abgeschwächt - auch in den folgenden. Besonders interessant ist das Verhalten nach UV: Die Zellen, die zunächst eine geringe Verzögerung aufweisen, weil sie in einem späten Stadium bestrahlt wurden, holen diese in der nächsten Generation nach (THOMPSON u. HUMPHREY, 1970), d.h. hier ist die Abhängigkeit genau umgekehrt wie in der ersten: Früh im Zyklus exponierte Zellen werden am wenigsten aufgehalten. Entsprechende genaue Untersuchungen für Röntgenstrahlen liegen nicht vor, obwohl auch bei ihnen das Andauern der Verzögerung über mehrere Generationen qualitativ demonstriert wurde.

Die Zellzyklusabhängigkeit für die Teilungsverzögerung unterscheidet sich von der für den Verlust der Koloniebildungsfähigkeit (und auch für Chromosomenaberrationen sowie Mutationen). Dies verleitet zu dem Schluß, daß unterschiedliche Schädigungsmechanismen vorliegen. Dagegen spricht zunächst einmal, daß die Teilungsverzögerung fotoreaktivierbar ist, zum anderen auch folgende hypothetische Überlegung: Aus der Tatsache, daß überlebende Zellen schließlich im wesentlichen wieder ihr normales Proliferationsverhalten annehmen, müssen wir schließen, daß die Schäden nach einiger Zeit überwunden, möglicherweise repariert werden. Es liegt nahe zu vermuten, daß dies vor allem während der Verzögerung geschieht, bei UV also in G_1, bei Röntgenstrahlen in G_2. Auf der anderen Seite müssen wir davon ausgehen, daß nicht "reparierte" Schäden in einer bestimmten Phase "fixiert" werden, damit der "Reparatur" unzugänglich werden und somit zum Verlust der Koloniebildungsfähigkeit beitragen. Diese kritische Periode scheint bei UV-Einwirkung in S, bei ionisierenden Strahlen in G_2 (vielleicht z.T. auch in S), zu liegen. Schäden im Genom haben somit die größte "Reparaturchance", je länger die Zeit bis zu ihrer Fixierung ist. Das Ansteigen der Über-

lebenswahrscheinlichkeit während der S-Phase im zweiten Fall läßt sich
dann damit erklären, daß Schäden am schon replizierten Genom während
der Zeit bis zur Teilung "repariert" werden, während unreplizierte Schäden (z.B. in G_1 gesetzte) in der S-Phase "fixiert" werden. Die Abhängigkeit der Teilungsverzögerung vom Zyklusstadium läßt sich in dieses
Bild unschwer einfügen, indem wir postulieren, daß nur "primäre", also
weder "fixierte" noch "reparierte" Schäden zu ihr beitragen und daß es
für verschiedene Strahlenarten unterschiedliche "Hauptarretierungspunk-
tw" gibt, nämlich in G_1-S bei UV bzw. G_2 bei Röntgenstrahlen. Im letzten Fall sollte dann wegen der dazwischenliegenden Reparatur- und Fix-
ierungszeit die Verzögerung um so kürzer sein, je länger der Abstand
zwischen Exposition und G_2-Phase ist, wie auch experimentell gefunden
wird. Bei UV sollte die Verzögerung innerhalb des ersten Zyklus mit dem
zeitlichen Abstand zur S-Phase abnehmen, da hier der Block vor allem
in der S-Periode liegt. Nicht "reparierte" oder "fixierte" Schäden
sollten dann zu einer Verzögerung im folgenden Zyklus führen, was ebenfalls mit den Experimenten in Einklang steht.

Wir haben dieses Modell hier als eine Denkmöglichkeit, nicht als
grundsätzlich abgesicherte Theorie vorgestellt. Damit sollte lediglich
gezeigt werden, daß "naheliegende Schlußfolgerungen" - nämlich der
grundsätzliche Unterschied von Schäden, die entweder zum Verlust des
Koloniebildungsvermögens oder zur Teilungsverzögerung führen - nicht
vorschnell gezogen werden können. Offensichtlich bedarf es noch weiterer experimenteller Anstrengungen, um die Realitätsbezogenheit der
entwickelten Hypothesen zu testen.

10.3 DNS-Synthese

Die DNS-Synthese ist sicher einer der Schlüsselprozesse für die Zellproliferation und daher von besonderem Interesse bei dem Studium der
Strahlenwirkung. Sie kann im Prinzip einfach mit Hilfe radioaktiv markierter Vorläufer, z.B. ^{14}C-Thymidin, verfolgt werden, obwohl nicht
alle Zellen sie auch einbauen. Aber selbst wenn dies der Fall ist,
hängt das Ergebnis von der verwendeten Untersuchungsmethode ab: Man
kann zunächst die gesamte inkorporierte Menge in einer bestrahlten
Zellpopulation bestimmen. Der so erhaltene Mittelwert kann zustande-
kommen durch eine gleichmäßige Veränderung in allen Zellen oder aber
auch ein heterogenes Verhalten verschiedener Teilpopulationen. Wird
z.B. der Eintritt in die S-Phase gehemmt, so wird eine durchschnittliche
Reduktion auch dann gemessen, wenn die eigentliche Syntheserate nicht
verändert ist. Diesem Problem kann man nur dadurch beikommen, daß die
in die einzelne Zelle eingebaute Aktivität bestimmt wird, was mit Hilfe

der Autoradiographie möglich ist. So kann man zwischen Verschiebungen im Zellzyklus (Anteil überhaupt synthetisierender Zellen) und Veränderungen der Syntheserate (Aktivität pro synthetisierende Zelle) differenzieren. Aber selbst jetzt sind noch Fehlinterpretationen möglich, wenn durch die Bestrahlung die Konzentration endogener (zelleigener) Vorläufer verändert wird, was z.B. der Fall ist, wenn bereits vorhandene DNS degradiert wird. Durch die Verdünnung der angebotenen radioaktiven Stoffe kann so eine tatsächlich nicht vorhandene Syntheseminderung vorgetäuscht werden. Dem kann man abhelfen, indem die spezifische Aktivität des zugegebenen Vorläufers in weiten Grenzen variiert wird. Eine Degradation läßt sich natürlich dadurch feststellen, daß man untersucht, ob vor der Exposition markierte DNS wieder in lösliche Bestandteile zerfällt.

Generell läßt sich sagen, daß Bestrahlung die DNS-Synthese in sehr empfindlicher Weise reduziert, jedoch muß nach System und Strahlenart differenziert werden. In Bakterien ist das Ausmaß der Hemmung abhängig davon, ob ein funktionierendes Exzisionsreparatursystem vorliegt oder nicht. Im letzten Fall ist die Reduktion sehr viel gravierender. Daß hierbei Pyrimidindimere eine Hauptrolle spielen, geht daraus hervor, daß Fotoreaktivierung den Effekt vermindert. In exzisionsdefizienten Mutanten kommt es an der Stelle eines Dimeren zunächst zu einer Blockierung der Replikation, sie wird jedoch dann an einem anderen Initiationspunkt wieder aufgenommen, was zu Lücken in den Tochtersträngen führt. Sie werden später - wie im Zusammenhang mit der Postreplikationsreparatur (Abschnitt 13.2.3) besprochen - wieder geschlossen. Auch Röntgenstrahlen inhibieren die DNS-Synthese in Bakterien, allerdings kennt man hier die Primärschäden nicht. Ebenso wie bei dem Verlust der Koloniebildungsfähigkeit wirkt Sauerstoff sensibilisierend.

Strahleneinwirkung führt aber auch zu einem teilweisen Abbau schon vorhandener DNS (Degradation). Dieser Prozeß ist enzymatischer Natur, seine Steuerung hängt - s. Abschnitt 13.2.4 "SOS-Reparatur" - mit dem recA-Genprodukt zusammen.

In Säugerzellen kann man wegen der eindeutigen Struktur des Zellzyklus klarere Aussagen über die DNS-Synthese nach Bestrahlung gewinnen. Es zeigt sich, daß die Syntheserate in Abhängigkeit von der Fluenz abnimmt, was zu einer Verlängerung der S-Phase und somit in einer asynchronen Population zu einem größeren Anteil markierter Zellen führt. Wahrscheinlich spielen auch hier Pyrimidindimere die entscheidende Rolle, wegen des Fehlens der Fotoreaktivierung in diesem System läßt sich der Beweis jedoch nicht eindeutig führen. Ebenso ist damit nicht klar, ob der Mechanismus der DNS-Synthesereduktion ähnlich wie bei Bakterien ist. Dafür spricht, daß die Länge der unmittelbar nach Exposition synthetisierten DNS in Abhängigkeit von der applizierten UV-Fluenz verkürzt ist und die errechneten Lückenabstände in etwa mit der Zahl der Dimere korrelieren. Jedoch sind hier die Befunde nicht in allen Systemen eindeutig. Sicher ist aber, daß Dimere keine absoluten Stopsignale darstellen.

Auch Röntgenstrahlen reduzieren die DNS-Synthese, jedoch sind - bezogen auf die Koloniebildungsfähigkeit - relativ hohe Dosen erforderlich. Hier ist es außerdem besonders notwendig, auf die intrazelluläre Konzentration der Vorläufer zu achten, da sie durch Bestrahlung erhöht wird, was leicht eine zu hohe Depression vortäuschen würde. Tabelle 10.1 gibt eine Zusammenstellung einiger Daten.

Tabelle 10.1 DNS-Synthese in Säugerzellen nach Bestrahlung (CFA: Koloniebildungsfähigkeit). Quellen: a) RAUTH u.a. 1974; b) PAINTER u. YOUNG 1975; c) TOLMACH u.a. 1965; d) BAKER u.a. 1970

Zelltyp	UV-Fluenz J/m^2	%DNS-S[a]	%CFA[a]	Röntgen-Dosis/Gy	%-DNS-S[b]	% CFA
HeLa	10	40	20	5	53	4 [c]
	20	20	1	10	40	< 0,3 [c]
	40	17	< 0,05			
Maus-L	10	45	96	5	73	3 [d]
	20	25	10	10	52	< 0,5 [d]
	40	17	7			

Die Untersuchung der DNS-Synthese nach Bestrahlung erfordert einige experimentelle Anstrengungen, wie wir schon betont haben. Ein weiterer komplizierender Faktor ist die sogenannte "unplanmäßige DNS-Synthese" (unscheduled DNA-synthesis). Exponiert man Zellen in G_1 oder G_2, so kann man einen mit der Dosis steigenden Einbau von DNS-Vorläufern feststellen. Hierbei handelt es sich jedoch nicht um die normale semikonservative Replikation, sondern um "Reparatur-Replikation". Sie läuft allerdings auch während der S-Phase ab und kann somit falsche Resultate vortäuschen, wenn nicht zwischen beiden Replikationstypen, so wie in Abschnitt 13.2.2 beschrieben, experimentell differenziert wird. Das Ausmaß der unplanmäßigen DNS-Synthese darf übrigens nicht mit der Menge erfolgreicher Reparatur gleichgesetzt werden, da sie in vielen Zelllinien unterschiedlicher Empfindlichkeit (in bezug auf das Koloniebildungsvermögen) praktisch identisch ist.

<u>LITERATUR:</u>

ALPER 1979
EBERT und HOWARD 1972
ELKIND und WHITMORE 1967
PAINTER 1970
WALTERS und ENGER 1976

11. Chromosomenaberrationen

In diesem Kapitel werden cytologische Veränderungen besprochen. Chromosomenaberrationen sind vor allem deshalb wichtig, weil sie schon in der ersten Teilung nach der Bestrahlung beobachtet werden können und deshalb einen unmittelbaren Einblick in die Schädigungsmechanismen gestatten. Sie sind auch ein wichtiges diagnostisches Hilfsmittel zur Beurteilung der Strahlenexposition beim Menschen und können außerdem zu bleibenden genetischen Veränderungen führen.

Die Koloniebildungsfähigkeit als Test für die Strahlenwirkung kann naturgemäß erst längere Zeit nach der Exposition überprüft werden. Sichtbare Veränderungen am genetischen Material treten jedoch schon bei der ersten Mitose nach der Bestrahlung auf und sind deshalb ein wichtiges Kriterium zellulärer Veränderungen. Darüber hinaus erlauben sie auch die Untersuchung in Zellen, die wegen begrenzter Proliferationsfähigkeit keine Kolonien bilden (s.u.). Neben dem grundsätzlichen Interesse sind die cytogenetischen Effekte auch von großer Wichtigkeit für den Strahlenschutz, z.B. zur Abschätzung erhaltener Dosen.

Als Chromosomenaberrationen können alle Veränderungen zusammengefaßt werden, welche eine Abweichung vom normalen Chromosomenbild zeigen. Die Beobachtung erfolgt in der Regel in der Metaphase, in welcher die Zellen durch spezifische Spindelgifte arretiert werden, z.B. Colcemid oder Colchicin. Die Auswertung erfordert große Erfahrung, Versuche der Automatisierung mit Hilfe elektronischer Mustererkennungsgeräte sind bisher gescheitert.

Die genaue Klassifikation aller beschriebenen Veränderungen ist recht kompliziert und soll hier nicht im einzelnen dargestellt werden, vielmehr wollen wir uns mit einer groben Schematik begnügen: Zunächst ist zwischen numerischen und strukturellen Abweichungen zu unterscheiden. Im ersten Fall liegt eine Abweichung von der normalen ("modalen") Chromosomenzahl vor, wobei sowohl Verluste als auch Verdopplungen einzelner Chromosomen vorkommen können. Eine besondere Erscheinung ist die Vervielfachung des gesamten Satzes, die als Polyploidie bezeichnet wird, während man bei sonstigen Abweichungen von Aneuploidie spricht. Bei dem Verlust eines Chromosoms (d.h. im diploiden Satz ist nur noch ein Partner des homologen Paares vorhanden) spricht man von Monosomie, bei einem "überzähligen" Chromosom von Trisomie. Numerische Aberrationen sind nicht im selben Umfang wie strukturelle Veränderungen studiert worden. Sie spielen allerdings in bezug auf das genetische Strahlenrisiko eine wichtige Rolle, da viele menschliche Erbkrankheiten auf einer Änderung der Chromosomenzahl beruhen. Bei den strukturellen Veränderungen muß differenziert werden zwischen Chromatid- und (eigentlichen) Chromosomenaberrationen, die beide Chromatide gleichermaßen betreffen. Innerhalb dieser Klassen unterscheidet man nun weiter zwischen Deletionen (Bruchstückverlust) und Austauschveränderungen. Letztere können entweder innerhalb desselben Chromatids bzw. Chromosoms ("intrachange") oder aber mit einem anderen erfolgen ("interchange"). Man sieht schon an dieser kurzen Aufzählung, wie komplex die Analyse ist, um so mehr, als daß die Austauschreaktionen zu den verschiedensten Endergebnissen führen können. Wir stellen daher hier nur einige der am häufigsten untersuchten Aberrationen vor (Abbildung 11.1):

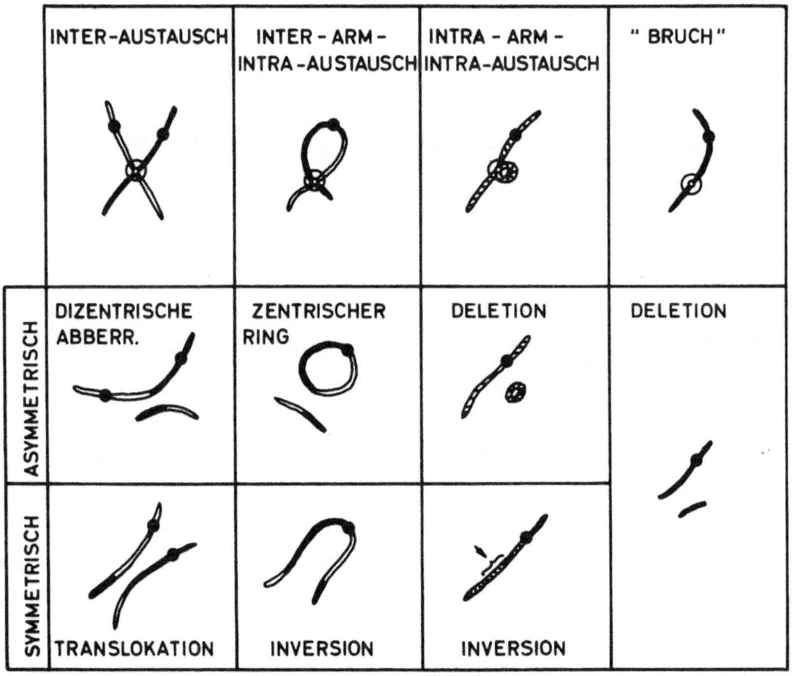

INTER-AUSTAUSCH	INTER-ARM-INTRA-AUSTAUSCH	INTRA-ARM-INTRA-AUSTAUSCH	"BRUCH"
DIZENTRISCHE ABBERR.	ZENTRISCHER RING	DELETION	DELETION
TRANSLOKATION	INVERSION	INVERSION	

Abb. 11.1 Verschiedene Typen von Chromosomenaberrationen (Chromosomen zur besseren Übersichtlichkeit nur einfach gezeichnet). Quelle: SAVAGE 1978

C h r o m o s o m e n a b e r r a t i o n e n

1. Brüche: Sie äußern sich in dem Verlust eines Stückes in beiden Chromatiden. Von den Isochromatidbrüchen (s.u.) unterscheiden sie sich dadurch, daß in der Regel keine Verbindung der Bruchenden stattfindet. Sie müssen unterschieden werden von den "achromatischen Läsionen", bei denen im mikroskopischen Bild eine Diskontinuität zu sehen ist, ohne daß eine tatsächliche Unterbrechung der Struktur vorliegt.

2. Intrachromosomale Austäusche: Im Gegensatz zu den "reinen" Brüchen setzen Austauschaberrationen Veränderungen an zwei verschiedenen Stellen voraus. Diese können sich wieder vereinigen, wobei das Zwischenstück abgelöst bleibt (interstitielle Deletion), oft in Form eines durch Bruchverbindung entstandenen centromerlosen (acentrischen) Rings. Liegen die ursprünglichen Bruchstellen auf verschiedenen Seiten des Centromers, treten centrische Ringe auf.

3. Interchromosomale Austäusche: Sie entsprechen in ihrer Entstehung den gerade besprochenen Veränderungen, nur daß jetzt verschiedene Chromosomen beteiligt sind. Dabei treten sehr häufig dicentrische Chromosomen auf (zwei Centromere), zusammen mit acentrischen Fragmenten.

Das bisher gesagte läßt sich prinzipiell auch auf Chromatidaberrationen übertragen, doch sind die Verhältnisse hier wegen der Wechselwirkung zwischen den Chromatiden komplizierter. Wir wollen uns daher auf eine kurze Aufzählung beschränken - für Details muß auf die Literatur verwiesen werden.

C h r o m a t i d a b e r r a t i o n e n

1. Brüche: Sie führen zu dem Verlust eines Stückes in einem Chromatid. In der Metaphase erscheinen sie als Diskontinuitäten in einem Chromatid und sind häufig nur schwer von achromatischen Läsionen (s.u.) zu unterscheiden. Im Gegensatz zu diesen resultieren sie aber nach der Chromatidtrennung in der Anaphase in acentrischen Fragmenten. Brüche an gleichen Stellen in beiden Chromatiden bezeichnet man als Isolocusbrüche. Sie werden in der Regel an den Bruchstellen zwischen den Schwesterchromatiden verbunden, was sie von echten Chromosomenbrüchen unterscheidet. In der Anaphase äußern sie sich als "Brücken" zusammen mit einem acentrischen Fragment.

2. Intrachromatidaustäusche: Sie führen zu Veränderungen nur eines Chromatids, wobei durch Bruchverbindungen auch wieder ringförmige Strukturen auftreten. In der Metaphase erscheinen sie als monocentrische atypische Strukturen, in der Anaphase als Veränderungen in einem der beiden homologen Chromosomen.

3. Interchromatidaustausch: Treten sie zwischen homologen Chromatiden
   auf, so spricht man von Schwesterchromatidaustausch. Als Beispiel
   war oben schon die Verbindung von Isolocusbrüchen besprochen worden. Im cytologischen Bild nicht ohne spezielle Techniken sichtbar
   ist der Austausch von homologen Stücken, weil hierbei die Form der
   Chromatide unverändert bleibt. Er kann in diploiden Zellen auch
   zwischen homologen <u>Chromosomen</u> stattfinden und damit erhebliche
   genetische Konsequenzen haben. Schwesterchromatidaustäusche lassen
   sich mit einer speziellen Markierungs- und Färbetechnik nachweisen
   (Abbildung 11.2):

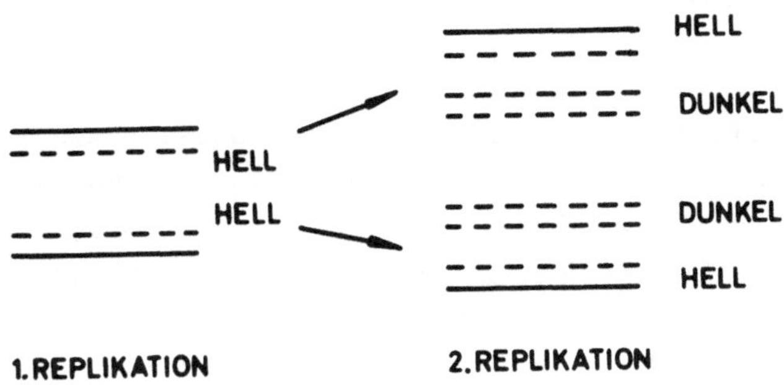

Abb. 11.2 Prinzip der "Harlekin"-Technik. In der ersten Replikation
in Gegenwart von BUdR wird nur jeweils ein DNS-Strang markiert (---).
Beide Chromatide erscheinen nach Färbung hell. Nach der zweiten Replikation erscheinen die in beiden Strängen markierten Chromatide
dunkel. Quelle: Nach Angaben von PERRY und WOLFF 1974. Anwendung
für Bestimmung von Aberrationen in stimulierten Lymphozyten: SCOTT
und LYONS 1979

Die Zellen werden über zwei DNS-Replikationszyklen mit Bromdesoxyuridin (BUdR) inkubiert, das bekanntlich anstelle des Thymidins in
die DNS eingebaut wird. Bei der ersten Replikation finden wir in
allen Zellen "hybride" DNS, in welcher jeweils ein Strang mit BUdR
markiert ist. Bei der zweiten Replikation hat die Hälfte der Chromatide in beiden Strängen BUdR, die andere aber nur in einem Strang.
Die unterschiedliche BUdR-Markierung äußert sich in einem differenzierten Bild nach der Färbung mit normalen oder Fluoreszenzfarb-
stoffen. Beidseitig markierte DNS erscheint deutlich weniger inten-
siv als einseitige, so daß man die Schwesterchromatide gut voneinander unterscheiden kann. Der Austausch von nicht zu kleinen Stücken
ist durch ein "geschecktes" Bild leicht erkennbar, woher die Methode auch den Namen "Harlekin-Technik" erhielt.

Schwesterchromatidaustäusche werden durch Strahlung deutlich erhöht, es fehlt bisher jedoch eine eingehende quantitative Analyse. Da man ihnen u.a. auch eine besondere Rolle bei der Carcinogenese zuschreibt, ist sie ein wichtiges experimentelles Problem.

Interchromatidwechselwirkungen zwischen nicht homologen Partnern erscheinen in der Metaphase als dicentrische Figuren, in der Anaphase als Brücken oder dicentrische Formen und Fragmente. Die Zahl möglicher Erscheinungsformen ist recht umfangreich und kann hier nicht im einzelnen diskutiert werden.

Achromatische Läsionen: Sie wurden schon oben erwähnt. Diese ungefärbten "gaps" treten meist nur in einem Chromatid auf und führen - im Gegensatz zu echten Brüchen - bei der Anaphase nicht zur Fragmentbildung. Außerdem sind sie oft auch noch nach mehreren Zellteilungen nachweisbar.

Wenden wir uns nun der Induktion von Chromosomenaberrationen durch Strahlung zu. Sie können sowohl durch UV als auch durch ionisierende Strahlen hervorgerufen werden, wobei grundsätzlich dieselben Typen gefunden werden. Als generelle Regel ist festzustellen, daß eine Exposition in der G_1-Phase des Zellzyklus <u>Chromosomen</u>-, eine in G_2 <u>Chromatidaberrationen</u> induziert. Es muß daraus geschlossen werden, daß durch die Strahlung nur gewissermaßen "Vorschäden" (potentielle Aberrationen) gesetzt werden, welche in der S-Phase repliziert werden und erst bei der Teilung zur Expression kommen. Eine exakte Untersuchung wird jedoch durch den Umstand erschwert, daß die normale Zellzyklusprogression durch die Strahleneinwirkung drastisch gestört wird (s. Abschnitt 10.2). Ein qualitatives Bild verschiedener Aberrationstypen nach UV-Bestrahlung vermittelt Abbildung 11.3. Zunächst treten nur Chromatidaberrationen auf, deren Zahl mit der Zeit zwischen Exposition und Fixierung abnimmt, während der Anteil von Chromosomenaberrationen langsam ansteigt.

Abbildung 11.4 zeigt das Wirkungsspektrum für die Induktion von Chromatidaberrationen: Die Effektivität bei 265 nm und 280 nm ist praktisch gleich, was darauf hindeutet, daß DNS und Protein gleichermaßen an ihrer Entstehung beteiligt sind. Die Zahl der Untersuchungen, die sich mit ultravioletten Strahlen in diesem Zusammenhang beschäftigen, ist bisher vergleichsweise gering geblieben. So fehlt z.B. eine genaue Erfassung der Fluenzabhängigkeit.

Die Lage ist anders für ionsierende Strahlen. Eine sehr eingehende Analyse wurde mit der Saubohne (Vicia faba) durchgeführt, weil sie über wenige relativ große Chromosomen verfügt. Das Ergebnis, das nach Röntgeneinwirkung erhalten wurde, zeigt Abbildung 11.5. Man sieht, daß

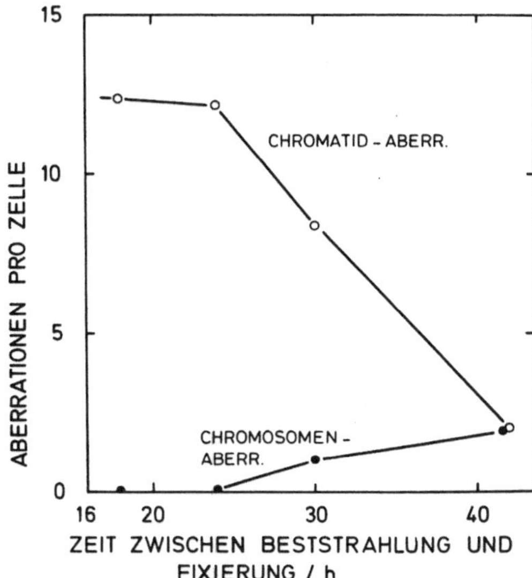

Abb. 11.3 Chromosomen- und Chromatidaberrationen nach UV-Bestrahlung (265 nm/10 Jm^{-2}) in Säugerzellen (chinesischer Hamster) als Funktion des zeitlichen Abstandes zwischen Exposition und Mitose. Quelle: nach Daten von CHU 1964

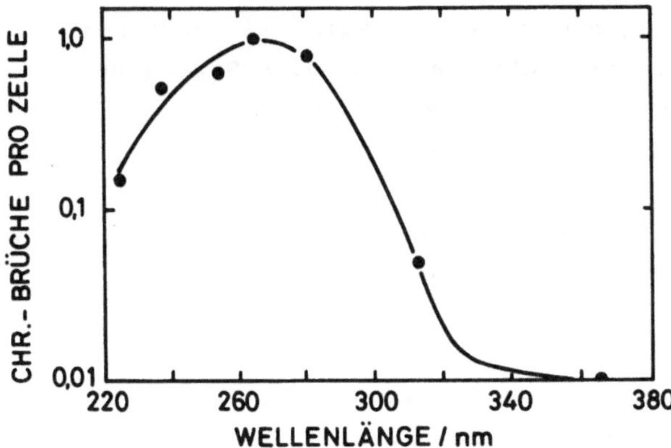

Abb. 11.4 Wirkungsspektrum für die Auslösung von Chromatidbrüchen (incl. "achromatischer Läsionen") in chinesischen Hamsterzellen. Quelle: CHU 1964

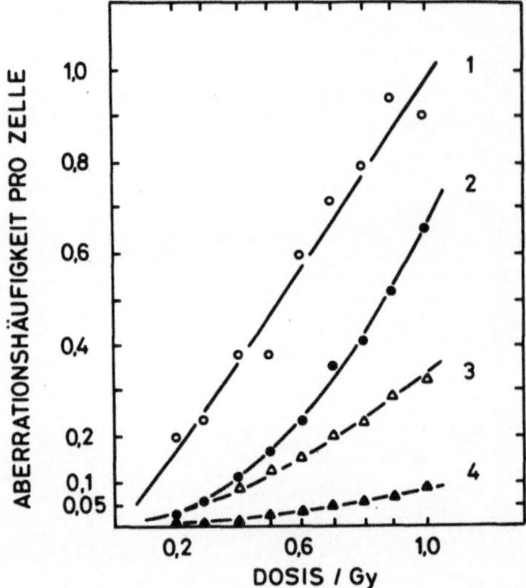

Abb. 11.5 Aberrationstypen nach Röntgenbestrahlung in Zellen der Saubohne Vicia faba. 1: Achromatische Läsionen ("gaps"); 2: Chromatid-
austäusche; 3: Isochromatidbrüche; 4: Chromatidbrüche. Quelle: REVELL
1966

lediglich die achromatischen Läsionen einer linearen Abhängigkeit folgen, während alle anderen Kurven gekrümmt sind. Das hat Konsequenzen
für die Erklärung der Aberrationsentstehung (s.u.) und legt die Vermutung nahe, daß achromatische Läsionen die - auf der Ebene der Chromosomen - primären Veränderungen darstellen, zumal sie auch mit der
höchsten Ausbeute entstehen. Bei dicht ionisierenden Strahlenarten erhält man für alle Typen lineare Abhängigkeiten. Wie zu erwarten, hängt
die Zahl von Austauschaberrationen vom zeitlichen Bestrahlungsmuster
ab, allerdings nur bei dünn ionisierenden Strahlen. Die Ausbeute sinkt,
wenn die Gesamtdosis auf mehrere Fraktionen aufgeteilt oder durch Verringerung der Dosisleistung zeitlich prolongiert wird.

Von vielen Autoren werden chromosomale Veränderungen als der Grund
für die strahleninduzierte Zellinaktivierung betrachtet. In der Tat
ergibt sich bei verschiedensten Behandlungsarten und Bestrahlungsmo-
dalitäten (Sensibilisierung durch Bromdesoxyuridin, Abhängigkeit vom
Zellzyklusstadium etc.) eine überzeugend eindeutige lineare Abhängigkeit zwischen Aberrationsausbeute und dem Logarithmus der Überlebensfraktion (Abbildung 11.6). Wir werden auf diese generelle Frage im
Kapitel 16 zurückkommen.

Chromosomenaberrationen sind ein empfindlicher Indikator für eine
Strahleneinwirkung. Sie haben somit eine wichtige Bedeutung im Strahlen-

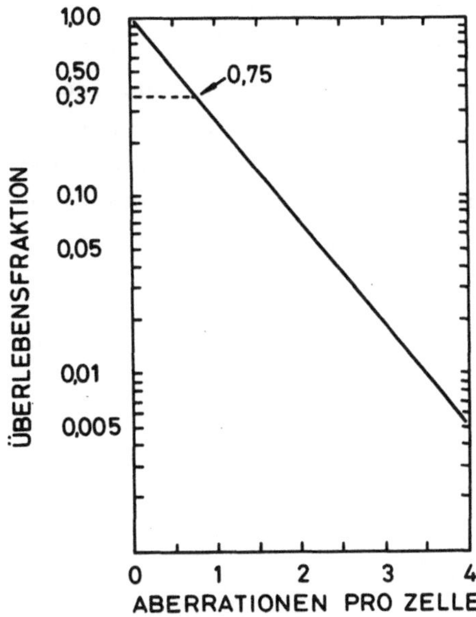

Abb. 11.6 Zusammenhang zwischen mittlerer Aberrationszahl pro Zelle und dem Logarithmus der Überlebensfraktion (chinesische Hamsterzellen). Der Reduktion der Überlebensfraktion von 1/e entsprechen 0,75 Aberrationen pro Zelle. Quelle: DEWEY u.a. 1971

schutz. Das wichtigste Objekt in diesem Zusammenhang sind die kleinen Lymphozyten des Blutes, die sich normalerweise nicht im aktiven Zellzyklus befinden. Man kann sie jedoch durch einen speziellen Stoff, Phytohämagglutinin, zur Teilung stimulieren und auch außerhalb des Körpers auf Chromosomenveränderungen untersuchen. Kritisch ist hierbei jedoch die Zeit zwischen Stimulation und Fixierung, da man einerseits möglichst viel Metaphasen erfassen möchte, auf der anderen Seite jedoch dafür sorgen muß, daß zum Zeitpunkt der Untersuchung nicht schon mehr als eine Teilung abgelaufen ist, weil dann durch das Ausscheiden letal geschädigter Zellen ein "Verdünnungseffekt" auftreten würde. Das Problem läßt sich dadurch lösen, daß man sich auch hier die vorher erwähnte "Harlekin"-Technik zunutze macht, da man mit ihrer Hilfe entscheiden·kann, ob nach der Stimulation ein oder zwei Replikationszyklen abgelaufen sind. Hierdurch konnte gezeigt werden, daß a) der Anteil der Zellen mit dicentrischen Aberrationen bei der zweiten Teilung auf ca. 50% absinkt, und b) daß die Zahl von Aberrationen in der ersten Metaphase unabhängig vom Fixierungszeitpunkt konstant ist. Durch diese neue Methodik dürfte sich das Auflösungsvermögen des Untersuchungsverfahrens bedeutend verbessern lassen.

Eine Zusammenfassung der qualitativen Ergebnisse für dicentrische
Aberrationen bei verschiedenen Strahlenarten ist in Abbildung 11.7 gegeben. Man sieht, daß - analog wie für das Überleben - bei dünn ionisierenden Strahlen gekrümmte Kurven erhalten werden, die sich hier
durch einen linear-quadratischen Ansatz (s.u.) beschreiben lassen. Bei
hohen LET-Werten erhält man lineare Abhängigkeiten. Die quantitativen
Daten sind in Tabelle 11.1 zusammengestellt. Man kann sie benutzen,
um RBW-Faktoren zu errechnen, die allerdings wegen der unterschiedlichen Kurvenform dosisabhängig sind (vgl. Abschnitt 8.3.2).

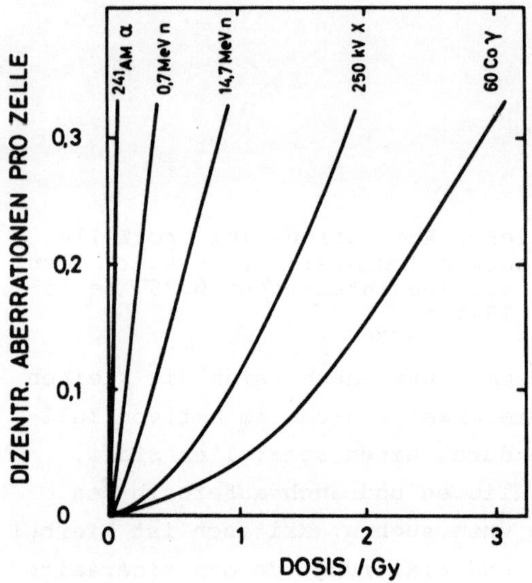

Abb. 11.7 Die Abhängigkeit der Entstehung dicentrischer Chromosomen
in menschlichen Lymphozyten von der Dosis bei verschiedenen Strahlenarten. Quelle: du FRAIN u.a. 1979

Für den Strahlenschutz ist der niedrige Dosisbereich von besonderem
Interesse. Hier ergeben sich wegen der vorherrschenden linearen Terme
konstante Werte, die auch in der Tabelle aufgeführt sind, und zwar
sowohl mit ^{60}Co-γ- als auch 250 kV-Röntgenstrahlung als Bezugsgröße.
In beiden Fällen erhält man für dicht ionisierende Strahlen sehr hohe
RBW-Werte,die deutlich über den empfohlenen Qualitätsfaktoren liegen
(Abschnitt 22.3). Inwieweit aus diesen Befunden für die strahlenschutz-
mäßige Bewertung Konsequenzen zu ziehen sind, muß - auch unter Einbe-
ziehung anderer biologischer Effekte - noch eingehend diskutiert werden.

Tabelle 11.1 Quantitative Abhängigkeit für die Entstehung dicentrischer Aberrationen in menschlichen Lymphozyten durch verschiedene Strahlenarten. Generell wird die folgende Beziehung verwendet: $x=\alpha D+\beta D^2$ (x: mittlere Zahl dicentrischer Aberrationen pro Zelle, α,β: Koeffizienten, D: Dosis). Außerdem sind für den linearen Teil (unterer Dosisbereich) RBW-Werte mit ^{60}Co-γ- und 250 kV-Röntgenstrahlen als Bezugsgröße aufgeführt. Quelle: du FRAIN u.a. 1979

Strahlenart	α Gy^{-2}	β Gy^{-2}	RBW(^{60}Co)	RBW (250 kV-X)
^{60}Co-γ	$1,76\cdot10^{-2}$	$2,97\cdot10^{-2}$	1	0,37
250 kV-Röntgen	$4,76\cdot10^{-2}$	$6,19\cdot10^{-2}$	2,7	1
14,7 MeV Neutronen	$2,62\cdot10^{-1}$	$8,84\cdot10^{-2}$	15	5,5
0,7 MeV Neutronen	$8,55\cdot10^{-1}$	–	49	18
^{241}Am-α	4,9	–	278	103

Zum Abschluß dieses Kapitels sollen die Vorstellungen über die Entstehung von Aberrationen besprochen werden: Eine auf der Hand liegende - und auch heute noch sehr populäre - Hypothese ist das "Bruch- und Wiederverbindungs"-Modell (breakage - reunion). Danach wird als unmittelbare Strahlenwirkung zunächst ein Bruch hervorgerufen, der entweder als solcher bestehen bleibt oder mit anderen unter Bildung von Austauschaberrationen reagieren kann. Danach müßten einfache Brüche eine lineare, Austauschveränderungen jedoch eine quadratische Abhängigkeit von der Dosis zeigen. Dies ist aber - wie aus Abbildung 11.4 hervorgeht - nicht der Fall. Eine genaue Untersuchung weist vielmehr bei vielen Austauschreaktionen auf eine Abhängigkeit der Form $D^{1,5}$ hin, was zur Aufstellung der sogenannten "3/2-Regel" führte, die aber allgemein nicht haltbar ist. Die Abweichung von der reinen quadratischen Abhängigkeit läßt sich dadurch erklären, daß auch bei locker ionisierenden Strahlen Ereignisse hoher Energiedeposition vorkommen können, die zur Bildung von zwei Brüchen führen. Somit wäre eine Kombination aus einem linearen und einem quadratischen Term angemessen. Dies entspricht auch der mikrodosimetrischen Analyse (Kapitel 16), da für die Entstehung der Brüche nicht die Dosis, sondern die spezifische Energie z ausschlaggebend ist. Entscheidender jedoch für die Modellvorstellung ist das Verhalten der einfachen Brüche. Da sie keine lineare Abhängigkeit zeigen, kann die einfache beschriebene Vorstellung nicht stimmen. Diese Tatsache führte zur Aufstellung der "Austausch"-Hypothese, wonach jede Veränderung auf der Wechselwirkung von strahleninduzierten Instabilitäten basiert. Sie führen zur Lockerung der Chromosomenstruktur mit der Möglichkeit von Austäuschen, die je nach Lage zu den verschiedenen Aberrationstypen führen. Eine klare Entscheidung zugunsten einer der beiden Modellvorstellungen scheint heute noch nicht möglich. Mathematische Ansätze zur quantitativen Beschreibung, wobei vor allem die LET-Abhängigkeit eine Rolle spielt, sollen im Zusammenhang mit anderen Theorien zusammenfassend in Kapitel 16 besprochen werden.

LITERATUR:
BAUCHINGER 1972
EVANS, BROWN und MCLEAN 1967
EVANS, BUCKTON, HAMILTON und CAROTHERS 1979
REVELL 1974
RIEGER und MICHAELIS 1967
WOLFF 1972

12. Mutation und Transformation

Genetische Veränderungen auf der zellulären Ebene sind das Thema dieses Kapitels. Wir besprechen zunächst Grundsatzfragen zum Mechanismus und zur Technik und diskutieren dann Erkenntnisse bei Bakterien, wobei schon auf die Bedeutung von Reparaturprozessen eingegangen wird. Die Abhängigkeit von der Strahlenqualität wird bei Säugerzellen referiert, wo sich zeigt, daß die relative biologische Wirksamkeit für Mutationen höher liegt als für den Verlust des Koloniebildungsvermögens. Im folgenden Abschnitt wird darauf eingegangen, daß die Mutationsraten pro Dosiseinheit mit dem DNS-Gehalt steigen und die Konsequenzen diskutiert. Den Abschluß bildet die wichtige Technik der neoplastischen Transformation in vitro.

12.1 Arten von Mutationen und Testverfahren

Mutationen sind definitionsgemäß Änderungen im genetischen Material; üblicherweise werden sie auf der zellulären Ebene durch die Untersuchung spezifischer Eigenschaften getestet, da sie nur selten direkt beobachtbar sind. (Bei Tieren ist dies anders, vgl. Kapitel 19.) Man bedient sich meist zweier experimenteller Ansätze: der Prüfung auf die Abhängigkeit von bestimmten Nährstoffaktoren (Auxotrophie) und die Resistenz gegen Zellgifte, häufig Antibiotika. Wir kommen unten darauf zurück.

Man kann dabei zunächst von normalen ("Wildtyp") Zellen ausgehen und das Auftreten neuer Eigenschaften studieren. In diesem Fall handelt es sich um eine "Vorwärtsmutation". Untersucht man jedoch bei Mutanten die Induktion des Normalverhaltens, so spricht man von "Reversion". Vorwärtsmutationen sind auf der molekularen Ebene dadurch gekennzeichnet, daß ein bestimmtes Genprodukt - in der Regel ein Enzym - entweder überhaupt nicht mehr oder aber in unwirksamer Form synthetisiert wird. Sie sind in diploiden Zellen, falls diese auf entsprechenden (homologen) Chromosomen dieselbe Wildtypinformation tragen, in der Regel nicht nachweisbar, wohl aber, wenn eines der beiden Chromosome schon eine Mutation trägt.

Mutationen können auf der Ebene des Chromosoms entweder durch das Auftreten einer unbrauchbaren Information oder aber durch den vollständigen Verlust des entsprechenden Teils des Genoms entstehen. Man

kann zwischen der ersten Art ("Genmutation", "Punktmutation") und der
zweiten ("Deletion") durch die Überprüfung der Revertierbarkeit unterscheiden, die, wie man leicht einsieht, bei Deletionen nicht vorkommen
kann. Allerdings ist es - wie bei allen Negativtests - schwer, den
Beweis eindeutig zu führen.

Wir wollen nun mögliche Veränderungen auf der molekularen Ebene
bei Punktmutationen etwas genauer betrachten. Sie stellen per defini-
tionem eine falsche Information dar. Sie kann z.B. in der Änderung
einer Base in einem Codon bestehen. Dann wird entweder eine falsche
Aminosäure eingebaut ("Fehlsinnmutation", "missense mutation") oder
aber es ist ein Codon entstanden, das bei der Proteinsynthese zum
Kettenabbruch führt ("Unsinnmutation", "nonsense mutation"). Es ist
aber auch vorstellbar, daß eine Base fehlt oder hinzugekommen ist. In
diesem Falle wird - da der genetische Code über keine Satzzeichen verfügt - der Rest des Moleküls vollständig falsch interpretiert ("Leserastermutation", "frame shift mutation"). Die verschiedenen Typen
lassen sich durch spezielle genetische Techniken differenzieren, auf
die wir jedoch nicht eingehen wollen.

Eine Rückmutation stellt nicht notwendigerweise auf molekularer
Ebene eine Wiederherstellung des ursprünglichen Zustands dar - dies
ist sogar der Ausnahmefall. Man spricht dann von "echter Reversion".
Viel häufiger ist, daß der erste Fehler durch einen zweiten kompensiert
wird. Offenkundig kann dies bei einer Leserastermutation aufgrund von
Basenverlust durch Addition einer Base in unmittelbarer Nähe des ersten
Schadensortes geschehen, wodurch der größte Teil der Information -
jedoch nicht vollständig - gerettet wird. Falls der verbleibende Fehler
für die Genproduktfunktion nicht essentiell ist, ist äußerlich der
Normalzustand wiederhergestellt. Besonders interessant ist jedoch, daß
die Kompensation durch Abweichungen bei der Translation geschieht, entweder durch Änderungen am Ribosom oder - was häufiger ist - an der t-
RNS. Eine Mutation in einem t-RNS-Gen kann dazu führen, daß eine normalerweise falsche Aminosäure eingebaut wird, welche aber im Fall der
Mutante gerade die richtige ist. Da jede t-RNS mehrfach codiert ist,
hat dies für alle anderen Proteine nur zu vernachlässigende Konsequenzen. Den beschriebenen Vorgang bezeichnet man als "Suppressor-Mutation".

Zum Abschluß dieses Teils sei darauf hingewiesen, daß Mutationen
nicht nur in den Chromosomen des Zellkerns auftreten. Manche Zellorga-
nellen - wie Mitochondrien und Chloroplasten - verfügen ebenfalls über
DNS als Informationsträger für ihre Biogenese und können daher auch
Angriffspunkt für Mutationen sein. "Nukleare" und "cytoplasmatische"
Mutationen können aufgrund ihres Segregationsverhaltens unterschieden

werden. Zur genaueren Beschreibung sei auf Lehrbücher der Genetik verwiesen.

Die Techniken, Mutationen festzustellen, sind im Prinzip einfach, bergen aber eine Menge von Fallstricken, die zu Mißinterpretationen führen können. Die besonderen Schwierigkeiten sollen hier nicht im einzelnen besprochen werden (s. das Buch von Ch. AUERBACH, 1976), sondern lediglich das Prinzipielle, wobei wir uns auf die beiden angesprochenen Mutationstypen beschränken wollen, nämlich Auxotrophie und Resistenz gegen Zellgifte. Vorwärtsmutationen können auf einfache Weise nur für den zweiten Fall untersucht werden. Man vergleicht hierzu das Koloniebildungsvermögen in parallelem Ansatz auf Nährmedium mit und ohne Zusatz des Giftes in geeigneter Konzentration. Allerdings muß man dabei einige Vorsichtsmaßnahmen beachten: Wenn es sich - wie wir annehmen wollen - bei der Mutation um den Ausfall eines bestimmten Genprodukts handelt, so ist davon auszugehen, daß es unmittelbar nach Exposition auch in den mutierten Zellen noch vorhanden ist und erst nach Ablauf einer bestimmten Zeit abgebaut und dann nicht mehr nachgeliefert wird. Eine sofortige Ausplattung würde somit auch zum Tod "eigentlich unempfindlicher" Zellen und damit zu einer Verfälschung des Ergebnisses führen. Es ist daher notwendig, den zeitlichen Ablauf genau zu kontrollieren. Hinzu kommt, daß die primären Schäden erst Vorstufen zu der Mutation darstellen, die einer gewissen Expressionszeit bedürfen, wie aus den Phänomenen des "mutation frequency decline" (s.u.) hervorgeht. Weiterhin ist zu beachten, daß die Zahl der ausgeplatteten Zellen auf beiden Medien um Größenordnungen unterschiedlich ist wegen der im allgemeinen recht geringen Mutationsrate. Die Mutanten wachsen also auf einem Untergrund abgestorbener Zellen, deren Lyseprodukte einen Einfluß ausüben können.

Als Beispiel wollen wir die Resistenz gegen 6-Thioguanin (6-TG) bei Säugerzellen betrachten. Dieser Stoff kann von den Zellen zum Aufbau von Purinkomponenten benutzt werden, deren Inkorporation jedoch letal wirkt. Die Verwendung wird durch das Enzym Hypoxanthin-guanin-phosphoribosyl-transferase (HGPRT) vermittelt. Fällt es aus, so können exogen angebotene Purine und somit auch 6-TG nicht mehr verarbeitet werden, was zur Resistenz gegen diesen Stoff führt. Da Purine aber normalerweise in den Zellen auch über eigene Synthesewege aufgebaut werden können, ist die Mutation bei Wachstum in normalem Medium ohne Bedeutung. Blockiert man jedoch die endogene Synthese, was mit dem Stoff Aminopterin gelingt, so können sich die Mutanten nicht mehr vermehren. Eine Reversion führt dann zur Aminopterin-Resistenz. Man hat hier also die Möglichkeit, in einem System sowohl Vorwärts- als auch

Rückmutationen zu studieren. Ein weiterer wichtiger Vorteil liegt darin, daß die Information für HGPRT auf dem X-, dem weiblichen Geschlechtschromosom verzeichnet ist. In männlichen diploiden Zellen kommt sie also nur einmal vor, sonst wären Mutanten auch gar nicht registrierbar, weil der Ausfall eines Gens durch das verbliebene intakte Gegenstück auf dem homologen Chromosom kompensiert würde. Man hat es hier mit einem ausgesprochenen Glücksfall zu tun, mit der Konsequenz, daß die meisten Mutationsuntersuchungen an Säugerzellen sich auf dieses System stützen. In Mikroorganismen hat man es in der Regel leichter, da man mit haploiden Zellen arbeiten kann.

Die Mutationsrate wird im allgemeinen durch den Quotienten Zahl der Mutanten/Zahl überlebender Zellen (vermindert um die spontane Mutationsrate) ausgedrückt. Dies beinhaltet die Annahme, daß Wildtyp und Mutante ein identisches Überlebensverhalten zeigen, was u.U. experimentell verifiziert werden muß.

Die Auxotrophie bestimmter Mutanten wird vor allem zur Untersuchung von Reversionen eingesetzt. Dabei werden die Zellen auf einem Medium ohne die Komponente, für die Bedürftigkeit besteht, zur Bestimmung der Mutationsrate inkubiert, während die Überlebensfraktion auf angereichertem Medium ermittelt wird. Es ist allerdings notwendig, auch den Rückmutanten zur Erleichterung der Startbedingungen eine kleine Menge der erforderlichen Komponente zuzusetzen, damit es zur optimalen Expression der Mutation kommt.

12.2 Mutationsauslösung in Bakterien[a]:

UV induziert sehr effektiv sowohl Vorwärts- als auch Rückmutationen. Die Effektkurve läßt sich in vielen Fällen - aber nicht immer - als eine Abhängigkeit vom Quadrat der Dosis beschreiben, was für die mögliche Deutung des Mechanismus (s.u.) wesentlich ist. Abbildung 12.1 zeigt ein Aktionsspektrum, aus dem hervorgeht, daß die wirksamsten Wellenlängen mit dem Absorptionsmaxima der Nukleinsäuren zusammenfallen. Ebenso wie der Verlust des Koloniebildungsvermögens kann die UV-induzierte Mutation durch Nachbehandlung mit Licht längerer Wellenlängen in dafür kompetenten Zellen fotoreaktiviert werden, allerdings gilt dies merkwürdigerweise nicht für alle Mutationstypen.

---

[a] Wegen der engen Beziehung zwischen Mutationsauslösung und Reparaturvorgängen läßt es sich nicht vermeiden, daß wir an einigen Stellen auf das nächste Kapitel 13 vorgreifen müssen, um die Experimente deuten zu können.

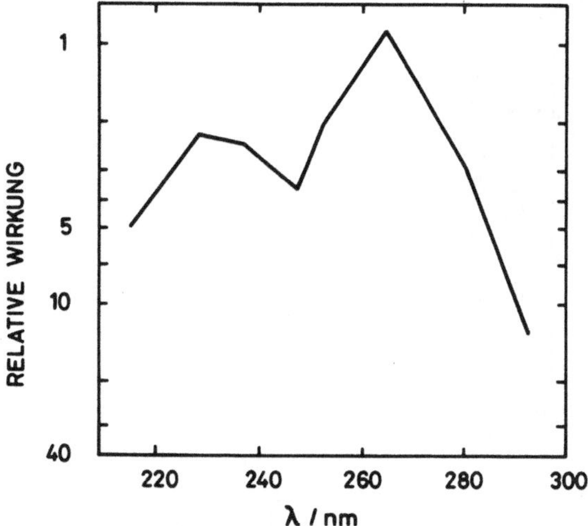

Abb. 12.1 Aktionsspektrum für Mutationsauslösung in Trichophyton menta-
grophytes. Quelle: HOLLAENDER und EMMONS 1941

Man darf dennoch annehmen, daß Pyrimidindimere eine entscheidende Rolle
spielen. Der Einfluß genetisch determinierter Reparaturprozesse ist
komplexer: Exzisionsdefiziente Mutanten zeigen bei gleicher applizier-
ter Fluenz eine drastisch erhöhte Mutationsrate, woraus man folgern
kann, daß der Exzisionsprozeß weitgehend fehlerfrei verläuft ("error
proof") (Abbildung 12.2). Man sieht, daß im sensiblen Stamm Vorwärts-
und Rückmutationen dieselbe Dosisabhängigkeit zeigen, nicht aber im
Wildtyp. Bezieht man jedoch auf Fluenzwerte, die zu gleichem Überleben
führen (Abbildung 12.3), so zeigt sich der Unterschied noch klarer.
Die Rate der Reversionen ist in dem Wildstamm höher, bei Vorwärtsmutationen ist es umgekehrt. Ob sich dies Ergebnis verallgemeinern läßt,
muß dahingestellt bleiben, aber es deutet darauf hin, daß Effektivität
und Fidelität der Exzisionsreparatur bei verschiedenen Mutationstypen
unterschiedlich sein können. Rec⁻-Mutanten (Kapitel 13) zeigen ein unerwartetes Verhalten: die Mutationsraten sind äußerst gering. Daraus
wurde ursprünglich der Schluß gezogen, daß diese Art von Reparatur für
die Fehler, welche sich als Mutationen äußern, verantwortlich ist.
Heute wissen wir jedoch, daß die rec-Gene vielfältige Funktionen haben,
vor allem im Rahmen des "SOS"-Prozesses, so daß sich diese pauschale
Annahme nicht halten läßt. Vielmehr wird angenommen, daß Mutationen
durch falsche Basenpaarungen bei der Schließung der Lücken in den DNS-
Tochtersträngen entstehen, die auftreten, wenn die Replikation durch
Dimere zunächst blockiert wird (s.a. Abschnitt 13.2.4). Ein solcher

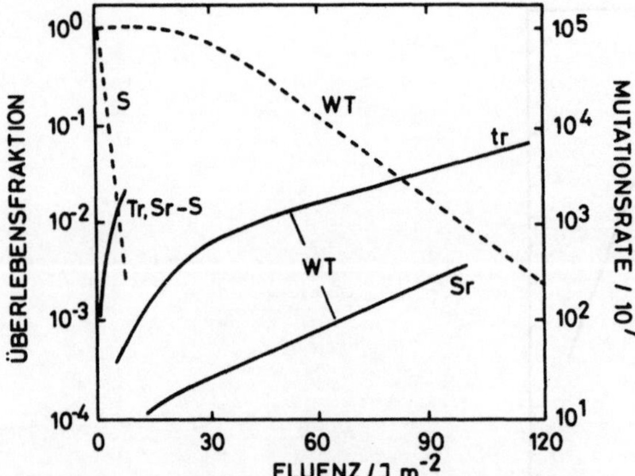

Abb. 12.2 Mutationsauslösung im Wildstamm (WT) und einer exzisionsdefizienten Mutante (S) von E.coli nach UV-Bestrahlung. Typen: Resistenz
gegenüber Stryptomycin (sr, Vorwärtsmutation), Reversion der Trypto-
phanbedürftigkeit (tr). Zum Vergleich sind die Überlebenskurven (gestrichelt) eingezeichnet. Quelle: WITKIN 1966

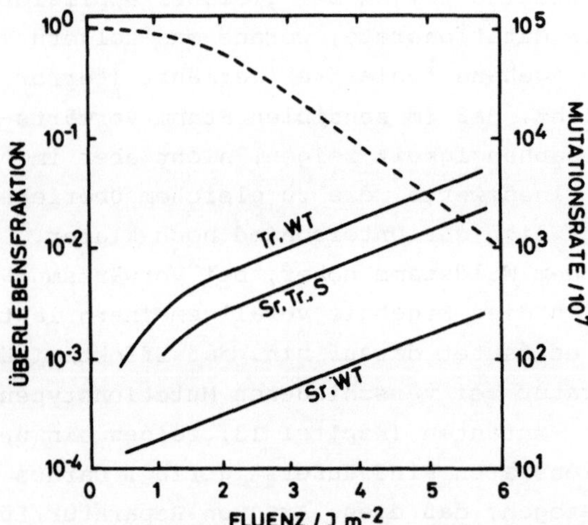

Abb. 12.3 Wie 12.2, jedoch mit unterschiedlichem Dosismaßstab für beide
Stämme, so daß die Überlebenskurven zur Deckung gebracht werden. Für
den Wildstamm sind die Abszissenwerte mit 16,7 zu multiplizieren.Quelle:
WITKIN 1966

Mechanismus würde bedeuten, daß die Fixierung eines Schadens in Form
einer Mutation erst während der DNS-Replikation erfolgt. Diese Hypothese läßt sich z.B. dadurch testen, daß man die Fotoreaktivierbarkeit
als Funktion der Inkubationszeit nach der Exposition verfolgt. Allerdings muß man hier vorsichtig sein, da Pyrimidindimere auch durch Exzision entfernt werden. Vergleicht man daher exzisionspositive und
-negative Stämme, so zeigt sich ein unterschiedliches Verhalten: Die
Exzision bewirkt einen Verlust der Fotoreaktivierbarkeit innerhalb
von ca. 20 Minuten, in der empfindlichen Mutante dauert es länger und
hängt von der DNS-Synthese ab. Ein anderer Hinweis auf die Notwendigkeit der Mutationsfixierung ergab sich aus dem Befund, daß man die Mutationsrate dadurch reduzieren kann, daß man die Bakterien nach Bestrahlung in einem Medium inkubiert, das in den Zellen keine Proteinsynthese erlaubt. Man bezeichnet diese Erscheinung als "mutation frequency decline" (MFD) (Abbildung 12.4), und erklärt sie durch die Annahme, daß durch die spezielle Behandlung die Mutationsfixierung her-
ausgeschoben wird, so daß mehr Zeit für die Reparatur verbleibt.

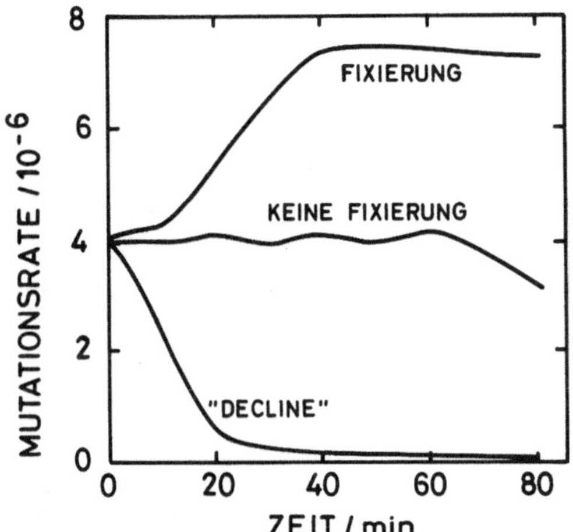

Abb. 12.4 "Mutation frequency decline" (MFD): Obere Kurve: Inkubation
in Gegenwart von für die Proteinsynthese notwendigen Aminosäuren: Mutationsfixierung, mittlere Kurve: wie vorher, aber Unterdrückung der
Fixierung durch Inhibierung des Energiestoffwechsels mit Dinitrophenol,
untere Kurve: Abnahme der Mutationsrate durch Inhibierung der Proteinsynthese mit Chloramphenicol. Quelle: DOUDNEY und HAAS 1959

Allerdings ist MFD auf Suppressor-Mutationen beschränkt, was darauf
hindeutet, daß Vorwärtsmutationen aufgrund eines anderen Mechanismus

entstehen, z.B. durch Wechselwirkungen der auch bei der Exzision auftretenden Strangbrüche.

Ionisierende Strahlen sind sehr viel weniger wirksam als UV zur
Auslösung von Mutationen. Man erkennt dies durch Vergleich der Abbildungen 12.3 und 12.5. Im letzten Bild ist außerdem der Anteil "echter" Reversionen aufgetragen; hieraus wird deutlich, daß der Löwenanteil
auf Suppressor-Mutationen zurückgeht. Eine ausführliche Diskussion der
Wirkung ionisierender Strahlen wollen wir jedoch am Beispiel der Säugerzellen durchführen.

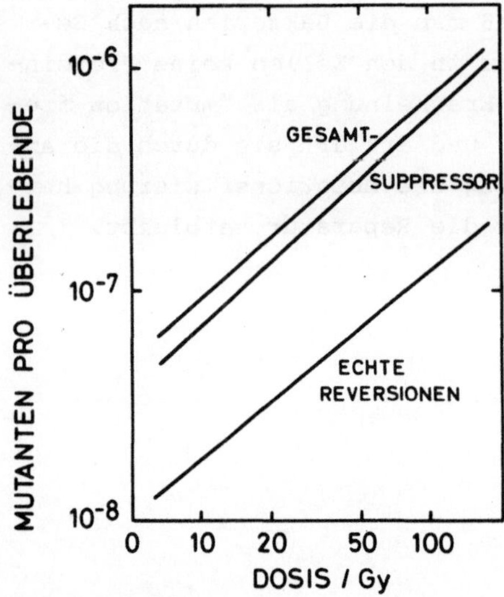

Abb. 12.5 Reversionen zur Tryptophan-Unabhängigkeit in E.coli (Wildtyp)
nach Röntgenbestrahlung. Man beachte den geringen Anteil "echter" Reversionen. Quelle: BRIDGES, LAW und MUNSON 1968

12.3 Mutationsauslösung in Säugerzellen

Die oben getroffene Feststellung, daß UV ein wirkungsvolleres Mutagen
ist als ionisierende Strahlen, gilt auch für Säugerzellen, was man aus
folgenden Zahlenangaben sieht: Im Bereich niedriger Dosen ist die Mutationsrate für 6-TG-Resistenz (s.o.) eine lineare Funktion der Dosis;
die Proportionalitätsfaktoren sind 1,3 · 10^{-5} Gy^{-1} und 3,6 · $10^{-5}/Jm^{-2}$
(chinesische Hamsterzellen, CLEAVER, 1978). Vergleicht man dies mit
den mittleren letalen Dosen (Tabelle 8.1), so ist der Schluß evident:
Die Mutationsraten pro D_o sind 1,8 · 10^{-3} bei UV und 1,8 · 10^{-5} bei
Röntgenstrahlen.

6-TG-Resistenz kann durch beide Strahlenarten induziert werden. Ein
anderes System, Resistenz gegen Ouabáin, einen speziellen Hemmer von
Energiestoffwechselvorgängen, ist nur für UV brauchbar, durch Röntgenstrahlen werden keine Mutationen erzeugt. Dies zeigt, daß grundsätzlich
andere Mechanismen vermutet werden müssen; man nimmt an, daß UV vorwiegend Punktmutationen, Röntgenstrahlen jedoch Deletionen hervorrufen.
Ein eindeutiger experimenteller Beweis ist jedoch noch nicht erbracht.
Die Dosisabhängigkeit bei Röntgenstrahlen läßt sich generell durch
folgenden Ausdruck für das 6-TG-System beschreiben:

$$m = aD + bD^2$$

(m: Mutationsrate, D: Dosis, a, b: Konstanten).
Wie schon gesagt, herrscht im niedrigen Dosisbereich der lineare Anteil vor. Trägt man die Mutationsrate nicht gegen die Dosis, sondern
gegen den Logarithmus der Überlebensrate auf, so ergibt sich für
viele verschiedene Säugerzellen trotz unterschiedlicher Abhängigkeit
von der Dosis eine einheitliche Gerade (Abbildung 12.6). Dies deutet
auf einen starken Zusammenhang zwischen Mutationsauslösung und Zellinaktivierung hin.

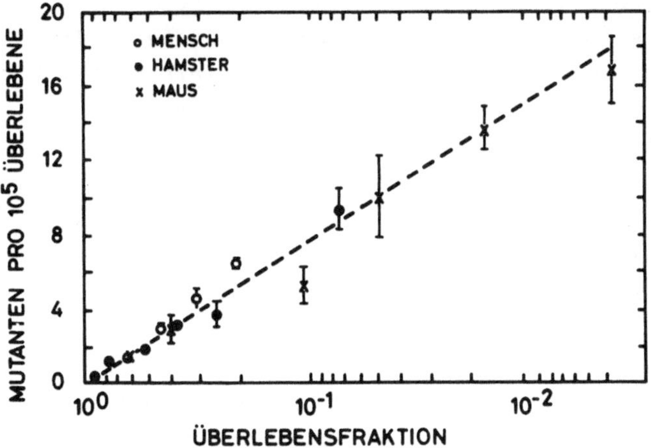

Abb. 12.6 Mutationsraten als Funktion der Überlebensfraktion nach Röntgenbestrahlung bei verschiedenen Säugerzellen. Quelle: THACKER 1979

Bei dicht ionisierenden Strahlen - wie schwere Ionen - ergeben sich
rein lineare Kurven. In diesem Fall ist allerdings die Analyse

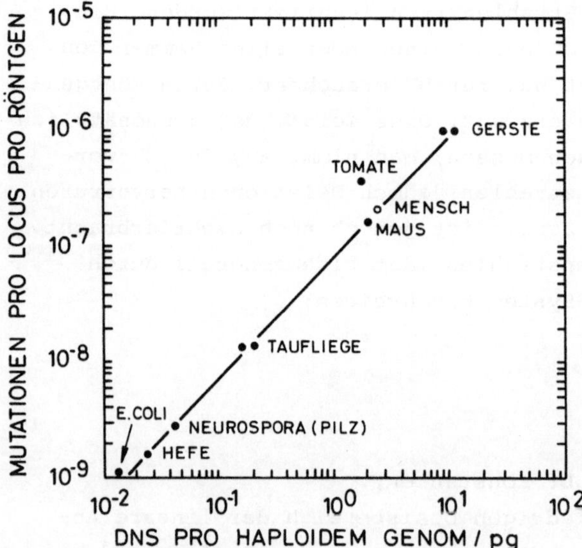

Abb. 12.7 Abhängigkeit der Mutationsrate pro Dosiseinheit vom DNS-
Gehalt (nur Vorwärtsmutationen). Quelle: ABRAHAMSON u.a. 1973

erschwert. Da die Zellen im Mittel nur wenige Treffer erhalten, haben
wir es bei der Bestrahlung von Mutanten und Überlebenden mit unterschiedlichen Populationsstrukturen zu tun. Die Mutanten müssen mindestens einen Treffer erhalten haben, während bei den Überlebenden
ein großer Anteil völlig ungetroffen ist, oder mit anderen Worten, die
mittlere absorbierte Dosis ist bei den Mutanten um mindestens einen
Treffer höher. Dennoch kann man sagen, daß dicht ionisierende Strahlen
in bezug auf die Mutationsauslösung effektiver sind. Betrachtet man
nämlich die Subpopulation, die mindestens einen Teilchendurchgang erhalten hat, so ist ihre Überlebenswahrscheinlichkeit kleiner oder gleich
der Gesamtpopulation. Die Mutationsrate wird üblicherweise bestimmt,
indem man die Zahl der Mutante durch die Zahl der gesamtüberlebenden
Zellen dividiert. Setzt man letztere zu hoch an, so erhält man zu geringe Mutationsausbeuten, d.h. diese sind in Wirklichkeit vielleicht
noch höher als errechnet, was die gemachte Aussage höchstens noch ver-
stärken würde. Für eine Abschätzung von Risiken ist der quantitative
Vergleich interessant: Während bei niedrigen Dosen die relative biologische Wirksamkeit (RBW) einen maximalen Wert von höchstens 5 aufweist, beträgt er in bezug auf Mutationen ca. 12. Dies zeigt u.a., daß
die Abschätzung von Qualitätsfaktoren (Kapitel 22) nicht nur auf Überlebenskurven basieren sollte.

12.4 Vergleich der strahleninduzierten Mutationen in verschiedenen Systemen

In Abschnitt 8.2 hatten wir den Versuch unternommen, die Strahlenempfindlichkeit in bezug auf das Überleben systematisch mit Zellkernfaktoren in Beziehung zu setzen. Ähnliche Überlegunger. sind auch für die Mutationsauslösung unternommen worden. Eine gesicherte Abhängigkeit hätte große praktische Bedeutung, weil man dann mit Hilfe mikrobieller Systeme mit einfacherer Versuchstechnik genetische Risiken abschätzen könnte. Abbildung 12.7 zeigt einen solchen Ansatz: Danach steigt die Mutationsrate pro Dosiseinheit linear mit dem DNS-Gehalt der Zellen. Allerdings ist zwischenzeitlich die Methodik sehr stark kritisiert worden (s. angegebene Literatur), so daß sich die schöne einfache Relation so nicht halten läßt. Dennoch bleibt die qualitative Aussage bestehen, daß die Mutationsempfindlichkeit um so höher ist, je größer der zelluläre DNS-Gehalt ist. Dies ist überraschend und erfordert kritische Überlegungen in bezug auf den Mechanismus der Mutationsauslösung. Falls nämlich ein Gen den strahlenempfindlichen Bereich darstellen würde, so dürfte seine Empfindlichkeit nur von seiner Größe abhängen und von Zelle zu Zelle nicht sehr stark schwanken. Dies ist aber offenbar nicht der Fall, was zu dem Schluß führt, daß eine Mutation nicht in einfacher Weise durch einen Treffer im Gen ausgelöst werden kann, sondern daß andere Faktoren auch noch eine Rolle spielen.

12.5 Neoplastische Transformation in vitro

Die strahlenbedingte Krebsentstehung stellt ohne Zweifel eine der zentralen Fragen der Strahlenbiologie dar, nicht nur wegen der naheliegenden Konsequenzen für die Risikoabschätzung, sondern auch aus dem grundsätzlichen Interesse, dem prinzipiellen Mechanismus der Cancerogenese auf die Spur zu kommen. Natürlich bilden Tierkollektive für diese Problematik das naheliegende Versuchsobjekt, jedoch sind die Experimente zeitlich und geldlich aufwendig und nur in wenigen Fällen eindeutig interpretierbar. Die Entwicklung von Techniken, welche es erlauben, eine neoplastische Transformation in Zellkulturen zu demonstrieren, kann daher als ein wichtiger methodischer Durchbruch gewertet werden.

Ausgangsmaterial sind entweder frische Explantate oder "etablierte" Zellinien (vgl. Kapitel 8). Die Transformation äußert sich in einer charakteristischen Veränderung des Wachstumsverhaltens. Die Technik ist im Prinzip zwar einfach, erfordert jedoch beträchtlichen Aufwand und große Erfahrung: Das Originalexplantat wird zunächst zerkleinert,und

dann mit Hilfe des Enzyms Trypsin eine Einzelzellsuspension hergestellt.
Diese wird in großer Verdünnung auf Kulturplatten gebracht, bestrahlt
und inkubiert. Während die normalen Zellen zu üblichen Kolonien heran-
wachsen, bilden die transformierten dichte "Foci", die morphologisch
unter dem Mikroskop identifiziert werden können. Der entscheidende
Test für die stattgefundene Transformation wird dadurch geführt, daß
diese Zellen Tieren injiziert werden, bei denen man die Immumabwehr
ausgeschaltet hat. In ihnen werden dann Tumore gebildet. Sehr eingehende Untersuchungen zeigten, daß dies nur bei den morphologisch charakterisierten transformierten Zellen geschah. Sie unterscheiden sich
allerdings auch noch in einer Reihe anderer Kriterien, die mit zur
Identifizierung herangezogen werden können. Dies ist auch schon deshalb
notwendig, weil nicht alle Zellinien eindeutig differenzierbare mor-
phologische Veränderungen zeigen.

Abbildung 12.8 stellt die Ergebnisse eines Versuchs mit Röntgenstrahlen und Neutronen dar. Man erkennt zunächst einmal die relativ

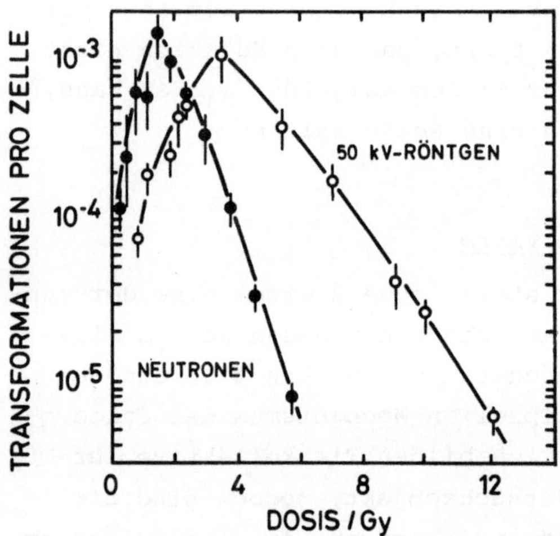

Abb. 12.8 Neoplastische Transformation bei Säugerzellen in vitro durch
50 kV-Röntgenstrahlen und Spaltneutronen. Quelle: HAN und ELKIND 1979

geringe Induktionsrate, woraus man den experimentellen Aufwand abschätzen kann. Außerdem sieht man, daß die Kurve der Dosisabhängigkeit ein Maximum durchläuft, was darauf zurückzuführen ist, daß bei
höheren Dosen weniger transformierte Zellen überleben. Der Abfall entspricht genau dem der Überlebenskurve. Höchst interessant ist das Verhalten bei fraktionierter Bestrahlung: Im Gegensatz zu der üblichen

"Lehrmeinung", daß daraus ein Schutzeffekt resultieren müßte (Abschnitt 13.3.1), ist im Bereich niedriger Dosen in diesem Fall eine Erhöhung der Transformationsrate festzustellen. Beachtlich ist auch, mit welch geringen Dosen eine in vitro-Transformation nachgewiesen werden kann. In Abbildung 12.8 ist auch die Dosiseffektkurve für Neutronen eingetragen: Im niedrigen Dosisbereich sind sie deutlich wirkungsvoller,

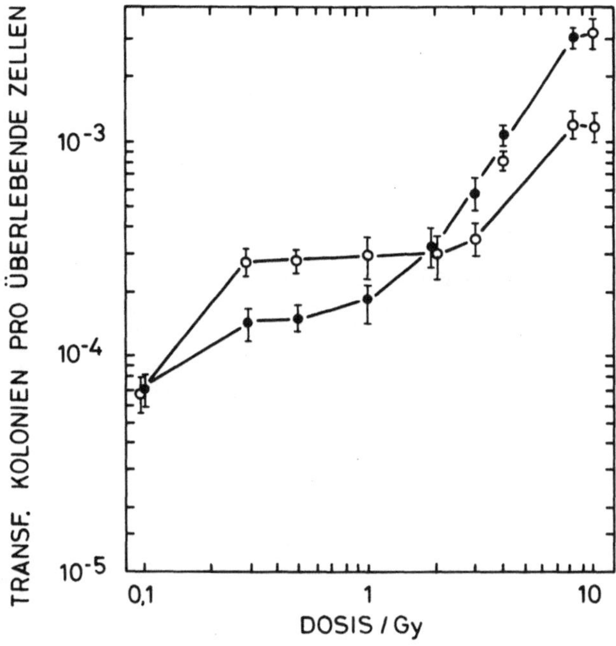

Abb. 12.9 In vitro-Transformation bei fraktionierter (o) und einmaliger (●) Röntgenbestrahlung. Quelle: MILLER, HALL und ROSSI 1979

jedoch liegt das Ausbeutemaximum nicht höher als bei Röntgenstrahlen, was darauf zurückzuführen ist, daß sie auch zu einer effektiveren Abtötung führen.

Es liegt auf der Hand, daß aus den beschriebenen Experimenten Konsequenzen für die Abschätzung des Strahlenrisikos zu ziehen sind. Diese Materie ist jedoch wegen der Neuheit der Befunde noch in keiner Weise ausdiskutiert.

LITERATUR:

AUERBACH 1976
BOREK 1979
BOREK 1980
DOUDNEY 1976
KIMBALL 1978
de NETTANCOURT und SANKARAKAYANAN 1979
O'NEILL u.a. 1977
RIEGER und MICHAELIS 1967
STAUSS 1968
THACKER, STRETCH und STEPHENS 1977

13. Reparatur und Erholung

Es wird in diesem Kapitel zwischen Reparatur- und Erholungsvorgängen
unterschieden. Von den ersten wird gesprochen, wenn der molekulare
Ablauf bekannt ist oder zumindest gesicherte Vorstellungen bestehen. Hierzu gehören die Fotoreaktivierung nach UV-Einwirkung, Exzisions-, Post-
replikations- und "SOS"-Reparatur, deren Mechanismus mit den experimentellen Methoden besprochen wird. Im Falle ionisierender Strahlen
sind vor allem Bruchreparaturen wichtig. Unter Erholung werden solche
Vorgänge verstanden, die zu einer Reduzierung des Strahleneffektes
führen und bei denen man den Mechanismus nicht kennt. Im abschließen-
den Teil wird die genetische Abhängigkeit der Reparaturprozesse diskutiert und auch auf die Bedeutung für den Menschen eingegangen.

13.1 Allgemeine Vorbemerkungen und Abgrenzungen

Die Entdeckung, daß Zellen die Fähigkeit besitzen, Schäden an ihrem
Genom zu reparieren, gehört sicher zu den spektakulärsten Erfolgen
strahlenbiologischer Forschung und hat eine kaum zu überschätzende
allgemein biologische Bedeutung. Die Faszination, die von diesen Vorgängen ausgeht, führt leider aber auch häufig dazu, jede Veränderung
der Strahlenempfindlichkeit mit Reparaturvorgängen zu identifizieren.
Man sollte hier terminologisch sauber verfahren: Als Reparatur sollen
nur die Prozesse bezeichnet werden, bei denen eine strahleninduzierte
molekulare Veränderung wieder rückgängig gemacht wird und wo dies
schlüssig experimentell nachgewiesen werden kann und nicht nur vermutet wird. In vielen Studien wird nun nicht die molekulare Ebene untersucht, sondern zelluläre Eigenschaften und Funktionen. Findet man
z.B. eine Erhöhung der Überlebensrate durch Veränderung der Inkuba-
tions- oder Bestrahlungsbedingungen, so kann dem durchaus Reparatur
zugrunde liegen, ohne weitere Evidenz ist dies jedoch rein hypothetisch. Eine solche Reduzierung des gemessenen Effekts soll mit dem
Begriff "Erholung" belegt und in einem separaten Abschnitt besprochen
werden. Reparatur und Erholung verhalten sich gewissermaßen zueinander
wie Genotyp und Phänotyp.

13.2.1 Fotoreaktivierung

An diesem Beispiel läßt sich das gerade gesagte gut exemplifizieren.
Bei diesem Prozeß handelt es sich um eine lichtabhängige enzymatische
Spaltung von Pyrimidindimeren. Obwohl es sich hier im Sinne der gegebenen Definition um Reparatur handelt, wird die eingeführte Bezeich-
nung "Fotoreaktivierung" beibehalten. Setzt man UV-bestrahlte Zellen
nach der Exposition sichtbarem oder langwelligem ultraviolettem Licht
aus, so stellt man im Vergleich zu dunkel gehaltenen Proben eine starke
Erhöhung der Überlebensrate fest (Abbildung 13.1).

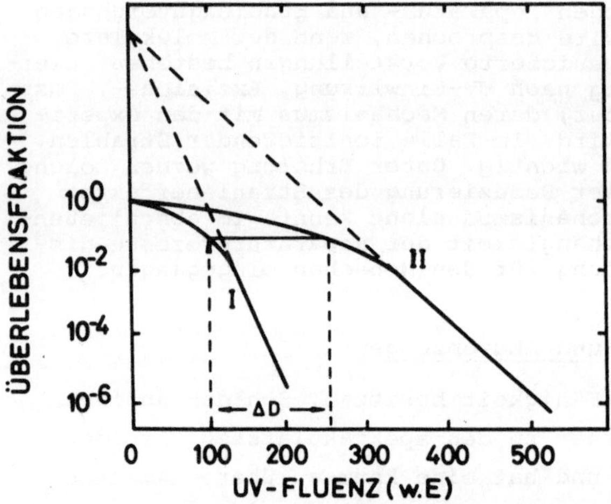

Abb. 13.1 Fotoreaktivierung in E.coli B/r. Man sieht aus der Gleich-
heit der Ordinatenabschnitte, daß diese Behandlung dosismodifizierend
wirkt (Dosismodifikationsfaktor 2,5, fotoreaktivierbarer Sektor: 0,6).
ΔD ist das "Dosisdekrement". Quelle: NOVICK und SZILARD 1949 (modifiziert).

Dieser Befund allein ist jedoch noch kein Beweis für Fotoreaktivierung.
Man hat nämlich gefunden, daß ein solches Verhalten auch bei Zellen
festgestellt werden kann, die das verantwortliche Enzym überhaupt nicht
enthalten. In diesem Fall kommt es durch die Lichteinwirkung zu einer
Zellteilungsverzögerung, welche die Erholung offenbar begünstigt, ganz
ähnlich wie die Inkubation unter Mangelbedingungen (verzögerte Ausplattung, Abschnitt 13.3.2). Man hat diese Erscheinung "indirekte Fotoreaktivierung" (unglücklich) oder "Fotoprotektion" (besser) genannt.
Ein typisches Indiz hierfür ist, daß der gleiche Effekt auch erhalten
wird, wenn die Lichtbehandlung der UV-Bestrahlung vorangeht. Die rein
fotochemische Spaltung von Pyrimidindimeren durch kurzwelliges UV, die
wir schon in Abschnitt 6.1 kennenlernten, darf ebenfalls nicht mit der

"echten" Fotoreaktivierung verwechselt werden, da sie – abgesehen von
dem anderen Wellenlängenbereich – ohne Vermittlung eines Enzyms vor
sich geht. Man sieht aus Abb. 13.1, daß die Fotoreaktivierung "dosismodifizierend" wirkt, also durch einen konstanten Dosismodifikationsfaktor DMF charakterisiert werden kann, der das Verhältnis der Dosen
angibt, die mit und ohne Fotoreaktivierung zum gleichen Effekt führen.
Eine andere oft benutzte Größe ist der "fotoreaktivierbare Sektor" PRS.
Es ist

$$PRS = 1 - \frac{1}{DMF} \tag{13.1}$$

Das Substrat für das Fotoreaktivierungsenzym, das neuerdings als Photo-
phospholyase bezeichnet wird, bilden Pyrimidindimere. Der Ablauf folgt
dem klassischen Schema enzymatischer Reaktionen:

$$\hat{P_y P_y} + E \; \overset{k_1}{\underset{k_2}{\rightleftarrows}} \; \left(E \; \hat{P_y P_y} \right) \; \overset{Licht}{\underset{k_3}{\rightarrow}} \; P_y + P_y + E \tag{13.2}$$

Pyrimidindimere $\hat{P_y P_y}$ bilden mit dem Enzym E in einer Dunkelreaktion
einen reversiblen Komplex $\left(E\ P_y P_y \right)$, der unter Lichteinwirkung in Pyri-
midinmonomere und freies Enzym gespalten wird. Daß der Vorgang so abläuft, konnte in vitro mit transformierender DNS und aus Zellextrakten
angereichertem Enzym gezeigt werden. Es war auch möglich, die in Schema (13.2) aufgeführten Reaktionskonstanten k_1, k_2 zu bestimmen (Tabelle
13.1).

TABELLE 13.2 Reaktionskonstanten der Fotoreaktivierung. Quelle: RUPERT
u.a. 1971

System	k_1 $mol^{-1}\ s^{-1}$	k_2 s^{-1}
E.coli intrazellulär	$1,5 \cdot 10^{14}$	4,3
in vitro Enzym aus Hefe	$1,6 \cdot 10^{14}$	7

Die intrazellulären Abläufe zu charakterisieren, gelang mit Hilfe der
Blitzlichtfotoreaktivierung. Man benutzt hierzu eine Bakterienmutante,
die wegen des Fehlens anderer Reparaturmechanismen schon auf wenige
UV-induzierte Dimere sehr empfindlich mit einer Reduktion der Überlebensrate reagiert. Durch Fotoreaktivierung wird diese erhöht, d.h. die
Zellen verhalten sich so, als ob sie ursprünglich eine geringere Bestrahlung erhalten hätten. Dieses so bestimmte "Dosisdekrement" (Ab-

bildung 13.1) entspricht einer bestimmten Zahl von monomerisierten
Dimeren, die man aus dem bekannten Wert der bei einer gegebenen Bestrahlung in der gesamten DNS induzierten Dimerenmenge errechnen kann.
Zunächst läßt sich nun die Zahl der Enzymmoleküle pro Zelle abschätzen.
Liegt das Substrat nämlich im großen Überschuß vor, so sind praktisch
alle Enzymmoleküle in Komplexe gebunden. Wird die Fotoreaktivierung
nun mit einem Blitz so schnell durchgeführt, daß es zu keiner Neubildung kommen kann, so ist die Zahl monomerisierter Dimere, die man aus
dem Dosisdekrement erhält, gleich der Zahl der vorhandenen Enzymmoleküle. Der erhaltene Wert ist erstaunlich niedrig - er beträgt 20 (!)
pro Zelle, d.h. nur ca. ein Hunderttausendstel des Gesamtproteinge-
haltes. Das Verhältnis k_1/k_2, das die Gleichgewichtskonzentration des
Komplexes angibt, läßt sich auf zweierlei Art abschätzen: Entweder
man variiert die ursprüngliche UV-Bestrahlung oder man verändert den
zeitlichen Abstand zwischen Dimerenbildung und fotoreaktivierendem
Blitz. Die Konstante k_1 der Hinreaktion läßt sich bestimmen, indem man
eine Folge zeitlich aquidistanter Blitze mit variabler Pausendauer
appliziert. Auf die beschriebene Art und Weist sind die in Tabelle
13.1 angegebenen in vivo-Werte ermittelt worden.

Die dritte Reaktionskonstante k_3 hängt natürlich von der Lichtin-
tensität ab. Bezeichnet man mit I die Quantenflußdichte (Fluenz pro
Zeiteinheit), so ist die Zahl der absorbierten Quanten ΔN bekanntlich
(vergleiche Abschnitt 2.1)

$$\Delta N = \varepsilon c J \, A \, \Delta x \cdot \ln 10$$

Die Zahl monomerisierter Dimere $\Delta P_y \hat{P}_y$ ergibt sich hieraus durch Multiplikation mit der Quantenausbeute Q. Die Zerfallskonstante k_3 bezeichnet den pro Zeiteinheit fotoreaktivierten Anteil der Komplexe, so daß
man schreiben kann

$$\Delta P_y \hat{P}_y = Q \, \varepsilon \, \left(E \, P_y \hat{P}_y \right) \, t \, I \cdot \ln 10$$

und somit

$$k_3 = \varepsilon \, Q \, I \cdot \ln 10$$

Die gemessenen Werte für $\varepsilon \cdot Q$ liegen in der Größenordnung von $2 \cdot 10^4$ dm³

mol^{-1} cm^{-1}. Da die Quantenausbeute höchstens 1 sein kann, muß der Extinktionskoeffizient mindestens die gleiche Größe haben, was an der oberen Grenze dessen liegt, was man üblicherweise für organische Moleküle findet. Um so erstaunlicher ist es, daß auch bei stark angereicherten Präparationen zunächst weder für das Enzym noch für den Komplex des Enzyms mit UV-bestrahlter DNS bei den für die Fotoreaktivierung wirksamen Wellenlängen eine Absorption festgestellt werden konnte. Der Grund liegt wahrscheinlich in der schon erwähnten äußerst niedrigen Konzentration. Mit verfeinerten Techniken konnte gezeigt werden, daß für die Absorption der Komplex verantwortlich ist, die Einzelbestandteile absorbieren nicht nennenswert in dem Bereich der größten Wirksamkeit.

Fotoreaktivierung wird nicht in allen Zellen gefunden. Sie kommt - abgesehen von Ausfallmutanten - in Mikroorganismen vor, aber nicht in allen höheren Eukaryonten. Die Grenze bilden die Marsupalia (Beuteltiere), es gibt also Fotoreaktivierung bei Amphibien, Vögeln und Känguruhs, nicht aber bei höheren Säugern. Allerdings hat man unter bestimmten Bedingungen auch in Säugerzellen ein fotoreaktivierendes Enzym feststellen können, woraus der Schluß zu ziehen wäre, daß hier seine Funktion eine andere ist als in niederen Organismen oder daß Pyrimidindimere nicht die für das Überleben entscheidende Rolle spielen. In Abbildung 13.2 sind die Wirkungsspektren der Fotoreaktivierung und Fotoprotektion in E.coli B/r dargestellt.

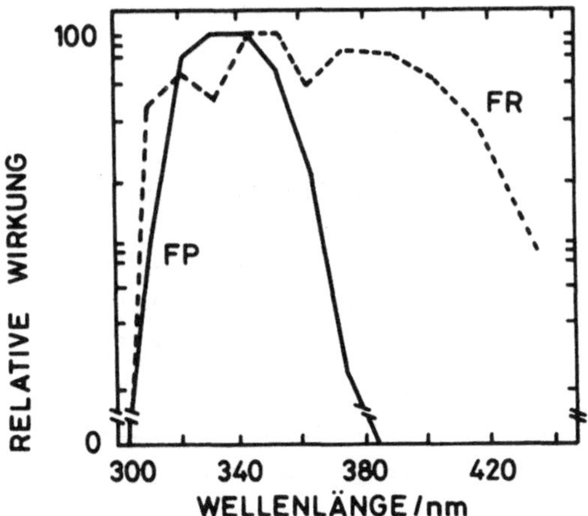

Abb. 13.2 Wirkungsspektren der Fotoreaktivierung und Fotoprotektion in E.coli B/r. Quelle: SETLOW 1966

13.2.2 <u>Exzisionsreparatur</u>

Der in diesem Abschnitt zu besprechende Prozeß kann neben der Fotoreaktivierung als der am besten aufgeklärte Reparaturvorgang gelten.
Seine Bedeutung reicht weit über die Strahlenbiologie hinaus, weil er
demonstriert, mit welchen Mitteln in lebenden Systemen die Stabilität
der genetischen Information erhalten werden kann. Es muß jedoch betont
werden, daß der schlüssige experimentelle Beweis lediglich für UV-Schäden geführt worden ist. Eine Verallgemeinerung auf andere Läsionen
liegt zwar nahe, kann bisher jedoch nur auf dem unsicheren Weg des
Analogschlusses durchgeführt werden. Die besonderen Eigenschaften der
Pyrimidindimere haben sich einmal mehr als ein besonderer Glücksfall
erwiesen.

Der Ablauf der Exzisionsreparatur ist in Abbildung 13.3 dargestellt:/

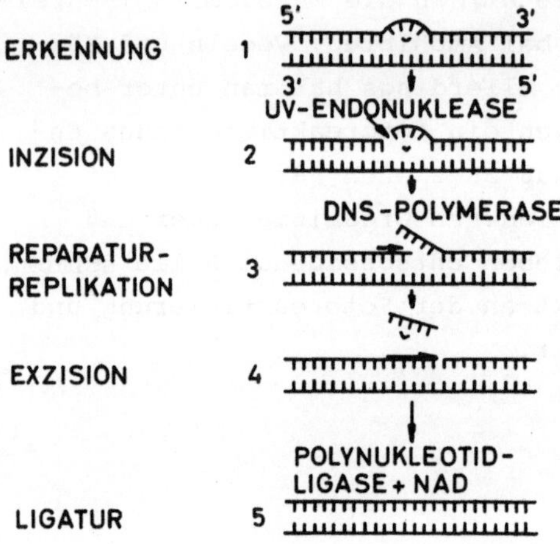

Abb. 13.3 Schema der Exzisionsreparatur. Quelle: KELLY u.a. 1969

Der erste notwendige Schritt besteht in der Erkennung des Schadens.
Wie dies genau geschieht, ist noch nicht genau bekannt. Es ist wahrscheinlich, daß durch Pyrimidindimere verursachte strukturelle Veränderungen der DNS als Substrate für konstitutiv vorhandene Enzyme
wirken, die an diesen Stellen binden und den nächsten Schritt einlei-
ten. Er besteht in der Bildung eines Einschnitts in dem geschädigten
Strang in unmittelbarer Nähe der Schadensstelle (Inzision). Hiervon
ausgehend wird nun neue DNS polymerisiert, wobei der ungeschädigte
Strang als Matrize dient und das Stück, das die Läsion trägt, heraus-
geklappt wird (Reparatur-Replikation). Es wird anschließend abgeschnit-
ten (Exzision). Als letzter Schritt muß nun noch die verbleibende Lücke

zwischen dem neuen Stück und dem ursprünglichen Strang geschlossen
werden (Ligatur).

Mit Ausnahme der Schadenserkennung sind - zumindest in Bakterien -
die einzelnen Abschnitte des beschriebenen Vorgangs experimentell ge-
sichert. Die Inzision läßt sich durch die Bestimmung des Molekulargewichts einsträngiger (denaturierter) DNS mit Hilfe der Ultrazentrifuge
nachweisen. Hierbei ist wichtig, daß UV-Bestrahlung bei den verwendeten
Bestrahlungen praktisch keine Strangbrüche hervorruft. Die Inzision
läßt sich sowohl in vitro mit UV-bestrahlter DNS und Zellextrakten als
auch in vivo demonstrieren. Dabei ist interessant, daß in der Zelle die
Zahl der Einschnitte, die sich in einer Reduktion des Molekulargewichts
äußert, immer sehr viel niedriger ist als die Zahl der Pyrimidindimere.
Es muß daraus geschlossen werden, daß die Inzision nicht an allen Läsionen gleichzeitig ansetzt, sondern sequentiell verläuft. Dies ist
biologisch sinnvoll, da sonst die Wahrscheinlichkeit gleichzeitiger
Einschnitte auf beiden Strängen an nahe beieinander liegenden Stellen
recht groß werden könnte, woraus dann Doppelstrangbrüche resultieren
würden.

Der Nachweis der Reparaturreplikation ist nicht ganz so einfach
zu führen, da ausgeschlossen werden muß, daß ein gemessener Einbau
auf normale semikonservative DNS-Replikation zurückgeht, die natürlich
außerdem in den Zellen ablaufen kann. Der Unterschied liegt darin, daß
bei der Reparatur neue kleine Stücke in bereits vorhandene Nukleinsäure
eingebaut wird. Zur Abgrenzung der beiden Vorgänge bedient man sich
einer Doppelmarkierungstechnik, die eine Variation der Experimente
von MESELSON und STAHL darstellt, mit denen ursprünglich die semikonservative Replikation der DNS erwiesen wurde (Abbildung 13.4): Vor der
Bestrahlung inkubiert man die Zellen für genügend lange Zeit in einem
Medium, das mit stabilen Isotopen höheren Atomgewichts (^{15}N, ^{2}H) angereichert ist oder das BUdR enthält. Damit erreicht man, daß die gebildete DNS eine höhere Dichte aufweist im Vergleich zu der im normalen
Medium gezüchteter Zellen. Werden die eingebauten Bausteine radioaktiv
markiert, so kann man die während dieser Zeit synthetisierte DNS durch
Zentrifugation in einem nach Dichte abgestuften Gradienten (üblicher-
weise nimmt man hierzu CsCl) nachweisen. Hierbei wird die Zentrifuga-
tionsdauer so gewählt, daß sich gemäß dem Archimedischen Prinzip ein
Gleichgewicht einstellt, d.h. die Moleküle werden entsprechend ihrer
Dichte sortiert. Um die "alte" DNS klar abzugrenzen, schiebt man nun
vor der Exposition noch eine kurze Inkubationsperiode in "leichtem"
Medium ein, damit die "schweren" Stücke gewissermaßen isoliert werden.
Nach der Exposition inkubiert man nun die Zellen mit Thymidin, das

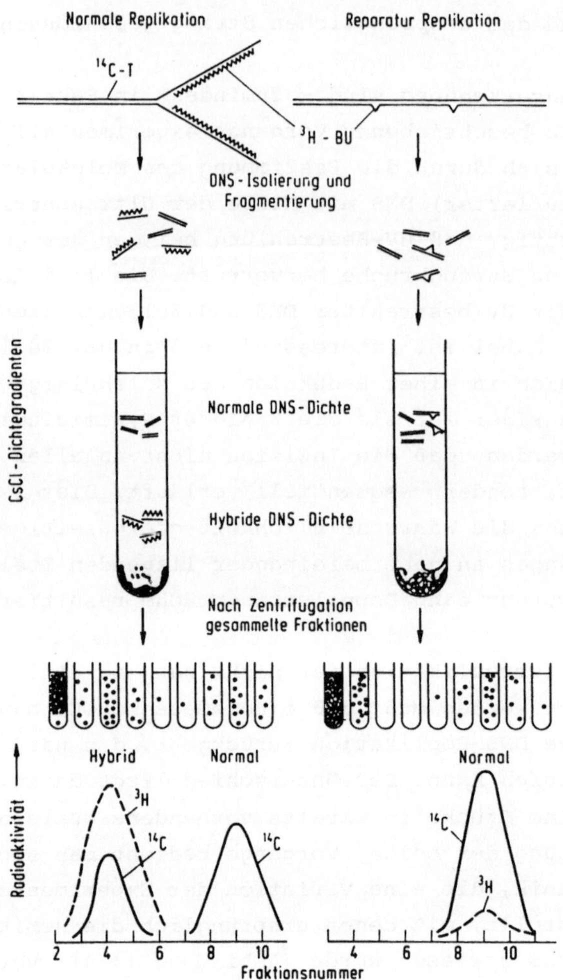

Abb. 13.4 Unterscheidung von semikonservativer und Reparatur-Replikation. Quelle: HANAWALT und HAYNES 1967, SMITH 1972

mit einem anderen Isotop als vorher radioaktiv markiert ist. Wenn man nun eine Sortierung nach unterschiedlicher Dichte vornimmt, so äußert sich Reparatur-Replikation darin, daß "alte" schwere DNS eine Markierung mit dem zweiten Radionuklid aufweist, während sich semikonservative Replikation nur in einer Markierung "leichter" DNS äußert (Abb. 13.4).

Die eigentliche Exzision wird durch das Auftreten von Pyrimidindimeren in niedermolekularen DNS-Abschnitten und durch ihre gleichzeitige Abnahme in der hochmolekularen DNS demonstriert. Ihr experimenteller Nachweis gab übrigens im Jahre 1964 den ersten Hinweis auf mögliche Reparaturvorgänge (SETLOW und CARRIER 1964).

Die Ligatur bildet gewissermaßen die Umkehr der Inzision und läßt
sich mit Hilfe der Molekulargewichtsbestimmung der einsträngigen DNS
- wie oben beschrieben - zeigen, d.h. nach entsprechender Inkubation
nimmt die Zahl der Einzelstrangbrüche wieder ab. Alle beschriebenen
Schritte werden durch spezielle Enzyme vermittelt, deren Aktivität in
Zellextrakten nachgewiesen werden konnte. Für die Inzision sind spezielle Endonukleasen zuständig. Reparaturreplikation und Exzision werden normalerweise durch ein multifunktionelles Enzym, die DNS-Polymerase I, katalysiert. Beide Prozesse laufen daher streng koordiniert ab,
was sehr sinnvoll ist, da dadurch vermieden wird, daß längere Stücke
einsträngiger DNS freigelegt werden. Dieses Enzym verfügt übrigens
noch über eine weitere Eigenschaft, die man als "proof-reading"-Akti-
vität bezeichnet. Hierbei handelt es sich um eine Exonuklease, die entgegengesetzt zur Replikationsrichtung ein Nukleotid abbauen kann und
immer dann in Aktion tritt, wenn keine korrekte Basenpaarung zustande
gekommen ist. Diese wichtige Funktion spielt auch bei der "SOS"-Repa-
ratur (Abschnitt 13.2.4) eine Rolle. Die Schließung der verbleibenden
Lücke geschieht mit Hilfe von Ligasen, die entweder ATP oder NADH als
Kofaktor benötigen. Falls durch eine Mutation eine der genannten En-
zymaktivitäten in der Zelle nicht mehr zur Verfügung steht, so zeigt
sich dies in einer erhöhten UV-Empfindlichkeit.

13.2.3 Postreplikationsreparatur

Die im vorigen Abschnitt angesprochenen Mutanten sind nicht die einzigen, die sich durch eine erhöhte UV-Empfindlichkeit auszeichnen. Man
fand außerdem, daß der genetisch bedingte Ausfall der Fähigkeit der
Rekombination zu einer größeren Sensibilität führt. Man versteht hierunter den Austausch genetischer Informationen zwischen Chromosomen oder
ihren Teilen. Sie läßt sich in entsprechenden genetischen Experimenten
zeigen. Mutanten, denen diese Fähigkeit fehlt, werden als "rec⁻" bezeichnet. Kombiniert man sie in Doppelmutanten mit exzisionsnegativen
Stämmen, so zeigt sich ein weiteres starkes Ansteigen der Strahlenempfindlichkeit. Dies ist ein deutlicher Hinweis darauf, daß wir es hier
mit einem weiteren unabhängigen Reparaturprozeß zu tun haben. Sein
Ablauf ist schematisch in Abbildung 13.5 - wieder untersucht an E.coli -
dargestellt. Man studiert ihn am besten in exzisionsnegativen Mutanten,
um das Bild nicht durch die sehr effektive Exzisionsreparatur zu über-
decken. In diesem Falle verbleiben die Schäden - wieder Pyrimidindimere - zunächst in der DNS. Bei der semikonservativen Replikation bilden sie zunächst einen Block für die DNS-Polymerase. Entgegen der ursprünglichen Auffassung kommt es dadurch jedoch nicht zu einer voll-

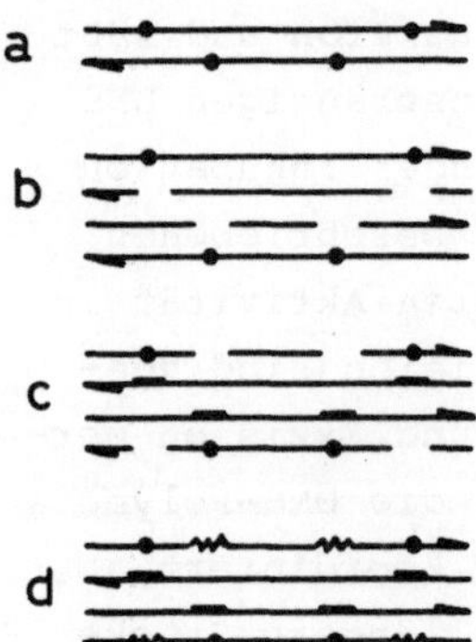

Abb. 13.5 Schema der Postreplikationsreparatur in E.coli: a: DNS mit
Dimeren (•) vor der Replikation; b: Lücken in neusynthetisierten Strängen gegenüber den Dimeren; c: Auffüllen der Lücken durch Austausch-
stücke aus "alter" DNS; d: Schließung der dabei entstandenen Lücken
durch Reparatursynthese. Quelle: RUPP u.a. 1971

ständigen Unterbindung der DNS-Verdopplung, sondern sie wird - gewissermaßen unter Umgehung der Schadensstelle - in einiger Entfernung wieder
aufgenommen. Damit entstehen bei der Synthese Lücken gegenüber den
Pyrimidindimeren. Auf dem nicht geschädigten Strang kann die Replikation ungestört vonstatten gehen. In einem nächsten Schritt werden nun
die fehlenden Stücke durch die entsprechenden Stücke aus der alten DNS
durch Austausch (Rekombination) ausgefüllt. Die nun hier entstehenden
Lücken können durch Reparaturreplikation geschlossen werden, wobei
der neu synthetisierte Partnerstrang als Matrize dient. Die Schäden
werden also nicht entfernt, sondern verbleiben im Genom. Bei der nächsten Replikation entstehen dann jedoch Zellen mit intakter genetischer
Information. Interessant ist hierbei, daß einige der Nachkommen der
Ausgangszelle die Schäden weitertragen.

Der beschriebene Mechanismus läßt sich experimentell wieder im
wesentlichen durch Doppelmarkierung und Ultrazentrifugation nachweisen. Dabei werden zunächst wieder alte und neue DNS - wie vorher beschrieben - durch unterschiedliche Dichte markiert. Die Lücken zeigen
sich in einem verminderten Molekulargewicht der neuen DNS. Ihre Zahl
stimmt mit der an Pyrmidindimeren überein. Hat man die alte DNS über-
dies mit einem bestimmten Radionuklid markiert, so dokumentiert sich
der Austausch in dem Auftreten dieser Aktivität in der neuen DNS. Die
abschließende Reparaturreplikation wird, wie im vorhergehenden Abschnitt beschrieben, nachgewiesen. Den Verbleib der nun nicht ausge-
schnittenen Dimere kann man chemisch verfolgen.

Die Kenntnisse über die beteiligten Enzyme sind noch unzureichend.
Bekannt ist lediglich, daß eine spezielle Exonuklease dabei eine Rolle

spielt, die in E.coli von der Funktion zweier Gene - recB, recC - abhängt. Ihre Wirkung steht unter der Kontrolle eines dritten Gens -
recA -, dessen Produkt offenbar die Tätigkeit der Nuklease begrenzt.
Wahrscheinlich hat dieses Enzym die Aufgabe, die bei der Replikation
entstandenen Lücken für eine mögliche Rekombination "aufzuarbeiten",
d.h. überstehende Enden abzubauen. Dies ist aber rein spekulativ. Re-
kombinationsdefiziente Mutanten sind nicht nur gegen UV, sondern auch
gegenüber ionisierenden Strahlen empfindlich. In Säugerzellen verläuft
die Postreplikationsreparatur etwas anders: die Lücken werden nicht
durch Rekombination, sondern spätere DNS-Neusynthese geschlossen. Auf
welche Weise dies geschieht, ist noch nicht sicher aufgeklärt.

13.2.4 "SOS"-Reparatur

Die in den vorigen Abschnitten besprochenen Prozesse sind - zumindest
für Bakterien, wo sie am ausführlichsten untersucht wurden - als die
wichtigsten Wege anzusehen, die Zellen normalerweise zur Verfügung
stehen, Schäden an ihrem Genom zu reparieren. Sie verlaufen in der
Regel weitgehend fehlerfrei, so daß sich die Frage erhebt, wieso es
eigentlich zu strahleninduzierten Mutationen kommt. Die Entdeckung
eines weiteren Reparaturweges gibt hierauf zumindest eine teilweise
Antwort. Man bezeichnet ihn als "SOS"-System, weil er gewissermaßen den
letzten Ausweg darstellt, wenn alle anderen Versuche gescheitert sind.
Der historische Ausgangspunkt ist die "WEIGLE"-Reaktivierung, die wir
in Abschnitt 7.2.3.2 kennengelernt haben. Interessant ist dabei
nun die Tatsache, daß eine Vorbestrahlung des Wirts nicht nur die Überlebensfähigkeit der Phagen erhöht, sondern daß hierbei auch vermehrt
Mutationen auftreten. Es muß sich hierbei also um eine fehlerhafte
("error prone") Reparatur handeln. Eine genauere Untersuchung zeigt,
daß sie nicht nur durch Bestrahlung, sondern auch durch eine Reihe
anderer Einflüsse, z.B. bestimmte Pharmaka, induziert werden kann. Gemeinsam ist ihnen allen, daß sie eine Arretierung der DNS-Replikation
bewirken, wie z.B. auch nicht entfernte Pyrimidindimere. Das Studium
der genetischen Abhängigkeit erwies, daß auf jeden Fall die Funktion
des uns schon bekannten recA-Gens notwendig ist, sowie die eines weiteren, das man als "lex" bezeichnet. Die Vermutung, daß es sich um einen
induzierbaren Vorgang handelt, wird durch zwei Befunde erhärtet: Erstens wird er durch Proteinsynthese-Inhibitoren teilweise unterdrückt,
zweitens konnte nach UV-Bestrahlung in E.coli die Neusynthese eines
bestimmten Eiweißmoleküls nachgewiesen werden, das man als "Protein X"
bezeichnet und mit dem Genprodukt von recA identifiziert. Die SOS-
Induktion ist nun keineswegs spezifisch für Reparaturvorgänge, sondern

sie führt auch zum Auftreten einer Reihe von anderen Prozessen wie
z.B. Prophageninduktion und filamentösem Wachstum der Bakterien, woraus
der Schluß zu ziehen ist, daß recA eine ganze Reihe von Funktionen kontrolliert.

In unserem Zusammenhang entscheidend ist, daß bei der SOS-Reparatur
die DNS-Polymerasen(wahrscheinlich Polymerase III in E.coli) so modifiziert werden, daß sie über eine Stopstelle - z.B. ein Pyrimidindime-
res - hinwegsynthetisieren können, wobei dann einleuchtenderweise Fehler
entstehen müssen. Dabei ist zunächst interessant, warum es dort zu
einem Halt der Replikation kommt: Es ist keineswegs so, daß die DNS-
Veränderung rein mechanisch ein Weiterrücken des Enzyms wie bei einem
Bremsklotz verhindert, sondern es spielt hier die selbstkorrigierende
("proof-reading") Aktivität des Enzyms eine entscheidende Rolle. Nach
jedem in den Tochterstrang eingesetzten Nukleotid prüft diese, ob eine
korrekte Basenpaarung vorliegt. Falls dies nicht der Fall ist, wird
die Inkorporation sofort wieder rückgängig gemacht und das "falsche"
Nukleotid wieder ausgeschnitten. In Falle einer strukturellen Veränderung kann es aber nie zu einer korrekten Basenpaarung kommen, so daß
die Polymerase gewissermaßen "auf der Stelle tritt". Es werden fort-
laufend erfolglose Versuche des Einbaus unternommen und unmittelbar
danach sofort wieder eliminiert. Diese Abbauprodukte bilden wahrscheinlich das Signal für die SOS-Funktionen, wozu u.a. auch eine Unterdrückung der "Proof reading Activity" gehört. Dann ist die weitere Replikation möglich, wenn auch nicht mehr fehlerfrei. Streng genommen
handelt es sich also gar nicht um eine Reparatur, sondern um ein Um-
gehen der Schäden, ohne sie zu entfernen.

Die "SOS"-Reparatur ist aber nicht auf Zellen beschränkt, welche
aus genetischen Gründen Exzisions- und Replikationsreparatur nicht ausführen
können, obwohl sie dort natürlich besonders wichtig ist. Bei einer
großen Zahl von strahleninduzierten Schäden kann die Exzision durch
ein Dimeres auf dem gegenüberliegenden Strang gestoppt werden bzw. es
können bei der Replikationsreparatur überlappende Lücken entstehen, die
dann nicht mehr durch Rekombination aufgefüllt werden können. Auch in
diesem Falle greifen dann die SOS-Funktionen ein. Mögliche, allerdings
noch weitgehend hypothetische Schemata des Ablaufs sind in Abbildung
13.6 dargestellt. Übrigens kann man sich auch auf analoge Weise die
Reparatur von Doppelstrangbrüchen (Abschnitt 13.2.6) vorstellen.

Inwieweit SOS-Reparatur auch in höheren Zellen vorkommt, kann noch
nicht eindeutig festgestellt werden, es gibt allerdings eine Reihe von
deutlichen Hinweisen: In Algen und Säugerzellen kann man die Strahlen-
resistenz durch eine Vorbestrahlung deutlich erhöhen; dieses Verhalten

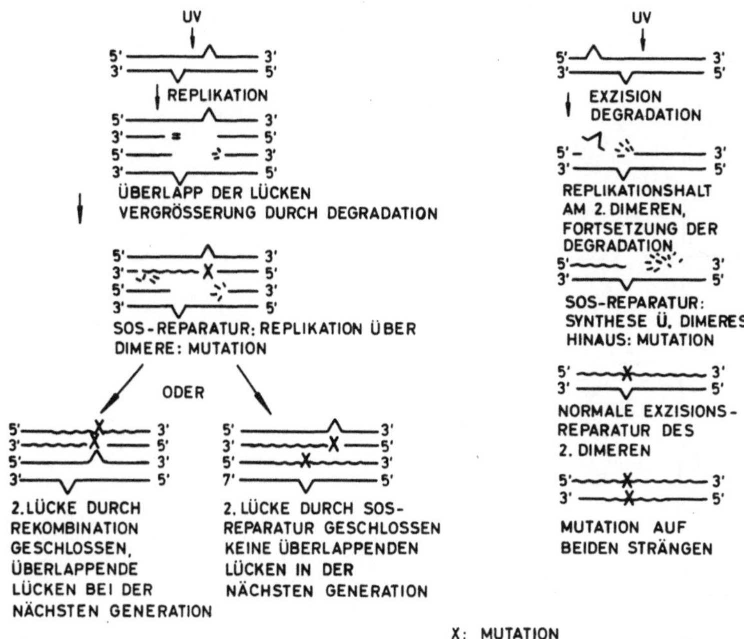

Abb. 13.6 Zwei mögliche Abläufe der SOS-Reparatur. Quelle: WITKIN 1976

ist abhängig von einer funktionierenden Proteinsynthese. WEIGLE-Reaktivierung kann auch bei Viren, die in Säugerzellen wachsen, demonstriert werden, ebenso - allerdings nicht in allen Fällen - eine damit verbundene erhöhte Mutationsrate.

13.2.5 Reparatur von Einzelstrangbrüchen

Einzelstrangbrüche sind (Abschnitt 6.2) eine der häufigsten molekularen Veränderungen nach Einwirkung ionisierender Strahlen auf die DNS. Sie können im Prinzip sehr einfach durch Molekulargewichtsbestimmung denaturierter DNS mit Hilfe der Ultrazentrifuge nachgewiesen werden. In zellulären Systemen muß jedoch der Versuchsablauf äußerst schonend erfolgen, damit durch die Manipulation nicht zusätzliche Brüche entstehen. Dies erreicht man dadurch, daß die Zellen, deren DNS vorher radioaktiv markiert wurde, in dem Zentrifugenröhrchen mit Hilfe spezieller Enzyme lysiert und die Zentrifugation unmittelbar anschließt, wobei durch die Wahl eines entsprechenden pH-Wertes dafür gesorgt wird, daß gleichzeitig eine Strangtrennung erfolgt. Läßt man zwischen Strahlenexposition und Analyse eine gewisse Inkubationszeit im Medium ver-

streichen, so stellt man fest, daß die Zahl der Strangbrüche sehr stark
reduziert ist (Abbildung 13.7).

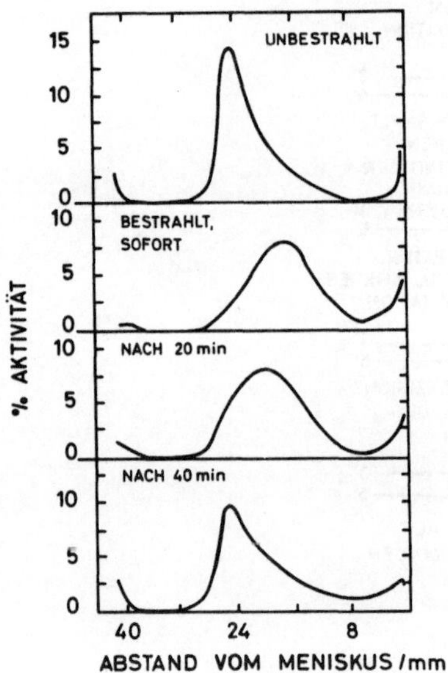

Abb. 13.7 Einzelstrangbruchreparatur: Die Zellen, deren DNS radioaktiv
markiert ist, werden im Zentrifugenröhrchen lysiert und dann in alka-
lischem Milieu zentrifugiert. Unmittelbar nach Bestrahlung stellt man
kurze Bruchstücke fest (geringe Sedimentationsrate), nach Inkubation
normalisiert sich die Länge wieder. Quelle: MCGRAWTH und WILLIAMS 1966

Eine genauere Analyse zeigt, daß die Einzelstrangbruchreparatur kein
einheitlicher Prozeß ist und in mindestens drei Phasen aufgeteilt werden kann. Der erste Teilprozeß verläuft äußerst schnell (in der Größenordnung von Millisekunden) und hängt wahrscheinlich mit strahlenchemischen Umsetzungen zusammen. Der zweite, der langsamer ist, jedoch auch
in Abwesenheit von Nährmedium abläuft, benötigt die Wirksamkeit der
DNS-Polymerase I, wie man aus Versuchen mit entsprechenden Mutanten
zeigen konnte. Der dritte ist sowohl von der Verfügbarkeit von Nährstoffen als auch der Funktion des Rekombinationssystems abhängig - er
ist in rec-Mutanten nicht nachzuweisen. Das beschriebene Verhalten wird
dadurch verständlich, wenn man bedenkt, daß die strahleninduzierten
Brüche chemisch sehr unterschiedliche Konfigurationen aufweisen können
(Kapitel 6), die für die Wirksamkeit der bruchverbindenden Enzyme nicht
notwendigerweise die "richtige" Struktur haben. Vor der Reparatur
müssen also u.U. "Reinigungsschritte" eingeschoben werden, die durch
Exonukleaseaktivitäten vermittelt werden.

13.2.6 Reparatur von Doppelstrangbrüchen

Doppelstrangbrüche wurden ursprünglich als irreversible Veränderungen angesehen, weil durch die drastische Zerstörung der DNS-Struktur die Möglichkeiten einer Reparatur sehr unwahrscheinlich erschienen. Die neueren Erkenntnisse über die Überstruktur des genetischen Materials, seine Integration mit Proteinen in den Nukleosomen lassen diese Annahme jedoch in einem anderen Licht erscheinen. In den letzten Jahren gelang es auch, Doppelstrangbruchreparatur nachzuweisen. Die experimentelle Technik entspricht der bei Einzelstrangbrüchen, nur daß die Zentrifugation jetzt in einem neutralen, nicht denaturierenden Medium stattzufinden hat. Auch bei dieser Reparatur scheint das Rekombinationssystem eine entscheidende Rolle zu spielen. Sie ist in Bakterien, Hefen und Säugerzellen gefunden worden.

13.3 Erholung

13.3.1 Erholung vom subletalen Strahlungsschaden

Überlebenskurven der meisten Zellen zeigen im niedrigen Dosisbereich "Schultern". Dieses Verhalten ist ein Ausdruck dafür, daß die Wirksamkeit eines Dosisinkrements mit steigender Dosis zunimmt oder mit anderen Worten, daß Zellen, die schon eine bestimmte Dosis erhalten haben, gegen eine weitere Erhöhung empfindlicher reagieren als unbestrahlte. Dies bedeutet, daß geringe Dosen offenbar nicht in demselben relativen Ausmaß zum Verlust der Überlebensfähigkeit führen wie hohe, jedoch bewirken sie eine Sensibilisierung gegenüber einer weiteren Bestrahlung. Die anfänglichen Schäden sind also subletal, und die Form der Überlebenskurven läßt sich auch so beschreiben, daß die Zellen die Fähigkeit haben, eine gewisse Zahl von Schäden als subletal zu akkumulieren. Dies impliziert keine Aussage über die Art der Schädigung. Es erhebt sich nun die Frage, was mit diesen subletalen Schäden in den überlebenden Zellen geschieht. Diese Frage läßt sich dadurch beantworten, daß man die Bestrahlung in Fraktionen aufteilt. Das Prinzip ist in Abbildung 13.8 dargestellt: Bestrahlt man Zellen bis zu einer Überlebensfraktion jenseits des Schulterbereichs, so sind die Überlebenden - da sie überleben - nur subletal geschädigt. Die Empfindlichkeit gegen eine zweite Bestrahlung ist ein Maß für die verbliebene subletale Schädigung. Verfolgt man sie als Funktion der Pausendauer zwischen den Dosisfraktionen, so kann man eine Aussage über Verschwinden oder Persistenz der subletalen Schäden erhalten. Zwei Extreme sind denkbar: Völlige Erholung zeigt sich darin, daß die überlebenden Zellen sich wie unbestrahlte verhalten und wieder eine "Schulterkurve" ergeben. Auf der

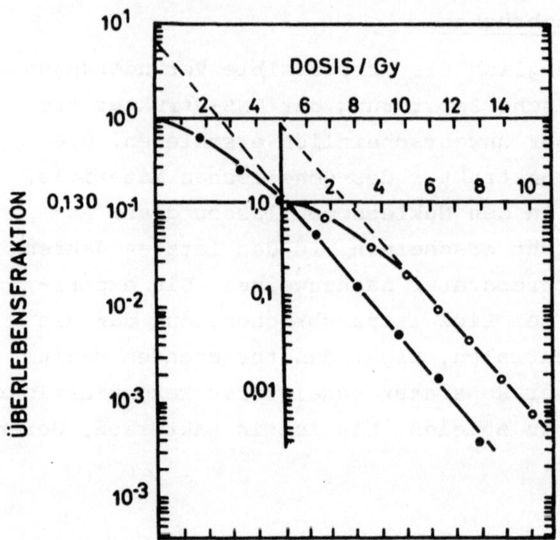

Abb. 13.8 Prinzip und Ergebnisse der Erholung vom subletalen Strahlenschaden: Die Zellen werden zunächst mit einer ersten Dosis bestrahlt
(Überlebensfraktion 0,13) und nach einer gewissen Pausendauer mit verschiedenen zweiten Fraktionen. Falls keine Erholung stattgefunden hat,
müßte sich die Einzeldosenüberlebenskurve (●) fortsetzen, bei völliger
Erholung wird – ausgehend vom Überlebensniveau nach der ersten Dosis –
eine Kurve wie für unbestrahlte Zellen erhalten (o). Das zweite ist
der Fall (chinesische Hamsterzellen, Röntgenstrahlen). Quelle: ELKIND
und SUTTON 1960

anderen Seite würde bei einem Verbleib der subletalen Schäden eine exponentielle Kurve erhalten, so als ob die zweite Bestrahlung der ersten unmittelbar gefolgt wäre. Ein entsprechendes Experiment wurde
1960 von ELKIND und SUTTON an röntgenbestrahlten Säugerzellen durchgeführt mit dem Ergebnis, daß nach wenigen Stunden die subletale Vor-
schädigung völlig verschwunden war, d.h. die Überlebenden der ersten
Fraktion verhielten sich dann so, als ob sie vorher nie bestrahlt worden wären. Dieses Resultat wurde später dann auch an vielen anderen
Systemen bestätigt.

Die Natur des zugrunde liegenden Vorgangs ist unbekannt, vor allem,
was sich auf molekularer Ebene abspielt. Aus diesem Grunde ist es im
Sinne der eingangs dieses Kapitels gegebenen Definitionen nicht statt-
haft, von Reparatur zu sprechen. Es handelt sich aber zweifelsfrei um
einen zellulären biologischen Prozeß, denn er hängt z.B. von einem
funktionierenden Energiestoffwechsel ab und kann z.B. durch Inhibierung
der RNS- (aber nicht der DNS-)Synthese gehemmt werden. Erholung von
subletaler Schädigung kann auch unter Bestrahlung ablaufen: Reduziert

man die Dosisleistung und exponiert unter für die Erholung günstigen
Bedingungen, so stellt man eine starke Abnahme der Sensibilität fest
(Abschnitt 14.2). Betrachtet man den Verlauf der Empfindlichkeit als
Funktion der Pausendauer, so zeigt sich ein etwas merkwürdiges Ver-
halten (Abbildung 13.9).

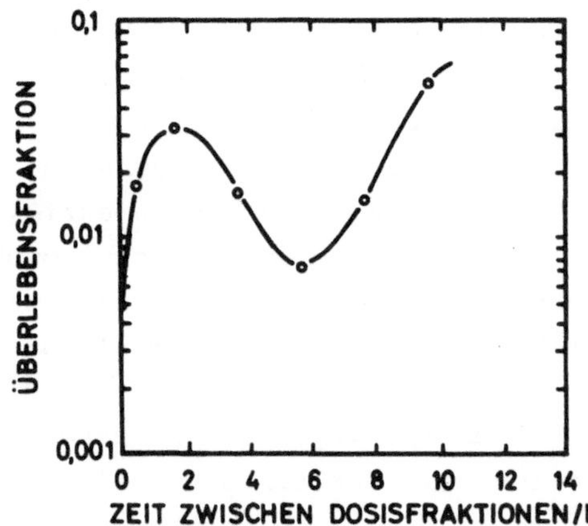

Abb. 13.9 Der zeitliche Verlauf der Erholung vom subletalen Strahlenschaden. Quelle: ELKIND und SUTTON 1960

Die Überlebensrate nach der zweiten Fraktion nimmt nicht, wie man erwarten würde, kontinuierlich zu, sondern durchläuft ein Maximum und
ein Minimum, bevor sie einem Grenzwert zustrebt. Dieser Verlauf wird
jedoch verständlich, wenn man bedenkt, daß übliche Zellpopulationen
alle Zyklusstadien enthalten, die verschiedene Empfindlichkeiten haben
(Kapitel 10). Mit der ersten Bestrahlung trifft man eine gewisse Selektion. Die Überlebenden kommen natürlich hauptsächlich aus der resistentesten Subpopulation. Bei weiterer Inkubation schreiten sie in
ein Stadium höherer Empfindlichkeit fort, d.h. ihre Überlebenswahrscheinlichkeit nach der zweiten Dosis nimmt ab. Dieser Verlauf ist der
Erholung überlagert, wodurch sich das Minimum in der Kurve erklärt.

Auch UV-Überlebenskurven zeigen Schultern als Ausdruck der Akkumulation subletaler Schädigung. In diesem Falle ist die Erholung, die
nach Röntgenstrahlen unabhängig vom Zellzyklusstadium abläuft, auf die
S-Phase beschränkt.

Die beschriebene Abhängigkeit der Sensibilität vom zeitlichen Bestrahlungsmuster hat über das Prinzipielle hinaus große praktische Bedeutung für die Strahlentherapie.

13.3.2 Erholung vom potentiell letalen Strahlenschaden

Das Phänomen, das hier zu besprechen ist, wurde - allerdings unter anderem Namen - wie so oft zunächst bei Mikroorganismen festgestellt: Hält man z.B. bestrahlte Hefezellen, bevor man sie zur Bebrütung auf Nährmedium bringt, zunächst unter ansonsten optimalen Bedingungen (richtige Temperatur, ausreichende Sauerstoffversorgung) in nährstofffreier Suspension, so zeigt sich nach der späteren Ausplattung eine deutlich erhöhte Koloniebildungsfähigkeit. Diese Erscheinung erhielt den Namen "delayed plating" (DPR) oder "liquid holding recovery". Die zugrunde liegenden Prozesse sind eindeutig zellbiologischer Natur, da sie temperatur- und stoffwechselabhängig sind. Die Beteiligung von Reparaturprozessen folgt daraus, daß DPR nach UV-Bestrahlung in exzisionsnegativen Mutanten nicht auftritt. In Wildtypzellen kann sie sowohl nach UV als auch Röntgenbestrahlung demonstriert werden, wobei in letzterem Fall das Ausmaß des Sauerstoffeffekts im wesentlichen erhalten bleibt.

Eine direkte Übertragung auf Säugerzellen ist wegen deren großer Empfindlichkeit nicht ohne weiteres möglich. Ein ähnliches Verhalten wird jedoch gefunden, wenn man durch Pharmaka die Proteinsynthese inhibiert oder die Zellen nach Erreichen der stationären Wachstumsphase in dem "verbrauchten" Medium beläßt. Ergebnisse eines entsprechenden Experiments sind in Abbildung 13.10 und 13.11 gezeigt. Es hat sich neuerdings eingebürgert, die beschriebene Erscheinung als "Erholung vom potentiell letalen Strahlenschaden" zu bezeichnen. Man führt sie darauf zurück, daß durch die Verlangsamung des Stoffwechsels zur Ausheilung von Schäden mehr Zeit bleibt. Man beachte die Parallelen zum "mutation frequency decline" (Kapitel 12), jedoch sind beide Prozesse nicht identisch. Auf ihre mögliche Bedeutung bei der Tumorradiotherapie wird in Kapitel 23 eingegangen.

13.4 Genetische Abhängigkeit der Reparaturprozesse

Wie wir schon mehrfach betont haben, beruhen unsere Kenntnisse über Reparaturprozesse zum größten Teil auf Arbeiten mit Bakterien, und hier vor allem Escherichia coli. Wir werden allerdings sehen, daß hiervon Impulse ausgingen, die bis zum Verständnis menschlicher Erbkrankheiten reichen. Die Erfolge mit bakteriellen Systemen sind nicht so sehr auf die relative Einfachheit der experimentellen Techniken zurückzuführen, sondern vor allem auf die Tatsache, daß bei ihnen die genetischen Hintergründe verhältnismäßig leicht durchschaubar und die Isolierung stabiler sensibler Mutanten möglich ist. So ist ver-

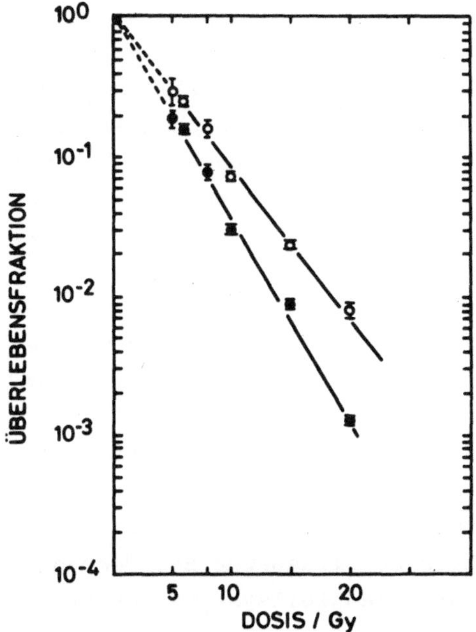

Abb. 13.10 Erholung von potentiell letalen Schäden in Säugerzellen:
●: sofortige Ausplattung; o: Ausplattung nach mehrstündiger Haltung
in "verbrauchtem" Medium. Quelle: HAHN und LITTLE 1972

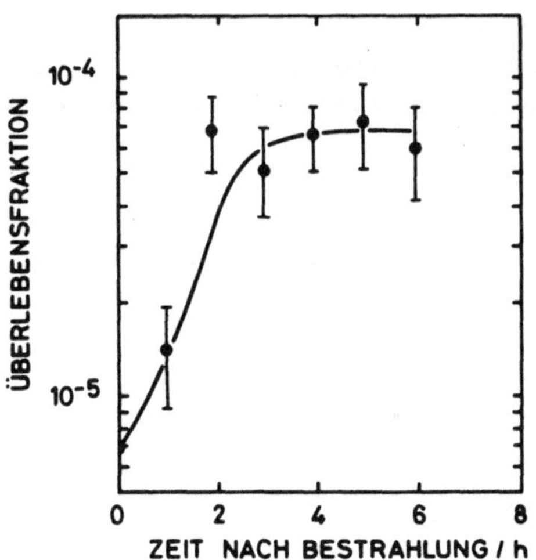

Abb. 13.11 Zeitlicher Verlauf der Erholung von potentiell letaler Schädigung (Säugerzellen). Quelle: HAHN und LITTLE 1972

ständlich, daß die genetische Abhängigkeit von Reparaturprozessen in
E.coli am besten bekannt ist. Man kann ohne Übertreibung sagen, daß
die Erforschung in anderen Zellarten eigentlich in allen Fällen an den
Erkenntnissen in Bakterien "Maß genommen hat". Man muß sich aber trotz
aller Erfolge klar machen, daß solche Analogiebetrachtungen u.U. zum
Übersehen wichtiger Aspekte führt, da die Struktur des Genoms und des
Replikationszyklus in Eukaryonten sich sehr deutlich von der in Bakterien unterscheidet (s. Anhang II). Untersuchungen mit Säugersystemen
werden durch die relative genetische Instabilität der in vitro kulti-
vierten Zellen begrenzt. Einen gewissen Ausweg könnten Studien mit genetisch stabilen eukaryotischen Mikroorganismen bilden. Hier sind vor
allem Hefezellen zu nennen.

Eine neuere Zusammenstellung (HANAWALT, COOPER, GANESAN und SMITH
1979) verzeichnet über 60 Genorte, die Einfluß auf die Strahlenempfindlichkeit von E.coli haben. Von fast allen ist die Position auf dem
Chromosom bekannt. Wir wollen hier nicht eine umfassende Besprechung
anstreben, sondern uns auf die drei wichtigsten Teilsysteme beschränken (Tabelle 13.2).

TABELLE 13.2 Mutationen mit Einfluß auf die Strahlenempfindlichkeit in
E.coli (beschränkte Auswahl). Quelle: HANAWALT, COOPER, GANESAN und
SMITH 1979

Name	Position[a]	Genprodukte
uvrA	91	UV-endonuclease (Teil)
uvrB	17	UV-endonuclease (Teil)
uvrC	42	UV-endonuclease (wahrsch. Teil von uvrB)
recA	58	"recA-Produkt", Protein X
recB	60	Exonuclease V (Untereinheit)
recC	60	Exonuclease V (Untereinheit)
polA	85	DNS-Polymerase I
polA1	85	Polymerase-Aktivität von Polymerase I
polAex	85	5'-Exonucleaseaktivität von Polymerase I
polB	2	DNS-Polymerase II
polC	4	DNS-Polymerase III
lig	51	DNS-Ligase
phr	16	Photoreaktivierendes Enzym

[a] aus Konjugationsexperimenten (Anhang II)

1. <u>uvr-Mutationen</u>: Diese Gruppe kontrolliert die UV-Empfindlichkeit
   über das Exzisionssystem. Es sind fünf Ausfallmutanten bekannt, von
   denen die wichtigsten uvrA, uvrB und uvrC sind. Das erste Gen kontrolliert die Inzisionsaktivität, welche für den ersten Einschnitt
   in der Nähe eines Pyrimidindimeren verantwortlich ist (UV-Endonu-
   klease, Corr-endonuclease II).Dasselbe gilt für uvrB; es handelt
   sich jedoch nicht um das gleiche Gen, wie schon aus der unterschie-
   lichen Position auf dem Chromosom hervorgeht. Wahrscheinlich wird
   die aktive Endonuclease aus einem Komplex der Produkte von uvrA
   und uvrB gebildet. Die Funktion von uvrC ist nicht ganz klar, außer
   daß der Ausfall ebenfalls die Inzision reduziert, jedoch nicht vollständig unterbindet.

2. <u>rec-Mutationen</u>: Der Name deutet auf eine Beteiligung an Rekombina-
   tionsprozessen hin, jedoch ist ihre Bedeutung erheblich weitreichen-
   der.Es sind sieben oder acht Mutationen dieser Gruppe bekannt, denen
   allen gemeinsam ist, daß sie sowohl UV- als Röntgenstrahlenempfindlichkeit bewirken. Die wichtigsten sind recA, B und C. Das erste
   nimmt offenbar eine Schlüsselrolle für viele Prozesse ein. Das Genprodukt, Protein X (s. Abschnitt 13.1.4), kann durch DNS-Schäden
   induziert werden, wird jedoch in geringen Mengen auch konstitutiv
   synthetisiert. recB und recC codieren für Untereinheiten einer Exonuclease (Exonuclease V), welche bei der Replikation gegenüber von
   Schäden entstandene Tochterstrangbrüche vergrößert und für folgende Rekombinationen vorbereitet. Diese Aktivität wird durch das recA-
   Produkt kontrolliert, dessen Fehlen zu einer unkoordinierten Degradation der DNS führt ("reckless mutants"). Ohne Exonuclease V können Rekombinationen nicht ablaufen.recA ist außerdem essentiell für
   die SOS-Reparatur und andere Vorgänge, wie z.B. die Prophageninduktion.

3. <u>pol- und lig-Mutationen</u>: Diese Klasse hat nicht nur Bedeutung für
   Reparaturprozesse, sondern auch die normale DNS-Replikation. Die
   pol-Mutationen bewirken einen Ausfall oder eine Veränderung der
   DNS-Polymerasen, von denen in E.coli drei bekannt sind: polA ist
   zuständig für Polymerase I, das Kornberg-Enzym (s. Anhang II.1),
   polB für Polymerase II und polC für Polymerase III. Durch spezielle
   Mutationen können auch bestimmte Teilaktivitäten unterdrückt werden, so z.B. die 5'-Exonuclease-Aktivität durch polAex oder die
   Polymeraseaktivität durch polA1.
   Die Schließung der letztlich bei der Exzision verbleibenden Lücken
   wird bekanntlich durch eine Ligase vermittelt, der ein Genort "lig"
   zugeordnet ist. Daß dieses Enzym auch für das normale Zellüberleben

essentiell ist - z.B. für die Verbindung der OKAZAKI-Fragmente (Anhang II) -, geht aus der Tatsache hervor, daß eine lig-Mutation
normalerweise letal ist. Die Untersuchung und Charakterisierung ist
daher nur möglich mit Zellen, bei denen die Ligasesynthese tempera-
turabhängig ist und somit durch Änderung der Inkubationstemperatur
an- und abgeschaltet werden kann.

Zum Abschluß sei der Vollständigkeit halber erwähnt, daß auch phr$^-$-
Mutanten bekannt sind, die kein photoreaktivierendes Enzym tragen.
Wenden wir uns nun eukaryotischen Zellen zu: Bei der Hefe Saccharomyces cerevisiae sind mehr als 60 Genorte bekannt, welche Einfluß auf
die Strahlenempfindlichkeit haben. Die entsprechenden Ausfallmutanten
werden entsprechend einer internationalen Vereinbarung mit "rad" und
einer nachfolgenden Zahl bezeichnet, wobei die Nummern bis 49 einschließlich für eine erhöhte UV-Empfindlichkeit reserviert sind. Gene,
welche die Röntgenstrahlensensibilität erhöhen ohne gleichzeitige ver-
ringerte UV-Resistenz, tragen Zahlen ab 50. Die Charakterisierung auf
molekularer Ebene ist weit weniger fortgeschritten als bei E.coli:
Sicher nachgewiesen ist lediglich die Inzision bei Pyrimidindimeren
sowie die Photoreaktivierung, sowie - dies ist etwas besonderes - die
genetische Abhängigkeit der Reparatur von Doppelstrangbrüchen (Ausfall-
mutante rad 52). Es gibt natürlich viele interessante Modelle, die aber
noch der weiteren Absicherung bedürfen, auf die wir daher nicht weiter eingehen wollen. Hier liegt noch ein weites Feld der experimentellen Betätigung.

Bei Säugerzellen ist die Situation noch unbefriedigender, weil
die Isolierung stabiler Mutanten große Schwierigkeiten bereitet. Auf
der anderen Seite hat aber das Studium von Reparaturprozessen zu einem vertieften Veständnis mancher <u>Erbkrankheiten</u> geführt, das nicht
nur für die Strahlenbiologie, sondern sogar für die praktische Medizin Bedeutung hat. Auch hier zeigt sich wieder einmal, wie scheinbar
esoterische Untersuchungen zu Konsequenzen führen, die weit über das
ursprünglich ins Auge gefaßte Ziel hinausführen. Tabelle 13.3 führt
Erbkrankheiten auf, bei denen eine Veränderung der Strahlenempfindlichkeit nach Biopsien in der Zellkultur nachgewiesen oder wenigstens
sehr wahrscheinlich gemacht wurde.

Am ausführlichsten untersucht ist Xeroderma pigmentosum (XP), eine
rezessiv vererbte Krankheit, die sich in einer Überempfindlichkeit gegen UV-Strahlen und sehr großer Anfälligkeit für Hautkrebs äußert.
Die betroffenen Menschen überleben selten das zwanzigste Lebensjahr.
Man fand, daß es zwei Erscheinungsformen gibt: die "klassische" XP,
bei der die Zellen den Inzisionsschritt nicht ausführen können und
Varianten, die normale Inzision zeigen und wahrscheinlich in einem

TABELLE 13.3 Menschliche Erbkrankheiten, bei denen erhöhte Strahlenempfindlichkeit festgestellt wurde. Quelle: HANAWALT, COOPER, GANESAN
und SMITH 1979

Name	Symptom	Vererbungsart
Ataxia telangiectasia	Röntgenempfindlichkeit, spontane Chromosomen-aberrationen, neurologische Fehlentwicklung	autosomal rezessiv
Blooms Syndrome	UV-Empfindlichkeit spontane Chromosomen-aberrationen	autosomal rezessiv
Cockayne Syndrom	UV-Empfindlichkeit, Zwergwuchs, vorzeitiges Altern	autosomal rezessiv
Fanconi Anämie	Knochenmarksdefizienz, spontane Chromosomen-aberrationen, Wachstums-retardierung, empfindlich gegen bestimmte Radio-mimetika	autosomal rezessiv
Progerie	Vorzeitige Senilität	?
Retinoblastom	Augenkrebs, Röntgenstrahlen-empfindlichkeit	
Xeroderma pigmentosum	UV-Empfindlichkeit, Hautkrebs, neurologische Fehlentwicklungen	autosomal rezessiv

anderen Reparaturschritt gestört sind (möglicherweise Lückenschließung).
XP-Zellen zeigen eine normale Empfindlichkeit gegen Röntgenstrahlen.

Dagegen sind Ataxia telangiectasia-Patienten überempfindlich gegen
ionisierende Strahlung. Der molekulare Mechanismus ist noch nicht aufgeklärt. Die anderen Krankheiten sind noch weniger charakterisiert.
Betrachtet man die Liste der Symptome, so fällt auf, daß nicht nur
meist eine erhöhte Zahl von Chromosomenaberrationen festgestellt wird
- was bei einem Ausfall von Reparaturprozessen verständlich ist -,
sondern auch geistige Fehlentwicklungen, was auf die allgemeine biologische Bedeutung der Reparaturprozesse hinweist.

LITERATUR:

CLEAVER 1974

HANAWALT und SETLOW 1975

HANAWALT, COOPER, GANESAN und SMITH 1979

HARM 1976

PATERSON 1979

TOWN, SMITH und KAPLAN 1973

WITKIN 1976

14. Modifikationen der Strahlenwirkung durch äußere Einflüsse

Es ist das Ziel dieses Kapitels, an einigen wichtigen oder typischen
Beispielen zu zeigen, von welchen weiteren - außer den an anderer Stelle
ausführlicher besprochenen - physikalischen und chemischen Parametern
das Ausmaß des zellulären Strahleneffekts bestimmt wird. Die zeitliche
Dosisverteilung spielt eine wichtige Rolle, sowohl in praktischer als
auch theoretischer Hinsicht. Im Hinblick auf Hyperthermietherapien wird
die Kombinationswirkung von ionisierender Strahlung und erhöhter Temperatur besprochen. Modifikationen durch Pharmaka werden am Beispiel des
Coffeins dargestellt. Im letzten Abschnitt soll exemplarisch gezeigt
werden, wie komplex die biologische Wechselwirkung von Strahlung mit
Säugerzellen ist - gewissermaßen als Warnzeichen gegen die vorschnelle
Akzeptierung "gesicherter Erkenntnisse".

14.1 Vorbemerkungen

Selbst bei gegebenem biologischen Objekt und wohldefinierter Strahlenart kann man die Strahlenwirkung keineswegs als Konstante betrachten,
da sie durch viele äußere Parameter modifiziert werden kann. Wir haben
hierfür vor allem in Kapitel 9 und 13 schon Beispiele kennengelernt.
Sehr häufig werden für solche Veränderungen in unkritischer Weise Re-
paraturphänomene verantwortlich gemacht, ohne daß hierfür experimentelle Evidenz vorliegt, eine Problematik, die wir schon im vorigen Kapitel 13 angesprochen haben. Zweck dieses Kapitels soll sein, einige
wichtige äußere Parameter, welche den Strahleneffekt beeinflussen,
exemplarisch ohne Anspruch auf Vollständigkeit vorzustellen. Wir haben
uns dabei einmal von der subjektiven Einschätzung ihrer Bedeutung zum
Verständnis der zugrunde liegenden Prozesse leiten lassen, zum anderen
von praktischen Überlegungen im Hinblick auf neuere Entwicklungen der
Strahlentherapie. Der letzte Abschnitt (Tonizität) soll ein Beispiel
dafür geben, wie wichtig auch nebensächlich erscheinende Faktoren sein
können.

14.2 Zeitliches Bestrahlungsmuster

Obwohl der zeitliche Verlauf chemischer und biologischer Reaktionen
schon mehrfach angesprochen wurde, erscheint eine zusammenfassende

Besprechung wünschenswert. Tabelle 14.1 gibt eine simplifizierende Übersicht über den zeitlichen Verlauf der Prozesse, die bei der Ausbildung der <u>biologischen Strahlenschädigung</u> eine Rolle spielen.

Tabelle 14.1 Zeitskala der biologischen Strahlenwirkung. Quelle: ADAMS und JAMESON 1980 (modifiziert).

Zeit/s	Prozeß
	Physikalische Prozesse
10^{-18}	Passage schneller Teilchen durch kleine Atome
$10^{-17} - 10^{-16}$	Ionisierung: $H_2O \rightarrow H_2O^+ + e^-$
10^{-15}	Elektronische Anregung: $H_2O \rightarrow H_2O^*$
10^{-14}	Ion. Molekül-Reaktionen: $H_2O^+ + H_2O \rightarrow OH^\cdot + H_2O^+$
10^{-12}	Hydratisierung: $e^- \rightarrow e^-_{aq}$
	Chemische Prozesse
$<10^{-12}$	Reaktionen nicht hydratisierter Elektronen
10^{-10}	Radikalreaktionen bei hoher Partnerkonzentration (≈ 1 mol dm^{-3})
$<10^{-7}$	Reaktionen in "spurs"
10^{-7}	Homogene Verteilung von Radikalen
10^{-3}	Radikalreaktionen bei niedriger Partnerkonzentration ($\approx 10^{-7}$ mol dm^{-3}) Sauerstoffeffekt
1	Abschluß von Radikalreaktionen
$1 - 10^3$	Biochemische Reaktionen
	Biologische Prozesse
$10^3 - 10^4$	Reparaturprozesse, Zellteilungsinhibierung
$10^2 - 10^5$	"ZNS-Tod", "Darmtod"
$10^5 - 10^6$	Bluttod
$10^7 - 10^8$	Spätschäden

Man sieht, wenn man im Vorgriff auf spätere Kapitel die Wirkung auf den Gesamtorganismus mit einbezieht, daß ein Bereich von 26 Zehnerpotenzen überstrichen wird, woraus die Bedeutung des Zeitfaktors wohl unmittelbar einleuchtet.

Die Dauer der Exposition ist somit sicher ein wesentlicher Parameter. Da der Dosisbereich, in welchem biologische Effekte, z.B. die Koloniebildungsfähigkeit, gemessen werden können, beschränkt ist, bedeutet eine Untersuchung des Zeitfaktors gleichzeitig auch eine Variation der Dosisleistung. Nach unten sind ihr praktisch keine Grenzen gesetzt (wohl aber der Nachweisbarkeit der Effekte in vernünftigen Zeiten), während die Technik der Bestrahlungsapparaturen sie nach oben limitiert. Mit Feldemissionsquellen ("Febetron") kann man heute bei Röntgenstrahlen bis ca. $2 \cdot 10^{11}$ Gy s^{-1} (10^3 Gy in 5 ns) erreichen.

Der Einfluß sehr hoher Dosisleistungen auf das Zellüberleben ist noch nicht hinreichend untersucht, um generelle Schlüsse zu ziehen. Ein wesentlicher, jedoch in diesem Zusammenhang trivialer Effekt ist die strahlenbedingte Sauerstoffzehrung (Abschnitt 9.2.2), die zu abgeknickten Überlebenskurven führt. Der Sauerstoffeffekt bildet einen wichtigen Ansatzpunkt, die Kinetik und die Relevanz schnell ablaufender Prozesse auf der zellulären Ebene zu untersuchen. Entsprechende Techniken haben wir schon in Abschnitt 9.2.2 vorgestellt.

In einigen Systemen wurde gefunden, daß in Ab-, aber nicht in Anwesenheit von Sauerstoff bei sehr hohen Dosisleistungen eine Sensibilisierung auftritt. Ein Beispiel ist in Abbildung 14.1 dargestellt.

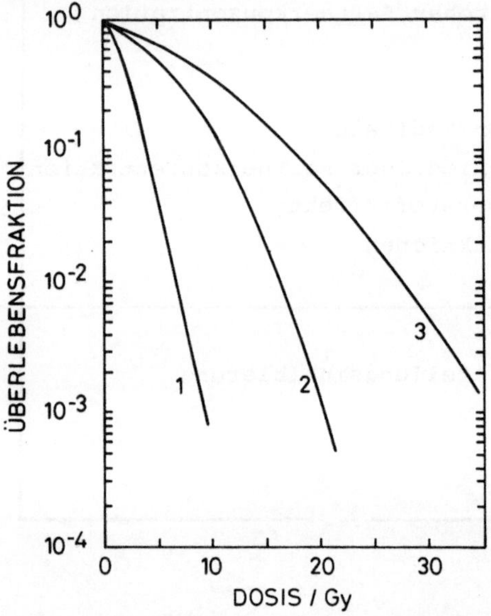

Abb. 14.1 Abhängigkeit des Überlebensverhaltens von der Dosisleistung (dünn ionisierende Strahlen) bei menschlichen Nierenzellen. 1: Exposition in Gegenwart von Sauerstoff, hohe und niedrige Dosisleistung, 2: Exposition in N_2, Gesamtdosis in einem 40 ns-Puls (sehr hohe Dosisleistung), 3: Exposition in N_2 mit konventioneller Dosisleistung (^{60}Co-γ-, 2 Gy min^{-1}). Quelle: PURDIE, INHABER und KLASSEN 1980

Die Untersuchung dieser Erscheinung, die wichtige Auswirkungen für die Strahlentherapie haben könnte, steht jedoch in den Anfängen.

Ausführlicher hat man sich mit der Auswirkung geringer Dosislei-

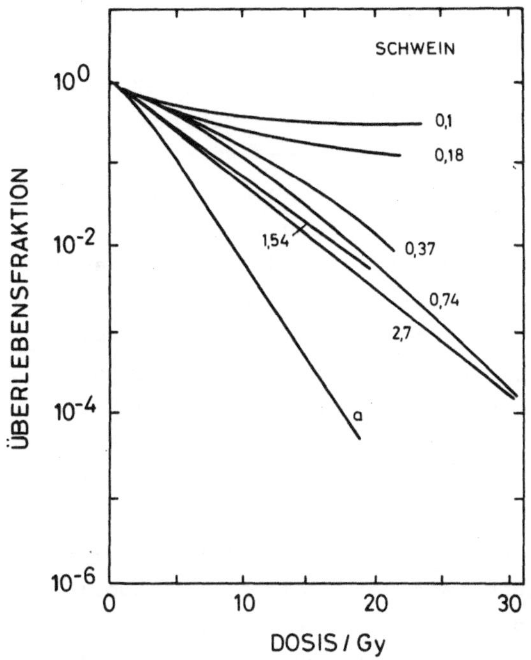

Abb. 14.2 Überlebenskurven bei unterschiedlicher Dosisleistung (Gy h^{-1}) von Schweinezellen. a: akute Bestrahlung: 1,43 Gy min^{-1}. Quelle: MITCHELL, BEDFORD und BAILEY 1979

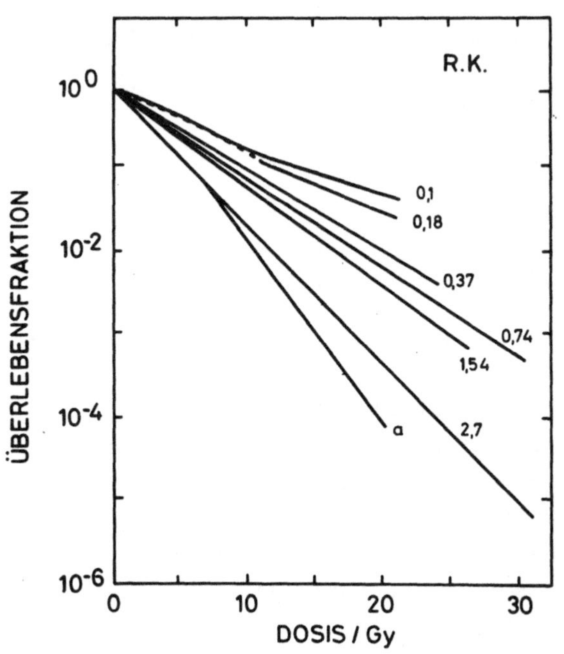

Abb. 14.3 wie in Abbildung 14.2, jedoch für Rattenkänguruhzellen. Man beachte die Unterschiede bei Langzeit- und die Ähnlichkeit bei Kurzzeitbestrahlung. Quelle: MITCHELL, BEDFORD und BAILEY 1979

stungen beschäftigt, jedoch ergeben sich hier neue grundsätzliche Schwierigkeiten: Aus den Versuchen mit fraktionierter Bestrahlung (Abschnitt 13.3.1) würde man erwarten, daß bei kontinuierlicher Exposition genügend niedriger Dosisleistung die Erholung von subletalen Strahlenschäden während der Exposition stattfindet und so zu einer Reduzierung des Effekts führt. Das wird im Prinzip auch gefunden, jedoch muß man bedenken, daß aufgrund der strahleninduzierten Progressionsverzögerung (Abschnitt 10.2) eine Umverteilung der Zyklusphasen in der Population stattfindet. Dabei handelt es sich vor allem um einen relativen Anstau in G_2, einer empfindlichen Phase, so daß wir es mit einer Überlagerung zweier gegenläufiger Einflüsse zu tun haben. Aus diesem Grunde ist der Dosisleistungseffekt nicht so ausgeprägt, wie man es theoretisch erwarten würde. Dies führt auch noch zu anderen interessanten Konsequenzen: Da die Zellteilungsverzögerung auch bei Zellen, die in bezug auf das Überleben nach akuten Dosen gleich empfindlich sind, unterschiedlich sein kann, können sie bei protrahierter Exposition verschiedene Koloniebildungsfähigkeit zeigen. Die Abbildungen 14.2 und 14.3 demonstrieren dies an einem Beispiel. Obwohl bei beiden Zellarten deutlich Erholungsphänomene zu sehen sind, ist die Linie mit der größeren Verzögerung pro Dosiseinheit wesentlich empfindlicher. Generell läßt sich jedoch feststellen, daß eine Protrahierung bei gleicher Dosis zu höheren Überlebensraten führt. Inwieweit das auch für Mutationen und Carcinogenese gilt, muß derzeit - jedenfalls bei niedrigen Dosen - dahingestellt bleiben (vgl. Abschnitt 12.4).

LITERATUR (14.2):
ADAMS und JAMESON 1980
MITCHELL, BEDFORD und BAILEY 1979

14.3 Temperatur

Die Temperatur ist nicht nur ein wichtiger und interessanter Parameter zur Modifikation der zellulären Strahlenempfindlichkeit, sondern auch von praktischem Interesse, da die Kombination mit Hyperthermie als eine Möglichkeit angesehen wird, die Strahlentherapie von Tumoren zu verbessern (Abschnitt 23.2.3). Man muß sich allerdings darüber im klaren sein, daß der Übertragbarkeit von einem System auf das andere sehr enge Grenzen gesetzt sind, da die Wärmeabhängigkeit verschiedener Zellarten sehr stark variiert und selbst innerhalb einer Art sehr beträchtliche Unterschiede auftreten können. Hinzu kommt, daß die Temperatur auf der einen Seite für die Geschwindigkeit enzymatischer Reaktionen eine entscheidende Größe darstellt, auf der anderen Seite aber auch zelluläre Funktionen schädigen kann. So ist es nicht verwunderlich, daß Temperatureinflüsse auch noch von den Kulturbedingungen abhängen. Dies wird deutlich aus Abbildung 14.4: Diploide Hefezellen wurden bei verschiedenen Temperaturen entweder auf Nährmedium inkubiert oder einer "liquid-holdung"-Behandlung (vgl. Abschnitt 13.3.2) unterzogen und dann bei 30°C ("Normaltemperatur") inkubiert.

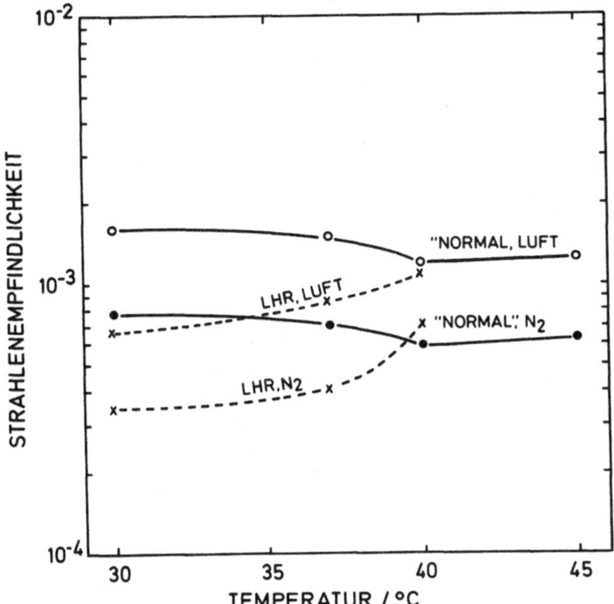

Abb. 14.4 Strahlenempfindlichkeit (Kehrwert der 10%-Dosis) von diploiden Hefezellen als Funktion der Temperatur nach Exposition (4 Tage) bei unterschiedlicher Behandlung. "normale": Inkubation auf Nährmedium bei der angegebenen Temperatur, Exposition in Luft oder N_2, LHR: Inkubation auf nährstofffreiem Medium bei der angegebenen Temperatur, anschließend Bebrütung auf Nährmedium bei 30°C. Quelle: KIEFER 1978

Man sieht, daß die Erholung von potentiell letalen Schäden mit steigender Temperatur abnimmt, und zwar stärker nach Exposition in sauerstofffreier Atmosphäre, während bei Bebrütung auf Nährmedium innerhalb des gewählten Bereichs die Empfindlichkeit mit der Temperatur abnimmt. Die Wechselwirkung zwischen erhöhten Temperaturen und ionisierenden Strahlen ist wegen möglichen Anwendungen in der Strahlentherapie (Abschnitt 22.3.3) bei Säugerzellen von besonderem Interesse. Abbildung 14.5 zeigt, daß bei V79-Hamsterzellen Hyperthermienachbehandlung zu einer Sensibilisierung führt.

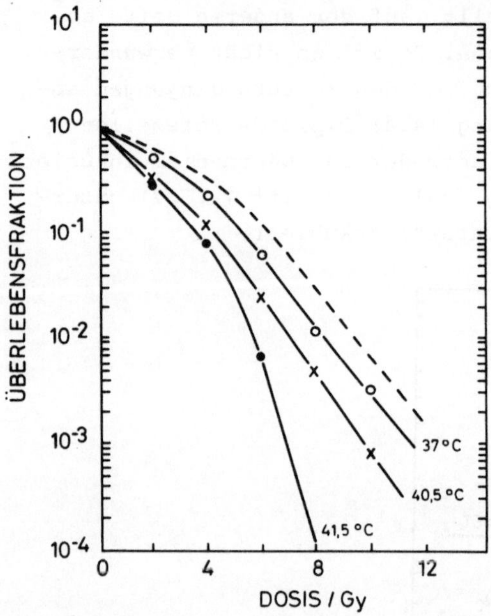

Abb. 14.5 Veränderung der Koloniebildungsfähigkeit nach Röntgenbestrahlung in Luft bei chinesischen Hamsterzellen durch eine zweistündige Wärmenachbehandlung bei den angegebenen Temperaturen. Gestrichelt: Ausplattung unmittelbar nach Bestrahlung. Quelle: BEN-HUR, ELKIND und BRONK 1974

Dieses Ergebnis findet man im Prinzip ähnlich auch bei anderen Säugerzellen. Die Sensibilisierung wird auf eine Reduktion von Erholungsprozessen zurückgeführt, denn Hyperthermie inhibiert sowohl die Erholung von subletalen als auch potentiell letalen Schäden. Von besonderer Bedeutung ist, daß auch das Sauerstoffverstärkungsverhältnis abnimmt. Trotz der prinzipiellen Ähnlichkeit der in verschiedenen Säugerzellkulturen gefundenen Ergebnisse bestehen erhebliche Unterschiede im Quantitativen, das gilt auch für die Reihenfolge der beiden Behandlungen. Welche zelluläre Struktur für die Sensibilisierung durch Wärme verantwortlich sein kann, ist umstritten; mögliche und diskutierte Kandidaten sind vor allem Membranen und Proteine.

Für die Beurteilung der Effekte ist natürlich auch die Kenntnis der Hyperthermieempfindlichkeit allein - d.h. ohne Strahlung - wichtig. Auch hier bestehen erhebliche Unterschiede. Übereinstimmend ist festzustellen, daß Zellen in der S-Phase am empfindlichsten sind. Es scheint so, als ob Hypoxie die Wärmeabtötung erhöht, doch kann dies auch mit intrazellulären pH-Verschiebungen zusammenhängen. Ein komplizierendes Phänomen ist die sogenannte Thermotoleranz, d.h. wärmevorbehandelte Zellen zeigen oft später eine geringere Hyperthermie-Empfindlichkeit.

Man entnimmt aus dem allen, daß von einer grundsätzlichen Klarheit
noch nicht gesprochen werden kann. Dennoch ist es interessant, die
Wärmeempfindlichkeiten verschiedener Systeme einmal zu vergleichen.
Das ist in Abbildung 14.6 in Form eines sogenannten ARRHENIUS-Dia-
gramms geschehen, in welchem die Steigungen der Hyperthermieüberle-
benskurven im halblogarithmischen Raster gegen den Kehrwert der absoluten Temperatur aufgetragen sind.

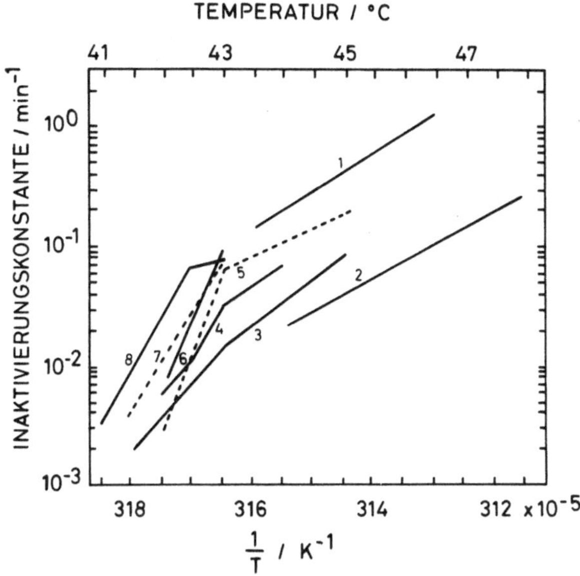

Abb. 14.6 "ARRHENIUS"-Diagramme der Hitzeinaktivierung von Säugerzellen
(verschiedene Labors): Chinesische Hamsterzellen: Kurven 1, 4, 6, 7;
Hela-Zellen: 3, 8; Rattentumorzellen: 5; Schweinenierenzellen: 2. Auf
der Ordinate ist der Kehrwert der Steigung im exponentiellen Teil der
Überlebenskurven aufgetragen. Quelle: ROSS-RIVEROS und LEITH 1979.

(Für die Grundlage dieses Verfahrens s. Lehrbücher der physikalischen
Chemie.) Man erkennt, daß man bei allen Systemen zwei lineare Teile
erkennen kann, die bei ca. 42,5°C kreuzen. Das deutet auf das Vorliegen von zwei unterschiedlichen Prozessen hin, die jedoch beide noch
nicht identifiziert sind.

LITERATUR (14.3):

ALPER 1979

ROSS-RIVEROS und LEITH 1979

STREFFER, VAN BEUNINGEN u.a. 1979

THRALL, GERWECK, GILLETTE und DEWEY 1976

14.4 Chemikalien

Chemikalien können auf sehr verschiedene Weise die Strahlenreaktion
beeinflussen:

    als Strahlenschutzsubstanzen oder Sensibilisatoren (Kapitel 9)
    als Stoffwechselinhibitoren
    als Radiomimetika (Abschnitt 15.4)
    als Reparaturinhibitoren
    unspezifisch.

Die ersten drei Punkte sind an anderen Stellen behandelt, wir wollen
uns hier mit Einflüssen beschäftigen, die nicht so leicht zuzuordnen
sind. Dabei können wir keinen umfassenden Überblick geben, sondern
wollen wieder exemplarisch vorgehen, indem wir uns vor allem mit einer
vielbenutzten Substanz, dem Coffein (Abbildung 14.7), beschäftigen.

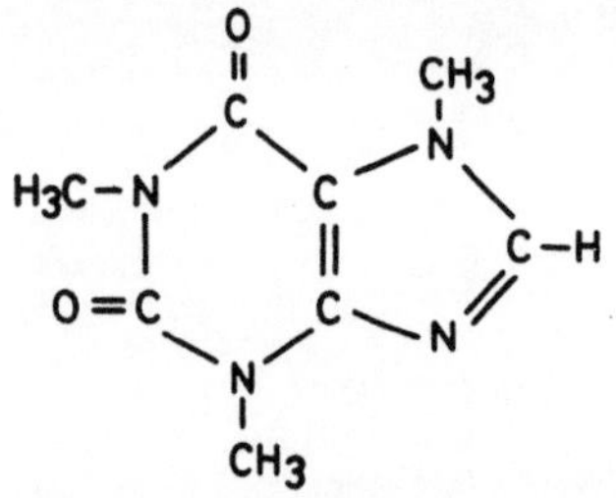

Abb. 14.7 Struktur des Coffeins

Es wird sehr häufig als Reparaturinhibitor eingestuft, aber der genaue
Nachweis des Wirkungsmechanismus ist noch nicht erbracht.

Setzt man dem Inkubationsmedium Coffein in nicht toxischen Konzentrationen zu, so zeigt sich bei Bakterien, Hefen und Säugerzellen
eine größere Strahlenwirkung. Am ausführlichsten ist dies zunächst
bei Bakterien untersucht worden, wo man feststellte, daß die Exzisionsreparatur nach UV unterdrückt wurde. In Säugerzellen ist dies aber
nicht der Fall, vielmehr scheint hier die Lückenschließung bei der
Postreplikationsreparatur beeinflußt zu werden. Interessanterweise
werden normale menschliche UV-bestrahlte Zellen nur wenig durch Coffein
sensibilisiert, wohl aber Nagetier- und XP-Zellen (vgl. Abschnitt 13.4).
Man sieht daraus, welch große Vorsicht bei der Übertragung von Ergebnissen geboten ist.

Die Situation ist noch überraschender, wenn man nicht nur die Koloniebildungsfähigkeit betrachtet: Coffein reduziert die strahleninduzierte Progressionsverzögerung, allerdings wird sie "nachgeholt",

wenn man nach einiger Zeit den Stoff entfernt. Dieses Verhalten ist
nur schwer mit einer generellen Reparaturinhibition in Einklang zu
bringen. Es kann also sein, daß Coffein im Zellstoffwechsel noch ganz
andere Einflüsse ausübt.

Coffein ist nicht der einzige Stoff, der durch eine Nachbehandlung
den Strahleneffekt verstärkt, obwohl der gebräuchlichste. Andere sind
Acriflavin, Theophylin und Theobromin.

LITERATUR (14.4):
ADLER 1970
HANAWALT und SETLOW 1975
KIEFER und WIENHARD 1977
SNYDER, KIMLER und LEEPER 1977
SCHROY und TODD 1975
TOLMACH, JONES und BUSSE 1977
WALDREN und RASKO 1978

14.5 Tonizität

Dieser Abschnitt soll beispielhaft zeigen, in welcher Weise Behandlungs-
bedingungen, denen man prima facie vielleicht nur eine untergeordnete
Bedeutung beimessen würde, das Ergebnis entscheidend beeinflussen
können. Es handelt sich hierbei um die Salzkonzentration im Bestrah-
lungsmedium. Normalerweise strebt man Isotonizität an, die man z.B. mit
0,16 molarer NaCl-Lösung erreichen kann. Eine Veränderung in gewissen
Grenzen hat keinen Einfluß auf die Koloniebildungsfähigkeit unbestrahl-
ter Kontrollen, wohl aber die Strahlenempfindlichkeit, wie man aus
der Abbildung 14.8 entnehmen kann. Interessant ist nun, daß auch wichtig ist, ob die Zellen sich in Suspension befinden oder an die Unter-
lage angewachsen sind. In beiden Fällen ergibt sich eine Sensibilisierung sowohl durch Hypo- als auch Hypertonie. Nur bei angewachsenen
Zellen führt jedoch eine starke Hypertonie zu einem Wiederansteigen
der nach einer bestimmten Dosis gemessenen Überlebensfraktion. Daß es
sich hierbei nicht um eine spezifische Wirkung der verwendeten Ionen
handelt, geht daraus hervor, daß ähnliche, wenn auch nicht identische
Effekte durch Saccharose erzielt werden können. Die Beeinflussung der
Strahlenempfindlichkeit ist nicht nur auf die Behandlung während der
Bestrahlung beschränkt, sondern kann auch durch Vor- oder Nachbehandlung erreicht werden. Da Säugerzellen bekanntlich in Kultur äußerst
empfindlich auf Umweltbedingungen reagieren, sind die Ergebnisse vielleicht nicht überraschend, jedoch ist die Reproduzierbarkeit - auch
bei verschiedenen Zellinien - beeindruckend. Es wird vermutet, daß

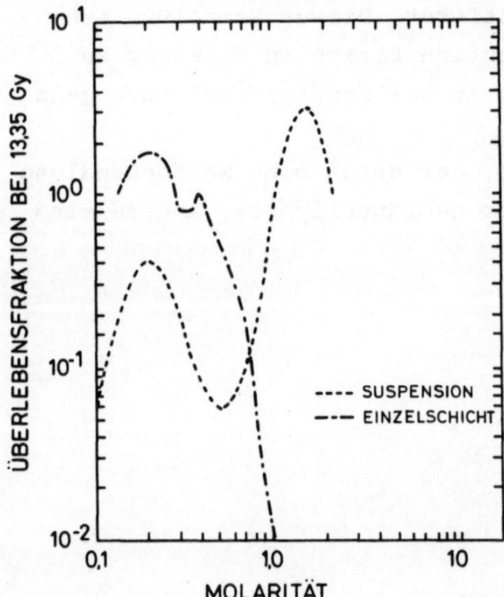

Abb. 14.8 Abhängigkeit des Überlebensverhaltens nach Bestrahlung von der Molarität des Bestrahlungsmediums (NaCl in Wasser). Quelle: MOGGACH LEPOCK und KRUUV 1979

auch hier wieder einmal Erholungsprozesse beeinflußt werden. Es wäre interessant, ähnliche Versuche mit anderen Systemen durchzuführen, was leider bisher noch nicht geschehen ist.

<u>LITERATUR</u> (14.4):

MOGGACH, LEPOCK und KRUUV 1979

15. Spezielle Fragen der zellulären Wirkung

In diesem Kapitel werden einige Aspekte der zellulären Strahlenwirkung besprochen, die sich schlecht an anderer Stelle einordnen ließen bzw. auch nicht in einem direkten Zusammenhang stehen, von denen wir aber glauben, daß sie eine Erwähnung verdienen. Die Wirkung nahen Ultravioletts ist für ökologische Fragen wichtig - es wird gezeigt, daß sein Effekt größer ist als man aufgrund der Nukleinsäureabsorption erwarten würde. Ultraschall und Radiowellen werden erwähnt, weil sie oft zusammen mit Fragen des Strahlenrisikos diskutiert werden. Substanzen mit strahlenähnlicher Wirkung spielen sowohl bei der Umweltbelastung als auch in der Strahlentherapie eine Rolle, und die Bedeutung inkorporierter Radionuklide liegt auf der Hand. Es wird gezeigt, welche Bedeutung hierbei sowohl der Typ der Emission als auch der intrazelluläre Einbauort hat.

15.1 Wirkung von nahem UV und sichtbarem Licht

Wir hatten in Abschnitt 8.3.1 gesehen, daß das Aktionsspektrum für die Zellinaktivierung im wesentlichen der DNS-Absorption folgt. Daraus könnte man schließen, daß die zelluläre Wirkung längerwelliger Strahlung ($\lambda > 320$ nm) vernachlässigbar sei. Das ist aber keineswegs der Fall. Ein Grund liegt darin, daß es eine ganze Reihe von Substanzen gibt, welche Zellen gegen nahes UV und sichtbares Licht sensibilisieren. Die hauptsächlichen zugrunde liegenden Prozesse sind schon in Abschnitt 5.1.2 besprochen worden. Von besonderer Bedeutung sind einmal die Psoralene sowie fotodynamisch wirkende Substanzen. Bestimmte Sensibilisatoren können auch natürlicherweise in Zellen vorkommen und so zu einer Empfindlichkeitssteigerung führen, obwohl eine eindeutige Identifizierung eines solchen Falles bisher noch nicht gelungen ist.

Es liegt auf der Hand, daß die Kenntnis der biologischen Wirkung längerwelliger Strahlung von unmittelbarem Interesse ist, da wir alle der Sonne ausgesetzt sind. Eine verstärkte Beschäftigung mit dieser Frage hat in den letzten Jahren im Zusammenhang mit dem Ozonproblem (Abschnitt 22.2) begonnen.

Wie üblich bilden Bakterien zunächst das Ausgangsobjekt. Abbildung 15.1 zeigt ein nach größeren Wellenlängen erweitertes Aktionsspektrum für E.coli. Aus ihm geht zweierlei hervor: Erstens erhält man über

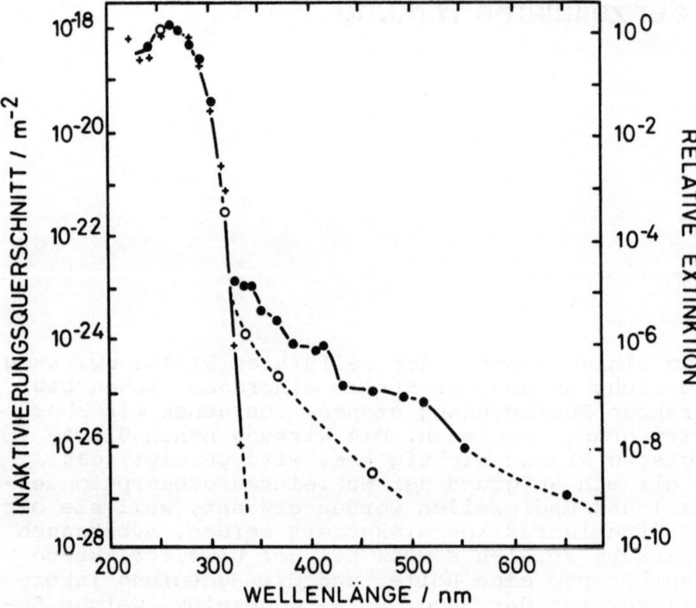

Abb. 15.1 Nach größeren Wellenlängen erweitertes Aktionsspektrum für die Abtötung von Escherichia coli B/r (Wildtyp) und Vergleich mit dem Absorptionsspektrum der DNS. o: Bestrahlung in Luft, •: Bestrahlung in N_2, +: relative Extinktion der DNS. Quelle: WEBB 1977 nach WEBB und BROWN 1976

320 nm eine erheblich höhere Empfindlichkeit als man aus der Nukleinsäureabsorption erwarten würde, und zweitens wirkt in diesem Bereich Sauerstoff sensibilisierend, was für fotodynamische Prozesse sprechen würde.

Ein Aktionsspektrum für eine bestimmte Mutation zeigt Abbildung 15.2. Auch hier sieht man eine starke Sauerstoffabhängigkeit. Der Kurvenverlauf ähnelt sehr stark dem Absorptionsspektrum von Riboflavin, jedoch ist der direkte Beweis für seine Beteiligung noch nicht erbracht.

Die Information bei Säugerzellen ist noch recht spärlich. Allerdings kann festgestellt werden, daß auch sie in höherem Maße inaktiviert werden als man vom Absorptionsspektrum der DNS vorhersagen würde. Besonders interessant erscheint ein neuerer Befund, daß simulierte Sonnenbestrahlung neoplastische Transformationen bei Dosen bewirkt, die noch zu keiner Beeinträchtigung des Überlebensverhaltens führen und daß virusinduzierte Transformationen verstärkt werden (vgl. auch Abschnitt 12.4) (Abbildung 15.3).

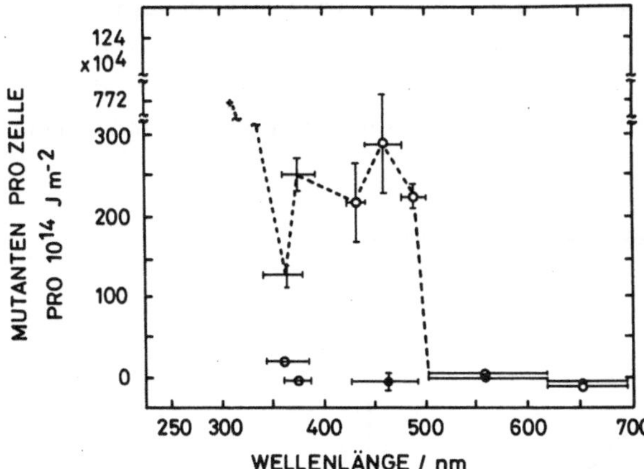

Abb. 15.2 Aktionsspektrum für die Induktion der Resistenz gegen T5-Phagen in Escherichia coli. Man beachte den Unterschied zwischen oxischen (+,o) und anoxischen (Θ,●) Bedingungen. Quelle: WEBB und MALINA 1970

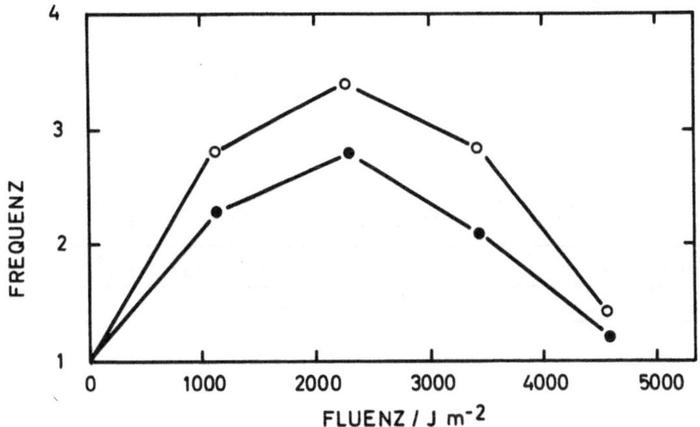

Abb. 15.3 Erhöhung der Transformationsrate in Säugerzellen durch Exposition mit simulierter Sonnenstrahlung. o: virusinduzierte Transformation, ●: Transformation nur durch Bestrahlung. Der Abfall bei höherer Fluenz beruht auf Zellabtötung. Quelle: WITHROW, LUGO und DEMPSEY 1980

Die molekulare Natur der Zellschädigung durch langwellige optische Strahlung ist nicht eindeutig geklärt. Trotz der Unterschiede zwischen Aktions- und DNS-Absorptionsspektrum muß die DNS als eine primäre Angriffsstelle angesehen werden. Das folgt einmal aus dem Auftreten von Mutationen (s.o.) und der Tatsache, daß reparaturdefiziente Mutanten auch gegen nahes UV empfindlicher sind als Wildtypzellen (Abbildung

15.4). Pyrimidindimere werden zwar induziert, jedoch mit wesentlich geringerer Ausbeute als bei 254 nm (Tabelle 15.1), außerdem sind Einzelstrangbrüche festzustellen, deren Verhältnis zu Dimeren mit der Wellenlänge steigt. Ganz sicher spielen aber auch andere Mechanismen,

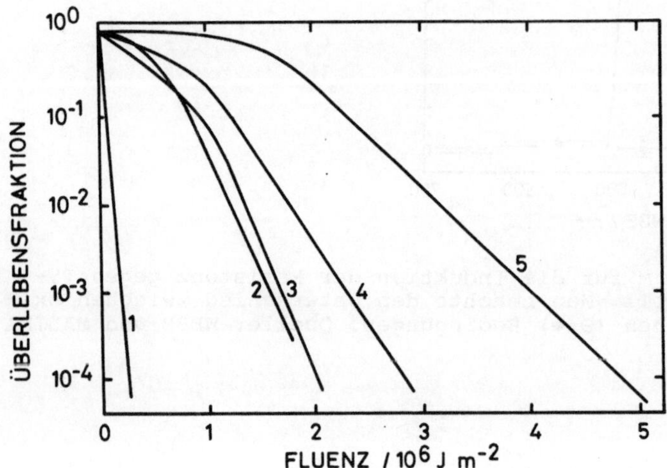

Abb. 15.4 Inaktivierung von E.coli-Mutanten unterschiedlichen Reparaturvermögens durch UV der Wellenlänge 365 nm. 1: uvrA recA, 2: polA, 3: recA, 4: uvrA, 5: Wildtyp (vgl. hierzu Kapitel 13). Quelle: WEBB 1977

Tabelle 15.1 Ausbeute an Pyrimidindimeren und Einzelstrangbrüchen bei Bestrahlung mit nahem UV (254 nm zum Vergleich). Quelle: WEBB 1977

Wellenlänge/nm	Dimere		Einzelstrangbrüche[a]	
	in vitro	in E.coli	in vitro	in E.coli
254	40	39	$6,3 \cdot 10^{-2}$	$4,9 \cdot 10^{-2}$
265	46	46		
280	16			
313	$2,8 \cdot 10^{-2}$		$9,8 \cdot 10^{-4}$	$1,3 \cdot 10^{-3}$
365	$1 \cdot 10^{-4}$	$5,5 \cdot 10^{-5}$	$6 \cdot 10^{-5}$	$3 \cdot 10^{-5}$
405		$< 10^{-6}$	$1,1 \cdot 10^{-5}$	$2,2 \cdot 10^{-4}$

Ausbeuten in Zahl pro $2,5 \cdot 10^{9}$ g mol^{-1} ($\approx$ E.coli-Genom) pro J m^{-2}

[a] einschließlich alkalilabiler Läsionen

wie Membranschäden und Enzymveränderungen ebenfalls eine wichtige Rolle. Die hohen Fluenzen, die bei Versuchen mit langwelligem UV angewendet werden, schädigen die zelleigenen Reparatursysteme, so wird z.B. das photoreaktivierende Enzym inaktiviert. Eine Vorbestrahlung mit 365 nm sensibilisiert reparaturkompetente Zellen gegen eine Exposition mit 254 nm. Die Wirkung langwelliger optischer Strahlung ist also recht komplex, so daß es derzeit, vor allem bei Säugerzellen, noch nicht möglich ist, ein klares Bild der Mechanismen zu zeichnen.

LITERATUR (15.1):
WEBB 1977

15.2 Andere Strahlenarten

15.2.1 Vorbemerkung

Obwohl diese Abhandlung sich bewußt auf die biologische Wirkung optischer und ionisierender Strahlung beschränkt, sollen in diesem Abschnitt einige Bemerkungen über Ultraschall und Mikrowellen eingeschaltet werden, weil ihre technische und medizinische Anwendung ebenfalls Fragen der Risikoabschätzung aufwirft, die manchen den hier diskutierten Problemen verwandt sind. Wir werden uns jedoch recht kurz fassen, weil sonst der Rahmen gesprengt wird und außerdem,weil die Grundlagen noch sehr wenig abgesichert sind. Es sei darauf hingewiesen, daß die Weltgesundheitsbehörde WHO im Laufe des Jahres 1980 spezielle Dokumente publizieren wird, die sich mit den angesprochenen Strahlenarten befassen werden.

15.2.2 Ultraschall

Ultraschall ist natürlich keine elektromagnetische Strahlung und unterliegt daher gänzlich anderen Wechselwirkungsregeln, als wir bisher besprochen haben. Die untere Frequenzgrenze liegt bei ca. $2 \cdot 10^4$ Hz, in der technischen Anwendung liegt das obere Limit bei ca. 10^7 Hz. Die Intensität wird in W m^{-2} angegeben. Die hervorgerufenen Effekte lassen sich grob in drei Klassen einteilen: lokale Erwärmung, Strahlungsdruck und Kavitation. Ultraschall pflanzt sich bekanntlich in Materie als Druckwelle fort, die vor allem aufgrund der inneren Reibung gedämpft wird, was sich in einer lokalen Erwärmung äußert. An Grenzflächen tritt eine Impulsänderung auf, woraus an diesen Stellen der erwähnte Strahlungsdruck resultiert. Resonanzoszillationen können zu beachtlichen Intensitäten anwachsen und zu einer Zerstörung molekularer und supramolekularer Strukturen führen ("Kavitation"). So ist zu verstehen, daß freie Radikale auch durch Ultraschall erzeugt werden können, was ihn wenigstens in eine gewisse Nähe zu dem Thema dieses Buches rückt. Diese Effekte sind stark frequenzabhängig und von generell recht geringem Wirkungsgrad.

Chromosomenveränderungen sind - vor allem, aber nicht nur - in
pflanzlichen Systemen nachgewiesen worden. Außerdem fand man Mutationen, doch ist hier die experimentelle Evidenz nicht sehr überzeugend. Ganz sicher sind die Ausbeuten deutlich niedriger als bei ionisierenden Strahlen. Zusammenfassend kann festgestellt werden, daß bisher noch keine Anhaltspunkte vorliegen, daß im Rahmen der - vor allem
medizinischen - Anwendung relevante zelluläre Schädigungen zu erwarten
sind.

LITERATUR (15.2.2):
THACKER 1973

15.2.3 Radio- und Mikrowellen

Hier handelt es sich zwar um elektromagnetische Strahlung, jedoch sind
die Quantenenergien so gering, daß elektronische Anrengungen und Bin-
dungsbrüche nicht vorkommen. Der Haupteffekt ist wieder thermischer
Art über die Exzitation von Molekülrotationen und folgende Relaxation.
Bei hohen Feldstärken müssen jedoch auch rein elektrische Wechselwirkungen berücksichtigt werden.

Obwohl der Umfang der Literatur sehr beträchtlich ist, läßt sich
ein klares Bild über die zelluläre Wirkung nicht gewinnen. Chromosomenaberrationen ebenso wie Mutationen sind berichtet worde, aber es ist
bei dem derzeitigen Kenntnisstand nicht möglich auszuschließen, daß
sie allein durch Wärmewirkungen hervorgerufen wurden. Aufs ganze gesehen muß man feststellen, daß wahrscheinlich lokale Überhitzungen die
Hauptgefährdungsquelle darstellen.

LITERATUR (15.2.3):
CLEARY 1977
HAHN 1978
MICHAELSON 1977
STUCHLY 1979

15.3 Inkorporierte Radionuklide

Die besondere Wirkungsmöglichkeit von Radionukliden liegt darin, daß
sie als Teil von Biomolekülen inkorporiert werden können. So kann es
zu langen Verweildauern und sehr speziellen Dosisverteilungen kommen,
die von einer externen Exposition abweichen. Allerdings sind auch noch
weitere Effekte zu berücksichtigen, wie wir unten sehen werden.

Die generellen dosimetrischen Fragen sind in Abschnitt 4.2.5 behandelt worden, auf die Problematik der Anreicherung in bestimmten

Organen wird in Kapitel 21 eingegangen. Wir wollen hier uns auf besondere zelluläre Wirkungen konzentrieren. Falls ein Radionuklid in homogener Verteilung vorliegt, ohne an bestimmte Strukturen gebunden zu
sein, z.B. ^{3}H in Wasser, entspricht seine Wirkung der einer von außen
kommenden Bestrahlung, wobei allerdings Unterschiede in der lokalen
Energiedeposition zu beachten sind.

Anders liegt der Fall, wenn das Radionuklid Teil eines inkorporier-
ten Biomoleküls ist. Die Dosisverteilung ist dann nicht mehr homogen,
sondern z.B. bei geringreichweitigen β-Strahlen auf kurze Abstände konzentriert. Das hat natürlich besonders dann Konsequenzen, wenn der Einbau in die DNS oder in ihrer unmittelbaren Nähe erfolgt.

Ein weiterer wichtiger Faktor ist die Verweildauer des Nuklids,
die man durch eine biologische Halbwertszeit charakterisieren kann.
Sie wird bestimmt durch die biologische Stabilität des Moleküls, mit
anderen Worten, wie schnell sein Abbau und seine Ausscheidung erfolgen.
Die Rate ist z.B. recht hoch in mRNS und einer Reihe von Proteinen,
sehr gering in der DNS. Biologischer Abbau und physikalischer Zerfall
wirken zusammen, so daß man schreiben kann:

$$- \frac{dN}{dt} = (\lambda_B + \lambda_D) \, N \tag{15.1}$$

Hierbei ist N die Zahl der verbleibenden Moleküle, in welche das Radionuklid inkorporiert ist, λ_B die biologische, λ_D ("decay") die physikalische Zerfallskonstante. Aus (15.1) folgt

$$N = N_o \, e^{-(\lambda_B + \lambda_D)t} \tag{15.2}$$

und somit für die effektive Halbwertszeit τ_{eff}

$$\tau_{eff} = \frac{\ln 2}{\lambda_B + \lambda_D} = \frac{1}{1/\tau_B + 1/\tau_D} \tag{15.3}$$

Aus (15.3) sieht man, daß bei großen Unterschieden von τ_B und τ_D die
effektive Halbwertszeit durch den kürzesten Wert bestimmt wird.

Die emittierte Strahlung ist jedoch nicht die einzige Wirkung, wenn
ein Radionuklidkern in einem Biomolekül zerfällt. Je nach Energie erhält der Kern einen beträchtlichen Rückstoß, der zu Bindungsbrüchen

ausreichen kann. Bei β-Emittern, für die vor allem diese Überlegungen
anzustellen sind, kommen noch zwei weitere Effekte hinzu: Es entsteht
ein neues Element mit im allgemeinen veränderten chemischen Eigenschaften, das in das vorliegende Molekül nicht "hineinpaßt" (Transmutation)
und außerdem liegt es in ionisierter Form vor, da sich die Kernladungszahl ändert. Im Falle eines K-Einfangs treten außerdem noch AUGER-Elektronen auf (Abschnitt 3.2.1.5), welche einmal die lokale Strahlenbelastung erhöhen, zum anderen aber u.U. ein hochionisiertes Atom zurück-
lassen. Für einige wichtige Nuklide sind in Tabelle 15.1 die Energien
zusammengestellt, die aufgrund der beschriebenen Vorgänge zu erwarten
sind.

Tabelle 15.2 Zerfallsdaten einiger Radionuklide, die in DNS eingebaut
werden können. Quelle: FEINENDEGEN 1978

Nuklid	mittlere Zerfallsenergie keV	Elektronen-reichweite μm	Rückstoß-energie keV	Energie durch Ladungsänderung keV
^3H	5,7	0,8	0,0036	0,011
^{14}C	49,3	33	0,0071	0,045
^{32}P	695	2600	0,078	
^{125}J a)	19,2	13	0,0001	–

a) K-Einfang und Augerelektronenemission

    Der Zerfall inkorporierter Nuklide führt im Prinzip zu denselben
zellulären Veränderungen wie bei externer Bestrahlung, also Chromoso-
menaberrationen, Mutationen und Verlust der Koloniebildungsfähigkeit.
Das quantitative Ausmaß hängt davon ab, an welcher Stelle das Radio-
nuklid eingebaut ist. ^3H wird häufig als Teil von Thymidin verwendet.
In der C_5-Position des Pyrimidinringes zeigt ein Zerfall eine höhere
Mutationsausbeute als in der C_6-Position oder in der Methylgruppe.
Wahrscheinlich kommt hier der Einfluß der Transmutation zum Tragen.
^{32}P ist sicher ein besonders kritisches Nuklid. Da es als Teil des
DNS-Rückgrats eingebaut wird, führt jeder Zerfall zu einem Strangbruch.
Hinzu kommt aber noch die hohe β-Energie, die eine Exposition vieler
Zellen auch in einiger Entfernung vom Zerfallsort bewirkt, welche die
Wirkung der Transmutation weit überwiegt. ^{14}C wirkt wahrscheinlich
ebenfalls hauptsächlich aufgrund der emittierten β-Strahlung.
    Ein interessanter Fall ist ^{125}J. Dieses Element ist zwar kein Be-
standteil der DNS, aber es kann anstelle der CH_3-Gruppe im Thymidin
eingebaut werden (Joddesoxyuridin, JUdR). Es verhält sich aufgrund

seiner chemischen Struktur zunächst ähnlich wie BUdR (Abschnitt 9.2.3) strahlensensibilisierend. ^{125}J zerfällt durch K-Einfang zu ^{125}Te, wobei charakteristische Röntgenstrahlung sowie vor allem Augerelektronen frei werden (6 - 10 pro Zerfall). Dies führt zu einer sehr hohen lokalen Energiedeposition, außerdem ist das ^{125}Te-Atom hoch ionisiert. ^{125}J-Zerfall in der DNS trägt alle Züge von Ereignissen hoher Ionisationsdichte, d.h. man findet "schulterlose" Überlebenskurven und eine Reduzierung des Sauerstoffeffektes. Auf der molekularen Ebene werden mit hoher Ausbeute Doppelstrangbrüche gebildet.

Die Augerelektronen haben eine relativ kurze Reichweite, wodurch sich ja auch die hohe lokale Energiekonzentration erklärt. Man kann diese Tatsache benutzen, um etwas über die für den Verlust der Überlebenfähigkeit verantwortlichen Strukturen zu erfahren, indem man ^{125}J entweder in die DNS oder in die Zellmembran einbaut und die Wirkung vergleicht. Das Resultat ist in Abbildung 15.5 dargestellt:

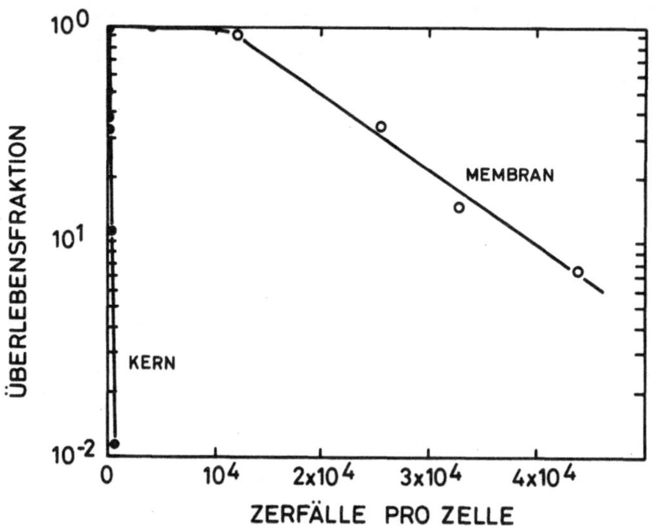

Abb. 15.5 Inaktivierung von Säugerzellen durch an verschiedenen Stellen eingebautes ^{125}J. Quelle: HOFER u.a. 1977

Zerfälle im Kern sind um vieles wirkungsvoller als in der Membran. Berechnet man entsprechend den in Abschnitt 4.2.5 skizzierten Verfahren die Zellkerndosis, so kommt man zu den Kurven in Abbildung 15.6. Es zeigt sich auch hier, daß ^{125}J-Zerfälle im Kern zu Ergebnissen wie bei dicht ionisierender Strahlung führen. Man sieht aus diesen Experimenten, daß die Art des Zerfalls und des Einbauortes wesentliche Aus-

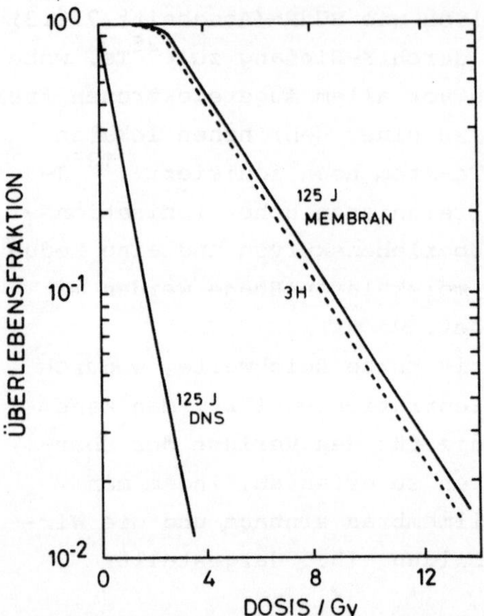

Abb. 15.6 Wie in Abb. 15.5, jedoch mit der für den Zellkern berechne-
ten β-Dosis als Bezugsgröße. Zum Vergleich ist die entsprechende Kurve
für ³H eingezeichnet. Man sieht deutlich die erhöhte Wirksamkeit der
AUGER-Elektronen. Quelle: HOFER u.a. 1977

wirkungen auf den biologischen Effekt haben.

LITERATUR (15.3):

FEINENDEGEN, TISLJAR-LENTULIS und EBERT 1977

15.4 Radiomimetika

Es gibt chemische Substanzen, die auf Zellen eine ähnliche Wirkung wie
Strahlen zeigen. Man bezeichnet sie als "Radiomimetika". Der Terminus
ist nicht klar definiert und wird häufig unkritisch auf viele Arten
von Zellgiften angewendet. So sind Stoffwechselinhibitoren sicher nicht
darunter einzuordnen. Ein Kennzeichen - das aber nicht hinreichend
ist - kann die Form der Überlebenskurve abgeben. Folgt sie der üblicherweise für Pharmaka gefundenen (Abschnitt 8.1, Abbildung 8.2), so muß
man davon ausgehen, daß die Wirkungsmechanismen unterschiedlich sind.
Ein besseres Kriterium ist, ob bei kombinierter Anwendung mindestens
eine additive Wirkung zwischen Strahlung und Pharmaka festzustellen
ist. Das Auftreten von Chromosomenaberrationen und Mutationen kann
als weitere Eingrenzungsmöglichkeit gelten. Systematische Untersuchungen, die alle diese Punkte abdecken, liegen nicht vor, und sind vielleicht auch nur von theoretischem definitorischem Wert. Praktische Bedeutung haben Radiomimetika in der Kombinationstherapie von Tumoren,

außerdem als potentielle Umweltbelastung.

Die Zahl von Substanzen, denen radiomimetische Wirkungen zugeschrieben werden, ist Legion und ständig im Wachsen begriffen. Eine Liste aus dem Jahr 1970 (FISHBEIN, FLAMM und FALK, 1970) verzeichnet über 110 Namen und wäre heute noch umfangreicher. Wir wollen daher hier nur einige Beispiele nennen, wobei die Auswahl natürlich subjektiv ist. Abbildung 15.7 bringt beispielhaft einige Strukturformeln.

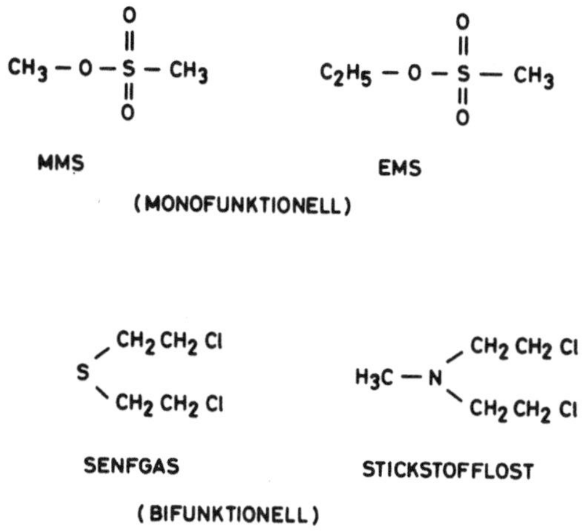

$$CH_3 - O - \overset{\overset{\textstyle O}{\|}}{\underset{\underset{\textstyle O}{\|}}{S}} - CH_3 \qquad\qquad C_2H_5 - O - \overset{\overset{\textstyle O}{\|}}{\underset{\underset{\textstyle O}{\|}}{S}} - CH_3$$

MMS EMS

(MONOFUNKTIONELL)

$$S\Big\langle {}^{CH_2\,CH_2\,Cl}_{CH_2\,CH_2\,Cl} \qquad\qquad H_3C - N\Big\langle {}^{CH_2\,CH_2\,Cl}_{CH_2\,CH_2\,Cl}$$

SENFGAS STICKSTOFFLOST

(BIFUNKTIONELL)

Abb. 15.7 Strukturformeln einiger Radiomimetika

Eine wichtige Klasse bilden die sogenannten alkylierenden Substanzen. Sie verfügen über eine Alkylgruppe (Kohlenwasserstoffrest), der auf andere Moleküle übertragen werden kann. Wichtig ist natürlich vor allem die Reaktion mit DNS. Bei ihr können dann durch Folgereaktionen Basen abgespalten, Brüche hervorgerufen und Vernetzungen bewirkt werden. Je nach der Zahl der übertragbaren Alkylgruppen bezeichnet man die entsprechenden Agentien als mono-, bi- oder polyfunktionell. Die letzten beiden sind vor allem für Vernetzungen verantwortlich. Prototypen alkylierender Agentien sind die traurig-berühmten Giftgase Senfgas und Stickstofflost, die aber in unserem Zusammenhang keine praktische Bedeutung haben.

Im experimentellen Bereich werden häufig Aethylsulfonsäureester (EMS) und Methylsulfonsäureester (MMS) eingesetzt, die wir als Beispiele betrachten wollen. Beide sind monofunktionell, übertragen also

nur einen Alkylrest (C_2H_5- bzw. CH_3-), wobei im Gegensatz zur Strahlung
vor allem die Purinbasen die bevorzugten Angriffspunkte sind. Abbildung
15.8 zeigt Überlebens- und Mutationskurven für MMS, aus denen hervorgeht, daß - wie oben gefordert - ein "radiomimetisches" Verhalten vorliegt.

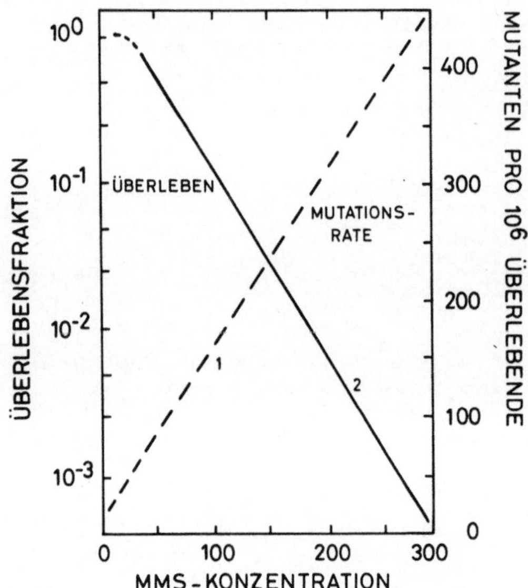

Abb. 15.8 Inaktivierung und Mutationsauslösung (6-Thioguanin-Resistenz)
in chinesischen Hamsterzellen durch MMS (Konzentration in μ mol dm^{-3}).
Quelle: COUCH u.a. 1978

Die Verhältnisse für EMS sind qualitativ ähnlich. Trägt man jedoch die
induzierte Mutationsrate gegen den Logarithmus der Überlebensfraktion
auf (Abbildung 15.9) - wobei man wieder wie bei Strahlung einen linearen Verlauf erhält -, sieht man, daß die mutagene Wirkung von EMS sehr
viel stärker ist als die von MMS. Die beiden chemisch nah verwandten
Stoffe verhalten sich also ähnlich zueinander wie UV- und Röntgenstrahlung. Die genaue molekulare Aufklärung steht noch aus.

Ähnliche Unterschiede findet man auch bei anderen Substanzen. Man
könnte meinen, daß sie mit der Zahl der veränderten Basen zusammenhängen - dies ist aber nicht der Fall, denn die Zahl alkylierter Basen
bewegt sich in der gleichen Größenordnung. Offenbar ist die chemische
Struktur wichtiger. Radiomimetika spielen in Chemotherapie von Tumoren
eine große Rolle. Ein in letzter Zeit viel untersuchter Stoff ist in
dieser Hinsicht Bleomycin, das ähnlich wie ionisierende Strahlen in

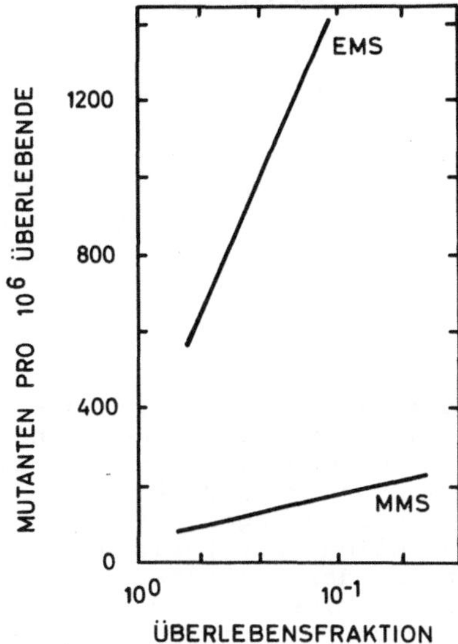

Abb.15.9 Zusammenhang zwischen Mutationsrate und dem Logarithmus der Überlebensfraktion bei EMS und MMS. Man beachte die Ähnlichkeit des Verlaufs mit den entsprechenden Kurven nach Strahleneinwirkung (Kapitel 12). Quelle: COUCH u.a. 1978

hoher Ausbeute Strangbrüche induziert,und auch bestimmte Platinhalogenverbindungen, deren molekularer Wirkungsmechanismus jedoch noch nicht eindeutig geklärt ist.

LITERATUR (15.4):

HOLLAENDER 1971

LAWLEY 1966

MÜLLER und ZAHN 1977

RIEGER und MICHAELIS 1967

ROBERTS 1978

SINGER 1975

VERLY 1974

16. Theoretische Modelle zur zellulären Strahlenwirkung

Wir wollen in diesem Kapitel einige Modelle besprechen, die zur quantitativen Deutung zellulärer Strahlenreaktionen entwickelt worden sind.
Ihr Sinn liegt nicht nur in dem Bemühen, die Strahlenbiologie mit einem
theoretischen Unterbau zu versehen, d.h. sie von der rein deskriptiven
Ebene zu lösen, sondern vor allem auch darin, Abschätzungen für Situa-
tionen zu erlauben, wo experimentelle Befunde fehlen. Ein typisches
und wichtiges Beispiel aus dem Strahlenschutz ist das Verhalten bei
sehr niedrigen Dosen. Grob schematisierend lassen sich die Modelle in
zwei Klassen einteilen: eine, bei der die Struktur der initialen Energiedeposition im Mittelpunkt steht, und eine zweite, in welcher vor
allem das Reparaturvermögen berücksichtigt wird. Wir werden beide anhand ausgewählter Beispiele kennenlernen, es ist weder möglich noch
beabsichtigt, einen umfassenden Überblick zu geben.

16.1 Treffer- und Treffbereichstheorie

Die Grundlagen der Treffertheorie hatten wir bereits in Abschnitt
7.1 kennengelernt und zwar unter der einfachen Voraussetzung, daß ein
Treffer zur Inaktivierung ausreicht. Wir wollen nun annehmen, daß eine
kritische Trefferzahl m existiert, unterhalb derer überhaupt kein Effekt
festzustellen ist, oberhalb derer aber immer Inaktivierung eintritt.
Dann gilt für die Überlebensreaktion y

$$y = \sum_{\nu=0}^{m-1} e^{-vD} \frac{(vD)}{\nu!} \qquad\qquad (16.1)$$

mit: D: Dosis, vD: mittlere Trefferzahl im empfindlichen Volumen v.
Mit Ausnahme von m = 1 ergibt die Beziehung (16.1) im üblichen halblogarithmischen Raster Kurven mit immer stärkerer Krümmung. Sie entsprechen also nicht den üblichen experimentellen Ergebnissen. Nun läßt
sich aber auch ein anderer Ansatz konstruieren: Man nimmt an, daß in
der Zelle Bereiche existieren, von denen eine Mindestzahl n inaktiviert
werden muß, damit es zum Verlust der Reproduktionsfähigkeit kommt. Es
sei vorausgesetzt, daß für jeden Bereich eine für alle gleiche kritische Trefferzahl m existiere und daß die Inaktivierung der Teilbezir-
ke voneinander statistisch unabhängig erfolge. Dann gilt für jeden

Treffbereich wieder die Beziehung (16.1) und somit für die Überlebensfraktion

$$y = 1 - (1 - \sum_{\nu=0}^{m=1} e^{-vD} \frac{(vD)^{\nu}}{\nu!})^n \tag{16.2}$$

wenn wir außerdem auch v für alle Bereiche als gleich annehmen. Dies
sind im allgemeinen Fall wieder gekrümmte Kurven. Besonders einfach
werden die Verhältnisse jedoch, wenn wir m = 1 setzen. Dann ergibt
sich

$$y = 1 - (1 - e^{-vD})^n \tag{16.3}$$

Diese Beziehung, die man auch als Mehrbereichs-Eintreffer-Kurven bezeichnen kann, hat die Eigenschaft, die qualitativ viele Überlebenskurven charakterisieren, nämlich eine Schulter im niedrigen und einen
exponentiellen Abfall im hohen Dosisbereich. Hier kann man nämlich
(da $e^{-vD} \ll 1$) die Klammer entwickeln und nach dem linearen Glied ab-
brechen:

$$1 - (1 - e^{-vD})^n \approx 1 - (1 - n\, e^{-vD} \dots)$$

$$y = n\, e^{-vD} \tag{16.4}$$

Die schon früher (Kapitel 8) rein formal eingeführte Extrapolationszahl n bekommt in diesem Modell die spezielle Bedeutung der Treffbe-
reichszahl. In Säugerzellkulturen fand man anfangs sehr häufig Werte
für n, die um 2 lagen, woraus man den Schluß zog, daß mindestens zwei
Chromosomen gleichzeitig getroffen sein müßten, damit die Zelle inaktiviert wird, was biologisch sinnvoll erschien. Allerdings konnte später dieses einfache Bild nicht aufrechterhalten werden, als man fand,
daß n durchaus keine Konstante ist, sondern z.B. erheblich von den
Versuchsbedingungen abhängt. Es versagte auch bei vielen Mikroorganismen, wo die Extrapolationszahlen oft sehr viel höher liegen. Zur praktischen Beschreibung erfreut sich dennoch Gleichung (16.3) immer noch
großer Beliebtheit, ohne daß ihr die spezielle treffertheoretische Bedeutung unterlegt wird. Sicher ist das Bild der kritischen Trefferzahl, unterhalb derer nichts geschieht, zu statisch und dem biologischen Geschehen unangemessen, aber die inherente Annahme, daß die bio-

logische Inaktivierung der Wechselwirkung zwischen mehreren Einzel-
schäden bedarf, findet sich auch in allen anderen Ansätzen wieder.

Bevor wir uns ihnen zuwenden, wollen wir noch einige quantitative
Bemerkungen anschließen: Die Größe v in Gleichung (16.3) entspricht
dem Kehrwert von D_O in der üblichen Beschreibung; sie gibt die Dosis
an, bei der im Mittel ein erfolgreicher Treffer stattfindet. Bei Säugerzellen ist $D_O \approx 1,3$ Gy, d.i. ca. $8 \cdot 10^{15}$ eV/g. Die Gesamt-DNS-Menge
einer menschlichen Zelle beträgt ca.$1,2 \cdot 10^{-11}$ g. Setzt man einmal
überschlägig für die bei einem Trefferereignis übertragene Energie
60 eV ein, so erhält man bei der angegebenen Dosis 1600 Treffer, d.h.
mehr als 30 pro Chromosom. Diese Abschätzung zeigt, daß entweder die
bei einem wirkungsvollen Treffer übertragene Energie sehr viel größer
ist oder daß nur ca. jeder zehnte Treffer überhaupt wirkungsvoll ist.
In dem einfachen Ansatz ist das Modell offenbar für quantitative Erhebungen nicht zu gebrauchen. Wir wollen es daher auch nicht weiter
diskutieren, sondern uns einem verfeinerten Ansatz zuwenden.

16.2 Das Zwei-Läsionen-Modell (NEARY 1965)

Es wird davon ausgegangen, daß ein biologisch signifikanter Schaden
durch die Wechselwirkung von zwei primären Trefferereignissen entsteht.
Wie vorhin, sollen die initialen physikalischen Prozesse statistisch
voneinader unabhängig sein. Damit sie miteinander zur Bildung einer
biologisch relevanten Läsion reagieren können, dürfen sie nicht zu
weit voneinander entfernt sein, oder mit anderen Worten, zwei Ereignisse müssen innerhalb eines bestimmten Volumens eintreten, das als
"site" bezeichnet wird. In einer Zelle können viele dieser Bereiche
existieren. Innerhalb der "sites" werden empfindliche Strukturen angenommen, in welchen die primären Trefferereignisse stattfinden.
Wie vorher wollen wir zunächst ganz formal vorgehen: zur Sprachregelung sei vereinbart, daß wir die physikalische Primärveränderung als
"Treffer", die daraus entstehenden biologischen Schäden als "Läsionen"
bezeichnen. Die Wahrscheinlichkeit, daß durch ein Energieübertragungsereignis ein Treffer entsteht, sei p; die Zahl der Ereignisse pro Wegstrecke nennen wir s, die mittlere Teilchenlaufstrecke in einer empfindlichen Struktur t. Damit kann man für die Wahrscheinlichkeit K,
daß bei der Passage eines Teilchens ein Treffer entsteht, schreiben:

$$K = 1 \sum_{\nu=0}^{\infty} (1-p)^{\nu} \frac{(st)^{\nu}}{\nu !} e^{-st} \qquad (16.5)$$

$$= 1 - e^{-pst}$$

Hierbei haben wir vorausgesetzt, daß die Energieübertragungsereignisse in der Bahnspur einer "Poisson-Verteilung" folgen. Ein Treffer kann entweder bei der Passage eines Teilchens (intra-track) oder durch Wechselwirkung mehrerer Teilchen entstehen. Auch die Passagen der Teilchen sind Poisson-verteilt und wir erhalten ganz analog wie oben die Wahrscheinlichkeit p_ν, daß bei der Passage von ν Teilchen ein Treffer entsteht:

$$p_\nu = 1 - (1 - K)^\nu \tag{16.6}$$

Ist die mittlere Zahl der Teilchendurchgänge m, so ergibt sich für die Wahrscheinlichkeit w_m, daß ein Treffer entsteht:

$$w_m = \sum_{\nu=0}^{\infty} p_\nu \, e^{-m} \frac{m^\nu}{\nu!}$$

und mit (16.6)

$$w_m = 1 - e^{-mK} \tag{16.7}$$

Nun waren wir davon ausgegangen, daß eine Läsion durch Wechselwirkung von Treffern in zwei Treffbereichen, die wir X und Y nennen wollen, entstehen. Sie können entweder aufgrund von Durchgängen zweier Teilchen oder aber eines einzigen durch beide Bereiche zustande kommen. Bezeichnen wir mit f die Wahrscheinlichkeit, daß ein Teilchen entweder durch X oder Y geht, dann ist - gleiche Treffbereichsgrößen vorausgesetzt - die Wahrscheinlichkeit g der gleichzeitigen Passage g = 1 - f. Da alle Ereignisse voneinander unabhängig sind, erhält man für eine mittlere Zahl m von Teilchendurchgängen pro Treffbereich die Wahrscheinlichkeit W_m

$$W_m = e^{-(1-g)m} \frac{(m(1-g))^X}{x!} \, e^{-1(1-g)m} \frac{(m(1-g))^Y}{y!} \, e^{-gm} \frac{(gm)^Z}{z!} \tag{16.8}$$

Hierbei ist x die Zahl der Durchgänge <u>nur</u> durch X, y die entsprechende für Y und z die Zahl der gemeinsamen Durchgänge. Der Bereich X wird somit (x+z)-mal passiert, für Y gilt das entsprechende. Die Wahrscheinlichkeit, daß sowohl in X als auch in Y ein Treffer gesetzt wird, ist dann unter Anwendung von (16.6)

$$\sum_{x=0}^{\infty} \sum_{y=0}^{\infty} \sum_{z=0}^{\infty} \left(1-(1-K)^{x+z}\right)\left((1-(1-k)^{y+z}\right)W_m \tag{16.9}$$

$$= 1 - 2\, e^{-mK} + e^{-2mK} + mg\, K^2 \tag{16.10}$$

Die Zahl der entstandenen Läsionen Y erhält man nun durch Multiplikation mit der Zahl der "sites" N und der Wechselwirkungswahrscheinlichkeit der Treffer, die mit E bezeichnet werden soll:

$$Y = N \cdot E\, (1-2e^{-mK} + e^{-2mK} + mg\, K^2) \tag{16.11}$$

Da sowohl K als auch g kleine Größen sind, kann man den Ausdruck (16.11)
für nicht zu hohe Werte von m entwickeln und erhält bei Abbruch nach
dem quadratischen Glied

$$Y \approx N\, E\, \left(m\, g\, K^2 + m^2\, (1-2g\, K + \frac{g^2\, K^2}{2})\right)$$

$$Y \approx N\, E\, (m\, g\, K^2 + m^2\, K^2) \tag{16.12}$$

Die mittlere Zahl der Passagen hängt von dem Querschnitt σ der empfindlichen Struktur, der Dosis D und dem LET der Strahlung ab:

$$m = \frac{\sigma \cdot D}{L}$$

$$Y \approx N\, E\, K^2\, \left(\frac{\sigma\, D}{L}\, g + \frac{\sigma^2\, D^2}{L^2}\right) \tag{16.13}$$

Die Läsionenausbeute hängt also in "linear-quadratischer" Form von der
Dosis ab. Ein solches Verhalten - das auch bei anderen, noch zu besprechenden Modellen wieder auftaucht - wird nun tatsächlich häufig
für strahleninduzierte Chromosomenaberrationen gefunden. Die Wahrscheinlichkeit g, daß bei der Passage eines Teilchens durch eine "site"
zwei empfindliche Strukturen getroffen werden, ist annähernd gleich
dem Verhältnis der Querschnitte. Bezeichnen wir den der "site" mit S,

so ergibt sich

$$Y \approx N \ E \ K^2 \ \left(\frac{D}{L} \cdot \frac{\sigma^2}{S} + \frac{\sigma^2 \ D^2}{L^2}\right) \qquad (16.14)$$

Das Verhältnis der linearen zur quadratischen Komponente der Abhängigkeit ist also nur von der "site"-Größe und dem LET abhängig. Bei einer Dosis D', für welche beide gleich sind, ergibt sich

$$D' = \frac{L}{S} \qquad (16.15)$$

Man kann aus dem Kurvenverlauf bei bekanntem LET auf die Größe der Bezirke in der Zelle rückschließen, in welchen es durch die Wechselwirkung von Treffern zur Ausbildung von Läsionen kommt. Da ähnliche Überlegungen auch in anderen Modellen eine Rolle spielen, werden wir später noch einmal darauf zurückkommen.

Wir wollen nun noch die LET-Abhängigkeit etwas ausführlicher betrachten. Dafür ist es nötig, auf die Größe K etwas näher einzugehen. Sie hängt nach (16.5) mit der Teilchenwegstrecke in der empfindlichen Struktur (t), der Wahrscheinlichkeit p für die Entstehung eines Treffers durch ein Energieübertragungsereignis und deren Zahl pro Wegstrecke zusammen (s). Nehmen wir an, daß bei einem Ereignis im Mittel eine Energie E_O übertragen wird, so ist

$$s = \frac{L}{E_O} \qquad (16.16)$$

Damit nimmt (16.14) folgende Form an:

$$Y = N \ E \ (1-e^{-Lpt/E_O})^2 \ \left(\frac{\sigma^2 \ D}{S \cdot L} + \frac{\sigma^2 \ D^2}{L^2}\right) \qquad (16.17)$$

Für kleine LET-Werte kann man den Exponentialterm wieder entwickeln:

$$Y \approx N \ E \ \frac{L^2 \ p^2 \ t^2}{E_O^2} \ \left(\frac{\sigma^2 \ D}{S \cdot L} + \frac{\sigma^2 \ D^2}{L^2}\right) \qquad (16.18)$$

Man sieht hieraus, daß in niedrigem LET-Bereich der lineare Term proportional zu L ansteigt, während der quadratische Anteil konstant

bleibt. Aus (16.17) folgt, daß bei höheren LET-Werten die Ausbeute
ein Maximum durchläuft. Aus (16.14) bzw. (16.19) erkennt man auch,
daß die Bedeutung des quadratischen Terms mit steigendem LET abnimmt.
Das bedeutet, daß in der Dosiseffektkurve der lineare Anteil sich zu
immer höheren Dosen erstreckt, was ebenfalls für Chromosomenaberrationen gefunden wird.

Bevor wir diesen Abschnitt beschließen, müssen wir noch eine Betrachtung über die Verhältnisse bei LET-Verteilungen einschieben. Wir
wollen dies wegen des unten zu besprechenden δ-Elektronenproblems auf
niedrige LET-Werte beschränken und gehen von Beziehung (16.12) aus,
die mit der Näherung aus (16.18) die Form hat

$$Y = N \, E \, \frac{L^2 \, p^2 \, t^2}{E_o^2} \, (m \, g + m^2)$$

$$= N \, E \, \frac{L^2 \, p^2 \, t^2}{E_o^2} \, (\sigma \, \phi g + \sigma^2 \, \phi^2) \tag{16.19}$$

wobei ϕ die Fluenz bedeutet. Bei einer LET-Verteilung $f(L)$ ist über
alle Anteile zu mitteln: Jetzt sind L und ϕ als statistisch verteilt
zu betrachten; für jede einzelne Komponente, die voneinander unabhängig
sind, muß die Ableitung durchgeführt werden. Dann ergibt sich mit den
vereinbarten Näherungen

$$Y = N \, E \, \frac{p^2 \, t^2}{E_o^2} \, \left(\int \sigma g L^2 \, \phi(L) \, dL + \sigma^2 \, (\int L \, \phi(L) dL)^2 \right) \tag{16.20}$$

Nach Beziehung (4.22) ist

$$\phi(L) \, dL = D \frac{d(L) \, dL}{L}$$

(die Dichte ρ wird als 1 angenommen)
womit man erhält

$$Y = N \, E \, \frac{p^2 \, t^2}{E_o^2} \, (\sigma \, g \, D \, \overline{L_D} + \sigma^2 \, D^2) \tag{16.21}$$

Für die "site"-Größe ergibt sich dann analog zu (16.15)

$$S = \frac{\overline{L_D}}{D'} \tag{16.22}$$

wobei D' wieder die Dosis bedeutet, bei welcher die lineare und die quadratische Komponente gleich sind. Die wichtige Schlußfolgerung aus dieser Betrachtung ist, daß bei LET-Verteilungen der adäquate Mittelwert die Größe L_D ist. Dies ist in Übereinstimmung mit mikrodosimetrischen Ansätzen, die wir im nächsten Abschnitt vorstellen werden.

In dem hier vorgestellten Modell wurden die Teilchenbahnen als ideale Linien mit infinitesimalem Durchmesser betrachtet, was sicher nicht der Realität entspricht. Man kann diesem Problem zumindest zum Teil entgehen, wenn man nicht den LET, sondern die lineale Energie y betrachtet.

16.3 Die "dual-action"-Theorie (KELLERER und ROSSI 1972)

Der im vorigen Abschnitt vorgestellte Ansatz versuchte, die LET-Abhängigkeit der Ausbeute von Chromosomenaberrationen zu erklären. In den kleinen betrachteten Volumina stellt sich aber in besonderer Weise das δ-Strahlenproblem, d.h. es ist äußerst schwierig, die "lokale" Energiedeposition quantitativ zu erfassen. Es ist daher folgerichtig, das LET-Konzept zu verlassen und zu mikrodosimetrischen Größen überzugehen. Da die Grundlagen bereits in Kapitel 4 dargestellt wurden, können wir uns hier kurz fassen.

Ganz analog wie vorher wird angenommen, daß eine Läsion durch Zusammenwirkung zweier Subläsionen entsteht. Ihre Zahl ist der spezifischen Energie in dem betrachteten Bereich proportional - wobei im Gegensatz zum vorigen Abschnitt vorausgesetzt wird, daß ihre Entstehungswahrscheinlichkeit von der Ionisationsdichte unabhängig ist. Die Zahl der Läsionen ist dann dem Quadrat der Zahl der Subläsionen, somit also dem Quadrat der spezifischen Energie, proportional. Bei einer Mittelung über viele Bereiche erhält man somit

$$Y = K' \ \overline{z^2} \tag{16.23}$$

(K': Proportionalitätsfaktor).
Unter der Benutzung der Beziehung (4.35) kann man dafür schreiben

$$Y = K' (\overline{z_{1D}} \cdot D + D^2) \tag{16.24}$$

Dies ist die für dieses Modell entscheidende Beziehung. Sie postuliert
für die Ausbeute Y wieder eine linear-quadratische Beziehung. Wenn wir
mit D' wieder die Dosis bezeichnen, bei denen beide Terme gleich sind,
dann gilt

$$D' = \overline{z}_{1D} \tag{16.25}$$

$\overline{z}_{1D}$ hängt bei einer gegebenen Strahlenart vom Volumen ab, d.h. man kann,
falls D' bekannt ist, auf das empfindliche Volumen durch Vergleich mit
den Meßwerten zurückschließen. Wir werden dies in vergleichender Weise in Abschnitt 16.7 durchführen. Für den Fall nicht zu kleiner Volumina (δ-Strahlen vernachlässigbar!), gilt gem. Gleichungen (4.51)

$$\overline{z}_{1D} = \frac{\overline{y}_D}{r^2} = \frac{9}{8} \frac{\overline{L}_D}{r^2} \tag{16.26}$$

($\rho = 1$) r: Radius der "site"). Dies entspricht im wesentlichen dem Ergebnis (16.22) des vorigen Abschnitts, hat aber natürlich wegen der
Unsicherheit des LET-Konzepts nur begrenzte Bedeutung. Eine bessere
Abschätzung erhält man, wenn man von experimentell bestimmten Werten
von $\overline{z}_{1D}$ ausgeht. Man kann das Modell dieses Abschnitts aber auch unter
einem anderen, realistischeren und anpassungsfähigeren Aspekt betrachten, dem sogenannten "Entfernungsansatz" ("distance model", KELLERER
und ROSSI 1978): Es wird hierbei davon ausgegangen, daß es im empfindlichen Bereich Strukturen gibt, in welchen die Subläsionen entstehen
können und daß die Wechselwirkungswahrscheinlichkeit von ihrem Abstand
abhängt. Wir können die Einzelheiten hier nicht diskutieren, sondern
müssen uns mit der Feststellung begnügen, daß hierdurch das einfache
Konzept eine größere Flexibilität erhält. Entscheidend ist jedoch, daß
die linear-quadratische Beziehung auch dann erhalten bleibt, nicht jedoch notwendigerweise die Abschätzungen der "site"-Größe. Ein entscheidender Unterschied gegenüber dem im vorhergehenden Abschnitt besprochenen Modell ist - neben der sauberen mikrodosimetrischen Behandlung -
die Annahme, daß die Zahl der Subläsionen nur von der spezifischen
Energie z und nicht auch der Teilchenqualität abhängt, was zu der Konstanz des Faktors in Formel (16.24) führt. Das hat bei sehr hoher Ionisationsdichte Konsequenzen, die nicht mit dem Experiment in Einklang
stehen. In Kapitel 8 hatten wir gesehen, daß die mittleren Inaktivie-
rungsdosen bei hohen LET-Werten wieder zunehmen. Dem trägt man dadurch

Rechnung, daß man eine "Sättigung" der Subläsionen annimmt, welche am einfachsten durch eine Exponentialfunktion angesetzt werden kann. In diesem Fall wäre anstelle von (16.24) zu schreiben

$$Y = K' \, z_O^2 \, (1 - e^{-\frac{\overline{z^2}}{z_O^2}}), \tag{16.27}$$

was für $z/z_O \ll 1$ in den Ausdruck (16.24) übergeht.

16.4 Die "molekulare Theorie" (LEENHOUTS und CHADWICK 1978)

In den bisher besprochenen Modellen war die Natur der primären Schäden unspezifiziert geblieben. Man kann nun versuchen, sie mit offensichtlich sehr schwerwiegenden Veränderungen der DNS-Struktur gleichzusetzen, nämlich den Doppelstrangbrüchen. Es wird angenommen, daß sie entweder aufgrund des Durchgangs eines Teilchens oder aber durch das Zusammenwirken zweier separat entstandener Einzelstrangbrüche entstehen. Bezeichnet man mit Y_{D_O} die Zahl der unmittelbar nach Exposition vorhandenen Doppelstrangbrüche, so ergibt sich aufgrund dieser Überlegungen

$$Y_{D_O} = \alpha_O D + \beta_O \, D^2 \tag{16.28}$$

Die beiden Parameter α_O und β_O können detailliert analysiert werden, worauf wir hier aber verzichten wollen. (Die Ableitung folgt einem ähnlichen Schema wie in Abschnitt 16.2.) Sowohl Einzel- als auch Doppelstrangbrüche können von den meisten Zellen repariert werden, die Wahrscheinlichkeit dafür sei $(1-f_1)$ bzw. $(1-f_O)$. Dabei ist f_1 der Anteil der Einzelstrangbrüche, die für die Interaktion mit einem neu entstandenen zur Bildung eines Doppelstrangbruchs noch zur Verfügung stehen. Die tatsächlich vorhandene Zahl Y_D von Doppelstrangbrüchen ist dann

$$Y_D = f_O \, (\alpha_O D + f_1 \, \beta_O \, D^2) \tag{16.29}$$

oder zusammengefaßt

$$Y_D = \alpha \, D + \beta \, D^2 \tag{16.30}$$

284

Die Parameter α und β hängen in nicht einfach zu durchschaubarer Weise von der Strahlenqualität ab. Für die weitere Diskussion sei auf den letzten Abschnitt dieses Kapitels verwiesen.

16.5 Das "δ-Elektronen"-Modell (KATZ u.a. 1971)

Wir haben schon in Kapitel 7 kennengelernt, wie der Einfluß der -
Elektronen bei der Inaktivierung "einfacher" Einheiten berücksichtigt
werden kann. Dieses Vorgehen läßt sich auf Zellen verallgemeinern.
Hier läßt sich allerdings die Näherung kleiner Treffbereiche nicht
aufrechterhalten. Das bedeutet, daß aus der Lokaldosenverteilung (Kapitel 4) die Dosis für einen Treffbereich des Radius a_o als Funktion
des Abstandes t von der Teilchenbahn bestimmt werden muß. Setzt man
der Einfachheit halber zylindrische Targets, die sich parallel zur
Teilchenbahn erstrecken, voraus, dann ergibt die Integration - die
nur numerisch durchgeführt werden kann - die in Abbildung 16.1 dargestellten Verlauf.

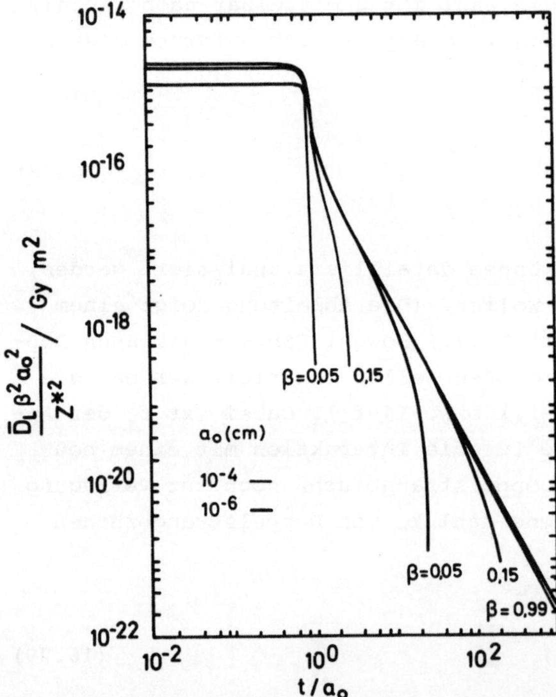

Abb. 16.1 Abhängigkeit der Dosis in einem Zylinder des Radius a_o von
dem Abstand von der Teilchenbahn bei Durchgang eines Teilchens. Quelle:
KATZ u.a. 1971

Man sieht, daß die "Targetdosis" proportional zu $\frac{Z^{*2}}{\beta^2\,a_o^2}$ ist, solange das Teilchen den Treffbereich passiert und bei größeren Entfernungen $(t \gg a_o)$ sich wie $\frac{Z^{*2}}{\beta^2\,t^2}$ verhält. Die letzte Feststellung folgt auch unmittelbar aus der Näherung für kleine Treffbereiche: Wenn $t \gg a_o$ kann bei der Integration von der Variation der Dosis über das "Target" abgesehen werden, d.h. sie ist dann für alle Bereiche gleich.

Natürlich gilt die $1/t^2$-Abhängigkeit nur vor Erreichen der Reichweite der höchstenergetischen δ-Elektronen. Es ist wegen des Gesagten praktisch, als Parameter die Größe $D_L\,\beta^2\,a_o^2/Z^{*2}$ zu verwenden, wie wir es auch in Abbildung 16.1 getan haben. Zur Interpretation des Zellüberlebens von der Größe $\frac{Z^{*2}}{\beta^2}$ wird nun zunächst davon ausgegangen, daß eine bestimmte Targetdosis – unabhängig von der Strahlenqualität – immer zu derselben Überlebensfraktion führt. Die Berechtigung hierzu wird aus der Tatsache abgeleitet, daß in jedem Fall die Wirkung durch Elektronen ausgelöst wird, deren Herkunft keinen Einfluß auf den biologischen Effekt haben dürfte. Eine Abhängigkeit von der Dichte der Energiedeposition wird also dezidiert ausgespart. Man kann nun ganz analog wie in Abschnitt 7.1 den Wirkungsquerschnitt S bestimmen. Bezeichnet man mit y(D) die Überlebensfraktion als Funktion der Dosis, so ist

$$S = \int_o^\infty 2\,\pi\,t\,\left(1 - y\,(D_L)\right)\,dt \qquad (16.31)$$

$(D_L$: Lokaldosis als Funktion von t).
Setzt man z.B. für y(D) die im ersten Abschnitt dieses Kapitels eingeführte Mehrtreffbereichs-Eintreffer-Beziehung an, dann erhält man

$$S = \int_o^\infty 2\,\pi\,t\,\left(1 - e^{-D_L/D_o}\right)^n\,dt \qquad (16.32)$$

Falls die δ-Strahlenreichweite den Radius a_o nicht überschreitet, kann man bei kleinen Werten von $\frac{Z^{*2}}{\beta^2}$ angenähert schreiben

$$S \approx \pi\,a_o^2\,(1 - e^{-\frac{Z^{*2}}{\beta^2\,a_o^2\,D_o}})^n$$

$$\approx \pi\,a_o^2 \cdot \left(\frac{Z^{*2}}{\beta^2\,a_o^2\,D_o}\right)^n \qquad (16.33)$$

und daraus – wenn man die Abhängigkeit in einem doppeltlogarithmischen aufträgt -

$$\ln S = \ln (\pi a^2) + n \ln \frac{Z^{*2}}{\beta^2 a^2 D_o} \qquad (16.34)$$

d.h. in diesem Bereich ist ln S der Größe ln Z^{*2} proportional. Die resultierende Gerade hat die Steigung n, verläuft also um so steiler, je größer die Extrapolationszahl ist. Abbildung 16.2 zeigt den kompletten Verlauf, wie er durch numerische Integration der Beziehung (16.33) gewonnen wurde.

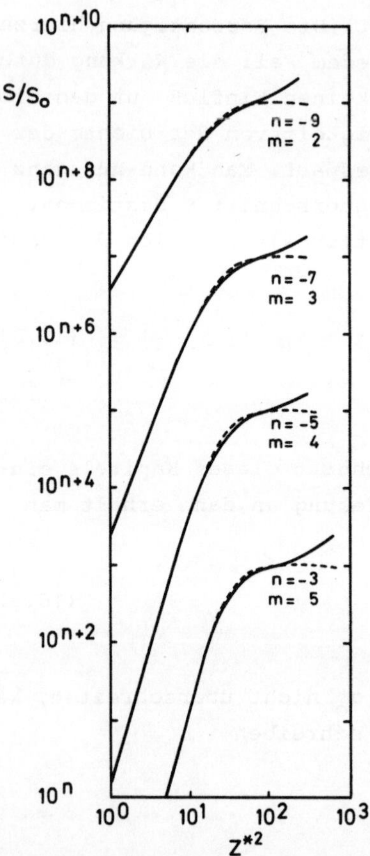

Abb. 16.2 Abhängigkeit des relativen Inaktivierungsquerschnitts von Z^{*2} unter Annahme verschiedener Werte von n (s. Gleichung 16.33). Zur besseren Übersichtlichkeit sind die Kurven vertikal gegeneinander versetzt (Vernetzungsparameter n). Die waagerechte gestrichelte Linie entspricht in etwa dem geometrischen Querschnitt S_O - der weitergehende Anstieg ist auf die Beteiligung weitreichender δ-Elektronen zurückzuführen. Quelle: KATZ u.a. 1971

Interessant ist hierbei, daß S zwar zunächst einem Plateau zustrebt, das um so ausgeprägter ist, je größer n ist, dann aber weiter ansteigt. Dies ist ein Ausdruck der Tatsache, daß bei großen Werten von $\frac{Z^{*2}}{\beta^2}$ die Beteiligung der δ-Elektronen langer Reichweite immer wichtiger wird.

16.6 Reparatur-Modelle (HAYNES 1964, TOBIAS u.a. 1979)

Die bisher besprochenen Modelle bezogen sich ausschließlich auf ionisierende Strahlen, wobei die räumliche Verteilung der primären Energiedeposition im Mittelpunkt stand. Reparaturprozesse spielten dabei eine untergeordnete Rolle. Andere Ansätze gehen nun vor allem von ihnen aus. Der Vorteil dieses Vorgehens liegt darin, daß hiermit auch die UV-Wirkung beschrieben werden kann, die bisher ausgespart geblieben war, obwohl die Form der Dosiseffektkurven ganz ähnlich ist. Außerdem ist es nach den Ausführungen des Kapitels 13 wohl auch klar, daß Reparaturprozesse eine ganz entscheidende Rolle für die Schadensausprägung nach Bestrahlung haben.

Wir wollen in diesem Abschnitt zwei Modelle vorstellen, die häufig angewendet werden. Es gibt eine große Zahl anderer - aber verwandter - Ansätze, die zu referieren selbst ein Buch füllen würde. Allerdings fehlt bisher eine konsequente Übertragung der in Kapitel 13 besprochenen Mechanismen in eine stringente theoretische quantitative Formulierung.

Falls die typische "Schulterform" der Überlebenskurven auf Reparaturprozesse zurückzuführen ist, so ist unmittelbar klar, daß deren Effektivität mit steigender Dosis abnehmen muß, wobei es gleichgültig ist, ob dies auf eine Sättigung oder eine Zerstörung des Systems zurückzuführen ist. In der einfachsten Form kann man somit für die Zahl Y der biologisch relevanten Schäden ansetzen:

$$Y = aD - bR(D) \qquad (16.35)$$

R(D) ist eine "Reparaturfunktion", a und b Konstanten. Man kann für R(D) wieder eine Sättigungsfunktion der einfachsten Form annehmen und gelangt dann zu:

$$Y = aD - b(1 - e^{-\gamma D}) \qquad (16.36)$$

mit einer neuen Konstanten γ. Auch (16.36) zeigt qualitativ das geforderte Verhalten, aber natürlich ist das Vorgehen doch etwas sehr oberflächlich.

Ein verfeinerter Ansatz geht davon aus, ähnlich wie in den vorigen Abschnitten, daß zunächst Subläsionen, "Hits", gesetzt werden, deren Zahl wir mit U_o bezeichnen wollen, die entweder mit linearer Kinetik repariert oder durch Wechselwirkung untereinander als Läsionen fixiert werden können. Wir haben somit (vgl. Anhang I.7) folgende Reaktionsgleichungen:

$$\frac{dU(t)}{dt} = - k_1 U(t) - k_2 U^2(t) \tag{16.37}$$

mit $U(o) = U_o$.
Die Lösung hiervon ist

$$U(t) = \frac{U_o \, e^{-k_1 t}}{1 + \frac{k_2}{k_1} U_o (1 - e^{-k_1 t})} \tag{16.38}$$

Nach genügend langer Zeit sind alle "Hits" verschwunden, sie sind entweder repariert oder als "Läsionen" fixiert worden. Bezeichnen wir diese mit R_L, so gilt

$$R_L(t) = \int_o^t k_2 U^2(n) \, dn \tag{16.39}$$

(n: Integrationsvariable)
und mit (16.38):

$$R_L(t) = \frac{U_o (1 + (\frac{k_2}{k_1} U_o (1 - e^{-k_1 t}))}{1 + \frac{k_2}{k_1} U_o (1 - e^{-k_1 t})} - \frac{k_1}{k_2} \ln(1 + \frac{k_2}{k_1} U_o (1 - e^{-k_1 t})) \tag{16.40}$$

Wir wollen uns nur für den endgültigen Zustand nach langen Zeiten interessieren und die Zahl der endgültigen Läsionen wieder mit Y bezeichnen:

$$Y = U_o - \eta \ln \left(1 + \frac{U_o}{\eta} \right) \tag{16.41}$$

wobei wir $\frac{k_1}{k_2} = \eta$ gesetzt haben. Nimmt man an, daß U_o der Dosis proportional ist, so ergibt sich schließlich

$$Y = \alpha D - \eta \ln \left(1 + \frac{\alpha D}{\eta} \right) \tag{16.42}$$

Auch diese Beziehung beschreibt - allerdings in einer etwas komplizierteren Form - eine höhere relative Wirksamkeit größerer Dosen (TOBIAS u.a. 1979).

16.7 Vergleichende Betrachtungen

16.7.1 Verhalten bei niedrigen Dosen

Ein praktischer Aspekt der modellmäßigen Erfassung von Dosiseffektkurven liegt in der Hoffnung, mit ihrer Hilfe das Verhalten in Dosisbereichen abschätzen zu können, in denen experimentelle Ergebnisse nur sehr schwer zu erhalten sind, also vor allem bei kleinen Dosen. Dies hat - was auf der Hand liegt und wie wir noch in Kapitel 22 diskutieren werden - eine ganz besondere Bedeutung für die Risikoabschätzung im Strahlenschutz. Zur besseren Übersicht stellen wir die verschiedenen in den vorigen Abschnitten gewonnenen Formulierungen noch einmal zusammen:

1: $\qquad y = 1 - (1 - e^{-vD})^n \tag{16.3}$

2: $\qquad Y = N E \dfrac{p^2\, t^2}{E_o{}^2} \left(\sigma\, g\, \overline{L_D}\, D + \sigma^2\, D^2 \right) \tag{16.21}$

3: $\qquad Y = K'\, z_o^2 \left(1 - e^{-\dfrac{(\overline{z_{1D}}\, D + D^2)}{z_o^2}} \right) \tag{16.27}$

4: $\qquad Y_D = \alpha D + \beta D^2 \tag{16.30}$

6: (a) $\quad Y = aD - b\, (1 - e^{-\gamma D}) \tag{16.36}$

(b) $\quad Y = \alpha D - \eta \ln \left(1 + \frac{\alpha D}{\eta}\right)$ $\hfill$ (16.42)

In Abschnitt 16.5 warfür die Dosiseffektbeziechung (16.3) benutzt worden. Sie bezieht sich explizit nur auf das Überlebensverhalten, während alle anderen die Zahl der Läsionen angeben (bei 4 spezifiziert als Doppelstrangbrüche).

Für die Beurteilung des Verhaltens bei kleinen Dosen ist - auch im Hinblick auf die RBW (Kapitel 8) - die Steigung der Kurve in der Nähe des Nullpunkts wichtig. Man erhält für kleine Dosen folgendes Verhalten der Ableitungen:

1: $\quad \dfrac{dy}{dD} = - n\, v\, e^{-vD}\, (1-e^{-vD})^{n-1}$

$\qquad\quad \approx - n\, v^{n}\, D^{n-1}$

2: $\quad \dfrac{dY}{dD} = N\, E\, \dfrac{p^2\, t^2}{E_o}\, (\sigma\, g\, \overline{L_D} + 2\, \sigma^2\, D)$

3: $\quad \dfrac{dY}{dD} = K'\, (\overline{z_D} + 2D)\, e^{-\dfrac{\overline{z_D}\, D + D^2}{z^2_o}}$

$\qquad\quad \approx K'\, (\overline{z_D} + 2D)$

$\hfill$ (16.43)

4: $\quad \dfrac{dY_D}{dD} = \alpha + 2\, \beta D$

6: (a) $\quad \dfrac{dY}{dD} = a - b\, \gamma\, e^{-\gamma D}$

$\qquad\quad \approx a - b\, \gamma$

(b)
$$\frac{dY}{dD} = \alpha - \frac{\alpha}{1 + \dfrac{dD}{\eta}}$$

$$\approx \frac{\alpha^2 D}{\eta}$$

Die negative Steigung im Falle 1 kommt daher, daß hier die Überlebensfraktion betrachtet wird. Der Vergleich der Beziehungen zeigt, daß nur bei den Modellen 2, 3 und 6a eine nicht verschwindende Anfangssteigung im Nullpunkt zu verzeichnen ist. Die Ergebnisse der Untersuchungen von Chromosomenaberrationen zeigen jedoch, daß der Nullpunkt nicht asymptotisch erreicht wird, also in der Dosiseffektkurve ein lineares Glied vorhanden sein muß. Dies scheint also vor allem das Modell 6b auszuscheiden (1 muß hier wegen des nicht anwendbaren Schadensparameters außer Betracht bleiben). Diese Folgerung ist jedoch nicht zwingend, da gerade bei niedrigen Dosen die Zahl der Hits nicht der Dosis, sondern der spezifischen Energie proportional ist. Falls man das Modell in dieser Hinsicht verfeinert, so ergibt sich auch in diesem Fall eine nicht verschwindende Anfangssteigung. Wir können also feststellen, daß sich bei allen Modellen, welche die molekulare Ebene betrachten, im niedrigen Dosisbereich eine linear-quadratische Abhängigkeit ergibt. Dies bedeutet aber, daß die RBW-Werte beschränkt bleiben und nicht zu beliebig großen Werten anwachsen.

16.7.2 LET-Abhängigkeit

Es sollen hier nur zwei Fragen diskutiert werden, die besonders wichtig erscheinen: die Abhängigkeit der RBW vom LET und von der Dosis. Wir beschränken uns auf die Modelle 2, 3 und 5, bei denen wir den Bezug zur Strahlenqualität behandelt hatten (auch einige der anderen Modelle können in dieser Hinsicht erweitert werden, worauf aber nicht eingegangen werden kann; wir müssen auf die angegebene Literatur verweisen). Wir benutzen den LET, obwohl - wie wir mehrfach betont haben - dieses Konzept seine Grenzen hat. Eine exakte mikrodosimetrische Behandlung übersteigt aber den Rahmen dieser Abhandlung. Aus diesem Grunde kann die Diskussion nicht als streng quantitativ betrachtet werden.

Das Modell aus Abschnitt 16.5 hat zwar die Abhängigkeit von der Strahlenqualität als Ausgangspunkt, aber seine wesentliche Aussage ist, daß nicht der LET, sondern die Größe $\frac{Z*^2}{\beta^2}$ der "richtige" Bezugsparameter ist. Nur bei Teilchen mit gleicher Geschwindigkeit ist $L \sim \frac{Z*^2}{\beta^2}$. In diesem Fall kann man (16.32) benutzen, um Aussagen über den Inaktivierungsquerschnitt zu machen; die Abhängigkeit ist in Abbildung 16.2 dargestellt. Wesentlich ist hierbei die Prognose, daß für große Werte von $\frac{Z*^2}{\beta^2}$ nur ein transientes Plateau durchlaufen wird, und daß der Wirkungsquerschnitt weiter ansteigt. Der schlüssige experimentelle Beweis hierfür steht noch aus.

Modelle 2 und 3 sind ähnlich, aber weder vom Ansatz noch von der mathematischen Formulierung her identisch, völlig abgesehen von der mikrodosimetrischen Behandlung im letzten Fall. Wichtig ist, daß bei Modell 3 auch die Entstehung der Subläsionen als von der Strahlenqualität abhängig angenommen wird, während bei Nummer 4 ihre Zahl in jedem Fall nur der spezifischen Energie z proportional ist. Das bedeutet, daß die Strahlenwirkung nur eine Funktion von $\overline{z}_{1D}$ und der Dosis ist, mit anderen Worten, Strahlenarten, die gleiche Dosiseffektkurven aufweisen, müssen in ihren $\overline{z}_{1D}$-Werten übereinstimmen. Natürlich geht hier noch die Größe des empfindlichen Bereichs, die man (16.22) bzw. (16.25) aus der Kurvenform bei dünn ionisierender Strahlung abschätzen kann, ein. In Abschnitt 16.7.3 werden wir sehen, daß sie in der Größenordnung von 1 µm liegt. In Kapitel 8 war gezeigt worden, daß weiche Röntgenstrahlung und α-Teilchen bei der Inaktivierung von Säugerzellen (Abbildung 8.14) nahezu gleiche Wirkung zeigen, obwohl $\overline{z}_{1D}$ wegen der verschiedenen Reichweiten der dabei auftretenden Elektronen äußerst unterschiedlich ist. Daraus ist zu folgern, daß auch die mikrodosimetrische Theorie noch eines weiteren Ausbaus bedarf. Ein wesentlicher Aspekt dürfte sein, daß der Mittelwert der Läsionen dem Mittelwert des Quadrats der spezifischen Energie gleichgesetzt worden ist. Bei einer strengen Behandlung muß jedoch zunächst die Verteilung der Läsionen bestimmt werden; der Mittelwert ist dann über diese zu bilden. Dieser Unterschied ist alles andere als trivial!

Sowohl Modell 3 als auch 4 fordern für dünn ionisierende Strahlung eine linear-quadratische, für dicht ionisierende im wesentlichen eine lineare Abhängigkeit. Dies stimmt mit den experimentellen Ergebnissen bei Chromosomenaberrationen und Mutationsraten in vielen Zellarten überein, jedoch nicht uneingeschränkt, da in manchen Systemen auch z.B. bei Röntgenstrahlen lineare Induktionskurven gefunden werden. Das könnte natürlich daran liegen, daß die "site"-Größe in diesem Falle sehr klein ist, was allerdings die Resultate quantitativ nicht befriedigend erklären kann.

Für die weitere Analyse beschränken wir uns auf den linearen Teil der Dosiseffektkurven. Sie wurden unter Zugrundelegung einer Beziehung

$$Y = aD + bD^2$$

ausgewertet; dieses Verhalten ist den Modellen 3 und 4 - wenn man im letzten Fall von Sättigungseffekten absieht - gemeinsam. In Abbildung 16.3 ist der Verlauf von a für verschiedene biologische Endpunkte als Funktion von $\overline{y_F}$ (Kapitel 4) aufgetragen, was im wesentlichen mit $\overline{L_T}$ identisch ist. Auf Kurve 3, die aus dem Überlebensverhalten abgeleitet wurde, kommen wir später zurück.

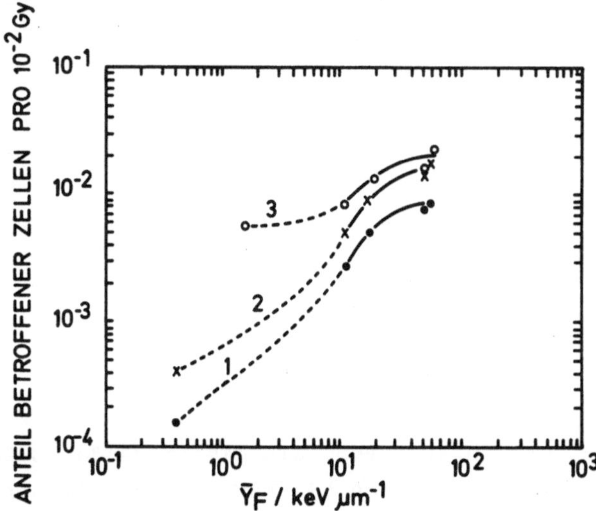

Abb. 16.3 Die Abhängigkeit des linearen Parameters von $\overline{y_F}$ ($\approx \overline{L_T}$) bei verschiedenen biologischen Endpunkten: 1: dizentrische Chromosomenaberrationen; 2: alle Chromosomenaberrationen; 3: Verlust der Koloniebildungsfähigkeit. Quelle: BARENDSEN 1979

Man sieht, daß für Chromosomenaberrationen ein Verlauf gefunden wird, wie er qualitativ durch die Beziehung (16.17) beschrieben wird. Das mikrodosimetrische Modell vermag dies in der behandelten Form nicht zu leisten.

Von besonderer Bedeutung für den Strahlenschutz ist die Frage, wie sich die relative biologische Wirksamkeit (RBW) verschiedener Strahlenarten bei kleinen Dosen verhält. Wir hatten schon in Kapitel 8 gezeigt, daß bei verschwindender Anfangssteigung die RBW-Werte unbegrenzt ansteigen; die linear-quadratischen Modelle führen auf einen konstanten

Endwert, der sich aus dem Verhältnis der linearen Terme ergibt. Entwerfen und Testen von Modellen haben also gerade hier einen durchaus praktischen Sinn. Die linear-quadratischen Ansätze führen jedoch auch zu weiteren Folgerungen, die sich experimentell testen lassen. Die RBW ist (Kapitel 8) das Verhältnis der Dosen, die bei einer Vergleichsstrahlung (250 kV-Röntgen oder ^{60}Co-γ) und der Teststrahlung zum selben Effekt führen. Es muß also in der linear-quadratischen Formulierung gelten:

$$a_x\, D_x + b_x\, D_x^2 = a_n\, D_n + b_n\, D_n^2 \tag{16.44}$$

wobei der Index x die (dünn ionisierende) Vergleichs-, der Index n die (dicht ionisierende) Teststrahlung bezeichnet. Es ist

$$RBW = \frac{D_x}{D_n}$$

und mit (16.44)

$$RBW = \frac{2\,(a_n + b_n\, D_n)}{a_x + \sqrt{a_x^2 + 4\, b_x\, D_n\,(a_n + b_n\, D_n)}} \tag{16.45}$$

Für $D_n \rightarrow 0$ erhält man daraus, wie zu erwarten, als limitierenden Grenzwert a_n/a_x, für sehr große Dosen nähert sich die RBW dem Wert 1. Der Verlauf von (16.45) ist in Abbildung 16.4 für verschiedene Verhältnisse von $\frac{a_n}{a_x}$ als Funktion von D_n dargestellt.

Interessant ist der Bereich mittlerer Dosen. In diesem Fall ist bei der Teststrahlung der quadratische Anteil zu vernachlässigen, während er bei der Vergleichsstrahlung überwiegt. Man kann also angenähert schreiben

$$b_x\, D_x^2 \approx a_n\, D_n$$

und damit

$$RBW \approx \sqrt{\frac{a_n}{b_x\, D_n}} \tag{16.46}$$

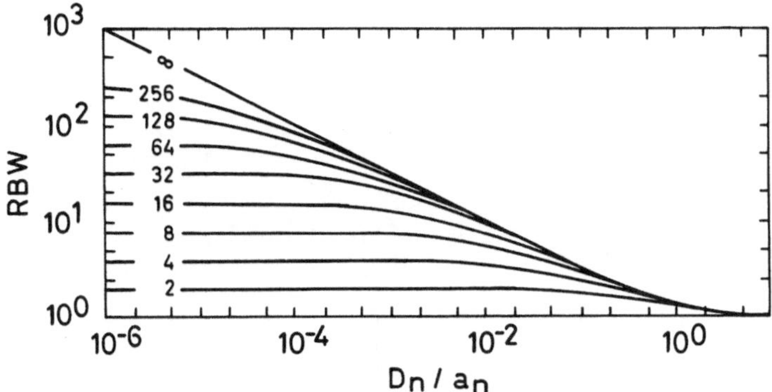

Abb. 16.4 Verlauf der RBW als Funktion der Neutronendosis bei verschiedenen Werten der Quotienten a_n/a_x gemäß Beziehung (16.45). Quelle:
KELLERER und ROSSI 1972

Die RBW sollte also über einen gewissen Bereich proportional zu $1/\sqrt{D_n}$
verlaufen. Dies ist für Neutronen an einer Reihe von Testsystemen untersucht worden, das Ergebnis dieser Analyse ist in Abbildung 16.5
dargestellt.

Es ergeben sich noch weitere Folgerungen: In dem mikrodosimetri-
schen Ansatz (Beziehung (16.24) ist $b_x = 1$ und $a_n = \overline{z_{1Dn}}$ zu setzen.
(16.46) geht dann über in

$$RBW \approx \frac{\overline{z_{1Dn}}}{\overline{D_n}} \qquad (16.47)$$

Man kann also aus den experimentellen Beziehungen auch $\overline{z_{1Dn}}$ ableiten
und damit auf die Größe des empfindlichen Bereichs zurückschließen
(s. Abschnitt 16.7.4).

16.7.3 <u>Überlebensverhalten</u>

Wir haben uns bisher - mit Ausnahme des ersten Modells - nur mit der
Anzahl induzierter Schäden - die z.B. Mutationen oder Chromosomenaberrationen sein können - befaßt, und die Beschreibung des Überlebensverhaltens ausgeklammert. Nimmt man an, daß <u>ein</u> bestimmter Schaden pro Zelle ausreicht, um ihre Koloniebildungsfähigkeit zu zerstö-
ren und geht man von einer Poisson-Verteilung aus, so ergibt sich all-

296

gemein für die Überlebensfraktion y (vgl. Abschnitt 3.1)

$$y = e^{-Y} \qquad\qquad (16.48)$$

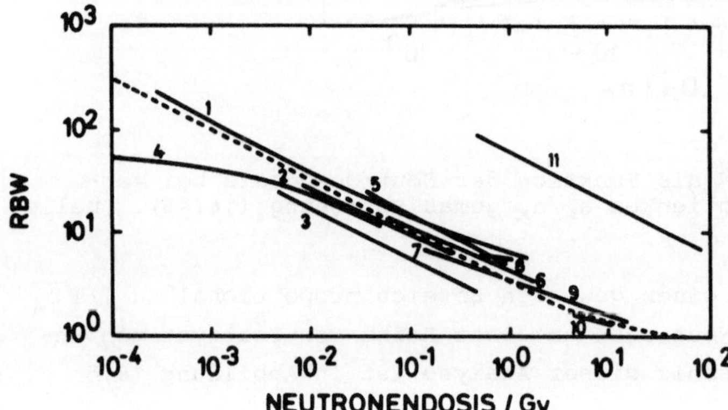

Abb. 16.5 Verlauf der RBW als Funktion der Neutronendosis bei verschiedenen Testeffekten: 1 - 3: Augen-Linsentrübung bei Mäusen; 4: Mutationen in Tradescantia-Pflanzen; 5: Induktion von Brustkrebs bei
Mäusen; 6: Chromosomenaberrationen in menschlichen Lymphozyten; 7, 8:
Wachstumsreduktion von Bohnenwurzeln (Vicia faba, Bestrahlung in Luft
bzw. in N_2); 9: Hautschädigung bei Menschen, Ratten, Mäusen und Schwei-
nen; 10: Inaktivierung von Kryptenzellen der Maus; 11: verschiedene
Effekte in Maissamen. Quelle: KELLERER und ROSSI 1972 (dort auch die
Originalreferenzen)

Falls die Postulate zutreffen, müßte unabhängig von dem speziellen
Mechanismus zwischen dem Logarithmus der Überlebensfraktion und der
Schadenszahl ein linearer Zusammenhang bestehen. Dies hatten wir für
Chromosomenaberrationen (Abb. 11.6) und Mutationen (Abb. 12.6) schon
gezeigt, was für die Plausibilität der zu (16.48) führenden Annahmen
spricht. Man könnte hieraus den Schluß ziehen, daß Aberrationen oder
Mutationen die letalen Ereignisse darstellen, was aber nicht zwingend
ist - die Beziehung legt lediglich nahe, daß alle Effekte auf gleiche
Ursachen zurückgehen.

Für Chromosomenaberrationen ist die Analyse mit Hilfe der LET-Abhängigkeit weiter fortgeführt worden: Bei einem eindeutigen Zusammenhang müßten - legt man eine linear-quadratische Abhängigkeit zugrunde -
die linearen Koeffizienten sowohl für Aberrationen als für den Loga-

rithmus der Überlebensfraktion die gleiche LET-Abhängigkeit zeigen. Dies ist aber - wie Abb. 16.3 zeigt - durchaus nicht der Fall, was den Schluß nahelegt, daß bei verschiedenen Strahlenarten Zellinaktivierung und Chromosomenaberrationen in unterschiedlicher Weise induziert werden. Eine ähnliche Analyse ist zwar für Mutationen noch nicht im einzelnen durchgeführt worden, aber die relativ wenigen Untersuchungen weisen darauf hin, daß hier eine analoge Diskrepanz vorliegt.

Es ist also nicht möglich, den Verlust des Reproduktionsvermögens einer einzigen Schadensart zuzuschreiben, und es erhebt sich die Frage, ob die in diesem Buch oft stillschweigend gemachte Annahme, daß die DNS den Hauptangriffspunkt darstellt, überhaupt zu halten ist. Es kann sicher nicht ausgeschlossen werden, daß auch andere Zellbestandteile eine Rolle spielen. Für die DNS als überwiegend wichtigsten Treffbereich sprechen aber folgende Befunde:

1. Das Aktionsspektrum für die Zellinaktivierung nach UV stimmt weitgehend mit dem Absorptionsspektrum der DNS überein (Kapitel 8).

2. Eine Strahlensensibilisierung durch BUdR ist nur festzustellen, wenn diese Substanz in die DNS eingebaut ist (Kapitel 9).

3. Bei ionisierenden Strahlen hängt die zelluläre Strahlenempfindlichkeit von dem DNS-Gehalt pro Chromosom ab (Kapitel 8).

4. Auch die oben zitierten eindeutigen Abhängigkeiten zwischen DNS-Schäden - wie Mutationen und Chromosomenaberrationen - und Zellinaktivierung sprechen für eine gemeinsame Schadensstelle.

5. Die Abhängigkeit der zellulären Empfindlichkeit von an der DNS nachgewiesenen Reparaturprozessen - wie Fotoreaktivierung und Exzision - weist auf die überragende Bedeutung dieses Moleküls hin (Kapitel 13).

6. Die überlappende Wirksamkeit von UV und ionisierender Strahlung legt ein identisches Target nahe, das für UV - s. Punkt 1 - recht zwingend mit der DNS identifiziert werden kann.

Um nicht mißverstanden zu werden: Die vermutete Lokalisation der Anfangsschäden an der DNS schließt nicht aus, daß auch andere Komponenten - z.B. die Proteine in den Nukleosomen (s. Anhang II.1) oder auch die Kernmembranen - an den Reaktionen beteiligt sind.

Wir wollen diesen Abschnitt mit einer weiteren kritischen Anmerkung bzgl. der Aussagekraft einer modellmäßigen Anpassung von Überlebenskurven beschließen. In Abbildung 16.6 sind "Überlebenskurven" gezeichnet, wie sie sich aus verschiedenen Modellen ergeben, wenn man zwei Punkte bei ca. 90% und 1% vorgibt. Man sieht, daß in dem Bereich von drei Dekaden - das entspricht in sehr vielen Fällen der experimentellen Realität - die Unterschiede nicht sehr gravierend sind. Es dürfte schwer fallen, bei den unvermeidlichen Streubreiten der Ergebnisse eine eindeutige Zuordnung zu treffen. Dies demonstriert, daß Schluß-

folgerungen, die lediglich aus Kurvenanpassungen gezogen werden, auf
recht schwachen Füßen stehen.

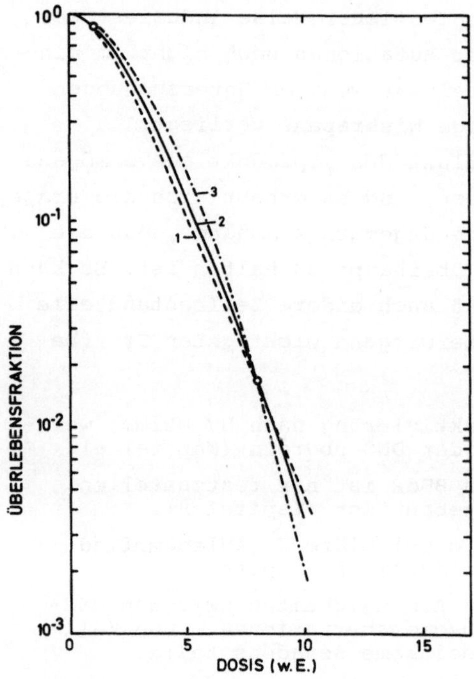

Abb. 16.6 Theoretische Überlebenskurven, die durch Anpassung verschiedener Modelle bei den zwei markierten Punkten gewonnen wurden:

1: Mehrtreffbereichsmodell: $y = 1 - (1 - e^{-0,063D})^{2,63}$

2: Reparaturmodell: $y = e^{-D} (1 + \frac{D}{3})^3$ ($\alpha = 1$, $y = 3$)

3: Linear-quadratische Abhängigkeit: $y = e^{-(0,086D + 0,053\,D^2)}$

Jedes Modell muß daher durch viele verschiedene experimentelle Ansätze
verifiziert werden. Die Diskussion dieses Kapitels hat gezeigt, daß
bisher für keines vollständige Widerspruchsfreiheit erreicht worden
ist - das "richtige" Modell harrt also immer noch der Entdeckung.

Trotz dieser ernüchternden Feststellung dürfen die geschilderten
Beziehungen keinesfalls als theoretische Spielerei in die Biologie
verschlagener Physiker abgetan werden, denn erstens besteht großes
praktisches Interesse an einer zutreffenden - auch extrapolierbaren -
theoretischen Beschreibung, und zweitens haben gerade die theoretischen Ansätze sowohl zu vertieften Einblicken in die grundlegenden
Mechanismen geführt als auch neue Experimente katalysiert.

16.7.4 <u>Die Größe des empfindlichen Bereichs</u>

Sowohl das "Zwei-Läsionen-" als auch das mikrodosimetrische Modell
beinhalten Aussagen über den "Wechselwirkungsabstand". Eine Abschätzung kann man z.B. dadurch gewinnen, daß man die Dosis D' bestimmt,
bei welcher der lineare und der quadratische Anteil gerade übereinstimmen. Bezeichnen wir mit r den Halbmesser des kritischen Bereichs,
so ergibt sich aus (16.22)

$$\pi \ r^2 \ = \ \frac{\overline{L_D}}{D'} \tag{16.49}$$

bzw. aus (16.25) mit (4.37) bei einer Dichte von $\rho = 1$

$$\pi \ r^2 \ = \ \frac{\overline{y_D}}{D'} \tag{16.50}$$

Betrachten wir ein illustrierendes typisches Beispiel: Für Zellen des
chinesischen Hamsters ist D' $\approx$ 5 Gy bei ^{60}Co-γ-Bestrahlung, wenn man
die Koloniebildungsfähigkeit als Kriterium betrachtet. Mit den Daten
der Tabellen (4.3) und (4.4) erhält man dann für r $\approx$ 0,27 µm ($\overline{L_D}$ =
6,9 keV/1m) bzw. r $\approx$ 0,14 µm ($\overline{y_D}$ = 1,86 keV/µm). Die Größenordnung
der Wechselwirkungsdistanz liegt also im Mikrometerbereich. Diese Abschätzung zeigt aber auch, daß die Annahme der Interaktion zweier Einzelstrangbrüche zur Bildung eines Doppelstrangbruchs zur Erklärung
einer linear-quadratischen Abhängigkeit auf quantitative Schwierigkeiten stößt.

Der Unterschied zwischen den beiden oben errechneten Werten läßt
sich verstehen, wenn man bedenkt, daß wir eine "Cut-off"-Energie von
100 eV angesetzt haben, was für die Größe des Zielbereichs zu niedrig
ist. Die mikrodosimetrische Abschätzung ist hier genauer, obwohl auch
sie auf Meßwerten für einen simulierten Durchmesser von 1 µm beruht.
Andere Abschätzungen der Größe - z.B. aufgrund von Beziehung (16.47) -
führen auf dieselben Größenordnungen. Falls die Annahmen der Modelle
realistisch sind, müssen wir daraus schließen, daß die "Subläsionen"
über beträchtliche Entfernungen miteinander reagieren. Wir hatten jedoch schon darauf hingewiesen, daß die experimentellen Resultate mit
sehr weichen Röntgenstrahlen (Kapitel 8) hiermit nicht kompatibel
sind. Dieser Widerspruch muß noch aufgelöst werden.

LITERATUR:

ALPER 1975

ALPER 1979

CHAPMAN 1980

DERTINGER und JUNG 1969

HAYNES und ECKARDT 1979

HUG und KELLERER 1966

KELLERER und ROSSI 1972

LEENHOUTS und CHADWICK 1978

NEARY 1965

TOBIAS u.a. 1980

17. Zelluläre Wirkung und Schädigung des Gesamtorganismus

Die Bedeutung der Zellteilung für die Funktion des Gesamtorganismus
wird besprochen und der grundsätzliche Aufbau von Erneuerungssystemen
erläutert. Anschließend werden Techniken zur Bestimmung des Zellüberlebens in vivo vorgestellt und einige Ergebnisse mitgeteilt.

17.1 <u>Allgemeines</u>

In den vorangegangenen Kapiteln wurde einigermaßen detailliert auf
Vorgänge in bestrahlten Zellen eingegangen. So interessant die besprochenen Vorgänge für sich auch sein mögen, so gewinnt dieses Vorgehen
vor allem seine Berechtigung aus der Tatsache, daß Veränderungen im
Gesamtorganismus ihren Ausgang von der zellulären Ebene nehmen. Dies
gilt nicht nur - wie gleich ausführlicher zu besprechen sein wird -
für Störungen des Teilungsverhaltens, sondern ebenso für genetische
Einflüsse und auch die Carzinogenese. Natürlich soll damit nicht gesagt sein, daß ein tierischer oder menschlicher Körper wie eine Zellkultur betrachtet werden kann. Hier kommen übergeordnete Prinzipien
und Regelmechanismen entscheidend zum Tragen, aber sie bewirken letztlich wieder zelluläre Vorgänge, die allerdings weit über das hinaus-
gehen, was wir in der Kulturschale modellieren können. Besonders für
die Strahlenschädigung gilt aber auch, daß die Störungen der Zellfunk-
tion weitgehend das organismische Geschehen bestimmen. Der Zellteilungs-
fähigkeit kommt hierbei eine Schlüsselrolle zu; wir werden diesen Aspekt zunächst besprechen.

17.2 <u>Erneuerungsgewebe</u>

Die meisten Zellen des tierischen und menschlichen Körpers sind für
bestimmte Aufgaben spezialisiert, was sich auch in ihrem mikroskopischen Erscheinungsbild äußert. Sie erlangen diese Fähigkeit aufgrund
eines Differenzierungsprozesses, in welchem meist - wenn auch nicht
immer - die Fähigkeit zur Zellteilung verlorengeht. Auf der anderen
Seite ist jedoch ihre Lebensdauer begrenzt, so daß es - wenn keine
Nachlieferung erfolgte - zu einer kontinuierlichen Abnahme ihrer Zahl

käme. Um dem entgegenzuwirken, werden in den meisten Organen stetig
neue Zellen nachgeliefert, die aus undifferenzierten Zellen entstehen.
Ihre Abnahme wird durch Zellteilung kompensiert. Wir haben es also in
der Regel mit einem fein abgestimmten Zusammenspiel von Teilungs- und
Differenzierungsprozessen zu tun. Ein allgemeines Schema eines solchen
Systems ist in Abbildung 17.1 dargestellt: Man unterteilt die verschiedenen Funktionen gedanklich in Kompartimente, welche Zellen gleichar-
tiger Potenz enthalten.

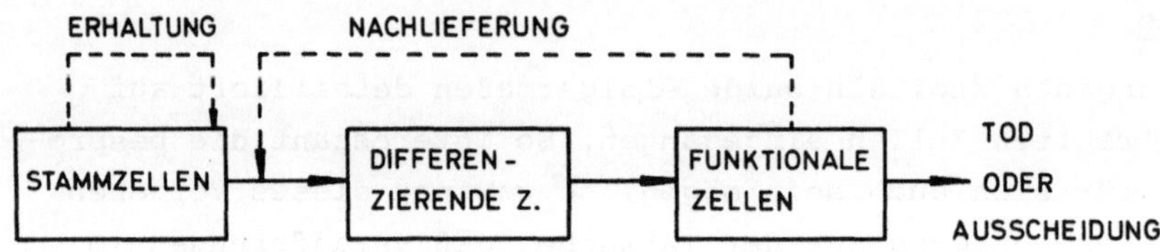

Abb. 17.1 Grundschema eines Erneuerungssystems. Die gestrichelten Linien deuten die Regelungswege (Informationsfluß) an.

Dieses abstrakte Schema darf nicht mit anatomisch feststellbaren unterschiedlichen Lokalisationen verwechselt werden, ganz im Gegenteil ist
eine anatomische Unterscheidung nur selten möglich. Das erste Kompar-
timent besteht aus undifferenzierten, aber teilungsfähigen Stammzellen.
Aufgrund einer internen Regelung wird ihre Zahl im Mittel konstant gehalten, indem ein etwaiger Abfluß durch Zellteilung wieder aufgefüllt
wird. Die nachfolgende Differenzierung (Reifung, maturation) kann -
muß aber nicht - auch noch mit Zellteilungen verbunden sein, die aber
in der Regel nur im frühen Stadium vorkommen. Die reifen funktionsfähigen Zellen haben fast immer ihre Teilungsfähigkeit verloren. Da sie
nur über eine begrenzte Lebensdauer verfügen, muß für regelmäßigen
Nachschub gesorgt werden, was durch besondere - vielfach chemische -
Regulationsvorgänge bewirkt wird. Durch sie wird auch bei außergewöhn-
lichen Verlusten für eine Regeneration gesorgt. Systeme der beschriebenen Art bezeichnen wir als Erneuerungsgewebe. Nicht alle Zellen des
Körpers werden so ständig regeneriert, z.B. nicht die Nerven- und einige Arten von Muskelzellen. Besonders wichtig ist die Nachlieferung
jedoch bei Organen, die einer erhöhten Abnutzung unterliegen. Dazu

gehören die Haut, der Darmtrakt und die partikulären Bestandteile des
Blutes. Die eindrucksvolle Leistung der Erneuerungssysteme geht aus
den Daten der Tabelle 17.1 hervor.

Tabelle 17.1 Erneuerungssystem im menschlichen Körper. Quelle: FLIED-
NER und NOTHDURFT 1979

System	Produktionsraten		kg/70a
	Zellen/d $x\ 10^9$	Zellen/70a $x\ 10^{14}$	
Haut	0,7	0,18	86
Magen-Darm	56	14,31	6850
Lymphozyten	20	5,11	275
Erythrozyten	200	51,10	460
Granulozyten	120	30,66	5400
Thrombozyten	150	38,33	40

Daraus ergibt sich, daß eine funktionierende Zellteilung für den Körper lebenswichtig ist. Die spezielle Struktur verschiedener Erneuerungssysteme werden wir in den Kapiteln 18 und 19 kennenlernen, wo
auch auf die kinetischen Parameter eingegangen wird.

17.3 Zellüberleben in vivo

Das Überlebensverhalten von in vitro-kultivierten Säugerzellen nach
Bestrahlung ist in Kapitel 8 dargestellt worden. Da diese Ergebnisse
nicht ohne weiteres auf die Verhältnisse im Körper übertragen werden
können, hat es nicht an Versuchen gefehlt, Überlebenskurven für in
vivo-exponierte Zellen zu gewinnen. Die wichtigste ist die "Milzkolonietechnik", mit deren Hilfe es möglich ist, die Reproduktionsfähigkeit der Knochenmarksstammzellen zu erfassen. Das Prinzip ist in Abbildung 17.2 dargestellt: Bestrahlte Knochenmarkszellen werden supra-
letal (ca. 10 Gy) bestrahlten Mäusen injiziert. Sie vermehren sich
dort und bilden nach ungefähr zehn Tagen in der Milz klar umgrenzte
Erhebungen ("nodules", Knötchen), deren Zahl derjenigen der gegebenen
vitalen Zellen proportional ist. Man kann sie wie auf einer Kulturschale auszählen. Die Bestrahlung kann entweder in vitro oder aber
auch im Körper der Spendertiere erfolgen, von denen dann das Knochenmark entnommen wird. Da nicht genau bekannt ist, welcher Zelltyp für
das Wachstum der Kolonien verantwortlich ist, charakterisiert man sie
als "koloniebildende Einheiten" (colony forming units, CFU). Die erhaltenen Überlebenskurven sind qualitativ ähnlich den in vitro gewonne-

nen. Die Technik kann auch so abgewandelt werden, daß man die "Kultur-

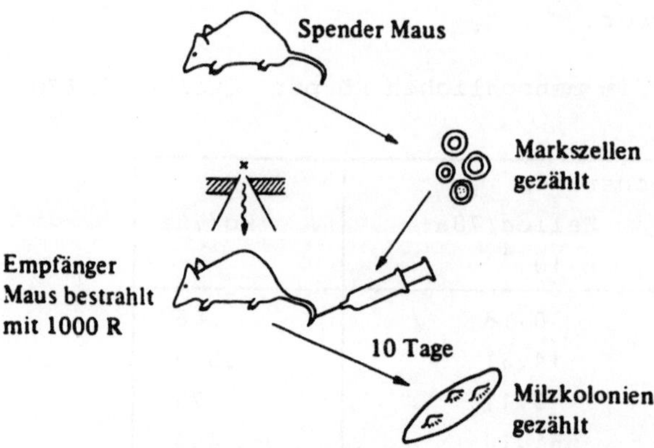

Abb. 17.2 Prinzip der Milzkolonietechnik. Quelle: nach TILL und Mc CULLOCH 1961

tiere" nicht vollständig mit der hohen Dosis bestrahlt, sondern einen Teil des Knochenmarks (z.B. im Bein) abschirmt und ihn dann später der Testdosis aussetzt. In diesem Fall entstammen die CFUs demselben Körper und erfahren auch nicht das Trauma der Entnahmeprozedur. Man bezeichnet dies als "endogene" Milzkolonietechnik. Sie hat allerdings den Nachteil, daß die Breite der zu messenden Überlebensfraktionen stark eingeschränkt ist und das es vor allem auch nicht möglich ist, das Kontrollniveau (d.h. ohne Testdosis) festzustellen, weil die Kolonienzahl dann zu hoch ist. Um klar unterscheidbare Knötchen zu erhalten, muß man relativ hoch bestrahlten und auf den Verlauf bei niedrigeren Dosen extrapolieren, was naturgemäß mit einigen Unsicherheiten verbunden ist. Da die 100%-Linie unbekannt ist, kann man auch die Extrapolationszahl nur indirekt bestimmen. Man bedient sich hierbei der fraktionierten Bestrahlung (Abschnitt 13.3.1): Die Gesamtdosis wird in zwei Teile mit variablem Intervall aufgeteilt, so daß man die Erholung vom subletalen Schaden bestimmen kann. Bei maximaler Erholung erhält man dann eine Überlebenskurve, die gegenüber der Einschlagbestrahlung um die "Quasischwellendosis" D_q (Abschnitt 8.1) versetzt ist. Aus D_o und D_q errechnet man dann n. Die endogene Technik läßt sich auf andere Gewebe übertragen, z.B. Haut oder Darm (Abbildung 17.3): Zunächst wird eine kreisringförmige Fläche mit einer hohen Dosis (30 Gy) bestrahlt, wobei der innere Bereich abgeschirmt wird. Hierdurch wird verhindert, daß Zellen von außerhalb in das zentrale Areal einwandern. Dieses erhält nun eine Testdosis, die so hoch ist, daß nicht allzu viele Epithelstammzellen überleben.

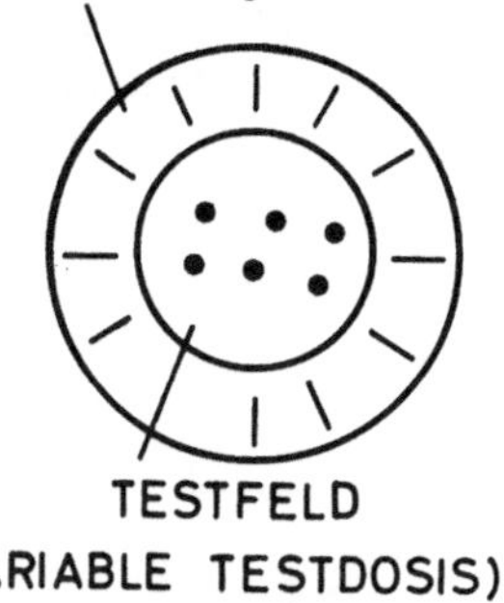

Abb. 17.3 Technik zur Bestimmung der in vivo-Überlebensrate von Haut-
zellen nach Bestrahlung. Quelle: nach WITHERS 1967

Sie wachsen nach gewisser Zeit zu auszählbaren Knötchen heran. Durch
Variation der Testflächengröße kann ein relativ großes Überlebensin-
tervall überstrichen werden. Wie oben muß man allerdings die Extrapolationszahl wieder mit Hilfe der fraktionierten Bestrahlung bestimmen.
In Tabelle 17.2 sind die Überlebensparameter der Zellen einer Reihe
von Geweben der Maus zusammengestellt.

Tabelle 17.2 Parameter in vivo gewonnener Überlebenskurven nach Rönt-
gen- und γ-Bestrahlung in Maus oder Ratte. Quelle: BRIGANTI und MAURO
1979

Organ	Tier	D_o Gy	D_q Gy	n
Haut	Maus	1,35	a)	
Dünndarm	Maus	0,97 - 1,32	a)	
Dickdarm	Maus	2,38	7,6	24
Knochenmark	Maus	0,6 - 1,15	0 - 96	1 - 2,3
Milz	Maus	0,65 - 1,1	b)	
Hoden	Maus	2,42	1,65	2
Knorpel	Ratte	1,65	2,96	6

a) sehr groß, keine genaue Angabe
b) keine Angabe

Man sieht, daß die D_o-Werte im auch für in vitro-Experimente üblichen
Rahmen liegen, obwohl Unterschiede durchaus auffallend sind (z.B.
Darm). Bemerkenswert sind aber vor allem die großen Werte von D_q,
welche in vitro so nicht gefunden werden. Sie deuten auf einen Einfluß
des Gewebsverbandes auf die Fähigkeit der Akkumulation subletaler
Schäden hin. Eine ähnliche Erscheinung wird uns in dem Modellsystem
der Sphäroiden (Abschnitt 23.3.3) begegnen. Der Grund hierfür ist
noch offen. Es kann nicht ausgeschlossen werden, daß zwischen den
Zellen Substanzen ausgetauscht werden, welche bei niedrigen Dosen Reparaturvorgänge begünstigen, jedoch ist eine solche Annahme rein spekulativ.

LITERATUR:
BOND, FLIEDNER und ARCHAMBEAU 1965
WITHERS 1975a

18. Akute Strahlenschäden

Es werden zunächst die akuten Strahlenwirkungen auf Haut und Auge besprochen (Erythem, Entzündung, Konjunktivitis, Keratitis). Es folgt eine Beschreibung der Syndrome, die nach Ganzkörperexposition mit ionisierenden Strahlen auftreten, wobei den Erneuerungssystemen der Blutbildung und des Darms besondere Bedeutung zukommt. Den Abschluß bildet eine geraffte Symptombeschreibung der akuten Strahlenkrankheit.

18.1 Vorbemerkungen

Unter akuten Strahlenschäden auf den Organismus werden solche Veränderungen verstanden, die im Laufe von Tagen bis Wochen auftreten und dann meist - wenn sie nicht zum Tode führen - wieder abklingen. Ihre Kenntnis ist nicht nur für Strahlenunfälle oder bei Kernwaffenanwendung von Bedeutung, sondern sie ist auch wichtig in der Strahlentherapie, damit die Folgen der nie zu vermeidenden Mitbestrahlung gesunden Gewebes bedacht werden können. Akute Strahlenschäden treten - es sei denn, die Dosen sind exzessiv hoch - in teilungsaktiven Geweben auf, weil sie hier die Zellerneuerung reduzieren. Diese Erkenntnis ist schon recht alt und führte zur Formulierung des "Gesetzes" von BERGONIE' und TRIBONDEAU (1906), nach dem ein Gewebe um so empfindlicher sei, je größer seine Teilungsaktivität, je länger seine Mitosephase und je geringer sein Differenzierungsgrad ist. In dieser Allgemeinheit sind die Aussagen sicher nicht richtig, die Tendenz spiegelt jedoch das Verhalten zutreffend wieder.

Nach dem Gesagten ist anzunehmen, daß sich die Erneuerungsgewebe als besonders strahlenempfindlich erweisen. Das ist auch der Fall und wir wollen in den folgenden Abschnitten einige der auftretenden Effekte besprechen.

18.2 Haut

Die Haut steht hier aus zwei Gründen an erster Stelle, einmal unterliegt sie besonders starker Abnutzung und ist daher stark regenerationsbedürftig, zum anderen ist sie jeder Strahlung - abgesehen von der Bedeckung durch die Kleider - unabgeschirmt ausgesetzt.

Abbildung 18.1 zeigt einen schematischen Querschnitt: Die oberste
Schicht - die Hornhaut - besteht aus toten Zellen, welche aus den darunter liegenden Bezirken nachgeliefert werden (Keratinocyten).

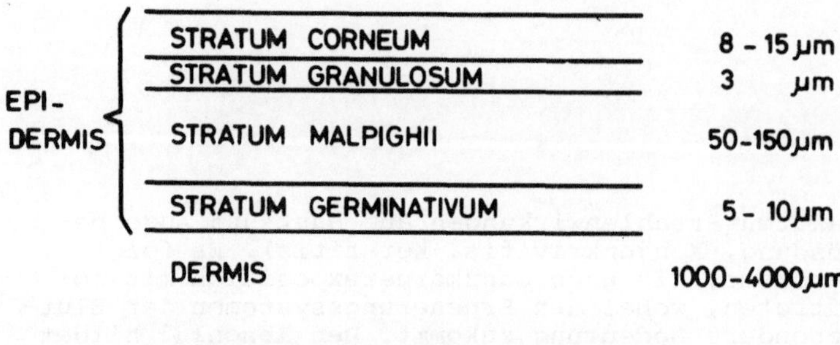

Abb. 18.1 Schematischer Querschnitt der Haut.

Die Malpighi-Schicht stellt die Differenzierungszone dar, die Keimschicht enthält das Stammzellenreservoir. Die gesamte Epidermis ist
nur zwischen 0,1 und 0,2 mm dick, so daß auch Strahlen geringen Ein-
dringvermögens die Keimschicht erreichen können. Die Empfindlichkeit
gegenüber optischer Strahlung wird durch das optische Verhalten, besonders die Absorption der äußeren Schichten, jedoch auch Streuung
und Reflexion, bestimmt. Abbildung 18.2 zeigt die Wellenlängenabhängigkeit, bei der die hohe Extinktion um 280 nm auffällt, welche auf die
Proteinbestandteile zurückzuführen ist.

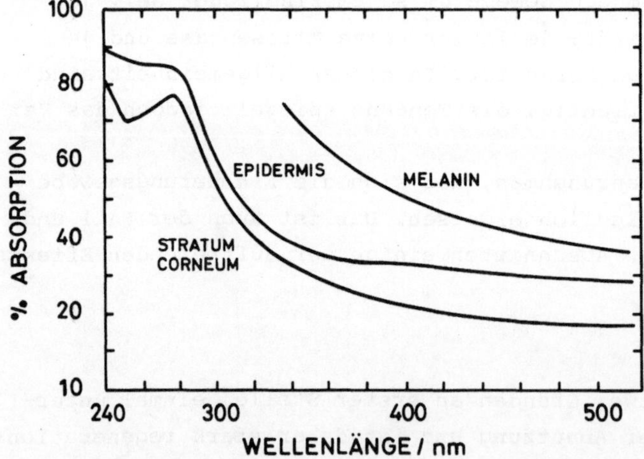

Abb. 18.2 Absorptionsverhalten der Haut und des Melanins. Quelle:
nach PARRISH u.a. 1978

Der Absorptionsverlauf wird durch Hautpigmentierung stark verändert.
In erster Linie ist hier das Melanin zu nennen, dessen Absorptionsspektrum ebenfalls in Abb. 18.2 dargestellt ist. Es wird durch spezielle
Zellen (Melanocyten) gebildet und in der Form kleiner Partikel (Melanosomen) in die Hautzelle eingelagert. Dieser Prozeß wird durch UV-Bestrahlung stimuliert und führt zu Hautbräunung. Die Strahlenreaktion
der Haut läßt sich in verschiedene Stadien einteilen, deren Auftreten
dosisabhängig ist: Das erste Zeichen ist eine Rötung (Erythem), die
schon Minuten nach der Exposition auftreten kann, sich aber hauptsächlich erst nach Stunden entwickelt und u.U. mehrere Tage anhält. Bei
genügend hoher Dosis folgt eine Entzündung, u.U. auch Ulzeration (Ge-
schwürbildung), und ein Absterben des Bereichs (Nekrose).

Das Erythem als leicht zu erkennendes und relativ mildes Phänomen
ist als Indikator der Strahlenreaktion sehr beliebt. Man muß sich jedoch im klaren darüber sein, daß seine quantitative Erfassung Schwierigkeiten bereitet und in keiner Weise frei ist von subjektiven Einflüssen
- sowohl auf der Seite des Beobachters als auch auf der des Objektes.
Um die Wellenlängenabhängigkeit seiner Entstehung zu untersuchen, bestimmt man bei verschiedenen Photonenenergien jeweils die Bestrahlung,
die gerade zur Bildung eines Erythems führt (Erythemschwellendosis).
Es zeigt sich jedoch, daß bei verschiedenen Erythemgraden abweichende
Verläufe festgestellt werden. Das bedeutet, daß es nicht möglich ist,
für die Erythembildung ein echtes Aktionsspektrum anzugeben (vgl. Abschnitt 5.1.3). Um aber dennoch einen - auch praktischen - Anhaltspunkt zu haben, gibt man eine "mittlere" Erythemwirksamkeitskurve" an,
die in Abbildung 18.3 dargestellt ist. Zum Vergleich zeigt Abbildung
18.4 Kurven für verschiedene Erythemgrade. Aus ihr sieht man, daß Erytheme auch durch längerwelliges UV ausgelöst werden (UVA-Erythem). Der
Mechanismus der Erythembildung ist im einzelnen noch unklar, obwohl
eine Reihe von Details bekannt sind, auf die hier aber nicht eingegangen werden kann.

Erytheme entstehen auch nach Einwirken ionisierender Strahlung mit
einer Schwellendosis von einigen Gray. Wegen der großen Bedeutung der
Haut als "Eintrittsorgan" bei der Strahlentherapie ist auch die Abhängigkeit verschiedener Reaktionen als Funktion des zeitlichen Be-
strahlungsmusters untersucht worden. Trägt man (Abbildung 18.5) die
zur Auslösung einer bestimmten Reaktion notwendige Dosis gegen die Gesamtbestrahlungszeit auf, so erhält man im doppelt-logarithmischen
Raster Geraden gleicher Steigung. Für jeden Effekt gilt also die Beziehung

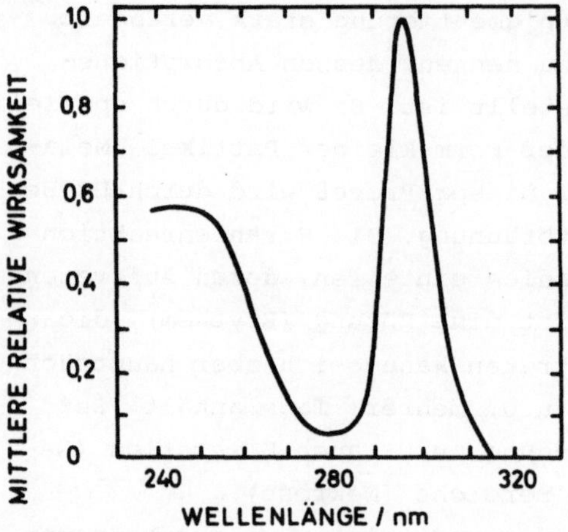

Abb. 18.3 Mittlere "Erythemwirksamkeitskurve". Quelle: TRONNIER 1977

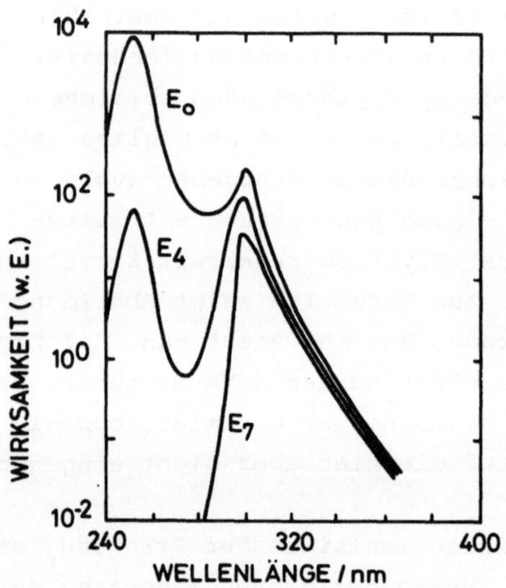

Abb. 18.4 Erythemwirksamkeitskurven für verschiedene Grade der Ausprägung: E_O: Erythemschwelle, E_4: mittelstarkes Erythem, E_7: starkes
Erythem. Quelle: TRONNIER 1977

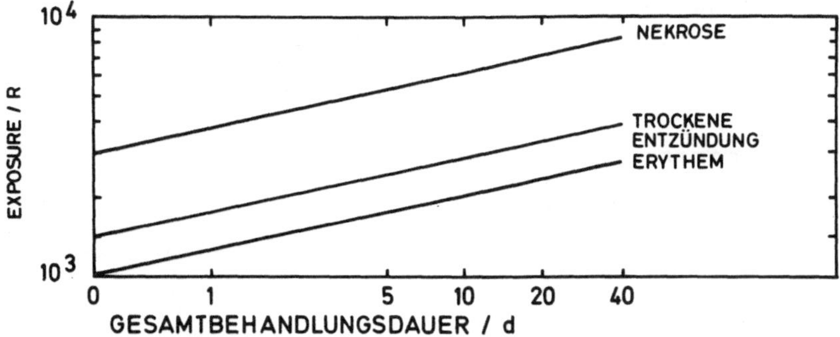

Abb. 18.5 Abhängigkeit der zur Auslösung strahleninduzierter Hautre-
aktionen notwendige Dosis von der Gesamtbestrahlungszeit. Quelle:
STRANDQVIST 1944

$$D = K \cdot t^n \tag{18.1}$$

Dabei ist D die Dosis, t die Zeit, K eine für die Reaktion typische
Konstante und n ein für alle identischer Parameter. Sein Wert liegt
bei ca. 0,3. Wir werden auf diese Beziehung, die auch als "STRANDQVIST-
Formel" bekannt ist, später (Kapitel 23) noch einmal zurückkommen.

18.3 Auge

Das Auge ist das Organ, das durch Strahlung am meisten gefährdet ist.
Dies gilt sowohl für akute als auch bestimmte Spätschäden (Kataraktbildung - Abschnitt 20.3). Die Durchlässigkeit der Hornhaut entspricht
im wesentlichen dem in Abbildung 18.2 dargestellten Verlauf. Akute
Fotoreaktionen sind eine Entzündung der den Augapfel umgebenden Binde-
haut (Konjunktivitis) oder bei höheren Dosen der Hornhaut (Photokera-
titis). Die Wellenlängenabhängigkeit der Schwellendosis - Abbildung
18.6 - für letztere zeigt eine im großen und ganzen gleiche Empfindlichkeit

unterhalb 300 nm, die dann zu höheren Wellenlängen schnell abnimmt.
Die absoluten Bestrahlungswerte sind recht gering.

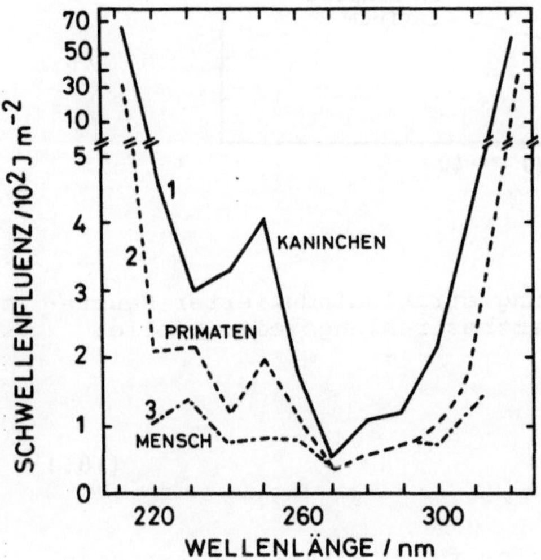

Abb. 18.6 Wellenlängenabhängigkeit der Schwellendosis für die Photo-
keratitis des Auges. Quelle: PITTS 1974

Im Gegensatz zu UV, das durch die Hornhaut weitgehend absorbiert wird,
treffen ionisierende Strahlen je nach Eindringtiefe alle Teile des
Augenkörpers. Der gefährdetste Teil ist hierbei die Linse, bei der sich
als Spätschädigung Trübungen (Katarakte) einstellen können. Sie werden
in Abschnitt 20.3 besprochen.

18.4 Letale Wirkungen und Strahlensyndrom

18.4.1 Überlebensverhalten

Abbildung 18.7 zeigt die mittlere Überlebenszeit nach einer einmaligen
Röntgenbestrahlung als Funktion der Dosis, wie sie bei Mäusen gefunden
wird. Ähnliche Studien sind mit einer Reihe anderer Tierarten durchgeführt worden - sie zeigen qualitativ ähnliche Ergebnisse. Menschliche
Daten liegen in statistisch auswertbarer Form natürlich nicht vor,
doch deuten die Erkenntnisse aus Hiroshima und Nagasaki sowie von wenigen Strahlenunfällen darauf hin, daß keine großen Abweichungen von
dem prinzipiellen Schema zu erwarten sind.

Kurve 18.7 hat eine bemerkenswerte Form: Mit kleinen Dosen geht zunächst die Überlebenszeit zurück, bleibt dann jedoch über einen weiten

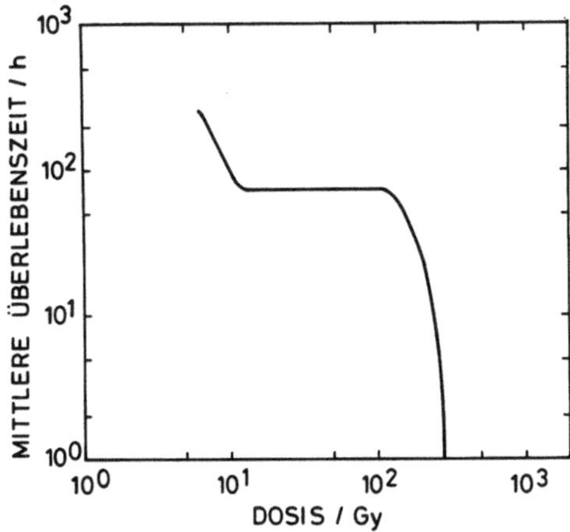

Abb. 18.7 Mittlere Überlebenszeit von Mäusen nach einmaliger Röntgenbestrahlung. Quelle: QUASTLER 1945

Bereich (10 ... 1000 Gy) konstant bei ca. 70 Stunden, um dann sehr
steil abzufallen. Man kann somit drei Bereiche unterscheiden. Es liegt
nahe, sie mit unterschiedlichen Mechanismen zu identifizieren. Grundsätzlich äußert sich die Strahlenschädigung in einem Komplex verschiedenster Symptome, was man medizinisch als Syndrom bezeichnet. Dennoch
ist es möglich, das Organ anzugeben, dessen Ausfall Hauptursache für
den Tod ist. Bei Dosen unterhalb des Überlebenszeitplateaus handelt
es sich hierbei um das blutbildende System, das hauptsächlich im Knochenmark lokalisiert ist. Die Plateauregion geht auf die Zerstörung
des Verdauungstraktes zurück, während die kurzen Überlebenszeiten bei
sehr hohen Dosen im Ausfall des Zentralnervensystems beruhen. Man
spricht daher vom "Knochenmarkssyndrom" (bone-marrow syndrome, B.M.
syndrome), dem "Gastro-intestinal-Syndrom" (G.I. syndrome) und ZNS-
Syndrom (CNS-syndrome). Natürlich ist diese Einteilung nur grob schematisch zu sehen, es existieren fließende Übergänge. Die Kurven enden
im linken Teil bei ca. 3 Gy, bei niedrigen Dosen treten nur noch wenige
akute Todesfälle auf. Man kann extrapolieren, daß eine Überlebenszeit
von ca. 30 Tagen die kritische Schwelle darstellt. So hat es sich eingebürgert, die Tierüberlebensrate nach dieser Zeit zu bestimmen. Man
kann ähnlich wie bei Zellen Überlebenskurven aufnehmen. Eine solche
ist für die Maus in Abbildung 18.8 dargestellt. Sie hat einen typisch

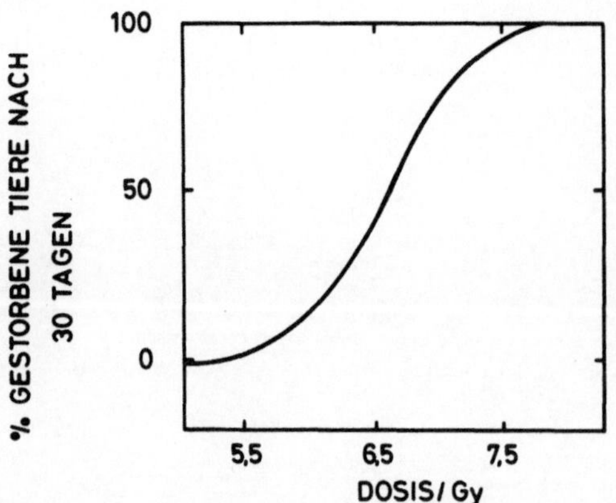

Abb. 18.8 Überlebenskurve für Mäuse nach Röntgenbestrahlung nach 30 Tagen Beobachtungszeit (idealisiert).

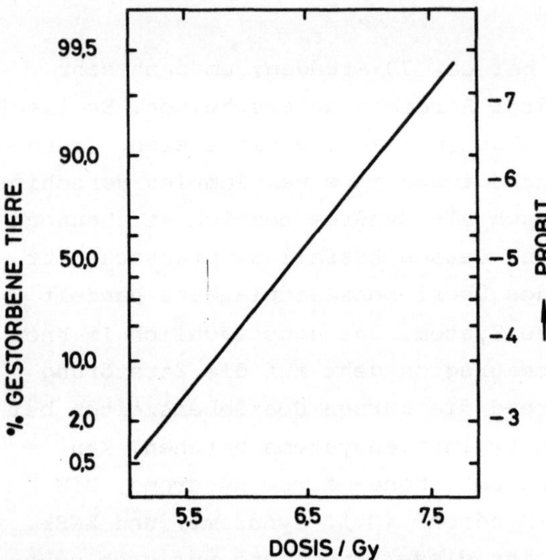

Abb. 18.9 Wie 18.8, jedoch im "Probitraster".

sigmoiden Verlauf und unterscheidet sich somit von dem, was wir für Einzelzellen kennengelernt haben. Allerdings ähnelt sie stark den Kurven, wie man sie bei Toxizitätstests von Pharmaka erhält. Mathematisch läßt sie sich durch folgenden Ausdruck beschreiben:

$$y = 1 - \frac{1}{\sigma \sqrt{\pi/2}} \int_{o}^{D} \exp. \frac{(LD_{50,30} - u)^2}{2\,\sigma^2}\, du \qquad (18.2)$$

y: Überlebensfraktion, σ: Konstante (Streuung), u: Integrationsvariable, $LD_{50,30}$: "mittlere letale Dosis". Trägt man 1 - y im Wahrscheinlichkeitsnetz auf oder führt man eine Probittransformation durch (Anhang II.5), so erhält man eine Gerade (Abbildung 18.9). Bei $D = LD_{50,30}$ ist die Überlebensfraktion gerade 50%, woher der Name "mittlere letale Dosis" herkommt. Tabelle 18.1 verzeichnet einige Werte für verschiedene Tierspezies, wobei der Wert für den Menschen natürlich nur eine grobe Schätzung ist.

Tabelle 18.1 "Mittlere letale Dosen" verschiedener Spezies (Beobachtungszeitraum 30 Tage) bei dünn ionisierender Strahlung. Quelle: BOND, FLIEDNER und ARCHAMBEAU 1965

Art	$LD_{50,30}/Gy$
Maus	6,4
Ratte	7,1
Hund	2,5
Affe (Macaca mulatta)	6
Kaninchen	7,5
Meerschweinchen	4,5
Hamster	6,1 - 8,6
Schwein	2,5
Ziege	2,4
Esel	2,6 - 3,7
Mensch	3-5

In Abbildung 18.10 ist eine abgeschätzte Überlebenskurve für den Menschen dargestellt, die man z.B. für Risikostudien benötigt. Die mittleren letalen Dosen hängen stark von der Dosisleistung ab. Je geringer sie ist, um so größere Gesamtdosen können überlebt werden, um so länger ist natürlich auch die Überlebenszeit, so daß die Grenze 30 Tage nicht mehr anwendbar ist.

18.4.2 Das Knochenmarkssyndrom

Das blutbildende System besteht aus drei miteinander verbundenen Teilbereichen. Es ist nämlich nicht nur verantwortlich für die kontinuierliche Nachlieferung roter Blutkörperchen, sondern ebenso für Granulozyten und Blutplättchen. Ein allgemeines Schema zeigt Abbildung 18.11. Es gibt nach heutigen Erkenntnissen zwei Arten von Stammzellen, einmal

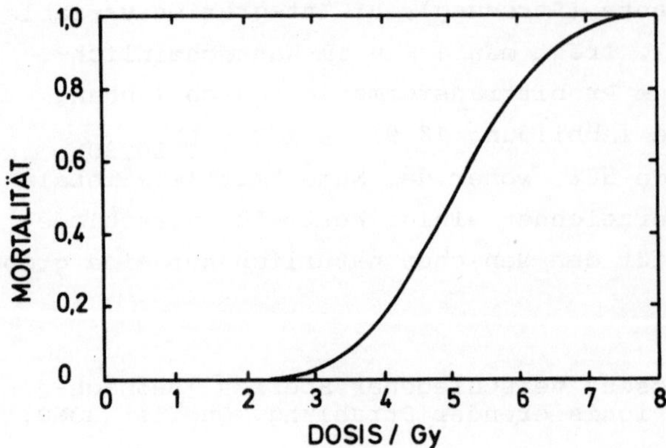

Abb. 18.10 Überlebenskurve, wie sie für den Menschen angenommen wird.
Quelle: DEUTSCHE RISIKOSTUDIE 1979

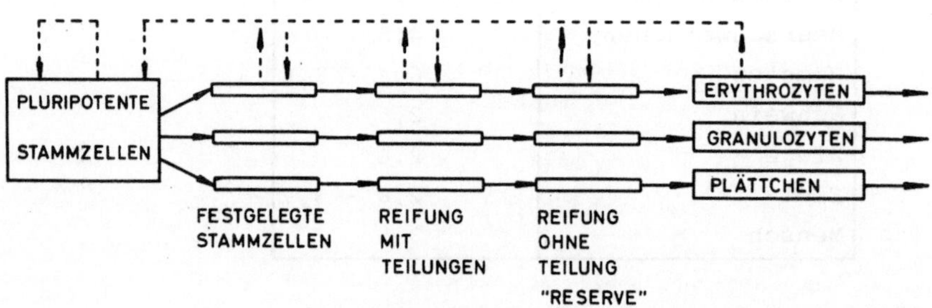

Abb. 18.11 Schema des blutbildenden Systems. Quelle: FLIEDNER und
NOTHDURFT 1979

pluripotente "Urformen" und dann noch solche, die lediglich für einen
Weg der Hämopoiese zuständig sind. Beide Kompartimente unterliegen
einer internen Regelung, die für eine im allgemeinen konstante Zellzahl
sorgt. Die Differenzierung ist zunächst noch mit Teilungen verbunden,

welche einen gewissen Verstärkungseffekt bewirken. Sie unterliegen jedoch nicht der Regelung. Aus dem Vorrat der nicht mehr teilungsfähigen Vorstufen wird dann der Nachholbedarf der reifen Funktionszellen gedeckt. Tabelle 18.2 gibt eine Übersicht über die kinetischen Parameter beim Menschen. Während Erythrozyten und Blutplättchen aufgrund ihrer beschränkten Lebensdauer absterben, scheinen die Granulozyten rein statistisch das Blut zu verlassen (daher die Angabe einer mittleren Halbwertszeit).Die Unterschiede zwischen den einzelnen Komponenten sind beträchtlich, wohingegen die Zeiten der Reifung vergleichbar sind.

Tabelle 18.2 Kinetische Parameter der Blutbildung beim Menschen. Quelle: BOND, FLIEDNER und ARCHAMBEAU 1965

Zellart	Lebensdauer Tage	Reifungszeit Tage
Erythrozyten	109 - 127	4 - 7
Granulozyten	6 - 7 [a]	9 - 10
Plättchen	8 - 9	4 - 10

[a] Halbwertszeit, da statistische Ausscheidung

Eine Ganzkörperbestrahlung reduziert das Teilungsvermögen der Stammzellen und der teilungsfähigen Vorläufer. Das macht sich vor allem bei den kurzlebigen Bestandteilen im peripheren Blut, also den Granulozyten und Plättchen, bemerkbar, wohingegen der Gehalt an Erythrozyten nur unmerkbar abnimmt (selbst bei völliger Unterbindung der Nachlieferung nur um 0,83% pro Tag). Abbildung 18.12 zeigt eine idealisierte Kurve für Menschen nach Bestrahlung mit ungefähr einer mittleren letalen Dosis. Beachtlich ist der anfängliche Anstieg der Granulozyten, der auf eine Mobilisierung gespeicherter Reserven zurückgeführt wird. Auffallend ist weiterhin die rapide Abnahme an Lymphozyten. Sie stellen eine besondere Gruppe von Blutkörperchen dar und entstammen dem Lymphsystem. Ihre genaue Bildungskinetik ist weniger genau bekannt. Sie spielen eine wichtige Rolle bei der Immunabwehr. Diese wird schon durch relativ niedrige Strahlendosen weitgehend unterdrückt, was mit großer Strahlenempfindlichkeit der Lymphozyten zusammenhängen mag. Diese Immunsuppression hat in mehrerer Hinsicht große praktische Bedeutung: So kann Strahlung bei Organtransplantationen zur Vermeidung der Abstoßungsreaktion eingesetzt werden. Außerdem macht der Ausfall der Immunabwehr die Knochenmarkstransfusion (Abschnitt 18.5) als therapeutische Maßnahme bei der Strahlenkrankheit möglich. Für ihren Ver-

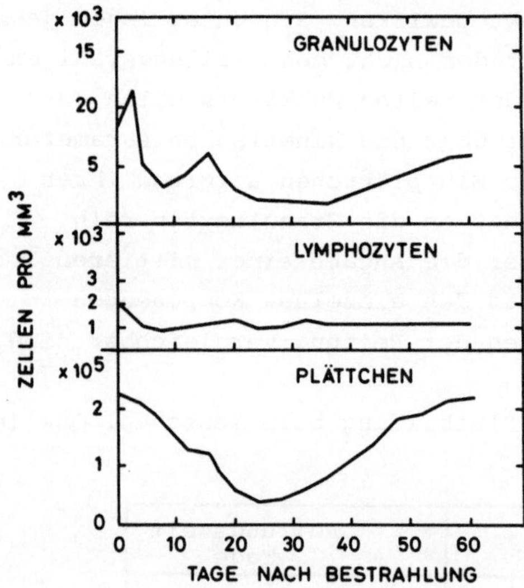

Abb. 18.12 Zeitlicher Verlauf des Gehaltes partikulärer Bestandteile des peripheren Blutes nach Bestrahlung mit einer mittleren letalen Dosis (idealisiert). Quelle: CRONKITE und FLIEDNER 1972

lauf spielt das Immunsystem auch eine ganz entscheidende Rolle, der eigentliche lebensbedrohende Faktor ist in nahezu allen Fällen eine akute Infektion.

18.4.3 GI-Syndrom

Der Verdauungstrakt besteht aus vielen Teilen. Sie alle unterliegen als "innere Oberfläche" stark der Abnutzung, allerdings in unterschiedlichem Ausmaß. Das zeigt sich in den "mittleren Erneuerungszeiten", die in Tabelle 18.3 zusammengestellt sind. Man beachte die sehr kurzen Dauern. Offenbar spielt der Dünndarm eine besondere Rolle, was sich auch in der strahlenbiologischen Erfahrung niederschlägt, daß er im wesentlichen für den Verlauf des GI-Syndroms verantwortlich ist. Wir wollen die Besprechung auf ihn beschränken. Er besteht aus mehreren Teilen (Duedenum: Zwölffingerdarm, Jejunum: Leerdarm, Ileum: Krummdarm), die aber alle ähnlich aufgebaut sind. Einen schematischen Schnitt zeigt Abbildung 18.13: Das Darmlumen wird vom Darmepithel begrenzt, das eine zottige Struktur aufweist. Es besteht aus Villi (= Zotten), deren Zellen die eigentlichen Funktionsträger sind. Sie werden ständig

Tabelle 18.3 Mittlere Erneuerungszeiten im gastro-intestinalen Trakt.
Quelle: BERTALANFFY und LAU 1962

Organ	"Zellumschlagzeit" (Tage)
Lippe	14,7
Mundhöhle	4,3
Magen	9,1
Dünndarm	1,3 - 1,6
Dickdarm	6,2 - 10

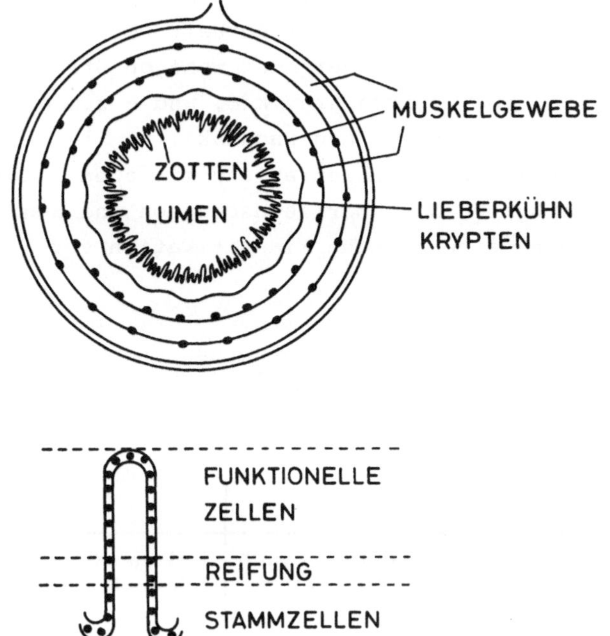

Abb. 18.13 Schematischer Schnitt durch den Dünndarm und Struktur des
Erneuerungssystems.

von der Basis her ersetzt, wobei sich das Stammzellenreservoir in den
sogenannten Krypten befindet. Man erhält somit die skizzierte Struktur
dieses speziellen Erneuerungssystems. Die Zahl der Stammzellen beträgt
ca. 100 pro Krypte, und ihre Generationszeit beim Menschen 24 Stunden.
Die differenzierten Zellen wandern in ca. 80 Stunden bis zur Zotten-
spitze, die gesamte Übergangszeit beträgt ca. 180 Stunden. Bei einer
durch Strahlung verursachten völligen Unterbindung der Nachlieferung
werden also nach 3 1/2 Tagen keine funktionsfähigen Villuszellen mehr
vorhanden sein, was ziemlich genau dem Plateau in der Überlebenszeit-

kurve (Abbildung 18.7) entspricht.

18.5 Verlauf und Therapie der Strahlenkrankheit

Es ist nicht der Sinn dieses Abschnitts, eine auch nur annähernd erschöpfende klinische Symptomalogie der Strahlenkrankheit zu geben, sondern nur einige charakteristische Punkte aufzuzeigen. Dabei zeigt sich, daß die vorher getroffene Trennung der Syndrome nur theoretisch ist, um verschiedene Erscheinungen systematisch leichter einordnen zu können, in der Praxis hat man es natürlich mit einer Überlappung zu tun. Die Kenntnisse über den Verlauf der Strahlenkrankheit beim Menschen beruhen vor allem auf der Untersuchung der sehr wenigen Strahlenunfälle, wo es zu Expositionen von einigen Gray kam, und - zum geringen Teil - auf Beobachtungen in Hiroshima und Nagasaki.

Je nach der erhaltenen Dosis (Ganzkörperbestrahlung mit dünn ionisierenden Strahlen) kann man bezüglich der Überlebenschancen und den zu erwartenden Hauptsymptomen eine schematische Klassifikation vornehmen (Tabelle 18.4).

Tabelle 18.4 Klassifikation der Strahlenkrankheit nach Ganzkörperbestrahlung (schematisch). Quellen: a) MAXFIELD u.a. 1973; b) BOND, FLIEDNER und ARCHAMBEAU 1965

Dosis Gy	Kategorie[a]	Kategorie[b]	Prognose[a]
2	I: subklinisch	Überleben praktisch sicher oder wahrscheinlich	keine akuten Schäden
2 - 4	II: milde hämopoietische Schäden	Überleben möglich	Erholung nach 5-6 Wochen, abgeschlossen nach 4-6 Monaten
4 - 6	III: starke hämopoietische Schäden		Knochenmarkstransplantation notwendig
6 - 10	IV: gastro-intestinale Schäden	Überleben unwahrscheinlich	Schock und Tod innerhalb 10 - 14 Tagen
10	V: cerebrale Schäden	Überleben unmöglich	Tod in 14 - 36 Stunden

Es muß betont werden, daß diese Einteilung - besonders was die angegebenen Dosisgrenzen betrifft - nur als eine sehr grobe Richtschnur anzusehen ist.

In der höchsten Kategorie (mehr als 6 Gy) ist mit einer Kombination
aller Syndrome zu rechnen. Die Blutkörperchenwerte sinken schnell ab,
wobei die Lymphozyten praktisch verschwinden (vgl. Abbildung 18.12).
Wegen des Verlusts am Thrombozyten kommt es zu inneren Blutungen. Die
massive Schädigung des Darmepithels führt zu exzessivem Flüssigkeits-
verlust mit Erbrechen und Durchfall (Diarrhoe). Starke allgemeine
Schmerzempfindungen und Ausfall der Koordinationsfähigkeit treten auf.
Je nach Dosis kommt es im Laufe von wenigen Stunden bis zu 14 Tagen
zum Tod. Die Therapie kann - neben der Schmerzstillung - vor allem im
Ersatz des Flüssigkeitsverlustes bestehen. Infektionen, die auch durch
körpereigene Bakterien hervorgerufen werden, kann durch orale Gaben von
Antibiotika begegnet werden. In weniger schwerwiegenden Fällen müssen
Blut- und Knochenmarkstransfusionen als Möglichkeit bedacht werden,
um einmal die Thrombozytenzahl zu erhöhen und zum anderen die Regenerations-
fähigkeit des Knochenmarks anzuregen. Die generelle Prognose ist jedoch
schlecht.

Bei der mittleren Kategorie (2 - 6 Gy) bilden ebenfalls Infektionen
zunächst ein Hauptproblem, dem durch massive Dosen von Antibiotika begegnet werden kann. Sie sollten jedoch erst dann gegeben werden, wenn
starkes Fieber eine Infektion anzeigt; eine prophylaktische Behandlung
birgt die Gefahr der Selektion resistenter Keime. Auch hier zeigt das
Blutbild deutliche, wenn auch weniger drastische Veränderungen. Blut-
und Knochenmarkstransfusionen können zur Wiederherstellung beitragen.
Besonders die letztere ist jedoch nicht problemlos; für eine eingehendere Besprechung sei auf Spezialliteratur verwiesen (CRONKITE und
FLIEDNER, 1972; MICKLAM, LOUTIT und FORD, 1966).

In der Niedrigdosiskategorie (weniger als 2 Gy) gibt es nur eine
schwache Veränderung des Blutbildes. Eine besondere Therapie erscheint
- eingehende andauernde Kontrolle des Zustandes vorausgesetzt - nicht
notwendig. Infektionen muß allerdings Beachtung geschenkt werden, ebenso wie zu erwartenden psychischen Problemen.

In Abbildung 18.14 ist das bisher Gesagte noch einmal zusammengefaßt. Das Flußdiagramm kann auch dazu dienen, einen gewissen Anhaltspunkt zur Abschätzung der Schwere der Schädigung zu geben. Da im Not-
fall Dosiswerte meist nicht mit einiger Zuverlässigkeit vorliegen,
kommt klinischen Indikatoren besondere Bedeutung zu. Das Blutbild ist
hierzu - wie aus dem Vergleich in Abbildung 18.12 zu ersehen, nur bedingt geeignet, am besten noch der Granulozytenanteil, die Lymphozyten

deshalb nicht, weil sie schon bei recht niedrigen Dosen stark abfallen.

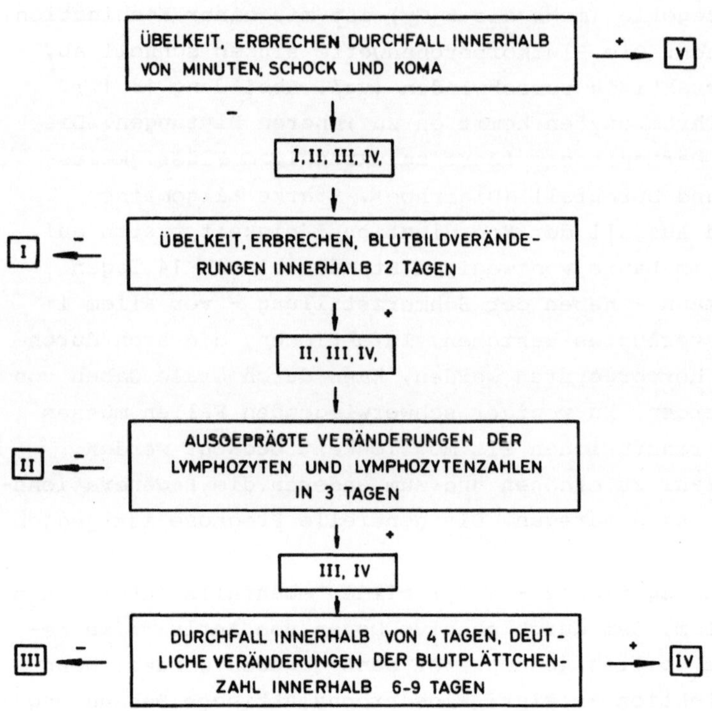

Abb. 18.14 Schematischer Ablauf der Strahlenkrankheit und Möglichkeiten der Klassifikation. Quelle: MAXFIELD u.a. 1973

Eine bessere Diagnose ist durch Untersuchung der Knochenmarks möglich, sowie durch die Feststellung von Chromosomenaberrationen in den Lymphozyten des peripheren Blutes (Kapitel 11).

LITERATUR:

BOND, FLIEDNER und ARCHAMBEAU 1965

CRONKITE und FLIEDNER 1972

DALRYMPLE u.a. 1973

DUNCAN und NIAS 1977

PARRISH u.a. 1978

TRONNIER 1977

19. Strahlenwirkung und Nachkommenschaft

In diesem Kapitel sind Strahleneffekte zusammengefaßt, die sich mittelbar oder unmittelbar auf die Nachkommenschaft auswirken. Dazu gehören Fertilitätsstörungen, embryonale Sterblichkeit, teratogene Effekte und vor allem genetische Veränderungen. Es werden die Methoden der experimentellen Bestimmung vorgestellt und die Grundlagen zur Abschätzung der signifikanten Dosen erläutert.

19.0 Vorbemerkungen

In diesem Kapitel sind alle die Strahlenwirkungen zusammengefaßt, die sich mittelbar oder direkt auf die Nachkommenschaft auswirken, und zwar unabhängig davon, ob es sich um akute oder Langzeiteffekte handelt. Ein solches Vorgehen, das in bezug auf die Systematik der Schäden vielleicht nicht ganz überzeugt, ermöglicht eine bessere Darstellung der Zusammenhänge.

19.1 Fertilitätsstörungen

Wir beginnen mit einer Beschreibung der Keimzellenentwicklung beim Menschen, zunächst beim Mann (Abbildung 19.1). In Kanälchen der Hoden entstehen aus Typ A-Spermatogonien zunächst einige Übergangsformen (Typ B-Spermatogonien, primäre Spermatozyten). Diese Zellen sind diploid, d.h. sie tragen wie alle Körperzellen den doppelten Chromosomensatz. Bei der Bildung der sekundären Spermatozyten tritt eine Reduktionsteilung (Meiose, s. Anhang II.2) auf, wodurch jede Tochterzelle nur jeweils den einfachen Chromosomensatz erhält - sie ist dann haploid. Für genetische Wirkungen ist dies ein kritisches Stadium. Aus den sekundären Spermatozyten entstehen zunächst die Spermatiden, dann ohne weitere Teilung die reifen Samenzellen (Spermatozoen). Wir haben es auch hier mit einem typischen Erneuerungssystem zu tun, dessen Stammzellen die Typ A-Spermatogonien sind. Die Durchlaufzeit beträgt beim Menschen ca. 72 - 74 Tage, bei der Maus nur 35 Tage. Die Keimzellenproduktion setzt ungefähr im zehnten Lebensjahr ein und bleibt normalerweise bis zum Tode erhalten.

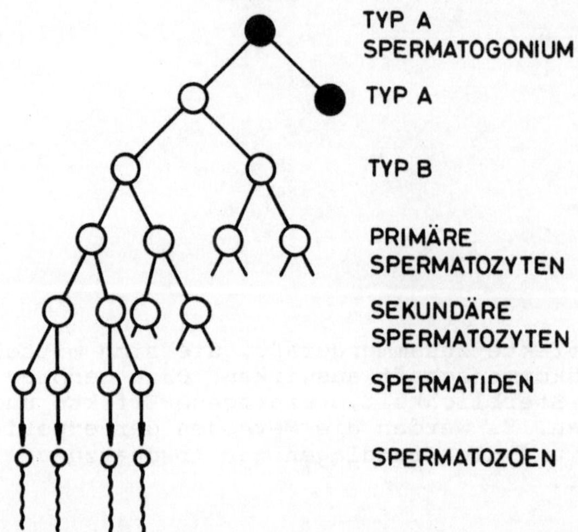

Abb. 19.1 Keimzellenentwicklung beim Mann.

Die Keimzellenentwicklung bei der Frau verläuft ganz anders (Abbildung
19.2): Sie geht aus von Vorläuferzellen (Oogonium), aus welchen primäre

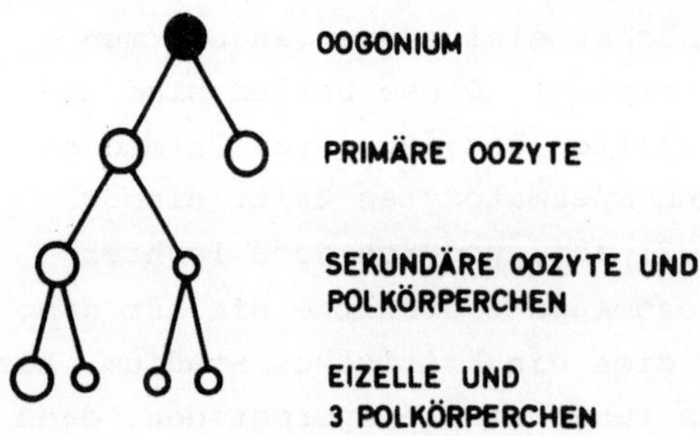

Abb. 19.2 Keimzellenentwicklung bei der Frau.

Oozyten entstehen. Dieses Stadium ist bereits bei der Geburt abge-
schlossen. Aus den ca. 400 000 primären Oozyten gehen im Laufe des
Lebens ungefähr 380 reife Follikel (sekundäre Oozyten) hervor. Dieser
Übergang ist eine asymmetrische Reduktionsteilung, d.h. es entsteht

eine sekundäre Oozyte, welche den größten Teil des Protoplasmas der Mutterzelle übernimmt und ein kleineres sogen. Polkörperchen. Bei der Ovulation (Eireifung) wird wieder durch eine asymmetrische Teilung die eigentliche Eizelle und ein weiteres Polkörperchen gebildet. Die weibliche Keimzellenbildung ist also kein Erneuerungssystem, die einzigen Zellarten sind die Oozyten in verschiedenen Reifungsstufen und aus jeder Oozyte geht nur eine Eizelle hervor. Dies hat Konsequenzen für die Strahlenempfindlichkeit.

Eine Bestrahlung der männlichen Gonaden führt bei kleinen Dosen zunächst zu einer Abnahme der Samenzellen. Dieser Prozeß ist äußerst empfindlich, ein Effekt kann schon nach ca. 0,1 Gy beobachtet werden. Höhere Dosen (> 0,5 Gy) bewirken eine zeitweilige Sterilität, die äußerst langsam zurückgeht, u.U. wird die normale Fertilität erst nach mehreren Jahren wieder erreicht. Dosen von mehr als 5 Gy führen zu permanenter Sterilität. Die Typ A-Spermatogonien bilden die kritische Zellpopulation. Sie sind in bezug auf die Strahlensensibilität nicht homogen. Die Parameter der Überlebenskurve der für die Repopulation der Hodenkanälchen verantwortlichen Stammzellen ist in Tabelle 17.3 aufgeführt. Sie liegen im normalen Rahmen und deuten nicht auf eine besonders hohe Strahlenempfindlichkeit hin. Man muß sich jedoch klarmachen, daß die Repopulationsfähigkeit letztlich die resistentesten Zellen erfaßt, da wahrscheinlich wenige Zellen ausreichen, die Regeneration zu bewirken. Der Abfall der Spermienzahl reflektiert auf der anderen Seite die empfindlichsten Stadien. Eine genaue Aufklärung dieser Diskrepanzen steht noch aus, jedoch ist anzunehmen, daß ruhende und sich in Teilung befindende Spermatogonien große Unterschiede in der Strahlenempfindlichkeit zeigen, wodurch die Differenzen teilweise erklärt werden könnten.

Die weibliche Fertilität stellt einen noch empfindlicheren Parameter dar als die männliche. Der Grund dafür liegt in der Tatsache, daß gesetzte Schäden nicht durch wenige überlebende Zellen durch Teilung im Laufe der Zeit überwunden werden können, da wir es hier nicht mit einem Erneuerungssystem zu tun haben. Der Verlust der Teilungsfähigkeit der primären Oozyten ist somit permanent. 4 Gy führt in Menschen zu permanenter Sterilität. Sie ist - anders als beim Mann - auch mit hormonellen Veränderungen verbunden, die man als vorzeitiges Klimakterium kennzeichnen kann. Erheblich niedrige Dosen (≈ 0,5 Gy) ziehen zeitweiligen Fertilitätsverlust nach sich. Es ist wichtig darauf hinzuweisen, daß diese Schäden nicht nach einiger Zeit "ausheilen", sondern nach einer einmaligen Bestrahlung statistisch immer wieder auftreten können.

19.2 Praenatale Strahlenschäden

Der sich entwickelnde Embryo besteht - strahlenbiologisch gesehen -
aus vielen stark proliferierenden Zellpopulationen. Man muß daher prima
facie davon ausgehen, daß er eine hohe Strahlenempfindlichkeit zeigt.
Dies ist auch der Fall, wobei allerdings in bezug auf Stärke und Art
der Effekte modifizierende Einschränkungen notwendig sind. Zu nennen
sind hier Fehlgeburten, Totgeburten, Mißbildungen und post-natale Entwicklungsstörungen. Genetische Veränderungen werden im folgenden Abschnitt besprochen.

Allen Strahleneffekten gemeinsam ist eine ausgeprägte Abhängigkeit
vom Expositionszeitpunkt im Ablauf der Schwangerschaft. Da menschliche
Daten nur vereinzelt vorliegen, muß man auf Erfahrungen mit Versuchstieren zurückgreifen. Deshalb wird zunächst eine geraffte Synopse der
Embryonalentwicklung bei verschiedenen Spezies gegeben. Grundsätzlich
lassen sich drei Hauptstadien unterscheiden: die Präimplantationsphase
von der Befruchtung bis zur Einnistung des Eis im Uterus, die Organogenese, in welcher die meisten Organe angelegt werden und die abschließende foetale Phase, in welcher im wesentlichen Wachstumsprozesse ablaufen. Einen Überblick über die Dauern bei verschiedenen Tierarten
gibt Tabelle 19.1.

Tabelle 19.1 Phasen der Embryonalentwicklung in verschiedenen Spezies
(Tage nach der Konzeption). Quelle: UNSCEAR 1977

Art	Praeimplantation	Organogenese	Foetale Periode
Hamster	0 - 5	6 - 12	13 - 16,5
Maus	0 - 5	6 - 13	14 - 19,5
Ratte	0 - 7	8 - 15	16 - 21,5
Kaninchen	0 - 5	6 - 15	16 - 31,5
Meerschweinchen	0 - 8	9 - 25	26 - 63
Hund	0 - 17	18 - 30	31 - 63
Mensch	0 - 8	9 - 60	60 - 270

Man muß sie bei der Übertragung auf den Menschen in Rechnung stellen.
Abbildung 19.3 zeigt die intrauterine Letalität in Abhängigkeit vom
Bestrahlungszeitpunkt bei Hamster und Hund. Danach ist offenbar die
Implantation besonders kritisch. Sie findet beim Menschen ungefähr
am 7. Tage nach der Konzeption statt.

Teratogene Effekte sind in noch höherem Maße vom Bestrahlungszeitpunkt abhängig. Wie zu erwarten, werden sie vor allem während der Organogenese induziert. Die menschlichen Daten sind wieder sehr spärlich,

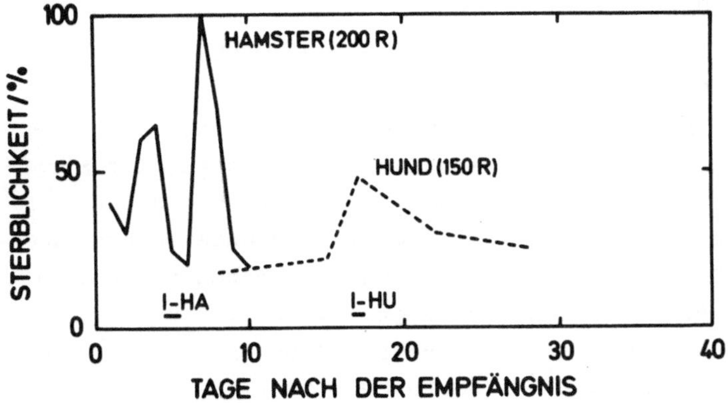

Abb. 19.3 Abhängigkeit der intrauterinen strahleninduzierten Embryonal-
sterblichkeit vom Expositionszeitpunkt bei Hamster und Hund. I: Implan-
tationsphase. Quelle: UNSCEAR 1977

aber gewisse vorsichtige Schlüsse sind möglich. Danach sind das Gehirn,
Zentralnervensystem sowie die Augen besonders empfindliche Organe.
Außerdem ist eine Reduktion der Körpergröße festzustellen. Hirnschädi-
gungen haben eine Verringerung der geistigen Fähigkeiten im Gefolge.
Die kritische Periode liegt beim Menschen zwischen der 6. und 15. Woche.
Da die Dosen in allen untersuchten Fällen über 50 R lagen und die er-
faßten Populationen verhältnismäßig klein waren, ist eine Abschätzung
des Gefährdungsrisikos schwierig. Es wird von einem Wert von 10^{-3}/Gy
für alle Wirkungen zusammengenommen ausgegangen. Die Tierexperimente
lassen vermuten, daß für die Induktion von Mißbildungen keine Schwellendosis existiert. In Tabelle 19.2 sind einige Werte der geringsten Dosen
zusammengestellt, bei denen schon Veränderungen festgestellt werden
konnten. Sie liegen - besonders bei frühen Stadien - oft außerordentlich niedrig.

Tabelle 19.2 Niedrigste Dosen, nach denen Mißbildungen beobachtet wurden
(Auswahl). Quelle: UNSCEAR 1977

Betroffenes Organ	Maus		Ratte	
	Zeit[a]	Dosis[b]	Zeit[a]	Dosis[b]
Gehirn (Exenzephalie)	0,5-1,5	15-20	–	–
Gehirn (Hydrocephelus)	8	25	–	–
Gehirn allgemein	–	–	8-9	36-40
Skelett	7,5	5	8	12,5
Auge	8,5	50	8-9	36-40
Wirbelsäule	8	25	9	50

[a] Tage nach der Konzeption
[b] exposure in Röntgen

19.3 <u>Genetische Veränderungen</u>

Genetische Veränderungen bilden ohne Zweifel eine der wichtigsten
Klassen der biologischen Strahlenwirkungen. Das gilt nicht nur im Hinblick auf zu erwartende erbliche Belastungen der menschlichen Bevölkerung, die wir gleich besprechen werden, sondern auch in bezug auf Strah-
lenanwendungen in der Züchtungsforschung, auf die wir - ohne darauf
einzugehen - hinweisen wollen. Während die klassischen Untersuchungen
vor allem die Taufliege Drosophila als Objekt hatten, haben in neuerer
Zeit vor allem Mäuse die Hauptbedeutung erlangt. Wir wollen uns im
wesentlichen auf sie beschränken, einen Überblick über andere Arbeiten
findet man in Charlotte Auerbachs Buch (AUERBACH, 1976).

Im Hinblick auf eine mögliche Strahlengefährdung ist man an der
Wirkung kleiner Dosen und kleiner Dosisleistungen interessiert. Die
Ausbeuten sind dann natürlich gering, was bedeutet, daß zur Absicherung
der Aussagen sehr große Tierkollektive notwendig sind ("Megamaus-Expe-
rimente"). Der Aufwand ist also beträchtlich. Es ist aber in den letzten
Jahren gelungen, genauere Anhaltspunkte für die genetischen Wirkungen
ionisierender Strahlen zu gewinnen.

Wir wollen uns zunächst der Untersuchungsmethodik zuwenden. Die
meisten Mutationen sind rezessiv, d.h. sie prägen sich sichtbar nur
bei homozygoter Paarung aus (vgl. Anhang II). Sie können jedoch in
Mäusen mit Hilfe bestimmter Testlinien studiert werden. Dies sind in-
gezüchtete Stämme, die für ein bestimmtes rezessives Merkmal homozygot
sind. Paart man sie mit Tieren, welche homozygot für den dominanten
Marker sind, so wird - wegen der Dominanz - im Regelfall in der ersten
Nachkommensgeneration keine Merkmalsänderung festzustellen sein. Jede
Mutation wird sich jedoch in einer Ausprägung des rezessiven Merkmals
in einem Teil der Nachkommenschaft äußern. Man bezeichnet dieses Verfahren (Schema in Abbildung 19.4) als die "spezifische Locus-Methode".

Eine weitere genetische Veränderung von Interesse ist die "autosomale rezessive Letalität". Man versteht darunter eine nicht mit den
Geschlechtschromosomen verbundene Mutation, die im homozygoten Typ zum
Absterben des implantierten Embryos führt. Der Test erfordert mehrere
Tiergenerationen (Abbildung 19.5). Wir gehen aus von Elternpaaren (P),
von denen angenommen werden soll, daß ihr Genom keine Letalfaktoren
enthalten soll. Bestrahlt man einen der Partner und induziert eine rezessive Letalmutante, so wird diese in der Hälfte der Nachkommen zu
finden sein (F_1). Die F_2-Töchter der F_1-Männchen werden nun mit diesen
rückgekreuzt und auf intrauterine Todesfälle untersucht. Trug einer
der P-Partner eine rezessive Letalmutante, so erwartet man im Mittel
einen Anteil von 0,125 an homozygoten Ausprägungen. Dies ist allerdings

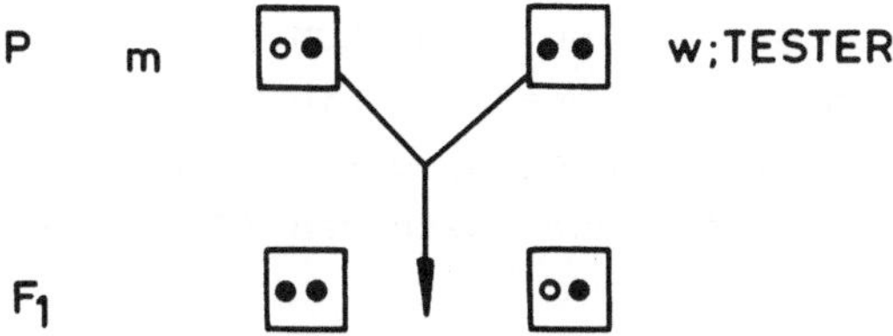

Abb. 19.4 Prinzip der "spezifischen Locus-Methode". o: dominantes Gen, ●: rezessives Gen.

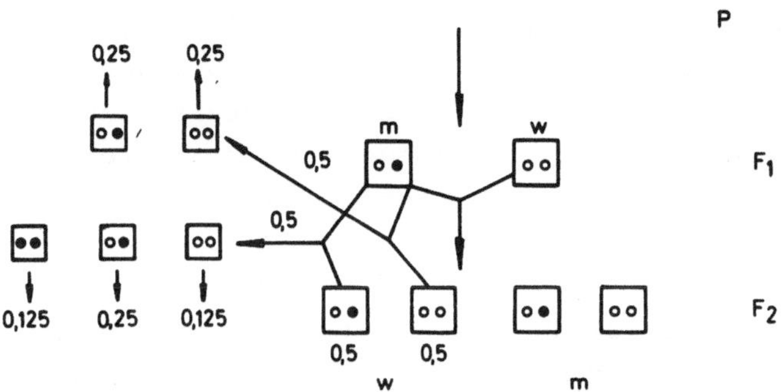

Abb. 19.5 Methode zur Bestimmung rezessiver Letalfaktoren. ●: rezessiver Letalfaktor.

eine idealisierte Vorstellung, da sie davon ausgeht, daß erstens in der Ausgangspopulation keine Letalfaktoren vorhanden waren und daß zweitens intrauterines Absterben nur auf homozygote rezessive Letalfaktoren zurückzuführen ist. In einer unbestrahlten Population dürften sie dann gar nicht auftreten, was aber nicht der Fall ist, vielmehr liegt ihr Anteil in den Kontrollen bei ca. 8%. Weiterhin kommt hinzu, daß wegen der relativ kleinen Populationsgröße nicht einfach mit Mittelwerten gerechnet werden darf, sondern die statistischen Verteilungen genau analysiert werden müssen. Dem kann durch eine Verfeinerung des

Verfahrens Rechnung getragen werden, das einigermaßen eingrenzbare Aussagen erlaubt, hier aber nicht besprochen werden kann (LÜNING, 1975).

Leichter zu erfassen sind dominante Mutationen, da sie sich unmittelbar in der ersten Generation bemerkbar machen, entweder als sichtbare Veränderungen oder durch intrauterines Absterben (dominante Letalfaktoren).

Änderungen der Chromosomenzahl spielen eine wichtige Rolle bei menschlichen Erbkrankheiten. Sie können dadurch auftreten, daß bei der Meiose die homologen Chromosomen sich nicht gleichmäßig auf die Tochterzellen aufteilen (non-disjunction). Dies läßt sich sowohl cytologisch als auch genetisch nachweisen. Für eine quantitative Angabe der Strahlenwirkung reicht das derzeit vorliegende Material noch nicht aus. Lediglich der Verlust des X-Chromosoms ist bei Mäusen verfolgt worden.

Eine weitere genetisch wichtige Chromosomenänderung ist struktureller Natur, nämlich die reziproke Translokation, die einen Austausch von gleichgroßen Abschnitten zwischen Chromosomen darstellt (Kapitel 11). Bei der Meiose können die Chromosomen, zwischen denen Stücke ausgetauscht worden sind, in derselben Zelle verbleiben (balancierte Verteilung) oder aber in zwei verschiedene gelangen. Die letzteren sind im allgemeinen nicht lebensfähig. Da die Wahrscheinlichkeit hierfür 50% beträgt, kommt es bei reziproken Translokationen zu einer Reduktion der Fertilität auf die Hälfte (Semisterilität).

Tabelle 19.3 gibt einen Überblick über die an der Maus gewonnenen Ergebnisse mit dünn ionisierenden Strahlen und z.T. unterschiedlicher Dosisleistung. Zum Vergleich sind auch die spontanen Raten angegeben. Die für eine genetische Belastung kritischen Zellen sind die Spermatogonien beim Mann, da aus ihnen laufend neue Spermien produziert sowie die Oozyten bei der Frau. Beim Betrachten der Daten fällt zunächst auf, daß die Dosisleistung einen erheblichen Einfluß hat: die Ausbeute ist im Durchschnitt bei hoher Dosisleistung um einen Faktor 3 höher. Wie können nun diese Daten benutzt werden, um die genetische Belastung der menschlichen Bevölkerung abzuschätzen? Man bedient sich hier zweier Ansätze, die man als das "direkte Verfahren" und als "Verdopplungs-dosis-Methode" charakterisieren kann. Im ersten Fall bestimmt man die Zahl der pro Dosiseinheit zu erwartenden Veränderungen. Betrachten wir zunächst die spezifischen Locus-Daten: Bei niedriger Dosisleistung – dies ist die realitätsbezogene Situation – werden sie mit einer Häufigkeit von $0,5 \cdot 10^{-5}$/Gy (dünn ionisierende Strahlen) erzeugt. Da es sich um "spezifische" Stellen handelt, muß man für das Gesamtrisiko mit der Zahl der möglichen Genorte, die man beim Menschen auf 30 000

Tabelle 19.3 Geschätzte Mutationsinduktionsraten bei der Maus. Quelle: SANKARANARAYAN, 1974; UNSCEAR, 1972; a) SEARLE, 1974, 1977

Typ	Dosisleistung	Raten (Frequenz/Sv[*])		spontane[a] Raten pro Keimzelle
		männlich	weiblich	
Spezif. Locus	hoch	$1,7 \cdot 10^{-5}$	$5,4 \cdot 10^{-5}$	$1,4 \cdot 10^{-6}$ (Oogonien)
	niedrig	$0,5 \cdot 10^{-5}$	$0,2 \cdot 10^{-5}$	$8,34 \cdot 10^{-6}$ (Spermatogonien)
rezessive Letalm.	hoch	$0,9 \cdot 10^{-2}$	–	$2,9 \cdot 10^{-4}$
	niedrig	$0,3 \cdot 10^{-2}$	–	
dominant-sichtbare	hoch	$5 \cdot 10^{-5}$	–	$0,67 \cdot 10^{-5}$
	niedrig	$1,7 \cdot 10^{-5}$	–	
Skelettveränderungen	hoch	$1,1 \cdot 10^{-3}$	–	$6 \cdot 10^{-2}$
	niedrig	$0,4 \cdot 10^{-3}$	–	
Translokationen	hoch	$0,3 \cdot 10^{-2}$	$0,3 \cdot 10^{-2}$	$10,4 \cdot 10^{-4}$
	niedrig	$3,3 \cdot 10^{-4}$	–	
Verlust X-Chromosom	hoch	–	$15 \cdot 10^{-4}$	$5,1 \cdot 10^{-4}$
	niedrig		$6,5 \cdot 10^{-4}$	
dominant Letalm.	hoch	$8,6 \cdot 10^{-3}$	$9 \cdot 10^{-2}$	

[*] Vgl. Kapitel 22 zur Definition des "Sievert" (Sv)

schätzt, multiplizieren und erhält so 0,15 Gy, wobei man voraussetzt, daß die Empfindlichkeit in Mensch und Maus gleich ist. Man kann aber auch von den autosomalen rezessiven Letalmutationen ausgehen, die sich natürlich auf das Gesamtgenom beziehen. Ihre Auftrittswahrscheinlichkeit liegt bei der Maus bei $0,3 \cdot 10^{-2}$/Gy. Nun muß man für die unterschiedliche Genomgröße korrigieren, was einen Faktor von 1,2 erbringt, so daß die abgeschätzte Häufigkeit $0,36 \cdot 10^{-2}$/Gy ergibt. Zwischen beiden Werten (spezifische Loci und rezessive Letalmutationen) klaffen erstaunliche Unterschiede - ein Faktor von ca. 40. Der Grund ist unklar. Es kann einmal daran liegen, daß die Zahl der Loci überschätzt worden ist, was aber in dieser Größenordnung unwahrscheinlich ist. Zum anderen kann die Extrapolation vom spezifischen Locus auf das Gesamtgenom falsch sein. Eine solche Annahme liegt nahe, wenn man - wie wir es in Kapitel 12 getan haben - die Mutationsraten bei verschiedenen Spezies vergleicht. Wenn auch der genaue quantitative Zusammenhang nicht eindeutig geklärt ist, so ist doch offensichtlich, daß die Empfindlichkeit mit der Größe des Gesamtgenoms gekoppelt ist und man nicht einfach einen Locus mit einem physikalischen Treffbereich identifizieren kann. Das bedeutet dann, daß die Hochrechnung auf alle Genorte zu überhöhten Werten führen muß. Dem hat man in neueren Überlegungen Rechnung getragen. Während im Report 1972 der Vereinten Nationen (UNSCEAR 1972) noch die hier errechneten Werte angegeben wurden, geht man 1977 von den rezessiven Letalmutationen allein aus, allerdings mit einer aufgrund neuerer Erkenntnisse erhöhten Eingangsgröße. Die Abschätzungen für die anderen Veränderungen müssen ebenfalls mit bestimmten Näherungen arbeiten. Wir wollen dies hier nicht im einzelnen nachvollziehen und verweisen auf die Originalliteratur (UNSCEAR 1972, 1977). Die Ergebnisse der neuesten Abschätzung sind in Tabelle 19.4 zusammengestellt.

Tabelle 19.4 Erwartete Mutationsraten bei chronischer Bestrahlung (Rate pro 10^{-5} Sv pro 10^6). Quelle: UNSCEAR 1977

Art	Spermatogonien	Oocyten
Rezessive Punktmutationen	36	-
Dominant-sichtbare	2	-
Skelett	4	-
Reziproke Translokationen (balancierte)	15	sehr niedrig
X-Chromosom-Verlust	sehr niedrig	8

Die bei einer plötzlichen Erhöhung der Mutationsrate auftretenden Veränderungen laufen natürlich erst im Zuge mehrerer Generationen in ein neues Gleichgewicht (s. Anhang II), so daß die in der ersten Generation zuerwartenden Schäden geringer ausfallen.

Abgesehen von den bei dem Vergleich Mensch/Maus zu machenden Annahmen liefert die direkte Methode auf einfache Weise bestimmte Richtwerte. Sie sind jedoch für die unmittelbare Übertragung auf das menschliche Leben sehr unanschaulich, da sie keine Aussagen erlauben über den zuerwartenden Anstieg beim Menschen bekannter Erbkrankheiten. Diese gehen z.B. zu einem erheblichen Teil auf numerische Chromosomenveränderungen zurück, wofür das Mausmodell nur sehr spärliche Daten liefert. Man kann aber auch einen anderen Weg beschreiten, indem man die durch eine bestimmte Dosis induzierte Mutationsrate mit der spontanen vergleicht und die Dosis abschätzt, welche gerade zu deren Verdopplung führt. Hierzu muß natürlich die spontane Mutationsrate bekannt sein. Für die Maus sind sie in Tabelle 19.3 aufgeführt. Werte für Menschen liegen aufgrund zum Teil sehr umfangreicher Untersuchungen in begrenzten Gebieten vor. Die detaillierteste wurde in British Columbia (Kanada) bei über 700 000 Neugeborenen durchgeführt (TRIMBLE und DOUGHTY,1974; s.a. UNSCEAR, 1977). Ältere und neuere Abschätzungen sind in Tabelle 19.5 zusammengestellt.

Tabelle 19.5 "Natürliche" Raten genetischer Schäden pro 100 Lebendgeburten. Quellen: a) STEVENSON, 1959; b) UNSCEAR, 1966; c) TRIMBLE und DOUGHTY, 1974; d) UNSCEAR, 1977

Art	a)	b)	c)	d)
autosomal dominante + X-Chromosom verbundene	3,36	0,99	0,12	1
rezessive	0,21	0,21	0,11	0,1
chromosomale	–	0,42	0,20	0,4
andere Anomalien	2,89	4	9,01	0
SUMME	6,46	5,62	9,44	10,5

Man kann sich dem Problem zunächst recht naiv nähern, indem man von der natürlichen Strahlenbelastung ausgeht und annimmt, daß alle genetischen Veränderungen durch sie bewirkt werden. Sie beträgt 10^{-3} Sv/a (Kapitel 22), was in 30 Jahren, das ist die mittlere "Fortpflanzungsperiode" beim Menschen, 0,03 Sv ergibt. Dieser Wert bildet also die untere Grenze für die Verdopplungsdosis, ist aber unrealistisch niedrig, weil alle anderen Umwelteinflüsse vernachlässigt werden. Es ist aber dennoch interessant, einen Vergleich mit der Maus vorzunehmen. Ihre regenerative Phase beträgt ca. zwei Jahre, in welcher Zeit an natürlicher Strahlung also 2 mSv akkumuliert werden. Man sollte also annehmen, daß bei Mäusen die spontane Mutationsrate um einen Faktor 15 niedriger ist als beim Menschen. Aus einem Vergleich der Werte in Tabelle 19.3 und der British-Columbia-Studie in Tabelle 19.5 errechnet man für dominante Mutationen 123 und für rezessive 9. Die Unterschiede sind zwar beträchtlich, aber der Trend weist in die richtige Richtung.

In Tabelle 19.6 sind nun die Verdopplungsdosen für die Maus bei niedriger Dosisleistung und dünn ionisierende Strahlung zusammengestellt, in Tabelle 19.7 für einige Strahlenarten höherer Ionisationsdichte. Man kann daraus ableiten, daß die Annahme von 1 Gy als durchschnittliche Verdopplungsdosis einen einigermaßen sicheren Ausgangs-

Tabelle 19.6 Schätzwerte für Verdopplungsdosen bei Mäusen (Röntgen- oder γ-Strahlung). Quelle: SEARLE, 1977

Geschlecht	Mutationsart	Dosisleistung 10^{-5} Gy min	Verdopplungs- dosis Gy
m	dominant, sichtbar	1 – 8	0,7
m	spezif. Locus	1 – 9	1,2
w	spezif. Locus	3 – 9	1
m,w	rezessive Letal- mutationen	1	1,1
m,w	rezessive Letal- mutationen	0,3	0,7
m	Translokationen	7	2,3
m	Translokationen	3	1,9
m	Translokationen	4	2,6
m	Translokationen	20	1,8
m	Translokationen	90	0,4
w	Verlust des X- Chromosoms	6	1

Tabelle 19.7 Verdopplungsdosen bei männlichen Mäusen bei dicht ioni- sierender Strahlung. Quelle: SEARLE, 1977

Mutationsart	Strahlenart	Dosisleistung 10^{-5} Gy min	Verdopplungs- dosis Gy
dominant letal	Spaltneutronen	1 – 2	0,025
spezif. Locus	Spaltneutronen	1 – 2	0,07
Translokationen	Spaltneutronen	1	0,08
Translokationen	4,1 MeV Neutronen	1	0,13
Translokationen	14,5 MeV Neutronen	10	0,5
Translokationen	^{239}Pu-α	0,1	0,12

punkt darstellt. Auf dieser Basis sind unter Zugrundelegung plausibler genetischer Annahmen (Einzelheit bei BEIR, 1972; UNSCEAR, 1977) die in Tabelle 19.8 aufgeführten Erwartungswerte für strahleninduzierte Erbkrankheiten errechnet worden.

Die einzige statistisch verwertbare Erfahrung mit menschlichen Populationen beruht auf der Beobachtung der Kinder, deren Eltern in Hiroshima und Nagasaki Strahlung ausgesetzt waren. Allerdings kann man auch nur eine untere Grenze für die Verdopplungsdosis ableiten. Dieser Wert liegt bei 0,46 Gy, was - bedenkt man alle Unsicherheiten - mit der gemachten Annahme von 1 Gy nicht unverträglich ist.

Tabelle 19.8 Geschätzte genetische Wirkung von 0,01 Gy (niedriger LET, niedrige Dosisleistung) auf das Auftreten von genetischen Schäden pro 10^6 Lebendgeburten, basierend auf einer Verdopplungsdosis von 1 Gy. Quelle: UNSCEAR, 1977

Art	spontane Zahl	erste Generation	Gleichgewicht
Autosomale dominante + X-Chromosom verbundene	10 000	20	100
rezessive	1 100	wenige	sehr langsamer Anstieg
chromosomale	4 000	38	40
andere Anomalien	90 000	5[a]	45[a]
SUMME	105 100	63 (0,06%)	185 (0,17%)

[a] dabei wird angenommen, daß 5% auf Mutationen zurückgehen

LITERATUR:

AUERBACH 1976

DALRYMPLE u.a. 1973

FRITZ-NIGGLI 1972

OAKBERG und LORENZ 1972

SANKARANARAYAN 1974

SEARLE 1974

UNSCEAR 1972

UNSCEAR 1977

20. Späteffekte

Es werden die Strahlenwirkungen auf den Organismus besprochen, die
sich nicht als unmittelbare Folgen manifestieren. Besonders empfindlich ist in dieser Hinsicht die Augenlinse, bei der u.a. andauernde
Trübungen auftreten können. Die Möglichkeit einer strahlenbedingten
Lebenszeitverkürzung, die nicht als Folge spezifischer Krankheiten,
sondern als unspezifisches "vorzeitiges Altern" auftritt, wird diskutiert und verneint. Den größten Raum nimmt die strahlenbedingte Krebsentstehung ein, wobei sowohl tierexperimentelle Daten als auch Untersuchungen an Menschen - vor allem bei den Überlebenden der Kernbomben-
angriffe - zur Abschätzung des Risikos herangezogen werden.

20.1 Augenkatarakte

Ionisierende Strahlung führt zu einer Trübung der Augenlinse, die man

als "Katarakte" bezeichnet. Sie ist mit entsprechenden Instrumenten

schon im Anfangsstadium sehr gut festzustellen und stellt einen der

empfindlichsten Indikatoren der Strahlenschädigung dar. Der Grund ist

eine Störung der Zellteilung im Epithelgewebe. Tabelle 20.1 verzeich-

net für verschiedene Spezies die minimalen Dosen, die zur Auslösung

führen können. Nach heutiger Kenntnis ist davon auszugehen, daß eine

Schwelle existiert, obwohl über ihre Höhe noch gestritten wird.

Tabelle 20.1 Minimaldosen für Augenkataraktbildungen (empfindlichste
Methoden). Quelle: VOGEL 1973

Tier	Dosis bei dünn ionisierender Strahlung/Gy	Dosis bei schnellen Neutronen/Gy
Maus	0,33	0,013
Ratte	2,4	0,12 - 0,37
Meerschweinchen	1,2	0,9
Kaninchen	0,75	0,02 - 0,07
Hund	3	-
Affe	5	0,75
Ziege	$\approx$ 4	4,66
Mensch	2	-

Es handelt sich also im Sinne der Strahlenschutzbestimmungen (Kapitel 22) um einen nicht-stochastischen Effekt. Die ausgeführten Daten sind in zweierlei Hinsicht interessant: Einmal belegen sie die große Empfindlichkeit des Auges - vor allem bei der Maus -, zum anderen ergibt sich eine sehr viel größere Wirksamkeit von Neutronen. Für die Kataraktbildung sind die größten RBW-Werte festgestellt worden.

Augenkatarakte konnten - in Anfangsstadien - auch bei beruflich strahlenexponierten Personen diagnostiziert werden. Gerade im medizinischen Bereich ist einem adäquaten Augenschutz nicht immer die nötige Aufmerksamkeit geschenkt worden. Es ist daher nur folgerichtig, daß in den neuesten Strahlenschutzempfehlungen das Auge als besonders kritisches Organ hervorgehoben wird. Die Latenzzeiten werden unterschiedlich angegeben, die Zahlen erstrecken sich über einen Bereich von sechs Monaten bis zu zwölf Jahren.

LITERATUR (20.1):
BENDEL u.a. 1978
VOGEL 1973

20.2 Strahlenbedingte Lebensverkürzung

Dies ist ein schwieriges Problem. Es ist klar, daß ein Agens wie ionisierende Strahlen, das lebensbedrohende Krankheiten hervorruft, auch die Lebensspanne verkürzt. Dabei spielt vor allem die Carzinogenese eine Rolle - mit ihr werden wir uns im nächsten Abschnitt beschäftigen. Es bleibt die Frage, ob Strahlung in unspezifischer Weise das Leben verkürzt, mit anderen Worten, "das Altern beschleunigt". Dies ist schlecht mit Tierexperimenten zu beantworten, da die üblichen Versuchstiere eine sehr viel kürzere Lebensspanne haben als Menschen. Würden wir auf der anderen Seite Testobjekte vergleichbarer Lebenserwartung einsetzen, so dauerte es mithin ein Menschenalter, bis wir die Antwort erhielten. Man kann versuchen, diese Problematik auf zweierlei Art und Weise aufzulösen. Zum ersten kann man durch Vergleich verschiedener Tiere versuchen zu bestimmen, ob zwischen strahleninduzierter Lebensverkürzung und mittlerem Lebensalter ein Zusammenhang besteht, um von daher auf den Menschen zu extrapolieren. Zum zweiten kann man Lebenslauf und Schicksal von Menschen erfassen, die bekanntermaßen Strahlung ausgesetzt waren.

Die umfassendsten Untersuchungen sind wieder mit Mäusen durchgeführt worden, die zeit ihres Lebens eine bestimmte tägliche Gammastrahlendosis erhielten (ca. 0 - 0,5 Gy/d, s. GRAHN u.a., 1978). Die niedrigste Dosisleistung war ca. 0,003 Gy/d, was ca. der zwanzigfachen

338

Dosis der lt. Strahlenschutzverordnung für Beschäftigte (Abschnitt
22.3) entspricht. Es zeigte sich (Abbildung 20.1), daß bei niedrigen
Dosisleistungen die Überlebenszeitverkürzung nur von der täglichen
Dosis abhängt und zwar gemäß der folgenden Beziehung

$$MAS_D = MAS_o \; d^{-\beta D_d} \qquad\qquad (20.1)$$

wobei MAS_D die mittlere Überlebenszeit nach Beginn der Bestrahlung
bei einer Tagesdosis D_d bezeichnet, MAS_o den entsprechenden Wert der
Kontrolle. β ist eine artspezifische Konstante.

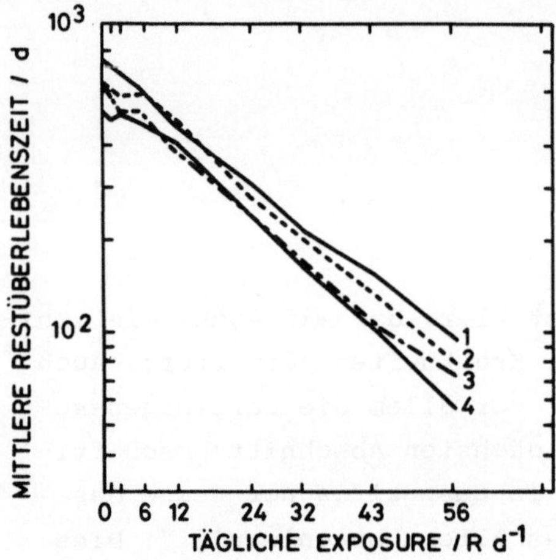

Abb. 20.1 Mittlere Überlebenszeit von Mäusen bei kontinuierlicher γ-
Bestrahlung als Funktion der täglichen Dosis. Die Kurven 1 – 4 wurden
für verschiedene Tierstämme aufgenommen. Quelle: GRAHN 1970

Für die Maus gilt β = 4d/Gy. Aus einem Vergleich mit anderen Tierarten
(Meerschweinchen, Hunde) wird der Schluß nahegelegt, daß β ungefähr
der normalen Lebenserwartung proportional ist. Das Verhältnis ist 30
zwischen Mensch und Maus, so daß man für den Menschen errechnet

$$\beta_{Mensch} \approx 120 \; d/Gy \qquad\qquad (20.2)$$

Betrachten wir ein Beispiel: Ein Beschäftigter beginne seine Arbeit
mit 20 Jahren - dann hat er noch eine mittlere Erlebenserwartung von
55 Jahren - und sei für die folgenden 45 Jahre der maximal zulässigen
Dosisleistung von $1,4 \cdot 10^{-4}$ Gy/d ausgesetzt. Nach den Beziehungen
(20.1) und (20.2) ist dann seine zu erwartende Überlebenszeit 54,08
Jahre, d.h. die zu erwartende Lebenszeitverkürzung ist 336 Tage, die
allerdings noch reduziert wird dadurch, daß die angenommene Bestrahlung
nach Ende des Arbeitslebens mit 65 Jahren aufhört. Diese sehr hoch an-
gesetzten Annahmen (kontinuierliche Bestrahlung mit der höchsten er-
laubten Dosisleistung) sind äußerst unrealistisch und nur zur Demonstration gewählt. Es sei außerdem darauf hingewiesen, daß eine kontinuierliche Belastung mit maximaler Dosisleistung in den Strahlenschutzbestimmungen ausdrücklich untersagt ist.

Die besprochene Lebenszeitverkürzung (bei Mäusen) geht auf verschiedene Ursachen zurück. Eine Analyse zeigt, daß ca. 80% der strahleninduzierten Todesfälle auf Tumoren beruhen. Sie bilden also offensichtlich die Hauptgefahr bei der somatischen (d.h. nicht genetischen)
Strahlengefährdung; ihnen ist der nächste Abschnitt gewidmet.

Die Frage, ob Strahlenbelastung eine - abgesehen von Tumoren -
unspezifische vorzeitige Alterung bewirkt, ist umstritten. Weder tierexperimentelle noch bevölkerungsstatistische Studien beim Menschen
geben hierauf eine eindeutige Antwort. Unzweifelhaft ist aber, daß in
jedem Fall der Carcinogenese eine überragende Bedeutung zukommt, so
daß wir darauf verzichten wollen, andere Aspekte ausführlicher darzustellen.

LITERATUR (20.2):
IAEA 1978 ; WALBURG 1975

20.3 Krebsentstehung

20.3.1 Vorbemerkungen

Das Verständnis der Krebsentstehung bildet unzweifelhaft eines der
zentralen Themen heutiger biologischer und medizinischer Forschung.
Strahlenbiologische Untersuchungen spielen in diesem Zusammenhang nicht
nur eine große Rolle, um Ausmaß und Grenzen einer möglichen Schädigung
abzuschätzen, sondern auch als eine vieler möglichen Ansätze, dem Ablauf des Geschehens näher zu kommen. Der Vorteil gegenüber anderen
Agentien liegt darin, daß Strahlung örtlich und zeitlich genau dosiert
werden kann. Der entscheidende Nachteil ist darin zu sehen, daß weder
der Ort noch die Art der auslösenden Veränderungen genügend sicher bekannt sind, was allerdings auch für viele andere carcinogene Einflüsse

gilt. Es kann hier natürlich nicht der Versuch gemacht werden, Theorien
der Krebsentstehung auch nur ansatzweise abzuhandeln, aber einige Vorbemerkungen sind für die weitere Diskussion notwendig.

Es besteht Übereinstimmung darin, daß die Carcinogenese als ein
komplexer Ablauf verschiedenster Wechselwirkungen aufgefaßt werden
muß. Im einfachsten Fall kann man sie in einem Zwei-Phasen-Bild zu-
sammenfassen: Am Beginn steht die Induktion, bei der die entscheidenden
primären Veränderungen gesetzt werden. Es folgt die Promotionsphase,
in welcher aus den ursprünglichen Schäden sich die eigentliche neoplastische Transformation entwickelt. Beide Teile können durch äußere
Einflüsse verändert werden. Es sind z.B. Chemikalien bekannt, die selektiv nur induzierend oder promovierend wirken. Bei Strahlung ist
die Lage weniger klar, wahrscheinlich ist aber davon auszugehen, daß
sie auf beiden Ebenen zum Tragen kommt. Allerdings ist diese Diskussion noch in keiner Weise abgeschlossen. Als induzierende Wirkungen
sind außer Strahlung und Chemikalien vor allem auch Viren zu nennen,
wie in vielen Tierexperimenten nachgewiesen wurde.

Es ist wohl nicht falsch davon auszugehen, daß die Induktion auf
der Ebene der zellulären Information erfolgt, was nicht notwendigerweise mit der Hypothese identisch ist, daß am Anfang immer eine soma-
tische Mutation steht. Es kann auch so sein, daß eine latent vorhandene Information durch die Wirkung des Induktors freigesetzt und damit
aktiviert wird. Sie kann z.B. in sogenannten "Onkogenen" oder aber
latenten Viren bestehen. Strahlung könnte sie induzieren. Die Paralle-
lität zur Prophageninduktion bei Bakterien (Abschnitt 7.2.2) liegt
auf der Hand, was dieser Hypothese eine gewisse Attraktivität verleiht.
Man tut aber wahrscheinlich gut daran, selbst die Induktion nicht als
einen einzigen Prozeß aufzufassen, sondern als ein Spektrum vieler
möglicher. Die Kenntnisse über die Promotionsphase sind noch geringer.
Hier kommen auch Einflüsse hormoneller, immunologischer und gewebs-
spezifischer Art hinzu. Daß Strahlung auch hierbei eine Rolle spielt,
ergibt sich aus der Tatsache, daß sie in der Regel die Latenzzeit, d.h.
die Zeit zwischen Induktion und Expression des Tumors, verkürzt (Akzeleration).

Als weiterer Aspekt kommt bei der Strahlenwirkung noch hinzu, daß
induzierte Zellen inaktiviert werden können. In einem einfachen Modell
kann man die Wahrscheinlichkeit P(D) für das Auftreten eines Tumors
als Funktion der Dosis darstellen als

$$P(D) = f_i(D) \cdot f_s(D) \cdot f_p(D) \cdot f_{org}(D) \qquad (20.3)$$

Dabei sind: $f_i(D)$: Wahrscheinlichkeit der Induktion pro Zelle

$f_s(D)$: Überlebenswahrscheinlichkeit der induzierten Zelle

$f_p(D)$: Promotionswahrscheinlichkeit, Wahrscheinlichkeit, daß aus einer induzierten Zelle ein Tumor entsteht

$f_{org}(D)$: Zusammenfassung aller weiteren organischen Einflüsse

Um sich ein Bild von dem zu erwartenden Kurvenverlauf zu machen, kann man zunächst einmal die letzten beiden Faktoren gleich eins setzen. Für $f_i(D)$ soll eine - wie z.B. bei Mutationen (Kapitel 12) oder Chromosomenaberration (Kapitel 11) gefundene - linear-quadratische Abhängigkeit und eine analoge für das Überlebensverhalten (Kapitel 16) angenommen werden. Dann kann man schreiben

$$P(D) = (a_1 D + a_2 D^2) e^{-\alpha D - \beta D^2} \tag{20.4}$$

Abbildung 20.2 zeigt den Verlauf, aus dem hervorgeht, daß bei niedrigen Dosen ein Ansteigen, dann aber nach Passieren eines Maximums wieder ein Abfall festzustellen ist.

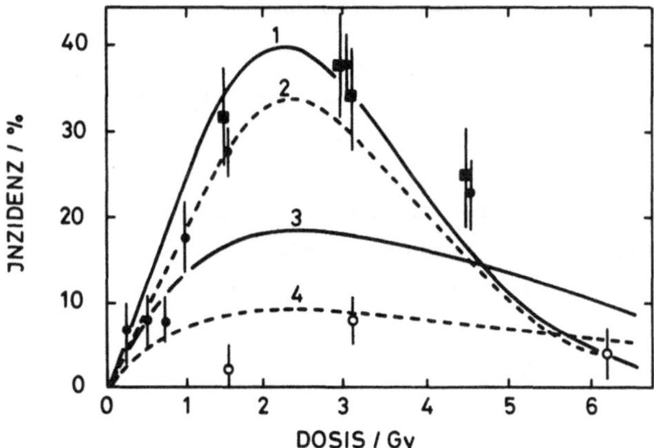

Abb. 20.2 Schematischer Verlauf einer Dosiseffektkurve für die Krebsentstehung und Vergleich mit experimentellen Daten (Leukämie in der Maus): ●,■: 250 kV-Röntgen, hohe Dosisleistung, o: ^{60}Co-γ, niedrige Dosisleistung. Kurven 1 und 2 basieren auf einer linear-quadratischen, Kurven 3 und 4 auf einer rein linearen Abhängigkeit ($\beta = o, a_2 = 0$). Quelle: BARENDSEN 1978

In tierexperimentellen Studien werden solche Abhängigkeiten auch in
der Tat gefunden (Beispiele sind in Abbildung 20.2 miteingezeichnet),
ihre quantitative Ausprägung ist jedoch recht unterschiedlich je nach
dem Verhältnis der Parameter a_1, a_2, α und β. So kann es z.B. vorkommen, daß bei hoher spontaner Rate eines Tumors Strahleneinwirkung
nur zur Verminderung der Rate führt. Einige Beispiele sind in Abbildung
20.3 dargestellt.

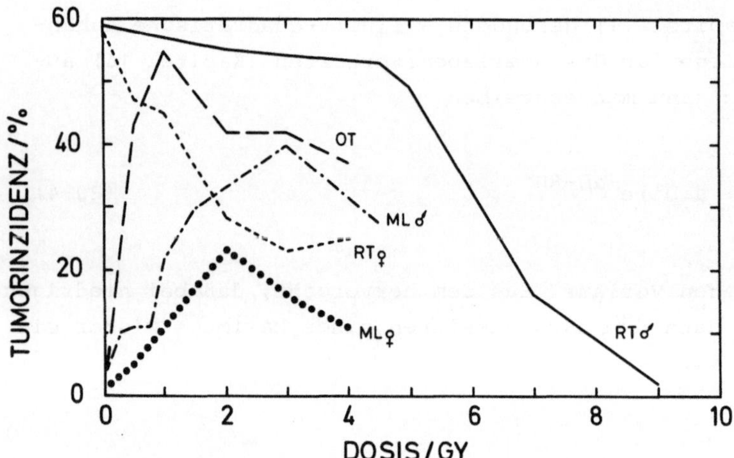

Abbildung 20.3 Krebsinduktionsrate als Funktion der Dosis bei Mäusen
nach Röntgenbestrahlung. ML: Leukämie; RT: Retikulartumoren; OT: Ova-
rialtumoren; ♂: männlich; ♀: weiblich. Quelle: UNSCEAR 1977 (nach Daten
verschiedener Autoren)

Man erkennt daraus die großen Unterschiede zwischen verschiedenen Tumorarten. In den Abbildungen ist die Tumorinzidenz I als Meßgröße verwendet. Man versteht darunter den Anteil von Tieren des behandelten
Kollektivs, bei denen während der gesamten Lebenszeit wenigstens <u>ein</u>
Tumor auftritt. Eine andere Möglichkeit besteht darin, die mittlere
Zahl von Tumoren pro Tier R(t) als Funktion des Beobachtungszeitpunkts
t anzugeben. Hiermit kann man auch altersspezifische Unterschiede erfassen. Wenn man für das Tumorauftreten eine Poisson-Verteilung voraussetzt, so besteht der einfache Zusammenhang

$$I(t) = 1 - e^{-R(t)} \tag{20.5}$$

wenn man mit I(t) die zeitabhängige Inzidenz bezeichnet; für kleine
Werte von R(t) ist offensichtlich I(t) $\approx$ R(t).

Die gezeigten Dosiseffektkurven weisen klar auf eine typische Schwierigkeit bei der Interpretation hin: Der Zusammenhang zwischen einer gegebenen Inzidenz und der Dosis ist in der Regel nicht eindeutig. Will man - wie es bei menschlichen Daten in der Regel der Fall ist - von wenigen Daten bei hohen Dosen auf niedrigere Bereiche extrapolieren, so ist dies mit großen Unsicherheiten behaftet, weil man den genauen Verlauf nicht kennt. Daher rührt das große auch praktische Interesse für eine möglichst zutreffende theoretische Beschreibung.

Es sei noch darauf hingewiesen, daß die Parameter in Formel (20.4) natürlich entscheidend von der Strahlenart abhängen. Dies wird in Abschnitt 20.3.3 besprochen.

Wegen der relativ geringen Information über die strahlenbedingte Carzinogenese beim Menschen ist man auch wieder entscheidend auf Tierversuche angewiesen. Hier stellt sich ein besonderes Problem. Wie schon oben angedeutet, haben alle Tumoren eine gewisse Latenzzeit, die zwischen Induktion und Expression vergeht. Für den Menschen sind entsprechende Abschätzungen in Tabelle 20.2[*] zusammengestellt. Man sieht daraus erstens, daß die Leukämie deutlich früher auftritt als alle anderen Typen, und zweitens, daß die Latenzperioden die Lebensspannen der üblichen Versuchstiere weit übersteigen. Wenn man auch annehmen kann, daß sie u.U. entsprechend der Lebensdauern verkürzt sind (sonst fände man kaum Tumore in Versuchstieren), so kann man doch prinzipiell nicht prüfen, ob nicht das Spektrum der Typen wesentlich verschoben ist. Hieraus geht klar hervor, daß die Übertragbarkeit Maus/Mensch nicht so ohne weiteres gegeben ist und dem Menschen näherstehende Versuchstiere einzusetzen sind, was den Aufwand erheblich erhöht.

Eine weitere Frage stellt sich auch noch bei der Auswahl des Versuchsmaterials: Verschiedene Tierstämme unterscheiden sich erheblich in der spontanen Tumorinzidenz. So entwickeln z.B. bestimmte Ratten (Sprague-Dawley-Ratten) in vorgeschrittenen Lebensaltern nahezu hundertprozentig Brusttumoren (natürlich nur die Weibchen). Strahlung beschleunigt diesen Prozeß, wie generell festgestellt werden kann, daß sie die Latenzzeit verkürzt. Man kann hieraus aber nicht ohne weiteres schließen, daß die Strahlung Tumoren neu induziert, die sonst nicht aufgetreten wären. Es ergeben sich hier besondere Probleme der statistischen Interpretation.

Auf der anderen Seite gibt es Tiere mit sehr geringer spontaner Tumorrate. Das kann darin begründet sein, daß die Latenzzeit deutlich länger ist als die mittlere Lebensdauer. Strahlenbedingte höhere Inzidenz kann auch hier auf Akzeleration beruhen. Diese Interpretation kann selbst dann nicht ausgeschlossen werden, wenn in den bestrahlten

[*] Abschnitt 20.3.3

Tieren Tumore sehr früh auftreten. Allerdings kann man dann, wenn der Zeitpunkt maximaler Inzidenz nur wenig von der Dosis abhängt, wohl auf eine echte Induktion schließen.

Dieser Abschnitt ist deshalb so relativ ausführlich gestaltet worden, um einige - bei weitem nicht alle - Schwierigkeiten tierexperimenteller Studien herauszustellen. Dadurch sollte einmal klar werden, wie leicht man voreilige Schlüsse ziehen kann, zum anderen aber auch dafür Verständnis erweckt werden, warum trotz vieler umfangreicher Untersuchungen unser Kenntnisstand immer noch recht rudimentär ist.

20.3.2 Optische Strahlung

Das einzige durch optische Strahlung in dieser Hinsicht gefährdete Organ ist die Haut. Die meisten Hautkrebsarten sind relativ gut zu behandeln, so daß man die Heilungschancen bis zu 95% ansetzen kann. Die einzige Ausnahme ist das Melanom, das außerordentlich bösartig ist. Das Problem der Hautkrebsentstehung spielt eine zentrale Rolle bei der Diskussion, ob durch eine Veränderung des Sonnenspektrums auf der Erde durch eine Reduktion des Ozongürtels (Abschnitt 22.2) Schäden für die Menschheit zu erwarten sind.

Wegen der relativ leichten Behandlungsmöglichkeit ist es schwer, genaue Zahlen über das Auftreten von Hautkrebs zu erhalten. Die derzeitigen Schätzungen liegen bei $1,65 \cdot 10^{-3}/a$ (ohne Melanome, Werte für die USA), für Melanome liegt der entsprechende Wert bei ca. $4 \cdot 10^{-5}/a$. Statistische epedemiologische Untersuchungen weisen deutlich darauf hin, daß Hautkrebsentstehung mit Dauer und Intensität der Sonneneinstrahlung korreliert ist (vgl. Abschnitt 22.2).

Experimentelle Untersuchungen liegen hauptsächlich an bestimmten Mäusestämmen vor. Es ist bisher noch nicht gelungen, ein eindeutiges Wirkungsspektrum aufzunehmen, die bisherigen Ergebnisse lassen jedoch vermuten, daß es mit den für die Erythembildung im wesentlichen übereinstimmt (s. Abschnitt 18.1). Wenn dies so ist, so muß man davon ausgehen, daß eine Verschiebung des terrestrischen Sonnenspektrums zu niedrigeren Wellenlängen das Hautkrebsrisiko in der Tat steigern würde. Eine genaue Aubschätzung ist schwierig, da die Dosisabhängigkeit nicht bekannt ist. Zelluläre Erholungsvorgänge spielen bei der Hautcarcinogenese eine wichtige Rolle. Dies geht aus der Tatsache hervor, daß die Erbkrankheit Xeroderma pigmentosum (Abschnitt 13.4), bei der das zelluläre Reparaturvermögen reduziert ist, die Anfälligkeit drastisch erhöht.

Mäusestudien haben auch ergeben, daß Psoralen und einige seiner Derivate (Abschnitt 9.1) in Verbindung mit langwelligem UV krebserzeugend wirken.

Generell muß festgestellt werden, daß unsere Kenntnisse über die strahlenbedingte Carcinogenese bei optischer Strahlung deutlich geringer sind als bei ionisierender Strahlung.

<u>Literatur</u> (20.3.2):
EPSTEIN 1970
PARRISH u.a. 1978
URBACH 1969

20.3.3 <u>Ionisierende Strahlen</u>

Im einleitenden Abschnitt 20.3.1 wurde schon auf die prinzipiellen Schwierigkeiten hingewiesen, aus Tierexperimenten auch nur annähernd verläßliche Schlüsse bezüglich der strahleninduzierten Carcinogenese auf den Menschen zu ziehen. Die Zahl der durchgeführten Experimente mit großen Tierkollektiven ist sehr umfangreich, dennoch ist es nicht möglich, ein einheitliches Bild zu entwerfen. Übereinstimmung scheint in folgenden Punkten zu bestehen:

1. Durch externe Bestrahlung kann in praktisch jedem Organ ein Tumor erzeugt werden, wobei allerdings zwischen den Tumorarten und innerhalb einer Art zwischen verschiedenen Tierrassen beträchtliche Unterschiede bestehen.
2. Expositionen mit niedriger Dosisleistung sind weniger wirksam als die mit hoher Dosisleistung; dies gilt in der Regel jedoch nur für dünn ionisierende Strahlen. Außerdem sind die verwendeten Dosisleistungen (und Dosen) immer noch relativ hoch. Im niedrigeren Bereich muß sich das gefundene Verhalten nicht notwendigerweise fortsetzen, wie die in Abschnitt 12.4 besprochenen in vitro-Experimente zeigen, wo bei sehr kleinen Dosen eine Fraktionierung zu <u>höherer</u> Transformationshäufigkeit führte.
3. Bestrahlung führt zu einer Verkürzung der Latenzzeit (Akzeleration).
4. Die Tumorinzidenz hängt wesentlich vom Alter während der Bestrahlung ab.
5. Strahlen höherer Ionisationsdichte sind in der Regel wirkungsvoller als solche mit geringem LET.

Die Form der Dosiseffektkurven ist unterschiedlich (vgl. Abbildung 20.3) und ihre formelmäßige Darstellung umstritten. In vielen Fällen ist aber eine Beziehung wie (20.3) mit den Versuchsdaten kompatibel. Bei Strahlen mit hohem LET herrscht häufig, aber nicht immer, die lineare Komponente vor, was mit den zellulären Modellen (Kapitel 16) in Einklang steht. Als Beispiel ist in Abbildung 20.4 die Dosiswirkungs-

kurve für Hauttumoren in Ratten nach Elektronen- und α-Bestrahlung
dargestellt.

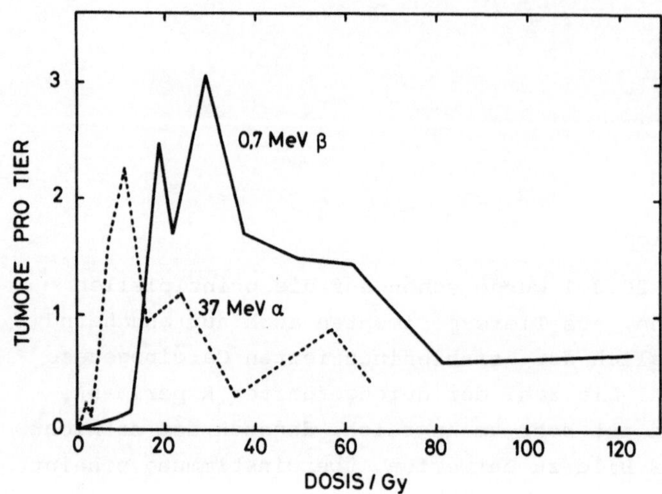

Abb. 20.4 Mittlere Tumorraten (Haut) in Ratten nach Elektronen- und
α-Bestrahlung   als Funktion der Dosis. Quelle: BURNS, ALBERT und
HEIMBACH 1968

Für den ersten Fall kann der Anfangsteil durch eine linear-quadratische,
für den zweiten durch eine rein lineare Beziehung dargestellt werden.
Wir stoßen hier aber auch ein Dilemma: Falls das der Beziehung (20.3)
zugrundeliegende Modell zutreffen würde, müßte der Abfall zu höheren
Dosen bei α-Bestrahlung sehr viel steiler verlaufen, was offenbar nicht
der Fall ist. Auch dieses Beispiel soll zeigen, wie weit man noch von
einem Verständnis der Mechanismen entfernt ist.

Die RBW spielt natürlich für Strahlenschutzprobleme eine große Rolle.
Die experimentellen Ergebnisse lassen hier keine eindeutigen Schlüsse
zu - in Einzelfällen sind für Neutronen Werte bis zu 100 gefunden worden. Inwieweit Modelle, wie sie in Kapitel 16 besprochen wurden, hier
angewendet werden können, kann derzeit nicht entschieden werden. Auf
die Wirkung inkorporierter Radionuklide wird in Kapitel 21 näher eingegangen.

Wenden wir uns nun den Daten zu, die für den Menschen vorliegen.
Sie bauen auf Beobachtungen der Überlebenden der Kernwaffenangriffe,
beruflich belasteter Personen, einigen wenigen Fällen nicht geplanter
Exposition sowie medizinischer Strahlenbelastung auf.

Generell liegt das größte Datenmaterial - von speziellen Ausnahmen

(s.u.) einmal abgesehen - von den Überlebenden von Hiroshima und Nagasaki vor. Allerdings sind die Dosisabschätzungen mit recht großen Unsicherheiten behaftet. Sie basieren auf der Feststellung der wahrschein-
lichen Entfernung vom Hypozentrum zum Zeitpunkt der Explosion und Er-
rechnung des KERMA-Wertes (vgl. Abschnitt 4.2), der auch nur annähernd
- wegen der Unkenntnis des Strahlenspektrums - in Dosisangaben umgerechnet werden kann. Ein charakteristischer Unterschied zwischen beiden
Städten war, daß der Neutronenanteil am Gesamt-KERMA in Hiroshima 25 -
35%, in Nagasaki jedoch nur 2% betrug. "Dosiseffektkurven" sind in Abbildung 20.5 dargestellt.

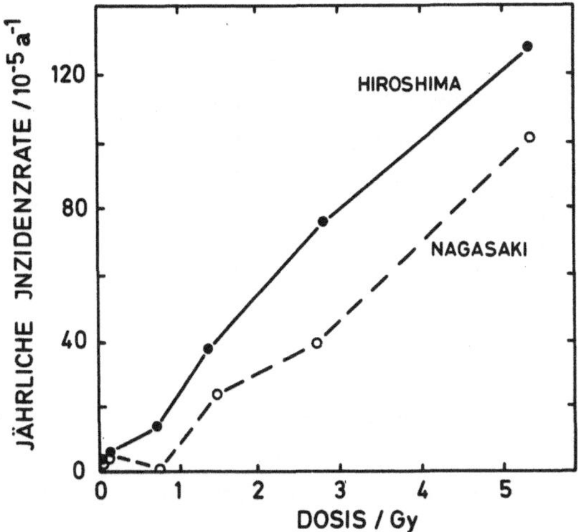

Abb. 20.5 Leukämieinzidenz durch Atombombeneinwirkung als Funktion der
geschätzten KERMA. Quelle: ISHIMARU u.a. 1979
Durch Vergleich der Tumorinzidenzen könnte man also prinzipiell auch
Aufschluß über den Einfluß der Strahlenqualität gewinnen, aber die
statistischen Daten erlauben eine solche Abschätzung nur für den Fall
der Leukämie (s.u.).

Ein besonderes und nicht immer beachtetes Problem bei der Analyse
bildet die Auswahl geeigneter Kontrollpopulationen. Da alle Krebsarten
auch spontan vorkommen, geht es zunächst darum, die strahlenbedingte
Zunahme (Excess) festzustellen. Dabei muß mit einer möglichst gleichen
- jedoch nicht exponierten - Gruppe verglichen werden. Die spontane
Krebshäufigkeit hängt aber von einer ganzen Reihe von Faktoren ab, vor

allem Alter, Lebensgewohnheiten, anderer Umweltbelastung und zeigt oft
deutliche geographische Unterschiede. Hinzu kommt, daß exponierte Personen medizinisch in der Regel sehr viel besser überwacht werden als
der Durchschnitt der Bevölkerung. Das resultiert einmal darin, daß
bei ihnen Krankheiten mit größerer Sicherheit erkannt werden, zum anderen aber auch die Intensität der Behandlung größer ist, so daß reine
Mortalitätsstatistiken zu falschen Schlüssen führen können. Wir erwäh-
nen dies, weil nicht immer bedacht wird, mit welchen Unsicherheiten
abgeleitete Daten behaftet sind.

<u>Leukämie</u> ist die häufigste strahleninduzierte Krebsart. Sie fällt
auch dadurch aus dem üblichen Rahmen, daß ihre Latenzzeit nur ca. 10 -
15 Jahre beträgt, während sonst ca. 25 Jahre anzusetzen sind (Tabelle
20.2).

Tabelle 20.2 Mittlere Latenzzeiten von Tumoren beim Menschen nach
Strahleneinwirkung. Quelle: UNSCEAR 1977

Organ bzw. Tumorart	Latenzzeit/a
Leukämie	10 - 15
Schilddrüse	20,3
Blase	20,7
Brust	22,6
Hals und Nacken	22,8 - 24,1
Kehlkopf und Rachen	23,4 - 27,3
Haut	24,5 - 41,5

Als weitere vor allem betroffenen Organe sind zu nennen: Schilddrüse,
die weibliche Brust, Lunge und Knochen. Andere Krebsarten sind relativ
selten. Die abgeschätzten Inzidenzraten sind in Tabelle 20.3 (für dünn
ionisierende Strahlen) zusammengestellt. Hierzu sind noch einige Anmerkungen zu machen: Die Daten werden geschätzt für dünn ionisierende
Strahlen, aber basieren manchmal nicht auf direkter Untersuchung, sondern sind zurückgerechnet von Erfahrungen bei dicht ionisierender Strahlung. Dafür ist eine Kenntnis des Qualitätsfaktors (Abschnitt 22.3)
notwendig. Aus einem Vergleich der Leukämieinzidenz in den beiden ja-
panischen Städten schätzt man - je nach Art der statistischen Auswertung und Dosisniveau - Werte zwischen 7,3 und 19,3 ab, die konsistent
zu niedrigen Dosen ansteigen, wie es z.B. auch aus der linear-quadratischen Dosiseffektkurve für dünn ionisierende Strahlen folgen würde
(Kapitel 16). Die Werte in Tabelle 20.3 basieren auf einem Faktor 10.

Lungenkrebs wurde vor allem in Urangrubenarbeitern festgestellt, welche ^{222}Rn und seine Folgeprodukte einatmen.

Tabelle 20.3 Risikoraten für verschiedene Tumoren (geschätzte Mittelwerte über alle Altersgruppen). Quelle: UNSCEAR 1977

Art	Inzidenz pro Gy
Leukämie	$20 - 50 \quad 10^{-4}$
Schilddrüse	$100 \cdot 10^{-4}$
Brust	$100 \cdot 10^{-4}$
Lunge	$25 - 56 \cdot 10^{-4}$
Magen, Leber, Dickdarm	$10 - 15 \cdot 10^{-4}$
Knochen, Dünndarm, Pankreas, Rektum	$2 - 5 \cdot 10^{-4}$

Sie emittieren im wesentlichen α-Partikel. Die abgeschätzte Inzidenz
betrug ca. 10^{-2}/Gy.

Lebertumoren wurden - wie im Tierversuch - vor allem bei Aufnahme
von ^{232}Th gefunden, das früher als Kontrastmittel in der Röntgendiagnose eingesetzt wurde ("Thorotrast"). Es ist ein α-Strahler. Bei relativ hohen Dosen betrug die Inzidenz ca. 10^{-2}/Gy, wobei wieder ein
Qualitätsfaktor (Kapitel 22) von 10 anzusetzen ist.

Die hohe Empfindlichkeit der Brust ist von besonderem Interesse
auch im Hinblick auf radiodiagnostische Massenuntersuchungen. Erfahrungen aus diesem Bereich sowie aus Japan weisen auf eine deutliche Alters-
abhängigkeit der Sensibilität hin, wobei die Periode zwischen 10 und 35
Jahren am empfindlichsten ist.

Kinder, die in utero bestrahlt werden, weisen eine besonders hohe
Inzidenz magligner Krankheiten auf. Die Erfahrungen hierzu kommen vor
allem aus dem medizinischen Bereich, während bei den Kindern, deren
Mütter in Hiroshima und Nagasaki Strahlung ausgesetzt waren, keine
statistisch signifikante Erhöhung des Krebsrisikos festzustellen war,
was aber wohl auf die große Streubreite der Daten zurückzuführen ist.
Basierend auf den medizinischen Erfahrungen kann man eine Inzidenz von
$2 - 2,5 \cdot 10^{-2}$/Gy abschätzen (alle Tumoren), wobei ca. die Hälfte auf
Leukämie entfallen dürfte. Für Erwachsene kann man aus allen Daten ein
Gesamtrisiko von ca. 10^{-2}/Gy angeben (1/5 davon Leukämie). Der Vergleich
weist auf die besondere Gefährdung des wachsenden Organismus hin.

Es sei noch einmal darauf hingewiesen, daß alle diese Zahlen sich
auf dünn ionisierende Strahlen beziehen. Will man sie auf beliebige
Strahlenarten verallgemeinern, so ist dem durch Qualitätsfaktoren (Abschnitt 22.3) und Angaben in SIEVERT (Sv) Rechnung zu tragen.

LITERATUR (20.3):
IAEA 1978
FRY u.a. 1970
UNSCEAR 1977
WALBURG 1974

21. Wirkungen interner Belastung

Die Inkorporation von Radionukliden spielt eine wichtige Rolle bei der
Beurteilung des Strahlenrisikos. Es werden die grundsätzlichen Überlegungen, Inkorporationswege und die Prinzipien der Rechenverfahren vorgestellt; eine umfassende Behandlung ist in diesem Rahmen nicht möglich.
Unterschieden wird zwischen der Aufnahme durch die Atemluft (Inhalation)
und durch die Nahrung (Ingestion). Für die interne Belastung muß differenziert werden zwischen den hauptsächlichen Depositionsorganen, die
als innere Strahlenquellen wirken ("Quellenorgane") und denen, bei denen sich der Strahleneffekt manifestiert ("Zielorgane"). Zum Abschluß
werden für einige Nuklide abgeschätzte Grenzwerte für die jährliche
Aufnahme gegeben.

21.1 Aufnahme und Verteilung von Radionukliden

Die Aufnahme von Radionukliden kann entweder mit der Nahrung (Ingestion)
oder der Atemluft (Inhalation) erfolgen (Abb. 21.1).

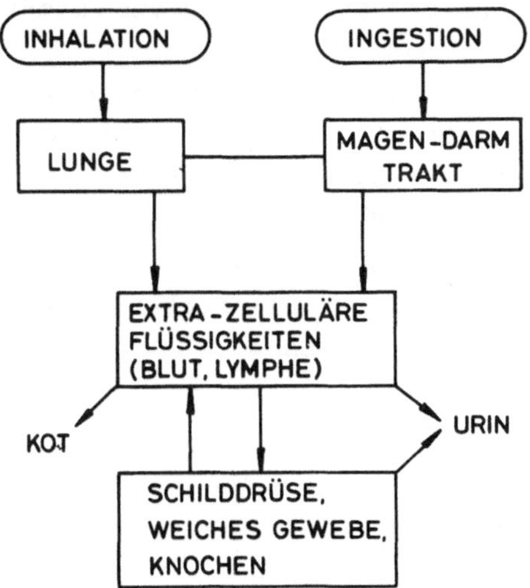

Abb. 21.1 Wege von Radionukliden im Körper.

Die Eintrittsorgane sind also entweder der Magen-Darm-Trakt (Gastro-
intestinal-Trakt) oder die Lunge; nur im Falle des Tritiums kommt auch
die Haut noch in Frage. Für die Verteilung kann man in vereinfachter
Form ein Schema wie in Abbildung 21.1 zugrundelegen: Von dem Aufnahmeorgan gelangt das Nuklid in die Verteilungsorgane (in den meisten
Fällen Blut oder Lymphe) und von dort in die Depositionsorgane, wo sie
eine kürzere oder längere Zeit verweilen, bevor sie ausgeschieden werden. In erster Näherung kann man zur mathematischen Behandlung für alle
Übergänge lineare Differentialgleichungen ansetzen und damit unter
Kenntnis der Transferfaktoren, die experimentell zu ermitteln sind,aus
einer bekannten Aufnahmerate die zu erwartende Verteilung und damit
auch die Belastung abschätzen.

Von zentraler Bedeutung ist hierfür die <u>biologische Halbwertszeit</u>
τ_B, die mit der Ausscheiderate zusammenhängt und die wir schon in Kapitel 15 kennengelernt hatten. Sie hängt nur von der chemischen Form
der aufgenommenen Verbindungen ab. Die Gesamthalbwertszeit τ setzt
sich nach (15.3) aus τ_B und der physikalischen Zerfallshalbswerts-
zeit τ_D zusammen:

$$\frac{1}{\tau} = \frac{1}{\tau_B} + \frac{1}{\tau_D} \tag{21.1}$$

Man sieht, daß bei stark unterschiedlichen Werten immer die kürzere
für den Verlauf bestimmend ist. Die Transferkoeffizienten hängen ebenfalls fast nur von den chemischen Eigenschaften der aufgenommenen Stoffe
ab.

Betrachten wir ein stark vereinfachtes Beispiel, bei dem nur ein
einziges Depositionsorgan angenommen wird (Abb. 21.2). Es erfolgt eine
einmalige Aktivitätszufuhr A_O zum Zeitpunkt t = 0, das Aufnahmeorgan
wird mit dem Index 1, das Transferorgan mit 2 und das Depositionsorgan
mit 3 bezeichnet, die Transferkoeffizienten seien λ_{12} usw. λ_1, λ_2 und
λ_3 die Ausscheideraten und λ_D die Zerfallskonstante. Die Aktivitäten
in den Organen seien $q_1(t)$ usw. Dann kann man schreiben

$$
\begin{aligned}
\dot{q}_1 &= -(\lambda_{12} + \lambda_1 + \lambda_D)\, q_1 \\
\dot{q}_2 &= \lambda_{12}\, q_1 - (\lambda_{23} + \lambda_2 + \lambda_D)\, q_2 \\
\dot{q}_3 &= \lambda_{23}\, q_2 - (\lambda_3 + \lambda_D)\, q_3
\end{aligned}
\tag{21.2}
$$

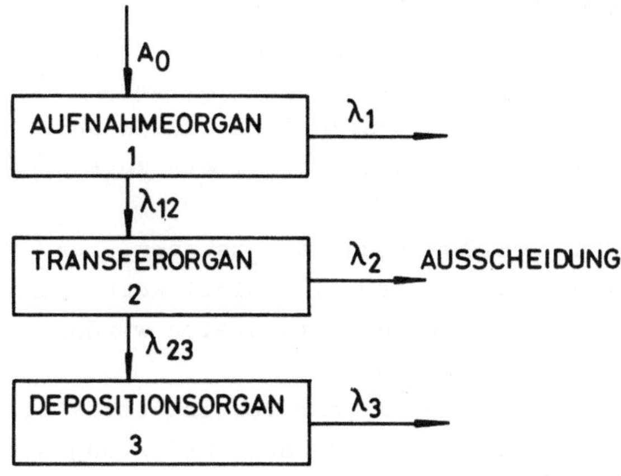

Abb. 21.2 Einfaches Kompartmentmodell zur Abschätzung der Aktivitäts-
verteilung (s. Text).

Mit der Anfangsbedingung $q_1(o) = A_o$ erhält man

$$q_1(t) = A_o \; e^{-\lambda_D t} \cdot e^{-(\lambda_{12} \; \lambda_1}$$

$$q_2(t) = \frac{\lambda_{12} \; A_o \; e^{-\lambda_D t}}{\lambda_{12} + \lambda_1 - \lambda_{23} - \lambda_2} \; (e^{-(\lambda_{23}+\lambda_2)t} - e^{-(\lambda_{12}+\lambda_1)t})$$

$$(21.3)$$

$$q_3(t) = \lambda_{12} \cdot \lambda_{23} \; A_D e^{-\lambda_D t} \left(\frac{e^{-(\lambda_{12}+\lambda_1)t}}{(\lambda_{12}+\lambda_1-\lambda_3)(\lambda_{12}+\lambda_1-\lambda_{23}-\lambda_2)} \right.$$

$$- \frac{e^{-(\lambda_{23}+\lambda_2)t}}{(\lambda_{12}+\lambda_1-\lambda_{23}-\lambda_2)(\lambda_{23}+\lambda_2-\lambda_3)}$$

$$+ \frac{e^{-\lambda_3 t}}{(\lambda_{12}+\lambda_1-\lambda_3)(\lambda_{23}+\lambda_2-\lambda_3)}$$

Je nach der Größe der Konstanten verbleibt die Aktivität also eine gewisse Zeit im Körper. Für die Abschätzung der Belastung ist dies natürlich wichtig. Die Gesamtzahl der Zerfälle in einer bestimmten Zeit T, die mit U(T) abgekürzt wird, gewinnen wir durch Integration der Gleichungen (21.3). Im Strahlenschutz wird in der Regel ein Zeitraum von 5o Jahren zugrundegelegt.

Falls bei dem Zerfall radioaktive Folgeprodukte entstehen, muß dies natürlich berücksichtigt werden, was aber prinzipiell keine Schwierigkeiten macht, wenn auch die Rechnungen recht umfangreich werden. Dasselbe gilt bei verzweigten Verteilungswegen.

Ein etwas realistischeres, aber immer noch sehr vereinfachtes Schema der Nuklidaufnahme zeigt Abbildung 21.1. Zur genauen Erfassung sind in den meisten Fällen die Organe noch in Teilkompartimente zu unterteilen, was wir hier nicht nachvollziehen wollen, da nur der prinzipielle Ansatz herausgestellt werden soll.

Wenden wir uns nun zunächst der Inhalation zu. Eine Belastung kann durch radioaktive Gase erfolgen, was aber relativ geringe Bedeutung hat, da sie weitgehend mit der Atemluft wieder ausgeschieden werden. Bei weitem wichtiger sind Radionuklide, die an Wassertröpfchen und fein verteilte Staubpartikel, Aerosole, gebunden sind, weil diese im <u>Atemtrakt</u> deponiert werden und dort eine gewisse Zeit verbleiben. Hieraus resultiert zum einen eine Belastung des Aufnahmeorgans, zum anderen die Möglichkeit des Übertrittes der Nuklide in andere Teile des Körpers. In diesem Zusammenhang sind auch einige radioaktive Gase, wie z.B. ^{222}Rn von großer Bedeutung, da sie in feste Folgenuklide zerfallen, die sich besonders leicht an natürlich vorhandene Aerosole anlagern.

Zur genaueren Betrachtung muß man den Atemtrakt unterteilen: Nasalpassage (N-P), Luftröhre (Trachea) und Bronchialbaum (T-B) sowie das Innere der Lunge (pulmonales Parenchym, P). Die Depositionswahrscheinlichkeit in diesen Bereichen hängt von der Größe der Aerosole ab, zu deren Charakterisierung der "aerodynamische Durchmesser" benutzt wird, der nicht notwendigerweise die tatsächliche Größe angibt. In Abbildung 21.3 sind die Depositionswahrscheinlichkeiten für die verschiedenen Aerosole in den Bereichen des Atemtrakts aufgezeichnet. Man sieht daraus, daß vor allem die kleinen Aerosole bis in die Lunge gelangen, während die großen zu einem großen Teil im Nasalraum abgefangen werden. Als nächstes ist die Verweildauer des Nuklids nach erfolgter Deposition wichtig, wobei vor allem die Löslichkeit eine Rolle spielt. Man kann hiernach wieder eine Klasseneinteilung vornehmen, wobei man wieder die Halbwertszeit benutzt, durch welche der Abtransport der

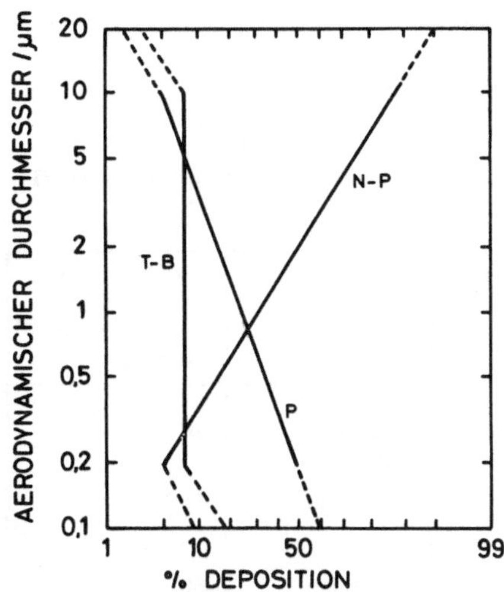

Abb. 21.3 Depositionswahrscheinlichkeit von Aerosolen in den verschiedenen Teilen des Atemtrakts als Funktion des "aerodynamischen Durch-
messers". N-P: Nasalpassage; T-B: Trachea und Bronchialbaum; P: pulmonales Parenchym. Quelle: ICRP 30, 1979.

Nuklide aus der Lunge (P) bestimmt wird, wobei sowohl Absorptionspro-
zesse als auch Partikeltransport eine Rolle spielen. Die Radioaktivität geht dabei vor allen in die Körperflüssigkeiten (Blut, Lymphe) und
durch Transport über das Ziliarsystem in den Gastrointestinaltrakt
über. Es ist klar, daß bei langen Verweildauern die Schädigung des Aufnahmeorgans zunehmend wichtiger wird. Es werden folgende Typen unterschieden: D(< 10 Tage), W(10 - 100 Tage), Y(> 100 Tage). Diese Angaben
beziehen sich auf die pulmonale Region, in den anderen Teilen können
sie erheblich abweichen.

Bei der Ingestion spielen zwei Prozesse eine Rolle: die Schädigung
des Magen-Darm-Trakts und die Verteilung über die Körperflüssigkeiten,
die hauptsächlich aus dem Dünndarm erfolgt, auf die anderen Organe.
Die mittlere Verweildauer der Nahrung beträgt insgesamt 42 Stunden
(Magen: 1h, Dünndarn: 4h, oberer Dickdarm: 13h, unterer Dickdarm: 24h).
Für die verschiedenen Elemente kann man angeben, welcher Anteil f_1 nach
Aufnahme mit der Nahrung in die Körperflüssigkeit übergeht (Tab. 21.1).

Die letzte Station sind die Organe, in welchen die Nuklide vor allem
angereichert werden und dort gemäß ihrer biologischen Halbwertszeit verbleiben. Genauere Berechnungen gibt es hierbei bisher nur für Knochen,
die natürlich wegen der Nähe zum blutbildenden System besonders wichtig sind. Für die verschiedenen Elemente ist auch die Art des Einbaus
wichtig, wobei man zwischen oberflächlicher und im ganzen Knochenvolu-

men homogener Verteilung zu unterscheiden hat.

Tabelle 21.1 Metabolische Daten einiger Elemente; a) bezogen auf den "Referenzmenschen", größte Werte; b) s. Text; c) keine einheitliche Halbwertszeit; d) bei Deposition im Knochen: s: Oberfläche, v: Volumen; e) anorganisches Co; f) organisch-komplexiertes Co. Quelle: ICRP 30, 1979

Element	Masse im Körper a) kg	Aufnahme pro Tag kg d^{-1}	Anteil im Blut f_1 b)	wichtigstes Speicherorgan	biol. Halbwertszeit d	Klassifikation d)
Wasserstoff	7	0,35	1	Gesamtkörper	20	
Phosphor	0,78	$1,4 \cdot 10^{-3}$	0,8	Knochen	1500	v,s (τ_D 15)
Kobalt	$1,5 \cdot 10^{-6}$	$3 \cdot 10^{-7}$	$0,05^{e)}$ 0,3 f)	Gesamtkörper	60%:6 c) 20%:60 20%:800	
Strontium	$3,2 \cdot 10^{-4}$	$1,9 \cdot 10^{-6}$	0,3	Knochen	sehr groß	v,s (τ_D 15)
Jod	$1,1 \cdot 10^{-5}$	$2 \cdot 10^{-7}$	1	Schilddrüse	120	
Caesium	$1,5 \cdot 10^{-6}$	$1 \cdot 10^{-8}$	1	Gesamtkörper	110	
Polonium	–	–	0,1	Leber,Niere, Milz,rote Blutkörperchen	50	
Radium	$3,1 \cdot 10^{-14}$	$2,3 \cdot 10^{-15}$	0,2	Knochen	sehr groß	v,s (τ_D 15)
Thorium	–	$3 \cdot 10^{-9}$	$2 \cdot 10^{-4}$	Knochen	8000	s
Uran	$9 \cdot 10^{-8}$	$1,9 \cdot 10^{-9}$	0,05	Knochen	20	v
Plutonium	–	–	10^{-4}	Leber, Knochen	sehr groß	s
Americium	–	–	$5 \cdot 10^{-4}$	Leber, Knochen	sehr groß	s
Californium	–	–	$5 \cdot 10^{-4}$	Leber, Knochen	sehr groß	s

Bei den besonders wichtigen Erdalkalimetallen und Phosphor geht man davon aus, daß alle Isotope mit Zerfallshalbwertszeiten von mehr als 15 Tagen homogen im Volumen verteilt sind, für andere Elemente läßt sich keine allgemeine Regel aufstellen. Ein besonderer Hinweis ist noch angebracht auf die Nuklide, welche Glieder von Zerfallsreihen sind: Bei der Belastungsabschätzung müssen in diesem Falle natürlich auch die Tochterprodukte bedacht werden. Interessant ist dies vor allem bei ^{222}Rn, von dem man als Edelgas keine Beteiligung am Stoffwechsel erwartet. Experimentelle Ergebnisse zeigen jedoch, daß es - wahrscheinlich im Fettgewebe - zu 30% nach seiner Entstehung im Körper verbleibt (Retentionsfaktor: 0,3), so daß auch seine Folgeprodukte zur Belastung beitragen. Für ^{220}Rn geht man von einem Retentionsfaktor von 1 aus.

21.2 Dosisabschätzungen

Die im vorigen Abschnitt beschriebenen linearen Modelle können benutzt werden, um die Aktivitätsverteilungen in verschiedenen Organen des Körpers nach Ingestion oder Inhalation von Radionukliden zu ermitteln. Sie stellen somit innere Strahlenquellen dar; man bezeichnet sie daher als "Quellenorgane" (source organs, SO). Meist sind sie jedoch nicht mit den für eine Schädigung besonders empfindlichen Körperteilen, die man "Zielorgane" (Target organs, TO) nennt, identisch, deren Belastung natürlich wichtig ist. Im Prinzip lassen sich die Dosen nach den in Kapitel 4 dargestellten Grundsätzen ermitteln. Dazu sind Kenntnisse über folgende Parameter wichtig: Geometrie und Masse von Quellen- und Zielorganen, Aktivität im Quellenorgan, Art und Energie der emittierten Strahlung. In Tabelle 21.2 sind die Massen verschiedener Organe für einen "Standardmenschen" (reference man) von 70 kg aufgeführt.

Tabelle 21.2 Massen wichtiger Gewebe bzw. Organe des Referenzmenschen. Quelle: ICRP 23

Organ	Masse/kg
Gesamtkörper	70
Eierstöcke	0,011
Hoden	0,035
Muskeln	28
Rotes Knochenmark	1,5
Lungen	1
Schilddrüse	0,02
Leber	1,8
Haut	2,6
Cortikulare Knochen	4
Trabekulare Knochen[a]	1
Knochenoberflächen	0,12

[a] umschließen das rote Knochenmark

Um die praktische Berechnung zu erleichtern, benutzt man Konversionsfunktionen φ, welche bei gegebener Strahlenart und Energie eine Beziehung zwischen der Aktivität im Quellenorgan und zu erwartender Dosis im Zielorgan für einige wichtige Fälle herstellen. Sie sind in den Abbildungen 21.4 - 21.7 dargestellt, wobei ausnahmsweise noch die alten Einheiten Ci und rad benutzt werden. Die Dosisleistung $\dot{D}$ errechnet sich also aus

$$\dot{D} = \Sigma \; \varphi_{(SO \to TO)} \cdot C_{SO} \qquad\qquad (21.4)$$

wobei über alle Nuklide und alle Quellenorgane zu integrieren ist. C_{SO} ist die Aktivitätskonzentration (pCi kg^{-1}) im jeweiligen Quellenorgan.

Um die langfristige Belastung zu bestimmen, muß diese Gleichung integriert werden. Dabei ist zu beachten, daß die Aktivität nicht konstant ist, sondern sich aufgrund von Zufuhr, Ausscheidung und Zerfall verändert. Wichtig sind aber auch evtl. entstehende Folgeprodukte.

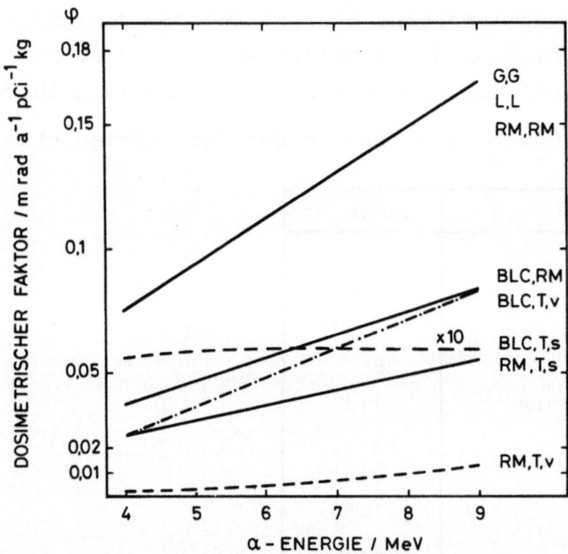

Abb. 21.4 Dosimetrische Faktoren für inkorporierte α-emittierende Nuklide. Der erste Buchstabe kennzeichnet das Ziel-, der zweite das Quellenorgan: G: Gonaden; L: Lunge; RM: rotes Knochenmark; BLC: Knochensaumzellen; T: trabekulare Knochen. Im letzten Fall sind die Faktoren für oberflächliche (s) und Volumenverteilung (v) angegeben. Quelle: UNSCEAR 1977

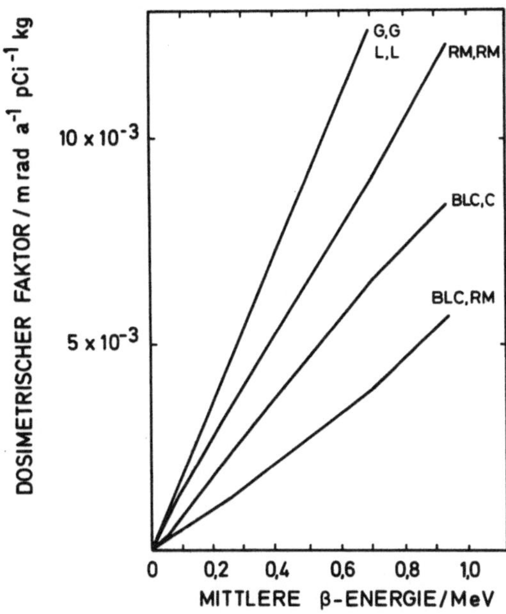

Abb. 21.5 Dosimetrische Faktoren für inkorporierte β-Strahler (s. Legende 21.4). C: kompakter Knochen. Quelle: UNSCEAR 1977

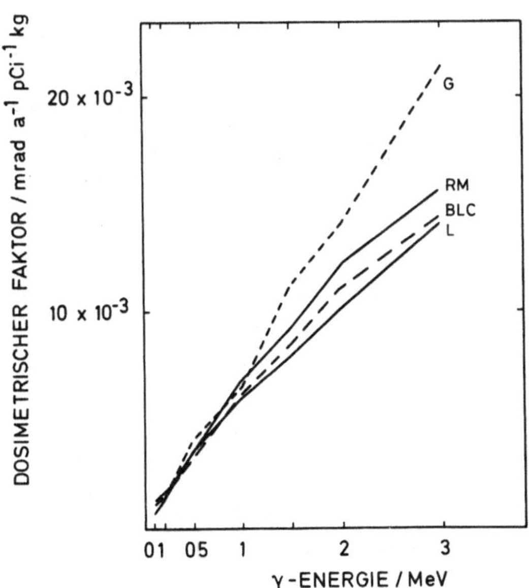

Abb. 21.6 Dosimetrische Faktoren bei im Körper gleichmäßig verteilten γ-strahlenden Nukliden bei verschiedenen Zielorganen (s. Legende 21.4). Quelle: UNSCEAR 1977

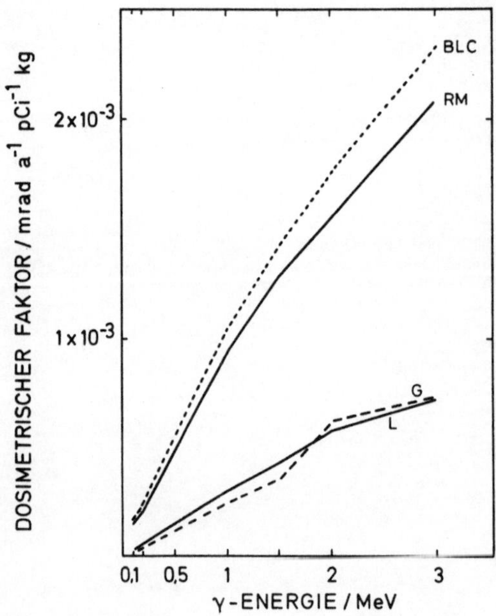

Abb. 21.7 Dosimetrische Faktoren für γ-emittierende Nuklide bei gleich-
mäßiger Verteilung im Skelett bei verschiedenen Zielorganen. Quelle:
UNSCEAR 1977

21.3 Spezielle Wirkungen

Im Prinzip sind natürlich bei der Inkorporation von Radionukliden keine anderen Schadenstypen zu erwarten als bei externer Bestrahlung.
Akute Schäden spielen praktisch keine Rolle, so daß wir uns auf genetische Folgen und vor allem die Krebsentstehung beschränken. Eine Besonderheit liegt jedoch in dem sehr engen Kontakt zwischen Strahlenquelle und potentiell gefährdetem Organ, wodurch vor allem α- und β-
Emitter an Bedeutung gewinnen, die sonst wegen der geringen Reichweite meist zu vernachlässigen sind. Darüber hinaus ist die relative biologische Wirksamkeit speziell der α-Strahlen wegen der höheren Ionisationsdichte recht groß, so daß sie vor allem für die Schädigung
durch inkorporierte Radionuklide beachtet werden müssen. Dies gilt im
wesentlichen jedenfalls für die Cancerogenese, während für genetische
Effekte längerreichweitige β- und γ-Strahlen in Betracht kommen, so
daß hier dieselben Überlegungen wie für externe Bestrahlung gelten,
wobei von den Dosisabschätzungen des vorigen Abschnitts auszugehen
ist.

In bezug auf die Krebsentstehung kann man cum grano salis bei verschiedenen Nukliden von einer gewissen Organspezifität sprechen. Sie

hängt natürlich zusammen mit der Verteilung der Elemente im Körper.
Tabelle 21.3 gibt einige Beispiele.

Tabelle 21.3 Im Tierexperiment gefundene Tumoren durch Nuklidaufnahme aus dem Blut. Quelle: UNSCEAR 1977

Nuklid	Organ bzw. Tumor	wirksame Strahlung
^{90}Sr	Knochen	β
^{45}Ca	Knochen	β
^{226}Ra	Knochen	α
^{232}Th	Leber, Milz, Lunge	α
^{239}Pu	Knochen	α
^{131}J	Schilddrüse	γ

In bezug auf die Inhalation ist natürlich vor allem die Lunge das in
erster Linie gefährdete Organ. Auch hierbei spielen α-Strahlen eine
wichtige Rolle. Berechnet man nach den erwähnten Modellen die absorbierte Dosis, so ergibt sich aus einem Vergleich mit inhalierten β-
Emittern oder externer γ-Bestrahlung eine ca. zehnmal größere Wirksamkeit der α-Teilchen, was im Rahmen der auch bei zellulären Studien
gefundenen relativen biologischen Wirksamkeit liegt.

Lungenkrebs als Folge der Inhalation radioaktiver Partikel spielt
eine wichtige Rolle als Gefährdung bei der Tätigkeit in Uranbergwer-
ken. Historisch war dies das erste Beispiel, wo die Gefährlichkeit
inkorporierter Radionuklide nachgewiesen wurde ("Schneeberger Krankheit" in den Joachimstaler Gruben). Außerdem liefert die jahrzehnte-
lange Beobachtung auch einigermaßen verläßliche Daten für die Abschätzung des Risikos für Menschen. Die wichtige Komponente ist ^{222}Rn, dessen feste Folgeprodukte sich an Aerosole anlagern. Aus historischen
Gründen wird die Exposition in "Working level month" (WLM) angegeben
(s. Kap. 1), wobei der Monat zu 170 Stunden gerechnet wird:

$$
\begin{aligned}
1 \text{ WLM} &= 100 \text{ pCi dm}^{-3} \cdot 170 \text{ h} \\
&= 1,7 \cdot 10^{4} \text{ pCi dm}^{-3} \text{ h} \\
&= 630 \text{ Bq dm}^{-3} \cdot \text{h}
\end{aligned}
$$

Es wird abgeschätzt, daß 1 WLM einer α-Dosis von ca. 0,01 Gy im Bron-
chialepithel entspricht. Die aus den Untersuchungen ermittelte Inzidenz - bezogen auf ein Arbeitsleben von 40 Jahren - liegt bei 200 -
450 $\cdot$ 10^{-6} pro WLM akkumulierter Gesamtbelastung. Es stellte sich außerdem heraus, daß bei Rauchern (> 20 Zigaretten pro Tag) das Risiko

ca. achtmal höher ist als bei Nichtrauchern.

21.4 Schlußfolgerungen

Die Inkorporation von Radionukliden stellt sicher eine erhebliche potentielle Gefährdung dar, sowohl für beruflich exponierte Personen als auch für die allgemeine Bevölkerung, wenn sie in die Nahrungskette gelangen. Die in den vorigen Abschnitten besprochenen Modelle sowie an Tieren und Menschen gewonnenen experimentellen Daten - die man z.B. durch Verfolgung der natürlichen Radioaktivität erhalten kann -, erlauben für die meisten Nuklide eine einigermaßen sichere Abschätzung der Retentionswahrscheinlichkeit im Körper und der zu erwartenden Dosen. Mit Unsicherheiten dürften vor allem noch die Transuranelemente behaftet sein; obwohl vor allem für Plutonium sehr umfangreiche Tierstudien durchgeführt worden sind.

Legt man die allgemeinen Prinzipien der Strahlenschutzbestimmungen zugrunde, so kann man abschätzen, bei welcher aufgenommenen Menge eines bestimmten Nuklids die Grenzdosis für ein Organ überschritten wird. Da die Radioaktivität im Körper verbleibt, hat man hier von der Folgedosis auszugehen, die sich aus Integration aller über 5o Jahre zu erwartenden Zerfälle ergibt. Auf dieser Basis kann man Grenzwerte für die Aufnahme abschätzen (ALI: annual limit of intake, vgl. Kapitel 22). Wegen der Unsicherheit der Aufnahmewege legt man heute keine maximal zulässigen Konzentrationen im Wasser mehr fest, wohingegen man für Luft als <u>sekundäre</u> Leitwerte abgeleitete Luftkonzentrationen (DAL: derived air concentration) angeben kann. In jedem Falle sind jedoch die ALI-Werte entscheidend, wobei beachtet werden muß, daß sie nur unter der Bedingung anzuwenden sind, daß nur die Belastung durch das in Frage kommende Nuklid in Frage kommt. Bei Mehrfachbelastung, auch durch externe Bestrahlung, ergibt sich eine Reduktion (vgl. hierzu Kapitel 22).

Die ALI-Werte hängen sowohl von der Art der Aufnahme als auch der chemischen Zusammensetzung ab, in welcher das Radionuklid in den Körper gelangt, was - wie wir oben erläutert haben - vor allem bei Aerosolen eine Rolle spielt. In Tabelle 21.4 sind einige Daten zusammengestellt, wie sie von der ICRP für beruflich exponierte Personen empfohlen werden.

Tabelle 21.4 Annual limits of intake (ALI) für einige Radionuklide $(Bq\ a^{-1})$ (bei mehreren Angaben kleinste Werte) und beruflich exponierte Personen (Empfehlungen der ICRP). [a] s. Kapitel 22. Quelle: ICRP 30, 1978

Nuklid	orale Aufnahme	Inhalation	DAC [a] $Bq\ m^{-3}$	Aerosolklasse
^{3}H (Wasser)	$3\cdot10^9$	$3\cdot10^9$	$8\cdot10^5$	–
^{32}P	$2\cdot10^7$	$1\cdot10^7$	$6\cdot10^3$	W
$^{60}Co\,(f=0,3)$	$7\cdot10^6$	$1\cdot10^6$	$1\cdot10^6$	Y
^{90}Sr	$1\cdot10^6$	$1\cdot10^5$	$6\cdot10^1$	Y
^{125}J	$1\cdot10^6$	$2\cdot10^6$	$1\cdot10^3$	D
^{129}J	$2\cdot10^5$	$3\cdot10^5$	$1\cdot10^2$	D
^{131}J	$1\cdot10^6$	$2\cdot10^6$	$7\cdot10^2$	D
^{137}Cs	$4\cdot10^6$	$6\cdot10^6$	$2\cdot10^3$	D
^{210}Po	$1\cdot10^5$	$2\cdot10^4$	$1\cdot10^1$	D,W
^{226}Ra	$7\cdot10^4$	$2\cdot10^4$	$1\cdot10^1$	W
^{232}Th	$3\cdot10^4$	$4\cdot10^1$	$2\cdot10^2$	W
^{235}U	$5\cdot10^5$	$2\cdot10^3$	$6\cdot10^{-1}$	Y
^{239}Pu	$2\cdot10^5$	$2\cdot10^2$	$8\cdot10^{-2}$	W
^{241}Am	$5\cdot10^4$	$2\cdot10^2$	$8\cdot10^{-2}$	W
^{252}Cf	$2\cdot10^5$	$1\cdot10^3$	$4\cdot10^{-1}$	W,Y

LITERATUR:

ICRP-Publikationen, speziell ICRP 30, 1979 und ICRP 31, 1980

BAIR 1974

CATSCH 1966

UNSCEAR 1977

22. Strahlenökologie und Strahlenschutz

Dieses Kapitel behandelt gewissermaßen die "Nutzanwendung" der vorhergehenden Betrachtungen, indem die wesentlichen Aspekte einer möglichen
Strahlengefährdung besprochen werden. Wie im einleitenden Abschnitt gezeigt wird, kann dies nicht punktuell geschehen, sondern es müssen die
vielfältigen Verknüpfungen in der gesamten Biosphäre einbezogen werden.
Hierzu werden modellmäßige Ansätze vorgestellt. Im Bereich der optischen Strahlung spielen vor allem atmosphärische Vorgänge eine Rolle,
welche zu einer Veränderung des Sonnenspektrums auf der Erdoberfläche
führen. Einen breiten Raum nimmt dann die Belastung des Menschen mit
ionisierender Strahlung durch natürliche und künstliche Quellen ein.
Zum Abschluß werden die wichtigsten Prinzipien von Strahlenschutzbestimmungen besprochen.

22.1 Vorbemerkungen

Die Wechselbeziehung zwischen Strahlung und Leben ist so alt wie das
Leben selbst und spielt sich auf all seinen Entwicklungsstufen ab.
Der Mensch ist in dieses System eingebunden. Strahlenschutz kann daher nicht als isolierte Disziplin gesehen werden, sondern nur im Kon-
text eigentlich aller auf der Erde ablaufenden chemischen und biologischen Reaktionen. Erdentwicklung und Evolution haben zu einem viel-
fältig aufeinander abgestimmten Gleichgewicht geführt, dessen Veränderung auch an einer irrelevant erscheinenden Stelle Konsequenzen nach
sich ziehen kann, die bei isolierter Betrachtung nicht vorhersehbar
sind. Strahlenschutz ist daher Systemtheorie im Weltmaßstab - übrigens
auch mit den mathematischen Hilfsmitteln, welche diese technische Disziplin entwickelt hat.

Abbildung 22.1 versucht eine - sehr vereinfachte - Illustration
des komplizierten Netzes der Wechselbeziehungen zu geben, wobei der
Mensch nur deshalb im Mittelpunkt steht, weil wir auf ihn unsere Betrachtungen konzentrieren. Dabei haben wir nur die wichtigsten Einflüsse skizziert. Die ohne Zweifel wichtigste Strahlenquelle ist die
Sonne, nicht nur weil sie durch Wärme und Photosynthese das Leben erhält, sondern auch, weil sie durch fotochemische Reaktionen in der
Lufthülle den schützenden Ozongürtel schafft. Technische Einflüsse
können diesen stationären Zustand verändern, entweder direkt, z.B.

Chlorofluorkohlenwasserstoff, oder aber auch indirekt über die durch Kunstdünger erhöhte NO_2-Produktion der Pflanzen.

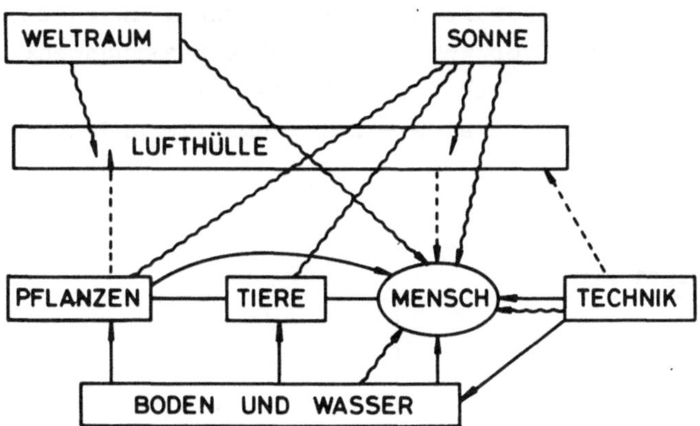

Abb. 22.1 Vereinfachtes Diagramm der Wechselbeziehungen in der Strahlenökologie: ～～～→ : direkte Strahleneinwirkung; → : Radionuklidtransport; - - - → : Transport strahlenökologisch relevanter Chemikalien.

Ionisierender Strahlung ist der Mensch auf vielfältige Weise ausgesetzt, von Weltraum und Sonne, dem Boden und aus Baumaterialien, durch radioaktive Stoffe in Nahrung und Luft und auch durch Technik und Medizin.

Eine Abschätzung des Risikos erfordert im Prinzip die Kenntnis all der angedeuteten Übertragungswege, und zwar qualitativ und quantitativ. Da dies nicht zu erreichen ist, ist man auf Modellrechnungen angewiesen. Damit kann aber zunächst nur das Ausmaß der Exposition abgeschätzt werden, der Grad der Gefährdung ergibt sich dann aus den Erkenntnissen der Strahlenbiologie, sofern man sie hat. Auch hier sind Extrapolationen über Größenordnungen nötig und ohne Modellannahmen geht es nicht. Beispiele findet man im ganzen Buch.

Strahlenschutz wird häufig nur im Hinblick auf die Kernenergiedebatte erörtert. Dies ist - wie wir noch zeigen werden- eine unzulässige und der Problematik nicht gerecht werdende Verkürzung. Allerdings versetzen uns die Ergebnisse strahlenbiologischer Forschung auch besser als in anderen technologischen Bereichen in die Lage, den Grad der möglichen Gefährdung quantitativ abzuschätzen. Die darauf basierenden Überlegungen haben zu Strahlenschutzbestimmungen geführt, die zwar sicher noch nicht die letzte Revision hinter sich haben, aber schon

heute die Möglichkeit bieten, durch genaue Messungen mögliche Gefahren-
quellen zu überwachen, und zwar mit einem Standard, der von keiner
anderen Schutzbestimmung auch nur annähernd erreicht wird. Ein ein-
drucksvolles Beispiel der vielfältigen Verflechtung ist die Belastung
des Menschen durch Radioaktivität in Luft und Wasser. Abbildungen 22.2
und 22.3 illustrieren in vereinfachter Weise die Wechselbeziehungen:
Nicht nur die Inkorporation spielt hierbei eine Rolle, die wir im vorigen Kapitel behandelt haben, sondern auch - bei γ-emittierenden Nukliden - die Bestrahlung von außen.

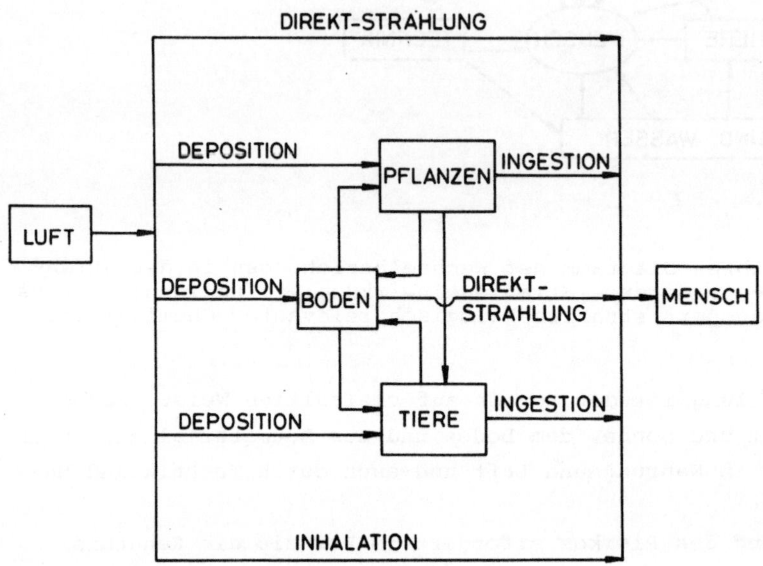

Abb. 22.2 Strahlenbelastung des Menschen durch Radionuklide in der
Luft. Quelle: nach ICRP 29, 1979

Zur quantitativen Erfassung geht man davon aus, daß das zeitliche Verhalten durch lineare Differentialgleichungen beschrieben werden kann.
Das ganze System wird also durch eine Vielzahl miteinander gekoppel-
ter Gleichungen dargestellt. Betrachten wir ein einfaches Beispiel
(Abb. 22.4): Radioaktivität aus dem Boden gelangt in die Pflanzen,
die Tieren und Menschen als Nahrung dienen. Wenn wir die direkte externe Bestrahlung ausklammern, so ergibt sich ein mögliches Risiko
allein durch die Nahrungsaufnahme. Wir haben also folgendes Gleichungssystem für die Aktivitätskonzentration q:

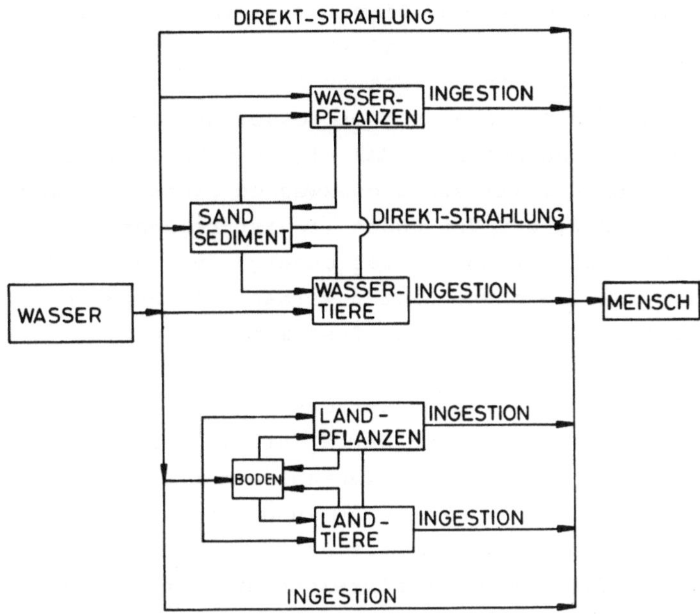

Abb. 22.3 Strahlenbelastung durch Radionuklide im Wasser. Quelle: nach ICRP 29, 1979

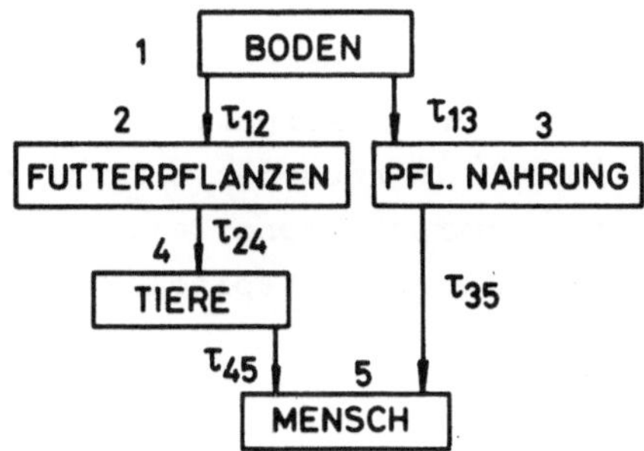

Abb. 22.4 Vereinfachtes Kompartmentmodell zur Belastung durch Radioaktivität im Boden.

$$\dot{q}_2 = \tau_{12}q_1 - (\lambda_D + \lambda_2)q_2$$

$$\dot{q}_3 = \tau_{13}q_1 - (\lambda_D + \lambda_3)q_3$$

$$\dot{q}_4 = \tau_{24}q_2 - (\lambda_D + \lambda_4)q_4 \tag{22.1}$$

$$\dot{q}_5 = \tau_{35}q_3 + \tau_{45}q_4 - (\lambda_D + \lambda_5)q_5$$

Die Indizes entsprechen den Zahlen in der Figur: τ_{ij} sind die Transferkoeffizienten, λ_D die physikalische Zerfallskonstante des entsprechenden Nuklids und λ_i ein entsprechender Faktor für jedes Kompartment, in dem wir die Abbau- und Ausscheidungsprozesse zusammengefaßt haben. Wir weisen ausdrücklich darauf hin, daß dieses Schema im höchsten Maße vereinfacht ist und nur Illustrationszwecken dient. Hat man Abschätzungen für die τ_{ij} und λ_i zur Verfügung (λ_D ist bekannt), so kann man den zeitlichen Verlauf der Konzentrationen q_i, vor allem die für den Menschen wichtige q_5 errechnen. Hierzu werden zwei Ansätze verwendet, die Konzentrationsfaktor- und die Systemanalysemethode (CF- bzw. SA-Methode). Im ersten Fall betrachtet man q_1 sowie alle anderen q_i als konstant (stationärer Zustand) und löst das entstehende algebraische Gleichungssystem. Man erhält dann Werte für die Konzentrationen im Fließgleichgewicht. Das zweite Verfahren umfaßt eine komplette Lösung des Systems (22.1), die dann auch Aussagen über das zeitliche Verhalten erlaubt. Rechnungen dieser Art sind natürlich nur dann von Wert, wenn die Koeffizienten mit hinreichender Genauigkeit bekannt sind, was selbst für diese sehr einfache Beziehung nicht der Fall ist. In der Realität spalten die Transferwege nämlich in mehrere auf (Beispiel: Tierische Nahrung in Form von Fleisch und Milch), was die Komplexität des Verfahrens demonstriert. Mit der Bestimmung der von Menschen aufgenommenen Aktivität ist das Problem aber noch nicht gelöst. Die verschiedenen Nuklide verteilen sich entsprechend ihrer Beteiligung an Stoffwechsel recht unterschiedlich im Körper, was zu unterschiedlichen Belastungen der Organe führt. Je nach der chemischen Struktur des betreffenden Nuklids werden also verschiedene Teile des Körpers unterschiedlich belastet. Diese Fragen sind in Kapitel 21 behandelt worden.

22.2 Optische Strahlung

Strahlenökologische Fragen im Zusammenhang mit optischer Strahlung ergeben sich ausschließlich im Zusammenhang mit fotochemischen Prozessen in der Lufthülle. Hierbei spielt vor allem das Ozon eine zentrale Rolle. Die wichtigsten Reaktionen haben wir in Abschnitt 5.1.4 besprochen. O_3 wird aus molekularem Sauerstoff O_2 fotochemisch bei Wellenlängen unter 240 nm gebildet. Es hat ein Absorptionsspektrum, dessen Maximum ungefähr mit dem der Nukleinsäuren übereinstimmt, also zu längeren Wellenlängen als bei O_2 verschoben ist. Daraus folgt, daß in höheren Schichten die Ozonbildung, in tieferen die Rückreaktion überwiegt, da es sich hier um einen Gleichgewichtsprozeß handelt. Die

Ozonschicht der Erde entspricht einem Druck von ca. 3 mm Quecksilber-
säule. Auf die ganze Erde bezogen wird durch sie die Intensität der
Sonnenstrahlung bei 260 nm um einen Faktor 10^{40} reduziert! Eine Verringerung des Ozongehalts würde das terrestrische Sonnenspektrum zu
kürzeren Wellenlängen verschieben. Man schätzt, daß eine Abnahme um
10% den Anteil bei 290 nm auf mehr als das Doppelte erhöhen würde.
Abbildung 22.5 zeigt das Absorptionsspektrum von O_3 und die zu erwartende Photonenfluenz auf der Erde, wenn Ozon völlig verschwinden würde.

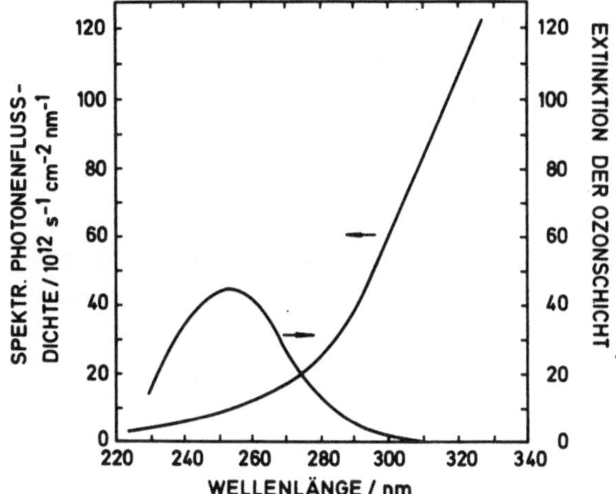

Abb. 22.5 Absorptionsspektrum des Ozons und zu erwartendes Sonnenspektrum auf der Erde bei völligem Fehlen des Ozongürtels. Quelle: SELIGER
1977

Aus dem Vergleich mit Abbildung 1.3 kann man die beachtliche Verschiebung erkennen.

Der <u>Ozonabbau</u> wird durch eine Reihe von Substanzen bewirkt, von
denen in diesem Zusammenhang Stickstoffoxide und Chlorfluorkohlenwasserstoffe die wichtigsten sind. Die ersten entstehen als Verbren-
nungsprodukte und durch pflanzlichen Nitratabbau sowie aufgrund strahlenchemischer Reaktionen in der Luft. Man hat befürchtet, daß hoch
fliegende Überschallflugzeuge ("supersonic transport" = SST) große
Mangen NO in die Stratosphäre injizieren und damit die Ozonhülle schädigen würden. Dieses Problem hat sich durch den Verzicht auf eine größere Entwicklung dieser Transportträger erledigt, so daß wir nicht
darauf einzugehen brauchen.

Von größerer Relevanz ist das sogenannte "Kunstdüngerproblem":
Durch eine gesteigerte Anwendung von nitrathaltigem Dünger erhöht sich

sich weltweit der Ausstoß von N_2O (Lachgas). Es steigt in die Stratosphäre und wird dort durch Reaktion mit angeregtem Sauerstoff zu NO oxidiert, das dann seinerseits den Ozonabbau katalysiert. Eine quantitative Abschätzung der Risiken ist schwierig. Die Veränderung der Ozonschicht ist ein langwieriger Prozeß, der - wenn einmal in Gang gesetzt - über viele Jahre verläuft, allerdings dann auch nicht mehr zu beeinflussen ist. Vorsichtige Schätzungen projizieren für den Zeitraum 2025 - 2050 eine O_3-Reduzierung zwischen 1 und 10%. Im Hinblick auf das vorher gesagte sieht man, daß die möglichen Veränderungen durchaus nicht zu vernachlässigen sind. Wir stoßen hier auf eine andere zentrale Frage der Risikoanalyse, nämlich die Abwägung von Kosten (erhöhtes Risiko durch Strahlung) und Nutzen (Verbesserung der Welternährungslage durch Kunstdüngereinsatz), auf das wir später noch einmal zurückkommen werden (22.3). Ionisierende Strahlung aus dem Weltraum oder von der Sonne führt über die Ionisation von N_2 und Reaktion mit O_2 zur Bildung von NO. Bei starken Eruptionen oder Supernovaereignissen in der Nähe der Erde kann hierdurch eine recht beträchtliche Ozonreduktion erfolgen. So wurde bei einem starken solaren Protonenausbruch der Sonne im Jahre 1972 eine Ozonabnahme - je nach geographischer Breite - bis zu 20% bei Satellitenmessungen gefunden.

Ein anderes Problem bilden die als Treibgase verwendeten Chlorfluorkohlenwasserstoffe. Sie sind recht stabil und gelangen in die Stratosphäre, wo fotochemisch Chloratome abgespalten werden, welche den Ozonabbau katalysieren. Im Jahre 1977 wurden weltweit ca. 600 000 Tonnen dieser Stoffe abgelassen. Auch hier sind Voraussagen natürlich schwierig; Schätzungen kommen zu O_3-Reduktionen von 10 - 15%. Im Gegensatz zu den Nitratdüngern dürfte hier der Nutzen eindeutig auf der Seite der Ozonerhaltung liegen, woraus für den Gebrauch von Chlorfluorkohlenwasserstoffen Konsequenzen zu ziehen sind.

Eine Abschätzung des biologischen Risikos ist nicht einfach. Die Verschiebung des Spektrums führt mit Sicherheit zur Erhöhung der Mutationsrate bei dem Sonnenlicht unmittelbar ausgesetzten Mikroorganismen (Abschnitt 15.1). Für den Menschen bedeutsamer wäre eine erhöhte Inzidenz von <u>Hautkrebs</u> (Abschnitt 20.2), aber quantitative Angaben sind schwer möglich, da anders als bei ionisierenden Strahlen die Dosisbeziehungen nur äußerst ungenau bekannt sind. Man kann einen ungefähren Anhaltspunkt gewinnen, wenn man das Auftreten von Hautkrebs in Ländern mit verschieden starker Sonneneinstrahlung vergleicht. Eine solche Erhebung ist in Abbildung 22.6 grafisch dargestellt, wobei davon ausgegangen wurde, daß der gefährliche Anteil im UV-B (280 - 315 nm) liegt. Man erkennt, daß sich eine quantitativ zu fassende Relation abzeichnet.

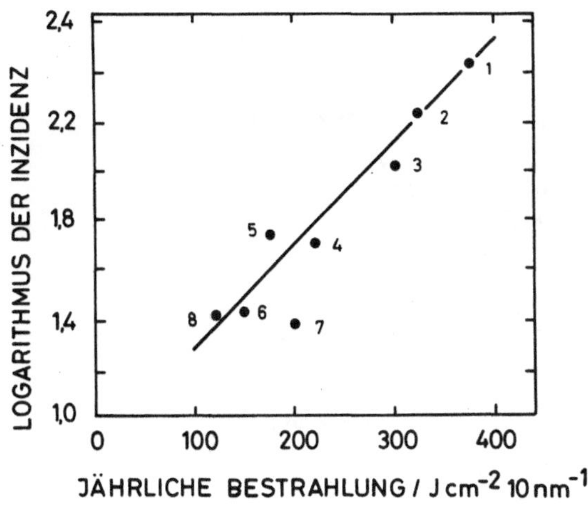

Abb. 22.6 Abhängigkeit der Hautkrebsinzidenz von der mittleren jährlichen UV-B-Einstrahlung (auf gleiche Wellenlängenbereiche bezogen)
in verschiedenen Ländern: 1: Australien; 2: Texas; 3: Südafrika; 4:
Nevada; 5: Kanada; 6: England; 7: Deutschland; 8: Schottland. Quelle:
GORDON 1976

Eine weitere Konsequenz atmosphärischer Reaktionen ist die Bildung des
sogenannten "Fotosmogs". Sie spielt sich in unteren atmosphärischen
Schichten ab. Entscheidend ist auch hierfür zunächst die fotolytische
Spaltung von NO_2. Das dabei entstehende O-Atom reagiert mit primären
atmosphärischen Schadstoffen wie NO_2, CO, SO_2 und kurzkettigen Kohlen-
wasserstoffen, wobei Kettenreaktionen eingeleitet werden, deren Produkte - z.B. H_2O_2, HNO_5, Aldehyde, Ketone u.a. - sich dann als "Smog"
bemerkbar machen.

Abbildung 22.7 faßt die in diesem Abschnitt besprochenen Vorgänge
noch einmal schematisch zusammen.

LITERATUR (22.2):

BLUME und GÜSTEN 1977
FABIAN 1980
SELIGER 1977

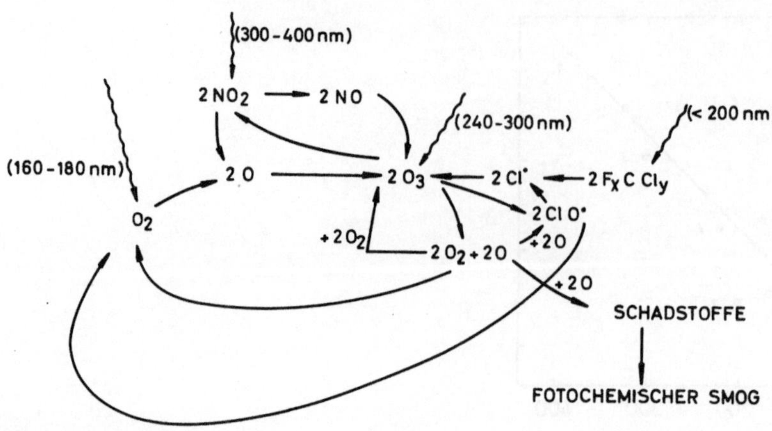

Abb. 22.7 Zusammenfassung strahlenökologisch relevanter Fotoprozesse in der Lufthülle.

22.3 Ionisierende Strahlung

22.3.1 Natürliche Belastung

22.3.1.1 Kosmische Strahlung

Kosmische Strahlung trägt wesentlich zur natürlichen Strahlenbelastung bei. Sie hat ihren Ursprung sowohl in unserem Milchstraßensystem (galaktische Komponente) als auch in der Sonne (solare Komponente). Bei Eintritt in die Erdatmosphäre kommt es zu Kernprozessen mit Bildung neuer Teilchen, die ihrerseits auch Folgereaktionen auslösen können, so daß ein kaskadenförmiger Aufbau sekundärer kosmischer Strahlung resultiert. Außerdem werden dabei radioaktive Isotope erzeugt (kosmogene Radionuklide), welche zur terrestrischen Belastung beitragen.

Die galaktische Strahlung besteht zu 90% aus Protonen, welche einen Energiebereich von 1 bis 10^{14} MeV umspannen mit einem breiten Maximum um 300 MeV und einen deutlichen Abfall über 1000 MeV. Andere Bestandteile sind α-Teilchen sowie in geringerem Maße schwere Ionen bis hin zum Eisen (heavy primaries). Man nimmt an, daß sie bei Supernoveae entstehen und schätzt ihre "Reisezeit" bis in unser Sonnensystem auf ca. 10^7 Jahre. Abschätzungen haben außerdem ergeben, daß die Flußdichte über ca. 10^9 Jahre annähernd konstant geblieben ist.

Die solare Komponente enthält auch im wesentlichen Protonen, jedoch mit einer bedeutend geringeren Maximalenergie von ca. 40 MeV, außerdem auch α-Partikel. Sie schwankt im Rhythmus der Sonnenfleckenaktivität. Wegen der geringeren Energie der Teilchen ist sie zwar für die Belastung der Erdoberfläche nicht so wichtig, wohl aber in größeren Höhen, was für den Überschallflug von Bedeutung ist. Der Sonnenflekkenzyklus (11 Jahre) verändert auch die galaktische Komponente ("Modulation") und zwar so, daß sie während der größten Aktivität ein Minimum zeigt. Das ist auf eine Ablenkung durch die starken magnetischen und elektrischen Felder zurückzuführen.

Auch das magnetische Erdfeld hat wichtige Wirkungen. Die niederenergetischen Teilchen werden gewissermaßen reflektiert, bevor sie in die Atmosphäre eindringen. Andere werden in dem inhomogenen Feld eingefangen und führen zur Ausbildung der Strahlengürtel (Van-Allen-Belts), die sich im Abstand von 1,2 bzw. 8 Erdradien (7600 bzw. 51 000 km) befinden. Da die Stärke des äußeren Erdfeldes mit der geographischen Breite variiert, ist auch die Teilchendichte in den Strahlengürteln breitenabhängig. Für die terrestrische Belastung wichtiger ist die Ablenkung der nicht eingefangenen primären und der sekundären Teilchen auf die Pole zu, welche vor allem in großen Höhen zu einer starken Breitenabhängigkeit der durch sie hervorgerufenen Ionisationen führt. Die primäre kosmische Strahlung spielt auf der Erdoberfläche nur eine zu vernachlässigende Rolle, entscheidender sind die Produkte der in der Atmosphäre sich abspielenden Kernprozesse. Sie können in eine direkt ionisierende (Elektronen, μ-Mesonen) und eine indirekt ionisierende Komponente (vor allem Neutronen) eingeteilt werden. Als Mittelwert für erstere kann man auf Seehöhe von 2,1 Ionisationen pro cm^3 und Sekunde ausgehen. Da die Ionisationsenergie in Luft 33,7 eV beträgt, errechnet man eine Dosisleistung von $3,2 \cdot 10^{-8}$ Gy $s^{-1} = 2,8 \cdot 10^{-4}$ Gy a^{-1}. Die Neutronenkomponente spielt auf Seehöhe keine nennenswerte Rolle, wohl aber in größerer Höhe. In Abbildung 22.8 sind die Verhältnisse dargestellt, woraus man auch die Unterschiede im Verlauf des Sonnenfleckenzyklus entnehmen kann.

22.3.1.2 Terrestrische Strahlung

Die terrestrische Strahlung setzt sich aus zwei Anteilen zusammen, einmal dem von Nukliden, die in der Erdkruste seit ihrer Entstehung vorhanden sind bzw. durch Zerfall entstehen, und zum anderen dem Beitrag von denjenigen, welche bei den Kernprozessen der kosmischen Strahlung mit den Molekülen der Luft erzeugt werden. Zu der ersten Gruppe

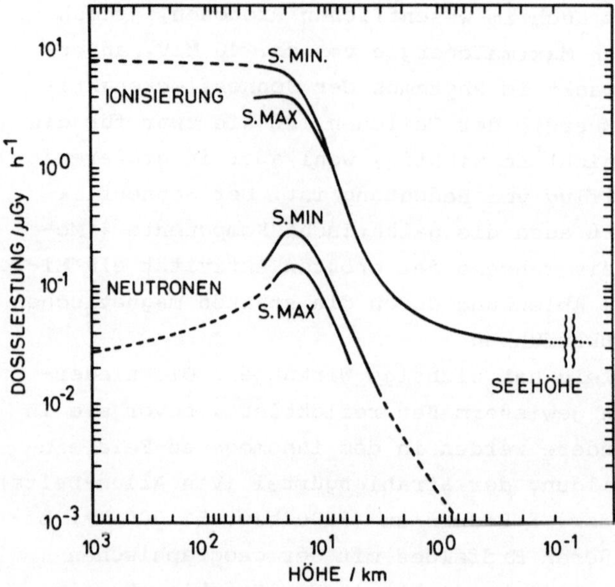

Abb. 22.8 Dosisleistung der kosmischen Strahlung als Funktion der Höhe
bei maximaler und minimaler Sonnenfleckenaktivität (geographische
Breite: 50°). Messungen aus den Jahren 1969 (S.max) und 1945 (S.min).
Quelle: UNSCEAR 1977

gehören die Glieder der natürlichen Zerfallsreihen (vgl. Kapitel 1) -
außer der Neptunium-Reihe, die "ausgestorben" ist wegen der niedrigen
Halbwertszeit des Anfangsglieds - sowie außerdem die langlebigen Nuklide ^{40}K und ^{87}Rb ("Radiofossilien").

Von den kosmogenen Radionukliden sind vor allem ^{3}H (Tritium) und
^{14}C zu nennen. Die Belastung durch terrestrische Nuklide kann sowohl
in einer Bestrahlung von außen als auch von innen bestehen.

Für die externe Bestrahlung spielen praktisch nur ^{40}K sowie die
gammastrahlenden Komponenten der Uran-Radium- sowie der Thorium-Reihe
eine Rolle. Ihre Konzentration ist natürlich geographisch nicht konstant, so daß man nur grobe Mittelwerte angeben kann, die örtlich erhebliche Abweichungen zeigen können. Für die interne Bestrahlung sind
vor allem wieder ^{40}K, dann ^{222}Rn (mit Folgeprodukten) sowie in geringerem Maße ^{226}Ra, ^{220}Rn (Thoron) sowie ^{87}Rb verantwortlich. Die durch
kosmische Strahlung entstandenen "radiogenen" Nuklide ^{3}H, ^{7}Be, ^{14}C und
^{22}Na spielen praktisch nur eine untergeordnete Rolle.

In Tabelle 22.1 sind die Dosisleistungen bei terrestrischer und
kosmischer Strahlung für verschiedene Organe zusammengestellt. Es
geht daraus hervor, daß im Hinblick auf Dosis und Strahlenqualität
vor allem die Lunge besonders exponiert ist.

Tabelle 22.1 Organdosen durch natürliche Umgebungsstrahlung in "Normalgebieten" (10^{-5} Gy a^{-1}). Quelle: UNSCEAR 1977

Externe Bestrahlung	Gonaden	Lunge	Knochensaum-zellen	rotes Knochen-mark
Kosmische Strahlung:				
ionisierende Komponente	28	28	28	28
Neutronen	0,35	0,35	0,35	0,35
terrestrische γ-Strahlung	32	32	32	32
Interne Bestrahlung				
homogene Radionuklide:				
^{3}H(β)	0,001	0,001	0,001	0,001
^{7}Be(γ)	–	0,002	–	–
^{14}C(β)	0,5	0,6	2,0	2,2
^{22}Na($\beta+\gamma$)	0,02	0,02	0,02	0,02
ursprüngliche Radio-nuklide:				
^{40}K($\beta+\gamma$)	15	17	15	27
^{87}Rb(β)	0,8	0,4	0,9	0,4
^{238}U-^{234}U(α)	0,04	0,04	0,3	0,07
^{230}Th(α)	0,004	0,004	0,8	0,05
^{226}Ra-^{214}Po(α)	0,03	0,03	0,7	0,1
^{210}Pb-^{210}Po($\alpha+\beta$)	0,6	0,3	3,4	0,9
^{222}Rn-^{214}Po(α)Inhalation	0,2	30	0,3	0,3
^{232}Th(α)	0,004	0,04	0,7	0,004
^{228}Ra-^{208}Tl(α)	0,06	0,06	1,1	0,2
^{220}Rn-^{208}Tl(α)Inhalation	0,008	4	0,1	0,1
Summe (aufgerundet)	78	110	86	92
% dicht ionisierender Anteil	1,2	31	8,5	2,1

Die natürliche Belastung kann geographisch erhebliche Abweichungen zeigen. Ein Grund ist die Breitenabhängigkeit der kosmischen Komponente, wichtiger aber ist der Gehalt des Bodens an Radionukliden. So gibt es z.B. in Indien und Brasilien Gegenden mit einer sehr erheblich erhöhten Umgebungsstrahlung, was natürlich für Risikoabschätzungen sehr interessant ist. Leider liegen bisher keine genügend umfassenden epedemiologischen Erhebungen vor, die abgesicherte Schlußfolgerungen erlauben würden.

22.3.2 Künstliche Strahlenquellen

22.3.2.1 Kernenergie

Auf die naturwissenschaftlichen Grundlagen und technischen Ausprägungen der Kernenergiegewinnung wird hier nicht eingegangen. Alle Reaktoren machen von der Kernspaltung Gebrauch, wobei als Typen vor allem der Siedewasserreaktor ("boiling water reactor",BWR) und der Druckwasserreaktor ("pressurized water reactor", PWR) wichtig sind. Ebenso werden wir Fragen der Reaktorsicherheit als außerhalb des Rahmens dieses Buches liegend nicht behandeln. Obwohl die Kernspaltung in bezug auf die Erzeugung von Radionukliden die wichtigsten potentielle Belastungsquelle darstellt, muß man sich darüber klar sein, daß die Brennstoffherstellung und Wiederaufbereitung ebenfalls nicht zu vernachlässigen sind. Man kann von einem "Kernbrennstoffzyklus" ("nuclear fuel cycle") sprechen, der in Abbildung 22.9 schematisch dargestellt ist.

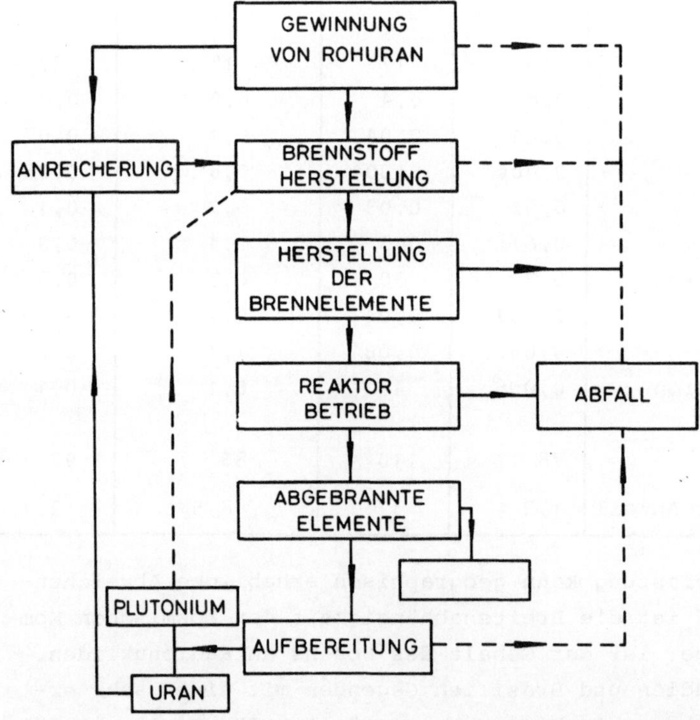

Abb. 22.9 Schema des Kernbrennstoffzyklus. Quelle: WHO 1978

An verschiedenen Stellen gibt es mögliche Belastungsquellen, die wichtigsten Nuklide sind in Tabelle 22.2 zusammengestellt.

Tabelle 22.2 Radionuklide, die im Kernbrennstoffzyklus eine Rolle spielen. Quelle: UNSCEAR 1977

Nuklid	Halbwertszeit	Entstehungsquelle
^{3}H	12,5 a	Kernreaktionen im Reaktor, Wiederaufbereitung
^{85}Kr	10,8 a	Kernspaltung, Aufbereitung
^{90}Sr	27,7 a	Kernspaltung
^{95}Zr	65,6 d	Kernspaltung
^{128}J	$1,7 \cdot 10^7$ a	Kernspaltung, Aufbereitung
^{131}J	8,1 d	Kernspaltung
^{133}Xe	5,3 d	Kernspaltung
^{137}Cs	30 a	Kernspaltung
^{222}Rn	3,8 d	Brennstoffgewinnung
^{226}Ra	1600 a	Brennstoffgewinnung
^{230}Th	$8 \cdot 10^4$ a	Brennstoffgewinnung
^{237}Np	$2,1 \cdot 10^6$ a	Kernreaktionen
^{239}Pu	$2,4 \cdot 10^4$ a	Kernreaktionen, Aufbereitung
^{241}Am	458 a	Kernreaktionen, Aufbereitung

Bezieht man die bei Normalbetrieb in Luft und Wasser abgegebenen Aktivitäten auf 1 MW elektrische Leistung, so kommt man zu den in Tabelle 22.3 aufgeführten Werten (Durchschnitt aus weltweiten Erhebungen), wobei nur die mengenmäßig besonders ins Gewicht fallenden Komponenten berücksichtigt wurden. Für eine Abschätzung der Bevölkerungsbelastung spielt aber nicht nur die Menge, sondern auch die Halbwertszeit eine Rolle. In diesem Zusammenhang muß ^{129}J genannt werden, daß zwar nur in sehr geringen Mengen bei der Aufbereitung anfällt (bei Reaktoren konnten keine signifikanten Mengen nachgewiesen werden), nämlich ca. 10^7 Bq a^{-1} pro 1 MW elektrischer Leistung, sich aber global verteilt und sehr lange seine Wirkung entfaltet.

Um die durch die Aktivitätsabgabe zu erwartenden Dosen abzuschätzen, müssen Verteilungs- und Transfermodelle zugrunde gelegt werden, die recht komplex sind, wobei vor allem zu berücksichtigen ist, in welche Glieder der Nahrungskette die verschiedenen Isotope eingebaut werden. Wegen der verschiedenen Halbwertszeiten muß außerdem zwischen lokaler, d.h. in der Umgebung der Anlage, und globaler Belastung unterschieden werden. Eine nützliche Größe bei diesen Betrachtungen ist die Kollektivdosis (s. Abschnitt 22.3), die man erhält, indem man den für einen bestimmten Bezirk errechneten Dosiswert mit der Zahl der betroffenen Menschen multipliziert und über alle Bezirke summiert.

Tabelle 22.3 Abgegebene Aktivitäten pro Jahr pro 1 MW elektrischer Leistung im Brennstoffzyklus (Bg a^{-1}). Quelle: UNSCEAR 1977

	Luft	Wasser
Brennstoffherstellung	$6,3 \cdot 10^9$ ^{222}Rn	$3,1 \cdot 10^6$ U $3,7 \cdot 10^5$ ^{234}Th $3,7 \cdot 10^5$ ^{234}Pa
BWR-Reaktor	$3,5 \cdot 10^{13}$ Edelgase (^{135}Xe, ^{88}Kr, ^{131}Xe, ^{138}Xe) $1,9 \cdot 10^9$ ^{3}H $6,7 \cdot 10^8$ ^{135}J $5,6 \cdot 10^8$ ^{133}J	$3,7 \cdot 10^9$ ^{3}H $9,3 \cdot 10^8$ ^{137}Cs $6,4 \cdot 10^8$ ^{134}Cs $2,3 \cdot 10^8$ ^{60}Co
PWR-Reaktor	$5,6 \cdot 10^{11}$ Edelgase (^{133}Xe) $7 \cdot 10^9$ ^{3}H $1,8 \cdot 10^7$ ^{131}J	$4,4 \cdot 10^{10}$ ^{3}H $8,5 \cdot 10^7$ ^{131}H $6,3 \cdot 10^7$ ^{137}Cs $4,8 \cdot 10^7$ ^{133}J $3,7 \cdot 10^7$ ^{134}Cs
Aufbereitung	$1,5 \cdot 10^{13}$ ^{85}Kr $3,1 \cdot 10^{10}$ ^{3}H	$5,1 \cdot 10^{11}$ ^{137}Cs $5 \cdot 10^{11}$ ^{3}H $4,5 \cdot 10^{11}$ ^{106}Rn $3,8 \cdot 10^{11}$ ^{95}Zr $3,5 \cdot 10^{11}$ ^{95}Nb $2,3 \cdot 10^{11}$ ^{90}Sr $2 \cdot 10^{11}$ ^{144}Ce $8,5 \cdot 10^{10}$ ^{134}Cs

Als Einheit verwendet man "man Gy". Für die verschiedenen Stationen des Kernbrennstoffkreislaufs sind die entsprechenden Werte in Tabelle 22.4 zusammengestellt. Man sieht daraus, daß ungefähr 50% auf die globalen Belastungen durch die langlebigen Nuklide ^{3}H, ^{85}Kr, ^{14}C und ^{129}J zurückgeht, denen also erhöhte Aufmerksamkeit geschenkt werden sollte. Alle Angaben beziehen sich auf 1 MW elektrische Leistung pro Jahr, wobei sich ein Maximalwert von 0,04 man Gy ergibt. Im Jahre 1977 waren 80 GW elektrischer Leistung auf der Erde installiert, von denen schätzungsweise 70% als dauernd in Betrieb angesetzt werden können.

Tabelle 22.4 Normierte Kollektivfolgedosen bei Kernreaktorbetrieb (man Gy pro 1 MW elektrische Leistung pro Jahr). Quelle: UNSCEAR 1977
a) % Anteil an Knochenmarksdosis

Regional:	Gonaden	Lunge	Schild-drüse	Knochen-mark	Knochen-saum-zellen	%[a)]
Erzaufbereitung:						0,02
U, Ra, Th	10^{-7}	$4{\cdot}10^{-7}$	10^{-7}	$2{\cdot}10^{-7}$	$2{\cdot}10^{-6}$	
Rn	$8{\cdot}10^{-6}$	10^{-3}	$8{\cdot}10^{-6}$	$8{\cdot}10^{-6}$	$8{\cdot}10^{-6}$	
Brennstoffher-stellung (U)	–	10^{-7}	–	$4{\cdot}10^{-8}$	$2{\cdot}10^{-7}$	10^{-4}
Betrieb: Luft:						5,6
Kr, Xe, ^{41}Ar	$2{\cdot}10^{-3}$	$2{\cdot}10^{-3}$	$2{\cdot}10^{-3}$	$2{\cdot}10^{-3}$	$2{\cdot}10^{-3}$	
^{3}H	$4{\cdot}10^{-5}$	$4{\cdot}10^{-5}$	$4{\cdot}10^{-5}$	$4{\cdot}10^{-5}$	$4{\cdot}10^{-5}$	
^{14}C	$6{\cdot}10^{-6}$	$7{\cdot}10^{-6}$	$6{\cdot}10^{-6}$	$2{\cdot}10^{-5}$	$2{\cdot}10^{-5}$	
^{131}J	–	–	$1{\cdot}10^{-3}$	–	–	
Cs, Sr, Co, Rn	$6{\cdot}10^{-5}$	$6{\cdot}10^{-5}$	$6{\cdot}10^{-5}$	$6{\cdot}10^{-5}$	$6{\cdot}10^{-5}$	
Betrieb: Wasser:						1,1
^{3}H	$3{\cdot}10^{-4}$	$3{\cdot}10^{-4}$	$3{\cdot}10^{-4}$	$3{\cdot}10^{-4}$	$3{\cdot}10^{-4}$	
Cs, Co, Mn, J	10^{-4}	10^{-4}	$2{\cdot}10^{-4}$	10^{-4}	10^{-4}	
Aufbereitung: **Luft:**						0,3
^{85}Kr	$7{\cdot}10^{-6}$	$2{\cdot}10^{-5}$	$7{\cdot}10^{-6}$	10^{-5}	10^{-5}	
^{3}H	$2{\cdot}10^{-6}$	$2{\cdot}10^{-6}$	$2{\cdot}10^{-6}$	$2{\cdot}10^{-6}$	$2{\cdot}10^{-6}$	
^{14}C	10^{-5}	$2{\cdot}10^{-5}$	10^{-5}	$6{\cdot}10^{-5}$	$5{\cdot}10^{-5}$	
^{131}J, ^{129}J	–	–	$2{\cdot}10^{-3}$	–	–	
Cs, Rn, Sr	$2{\cdot}10^{-6}$	$4{\cdot}10^{-6}$	$2{\cdot}10^{-6}$	$6{\cdot}10^{-5}$	$8{\cdot}10^{-5}$	
Aufbereitung: **Wasser:**						6,3
^{3}H	$4{\cdot}10^{-4}$	$4{\cdot}10^{-4}$	$4{\cdot}10^{-4}$	$4{\cdot}10^{-4}$	$4{\cdot}10^{-4}$	
^{129}J	–	–	$3{\cdot}10^{-3}$	–	–	
Cs, Rn, Sr	$9{\cdot}10^{-4}$	$9{\cdot}10^{-4}$	$9{\cdot}10^{-4}$	$2{\cdot}10^{-3}$	$2{\cdot}10^{-3}$	
Transport						0,08

Fortsetzung Tabelle 22.4

Global: Betrieb und Aufbereitung:	Gonaden	Lunge	Schild- drüse	Knochen- mark	Knochen- saum- zellen	%
						85,5
^{3}H	10^{-3}	10^{-3}	10^{-3}	10^{-3}	10^{-3}	(2,6)
^{85}Kr	$9 \cdot 10^{-4}$	$2,5 \cdot 10^{-3}$	$9 \cdot 10^{-4}$	$1,5 \cdot 10^{-3}$	$1,5 \cdot 10^{-3}$	(3,9)
^{14}C	$9 \cdot 10^{-3}$	$9 \cdot 10^{-3}$	$9 \cdot 10^{-3}$	$3 \cdot 10^{-2}$	$3 \cdot 10^{-2}$	(79)
^{129}J			$5 \cdot 10^{-3}$			
Summe:	$1,5 \cdot 10^{-2}$	$1,7 \cdot 10^{-2}$	$2 \cdot 10^{-2}$	$3,8 \cdot 10^{-2}$	$3,8 \cdot 10^{-2}$	

Auf dieser Basis errechnet man eine Kollektivdosis von $1,3 \cdot 10^3$ man Gy pro Jahr. Es ist interessant, dies mit der natürlichen Belastung zu vergleichen, die pro Person $1,1 \cdot 10^{-3}$ Gy a^{-1} beträgt, was ca. $4,4 \cdot 10^6$ man Gy entspricht. Das Verhältnis ist $1/3 \cdot 10^{-4}$, oder mit anderen Worten, die Ganzjahresbelastung durch im Normalbetrieb von Kernkraftwerken abgegebene Radioaktivität entspricht ca. 3 Stunden natürlicher Umgebungsstrahlung. Die Eingangsdaten für diese Abschätzung sind tatsächlich gemessene Werte der Aktivitätsabgabe, die Abschätzung ist natürlich mit allen Unsicherheiten der verwendeten Modellberechnungen behaftet, aber es ist sehr unwahrscheinlich, daß sie wirklich gravierende Fehler enthalten. Allerdings beziehen sie sich auf den "Normalbetrieb", bei Unfällen wären vor allem die lokalen Folgen ungleich gravierender. Für diese Abschätzungen sei auf die entsprechenden Spezialstudien verwiesen.

22.3.2.2 Andere zivilisatorische Strahlenbelastungen

An erster Stelle ist hier die Belastung durch die medizinische Anwendung ionisierender Strahlung, vor allem bei der Röntgendiagnose zu nennen. Wegen der großen Schwankungen zwischen verschiedenen Ländern und z.T. fehlender Erfassungen beschränken wir uns auf die Bundesrepublik Deutschland (Stand 1977): Pro 1000 Einwohner werden durchschnittlich 1700 diagnostische Röntgenuntersuchungen (einschl. Zahnmedizin) durchgeführt, wobei im Mittel die Keimdrüsen $4,8 \cdot 10^{-4}$ Gy erhalten. Die Schwankungen sind jedoch sehr groß, die Maximalwerte liegen bei 0,01 Gy (Beckenaufnahmen). Es muß auch darauf hingewiesen werden, daß die Bezugsgröße "Keimzellendosis" nach heutigen Erkenntnissen nicht mehr ganz angebracht erscheint, weil (Kapitel 20) die Kanzerogenese wahr-

scheinlich das größte Risiko darstellt. Hierfür sind aber die Organdosen ausschlaggebend, die bei Erwachsenen 0,04 Gy erreichen können.
Bei der zahlenmäßig wichtigsten Thoraxuntersuchung (43% aller Fälle)
schwanken sie zwischen 10^{-4} und $2 \cdot 10^{-3}$ Gy. Im Mittel ergibt sich für
die gesamte Bevölkerung eine jährliche mittlere Belastung von ca.
$5 \cdot 10^{-4}$ Gy a^{-1} pro Person, d.h. fast 50% der natürlichen Strahlenbelastung.

Strahlentherapie und Nuklearmedizin tragen statistisch wegen der
vergleichsweise kleinen Zahl der Fälle nur unwesentlich bei. Die medizinische, vor allem diagnostische, Strahlenanwendung ist ein echter
Fall für eine Kosten-Nutzen-Analyse, d.h. es muß der zu erwartende
gesundheitliche Gewinn aufgrund der Früherkennung von Krankheiten dem
Risiko strahlenbedingter Schädigungen gegenübergestellt werden. Bei
einer Bevölkerung von 60 Millionen ergibt sich für die Bundesrepublik
eine jährliche Kollektivdosis von $3 \cdot 10^{4}$ man Gy. Bei einer Krebsinzidenz von 10^{-2}/Gy wären also - immer rein statistisch gesehen - 300
neue Krebsfälle zu erwarten, was ca. 2‰ der "natürlichen" Rate von
144 000 Fällen pro Jahr (bezogen auf 60 Millionen) entspricht. Diese
sehr globale Illustration übergeht, daß bei bestimmten Untersuchungs-
techniken u.U. größere Werte zu erwarten sind. Es bleibt jedoch ohne
Wertung festzustellen, daß die medizinische Strahlenanwendung den mit
Abstand höchsten Beitrag zur zivilisatorischen Belastung liefert.

Die Erhöhung der Umweltstrahlung aufgrund von <u>Kernwaffenexplosio-
nen</u> hat zwar erfreulicherweise an Bedeutung verloren, ist jedoch wegen
der langen Halbwertszeiten einiger dabei freiwerdenden Nuklide immer
noch nicht völlig zu vernachlässigen. In der Bundesrepublik wird mit
einer jährlichen Dosis von weniger als 10^{-5} Gy gerechnet. Interessant
ist des weiteren, daß durch zivilisatorische Einflüsse auch die natürliche Belastung der Bevölkerung erhöht werden kann. Ein augenfälli-
ges Beispiel ist der Flugverkehr: Da die kosmische Strahlung mit der
Höhe ansteigt, sind Flugpassagiere höheren Dosen als auf der Erdoberfläche ausgesetzt - allerdings sind die aktuellen Werte gering: Bei
11 000 m Flughöhe beträgt die zu erwartende Dosis ca. $4 \cdot 10^{-6}$ Gy h^{-1},
d.h. man müßte 275 Stunden im Jahr fliegen, um die natürliche Belastung auf der Erdoberfläche zu verdoppeln. Es ist aus diesem Vergleich
allerdings auch zu sehen, daß rein zahlenmäßig der Beitrag nicht einfach vernachlässigt werden kann. Dies gilt um so mehr, wenn man bedenkt, daß pro Jahr (1975) ca. 10^{9} Passagierstunden anzusetzen sind,
was immerhin einer Kollektivdosis von 4 000 man Gy entspricht. Eine
andere - durchaus nicht zu vernachlässigende - Belastung, welche sich
auf die gesamte Bevölkerung auswirkt, ergibt aus dem Gehalt von Radio-

nukliden in Baustoffen. Die wichtigste Rolle spielt hier das Radon,
dessen Zerfallsprodukte, an Aerosole angelagert, vor allem in die
Lunge gelangen. Daher kommt es, daß - was zunächst paradox erscheint -
die mittlere Belastung in Häusern um ca. einen Faktor 1,3 höher liegt
als im Freien.

Tabelle 22.5 Mittlere individuelle Belastung in der Bundesrepublik
Deutschland (Stand 1976). Quelle: Bericht des Bundesministeriums des
Innern: Umweltradioaktivität und Strahlenbelastung, Bonn 1976

	Dosisäquivalent/10^{-5} Sv
1. Natürliche Strahlenexposition	ca. 110
1.1 durch kosmische Strahlung in Meereshöhe	ca. 30
1.2 durch terrestrische Strahlung von außen	ca. 50
bei Aufenthalt im Freien	ca. 43
bei dauerndem Aufenthalt in Häusern	ca. 57
1.3 durch inkorporierte natürlich radioaktive Stoffe	ca. 30
2. Künstliche Strahlenexposition	ca. 60
2.1 durch kerntechnische Anlagen	< 1
2.2 Verwendung radioaktiver Stoffe und ionisierender Strahlung in Forschung, Technik und Haushalt (ohne 2.3)	< 2
2.2.1 durch technische Strahlenquellen	< 1
2.2.2 durch Industrieerzeugnisse	< 1
2.2.3 durch Störstrahler	< 1
2.3 durch berufliche Strahlenexposition (Beitrag zur mittleren Strahlenexposition der Bevölkerung)	< 1
2.4 durch Anwendung ionisierender Strahlen und radioaktiver Stoffe in der Medizin	ca. 50
2.4.1 Röntgendiagnostik	ca. 50
2.4.2 Strahlentherapie	< 1
2.4.3 Nuklearmedizin	ca. 2
2.5 Strahlenunfälle und besondere Vorkommnisse	0
2.6 durch Fall-out von Kernwaffenversuchen	< 1
2.6.1 von außen im Freien	< 1
2.6.2 durch inkorporierte radioaktive Stoffe	< 1

Die für die Bundesrepublik Deutschland abgeschätzten Belastungswerte
nach dem Stand von 1976 sind zusammenfassend in Tab. 22.5 aufgeführt.

22.4 Prinzipien von Strahlenschutzbestimmungen

Strahlenschutzbestimmungen haben die Aufgabe, Gesamtbevölkerung und Einzelindividuen vor der schädlichen Einwirkung von Strahlung zu schützen. Sie beschränken sich auf nicht natürliche (d.h. durch menschliche Aktivitäten bewirkte) ionisierende Strahlung.

Ein internationales Gremium, die "International Commission on Radiation Protection" (ICRP) gibt regelmäßig Empfehlungen heraus, die meist von den Regierungen in nationales Recht umgesetzt werden. (In der Bundesrepublik Deutschland als "Strahlenschutzverordnung".) Die Grundlagen bilden generell die Erkenntnisse der Strahlenbiologen, wie wir sie in diesem Buch referiert haben, doch sind sie meist nicht ohne weiteres direkt übertragbar, wobei vor allem eine Rolle spielt, daß die strahlenbiologischen Effekte meist in einer Größenordnung beobachtet werden, die im Rahmen des Strahlenschutzes absolut unannehmbar sind. Man ist daher auf Extrapolationen angewiesen (s.u.).

Es ist zunächst notwendig, einige Begriffe und Konzepte einzuführen (originale englische Formulierungen in Klammern):

1. Schaden (detriment): Darunter wird jede Art von Schäden verstanden, die aus der Strahlenanwendung resultieren können, wobei nicht nur an gesundheitliche Beeinträchtigung zu denken ist. Sie stellt allerdings die wichtigste Komponente dar. Für Strahlenschutzzwecke unterscheidet man zwei Arten von biologischen Wirkungen: stochastische und nicht-stochastische. Zu den ersten gehören die Effekte, bei denen die Wahrscheinlichkeit des Auftretens von der Dosis abhängig ist, bei denen es sich also um Ja-Nein-Ereignisse handelt wie Mutationen und Krebsinduktion, zur zweiten Gruppe zählen die Veränderungen, bei denen das Ausmaß dosisabhängig ist wie Hautschädigungen und Strahlenkrankheit. Für sie kann davon ausgegangen werden, daß eine Schwellendosis existiert, unterhalb derer die Wirkung nicht festgestellt werden kann. Für stochastische Effekte ist dies nicht der Fall, für kleine Dosen ist die Wahrscheinlichkeit zwar gering, aber nicht Null. Typisch für stochastische Effekte ist außerdem, daß sie spontan auftreten.

2. Äquivalentdosis (dose equivalent): Mit der Einführung dieser Größe wird der Tatsache Rechnung getragen, daß unterschiedliche Strahlenarten verschiedene biologische Effektivität haben. Sie werden durch einen Strahlen-Qualitätsfaktor Q bewertet, für andere modifizierende Einflüsse, die z.B. die Art der Exposition beinhalten können, ist noch ein weiterer Faktor N vorgesehen, der allerdings in der Regel gleich 1 gesetzt wird. Die Äquivalentdosis H ist also

$$H = QN\,D \tag{22.2}$$

Die Äquivalentdosis ist die zentrale Größe im Strahlenschutz. Sie ist
- physikalisch gesehen - keine Dosis, sondern ein abgeleiteter Wert,
weshalb der deutsche Ausdruck nicht sehr glücklich ist, man sollte
vielleicht besser - entsprechend der englischen Formulierung - von
"Dosisäquivalent" sprechen. Wird die Dosis in Gray gemessen, dann erfolgt die Angabe der Äquivalentdosis in Sievert (Sv), früher war das
rem (= Röntgen equivalent man") üblich, das sich auf das rad bezog.
Es ist also 1 Sv = 100 rem.

Der Qualitätsfaktor ist nur für Strahlenschutzzwecke anwendbar
und wird mit LET_∞ in Beziehung gesetzt (Abbildung 22.10).

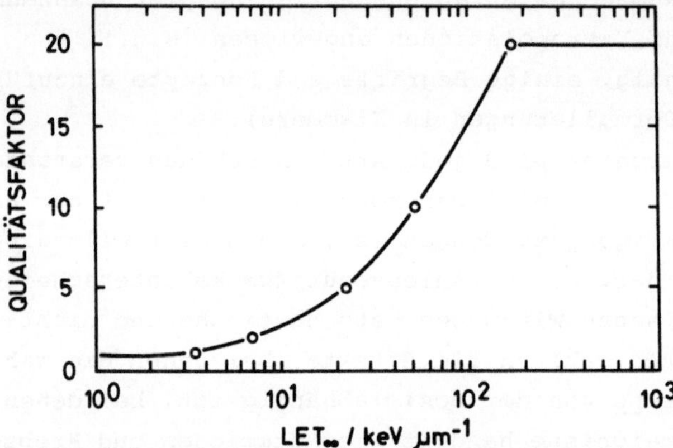

Abb. 22.10 Qualitätsfaktor als Funktion von LET_∞. Quelle: ICRP 26,
1977

Näherungsweise kann man ihn auch für verschiedene Strahlenarten angeben:

Röntgenstrahlen, γ-Strahlen, Elektronen	1
Neutronen, Protonen, einfach geladene Teilchen (m > 1 u)	10
α-Teilchen und andere mehrfach geladene Teilchen	20

3. Kollektiv-Äquivalentdosis: Zur Abschätzung des Risikos auf Perso-
nengruppen ist die Angabe nützlich, wieviele Menschen im Mittel einer
bestimmten Äquivalentdosis ausgesetzt sind. Dies geschieht durch Angabe der Kollektiv-Äquivalentdosis S. Sie ist

$$S = \Sigma\, H_i\, P_i \qquad\qquad (22.3)$$

Dabei bedeutet H_i die individuelle Äquivalentdosis und P_i die Zahl der von ihr betroffenen Personen. Man kommt so zu "man-Sv" (früher "man-rem").

4. Folgeäquivalentdosis (dose equivalent commitment): Wenn die Strahlenexposition längere Zeiträume umfaßt (z.B. durch Inkorporation von Nukliden), wird dem durch die Größe H_c Rechnung getragen:

$$H_c = \int_0^\infty \overline{\dot{H}(t)}\, dt \qquad\qquad (22.4)$$

mit $\overline{\dot{H}(t)}$ als der mittleren individuellen Dosisleistung. Die Verallgemeinerung auf Bevölkerungsgruppen ist entsprechend wie oben durchzuführen.

5. 50-Jahre-Folgeäquivalentdosis (committed dose equivalent): Sie ist die in 50 Jahren (repräsentativ für ein Arbeitsleben) akkumulierte Äquivalentdosis:

$$H_{50} = \int_{t_o}^{t_o+50a} \dot{H}(t)\, dt \qquad\qquad (22.5)$$

6. Risikorelevante Gewebe (tissues at risk): Wie wir gesehen haben, sind nicht alle Organe des Körpers gleich "strahlenanfällig". Dem wird durch Wichtungsfaktoren w_T Rechnung getragen, die in Tabelle 22.6 aufgeführt sind.

Tabelle 22.6 Wichtungsfaktoren w_T für risikorelevante Gewebe. Quelle: ICRP 26, 1977

Gewebe	w_T
Keimdrüsen	0,25
Brustdrüse	0,15
rotes Knochenmark	0,12
Lunge	0,12
Schilddrüse	0,03
Knochenoberflächen	0,03
übrige	0,30

Die Rubrik "übrige" ist so zu verstehen, daß die fünf sonstigen Gewebe,

welche die höchste Dosis erhalten (welche das sind, hängt von den Bedingungen ab), je mit einem Wichtungsfaktor 0,06 versehen werden.
7. Referenzmensch: Für die Dosisleistung - besonders bei Inkorporation -
ist es notwendig, Masse und Zusammensetzung der Gewebe zu kennen. Um
einheitliche Ausgangsvoraussetzungen zu schaffen, wurde ein "Referenzmensch" eingeführt (vgl. Kapitel 21). Einige Daten verzeichnet Tabelle 21.2.
8. Äquivalentdosisgrenzwert (dose equivalent limit): Aufgrund strahlenbiologischer Ergebnisse kann man versuchen abzuschätzen, welche
Äquivalentdosen "akzeptabel" sind; auf die Problematik dieses Begriffs
gehen wir unten ausführlich ein. Sie werden als Grenzwerte, die nicht
überschritten werden dürfen, vorgegeben. Es ist allerdings wichtig darauf zu hinzuweisen, daß sie nur für den Strahlenschutz Bedeutung haben und bei der medizinischen Strahlenapplikation am Patienten nicht
gelten (wohl aber für das Bedienungspersonal). Ebenso bleibt die natürliche Strahlenbelastung außer Betracht. Grenzwerte werden für nicht-
stochastische und stochastische Effekte getrennt angegeben:

$$\text{nicht-stochastische: } 0,5 \text{ Sv a}^{-1} \text{ (alle Gewebe außer Augenlinse)}$$

$$0,3 \text{ Sv a}^{-1} \text{ (Augenlinse)}$$

$$\text{stochastische: } 0,05 \text{ Sv a}^{-1} \text{ (Ganzkörper)}$$

Der Grenzwert für nicht-stochastische Wirkungen bezieht sich sowohl
auf Teilkörper- als auch Ganzkörperbestrahlung, der für stochastische
auf die Ganzkörperbestrahlung. Bei Teilkörperbestrahlung werden die
einzelnen Organe entsprechend Tabelle 22.6 gewichtet. Das bedeutet,
daß einzelne Organe durchaus höhere Äquivalentdosen erhalten "dürfen".
In keinem Fall darf aber der Grenzwert für nicht-stochastische Wirkungen überschritten werden. Es gilt also die folgenden Beziehungen
zu erfüllen:

$$\Sigma \; w_T \; H_T \leq H_{wB,L} \qquad\qquad H_T < H_{NS,L}$$

(H_T: Gewebedosis, $H_{wB,L}$: Grenzwert für stochastische Effekte bei Ganzkörperbestrahlung, $H_{NS,L}$: Grenzwert für nicht-stochastische Wirkungen).
9. Grenzwert der jährlichen Aktivitätszufuhr (annual limits of intake,
ALI) (s.a. Kapitel 21): Für die mögliche Inkorporation von Radionukliden wird die pro Jahr aufzunehmende Menge begrenzt, was wir schon
in Kapitel 21 besprochen haben. Diese Werte basieren einmal auf den

Grenzwerten für die betroffenen Organe und der zu errechnenden 50-Jahre-Folgeäquivalentdosis. Bezeichnet man mit I die jährlich durch Ingestion und Inhalation aufgenommene Aktivität des entsprechenden Nuklids und mit $H_{50,T}$ p.u.T die 50-Jahre-Folgeäquivalentdosis pro Aktivitätseinheit im Organ T, so muß die folgende Beziehung erfüllt sein:

$$I \cdot \sum_T w_T \cdot (H_{50,T} \; p.u.T) \leq H_{wB,L} \; (0{,}05 \; Sv) \qquad (22.7)$$

Bei sowohl externer und interner Belastung ist zu beachten:

$$\frac{H,}{H_{wb,L}} + \sum \frac{I_j}{ALI_j} \leq 1 \qquad (22.8)$$

(H: jährliche Äquivalentdosis aufgrund äußerer Belastung, I_j: jährliche Aktivitätszufuhr des j-ten Nuklids, ALI_j: Grenzwert der jährlichen Aktivitätszufuhr für das j-te Nuklid).
Aus (22.8) ergibt sich, daß bei mehrfacher Belastung sich die empfohlenen Grenzwerte verschieben. Einige Beispiele für ALI-Werte findet man in Tabelle 21.4.
10. Abgeleitete Luftkonzentrationen (derived air concentrations, DAC): Der ALI-Wert stellt für ein bestimmtes Nuklid die wichtigste Grenze dar, ist aber nicht besonders praktisch, da man ihn üblicherweise nicht messen kann, sondern aufgrund des Aufnahmeweges errechnen muß. Der Fall ist noch relativ einfach bei der Inhalation, weil man hier lediglich die eingeatmete Luftmenge bestimmen muß, die allerdings je nach körperlicher Belastung schwanken kann. Für den in radioaktiver Umgebung "leicht" arbeitenden Referenzmenschen nimmt man ein Atemvolumen von 50 Wochen à 40 Stunden an. So kann man zu abgeleiteten "tertiären" Grenzwerten kommen (die primären sind die Äquivalentdosisgrenzwerte, die sekundären die ALI-Werte), die ebenfalls in Tab. 21.4 für einige Fälle angegeben sind. Im Falle der Edelgase (außer Rn, weil hier die Folgeprodukte bedacht werden müssen) sind nur DAC-Werte empfohlen, weil hier keine Aufnahme in den Körper erfolgt. Zur genaueren Beurteilung spielt auch noch die physikalische und chemische Form eine Rolle, in welcher das Nuklid inhaliert wird, was ebenfalls schon in Kapitel 21 angesprochen wurde.
Nachdem wir nun die wichtigsten Begriffe kennengelernt haben, wenden wir uns nun dem eigentlichen Inhalt der Strahlenschutzbestimmungen

zu. Das wichtigste Prinzip, das über allen gegebenen Empfehlungen
steht, ist von der ICRP in drei Sätzen zusammengefaßt, die wir im
Original zitieren (ICRP 26):

"(a) no practice shall be adopted unless its introduction produces
     a positive net benefit
 (b) all exposures shall be kept as low as reasonably achievable,
     economic and social factors taken into account and
 (c) the dose equivalent to individuals shall not exceed the limits
     recommended for the appropriate circumstances by the Commission."

Die offizielle deutsche Übersetzung lautet (s. Literatur):

"(a) Es darf keine Tätigkeit gestattet werden, deren Einführung
     nicht zu einem positiven Nettonutzen führt
 (b) alle Strahlenexpositionen müssen so niedrig gehalten werden,
     wie es unter Berücksichtigung wirtschaftlicher und sozialer
     Faktoren vernünftigerweise erreichbar ist
 (b) die Äquivalentdosis von Einzelpersonen darf die von der
     Kommission für die jeweiligen Bedingungen empfohlenen Grenz-
     werte nicht überschreiten."

(Man beachte die Verschärfung im deutschen Text.)
Es geht aus diesen Leitlinien klar hervor, daß die empfohlenen Grenzwerte obere Schranken darstellen, die nur dann erreicht werden sollen,
wenn eine Verringerung mit nicht zu vertretendem wirtschaftlichen oder
gesellschaftlichen Aufwand verbunden ist. Sie beziehen sich logischerweise auf die Einzelpersonen, die aus der Strahlenanwendung unmittelbaren Nutzen haben, also die in entsprechenden Anlagen Beschäftigten,
bei denen der Nutzen in Arbeitsplatz und Lohn besteht. Für die allgemeine Bevölkerung werden grundsätzlich um einen Faktor 10 reduzierte
Grenzwerte angesetzt. Die gerade zitierten allgemeinen Empfehlungen
bringen das Problem der Kosten-Nutzen-Analyse auf, dessen Behandlung
zwar eher außerhalb des (naturwissenschaftlichen) Rahmens dieses Buches liegt, zu dem wir aber unten einige Randnotizen machen werden.

Beschäftigen wollen wir uns jedoch zunächst noch mit dem Problem
der Risikoabschätzung. Das Rohmaterial hierzu haben wir in den vorhergehenden Kapiteln geliefert. Die Schwellenrate für nicht-stochastische
Effekte lassen sich einigermaßen sicher abschätzen, so daß wir uns
damit nicht aufzuhalten brauchen. An stochastischen Effekten interessieren genetische Veränderungen und die Tumorauslösung. In Kapitel 19
hatten wir als "Verdopplungsdosis" für die spontane Mutationsrate 1 Sv
abgeschätzt. Diese Zahl liegt höher als der Grenzwert für nicht-stochastische Wirkungen, woraus man schließen kann, daß die genetische
Gefährdung nicht als der kritische Faktor angesehen werden sollte. An-

ders ist es bei der strahlenbedingten Krebsentstehung. In Kapitel 20 waren wir aufgrund der Erhebungen in Japan zu einer Wahrscheinlichkeit der Krebsinzidenz von 10^{-2} pro Gray dünn ionisierender Strahlung bei Erwachsenen gekommen. Dieser Wert basiert aber auf Beobachtungen mit relativ hohen Dosen und hoher Dosisleistung. Wir begegnen hier also wieder dem Problem der Extrapolation, dem bei Fehlen gesicherter Erfahrung nur mit Modellrechnungen beizukommen ist. Von hierher gesehen, haben die in Kapitel 16 angestellten Überlegungen auch einen gewissen praktischen Wert. Die zentrale Frage ist, wie für hohe Dosen gefundene experimentelle Beziehungen zu niedrigen Dosen hin theoretisch "verlängert" werden können. In der Regel geht man dabei von einer linearen Extrapolation aus und betrachtet diese Annahme als "konservativ", d.h. auf der sicheren Seite liegend, weil man annimmt, daß die tatsächliche Wirkung geringer ist. Man kommt so also - wenn diese Annahme stimmt - zu einer Überschätzung des Risikos. Abbildung 22.11 illustriert diagrammatisch das Vorgehen bei der Schadensabschätzung und den Einfluß verschiedener theoretischer Annahmen.

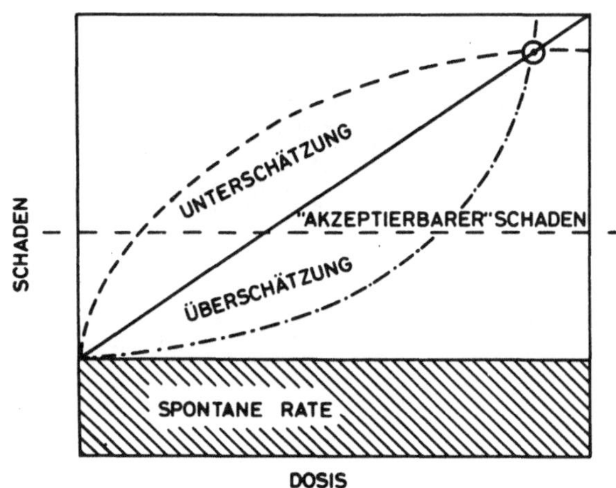

Abb. 22.11 Einfluß verschiedener Dosiswirkungsbeziehungen auf die Risikoabschätzung. Der "akzeptierbare" Wert ist hier als Verdopplung der natürlichen Inzidenz angenommen.

Es erhebt sich allerdings die Frage, was unter "akzeptierbarem Schaden" zu verstehen ist, was das Problem der Kosten-Nutzen-Relation auf-

wirft. Klar sollte sein, daß eine Strahlenanwendung nur dann in Frage
kommt, wenn sie einen Nutzen erbringt. Er kann technischer, medizinischer, aber auch wissenschaftlicher Art sein. Eine Quantifizierung ist
im einzelnen sicher sehr schwierig und darf sich nicht nur auf in Geld-
wert festlegbare Größen erstrecken. Außerdem kommt es bei den Überlegungen darauf an, ob Kosten (im Sinne einer möglichen Schädigung) und
Nutzen dieselbe Personengruppe treffen, wie es z.B. in der Regel bei
medizinischer Strahlenbehandlung der Fall ist. Aus diesem Grunde unterscheidet man bei den Grenzwerten für die Strahlenbelastung auch
zwischen beruflich exponierten Personen - welche den Nutzen in Gestalt
von Arbeitsplatz und Einkommen genießen - und der allgemeinen Bevölkerung, die nur indirekt daran teilhat. Im ersten Fall legt man die
Grenzwerte so fest, daß die Gefährdung vergleichbar ist zum Risiko als
in "sicher" angesehenen Berufszweigen. Im zweiten Fall nimmt man Maß
am "allgemeinen" Lebensrisiko. Quantitativ verdeutlich dies Abbildung
22.12.

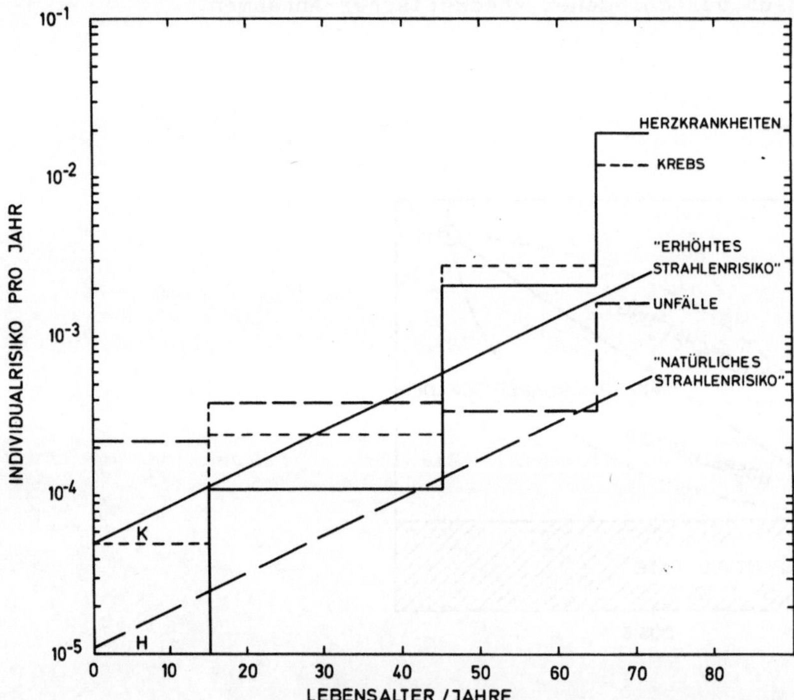

Abb. 22.12 Vergleich "natürlicher" Risiken (Todesfälle in der Gesamtbevölkerung) mit natürlichem und "künstlichem" Strahlenrisiko. Quelle:
Die statistischen Daten wurden der Deutschen Risikostudie (1979) entnommen.

Es ist hier das Individualrisiko für verschiedene Fälle pro Jahr als Funktion des Lebensalters aufgetragen und zum Vergleich das Krebsrisiko bei natürlicher Strahlenbelastung (0,001 Sv a^{-1}) und bei kontinuierlicher Belastung mit dem für die allgemeine Bevölkerung empfohlenen Grenzwert (0,005 Sv a^{-1}), was de facto natürlich äußerst unrealistisch ist. Man sieht aber aus dieser Gegenüberstellung, daß ein "erhöhtes" Strahlenrisiko immer deutlich geringer ist als die Summe der "natürlichen" Gefährdung, i.a. sogar als die einzelnen Komponenten. Man darf daraus wohl den Schluß ziehen, daß die Strahlenschutzempfehlungen eine geeignete Basis zum Schutz der Bevölkerung darstellen, jedenfalls nach dem derzeitigen Stand unseres Wissens.

LITERATUR:
Veröffentlichungen der ICRP,
besonders: ICRP 26, 1977
AURAND u.a. 1974
KAYE und ROHVER 1975
UNSCEAR 1977
WHO 1978

23. Strahlenbiologische Überlegungen zur Strahlentherapie

In diesem Kapitel soll gezeigt werden, wie strahlenbiologische Erkenntnisse in die Praxis der Strahlentherapie einfließen können. Fototherapie spielt vor allem bei bestimmten, nicht malignen Hautkrankheiten eine Rolle, während ionisierende Strahlung zur Krebsbehandlung eingesetzt wird. Es werden experimentelle Modellsysteme sowie allgemeine theoretische Überlegungen vorgestellt, aufgrund derer eine Weiterentwicklung der Strahlentherapie denkbar wäre. Neuere Ansätze, die in der Verwendung von Strahlenarten mit besserer Tiefendosisverteilung und günstiger Strahlenqualität bestehen, werden diskutiert, außerdem die Kombinationsbehandlung mit Hyperthermie oder chemischen Agentien.

23.1 Fototherapie

Trotz der weitverbreiteten Ansicht, daß UV-Bestrahlung "gesund" sei, liegen keine hinreichend konkreten Untersuchungen vor, welche einen positiven Einfluß auf den Gesamtorganismus belegen. Es gibt jedoch einige spezielle Fälle, bei denen UV eine therapeutische Wirkung entfaltet. UV-B ist notwendig, damit im Körper Vitamin D aus Vorstufen aufgebaut werden kann; der Reaktionsweg ist in Abschnitt 5.1.4 beschrieben.

Eine manchmal bei Neugeborenen auftretende Störung, die Hyberbiliburinämie, kann durch Bestrahlung mit blauem Licht gemindert werden. Sie besteht in einem erhöhten Gehalt des Blutes an Biluburin, einem Abbauprodukt des Hämoglobin. Man nimmt an, daß fotochemische Reaktionen den weiteren Abbau begünstigen.

Die Behandlung der Hauttuberkulose durch UV hat nur noch historisches Interesse. Für sie erhielt der dänische Forscher Niels Rydberg FINSEN im Jahr 1903 den Nobelpreis. Wichtig ist die Fototherapie jedoch auch noch heute bei bestimmten Hautkrankheiten, von denen besonders zwei zu nennen sind: Vitiligo ("Scheckhaut") und Psoriasis ("Schuppenflechte"). Die erste äußert sich in pigmentlosen umschriebenen Bezirken, die zweite besteht aus scharf abgegrenzten roten, mit Schuppen bedeckten Herden, die durch eine Störung der Epithelzellenteilungsregulation hervorgerufen werden. Man schätzt, daß zwischen 1 und 5% der Bevölkerung von ihr befallen sind. Die klassische Behandlung beider

Krankheiten bestand in Serien von direkten UV-B-Bestrahlungen, jedoch
wendet man heute meist die Fotochemotherapie an. Dabei wird - oral oder
lokal - ein Sensibilisator gegeben, und die Haut mit einer Wellenlänge
bestrahlt, welche nahe dem Maximum seines Wirkungsspektrums liegt.
Früher wurde hierfür Teer verwendet; doch neuerdings bedient man sich
fast nur noch der Psoralene. Besonders gute Erfolge hat man mit 8-
Methoxypsoralen (8-MOP). Die wirksamen Wellenlängen liegen um 360 nm,
also im UV-A, weshalb man diese Therapie auch als PUVA ("Psoralen +
UV-A") bezeichnet. Die chemischen und zellulären Grundlagen sind in
den Abschnitten 6.1.2 bzw. 9.1 schon besprochen worden. Da im in vitro-
Versuch eine PUVA-Behandlung auch Mutationen hervorruft, muß einer möglichen carcinogenen Wirkung natürlich besondere Beachtung geschenkt
werden. Bisher sind bei den in großer Zahl behandelten Patienten jedoch
noch keine Anzeichen von Hauttumoren festgestellt worden, aber eine
langfristige Supervision ist auf jeden Fall angezeigt.

LITERATUR (23.1):
PARRISH u.a. 1978
TRONNIER 1977
WEBER 1978

23.2 Ionisierende Strahlung

23.2.1 Vorbemerkung

Die therapeutische Wirkung der Röntgenstrahlen wurde schon sehr frühzeitig erkannt - weniger als ein Jahr nach ihrer Entdeckung fand die
erste Tumorbestrahlung statt, und zwar durch den Physiker E.H. GRUBBE
1896 in Chicago. Die Strahlentherapie entwickelte sich lange Zeit als
eine klinische Erfahrungswissenschaft, allerdings in technischer Zu-
sammenarbeit mit Physikern und Ingenieuren, welche die notwendigen
Apparaturen bauten und verbesserten. Die Geschichte zeugt sicher von
Fehlern, Irrwegen und - aus heutiger Sicht - falschen Verfahren, aber
sie dokumentiert auch einen ungeheuren Erfahrungsschatz. Neben der
Chirurgie und - mit Einschränkungen der Chemotherapie - ist die Strahlentherapie die einzige Möglichkeit, Krebs zu behandeln und in vielen
Fällen zu heilen. Die Strahlenbiologie entwickelte sich erst später,
und es war nicht vor den vierziger Jahren unseres Jahrhunderts, daß
beide sich aufeinander zu bewegten. Trotz vielfältiger Ansätze ist
es bisher noch nicht gelungen, überzeugend zu erklären, warum bei den
üblichen Behandlungsschemata ein Tumor geheilt wird. Anfängliche Annahmen, z.B. daß Tumorzellen empfindlicher seien als Normalgewebe,

haben sich als falsch erwiesen. Man ist versucht anzunehmen, daß kein
verantwortungsvoller Arzt die Strahlentherapie angewendet hätte, wenn
er im Besitze heutiger strahlenbiologischer Kenntnisse gewesen wäre.
Auf der anderen Seite hat die Strahlenbiologie erheblich zum Verständ-
nis wichtiger Teilaspekte beigetragen, und sie ist heute in der Lage,
Vorschläge für neue Ansätze auf rationaler Basis zu machen, die zum
Teil ihre ersten klinischen Tests schon bestanden haben. Erfolge können
diesen Bemühungen nur beschieden sein, wenn das Gespräch zwischen den
Disziplinen nicht abreißt. Bei aller Hochachtung vor der klinischen
Erfahrung scheint es nicht zu unbescheiden festzustellen, daß auch der
Arzt vom Strahlenbiologen lernen und neue Impulse erhalten kann, so
wie dieser aus dem Kontakt Bezug zu den praktischen Problemen gewinnen
mag, damit er sich nicht in der Esoterik der "reinen" Laborsysteme
verliert.

Die folgenden Abschnitte verfolgen daher einen mehrfachen Zweck:
Sie sollen zunächst die "angewandte" Seite der Strahlenbiologie zeigen,
aber auch darlegen, wie Grundlagenforschung in die Praxis einfließen
kann. Daß auch hier wieder mit Modellen gearbeitet wird, mag dem Prak-
tiker als artifizielle Vereinfachung erscheinen, aber es liegt in dem
Ansatz dieses Buches, an - zugestandenermaßen simplifizierenden -
Schemata Prinzipien darzustellen. Der "Theoretiker" möge nicht vergessen,
daß die gebrauchten Bilder bestenfalls Schattenrisse der Realität darstellen.

23.2.2 Der Tumor als strahlenbiologisches Versuchsobjekt

Krebs ist charakterisiert durch Zellproliferation, die der körpereigenen Kontrolle entglitten ist. Die Entstehung der Ausgangszellen bezeichnet man auch oft als neoplastische Transformation. Eine besondere Eigenschaft bösartiger Geschwülste ist, daß sie nicht am Ausgangs-
ort lokalisiert bleiben, sondern an anderen Stellen im Körper neue
Herde - Metastasen - bilden. Entgegen populärer Meinung ist die Zell-
teilungsrate nicht immer exzessiv hoch, es gibt ausgesprochen langsam
wachsende Tumore. Zur Demonstration sind in Tabelle 23.1 kinetische
Daten verschiedener Typen aufgeführt. Auch die fehlende Differenzierung
ist kein einheitliches Kriterium, es gibt durchaus weit differenzierte
Tumore, allerdings sind sie nicht oder nur unzureichend in das umliegende Gewebe integriert.

Schematisch läßt sich ein Tumor ähnlich wie ein Erneuerungsgewebe
darstellen (vgl. Abschnitt 17.2): Den Kern bilden die potentiell teilungsfähigen Stammzellen, die - je nach Tumorart - in mehr oder weniger
ausdifferenzierte Zellen übergehen, die nach einiger Zeit absterben,

Tabelle 23.1 Kinetische Daten einiger menschlicher Tumoren. Quelle: MALAISE, CHAVANDRA und TUBIANA, 1973

Art	Verdopplungszeit Tage	Wachstums-fraktion	Verlust-anteil
Embryonal	27	0,9	0,94
Retikulös	29	0,9	0,94
Sarkom	41	0,11	0,68
Carcinom	58	0,25	0,9
Adenocarcinom	83	0,06	0,71

entweder wegen fehlender Versorgung oder durch physiologische Alterung. Im Gegensatz zu den körpereigenen Erneuerungsgeweben ist die Prolife-ration nicht kontrolliert, das bedeutet jedoch nicht, daß alle Stamm-zellen sich immer im Teilungszyklus befinden. Den aktiv proliferieren-den Anteil bezeichnet man als "Wachstumsfraktion" (growth fraction). Man kann also für die Zellzahl N folgende Gleichung aufstellen:

$$\frac{dN}{dt} = K \cdot g \cdot N - l \cdot N \qquad (23.1)$$

Dabei ist K die Wachstumskonstante, g die Wachstumsfraktion und l der "Verlustanteil", der durch Zelltod (mit oder ohne vorhergehende Diffe-renzierung) ausscheidet. (23.1) gilt allerdings nur in frühen Stadien des Wachstums, bevor begrenzende Einflüsse, z.B. Nährstoffmangel, zum Tragen kommen. Die Wachstumskonstante K hängt mit der Zellzykluszeit τ_c zusammen:

$$K = \frac{\ln 2}{\tau_c} \qquad (23.2)$$

Im Bereich der Gültigkeit von (23.1) ergibt sich also ein exponentielles Wachstum:

$$N = N_o \, e^{(kg - l)t} \qquad (23.4)$$

Die Stärke des Anstiegs wird durch das Verhältnis von Wachstumsfraktion und Absterberate bestimmt.

Das ungeregelte Wachstum führt zu einer Desorganisation des Gewebes,
deren unmittelbare Konsequenz eine in der Regel ungenügende Blutver-
sorgung ist, der Abstand zur nächsten Kapillare ist im Durchschnitt
größer. Als Modell betrachtet man (Abbildung 23.1) ein "Tumorknötchen"
(tumour nodule):

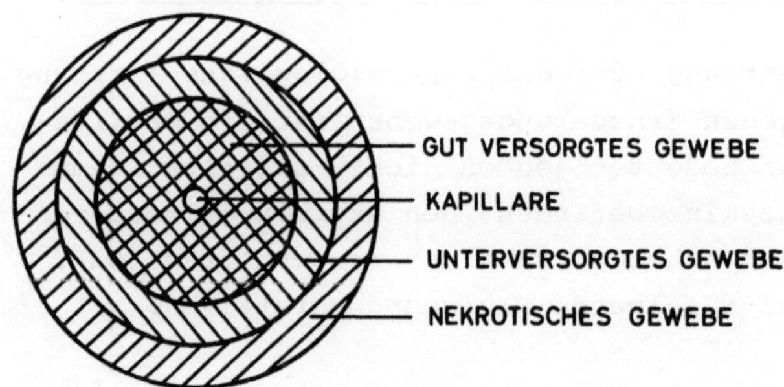

Abb. 23.1 Schematisiertes Bild eines "Tumorknötchens" (tumour nodule).

In unmittelbarer Nachbarschaft zur Kapillare befinden sich wohlver-
sorgte Zellen. Es schließt sich ein Bereich unterversorgter, aber noch
vitaler Zellen an, der dann in eine nekrotische Zone abgestorbener
Zellen übergeht. Es bildet sich mit steigendem Abstand von der Kapillare ein Gradient an Sauerstoff und Nährstoffen aus. Akzeptiert man ein
solches einfaches Modell, so ergeben sich unmittelbar strahlenbiologische Konsequenzen, auf die wir weiter unten eingehen.

Das Problem der Strahlentherapie liegt nicht eigentlich in der
Sterilisierung der Tumorzellen, was sich durch eine genügend hohe
Dosis immer erreichen läßt, sondern in einer möglichst weitgehenden
Schonung des umgebenden gesunden Gewebes, des Tumorbettes. Dies ist
nicht nur ein geometrisches Problem der räumlichen Dosisverteilung,
da Tumor und Tumorbett in den meisten Fällen nicht klar voneinander
abgrenzbar sind. Jede Überlegung der Verbesserung der Strahlentherapie
muß also darauf abzielen, die differentielle Wirkung, die Elektivität,
zu erhöhen.

Am Eingang aller Überlegungen muß die Toleranz des normalen Gewebes stehen. Sie ist sehr unterschiedlich in verschiedenen Organen.

Tabelle 23.2 Toleranzdosen von Körperorganen ($TD_{5/5}$, Erklärung im Text):
$TD5/5$: Auftreten der angegebenen Symptome in 1 - 5% aller Fälle innerhalb von fünf Jahren. Quelle: RUBIN und CASARETT 1973

Organ	Schädigung nach 5 Jahren	$TD_{5/5}$ Gy	Bestrahlungsfeld oder -volumen
Haut	Geschwüre (Ulcer)	55	100 cm³
Darm	Geschwüre	45	100 cm³
Leber	Ausfall	35	ganzes Organ
Niere	Sklerose	23	ganzes Organ
Hoden	Sterilisierung	5 - 15	ganzes Organ
Eierstock	Sterilisierung	2 - 3	ganzes Organ
Brust (Kind)	keine Entwicklung	10	5 cm³
Brust (Erwachsene	Nekrose	>50	ganzes Organ
Lunge	Entzündung, Fibrose	40	Lungenflügel
Herz	Entzündung	40	ganzes Organ
Knochen (Kind)	Wachstumshalt	20	10 cm³
Knochen (Erwachsene)	Nekrose	60	10 cm³
Knorpel (Kind)	Wachstumshalt	10	ganzes Gewebe
Knorpel (Erwachsene)	Nekrose	60	ganzes Gewebe
Knochenmark	Unterfunktion (Hypoplasie)	20	lokal
Augenlinse	Trübung	5	ganzes Organ
Foetus	Tod	2	ganz

In Tabelle 23.2 sind eine Reihe von sogenannten Toleranzdosen $TD_{5/5}$
angegeben. Man versteht darunter diejenige Dosis, nach der aufgrund
klinischer Erfahrung in 5% aller Fälle bis zum Ablauf von fünf Jahren
schwerwiegende Komplikationen zu erwarten sind. Die Werte hängen natürlich von der Strahlenart und dem Applikationsschema ab. In diesem
Fall wurde Photonenstrahlung zwischen 1 und 6 MeV Maximalenergie und
fraktionierte Bestrahlung (10 Gy pro Woche in fünf Fraktionen, Wochen-
ende frei) vorausgesetzt. Außerdem spielt die Größe des bestrahlten
Bezirks noch eine Rolle, die in der Tabelle mitaufgeführt ist. Es ist
klar ersichtlich, daß große Unterschiede existieren. Der wachsende
Organismus sowie die Geschlechtsorgane und das Auge sind ganz besonders empfindlich, wohingegen z.B. Muskelgewebe recht resistent ist.

   Es ist eine Standardpraxis in der Strahlentherapie, zur Schonung
des gesunden Gewebes die Gesamtdosis in einzelnen Fraktionen zu ver-
abreichen, wobei die Applikationsschemata zwischen einzelnen Zentren

oft erheblich abweichen. Man hat sich bemüht, das Verfahren auf eine
rationale Basis zu stellen. Dabei geht man aus von Reaktionen der Haut,
die einmal als Eintrittsorgan eine wesentliche Rolle spielt und für
die zum anderen wenigstens halb-quantitative Information vorliegt.
Die Basis bildet die "STRANDQVIST-Kurve" (Abschnitt 18.1, Abbildung
18.5), aus welcher hervorgeht, daß die für einen bestimmten Effekt
notwendige Gesamtdosis D und die Bestrahlungszeit in einem Potenzzu-
sammenhang stehen (18.1). Eine ähnliche Relation besteht bezüglich der
Heilung von Hauttumoren, jedoch mit unterschiedlichen Parametern. In
Abbildung 23.2 sind die Kurven für Hauttoleranz und die Tumorheilung
zusammen aufgetragen.

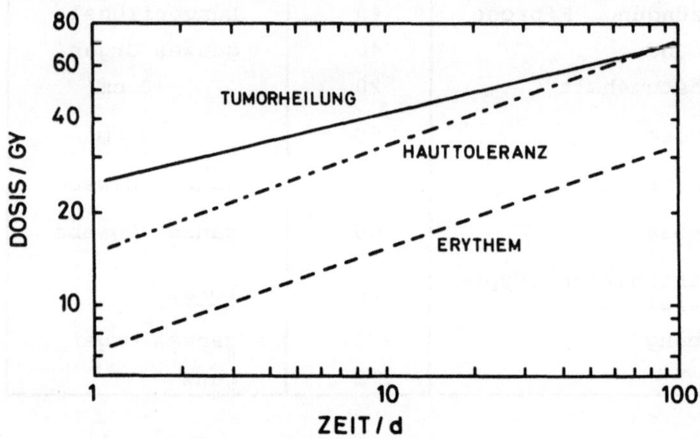

Abb. 23.2 "STRANDQVIST-Kurven" für Erythembildung, bleibende Hautschä-
den (Hauttoleranz) und die Heilung von Hautkrebs. Quelle: ELLIS 1968

Man sieht, daß sie sich bei großen Behandlungszeiten schneiden, mit
anderen Worten, es kann bei einer Vielfraktionenbehandlung eine Tumorheilung erreicht werden, ohne die Hauttoleranzdosis zu überschreiten.
Man nimmt an, daß in dem homöostatisch regulierten Gewebe Regenerations-
vorgänge ablaufen, welche dem Strahleneffekt stärker entgegenwirken
als dies im Tumor der Fall ist. Auf der anderen Seite bewirkt jede
Dosisfraktion eine bestimmte primäre Schädigung, die in beiden gleich
ist. Im Tumor hängt sie nach dieser Vorstellung also nur von der Zahl
der Fraktionen, in der Haut aber zusätzlich noch von einem Zeitfaktor
ab. Die von ihr erfahrene effektive Gesamtdosis steigt also langsamer.
Man kann hiernach also schreiben:

$$\text{Tumor:} \quad D_T \sim N^{\alpha}$$

$$\text{Haut:} \quad D_S \sim N^{\alpha} \cdot t^{\beta}$$

(N: Fraktionenzahl).

Aus Abbildung 23.2 entnimmt man α = 0,22 bei fünf Fraktionen pro Woche, auf tägliche Fraktionen korrigiert ergibt sich 0,24. Für die Haut liest man ab $\alpha + \beta$ = 0,33 und somit β = 0,11 (hier ist, da nur die Zeit betrachtet wird, der unkorrigierte Wert einzusetzen). Somit ergibt sich die Formel

$$D_S = NSD \cdot N^{0,24} \, t^{0,11} \tag{23.5}$$

wobei NSD ein Proportionalitätsfaktor ist, der numerisch einer einmaligen Dosis gleich ist. Diese Beziehung erlaubt,die Gewebedosis bei jedem Behandlungsschema abzuschätzen und ist als "ELLIS-Formel" oder "NSD-Konzept" bekannt. NSD steht für "nominal single dose", als deren Einheit man das "ret" (= rad equivalence therapeutic) vorgeschlagen hat.

Wir haben die Ableitung dieser Beziehung hier deshalb detaillierter besprochen, um die angestellten Überlegungen zu verdeutlichen, nicht weil sie einen "bewiesenen" Zusammenhang darstellt. Sie beruht auf zu vielen Annahmen, die nicht ohne weiteres zu rechtfertigen sind und vor allem die Übertragbarkeit auf andere Organe als die Haut sehr in Frage stellen. Dennoch hat sie sich als nützliche Leitlinie erwiesen, wenn auch nicht als einzige. Die Literatur bietet ein beeindruckendes Arsenal anderer Formeln, die aber zumeist auf ähnlichen Überlegungen basieren.

Wenden wir uns nun wieder unserem Tumormodell zu (Abbildung 23.1) und verfolgen, was bei einer fraktionierten Bestrahlung geschieht: Die kapillarnahen gutversorgten Zellen befinden sich im Zellzyklus, während man von den ferneren annehmen kann, daß sie aufgrund des Nährstoffmangels nicht teilungsaktiv sind. Die Population ist also recht heterogen. Eine erste Dosis wird also zunächst vor allem die gefäßnahen Zellen sterilisieren, vor allem wegen des Sauerstoffeffektes. Ihr Absterben führt dann aber zu einer besseren Versorgung der ferneren Schichten, die nun wieder in den Zellzyklus eintreten und Ausgang für neues Wachstum bilden können. Ihre Resistenz ist einmal wegen der niedrigen Sauerstoffspannung größer, zum anderen verbleiben sie nach der Exposition zunächst im wachstumslimitierenden Zustand, so daß Erholung vom potentiell letalen Schaden ablaufen kann (Abschnitt 13.3.2). Weitere Be-

strahlungen treffen also eine weitgehend umgeordnete Population. Die
Empfindlichkeit wird dann neben der Erholung vom subletalen Strahlenschaden (Abschnitt 13.3.1) durch bessere Sauerstoffversorgung einen
erhöhten Anteil teilungsaktiver Zellen und erneute regenerierende
Zellteilung bestimmt. Man bezeichnet diese Faktoren - ausgehend von
den englischen Termini - auch als die "vier R's" der Strahlentherapie:
Recovery, Reoxygenation, Redistribution (of cell cycle phases), Regeneration.

Das Vorhandensein hypoxischer Bezirke stellt ein wichtiges Problem
bei der Strahlentherapie dar, auf dessen Lösung sich eine Reihe verschiedener neuer Ansätze (Abschnitt 23.2.3) konzentrieren. Unsere einfache Überlegung hat gezeigt, wie die klinisch erprobte Fraktionierung
zu einer Sensibilisierung des Gesamttumors führen kann, indem zunächst
unterversorgte ruhende Zellen nun auch wieder in empfindlichere Zyklusstadien eintreten und gleichzeitig wegen der höheren Sauerstoffkonzentration eine größere Empfindlichkeit zeigen.

Ein Problem stellt die auch im Tumor festzustellende Regeneration
dar, der nur durch wiederholte Bestrahlung begegnet werden kann. Die
Regeneration des mitbestrahlten gesunden Gewebes steht allerdings mit
ihr in Konkurrenz, eine Heilung ist nur dann möglich, wenn sie im Tumor
unterdrückt, im Tumorbett jedoch nicht irreversibel geschädigt wird.
Den Ausgang dieses Wechselspiels bestimmt letztlich die Radiocurabi-
lität.

LITERATUR (23.2.1):
DALRYMPLE u.a.
DUNCAN und NIAS 1977
ELLIS 1968
STEEL 1977; WITHERS 1975

23.2.3 Experimentelle Techniken und Modellsysteme

So wichtig die im vorigen Abschnitt zitierten klinischen Erfahrungen
sind, ist man doch für genauere Untersuchungen des Tumorverhaltens
nach Bestrahlung naturgemäß auf Tierversuche angewiesen. Dabei spielen
experimentelle Tumore eine große Rolle. Sie lassen sich bei Mäusen und
Ratten durch Injektionen von Tumorzellen erzeugen. Allerdings läßt
sich hier ein wichtiger Einwand erheben: Das zellkinetische Verhalten
unterscheidet sich sehr erheblich von dem üblicher menschlicher Tumoren. In Tabelle 23.3 sind einige Daten gängiger Experimentaltumoren
aufgeführt. Vergleicht man ihre Parameter mit den Werten der Tabelle
23.1, so fällt einem auf, daß Wachstumsgeschwindigkeit, Verdopplungs-

zeit und Verlustfaktor ganz erhebliche Diskrepanzen zeigen.

Tabelle 23.3 Kinetische Daten einiger Experimentaltumoren. Quelle:
DUNCAN und NIAS 1977

Tier	Code-Bezeichnung	Art	Verdopplungs-stunden	Wachstums-fraktion	Verlust-anteil
Maus	L1210	Leukämie	10	0,95	0,05
Ratte	R1B5	Fibro-sarkom	24	0,45	0
Ratte	R1	Rhabdomyo-sarkom	66	0,29	0,62
Maus	C_3H	Brust-karzinom	110	0,3	0,7

Einen weiteren Punkt bildet die Immunabwehr. Sie wird gegen die injizierten Tumorzellen mobilisiert und kann das Tumorverhalten verfälschen. Dem kann man durch Verwendung "isogener" Tumorzellen begegnen, d.h. solcher, die im gleichen Tierstamm ursprünglich entstanden. Als einfachster Parameter des Tumorverhaltens ist das Wachstum naheliegend, d.h. die Tumorgröße als Funktion der Zeit. Abbildung 23.3 zeigt die Wachstumsverzögerung eines experimentellen Nackentumors der Maus nach 20 Gy Röntgenbestrahlung. Der Verlauf ist recht typisch: einer anfänglichen Arretierung folgt später wieder eine fast "normale" Zellproliferation durch sich teilende regenerierende Zellen.

Von besonderem Interesse ist natürlich die Antwort auf die Frage, inwieweit nach Bestrahlung neue Herde wiederentstehen können. Sie hängt mit dem Überlebensverhalten der in situ bestrahlten Population ab. In manchen Experimentaltumoren ist es möglich, sowohl in vivo als auch in vitro-Untersuchungen zu machen. Man bestrahlt die Tumorzellen entweder im oder als Zellkultur außerhalb des Körpers. Eine bestimmte Zahl von Zellen wird nun genetisch gleichen Tieren (isogene Tiere) injiziert, wodurch man die relative Tumorbildungsrate bestimmen kann. Parallel kann man die Zellüberlebensrate in der Kultur außerhalb des Körpers bestimmen. Das Resultat eines auf der Basis dieser Technik durchgeführten Experiments ist in Abbildung 23.3 mit eingezeichnet. Parallel zur Bestimmung der Wachstumsrate wurde in vitro die Überlebensfraktion der Tumorzellen bestimmt. Man sieht, daß mit dem erneuten Wachstum des Tumors die Überlebensrate nahezu wieder auf 100% ansteigt- ein überzeugendes Beispiel für die Regeneration durch nachwachsende nicht sterilisierte Zellen.

Auch in tierischen Experimentaltumoren ist das Geschehen noch

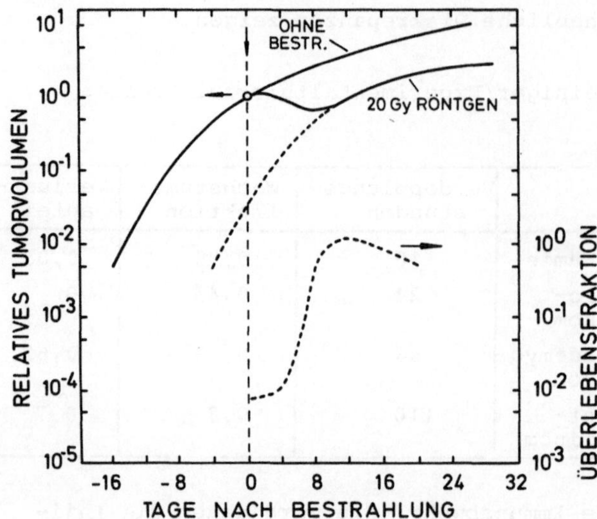

Abb. 23.3 Wachstumsverhalten eines Impftumors in der Ratte (Rhabdomyo-
sarkom) mit und ohne Röntgenbestrahlung (300 kV, 20 Gy). Außerdem ist
die Überlebensfraktion der Tumorzellen aufgetragen. Quelle: HERMENS
und BARENDSEN 1969

außerordentlich komplex. Man suchte daher nach noch einfacheren Modellen. Ein interessantes System in diesem Zusammenhang bilden "Sphäroide". Unter geeigneten Kulturbedingungen bilden Säugerzellen im
Medium kugelförmige, recht stabile Aggregate aus vielen Zellschichten,
die als Modelle für die oben angeführten "Tumorknötchen" gelten können,
nur daß die Versorgung in diesem Fall von außen erfolgt. Man kann hiermit die oben angeführten relevanten Konstellationen in vitro verfolgen.
Die Abbildung 23.4 zeigt das Überlebensverhalten im "normalen" Zustand
der Sphäroide und außerdem nach verbesserter Sauerstoffversorgung.
Man sieht, daß offenbar ein beträchtlicher Anteil hypoxischer Zellen
vorhanden war, jedoch zeigt sich in jedem Fall immer noch eine komplexe Überlebenskurve, deren Form somit auf andere Faktoren zurückgeführt werden muß. Offenbar spielt die intrazelluläre Wechselwirkung
eine große Rolle, wie man aus Abbildung 23.5 ersieht. Isoliert bestrahlte Zellen sind beträchtlich empfindlicher als diejenigen, die im Ver-
band exponiert und kultiviert wurden. Einen solchen Effekt hatten wir
schon bei dem Vergleich der D_q-Werte für im Körper und außerhalb bestrahlte Zellen im Organismus vermutet (Abschnitt 17.3). Möglicherweise
spielt hier auch die schon vermutete Erholung von potentiell letalen

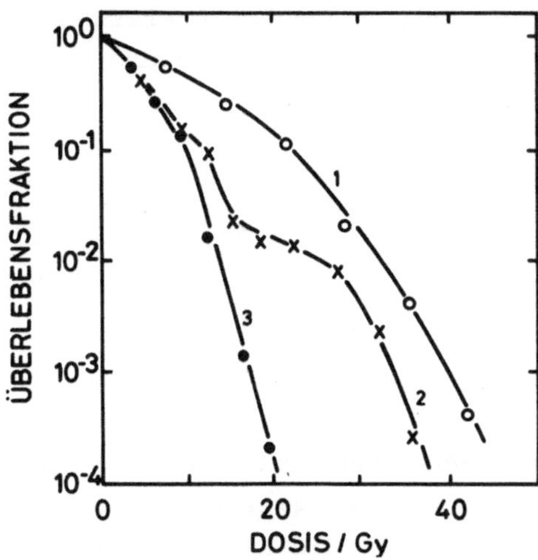

Abb. 23.4 Überlebenskurven von in Sphäroiden bestrahlten Säugerzellen:
1: Bestrahlung in Stickstoff; 2: Bestrahlung in Luft bei 37°C; 3: Bestrahlung in Luft bei 24°C. Bei der niedrigen Temperatur wird die Sauerstoffversorgung der inneren Schichten wegen der reduzierten Zellatmung
verbessert. Quelle: SUTHERLAND und DURAND 1973

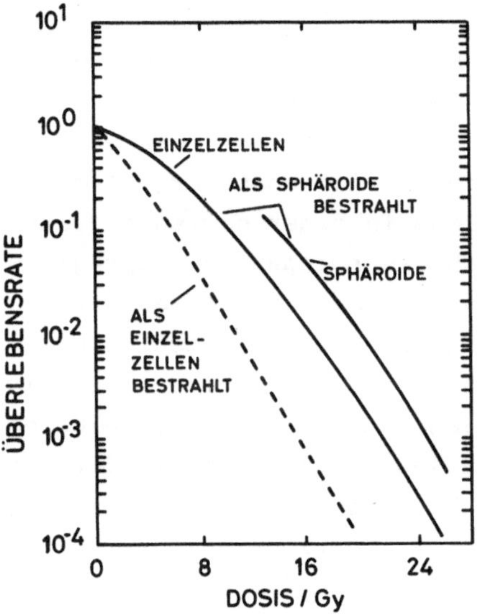

Abb. 23.5 Vergleich der Strahlenempfindlichkeit von Zellen, die in Sphäroiden und als Einzelschicht bestrahlt und ausgeplattet wurden. Die
Sphäroidkurve wurde auf Einzelzellen umgerechnet. Quelle: SUTHERLAND
und DURAND 1976

Schäden eine Rolle. Die Sphäroide stellen somit ein sehr interessantes
Modell dar, an dem man in vitro-Vorgänge in Tumoren und im Gewebe si-
mulieren kann.

LITERATUR (23.2.2):
DUNCAN und NIAS 1977
SUTHERLAND und DURAND 1976

23.3 Modifikationen der Strahlentherapie

23.3.1 Strahlenqualität

Wie vorher ausgeführt, muß das Ziel einer jeden Modifikation der Strahlentherapie darin liegen, die differentielle Wirkung zwischen Tumor-
und Normalzellen zu verbessern, mit anderen Worten die Elektivität zu
erhöhen. In bezug auf die Verwendung anderer Strahlenarten hat man dabei drei sich nicht notwendigerweise ausschließende Ansatzpunkte:

1. Erhöhung der Dosisdifferenz zwischen Tumor und Normalgewebe
2. Erhöhung der RBW im Tumor
3. Verringerung des OER im Tumor.

Prinzipiell erstrebenswert wäre es, eine Strahlendosis nur im Tumor zu
applizieren und das umliegende Gewebe auszusparen. Man kann dem durch
eine geeignete Tiefendosiskurve nahekommen. Hiermit haben wir uns in
Abschnitt 4.2.2 beschäftigt und dabei gesehen, daß hochenergetische
γ- oder Elektronenstrahlung ihr Dosismaximum in einer gewissen Tiefe
im Körper haben, doch ist der Verlauf nicht sehr scharf ausgeprägt, was
bedeutet, daß die Umgebung immer noch sehr stark mitbetroffen wird.
Besser sind hier π^--Mesonen und beschleunigte Ionen, schlecht sind
niederenergetische Röntgenstrahlen und Neutronen, da ihre Tiefendosiskurve praktisch exponentiell verläuft, wenn man von dem unmittelbaren
Eintrittsbereich absieht. Neutronen haben jedoch den Vorteil, daß ihre
Wechselwirkung mit höherer Ionisationsdichte erfolgt, was zu einer Erhöhung der biologischen Wirksamkeit und einer Verringerung des Sauerstoffeffekts führt. Dies gilt jedoch gleichermaßen für alle bestrahlten Bereiche, so daß man einen Gewinn nur dann zu erwarten hat, wenn
hypoxische Anteile im Tumor ein wesentliches Problem der Therapie darstellen. Hierüber haben wir in Abschnitt 23.1 gesprochen. π^--Mesonen
und schwere Ionen zeigen neben einer günstigen Tiefendosisverteilung
außerdem auch noch eine Veränderung der Strahlenqualität mit erhöhter
relativer Wirksamkeit und vermindertem Sauerstoffeffekt im Dosismaximum. Sie sind allerdings in ihrer "physikalisch reinen" Form nicht zu

gebrauchen, da die Maxima so scharf sind, daß nur ein kleiner Bruchteil des Tumors erfaßt würde. Man führt deshalb künstlich durch entsprechend gestaltete Filter eine Verbreiterung durch, wodurch ein Teil der Vorteile wieder verloren geht. Dennoch bleibt das Gesagte noch im Prinzip richtig. Die Erhöhung der Ionisationsdichte im Tumor bewirkt dort auch eine Veränderung der Zellüberlebenskurven zum exponentiellen Typ (Kapitel 8), was für die Praxis große Bedeutung hat, da die Therapie in der Klinik immer fraktioniert durchgeführt wird. Bei rein exponentiellen Kurven spielt die Erholung vom subletalen Schaden (Abschnitt 13.3.1) wegen der fehlenden Schulter keine Rolle; dies erhöht – neben geringeren OER-Werten – die Elektivität des Verfahrens.

In Tabelle 23.4 sind RBW- und OER-Werte für eine Exposition von Säugerzellen im Wasserphantom an der Oberfläche und bei einer Tiefe von 15 cm für verschiedene Strahlenarten vergleichsweise zusammengefaßt, außerdem das Verhältnis von Tiefen- zur Oberflächendosis.

Tabelle 23.4 RBW- (bei 10% Überlebensfraktion) und OER-Werte außerhalb und innerhalb des Tumors für verschiedene Strahlenarten. Quellen: a: RAJU und RICHMAN 1972; b: BLAKELY, TOBIAS u.a. 1980

Strahlenart	Energie MeV	außerhalb RBW	außerhalb OER	innerhalb RBW	innerhalb OER	Quotienten $\frac{RBW_i}{RBW_a}$	Quotienten $\frac{OER_a}{OER_i}$	Dosisquotient $\frac{D_i}{D_a}$
^{60}Co-γ[a]	1,3	1	3	1	3	1	1	0,5
schnelle Neutronen [a]	14	3	1,8	3	1,8	1	1	0,4
π^--Mesonen[a]	65[*]	1	3	2	1,8	2	1,7	2,5
Protonen[a]	150[*]	1	3	1	3	1	1	2
He-Ionen[b]	600[*]	1	3	1,3	2	1,3	1,5	2
C-Ionen[b]	4800	1	2,7	2	1,6	2	1,7	3,5
Ne-Ionen[b]	8500	1,3	3	2	1,2	1,5	2,5	4,4
Ar-Ionen[b]	22800	3,8	2,3	1,2	1,2	0,3	1,9	3,5

Angenommene Tumortiefe im Körper: 15 cm

[*] keine Angaben, geschätzt

Die Zahlen erhärten das Gesagte. Interessant ist dabei noch ein Vergleich der verschiedenen Ionen, bei denen immer die Energie so gewählt wurde, daß das Dosismaximum bei 15 cm Tiefe lag. In bezug auf das Dosisverhältnis Tumor/Phantomoberfläche sieht man bei den schwereren Teilchen (C, Ne, Ar) keine gravierenden Unterschiede, wohl aber für das Verhältnis der relativen biologischen Wirksamkeiten – es liegt bei Ar sehr deutlich unter 1, während die OER-Werte in der Tiefe für Ne und Ar günstiger sind als bei C-Ionen. Aufgrund dieser Analyse muß

man schließen, daß für die Radiotherapie Ionen nicht zu großer Masse
ein geeignetes Instrument darstellen, was auch den technischen Vorteil hat, daß ihre Beschleunigung leichter zu bewerkstelligen ist als
z.B. die von π^--Mesonen.

<u>LITERATUR</u> (23.3.1):
CURTIS 1979
FIELD 1976
RAJU 1980; RAJU und RICHMAN 1972

23.3.2 <u>Hyperthermie</u>

Wir haben in Kapitel 14 gesehen, daß die Temperatur ein wichtiger Parameter für die zelluläre Strahlenempfindlichkeit ist. Von besonderer
Bedeutung für die Strahlentherapie sind dabei die Reduktion von Erholungsvorgängen und eine Verringerung des Sauerstoffeffekts durch
Hyperthermie. Außerdem gibt es Anhaltspunkte dafür, daß Tumorzellen
generell wärmeempfindlicher sind als Normalgewebe, so daß sich eine
Kombination beider Behandlungsarten anbietet. Auf die nicht einfachen
technischen Probleme der Tumorüberwärmung wollen wir hier nicht eingehen. Das Tierexperiment (Abbildung 23.6) zeigt in der Tat, daß eine

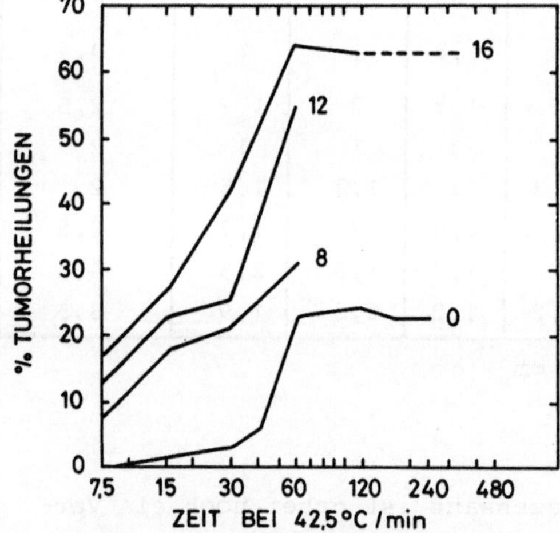

Abb. 23.6 Heilungen eines Experimentaltumors durch Kombination von
Hyperthermie und Röntgenstrahlung (250 kV, Exposureangaben in 100 Röntgen). Keine Heilungen waren mit Strahlung allein festzustellen bei Dosen bis zu 1600 R. Quelle: OVERGAARD 1978

bessere Heilungsrate durch Hyperthermie plus Strahlung erreicht werden
kann, obwohl davor gewarnt werden muß, dieses Ergebnis zu verallgemei-

nern. Ein noch nicht befriedigend geklärtes Problem bildet die in
einigen Fällen berichtete erhöhte Neigung zur Metastasenbildung nach
Hyperthermie. Normalgewebe scheint gegenüber der sensibilisierenden
Wirkung erhöhter Temperaturen unempfindlicher zu sein, woraus sich für
die Kombinationsbehandlung ein therapeutischer Gewinn ableiten würde
(Abbildung 23.7).

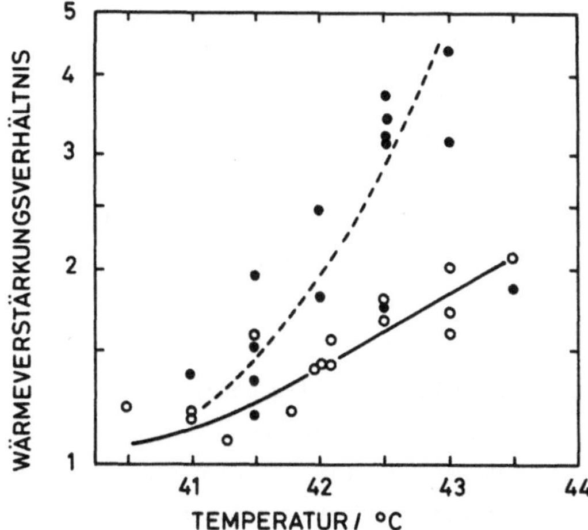

Abb. 23.7 Wärmeverstärkungsverhältnisse für Tumoren (●) und Normalgewebe (o). Quelle: OVERGAARD 1978

Trotz vieler Untersuchungen auf diesem Gebiet kann man die Lage in
bezug auf die Anwendbarkeit beim Menschen noch nicht als geklärt ansehen.

LITERATUR (23.3.2):
DIETZEL 1978
HAHN 1978
HAR-KEDAR und BLEEHEN 1976
STREFFER und BEUNINGEN u.a. 1978

23.3.3 Kombination mit Chemotherapie

Dies ist ein weites, aber auch vielversprechendes Feld, dessen systematische Gliederung einige Schwierigkeiten bereitet. Wir können uns
hier nur auf Andeutungen beschränken; die z.T. schon vorliegenden positiven klinischen Befunde lassen erwarten, daß von dieser Kombinationstherapie in Zukunft wesentliche Impulse für eine Verbesserung der Tu-
mortherapie zu erwarten sind.

Grundsätzlich ist zwischen cytotoxischen und nichttoxischen Substanzen
zu unterscheiden. Die erste Gruppe findet auch ohne Strahlung Anwendung
in der Krebstherapie, ihre Wirkung ist meist der Strahlung ähnlich
(Radiomimetika, Kapitel 15), indem sie die unbegrenzte Reproduktionsfähigkeit unterbinden. Der gedankliche Ansatz für eine Kombinationstherapie liegt auf drei Ebenen:

1. Mit Chemotherapeutika können Tumorzellen geschädigt werden, die
   einer Strahlenbehandlung nicht ohne weiteres zugänglich sind, z.B.
   Strahlentherapie des Primärtumors und Unterdrückung von Kleinmeta-
   stasen mit niedrig dosierten Radiomimetika.

2. Unterstützung der Chemotherapie durch Strahlung in Geweben, die
   gegenüber chemischer Behandlung kritisch sind, z.B. in Gehirn und
   Zentralnervensystem. Bei beiden genannten Kombinationen handelt es
   sich um eine systematische Wechselwirkung, in der die Agentien im
   wesentlichen in verschiedenen Bereichen des Körpers angreifen.

3. Eine sinnvolle Verbindung kann aber auch darin bestehen, daß die
   Radiomimetika in stärkerem Maße die relativ strahlenunempfindlichen
   Zellen schädigen, z.B. die in "resistenten" Phasen des Zellzyklus
   oder in hypoxischen Bezirken. In diesem Falle hätten wir es mit
   einer echten Interaktion zu tun, die additiv oder synergistisch
   sein kann (vgl. Kapitel 8), wobei natürlich der letzte Fall besonders interessant ist.

Eine Verstärkung des Strahleneffekts kann aber auch durch nicht toxi-
sche Substanzen bewirkt werden, die dann vor allem wichtig sind, wenn
sie auf tumorspezifische Eigenschaften ansprechen, also wieder hypoxische Bezirke, oder aber bestimmte Reparatur- oder Erholungsprozesse
unterdrücken, z.B. die im Tumor möglicherweise vorhandene Erholung von
potentiell letalen Schäden.

Ein letzter Punkt ist der selektive Schutz des Normalgewebes durch
Strahlenschutzstoffe, wodurch dann eine Applizierung höherer Dosen im
Tumor möglich wird. Ihre Anwendung ist dann möglich, wenn sie im Tumor
aufgrund der schlechteren Durchblutung in geringerer Konzentration vorliegen. In Abbildung 23.8 ist versucht worden, das Gesagte diagrammatisch zusammenzufassen. Tabelle 23.5 gibt Beispiele für einige Substanzen, die sich z.T. schon in klinischer Erprobung befinden. Von
ihnen sind in letzter Zeit vor allem die sogenannten "hypoxischen Sensibilisatoren" (Kapitel 9) viel diskutiert worden; eine umfassende klinische Würdigung steht allerdings noch aus.

Bei allen Überlegungen muß allerdings immer noch das Problem un-
erwünschter und oft unvorhergesehener Nebeneffekte bedacht und sorgfältig geprüft werden. So zeigen "hypoxische Sensibilisatoren" bei

Tabelle 23.5 Beispiele kombinierter Strahlenchemotherapie.

Radiomimetika	Vincristin, Cyclophosphamid, Bleomycin, Adriamycin, Methotrexat, Vinblastin
"Hypoxische Sensibilisatoren"	Misonidazol, Metronidazol
Erholungsinhibitoren	Actinomycin D, Hydroxyharnstoff, 5-Fluoruracil

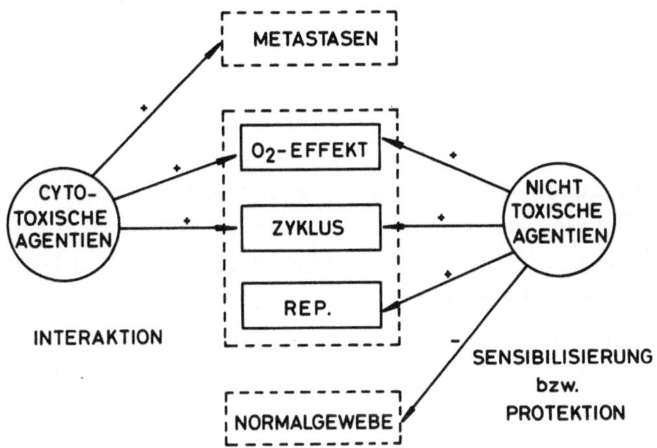

Abb. 23.8 Schematische Klassifizierung der Kombinationstherapie mit Strahlung und Pharmaka.

hoher Dosierung bisher nicht verstandene neurologische Wirkungen, die ihre Einsetzbarkeit begrenzt.

LITERATUR (23.3.3):

ADAMS, FOWLER und WARDMAN 1978

PHILIPS 1979

VAETH 1969

Anhang

I. Mathematisch-physikalische Beziehungen

<u>I. Mathematisch-physikalische Beziehungen</u>

<u>I.1 Polarkoordinaten</u>

Die Lage eines Punktes wird meist in rechtwinkligen cartesischen Ko-
ordinaten angegeben, im zweidimensionalen Fall – auf den wir uns hier
beschränken wollen – also durch Ordinatenwert y und Abszissenwert x.
Einen beliebigen Vektor $\vec{s}$ kann man durch den Anfangspunkt und seine
Komponenten s_x und s_y charakterisieren. Für eine Reihe von Problemen
– s. das Beispiel im nächsten Abschnitt – ist es jedoch vorteilhafter,
stattdessen den Abstand r zum Koordinatenursprung und den von diesem Radiusvektor mit der positiven x-Achse gebildeten Winkel β als
Bezugssystem zu verwenden (Abbildung I.1.1).

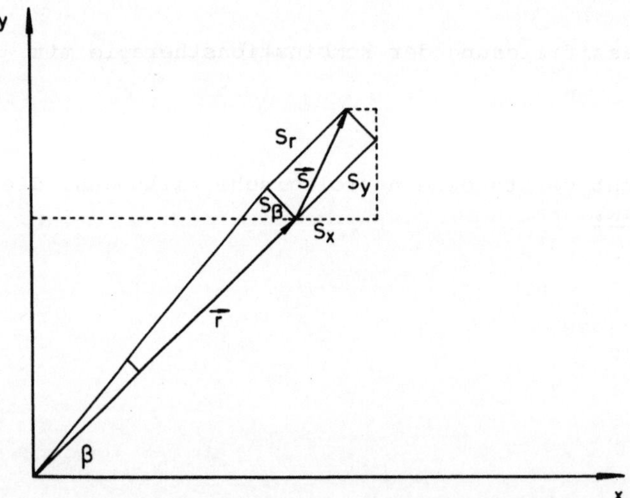

Abb. I.1.1 Darstellung von Vektoren in Polarkoordinaten

Einen Streckenvektor $\vec{s}$ kann man dann auch durch seine Komponenten in Richtung des Radiusvektors und einen dazu senkrechten tangentialen Anteil kennzeichnen. Aus der Abbildung entnimmt man folgende Beziehungen:

$$x = r \cos \beta \qquad\qquad y = r \sin \beta \tag{I.1.1}$$

und

$$s_x = s_r \cos \beta - s_\beta \sin \beta$$

$$\tag{I.1.2}$$

$$s_y = s_r \sin \beta - s_\beta \cos \beta$$

Daraus folgen die komplementären Relationen:

$$r = \sqrt{x^2 + y^2} \qquad\qquad \operatorname{tg} \beta = \frac{y}{x} \tag{I.1.3}$$

sowie

$$s_r = s_x \cos \beta + s_y \sin \beta$$

$$\tag{I.1.4}$$

$$s_\beta = s_x \sin \beta + s_y \cos \beta$$

Wir haben es meist mit zeitabhängigen Vorgängen zu tun, bei denen als weitere Variable Geschwindigkeit $\vec{v}$ und Beschleunigung $\vec{a}$ auftauchen. Für sie gilt sinngemäß natürlich dasselbe wie für den Streckenvektor $\vec{s}$. Um die notwendigen Ausdrücke explizit zu erhalten, differenzieren wir zunächst (I.1.1) nach der Zeit:

$$\dot{x} = v_x = \dot{r} \cos \beta - r \dot{\beta} \sin \beta$$

$$\tag{I.1.5}$$

$$\dot{y} = v_y = \dot{r} \sin \beta + r \dot{\beta} \cos \beta$$

Unter sinngemäßer Benutzung von (I.1.2) (Ersatz von s durch v) erhalten wir dann damit

$$v_r = \dot{r} \qquad\qquad \text{und} \qquad\qquad v_\beta = r \dot{\beta} \tag{I.1.6}$$

412

Ganz analog gewinnt mit Hilfe weiterer Differenzierung

$$a_r = \ddot{r} - r\dot{\beta}^2 \qquad \text{und} \qquad a_\beta = r\ddot{\beta} + 2\,\dot{r}\,\dot{\beta} \qquad\qquad (I.1.7)$$

Man beachte, daß $a_r \neq \dfrac{dv_r}{dt}$ bzw. $a_\beta \neq \dfrac{d_{v\beta}}{dt}$!!

Außerdem wird an einigen Stellen noch das Flächenelement dA benötigt.
Es ist - wie man auch aus Abbildung I.1.1 entnehmen kann:

$$dA = r\ dr\ d\beta \qquad\qquad (I.1.8)$$

I.2 Mittlere Wegstrecke in einer Kugel

Eine Kugel mit Radius r werde von einem isotropen Teilchenfluß der
Fluenz ϕ homogen durchstrahlt. Wegen der Isotropie können wir uns auf
eine bestimmte Richtung beschränken. Die Zahl der durchtretenden Teilchen n ist

$$n = \phi \cdot \pi\, r^2 \qquad\qquad (I.6)$$

Die Zahl der Teilchen, die in einem Abstand a vom Zentrum die Kugel
durchsetzen, ist der Querschnittsfläche $2\,\pi\,a\ da$ proportional. Die dabei durchlaufene Wegstrecke in der Kugel l(a) ist nach Abbildung I.2.1

$$l(a) = 2\sqrt{r^2 - a^2} \qquad\qquad (I.2.1)$$

und damit

$$a^2 = r^2 - \left(l(a)\right)^2/4 \qquad\qquad (I.2.2)$$

Differenzierung nach a liefert

$$2\,a\ da = -\,\frac{l\ dl}{2} \qquad\qquad (I.2.3)$$

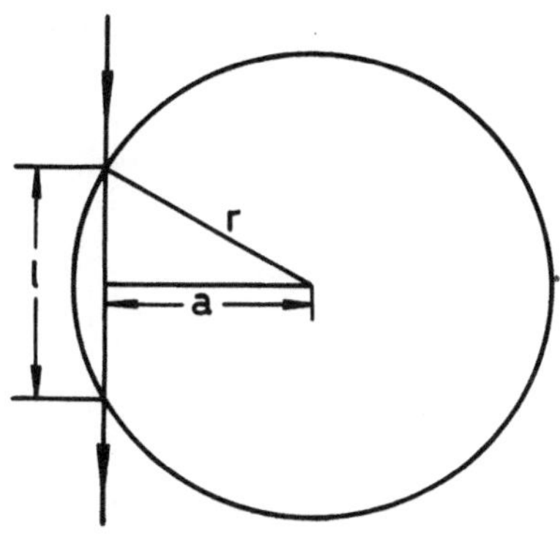

Abb. I.2.1 Zur Ableitung der Bahnlängenverteilung in der Kugel

Der relative Anteil der Teilchen, welche die Kugel im Abstand a durchsetzen, ist $\frac{2 \pi a\ da}{\pi\ r^2}$. Mit (I.2.3) ist dann die Verteilungsdichte der Bahnlängen f(l)dl gegeben durch

$$f(l)dl = \frac{l}{2} \frac{dl}{r^2} \qquad\qquad 0 \leqq l \leqq 2r \qquad\qquad (I.2.4)$$

Die mittlere Bahnlänge $\bar{l}$ ist dann

$$\bar{l} = \int\limits_{o}^{2r} \frac{l^2}{2} \frac{dl}{r^2}$$

$$= \frac{4}{3}\ r \qquad\qquad\qquad (I.2.5)$$

Diese Beziehung gilt allerdings nur, wenn die Reichweiten als unbegrenzt angesehen werden können.

Im Falle begrenzter Reichweiten ist die Situation anders. Wir wollen die Verhältnisse unter der Voraussetzung des Sekundärteilchengleichgewichts betrachten. Die mittlere Reichweite sei $\bar{x}$, die mittlere Spurlänge der einzelnen Teilchen in der Kugel $\bar{s}$. Das Gleichgewicht ist (Kapitel 3) dadurch charakterisiert, daß für jedes Teilchen, das in dem betrachteten Volumen zur Ruhe kommt, ein genau gleiches wieder entsteht. Die gesamte Spurlänge aller Teilchen zusammen genommen ist $\phi \pi r^2 \cdot \bar{l}$. Die Zahl individueller Teilchen ergibt sich als die Summe der eintretenden und der im Volumen entstehenden. Bezeichnen wir mit

$\frac{n}{v}$ die pro Volumeneinheit entstehenden Teilchen, so gilt mit Gleichung (3.28) für den Spezialfall der Kugel:

$$\text{Eintretende Teilchen: } \phi \cdot \pi \, r^2 = \frac{n}{v} \, \pi \, r^2 \cdot \overline{x}$$

$$\text{Entstehende Teilchen: } \frac{n}{v} \cdot \frac{4}{3} \, \pi \, r^3$$

Die mittlere Spurlänge $\overline{s}$ erhält man, indem die Gesamtspurlänge durch die Zahl der Teilchen dividiert wird:

$$\overline{s} = \frac{\dfrac{n}{v} \, \pi \, r^2 \cdot \overline{x} \cdot \overline{l}}{\dfrac{n}{v} \, \pi \, r^2 \, \overline{x} + \dfrac{n}{v} \cdot \dfrac{4}{3} \, \pi \, r^3}$$

$$= \frac{\overline{x} \cdot \overline{l}}{\overline{x} + \dfrac{4}{3} \, r}$$

$$= \frac{\overline{x} \cdot \overline{l}}{\overline{x} + \overline{l}}$$

bzw.

$$\frac{1}{\overline{s}} = \frac{1}{\overline{x}} + \frac{1}{\overline{l}} \tag{I.2.6}$$

Bei großen mittleren Reichweiten sind $\overline{l}$ und $\overline{s}$ identisch. Die Formel (I.2.6) gilt übrigens allgemeiner auch für andere konkave Körper, wie hier nicht gezeigt werden soll, weil wir unsere Betrachtungen auf die Kugel beschränken wollen.

I.3 Das "KEPLER-Problem"

Wir wollen hier die Wechselwirkung zweier Teilchen betrachten, zwischen denen eine Kraft entlang ihrer Verbindungslinie wirkt. Die Behandlung wird in Polarkoordinaten durchgeführt, wobei wir auf Abschnitt I.1 zurückgreifen. Das eine Teilchen mit Masse m_2 sei in Ruhe und befinde

sich im Ursprung des Koordinatensystems. Die Kraft sei dem Quadrat
des Abstandes umgekehrt proportional. Dann gilt für die tangentialen
und radialen Komponenten der Beschleunigung

$$a_\beta = r\ddot\beta + 2\,\dot r\,\dot\beta = 0 \qquad\qquad (I.3.1a)$$

$$a_r = \ddot r - r\,\dot\beta^2 = -\frac{k}{m_1\,r^2} \qquad\qquad (I.3.1b)$$

k ist eine Proportionalitätskonstante. Das negative Vorzeichen beruht
darauf, daß die anziehende Kraft zum Zentrum hin gerichtet ist.

Aus der ersten Gleichung (I.3.1a) folgt

$$\frac{1}{r}\frac{d}{dt}(r^2 \cdot \dot\beta) = 0$$

und damit

$$r^2 \cdot \dot\beta = \text{const.} = f \qquad\qquad (I.3.2)$$

("Konstanz der Flächengeschwindigkeit").
Die zweite Gleichung formen wir um, indem wir die explizite Zeitabhängigkeit eliminieren und r als Funktion von β auffassen:

$$\dot r = \frac{dr}{d\beta} \cdot \dot\beta = r'\beta$$

$$\ddot r = \frac{d^2 r}{d\beta^2}\,\dot\beta^2 + \frac{dr}{d\beta}\,\ddot\beta$$

$$= r''\,\dot\beta^2 + r'\,\ddot\beta \qquad\qquad (I.3.3)$$

Damit hat (I.3.1) die Form

$$2\,r'\,\dot\beta + r\,\ddot\beta = 0 \qquad\qquad (I.3.4a)$$

416

und

$$r'' \, \dot\beta^2 + r' \, \ddot\beta - r \, \dot\beta^2 = - \frac{k}{m_1 \, r^2} \qquad (I.3.4b)$$

Eliminierung von $\ddot\beta$ führt zu

$$r'' \, \dot\beta^2 - \frac{2 \, r'^2 \, \dot\beta^2}{r} - r \, \dot\beta^2 = - \frac{k}{m_1 \, r^2} \qquad (I.3.5)$$

was mit (I.3.2) ergibt

$$r'' - \frac{2r'^2}{r} - r = - \frac{k \, r^2}{m_1 f^2} \qquad (I.3.6)$$

Die Integration gelingt durch Einführung einer neuen Variablen $u = \frac{1}{r}$:

$$u'' + u = \frac{k}{m_1 f^2} \qquad (I.3.7)$$

(I.3.7) hat als allgemeine Lösung:

$$u = A_o \bigl(\cos(\beta + \beta_o) + \sin(\beta + \beta_o) \bigr) + \frac{k}{m_1 f^2} \qquad (I.3.8)$$

Dabei sind A_o und β_o noch zu bestimmende Integrationskonstanten. β_o ist noch frei wählbar und wird so festgelegt, daß mit einer neuen Konstanten A_1 geschrieben werden kann

$$u = A_1 \, \cos\beta + \frac{k}{m_1 f^2} \qquad (I.3.9)$$

So ergibt sich

$$r = \frac{\dfrac{m_1 \, f^2}{k}}{1 + \dfrac{A_1 \, m_1 \, f^2}{k} \cos \beta} \qquad (I.3.10)$$

Für große Entfernungen $(r \to \infty)$ ergeben sich die limitierenden Einfalls- und Ausfallswinkel β_1 bzw. β_2 gemäß

$$\cos \beta_1, \; \beta_2 = - \frac{k}{m_1 \, A_1 \, f^2} \qquad (I.3.11)$$

Aus (I.3.10) erhält man auch

$$r' \, \dot{\beta} = \dot{r} = A_1 \, r^2 \, \dot{\beta} \sin \beta$$

$$= A_1 \cdot f \sin \beta \qquad (I.3.12)$$

Bei großen Entfernungen ist die Geschwindigkeit radial gerichtet und v_1. Daher

$$v_1^2 = A_1^2 \, f^2 \, \sin^2 \beta_1 \qquad (I.3.13)$$

und mit (I.3.10)

$$\cos^2 \beta_1, \beta_2 = \frac{k^2}{k^2 + m_1^2 \, f^2 \, v_1^2} \qquad (I.3.14)$$

Als nächstes wird die Flächengeschwindigkeit f bestimmt; da sie konstant ist, kann man hierzu von den Verhältnissen bei großer Entfernung ausgehen. Aus Abbildung I.3.1 entnimmt man

$$\frac{r \, d \, \beta}{p} = \frac{r \, dr}{r + dr} \approx \frac{dr}{r}$$

$$dr \approx v_1 \, dt$$

Damit

$$r^2 \cdot \frac{d\beta}{dt} = b \, v_1 = f \tag{I.3.15}$$

b ist der aus Kapitel 2 bekannte Stoßparameter. Damit ergibt sich für die limitierenden Winkel

$$\cos^2 \beta_1, \beta_2 = \frac{k^2}{k^2 + m_1^2 \, v_1 \, b^2} \tag{I.3.16}$$

Wir hatten hier die im Zentrum befindlichen Teilchen als ruhend vorausgesetzt; eine allgemeine Behandlung müßte im Schwerpunktsystem erfolgens, was dazu führt, daß in (I.3.16) anstelle von m_1 die reduzierte Masse μ_o einzusetzen ist - alles andere bleibt unverändert.

Der übertragene Energiebetrag ε ist nach Gleichung (2.21a)

$$\varepsilon = \frac{4AT_o}{(1 + A)^2} \, \sin \psi/2 \tag{I.3.17}$$

Aus Abbildung I.3.1 sieht man, daß

$$\psi = \pi - 2 \, \beta_1$$

und damit

$$\sin \psi/2 = \cos \beta_1$$

Aus (I.3.16) errechnet man den differentiellen Wirkungsquerschnitt:

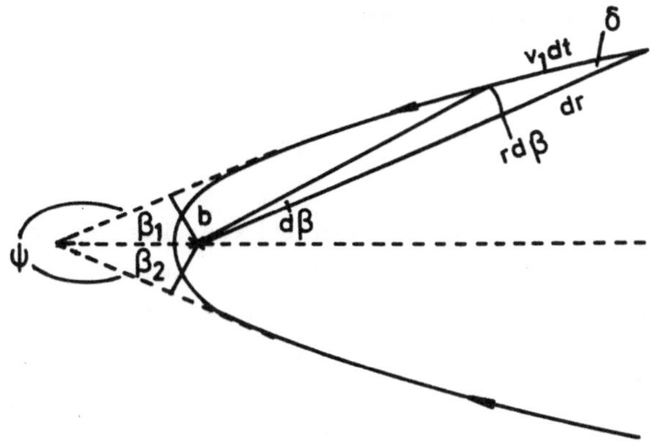

Abb. I.3.1 Ablenkung von Teilchen unter dem Einfluß einer Zentralkraft

$$(d\sigma = 2\pi b\ db = \pi\ d(b^2))$$

$$d\sigma = -\frac{4\pi k^2\ A\ T_o}{\mu^2\ v_1^4\ (1+A)^2\ \varepsilon^2}\ d\varepsilon$$

$$d\sigma = -\frac{2\pi k^2}{m^2\ v_1^2\ \varepsilon^2}\ d\varepsilon \qquad\qquad (I.3.18)$$

Hierbei ist - wie bisher immer - vorausgesetzt worden, daß das zweite Teilchen sich zu Beginn in Ruhe befand, also

$$T_o = \frac{m_1\ v_1^2}{2}\ .$$

Im Falle der elektrostatischen Wechselwirkung ist

$$k = Z_1^*\ \cdot\ Z_2^*\ \cdot\ e^2 \qquad\qquad (I.3.19)$$

wobei z_1^* und z_2^* die effektiven Ladungszahlen der beiden Teilchen und
e die Elementarladung bedeuten.

I.4 Die POISSON-Verteilung

Wir betrachten hier einen wichtigen Spezialfall statistischer Verteilungen. Sie sind immer dann von Bedeutung, wenn Größen unter gegebenen
Bedingungen nicht einen einzigen determinierten Wert haben, sondern
aufgrund des Zufallscharakters der zugrunde liegenden Prozesse nur
nach statistischen Gesetzen beschrieben werden können. Die Verteilungsfunktion $F(x)$ gibt an, mit welcher Wahrscheinlichkeit Werte unterhalb
x zu erwarten sind, wenn wir davon ausgehen, daß keine negativen Werte
vorkommen. Wichtig ist vor allem die Verteilungsdichte $f(x)dx$, welche
die Wahrscheinlichkeit beschreibt, Werte im Intervall x .. x + dx zu
finden:

$$F(x) = \int_0^x f(n) \, dn \qquad (I.4.1)$$

Als Kenngrößen der Verteilung benutzt man vor allem den Mittelwert $\bar{x}$
und die Varianz σ^2:

$$\bar{x} = \int_0^\infty x \cdot f(x) \, dx \qquad (I.4.2)$$

und

$$\sigma^2 = \int_0^\infty (\bar{x}-x)^2 \, f(x) \, dx \qquad (I.4.3)$$

Es ist

$$\sigma^2 = \int_0^\infty x^2 \, f(x) \, dx - \bar{x}^2$$

$$= \overline{x^2} - \bar{x}^2 \qquad (I.4.4)$$

wie man durch Ausmultiplizieren sieht.

Die POISSON-Verteilung beschreibt sogenannte "seltene" Ereignisse,
d.h. solche, bei denen die mittlere Wahrscheinlichkeit für das Eintreten klein ist. Wir betrachten dies am Beispiel eines zeitabhängigen

Prozesses, bei dem in einem Intervall dt mit der Wahrscheinlichkeit $\lambda \cdot dt$ in einem von vielen gleichen Bereichen ein Treffer eintritt. Die Wahrscheinlichkeit für Bereiche mit n Treffern sei $p_n(t)$. Dann kann man ansetzen

$$d\,p_n(t) = \lambda\,dt\,(p_{n-1}(t) - p_n(t)) \qquad (I.4.5)$$

da mit jedem neuen Ereignis ein Bereich, der schon n Treffer erhalten hatte, nun n+1 besitzt etc. Speziell gilt, da negative Trefferzahlen nicht vorkommen:

$$d\,p_o(t) = -\lambda\,p_o(t)\,dt \qquad (I.4.6)$$

Daher ist $p_o(t) = e^{-\lambda t}$. Dies kann man nun zur Gewinnung von $p_1(t)$ gemäß (I.4.5) benutzen und erhält

$$p_1(t) = \lambda t \cdot e^{-\lambda t}$$

und entsprechend weitergeführt allgemein

$$p_n(t) = \frac{(\lambda t)^n}{n!}\,e^{-\lambda t} \qquad (I.4.7)$$

Der Mittelwert $\bar{n}$ ist dann

$$\bar{n} = \sum_{n=o}^{\infty} n\,p_n(t)$$

$$= \sum_{n=o}^{\infty} n \cdot \frac{(\lambda t)^n}{n!}\,e^{-\lambda t}$$

$$= \lambda t \qquad (I.4.8)$$

Wir können also auch schreiben

$$p_n = \frac{\bar{n}^n}{n!}\,e^{-\bar{n}} \qquad (I.4.9)$$

Für die Varianz erhält man

$$\sigma^2 = \sum_{n=0}^{\infty} (\bar{n} - n)^2 \frac{\bar{n}^n}{n!} e^{-\bar{n}}$$

$$= \sum_{n=0}^{\infty} n(n-1)+n \frac{\bar{n}^n}{n!} e^{-\bar{n}} - \bar{n}^2$$

$$= \bar{n}^2 + \bar{n} - \bar{n}^2 = \bar{n} \tag{I.4.10}$$

Varianz und Mittelwert sind bei der POISSON-Verteilung also gleich.

I.5 LAPLACE-Transformation

Ausgehend von einer Funktion f(x) bezeichnet man als deren Laplace-Transformierte g(s) den folgenden Ausdruck:

$$g(s) = \int_{0}^{\infty} f(x)\, e^{-xs}\, ds \tag{I.5.1}$$

Man kann g(s) und f(x) als sich entsprechende Funktionen im x- bzw. s-Raum betrachten und spricht daher auch von "Original-(f(x)) und Bild-funktion (g(s)) und kennzeichnet sie durch Entsprechungsbeziehungen:

$$g(s) \;\text{---}\; f(x)$$

Falls f(x) im gesamten Bereich stetig und differenzierbar ist, gilt außerdem, wie man durch Differenzierung unter dem Integral verifiziert:

$$s\, g(s) \;\text{---}\; - \frac{d\, f(x)}{dx}$$

$$s^2\, g(s) \;\text{---}\; \frac{d^2\, f(x)}{dx^2} \tag{I.5.2}$$

Damit hat man die Möglichkeit, lineare Differential in algebraische Gleichungen umzuformen, was uns hier aber nicht weiter interessieren soll.

Ist $f(x)\,dx$ eine Wahrscheinlichkeitsdichtefunktion (d.h. $\int_0 f(x)\,dx=1$), so kann man $\bar{x}$ und σ^2 auch unmittelbar aus der Laplace-Transformierten erhalten, ohne eine Rücktransformation vornehmen zu müssen:

$$\bar{x} = \int_0^\infty xf(x)\,dx$$

$$= \lim_{s\to 0} \int_0^\infty xf(x)\,e^{-xs}\,ds$$

$$= -\lim_{s\to 0} \frac{dg}{ds} \qquad\qquad (\text{I.5.3})$$

und

$$\sigma^2 = \lim_{s\to\infty} \left(\frac{d^2g}{ds^2} - \left(\frac{dg}{ds}\right)^2\right) \qquad\qquad (\text{I.5.4})$$

Von besonderer Bedeutung ist die Laplace-Transformation bei Faltungsintegralen:

$$f(x) * f(x) = \int_0^x f(u)\ f(x-u)\ du$$

Die transformierte Funktion ist

$$\int_{x=0}^\infty \int_{u=0}^x f(u)\cdot f(x-u)\,e^{-xs}\,du\,dx$$

sie hängt von den beiden Integrationsvariablen x und u ab: Es ist also zunächst u von o bis x, anschließend x von o bis ∞ zu überstreichen. Aus Abbildung I.5.1 sieht man, daß dasselbe erreicht wird, wenn man x von u bis ∞ und u von o bis ∞ laufen läßt. Also kann man schreiben

$$f(x) * f(x) = \int_{x=u}^\infty \int_{u=0}^\infty f(u)\ f(x-u)\,e^{-xs}d\cdot du$$

Mit $z = x - u$ wird daraus

$$f(x) * f(x) = \int\limits_{z=0}^{\infty} \int\limits_{u=0}^{\infty} f(u)\, f(z)\, e^{-zs}\, e^{-us}\, dz\, du \qquad (I.5.5)$$

$$= g(s) \cdot g(s)$$

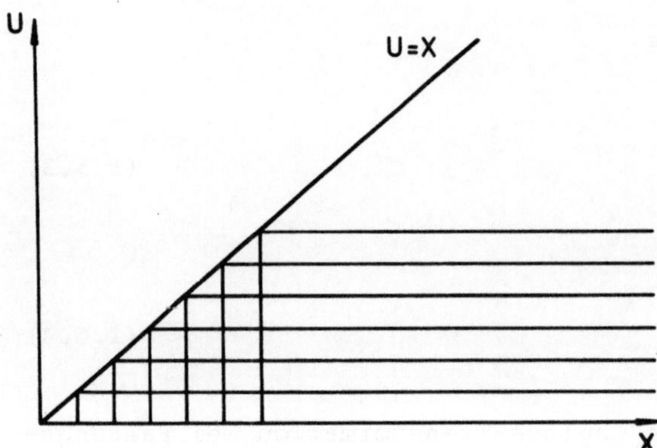

Abb. I.5.1 Zur Ableitung der Laplace-Transformierten des Faltungsintegrals

Einer Faltungsoperation im Originalraum entspricht also eine Multiplikation im Bildraum.
Dies gilt natürlich auch für mehrfache Faltungen

$$f^{*n}(x) \quad\longrightarrow\quad g^n(s)$$

wobei das Symbol ^{*n} eine n-fache Faltung bezeichnen soll. Falls eine neue Verteilungsfunktion $f_n(x)$ durch eine n-fache Faltung entsteht (wie wir sie in Kapitel 4 kennengelernt haben), kann man leicht Mittelwert und Varianz bestimmen, die wir mit $\bar{x}_n$ und σ_n^2 bezeichnen wollen:

$$\bar{x}_n = -\lim_{s\to 0} \frac{d}{ds} g^n(s)$$

$$= -n \lim_{s\to 0} g^{n-1} \frac{d}{ds}$$

$$= n\,\bar{x} \qquad (I.5.6)$$

und

$$\sigma_n^2 = \lim_{s \to 0} \left(\frac{d^2\ g^n(s)}{d\ s^2} - \left(\frac{d\ g^n(s)}{ds}\right)^2 \right)$$

$$= \lim_{s \to 0} \left(n(n-1)\ g^{n-2}\left(\frac{dg}{ds}\right)^2 + n\ g^{n-1}\ \frac{d^2g}{ds^2} - \left(n\ g^{n-1}\ \frac{dg}{ds}\right)^2 \right)$$

$$= n\ \sigma^2 \tag{I.5.7}$$

Mittelwert und Varianz sind also in diesem Falle jeweils das n-fache der Werte, die sich bei der ungefalteten Verteilung ergeben.

LITERATUR (I.5):

DOETSCH 1961

I.6 Die Probittransformation

Falls eine Größe einer Gaußschen-Normalverteilung folgt, kann man Mittelwert und Varianz mit Hilfe der sogenannten "Probittransformation" bestimmen und dabei gleichzeitig prüfen, inwieweit die Annahme zutrifft. Es ist in diesem Fall

$$F(x) = \frac{1}{\sigma\ \sqrt{2\ \pi}}\ \int_{-\infty}^{x} \exp \frac{(\overline{x} - n)^2}{2\ \sigma^2}\ dn = y \tag{I.6.1}$$

Man vergleicht nun diese allgemeine Verteilung mit der "Standard"-Verteilung mit Mittelwert 0 und Varianz 1, wobei die obere Integrationsgrenze k von dem Funktionswert y = F(x) abhängt:

$$\frac{1}{\sigma\sqrt{2\ \pi}}\ \int_{-\infty}^{x} \exp \frac{(\overline{x} - n)^2}{2\ \sigma^2}\ dn = \frac{1}{\sqrt{2\ \pi}}\ \int_{-\infty}^{k} \exp \frac{z^2}{2}\ dz$$

Man sieht, wenn man $z = \frac{n-\overline{x}}{\sigma}$ setzt, daß $k = \frac{x-\overline{x}}{\sigma}$ ist. Trägt man also k, das man für gegebene Werte von F(x) den Tabellen für die Standardnormalverteilung entnimmt, gegen x auf, so erhält man bei Vorliegen einer Normalverteilung eine Gerade. Um aus praktischen Gründen nur im positiven Bereich zu arbeiten, benutzt man allerdings in der Regel den Probit Y = k + 5:

$$Y = \frac{x-\overline{x}}{\sigma} + 5 \tag{I.6.2}$$

Bei $Y = 5$ kann man dann von der Abszisse unmittelbar den Mittelwert
ablesen, die Streuung (= Quadratwurzel aus der Varianz) ist gleich dem
Kehrwert der Steigung. Es sind auch entsprechend dieser Transformation
aufgebaute Raster im Handel, die man als "Wahrscheinlichkeitsnetzpa-
piere" bezeichnet. Es sei darauf hingewiesen, daß durch diese nicht-
lineare Transformation die Fehler unterschiedliches Gewicht erhalten,
was bei einer korrekten Analyse berücksichtigt werden muß. Nähere
Einzelheiten entnehme man der Literatur.

LITERATUR (I.6):
FINNEY 1962

I.7 Reaktionskinetik

Wir betrachten den einfachen Fall, daß ein Produkt C durch die Reaktion zweier Partner A und B entsteht, die entsprechenden Konzentrationen seien C_A, C_B und C_C. In erster Näherung kann man annehmen, daß
die Reaktionswahrscheinlichkeit dem Produkt der Partnerzahlen im betrachteten Volumen, also den Konzentrationen proportional ist:

$$\frac{dC_C}{dt} = k \cdot C_A \cdot C_B \qquad\qquad (I.7.1)$$

Man bezeichnet k, den Proportionalitätsfaktor, welcher ein Maß für die
Umsatzgeschwindigkeit darstellt, als die bimolekulare Reaktionsgeschwindigkeitskonstante ("bimolecular reaction rate constant") mit der
Dimension $\text{mol}^{-1} \text{ dm}^3 \text{ s}^{-1}$. Die Größe von k hängt von der speziellen Natur der Umsetzung ab.

Von besonderem Interesse sind solche Reaktionen, bei denen jedes
Zusammentreffen zweier Moleküle A und B zur Umsetzung führt. Man bezeichnet sie aus offensichtlichen Gründen als "diffusionskontrolliert".
In diesem Falle läßt sich die Größe von k abschätzen:
Wir denken uns jedes Molekül A im Zentrum eines kugelförmigen Volumens, in welchem weder A- noch B-Moleküle zunächst vorhanden sind. In
diese Kugel diffundieren B-Moleküle hinein, welche nach Erreichen eines
Mindestabstandes a unter Bildung des Produktes C reagieren. Die Umsatzgeschwindigkeit ist somit der Zahl von B-Molekülen, die pro Zeiteinheit den kritischen Abstand erreichen und der Konzentration von A

proportional.

Für die Diffusion in einer Kugel gilt

$$\frac{\partial n_B}{\partial t} = D_B \cdot 4 \pi r^2 \cdot \frac{\partial C_B}{\partial r} \qquad (I.7.2)$$

Hierbei ist n_B die Zahl der die Kugeloberfläche passierenden Moleküle und D_B die Diffusionskonstante. Unter Gleichgewichtsbedingungen – die wir annehmen können – ist $\frac{\partial n_B}{\partial t} = j$ konstant und wir können die Gleichung integrieren:

$$C_B(b) - C_B(a) = - j \left(\frac{1}{4 \pi D_B b} - \frac{1}{4 \pi D_B a} \right) \qquad (I.7.3)$$

Hierbei ist b der Radius der angenommenen Kugel und a der "Reaktionsabstand". Die Zahl der Kugeln ist der Konzentration von A proportional. Bei nicht zu hohen Werten von C_A ist b >> a. Außerdem ist wegen der sofort stattfindenden Reaktion $C_B(a) = 0$ und die Konzentration an der Außenfläche $C_B(b) = C_B$, der mittleren Konzentration von B. So erhält man

$$j = 4 \pi D_B a \cdot C_B \qquad (I.7.4)$$

Ein entsprechender Ausdruck wird erhalten, wenn man die analoge Betrachtung für die Moleküle B durchführt. Den Gesamtumsatz erhält man, wenn man die Flüsse j (= Zahl der im Mittel pro Zeiteinheit pro Kugel umgesetzten Moleküle) mit der Zahl der Kugeln multipliziert und die Anteile der A- und B-Kugeln summiert:

$$\frac{dC_C}{dt} = 4 \pi a C_A C_B (D_A + D_B) \qquad (I.7.5)$$

und damit durch Vergleich mit (I.7.1)

$$k = 4 \pi a (D_A + D_B) \qquad (I.7.6)$$

Um eine Abschätzung der Größenordnung zu erhalten, gehen wir davon
aus, daß a der Summe der Molekülradien gleich ist; als typische Größen für kleine, nicht geladene Moleküle kann man in wässrigem Milieu
ansetzen:

$$a \approx 10^{-8} \text{ cm} \qquad\qquad D_A + D_B \approx 10^{-4} \text{ cm}^2 \text{ s}^{-1} \quad ,$$

womit sich ergibt

$$\begin{aligned}
K &= 4\,\pi \cdot 10^{-12} \text{ cm}^3 \text{ s}^{-1} \\[2mm]
&= 4\,\pi \cdot 10^{-15} \cdot 6{,}02 \cdot 10^{23} \text{ mol}^{-1} \text{ dm}^3 \text{ s}^{-1} \\[2mm]
&\approx 10^{10} \text{ mol}^{-1} \text{ dm}^3 \text{ s}^{-1}
\end{aligned} \qquad\qquad (\text{I}.7.7)$$

Anhang

II. Biologische Fragen

II <u>Biologische Fragen</u>

II.1 <u>Struktur und Replikation der DNS</u>

Die Desoxyribonukleinsäure (DNS) ist der Träger der genetischen Information in allen Zellen, nur bei einigen Viren wird diese Funktion von Ribonukleinsäuren übernommen. DNS ist ein polymeres Makromolekül, dessen Bausteine als Nukleotide bezeichnet werden. Sie sind nach einem einheitlichen Grundschema aufgebaut aus einer heterozyklischen organischen Base, einem Zucker (Desoxyribose) sowie einer Phosphatgruppe (Abbildung II.1.1).

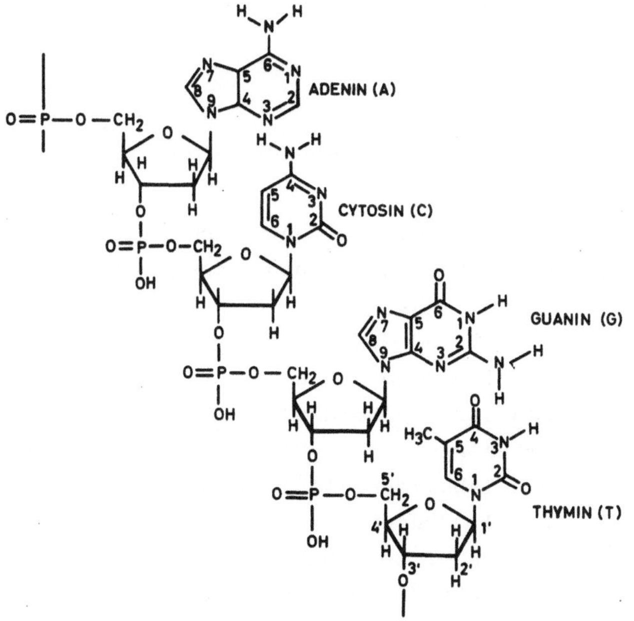

Abb. II.1.1 Struktur der DNS. Quelle: nach GUSCHLBAUER 1976

In der DNS kommen vier Basen vor: Adenin (A), Guanin (G) (abgeleitet
vom Purin) sowie Thymin (T) und Cytosin (C) (abgeleitet vom Pyrimidin),
Zucker und Phosphat sind bei allen Nukleotiden gleich. Basen und Zuk-
ker bilden die Nukleoside (Adenosin, Guanosin, Thymidin, Cytidin).
Ihre Atome werden (s. Abb. II.1.1) durchnumeriert, wobei die im Zuk-
kerrest zur Unterscheidung einen Strich ' tragen. Die Verbindung zum
Makromolekül erfolgt über die Phosphatgruppe und die C_3'-bzw. C_5'-Atome
der Desoxyribose. Hierdurch wird eine Richtung festgelegt (3' → 5').
Zwei einzelne Stränge bilden das eigentliche DNS-Molekül in einer
schraubenförmigen Doppelstruktur (Helix), indem sich zwischen A und T
bzw. G und C zwei bzw. drei Wasserstoffbrücken ausbilden (Abbildung
II.1.2).

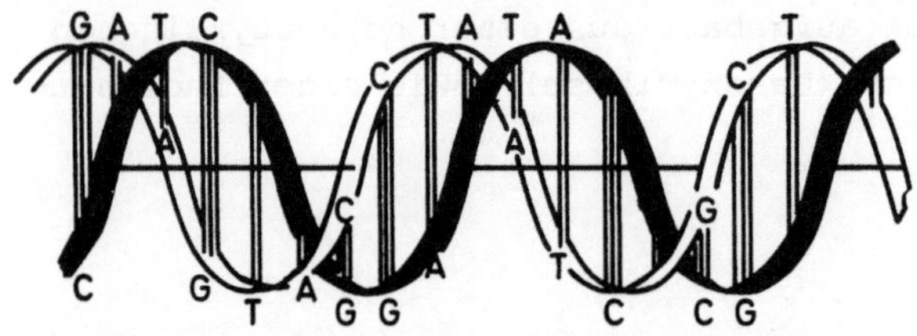

Abb. II.1.2 Struktur des DNS-Doppelstrangs (schematisch). Quelle:
nach LEHNINGER 1970

Die Richtungen der beiden Stränge sind hierbei entgegengesetzt, die
Basensequenz entsprechend der spezifischen Paarung komplementär. Verschiedene Zellen unterscheiden sich nicht nur in ihrem DNS-Gehalt,
sondern auch in dem Anteil von A - T und G-C-Paaren.

In Bakterien und Phagen liegt die doppelsträngige DNS in der Regel
als ein einziges ringförmig geschlossenes Molekül vor. In eukaryotischen Zellen ist sie mit bestimmten Proteinen (Histonen) zu einer regelmäßigen Überstruktur verbunden (Abbildung II.1.3): Der DNS-Doppel-
strang ist in einer Länge von ca. 140 Basenpaaren auf einem Einweiß-
grundkörper "aufgewickelt", zwischen diesen "Nukleosomen" erstrecken
sich kürzere Verbindungsstücke ("linker"), die in bisher noch nicht
geklärter Form aber auch mit einem Histon (H_1) assoziiert sind. In

elektronenmikroskopischen Bild erscheint das Ganze wie eine Perlenschnur ("string of beads"). In der Zelle legen sich die Nukleosomen
noch zu weiteren kompakten Überstrukturen zusammen, welche die Chromosomen bilden. Sie können bei der Zellteilung bekanntlich auch licht-
mikroskopisch sichtbar gemacht werden, ihre Zahl ist von Zellart zu
Zellart verschieden.

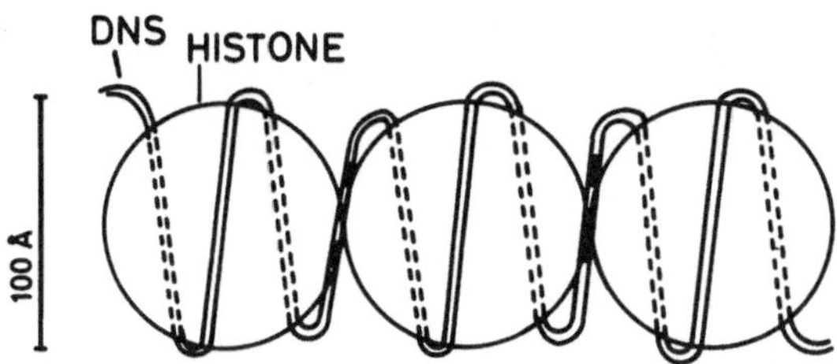

Abb. II.1.3 Nukleosomenstruktur (schematisch). In Wirklichkeit liegt
keine Kugelgestalt vor.

Die wichtigste Aufgabe der DNS in der Zelle ist die Bereitstellung der
Information für die Proteinsynthese, wobei die Reihenfolge der Aminosäuren durch die Basensequenz der DNS bestimmt wird. Jeweils drei
Basen (Codon) codieren für eine der 20 in den Proteinen vorkommenden
Aminosäuren. Die Informationsübertragung erfolgt über eine komplementäre Kopie einer Ribonukleinsäure (Transkription durch die messenger-
RNS) und nachfolgende Übersetzung (Translation) in den Ribosomen, wobei die Aminosäuren mit Hilfe der "Transfer-RNS" zu der Proteinkette
zusammengesetzt werden. An allen Schritten sind natürlich eine Reihe
von Enzymen beteiligt.

In unserem Zusammenhang ist die DNS-Replikation von besonderer
Bedeutung, weil sie die Informationsweitergabe bei der Zellteilung
sicherstellt. Sie erfolgt grundsätzlich "semikonservativ", d.h. es
entsteht ein neuer Doppelstrang grundsätzlich aus einem schon vorhandenen und einem neu synthetisierten Einzelstrang (Abbildung II.1.4):
Der parentale Doppelstrang wird mit Hilfe spezieller Enzyme geöffnet,
es bildet sich eine Replikationsgabel (replication fork). Unter Aus-
nutzung der spezifischen Basenpaarung werden von "Polymerisations-
enzymen" neue komplementäre Stränge synthetisiert. Der Prozeß ist

- wie üblich - zunächst vor allem in Bakterien untersucht worden.

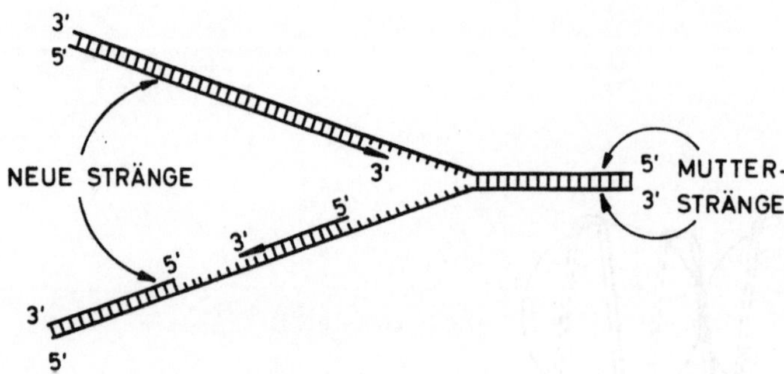

Abb. II.1.4 Semikonservative Replikation der DNS: Die Polymerase arbeitet nur in 5' - 3'-Richtung. Auf dem unteren Strang werden daher
nur kurze Stücke synthetisiert (Okazaki-Fragment), die später durch
Ligasen verbunden werden.

In E.coli konnte man drei Polymerasen (I, II, III) identifizieren,
denen allen gemeinsam ist, daß sie nur in einer Richtung synthetisie-
ren können (5' - 3'-Richtung). Das bedeutet aber, daß eine ununter-
broche fortlaufende Synthese nur an einem Strang (leading strand) vor
sich gehen kann, an dem anderen (lagging strand) érfolgt sie in "Ge-
genrichtung" in kleinen Stücken, sogenannten Okasaki-Fragmenten, die
später mit Hilfe einer Ligase verbunden werden. Die Replikation zeichnet sich durch eine unglaublich niedrige Fehlerrate von 10^{-8} - 10^{-10}
aus, die rein thermodynamisch nicht zu verstehen ist. Diese hohe "Fidelität" wird dadurch gewährleistet, daß die bakteriellen Polymerasen
über eine Korrekturfähigkeit (proof reading activity) verfügen: Nach
Einbau eines neuen Nukleotids wird geprüft, ob eine korrekte Basenpaarung vorliegt, ist dies nicht der Fall, wird das gerade inkorporierte Nukleotid wieder ausgebaut. Diese Exzision erfolgt also entgegen der Polymerisationsrichtung (3' - 5'-Nuklease) und ist zu unterscheiden von der bei der Reparatur von Strahlenschäden, die in Richtung der Synthese abläuft (5' - 3'-Nuklease). Die Ausgangsprodukte
für die Neusynthese sind die Triphosphate der Nukleoside; zwei end-
ständige Phosphatgruppen werden abgespalten, die dabei gewonnene freie
Energie wird für die Polymerisierung genutzt. Liegt auf dem Eltern-
strang eine Veränderung vor, welche eine korrekte Basenpaarung unmög-

lich macht, so kommt hier die Replikation zum Halt, weil jedes gerade eingebaute Nukleotid immer wieder sofort ausgebaut wird - jetzt aber als Monophosphat! Man kann diese Umwandlung von Triphosphat in Monophosphat experimentell nachweisen; wahrscheinlich spielt dieser Vorgang bei der Auslösung der "SOS-Reparatur" (Kapitel 13) eine Rolle.

In eukaryotischen Zellen ist der Mechanismus noch nicht im selben Maß erforscht. Das Grundschema ist jedoch gleich. Innerhalb eines Chromosoms kann die Replikation an mehreren Stellen starten (replication origins), die Geschwindigkeit wird im wesentlichen durch die Zahl der Startstellen bestimmt. Es sind auch eine Reihe von Polymerasen bekannt, die mit kleinen griechischen Buchstaben bezeichnet werden (z.B. α-γ). Im Gegensatz zu bakteriellen Systemen scheinen sie nicht über die Korrekturaktivität zu verfügen, obwohl die Fidelität der Replikation nicht geringer ist. Man nimmt daher an, daß außerdem noch spezielle Korrekturenzyme existieren. In höheren Zellen verfügen auch bestimmte Organellen, wie Mitochondrien und Chloroplasten, über eigene DNS und eine autonome Replikation.

<u>LITERATUR</u> (II.1): KORNBERG 1974

II.2 Zell- und Teilungszyklus

Bei Bakterien verläuft die DNS-Replikation unter optimalen Kulturbedingungen mit Ausnahme der eigentlichen Teilungsphase kontinuierlich. Dies ist in höheren Zellen nicht der Fall, vielmehr ist auf einen bestimmten Abschnitt während der Zeit zwischen zwei aufeinander folgenden Teilungen beschränkt, die man als S-Phase bezeichnet. Die vorsynthetische Phase nennt man G_1 ("gap"), die auf die Synthese folgende G_2, an welche sich die Teilung anschließt. Man kommt so also zu der folgenden Einteilung des Zellzyklus:

$$\text{Teilung 1 - } G_1 \text{ - S - } G_2 \text{ - Teilung 2.}$$

Die Gesamtdauer ist bei verschiedenen Zellen recht unterschiedlich, z.B. ca. zwei Stunden bei Hefen und 10 - 20 Stunden bei Säugerzellen. Der Anteil von S- und G_2- bleibt relativ konstant, während G_1 in Abhängigkeit von den Kulturbedingungen die größte Variabilität zeigt. Die eigentliche Teilung verläuft in den meisten Zellen in Form der Mitose, die man nach dem mikroskopischen Erscheinungsbild noch weiter unterteilen kann:

Prophase: Beginn der sichtbaren Chromosomenkondensation, Zerfall der Kernmembran

Metaphase: Die Chromosomen ordnen sich in der Mitte an (Äquatorialplatte). Spaltung der Centromere (s.u.).

Anaphase: Entsprechende (homologe) Chromosomen verteilen sich auf die
Pole der Zelle

Telophase: Bildung neuer Kernmembranen. Teilung der Zelle. Zurückgehen
der sichtbaren Chromosomenstruktur. Eintritt in eine neue
Interphase.

Während der Mitose zeigen die Chromosomen eine typische Struktur, die
besonders in der Metaphase gut erkennbar ist, weshalb Aberrationen
meist während dieses Abschnitts beobachtet werden. Mit Hilfe bestimmter Chemikalien (z.B. Colchicin) kann man die Zellen hier arretieren,
was die Beobachtung größerer Zahlen erleichtert. Metaphasenchromosomen
bestehen aus zwei sich entsprechenden Teilen, den Chromatiden, die zunächst an einer Stelle, dem Centromer, zusammenhängen. An ihm greifen
die Spindelfasern an, welche in der Anaphase nach der Centromerteilung
die Verteilung zu den Zellpolen bewerkstelligen. Centromerlose (acen-
trische) Teilstücke können also nicht zu den Polen wandern. Die Zellen
des menschlichen und tierischen Körpers verfügen - mit Ausnahme der
Keimzellen - über einen doppelten Chromosomensatz,der aus der Verschmel-
zung von Ei- und Samenzelle herrührt - sie sind diploid (s.a. Abschnitt.
II.4). Bei der Bildung der Keimzellen, welche haploid sind, muß eine
Verteilung der einfachen Sätze erfolgen. Dies geschieht durch die sogenannte Meiose. Hierbei werden sich entsprechende Chromosomen auf
die Tochterzellen so verteilen, daß sie beide über einen einfachen
Satz verfügen. Der genaue Ablauf ist komplexer als hier angedeutet,
was aber hier nicht besprochen zu werden braucht. Es kann hierbei
passieren, daß die Aufteilung - auch aufgrund von Strahlenschäden -
nicht streng symmetrisch verläuft ("Nicht-Disjunktion", non disjunction), was natürlich erhebliche genetische Konsequenzen nach sich zieht
und zu numerischen Aberrationen führt. In einer sich teilenden Zellpopulation kommen normalerweise alle Zellzyklusphasen statistisch
verteilt vor, sie ist asynchron. Man kann synchrones Wachstum, das
z.B. zur Untersuchung von zyklusabhängigen Erscheinungen notwendig
ist (z.B. die Strahlenempfindlichkeit) auf verschiedene Weise erreichen. Eine Möglichkeit besteht in der selektiven Blockierung bestimmter Abschnitte durch Chemikalien (chemisch induzierte Synchronie);
dieses Verfahren ist jedoch nicht problemlos, da hierdurch das Zusammenspiel der verschiedenen während des Zellzyklus normalerweise koordiniert ablaufenden Prozesse gestört wird. Ein anderes Verfahren ist die
physikalische Selektion von Zellen in einer bestimmten Phase, z.B. aufgrund unterschiedlicher Größe oder Dichte. Bei Säugerzellen, die an
Oberflächen wachsen, kann man Metaphasezellen relativ einfach durch
vorsichtiges Abschütteln gewinnen, da sie wegen ihrer abgerundeten

Form schlechter haften.

LITERATUR (II.2):

BASERGA 1971

II.3 Gen-Kartierung

Wir hatten in Kapitel 13 bei der Besprechung der an den Reparaturprozessen beteiligten Gene auch deren Position auf dem E.coli-Chromosom angegeben. Es soll hier kurz besprochen werden, wie man zu solchen Daten gelangt: Unter dem Einfluß bestimmter Faktoren (F-Faktoren) kann es zwischen Bakterienzellen zur Ausbildung von Verbindungen kommen, durch welche diese F-Faktoren übertragen werden, so daß ein Transfer aus F^+- in F^--Zellen stattfindet. Normalerweise handelt es sich hierbei um ein kleines extrachromosomales Stück genetischer Information. Es gibt aber auch Stämme, bei denen es in das Bakterienchromosom integriert ist (Hfr-Zellen). In diesem Fall wird auch ein mehr oder minder großes Stück der chromosomalen Information transformiert, welche aufgrund von Rekombinationen in das Genom der Empfängerzelle eingebaut werden kann. Unterscheiden sich Geber und Empfänger in bestimmten Eigenschaften ("Markern"), so läßt sich die stattgefundene Übertragung leicht testen. Unterbricht man die Verbindung nach einer bestimmten Zeit, dann kann man aus dem Auftreten der Marker ermitteln, wann die Übertragung stattgefunden hat und kann so die relative Lage von Genorten zueinander bestimmen. Da es eine Reihe verschiedener Hfr-Stämme gibt, welche sich durch den Einbauort des F-Faktors und die Übertragungsrichtung unterscheiden, kann man so eine komplette Genkarte des E.coli-Chromosoms erstellen, auf welcher die Positionen durch die Zeitabstände des Transfers charakterisiert werden.

LITERATUR (II.3):
BRESCH und HAUSMANN 1970
HAYES 1968

II.4 Bemerkungen zur Genetik

In diploiden Zellen liegt die Information für jedes genetisch bestimmte Merkmal zweifach auf den entsprechenden Chromosomen vor. Die einzigen Chromosomen, die sich - auch äußerlich - unterscheiden, sind die Geschlechtschromosomen, die man nach ihrer äußeren Form als X- und Y-Chromosomen bezeichnet. Männliche diploide Zellen haben (beim Menschen) je ein X- und Y-Chromosom, weibliche zwei X-Chromosomen.

Daraus folgt, daß weibliche Keimzellen nur X-, männliche entweder ein
X- oder ein Y-Chromosom tragen. Die Geschlechtschromosomen bezeichnet
man auch als Hetero- oder Allosomen, alle anderen als Autosomen.

Die sich entsprechenden Informationen für ein genetisches Merkmal
können - das ist fast die Regel - in unterschiedlicher Form vorliegen,
die man als Allele bezeichnet. Sind sie gleich, so spricht man von
Homozygoten, ansonsten von Heterozygotie. In diesem letzten Fall bezeichnet man das Allel, welches das Merkmal in seiner Ausprägung bestimmt, als dominant, das unterdrückte als rezessiv. Rezessive Allele
können also logischerweise nur in Homozygoten zur Ausprägung kommen.
Beim Fehlen von Dominanz treten Mischausprägungen auf.

Rezessive Mutationen können normalerweise nur durch entsprechend
angelegte Kreuzungsversuche festgestellt werden. Eine Ausnahme hiervon liegt nur vor, wenn das entsprechende Merkmal auf einem Geschlechtschromosom verzeichnet ist, dann kann man sie auch in männlichen diploiden Zellen untersuchen. Bei Mikroorganismen, die auch einen haploiden Vegetationszyklus durchlaufen (z.B. Hefen), kann man sie unmittelbar verfolgen.

Der Einfluß von Mutationen auf ganze Populationen ist recht komplex - wir wollen uns hier auf einige Andeutungen beschränken. Die
Populationsgenetik ist ein wichtiges und mathematisch recht anspruchs-
volles Teilgebiet der theoretischen Biologie. Ein zentraler Begriff
ist das genetische Gleichgewicht. Man kann es zunächst für eine sehr
große Population betrachten, deren Glieder untereinander uneingeschränkt paarungsfähig sind (Panmixie). Nehmen wir an, es gäbe für
ein Merkmal zwei Allele a und A, deren Häufigkeit mit p und q bezeichnet werde. In der diploiden Form gibt es dann die Kombination aa, aA
und aA, deren relative Häufigkeiten sich wie p^2, 2pq und q^2 verhalten,
wie man sich leicht anhand der verschiedenen Verteilungsmöglichkeiten
klarmacht. Die Summe der relativen Häufigkeiten muß natürlich in jedem
Fall 1 sein. Man kann also bei rezessiven Allelen aus der Frequenz
der Homozygoten auf die Häufigkeit des Allels im gesamten "Genpool"
schließen. Allerdings gilt dies so nur unter den gemachten Voraussetzungen (sehr große Population, Panmixie).

Auf das genetische Gleichgewicht wirken zwei wichtige Faktoren
ein: Mutation und Selektion. Die erste führt zunächst zu einer Veränderung der Allelhäufigkeit, während die zweite im Laufe vieler Generationen zur Bildung eines neuen Gleichgewichts führt. Für die Abschätzung genetischer Risiken ist dieses Wechselspiel in Betracht zu
ziehen, wobei also die induzierte Mutationsrate nur einen Parameter
darstellt. Für tiefergehende Behandlungen müssen wir auf Lehrbücher

der Populationsgenetik verweisen.

LITERATUR (II.4):

AUERBACH 1976
HIORTH 1963

Literatur

a) <u>Z e i t s c h r i f t e n</u>:
   Biochimica Biophysica Acta
   British Journal of Radiology
   Health Physics
   International Journal for Radiation Biology
   International Journal of Radiation Oncology, Biology, Physics
   Molecular and General Genetics
   Mutation Research
   Photochemistry and Photobiology
   Radiation and Environmental Biophysics
   Radiation Research
   Strahlentherapie

b) <u>S e r i e n</u>:
   Annals of the International Commission on Radiation Protection
   Advances in Radiation Biology
   Current Topics of Radiation Research
   Photochemical and Photobiological Reviews
   Photophysiology
   Progress in Nucleic Acid Research and Molecular Biology

c) <u>z i t i e r t e   L i t e r a t u r</u>:
   Übersichtsarbeiten, durch die eine Vertiefung der Thematik ermöglicht wird, sind durch einen Stern * gekennzeichnet.

S. ABRAHAMSON, M.A. BENDER, A.D. COUGER, S. WOLFF (1973)
   Uniformity of radiation-induced mutation rates among different
   species
   Nature <u>245</u>, 460 - 462

G.E. ADAMS, I.R. FLOCKHART, C.E. SMITHEN, I.J. STRETFORD, P. WARDMAN,
   M.E. WATTS (1976)
   Electronic-affinic sensitization VII. A correlation between struc-
   tures, one-electron reduction potentials and efficiencies of ni-
   troimidazoles as hypoxic sensitizers
   Radiat. Res. <u>67</u>, 9 - 20

*G.E. ADAMS, J.F. FOWLER, P. WARDMAN (1978)
   Hypoxic cell sensitizers in radiobiology and radiotherapy
   Brit. J. Cancer Suppl. <u>37</u>, Suppl. III

G.E. ADAMS, D.G. JAMESON (1980)
Time effects in molecular radiation biology
Radiat. Environm. Biophysics $\underline{17}$, 95 - 114

ᵏI.D. ADLER (1970)
The problem of caffeine mutagenicity
in: Chemical mutagenesis in mammals and man (F. VOGEL, G. RÖHRBORN
eds.)
Springer: New York - Berlin - Heidelberg, p. 383 - 403

G. AHNSTRÖM, K.A. EDVARDSSON (1974)
Radiation-induced single strand breaks in DNA determined by rate
of alkaline strand separation and hydroxylapatite chromatography:
an alternative to velocity sedimentation
Int. J. Radiat. Biol. $\underline{26}$, 493 - 497

*T. ALPER (ed.) (1975)
Cell survival after low doses of radiation: theoretical and cli-
nical implications
The Institute of Physics, J. WILEY and Sons, London

*T. ALPER (1979)
Cellular radiobiology
Cambridge University Press: Cambridge

T. ALPER, J.L. MOORE, D.K. BEWLEY (1967)
LET as determinant of bacterial radio-sensitivity and its modifi-
cation by anoxia and glycerol
Radiat. Res. $\underline{32}$, 277 - 293

M. ANBAR, P. NETA (1967)
A compilation of specific rate constants for the reaction of hy-
drated electrons, hydrogen atoms, and hydroxyl radicals with inorganic and organic compounds in aqueous solution
Int. J. Appl. Radiat. Isotop. $\underline{18}$, 493 - 523

*F.H. ATTIX, W.C. ROESCH, E. TOCHILIN (1968)
Radiation dosimetry, 3 Bände
Academic Press: New York

*C. AUERBACH (1976)
Mutation research
Chapman and Hall: London

*K. AURAND, H. BÜCKER, O. HUG u.a. (eds.) (1974)
Die natürliche Strahlenexposition des Menschen
G. Thieme: Stuttgart

J.A. AUXIER, W.S. SNYDER, T.D. JONES (1968)
    Neutron interaction and penetration in tissue
    in: ATTIX u.a. (1968)

*W.J. BAIR (1974)
    Toxicology of plutonium
    Advances Rad. Biol. $\underline{4}$, 255 - 316

M.L. BAKER, G.V. DALRYMPLE, J.L. SANDERS, A.J. MOSS, Jr. (1970)
    Effects of radiation on asynchronoms and synchronized L cells
    under energy deprivation
    Radiat. Res. $\underline{42}$, 320 - 330

*G.W. BARENDSEN (1967)
    Mechanisms of action of different ionizing radiations on the pro-
    liferative capacity of mammalian cells
    Theor. Exp. Biophysics I, 168 - 232

*G.W. BARENDSEN (1968)
    Responses of cultured cells, tumours and normal tissues to radia-
    tions of different linear energy transfer
    Curr. Top. Radiat. Res. $\underline{4}$, 293 - 356

G.W. BARENDSEN (1970)
    Local energy requirements for biological radiation damage and
    their modification by environmental conditions
    Proc. 2nd Symp. Microdosimetry EURATON, S. 83 - 106

G.W. BARENDSEN (1978)
    Fundamental aspects of cancer induction in relation to the effec-
    tiveness of small doses of radiation
    in: IAEA (1978), Vol. II, S. 263 - 275 (1978)

G.W. BARENDSEN (1979)
    Influence of radiation quality on the effectiveness of small do-
    ses for induction of reproductive death and chromosome aberrations
    in mammalian cells
    Int. J. Radiat. Res. $\underline{36}$, 49 - 63

G.W. BARENDSEN, J.J. BROERSE (1967)
    zitiert nach: BARENDSEN 1968

*R. BASERGA (ed.) (1971)
    The cell cycle and cancer
    M. DEKKER: New York

*M. BAUCHINGER (1972)
   Strahleninduzierte Chromosomenaberrationen
   Hdbch. Med. Radiologie, II/3, S- 127 - 180
   Springer: Berlin - Heidelberg - New York

*R.F. BEERS, Jr., R.M. HERRIOTT, R.C. TILGHMAN (eds.) (1972)
   Molecular and cellular repair processes
   John HOPKINS: Baltimore

 I. BRENDEL, W. SCHÜTTMANN, D. ARNDT (1978)
   Cataract of lens as late effect of ionizing radiation in occupa-
   tionally exposed persons, in: IAEA (1978), Vol. I, S. 309 - 319

*BEIR (1972)
   The effects on populations of exposure to low levels of ionizing
   radiation
   Natl. Academy of Science - Natl. Research Council: Washington

 E. BEN-HUR, M.M. ELKIND, B.V. BRONK (1974)
   Thermally enhanced radioresponses of cultured Chinese hamster
   cells: Inhibition of repair of sublethal damage and enhancement
   of lethal damage
   Radiat. Res. 58, 38 - 51

 M.J. BERGER (1973)
   Report NMSIR 73 - 107
   US National Bureau of Standards

 J. BERGONIÉ, L. TRIBONDEAU (1906)
   Interprétation de quelques résultats de la radiotherapie et essai
   de fixation d'une technique rationelle
   Compt. Rend. Acad. Sci. 143, 983 - 985

*F.D. BERTALANFFY, C. LAU (1962)
   Cell renewal
   Int. Rev. Cytol. 13, 359 - 366

 E.A. BLAKELY, C.A. TOBIAS, T.C.H. YANS, K.C. SMITH, J.T. LYMAN (1979)
   Inactivation of human kidney cells by high-energy monoenergetic
   heavy-ion beams
   Radiat. Res. 80, 122 - 160

*J. BLOK, H. LOHMAN (1973)
   The effects of γ-radiation in DNA
   Curr. Top. Radiat. Res. Quarterly 9, 165 - 245

442

*H. BLUME, H. GÜSTEN (1977a)
   Physikalische Wirkung ultravioletter Strahlung
   in: KIEFER (1977), S. 179 - 214

*H. BLUME, H. GÜSTEN (1977b)
   Chemische Wirkung ultravioletter Strahlung
   in: KIEFER (1977), S. 349 - 444

*V.P. BOND, T.M. FLIEDNER, J.O. ARCHAMBEAU (1965)
   Mammalian radiation lethality
   Academic Press: New York und London, 340 S.

*J. BOOZ (1976)
   Microdosimetric spectra and parameters of low LET-radiations
   5th Symp. Microdosimetry, EURATOM EUR 5452 d-e-f, S. 311 - 344
   Brüssel

 J. BOOZ, T. SMIT (1977)
   Local distribution of energy deposition in and around the follicles
   of a ^{125}J contaminated thyroid
   Curr. Top. Radiat. Res. Quarterly 12, 12 - 32

*C. BOREK (1979)
   Malignant transformation in vitro: Criteria, biological markers
   and application in environmental screaning of carcinogens
   Radiat. Res. 79, 209 - 232

 C. BOREK (1980)
   X-ray-induced in vitro neoplastic transformation of human diploid
   cells
   Nature 283, 776 - 778

*C. BRESCH, R. HAUSMANN (1970)
   Klassische und molekulare Genetik
   Springer: Berlin - Heidelberg - New York

*R.A. BRIDGES, J. LAW, R.J. MUNSON (1968)
   Mutagenesis in Escherichia coli. II. Evidence for a common path-
   way for mutagenesis by ultraviolet light, ionizing radiation and
   thymine deprivation
   Molec. Gen. Genetics 103, 266 - 273

 G. BRIGANTI, F. MAURO (1979)
   Differences in radiation sensitivity in subpopulations of mamma-
   lian multicellular systems
   Int. J. Radiat. Oncol. Biol. Phys. 5, 1095 - 1102

G. BRUNBORG (1977)

Variations in the SH-content of haploid yeast and their relevance
to radiosensitivity
Int. J. Radiat. Biol. _32_, 285 - 292

F.J. BURNS, R.E. ALBERT, R.D. HEIMBACH (1968)
RBE for skin tumours and hair follicle damage in the rat following
irradiation with α-particles and electrons
Radiat. Res. _36_, 225 - 241

*H. von BUTTLAR (1964)
Einführung in die Grundlagen der Kernphysik
Akadem. Verlagsgesellschaft: Frankfurt

*J.J. BUTTS, R. KATZ (1967)
Theory of RBE for heavy ion bombardment of dry enzymes and viruses
Radiat. Res. _30_, 855 - 871

*A. CATSCH (1966)
Biologie der Radionuklide. Handbuch der medizinischen Radiologie
Strahlenbiologie II/2, S. 372 - 437
Springer: Berlin - Heidelberg - New York

*Cellular Radiation Biology (1965)
The Williams and Wilkins Co., Baltimore

*P.A. CERUTTI (1974)
Effects of ionizing radiation on mammalian cells
Naturwissenschaften _61_, 51 - 59

*J.D. CHAPMAN (1980)
Biophysical models of mammalian cell inactivation by radiation
in: MEYN and WITHERS (1980), S. 21 - 32

J.D. CHAPMAN, A.P. REUVERS, J. BORSA, C.L. GREENSTOCK (1973)
Chemical radioprotection and radiosensitization of mammalian cells
growing in vitro
Radiat. Res. _56_, 291 - 306

*A. CHARLESBY (ed.) (1964)
Radiation Sources
Pergamon: Oxford

R.C. CHRISTENSEN, C.A. TOBIAS, W.D. TAYLOR (1972)
Heavy-ion-induced single- and double-strand-breaks in φX-174 re-
plicative form DNA
Int. J. Radiat. Biol. _22_, 457 - 577

444

E.H.Y. CHU (1965)
Effects of ultraviolet radiation on mammalian cells. I. Induction
of chromosome aberrations
Mutat. Res. 2, 75 - 94

*S.F. CLEARY (1977)
Biological effects of microwave and radiofrequency radiation
CRC Crit. reviews on environmental control 8, 121 - 166

*J.E. CLEAVER (1974)
Repair processes for photochemical damage in mammalian cells
Advances Rad. Biol. 4, 1 - 76

J.E. CLEAVER (1978)
Absence of interaction between X-rays and UV-light inducing
Ouabain- and thioguanine-resistant mutants in Chinese hamster
cells
Mutat. Res. 52, 247 - 253

D.B. COUCH, N.L. FORBES, A.W. HSIE (1978)
Comparative mutagenicity of alkylsulfate and alkanesulfonate deri-
vatives in Chinese hamster ovary cells
Mutat. Res. 57, 217 - 224

R. COX, W.K. MASSON (1979)
Mutation and inactivation of cultured mammalian cells exposed to
beams of accelerated heavy ions. III. Human diploid fibroblasts
Int. J. Radiat. Biol. 36, 149 - 160

R. COX, J. THACKER, D.T. GOODHEAD (1977)
Inactivation of cultured mammalian cells by aluminium characte-
ristic ultrasoft X-rays. II. Dose-response of Chinese hamster
and human diploid cells to aluminium X-rays and radiations of
different LET
Int. J. Radiat. Biol. 31, 561 - 576

*E.P. CRONKITE, T.M. FLIEDNER (1972)
The radiation syndromes
Handbuch der medizinischen Radiologie, Strahlenbiologie Teil 3,
Springer: Berlin - Heidelberg - New York, S. 299 - 340

S.B. CURTIS (1970)
The effect of track structure on OER at high LET, in: Charged
particle tracks in solids and liquids
The Institute of Physics: London, S. 140 - 142

*S.B. CURTIS (1979)
   The biological properties of high-energy heavy charged particles
   in: OKADA (1979), S. 780 - 787

*G.V. DALRYMPLE, M.E. GAULDEN, G.M. KOLLMORGEN, H.H. VOGEL (eds.)(1973)
   Medical radiation biology
   W.B. SAUNDERS: Philadelphia - London - Toronto

*H. DERTINGER, H. JUNG (1969)
   Molekulare Strahlenbiologie
   Springer: Heidelberg - Berlin - New York

*Deutsche Risikostudie Kernkraftwerke (1979)
   Verlag TÜV Rheinland

 W.C. DEWEY, L.E. STONE, H.H. MILLER, R.E. GISLAK (1971)
   Radiosensitization with 5-Bromodeoxyuridine of Chinese hamster
   cells X-irradiated during different phases of the cell cycle
   Radiat. Res. $\underline{47}$, 672 - 688

*F. DIETZEL (1978)
   Thermoradiotherapie
   Urban u. Schwarzenberg: München

*G. DOETSCH (1961)
   Anleitung zum praktischen Gebrauch der La-Place-Transformation
   Oldenbourg: München

*C.O. DOUDNEY (1976)
   Mutation in ultraviolet light damaged microorganisms
   in: WANG (1976), Vol. II, S. 309 - 374

 C.O. DOUDNEY, F.L. HAAS (1959)
   Mutation induction and macromolecular synthesis in bacteria
   Proc. Natl. Acad. Sci. US $\underline{45}$, 709 - 722

*I.G. DRAGANIC, Z.D. DRAGANIC (1971)
   The radiation chemistry of water
   Academic Press: New York und London

*W. DUNCAN, A.H.W. NIAS (1977)
   Clinical radiobiology
   Churchill Livingstone: Edinburgh - London - New York

 M. EBERT, A. HOWARD (eds.) (1972):
   "Radiation effects and the mitotic cycle" (Conference report)
   Curr. Top. Radiat. Res. Quarterly $\underline{7}$, 244 - 391

M.M. ELKIND, H. SUTTON (1960)
Radiation response of mammalian cells grown in culture. I. Repair
of X-ray damage in surviving Chinese hamster cells
Radiat. Res. 13, 556 - 593

*M.M. ELKIND, G.F. WHITMORE (1967)
The radiobiology of cultured mammalian cells
Gordon and Breach: New York

*F. ELLIS (1968)
The relationship of biological effects to dose-time fractionation
factors in radiotherapy
Curr. Top. Radiat. Res. IV, 357 - 397

*E.R. EPP, H. WEISS, C.C. LING (1976)
Irradiation of cells by single and double pulses of high intensi-
ty radiation: oxygen sensitization and diffusion kinetics
Curr. Top. Radiat. Res. Quarterly 11, 201 - 250

*J.H. EPPSTEIN (1970)
Ultraviolet carcinogenesis
Photophysiol. 5, 235 - 274

*H.J. EVANS, W.M. COURT BROWN, A.S. MCLEAN (eds.) (1967)
Human radiation cytogenetics
North Holland: Amsterdam

H.J. EVANS, K.E. BUCKTON, G.E. HAMILTON, H. CAROTHERS (1979)
Radiation-induced chromosome aberrations in nuclear-dockyard
workers
Nature 277, 531 - 534

*P. FABIAN (1980)
Der gegenwärtige Stand des Ozonproblems
Naturwiss. 67, 109 - 120

*L. FEINENDEGEN (1978)
Biological damage from radioactive nuclei incorporated into DNA
of cells; implications for radiation biology and radiation protec-
tion
Proc. 6th Symp. Microdosimetry (H.G. EBERT, J. BOOZ, eds.)
Harwood: London, S. 3 - 35

*L.E. FEINENDEGEN, G.T. TISLJAR-LENTULIS, M. EBERT (eds.) (1977)
Molecular- and microdistribution of radioisotopes and biological
consequences
Curr. Top. Radiat. Res. Quarterly 12, 1 - 576

*S.B. FIELD (1976)
An historical survey of radiobiology and radiotherapy with fast neutrons
Curr. Top. Radiat. Res. Quarterly $\underline{11}$, 1 - 86

*W. FINKELNBURG (1964)
Einführung in die Atomphysik
Springer: Berlin - Heidelberg

*D.J. FINNEY (1962)
Probit analysis
Cambridge University Press: Cambridge

*L. FISHBEIN, W.G. FLAMM, H.L. FALK (1970)
Chemical mutagens
Academic: New York und London

*T.M. FLIEDNER, W. NORTHDURFT (1979)
Structure and function of stem cell pools in mammalian cell renewal systems, in: OKADA u.a. (1979), S. 640 - 647

*R.J. du FRAIN, G. LITTLEFIELD, E.E. JOINER, E.L. FRAME (1979)
Human cytogenetic dosimetry: a dose-response relationship for α-particle radiation from ^{241}Am
Health Physics $\underline{37}$, 279 - 289

A.J. FRANKO, R.M. SUTHERLAND (1979)
Radiation survival of cells from spheroids grown in different oxygen concentrations
Radiat. Res. $\underline{79}$, 454 - 467

R. FREY, U. HAGEN (1974)
Oxygen effect on γ-irradiated DNA
Radiat. Env. Biophys. $\underline{11}$, 125 - 133 (1974)

T.E. FRITZ, W.P. NORRIS u.a. (1978)
Relationship of dose-rate and total dose to responses of continuously irradiated beagles, in: IAEA (1978), S. 71 - 82

*H. FRITZ-NIGGLI (1972)
Strahlenbedingte Entwicklungsstörungen
Hdbch. Med. Radiologie II/3, Springer: Berlin - Heidelberg - New York, S. 235 - 298

*R.J.M. FRY, D. GRAHN, M.L. GRIEM, J.H. RUST (eds.) (1970)
Late effects of radiation
Taylor & Francis: London

448

*U. GALLO, L. SANTAMARIA (1972)
   Research progress in organic, biological and medicinal chemistry
   Vol. 3, I und II, North Holland: Amsterdam - London

F.L. GATES (1930)
   A study of the bactericidal action of ultraviolet light. III. The
   absorption of ultraviolet light by bacteria
   J. Gen. Physiol. $\underline{14}$, 31 - 42

*R. GLOCKER, E. MACHERAUCH (1965)
   Röntgen- und Kernphysik
   G. Thieme: Stuttgart

D. GORDON, H. SILVERSTEIN (1976)
   zitiert nach THORINGTON 1980

D. GRAHN (1970)
   Biological effects of protracted low dose radiation exposure of
   man and animals, in: FRY u.a. (1970), S. 101 - 136

D. GRAHN, G.A. SACHER, R.A. LEA, R.J.M. FRY, J.H. RUST (1978)
   Analytical approaches to and interpretations of data on time rate
   and cause of death of mice exposed to external gamma irradiation
   in: IAEA (1978), IAEA, Vol. II, p. 49 - 58

*W. GUSCHLBAUER (1976)
   Nucleic acid structure
   Springer: New York - Heidelberg - Berlin

*G.M. HAHN (1978)
   The use of microwaves for the hyperthermic treatment of cancer:
   advantages and disadvantages
   Photochem. Photobiol. Reviews $\underline{3}$, 277 - 302

*G.M. HAHN, J.B. LITTLE (1972)
   Plateau-phase cultures of mammalian cells
   Curr. Top. Radiat. Res. Quarterly $\underline{8}$, 39 - 83

*E.J. HALL, H.H. ROSSI (1974)
   Californium-252 in teaching and research
   IAEA Wien (Techn. Rep. Ser. 159)

R.N. HAMM, H.A. WRIGHT, R. KATZ, J.E. TURNER, R.H. RITCHIE (1978)
   Calculated yields and showing-down spectra for electrons in liquid
   water: Implications for electron and photon RBE
   Phys. Med. Biol. $\underline{23}$, 1149 - 1161

A. HAN, M.M. ELKIND (1978)
   Ultraviolet light and X-ray damage interaction in Chinese hamster
   cells
   Radiat. Res. $\underline{74}$, 88 - 100

A. HAN, M.M. ELKIND (1979)
Transformation of mouse C3H/10T1/2 cells by single and fractionated doses of X-rays and fission-spectrum neutrons
Cancer Res. <u>39</u>, 123 - 130

*P.C. HANAWALT, P.K. COOPER, A.K. GANESAN, C.A. SMITH (1979)
DNA repair in bacteria and mammalian cells
Ann. Res. Biochem. <u>48</u>, 783 - 836

P.C. HANAWALT, R.H. HAYNES (1967)
zitiert nach SMITH (1972)

*P.C. HANAWALT, R.B. SETLOW (1975)
Molecular mechanisms for repair of DNA
Plenum Press: New York und London

*I. HAR-KEDAR, N.M. BLEECHEN (1976)
Experimental and clinical aspects of hyperthermia applied to the treatment of cancer with special reference to the role of ultrasonic and microwave heating
Adv. Radiat. Biol. <u>6</u>, 229 - 266

*H. HARM (1976)
Repair of UV-irradiated biological systems: Photoreactivation
in: WANG (1976), Vol. II, S. 219 - 265

W. HARM (1963)
Repair of lethal ultraviolet damage in phage DNA, in: F.H. SOBELS (ed.): Repair from genetic damage
Pergamon: Oxford, S. 107 - 124

*O. HAXEL (1966)
Entstehung, Eigenschaften und Wirkung ionisierender Strahlen
Handbuch der medizinischen Radiologie Band I/1, Springer: Berlin - Heidelberg, S. 1 - 107

*W. HAYES (1968)
The genetics of bacteria and their viruses
Blackwell: Oxford

*R.H. HAYNES, F. ECKARDT (1979)
Analysis of dose-response patterns in mutation research
Can. J. Genetics Cytol. <u>21</u>, 277 - 302

*A. HENGLEIN, W. SCHNABEL, J. WENDENBURG (1966)
Einführung in die Strahlenchemie
Verlag Chemie: Weinheim

450

A.F. HERMENS, G.W. BARENDSEN (1969)
  Changes of proliferation characteristics in a rat rhabdomyosar-
  coma before and after X-irradiation
  Eur. J. CANCER 5, 173 - 189

*H. HERRMANN, H. IPPEN, H. SCHÄFER, G. STÜTTGEN (1973)
  Biochemie der Haut
  G. Thieme: Stuttgart

F.W. HETZEL, J. KRUNV, H.E. FREY (1976)
  Repair of potentially lethal damage in X-irradiated V79 cells
  Radiat. Res. 68, 308 - 319

*G.J. HINE, G.L. BROWNELL (1956)
  Radiation dosimetry
  Academic Press: New York

G.H. HIORTH (1963)
  Quantitative Genetik
  Springer: Berlin - Göttingen - Heidelberg

K.G. HOFER, G. KEOUGH, J.M. SMITH (1977)
  Biological toxicity of Auger emitters: molecular fragmentation
  versus electron irradiation, in: FEINENDEGEN, TISLJAR-LENTULIS
  und EBERT, S. 335 - 354

*A. HOLLAENDER (ed.) (1971)
  Chemical mutagens, 2 Volumes
  Plenum: New York - London

A. HOLLAENDER, C.W. EMMONS (1941)
  Wavelength dependence of mutation production in the ultraviolet
  with special emphasis on fungi
  Cold Spring Harbor Symp. Quart. Biol. 9, 179 - 186

*J. HÜTTERMANN, W. KÖHNLEIN, R. TÉOULE (eds.) (1978)
  Effects of ionizing radiation on DNA
  Springer: Berlin - Heidelberg - New York

*O. HUG, A. KELLERER (1966)
  Stochastik der Strahlenwirkung
  Springer: Heidelberg - Berlin - New York

R.M. HUMPHREY, W.C. DEWEY, A. CORK (1963)
  Effect of oxygen in mammalian cells sensitized to radiation by in-
  corporation of 5-Bromodeoxyuridine into the DNA
  Nature 198, 268 - 269

F. HUTCHINSON (1961)
   Sulfhydryl groups and the oxygen effect on irradiated dilute so-
   lutions of enzymes and nucleic acids
   Radiat. Res. 14, 721 - 731

*IAEA (1978)
   Late biological effects of ionizing radiation, Vol. I and II
   International Atomic Energy Agency: Wien

ICRP 23 (1975):
   Reference man: anatomical, physiological and metabolic
   characteristics
   Pergamon Press: Oxford - New York - Frankfurt

*ICRP 26 (1977)
   Recommendations of the International Commission on Radiological
   Protection
   Ann. ICRP 1, No. 3, Deutsch: G. Thieme: Stuttgart (1978)

*ICRP 30 (1979)
   Limits for intakes of radionuclides by workers
   Annuals of the ICRP 2, 3/4

*ICRU 16 (1970)
   Linear energy transfer
   ICRU: Washington

*ICRU 30 (1979)
   Quantitative concepts and dosimetriy in radiobiology
   ICRU: Washington

T. ISHIMARU, M. OTAKE, M. ICHIMARU (1979)
   Dose-response relationship of neutrons and γ-rays to leukemic in-
   cidence among atomic bomb survivors in Hiroshima and Nagasaki by
   type of leukemic, 1950 - 1971
   Radiat. Res. 77, 377 - 394

*J. JAGGER (1967)
   Introduction to research in ultraviolet photobiology
   Prentice Hall: Englewood Cliffs

I. JOHANSEN, R. GULBRANDSEN, R. PETTERSEN (1974)
   Effectiveness of oxygen in promoting X-ray-induced single-strand
   breaks in circular λ-phage DNA and killing of radiation-sensitive
   mutants of Escherichia coli
   Radiat. Res. 58, 384 - 397

H.E. JOHNS, D.V. CORMACK, S.A. BENESUK, G.F. WHITMORE (1952)
   zitiert nach JOHNS und LAUGHLIN (1956)

452

*H.E. JOHNS, J.S. LAUGHLIN (1956)
   Interaction of radiation with matter, in: G. HINE, G.L. BROWNELL
   (1956): S. 50 - 125

*K.R. KASE, W.R. NELSON (1978)
   Concepts of radiation dosimetry
   Pergamon Press: New York

R. KATZ, B. ACKERSON, M. HOMAYOONFAR, S.C. SHARMA (1971)
   Inactivation of cells by heavy ion bombardment
   Radiat. Res. $\underline{47}$, 402 - 425

*S.V. KAYE, P.S. ROHVER (1975)
   Radiological assessment of nuclear power station
   Advances Radiat. Biol. $\underline{5}$, 47 - 82

J.P. KEENE (1963)
   Optical absorption in irradiated water
   Nature $\underline{197}$, 47 - 48

A.M. KELLERER, D. CHMELEVSKY (1975)
   Criteria for the applicability of LET
   Radiat. Res. $\underline{63}$, 226 - 234

*A.M. KELLERER, H.H. ROSSI (1972)
   The theory of dual radiation action
   Curr. Top. Radiat. Res. Quarterly $\underline{8}$, 85 - 158

A.M. KELLERER, H.H. ROSSI (1978)
   A generalized formulation of dual radiation action
   Radiat. Res. $\underline{75}$, 471 - 488

R.B. KELLY, M.R. ATKINSON, J.A. HUBERMAN, A. KORNBERG (1969)
   Excision of thymine dimers and other mismatched sequences by DNA
   polymerase of Escherichia coli
   Nature $\underline{224}$, 495 - 501

E.S. KEMPNER, W. SCHLEGEL (1979)
   Size determination of enzymes by radiation inactivation
   Analyt. Biochem. $\underline{92}$, 2 - 10

J. KIEFER (1974)
   On the interpretation of the oxygen effect
   4th Symp. Microdosimetry EURATOM: Brüssel, S. 441 - 462

J. KIEFER (1975)
   Theoretical aspects and implications of the oxygen effect
   in: NYGAARD u.a. (1975), S. 1025 - 1039

*J. KIEFER (Herausgeber) (1977):
   Ultraviolette Strahlen
   de Gruyter: Berlin - New York
 J. KIEFER (1978)
   Cellular radiation effects and hyperthermia: Influence of post-
   exposure incubation conditions
   Int. J. Radiat. Biol. 33, 89 - 94

*J. KIEFER, I. WIENHARD (1977)
   Biologische Wirkungen ultravioletter Strahlung
   in KIEFER (1977), S. 445 - 556

*R.F. KIMBALL (1978)
   The relation of repair phenomena to mutation induction in bacteria
   Mutat. Res. 55, 85 - 120

*L. KITTLER, G. LÖBER (1977)
   Photochemistry of the nucleic acids
   Photochem. Photobiol. Rev. 2, 39 - 132

 P. KLIANGA, R. DVORAK (1978)
   Microdosimetric measurements of ionization by monoenergetic pho-
   tons
   Radiat. Res. 73, 1 - 20

*W.H. KOPPENOL, J. BUTLER (1977)
   Mechanism of reactions involving singlet oxygen and superoxide
   anion
   FEBS Letters 83, 1 - 5

*A. KORNBERG (1974)
   DNA synthesis
   Freeman: San Francisco

*R. LATARJET (1972)
   Interaction of radiation energy with nucleic acids
   Curr. Top. Radiat. Res. Quarterly 8, 1 - 38

*P.D. LAWLEY (1966)
   Effects of some chemical mutagens and carcinogens on nucleic acids
   Progr. Nucl. Acid Res. Mol. Biol. 5, 89 - 132

*D.L. LEA (1956)
   Action of radiation on living cells
   Cambridge University Press:

*H.P. LEENHOUTS, K.H. CHADWICK (1978)
   The crucial role of DNA double strand breaks in cellular radiobio-
   logical effects
   Adv. Radiat. Biol. 7, 58 - 102

454

A.L. LEHNINGER (1970)
    Bioenergetik
    G. Thieme: Stuttgart

M. LENNARTZ, T. COQUERELLE, A. BOPP, U. HAGEN (1975)
    Oxygen effect on strand breaks and specific endgroups in DNA of
    irradiated thymocytes
    Int. J. Radiat. Biol. 27, 577 -

C.C. LING, H.B. MICHAELS, E.R. EPP, E.C. PETERSON (1978)
    Oxygen diffusion into mammalian cells following ultrahigh dose
    rate irradiation and lifetime estimates of oxygen-sensitive
    species
    Radiat. Res. 76, 522 - 532

C. LÜCKE-HUHLE, E.A. BLAKELEY, P. CHANG, C.A. TOBIAS (1979)
    Drastic G_2-arrest in mammalian cells after irradiation with heavy
    ion beams
    Radiat. Res. 79, 97 - 112

*K.G. LUNING (1975)
    Test of recessive lethals in the mouse
    Mutat. Res. 27, 357 - 366

E.P. MALAISE, N. CHAVANDRA, M. TUBIANA (1973)
    The relationship between growth labelling index and histological
    type of human solid tumours
    Eur. J. Cancer 9, 305 - 312

*W.S. MAXFIELD, G.E. HANKS, D.J. PIZZARELLO, L.H. BLACKWELL (1973)
    Acute radiation syndrome, in: DALRYMPLE u.a., S. 190 - 208

R.A. MCGRAWTH, R.W. WILLIAMS (1966)
    Reconstruction in vivo of irradiated Escherichia coli deoxyribo-
    nucleic acid; the rejoining of broken pieces
    Nature 212, 534 - 535

M. MESELSON, F.W. STAHL, J. VINOGRAD (1957)
    Equilibrium sedimentation of macromolecules in density gradients
    Proc. Natl. Acad. Sci. US 43, 581 - 588

*R.E. MEYN, H.R. WITHERS (1980)
    Radiation biology in cancer research
    Raven Press: New York

B.D. MICHAEL, H.A. HARROP, R.L. MANGHAN (1979)
    Fast response methods in the radiation chemistry of lethal damage
    in intact cells, in: OKADA u.a., S. 288 - 297

H.B. MICHAELS, E.R. EPP, C.C. LING, E.C. PETERSON (1978)
Oxygen sensitization of CHO cells at ultrahigh dose rates: prelude to oxygen diffusion studies
Radiat. Res. 76, 510 - 521

*S.M. MICHAELSON (1977)
Microwave and radiofrequency radiation
World Health Organisation Document ICP/CEP 803

*H.S. MICKLEM, J.F. LOUTIT, C.E. FORD (1968)
Tissue grafting and radiation. ABIS Monograph
Academic Press: New York and London

R.C. MILLER, E.J. HALL, H.H. ROSSI (1979)
Oncogenic transformation of mammalian cells in vitro with split doses of X-rays
Proc. Natl. Acad. Sci. US 76, 5755 - 5758

J.B. MITCHELL, J.S. BEDFORD, S.M. BAILY (1979)
Dose rate effects in mammalian cells in culture. III. Comparison of cell killing and cell proliferation during continuous irradiation for six different cell lines
Radiat. Res. 79, 537 - 551

*L. MITZEL-LANDBECK, U. HAGEN (1976)
Strahlenwirkung auf Biopolymere
Chemie in unserer Zeit 10, 65 - 74

P.G. MOGGACH, J.R. LEPOCK, J. KRUNV (1979)
Effect of salt solutions on the radiosensitivity of mammalian cells as a function of the state of adhesion and the water structure
Int. J. Radiat. Res. 36, 435 - 452

*K.Z. MORGAN, J.E. TURNER (1973)
Principles of radiation protection
Krieger Publ. Co.: New York

*H.L. MIROSON, M. QUINTILIANI (eds.) (1970)
Radiation protection and sensitization
Taylor & Francis: London

*A. MOZUMDAR, J.L. MAGEE (1966)
Models of tracks of ionizing radiation for radical reaction mechanisms
Radiat. Res. 28, 203 - 214

456

*W.E.G. MÜLLER, R.K. ZAHN (1977)
   Bleomycin, an antibiotic that removes thymine from double stranded
   DNA
   Prog. Nucl. Acid Res. Molec. Biol. 20, 22 - 59

 L. MUSAJO, G. RODIGHIERO (1972)
   Mode of sensitizing action of furocumarins
   Photophysiol. 7, 115 - 148

*G.J. NEARY (1965)
   Chromosome aberrations and the theory of RBE. 1. General conside-
   rations
   Int. J. Radiat. Biol. 9, 477 - 503

*D. de NETTANCOURT, K. SANKARANARAYANAN (eds.) (1979)
   Radiation-induced non-disjunction
   Mutat. Res. 61, 1 - 119

 G.J. NEARY, J.R.K. SAVAGE (1966)
   Chromosome aberrations and the theory of RBE. II. Evidence from
   track segments experiments with protons and α-particles
   Int. J. Radiat. Biol. 11, 209 - 223

*A. NOVICK, L. SZILARD (1949)
   Experiments on light reactivation of ultraviolet-inactivated bac-
   teria
   Proc. Natl. Acad. Sci. US 35, 591 - 600

*O.F. NYGAARD, H.I. ADLER, W.K. SINCLAIR (eds.) (1975)
   Radiation Research
   Academic Press: New York - San Francisco - London

*E.F. OAKBERG, E.C. LORENZ (1972)
   Irradiation of generative organs
   Hdbch. Med. Radiol. II/3, S. 217 - 234, Springer: Berlin -
   Heidelberg - New York

*S. OKADA, M. IMAMURA, T. TERASIMA, H. YAMAGCHI (eds.) (1979)
   Radiation Research
   Tokio

*J.P. O'NEILL, P.A. BRIMER, R. MACHANOFF, G.P. HIRSCH, A.W. HSIE (1977)
   A quantitative assay of mutation induction at the hypoxyxanthine-
   guanine phosphoribosyltransferase locus in Chinese hamster ovary
   cells (CHO/HPGRT system): Development and definition of the system
   Mutat. Res. 45, 91 - 101

J. OVERGAARD (1978)
The effect of local hyperthermia alone, and in combination with radiation, on solid tumours, in: STREFFER u.a., S. 49 - 61

*R.B. PAINTER (1970)
The action of ultraviolet light on mammalian cells
Photophysiol. 5, 169 - 190

R.B. PAINTER, B.R. YOUNG (1975)
X-ray induced inhibition of DNA-synthesis in Chinese hamster ovary, human HeLa and mouse L cells
Radiat. Res. 64, 648 - 656

*J.A. PARRISH, R.R. ANDERSON, J. URBACH, D. PITTS (1978)
UV-A. Biological effects of ultraviolet radiation with emphasis on human responses to longwave ultraviolet
Plenum Press: New York - London, 262 S.

*M.C. PATERSON (1979)
Enviromental carcinogenesis and imperfect repair of damaged DNA in Homo sapiens: Casual relation revealed by rere hereditary disorders, in: A.C. GRIFFIN, C.R. SHAW (eds.), Carcinogens: Identification and mechanism of action
Raven Press: New York 1979, S. 251 - 276

*E.B. PAUL (1969)
Nuclear and particle physics
North Holland: Amsterdam und London, J. Wiley: New York

P. PERRY, S. WOLFF (1974)
New Giemsa method for the differential staining of sister chromatids
Nature 251, 156 - 158

T.L. PHILIPS (1979)
Current status, opportunities and problems in clinical combined chemoradiotherapy, in: OKADA, IMAMURA, TERASHIMA und YAMAGUCHI 1979, S. 822 - 831

*A.K. PIKAEV (1967)
Pulse radiolysis of water and aqueous solutions
Indiana Univ. Press: Bloomington und London

D.G. PITTS (1974)
The human ultraviolet action spectrum
Am. J. Optom. Physiol. Opt. 51, 946 - 960

T.T. PUCK, P.I. MARCUS (1956)
Action of X-rays on mammalian cells
J. Exptl. Med. 103, 653 - 666

J.W. PURDIE, E.R. INHABER, N.V. KLASSEN (1978)
Increased sensitivity of anoxic mammalian cells irradiated with
single pulses at very high dose rates
6th Symp. Microdosimetry (J. BOOZ, H.G. EBERT, eds.), S. 1023 -
1032
Harwood: London

H. QUASTLER (1945)
Studies on Roentgen death in mice. I. Survival time and dosage
Am. J. Roentgenol. 54, 449 - 456

*M.R. RAJU (1980)
Heavy particle radiotherapy
Academic Press: New York

*M.R. RAJU, C. RICHMAN (1972)
Negative pion radiotherapy: physical and radiobiological aspects
Curr. Top. Radiat. Res. Quarterly 8, 159 - 233

A.M. RAUTH, M. TAMMEMAGI, G. HUNTER (1974)
Nascent DNA synthesis in ultraviolet irradiated mouse, human and
Chinese hamster cells
Biophys. J. 14, 209 - 220

S.H. REVELL (1966)
Evidence for a dose-squared term in the dose-response curve for
red chromatid discontinuities induced by X-rays, and some theoretical consequences thereof
Mutat. Res. 3, 34 - 53

*S.H. REVELL (1974)
The breakage and reunion theory and the exchange theory for chro-
mosomal aberration in use by ionizing radiation: A short history
Adv. Radiat. Biol. 4, 367 - 416

*R. RIEGER, A. MICHAELIS (1967)
Chromosomenmutationen
VEB Gustav FISCHER: Jena

*J.J. ROBERTS (1978)
The repair of DNA modified by cytotoxic mutagenic and carcinogenic
chemicals
Adv. Radiat. Biol. 7, 212 - 436

R.C. RODGERS,J.F. DICELLO, W. GROSS (1973)
The biophysical properties of 3,9 GeV nitrogen ions. II. Micro-
dosimetry
Radiat. Res. 54, 12 - 23

R.C. RODGERS, W. GROSS (1974)
Microdosimetry of monoenergetic neutrons
4th Symp. Microdosimetry EURATOM EUR 5122 d-e-f, Brüssel, S. 1027
- 1042

P. ROSS-RIVEROS, J.T. LEITH (1979)
Response of 8L tumour cells to hyperthermia and X-irradiation
Radiat. Res. 78, 296 - 311

*P. RUBIN, G.W. CASARETT (1973)
Concepts of clinical radiation pathology, in: DALRYMPLE u.a.,
S. 160 - 189

*C.S. RUPERT (1974)
Dosimetric concepts in photobiology
Photochem. Photobiol. 20, 203 - 212

*C.S. RUPERT, W. HARM, H. HARM (1972)
Photoenzymatic repair of DNA, in: R.F. BEERS, Jr., R.M. HERRIOTT,
R.C. TILGMAN, S. 64 - 78

W.D. RUPP, C.E. WILDE, D.L. RENO, P. HOWARD-FLANDERS (1971)
Exchanges between DNA strands in ultraviolet-irradiated Escheri-
chia coli
J. Mol. Biol. 61, 25 - 42

*K. SANKARANARAYAN (1974)
Recent advances in the assessment of genetic hazards of ionizing
radiation
Atomic Energy Rev. 12, 47 - 74

M.C. SAUER, K.H. SCHMIDT, C.D. JONAH, C.A. NALEWAY, E.J. HART (1978)
High-LET pulse radiolysis: O_2^- and oxygen production in tracks
Radiat. Res. 75, 519 - 528

*W. SAUERBIER (1976)
UV damage at the transcriptional level
Adv. Radiat. Biol. 6, 50 - 107

*J.R.K. SAVAGE (1978)
Some thoughts on the nature of chromosomal aberrations and their
use as a quantitative endpoint for radiobiological studies
6th Symp. Microdosimetry (J. BOOZ, H.G. EBERT, eds.), Harwood
Publ.: London, S. 39 - 54

460

*V. SCHÄFER, G. HEINRICH (1977)
   Erzeugung von UV-Strahlen, in: KIEFER (1977), S. 47 - 178

*G. SCHOLES (1978)
   Primary events in the radiolysis of aqueous solutions of nucleic
   acids and related substances, in: HÜTTERMANN u.a. (1978), S. 158 -
   170

 C.B. SCHROY, P. TODD (1979)
   The effects of caffeine on the expression of potentially lethal
   and sublethal damage in γ-irradiated cultured mammalian cells
   Radiat. Res. 78, 312 - 316

*R. SCHULZE (1977)
   UV-Strahlenklima, in: KIEFER (1977), S. 17 - 46

*R. SCHULZE, J. KIEFER (1977)
   UV-Strahlen: Allgemeine Einführung und Grundbegriffe, in: KIEFER
   (1977), S. 1 - 16

 D. SCOTT, C.Y. LYONS (1979)
   Homogeneous sensitivity of human peripheral blood lymphocytes to
   radiation-induced chromosome damage
   Nature 278, 756 - 758

*A.G. SEARLE (1974)
   Mutation induction in mice
   Adv. Radiat. Biol. 4, 131 - 203

*A.G. SEARLE (1977)
   Use of doubling doses for the estimation of genetic risks
   First European Symposium on rad-equivalence, EURATOM: Brüssel,
   EUR 5725e, S. 133 - 144

*H.H. SELIGER (1977)
   Environmental Photobiology, in: K.C. SMITH (1977), p. 143 - 174

*J.K. SETLOW (1966)
   The molecular basis of biological effects of ultraviolet radia-
   tion and photoreactivation
   Curr. Top. Radiat. Res. 2, 195 - 248

 R.B. SETLOW, W.L. CARRIER (1964)
   The disappearance of thymine dimers from DNA: an error correcting
   mechanism
   Proc. Nat. Acad. Sci. US 51, 226 - 231

R.B. SETLOW, J.K. SETLOW (1962)
Evidence that ultraviolet-induced thymine dimers in DNA cause biological damage
Proc. Natl. Acad. Sci. US 48, 1250 - 1257

E.H. SIME, H.S. BEDSON (1973)
A comparison of ultraviolet action spectra for vaccinia virus and T2 bacteriophage
J. Gen. Virology 18, 55 - 60

*B. SINGER (1975)
The chemical effects of nucleic acid alkylation and their relation to mutagenesis and carcinogenesis
Prog. nucleic acid res. molec. biol. 15, 219 - 284

*K.C. SMITH (1972)
Dark repair of DNA damage, in: GALLO und SANTAMARIA, S. 356 - 382

*K.C. SMITH (ed.) (1977)
The Science of Photobiology, Plenum Press: New York und London

*K.C. SMITH, P.C. HANAWALT (1969)
Molecular photobiology, Academic Press: New York und London

M.H. SNYDER, B.F. KIMBLER, D.B. LEPPER (1977)
The effect of caffeine on radiation-induced dovision delay
Int. J. Radiat. Biol. 32, 281 - 284

*G.G. STEEL (1977)
Growth kinetics of tumours
Clarendon Press: Oxford

A.C. STEVENSON (1959)
The load of hereditary defects in human populations
Radiat. Res. Suppl. 1, 306 - 325

M. STRANDQVIST (1944)
Studien über die kumulative Wirkung von Röntgenstrahlen bei Fraktionierung
Acta Radiol. (suppl.) 55, 1 - 300

*B.S. STRAUSS (1968)
DNA repair mechanisms and their relation to mutation and recombination
Curr. Top. Microbiol. Immunol., Vol. 44, S. 1 - 89, Springer: Berlin - Heidelberg - New York

*C. STREFFER, D. van BENNINGEN, F. DIETZEL, E. RÖTTINGER, J.E.
ROBINSON, E. SCHERER, S. SEEBER, K.-R. TROTT (eds.) (1978)
Cancer therapy by hyperthermia and radiation
Urban u. Schwarzenberg: Baltimore - München

*M.A. STUCHLY (1979)
Interaction of radiofrequency and microwave radiation with living
systems. A review of mechanisms
Radiat. Env. Biophys. 16, 1 - 14

R.M. SUTHERLAND, R.E. DURAND (1973)
Hypoxic cells in an in-vitro tumour model
Int. J. Radiat. Biol. 23, 235 - 245

*R.M. SUTHERLAND, R.E. DURAND (1976)
Radiation response of multicell spheroids - an in vitro tumour
model
Curr. Top. Radiat. Res. Quarterly 11, 87 - 139

*A.J. SWALLOW (1973)
Radiation Chemistry
Longman: London

*J. THACKER (1973)
The possibility of genetic hazard from ultrasonic radiation
Curr. Top. Radiat. Res. Quarterly 8, 235 - 258

J. THACKER (1979)
The involvment of repair processes in radiation-induced mutation
of cultured mammalian cells, in: OKADA u.a. (1979), S. 612 - 620

J. THACKER, A. STRETCH, M.A. STEPHENS (1977)
The induction of thioguanine-resistant mutants of Chinese hamster
cells by γ-rays
Mutat. Res. 42, 313 - 326

J. THACKER, A. STRETCH, M.A. STEPHENS (1979)
Mutation and inactivation of cultured mammalian cells exposed to
beams of accelerated heavy ions. II. Chinese hamster V79 cells
Int. J. Radiat. Biol. 36, 137 - 148

L.H. THOMPSON, R.M. HUMPHREY (1970)
Proliferation kinetics of mouse L-P59 cells irradiated with ultra-
violet light: A time-lapse photographic study
Radiat. Res. 41, 183 - 201

L. THORINGTON (1980)
Actinic effects of light and biological implications
Photochem. Photobiol. 32, 117 - 129

*D.E. THRALL, L.E. GERWECK, E.L. GILLETTE, W.C. DEWEY (1976)
Response of cells in vitro and tissues in vivo to hyperthermia
and X-irradiation
Adv. Radiat. Biol. 6, 211 - 228

J.E. TILL, E.A. MCCULLOCH (1961)
A direct measurement of the radiation sensitivity of normal mouse
bone marrow cells
Radiat. Res. 14, 213 - 222

*C.A. TOBIAS, E.A. BLAKELY, F.Q.H. NGO, T.C.H. YANG (1980)
The repair-misrepair model of cell survival, in: MEYN und WITHERS
(1980)

P. TODD, T.P. COOHILL, J.A. MAHONEY (1968)
Responses of cultured Chinese hamster cells to ultraviolet light
of different wavelengths
Radiat. Res. 35, 390 - 400

L.J. TOLMACH, R.W. JONES, P.M. BUSSE (1977)
The action of caffeine on X-irradiated HeLa-cells. I. Delayed
inhibition of DNA synthesis
Radiat. Res. 71, 653 - 665

L.J. TOLMACH, T. TERASIMA, R.A. PHILIPPS (1965)
X-ray sensitivity changes during the division cycle of HeLa 33
cells and anomalous survival kinetics of developing microcolonies
in: Cellular Radiation Biology (1965), S. 376 - 396

C.D. TOWN, K.C. SMITH, H.S. KAPLAN (1973)
Repair of X-ray damage to bacterial DNA
Curr. Top. Radiat. Res. Quarterly 8, 351 - 399

B.K. TRIMBLE, J.H. DOUGHTY (1974)
The amount of hereditary desease in human populations
Ann. Human Genet. (London) 38, 199 - 223

*H. TRONNIER (1977)
Medizinische Wirkungen ultravioletter Strahlen, in: KIEFER (1977)
S. 567 - 597

K.M. ULMER, R.F. GOMEZ, A.J. SINS-KEY (1979)
Ionizing radiation damage to the folded chromosome of Escherichia
coli K-12: Repair of double strand breaks in deoxyribonucleic acid
J. Bacteriol. 138, 486 - 491

464

A.G. UNDERBRINK, A.H. SPARROW, V. POND (1968)
Chromosomes and cellular radiosensitivity II: Use of interrelationship among chromosome volume, nucleotide content and D_o of 120 diverse organisms in predicting radiosensitivity
Radiat. Bot. 8, 205 - 238

*A.G. UNDERBRINK, V. POND (1976)
Cytological factors and their predictive role in comparative radiosensitivity: a general summary
Curr. Top. Radiat. Res. Quarterly 11, 251 - 306

*UNSCEAR (1966)
Report of the United Nations Scientific Committeee on the Effects of Atomic Radiations
United Nations: New York

*UNSCEAR (1972)
Ionizing radiation: Levels and effects
United Nations: New York

*UNSCEAR (1977)
Sources and effects of ionizing radiation
United Nations: New York

*F. URBACH (ed.) (1969)
The biological effects of ultraviolet radiation
Pergamon: Oxford

*J.M. VAETH (ed.) (1969)
The interrelationship of chemotherapeutic agents and radiation therapy in the treatment of cancer
Frontiers of Radiation Therapy and Oncology 4, S. KARGER: Basel - New York

A.J. VARGHESE (1972)
Photochemistry of nucleic acids and their constituents
Photophysiol. 7, 208 - 266

W.G. VERLY (1974)
Monofunctional alkylating agents and apurinic sites in DNA
Biochem. Pharmacol. 23, 3 - 8

*H.H. VOGLER, Jr. (1973)
Radiation cataracts, in: DALRYMPLE u.a., S. 232 - 236

F. WACHSMANN, G. DREXLER (1976)
Graphs and tables for use in radiology
Springer: Heidelberg - New York

*H.E. WALBURG, Jr. (1974)
Experimental radiation carcinogenesis
Adv. Radiat. Biol. $\underline{4}$, 210 - 254

*H.E. WALBURG, Jr. (1975)
Radiation induced live shortening and premature aging
Adv. Radiat. Biol. $\underline{5}$, 145 - 181

C.A. WALDREN, I. RASKO (1978)
Caffeine enhancement of X-ray killing in cultured human and
rodent cells
Radiat. Res. $\underline{73}$, 95 - 110

R.A. WALTERS, M.D. ENGER
Effects of ionizing radiation on nucleic acid synthesis in
mammalian cells
Adv. Radiat. Biol. $\underline{6}$, 1 - 49

*S.Y. WANG (ed.) (1976)
Photochemistry and Photobiology of nucleic acids. Vol. I:
Chemistry, Vol. II: Biology
Acad. Press: New York - San Francisco - London

P. WARDMAN (1976)
The use of nitroaromatic compounds as hypoxic cell sensitizers
Curr. Top. Radiat. Res. Quarterly $\underline{11}$, 347 - 398

R.L. WARTERS, K.G. HOFER, C.R. HARRIS, J.M. SMITH (1977)
Radionuclids toxicity in cultured mammalian cells: elucidation
of the primary site of radiation damage
Curr. Top. Radiat. Res. Quarterly $\underline{12}$, 389 - 407

*R.B. WEBB (1977)
Lethal and mutagenic effects of near-ultraviolet radiation
Photochem. Photobiol. Rev. $\underline{2}$, 169 - 262

R.B. WEBB, M.S. BROWN (1976)
Sensitivity of strains of Escherichia coli differing in repair
capability to far UV, near UV and visible radiations
Photochem. Photobiol. $\underline{24}$, 425 - 432

R.B. WEBB, M.M. MALINA (1970)
Mutagenesis in Escherichia coli by visible light
Science $\underline{156}$, 1104 - 1105

*G. WEBER (1978)
Photochemotherapie
Thieme: Stuttgart

M. WEISSMANN, H. SCHINDLER, G. FEHER (1976)
   Determination of molecular weights by fluctuation spectrocopy:
   application to DNA
   Proc. Natl. Acad. Sci. US $\underline{73}$, 2776 - 2780

*WHO: Health implications of nuclear power production (1978)
   World Health Organisation Kopenhagen

H.R. WITHERS (1967)
   The dose-survival relationship for irradiation of epithelial cells
   of mouse skin
   Brit. J. Radiol. $\underline{40}$, 335 - 343

H.R. WITHERS (1975)
   The four R's of radiotherapy
   Adv. Radiat. Biol. $\underline{5}$, 241 - 272

*H.R. WITHERS (1975a)
   Responses of some normal tissues to low doses of γ-radiation
   in: ALPER (1975), S. 369 - 375

T.J. WITHROW, M.H. LUGO, M.J. DEMPSEY (1980)
   Transformation of balb 3T3 cells exposed to a germieidal UV lamp
   and a sunlamp
   Photochem. Photobiol. $\underline{31}$, 135 - 142

*E.M. WITKIN (1966)
   Radiation induced mutation and their repair
   Science $\underline{152}$, 1345 - 1353

*E.M. WITKIN (1976)
   Ultraviolet mutagenesis and inducible DNA repair in Escherichia
   coli
   Bacteriol. Rev. $\underline{40}$, 869 - 907

*S. WOLFF (1972)
   Chromosome aberration induced by ultraviolet radiation
   Photophysiol. $\underline{7}$, 189 - 207

B.A. YOUNG, K.C. SMITH (1976)
   The yield and repair of X-ray-induced single strand breaks in
   the DNA of Escherichia coli K-12 cells
   Radiat. Res. $\underline{68}$, 148 - 154

*K.G. ZIMMER (1961)
   Quantitative Radiation Biology
   Oliver and Boyd: Edinburgh und London

Sachverzeichnis

Abgeleitete Luftkonzentration
s.a. derived air concentrations/DAC   387

Absterberate   395

Aceton   123

Acetophenon   123

achromatische Läsionen   204

Aerosole   354

Aethylsulfonsäureester   271

Aktionsspektren   160, 216, 262, 297, 309

Aktionsspektroskopie   100

Aktivität 16, 93, 90

Aktivitätskonzentration 366

Aktivität, spezifische 23

Aktivitätszufuhr
s.a. annual limits of intake 386

Akute Strahlenschäden 307

Akzeleration 343, 345

Algen 238

ALI: annual limit of intake 362

alkalilabile Läsionen 125

Alkohol 112, 130, 175

alkylierende Substanzen 271

Allosomen 436

ALPER-Formel 180

α-Strahlen 13

Aminopterin 215

Anregen 46

Äquivalentdosis (dose equivalent) 383

Äquivalenzdosisgrenzwert
(dose equivalent limit) 386

ARRHENIUS-Diagramm 257

Ataxia telangiectasia 249

Atemtrakt 354

Atmosphärische Fotochemie 102

ATP 235

Aufnahmeorgan 352

Auge 307, 311, 327, 397

Auger-Effekt 43

Auger-Elektronen 42, 268

Ausscheiderate 352

Austausch-Hypothese 211

Austauschveränderungen 203

Autoradiographie 199

autosomale Letalmutationen 331

autosomale rezessive Letalität 328

Autosomen 436

Auxotrophie 213

Bahnlänge 82

Bahnspur 84, 277

Bakterien 216, 244, 258, 261

Bakteriophagen 125, 140

BARKAS-Formel 47

Basenaddukte 119

Basenveränderungen 124

Basenverlust 124

Baustoffe 382

Becquerel (Bq) 23

Beleuchtung 95

Benzophenon 123

β-Strahlen 13, 268

BETHE-BLOCH-Formel 48, 50

Bindungsenergie 41

Blitzlichtfotolyse 98

Blitzlichtfotoreaktivierung 229

blobs, 68, 106, 108

Blooms Syndrome 249

Blut 303, 351

Bluttod 251

BOHR-Radius 27

BRAGG-Kurve 52

Bremskontinuum 11

Bremsstrahlung 42, 50

Bremsstrahlungsverluste 51, 58

Bremsvermögen 89

Brennstoffgewinnung 377

Bromdesoxyuridin BUdR 205, 233,
          269, 297

Bromuracil 122, 174, 193

Bruch- und Wiederverbindungs-
    modell (breakage - reunion) 211

build up 71

BUNSEN-ROSCOE-Gesetz 97

Caesium-137   21, 64

Californium-252   14

candela 95

Carzinogenese 206, 301, 337, 339,
          343, 380, 389

Centromer 204, 434

CERENKOW-Strahlung 50

charakteristische Strahlung 10

Chemotherapie 407

Chloroplasten 214

Chlorfluorkohlenwasserstoffe
          365, 370

Chlorfluormethan 103

Chromophore 27, 94

Chromosomen 433

Chromosomenaberrationen 195, 203,
    268, 270, 280, 291, 292, 322

Chromosomenveränderungen 266

Chromosomenbrüche 204

Chromatidaberrationen 203

Cockayne Syndrome 249

Codon 431

Coffein 248

Colony forming ability, CFA 152

committed dose equivalent 385

Compton-Streuung 37

continuous slowing down
    approximation 52, 94

Curie (Ci) 23

Cysteamin 176

Cystein 112

Cytosin 120

$\underline{D}_o$ 115, 156, 276, 304

D_q 402

DAC: derived air concentration
          362

Darm 303

Darmtod 251

Degradation 199

delayed plating 244

Deletionen 203, 214

δ-Elektronen, 66, 83, 280, 284

denaturierte Zonen 124

Denaturierung 117, 129

Depositionsorgan 353

Depositionswahrscheinlichkeit
          354

Desaktivierung 35

Deuteriumlampen 9

Diamid 189

dicentrische Aberrationen 206,
          209

differentieller Wirkungsquer-
    schnitt 33, 87

Differenzierung 301

diffusionskontrollierte
    Reaktion 185, 426

Dimere 119

Direkter Effekt 114

distance-model 282

Distickstoffmonoxid 111

DNS 263, 267, 271, 297, 429

DNS, Fotochemie 117

DNS, Fotosensibilisierung 122

DNS-Gehalt und Strahlenemp-
    findlichkeit 158

DNS-Polymerase 232

DNS, Polymerase I 240

DNS-Replikation 219, 237

DNS, Strahlenchemie 123

DNS-Synthese 198

dominante Letalfaktoren 330

Dominanz 328, 436

Doppelpulsmethode 178

Doppelstrangbrüche 124, 127,
    144, 160, 233, 241, 248, 283,
    290

Dosimetrische Faktoren 358

Dosis 57, 58, 62, 67

Dosisdekrement 228

Dosisfraktionierung 225

Dosisleistung 253, 330

Dosismittelwert 74, 76, 281

Dosismittelwert des LET 67

Dosismodifikationsfaktor 228

Drosophila 328

Druckwasserreaktor
(pressurized water reactor) 376

dual-action-Theorie 281

Duodenium 318

Dünndarm 318, 355

effektive Energie 91

Einstein 1, 95

Eintreffervorgänge 114, 135

Einzelstrangbrüche 123, 124, 144,
159, 239, 264, 283

Elektronen 13, 50

Elektronenaffinität 190

Elektronen, hydratisierte 107, 111

Elektronenradius 28

electron transfer 99

ELLIS-Formel 399

Embryo 326

Endonukleasen 235

Energieeinheiten 5

Energiefluenz 57, 95, 102

Energiemittelwert 7

Energiesatz 28, 38

Energiestoffwechsel 242

Energieverlust 39, 47, 49, 82

Entfernungsansatz 282

Epidermis 308

Epithel 336

Erbkrankheiten 248

Erholung 195, 227, 241, 244,344

Erneuerungsgewebe 301, 307, 394

error prone 148, 237

error proof 148, 217

Erythem 307, 309, 344, 398

Erythemschwelle 309, 310

Erythemwirksamkeitskurve 309

Erythrozyten 303, 316

Escherichia coli 180, 235, 238,
244, 246, 261, 432

Exciplex 99

Excitation transfer 99

Exonuklease 236, 240

Experimentaltumoren 400

Exposure 57, 58, 61

Extinktionskoeffizient 26, 36, 231

Extrapolationszahl 156, 195, 275

Exzision 148, 199, 217, 232, 235,
238, 258

Faltungsintegral 74, 423

Fanconi-Anämie 249

Febetron 252

Fehlgeburten 326

Fehlsinnmutation (missense
mutation) 214

fernes UV 1

Fertilität 323, 325

Flächengeschwindigkeit 417

flash photolysis 98

Fluenzspektren 52, 53

Flugverkehr 381

Fluktuationsspektroskopie 126

Fluoreszenz 36

foetale Phase 326

Folgeäquivalentdosis (dose
equivalent commitment) 385

Follikel 324

Fotochemie 97

Fotochemotherapie 393

fotodynamischer Effekt 99

Fotoeffekt 37, 41

Fotoisomerisierung 98

Fotooxydation 100

Fotophospholyse 229

Fotoprotektion 228

fotoreaktivierbarer Sektor 228

Fotoreaktivierbarkeit 219

Fotoreaktivierung 121, 199, 216, 228, 248, 297

Fotoreaktivierungsenzym 229,246,264

Fotosensibilisierung 99, 173

Fotosmog 371

Fototherapie 392

fraktionierte Bestrahlung 304

Fraktionierung 397

Frequenzmittelwert 67

galaktische Komponente 372

Gammastrahlen, Entstehung 12

Ganzkörperbestrahlung 320, 386

Gasentladungslampen 9

Gasexplosionstechnik 178

Gastro-intestinal-Syndrom 313

G_2-Block 196

Gehirn 327

genetische Marker 141

genetische Schäden 328

genetisches Gleichgewicht 436

Genkartierung 149, 435

Genmutation 214

Geschlechtschromosomen 328, 435

Geschlechtsorgane 397

GI-Syndrom 318

glancing collisions 51

Gonaden 379

Granulozyten 303, 316

Gray 59

GROOTHUS-DRAPER'sches Gesetz 97

G-Wert 105

Hämopoiese 316

Halbwertszeit 16

Halbwertszeit, biologische 267, 352

Harlekin-Technik 205

Haut, 303, 307, 344, 383

Hautkrebs 248, 344, 370, 398

Hauttuberkulose 392

Hauttumore 393, 398

heavy primaries 372

Hefezellen 162, 172, 185, 244, 248, 255, 258, 436

Helix 430

Hg-Niederdruckstrahler 9

Hiroshima 320, 334, 347

Hornhaut 311

host cell reactivation 148

Hyberbilirubinanämie 392

Hydrat 119

Hydrathülle 108

Elektronen, hydratisierte 130, 175

Hydroxylapatit-Chromatographie 126

Hyperthermie 254, 406

Hypoxanthin-guanin-phosphoribosyl-transferase /HGPRT) 215

hypoxische Anteile 400, 404, 408

hypoxische Sensibilisatoren 408

Ileum 318

Immunabwehr 317, 401

Immunsuppression 317

Implantation 326

Impuls, Photonen 5

Impulssatz 28

Inaktivierungsquerschnitt 292

indirekter Effekt 129, 175

Induktion 340

Ingestion 351, 355, 387

Inhalation 351, 361, 387

Inkorporation 366, 386

interaction cross section 26

Interkalation 123

International Commission on Radiation Protection (ICRP) 362, 383

intersystem crossing 35

intrauterine Letalität 326

Inzision 232

Ionen 167, 404

Ionendosis 61

Ionisationen 46

Ionisationsdichte 110, 195, 281, 345

Ionisationspotential 48

Isochromatidbrüche 204

Isolocusbrüche 204

Jablonski-Diagramm 36

Jejunum 318

Joddesoxyuridin 268

Katarakt 311, 336

Kavitation 265

Keimdrüsen 380

Keimzellen 323, 434

K-Einfang 16, 268

Kepler-Problem 33, 46, 87, 414

Keratitis 307, 311

KERMA 42, 59, 62, 347

Kernbrennstoffzyklus (nuclear fuel cycle) 376

Kernenergie 365, 376

Kernphotoeffekt 37

Kernladungszahl, effektive 47

Kernspaltung 377

Kernwaffenexplosionen 346, 381

Keton-Sensibilisatoren 122

Knallgasgemisch 114

Knochen 351, 355

Knochenmark 303, 322, 379

Knochenmarkssyndrom (bone marrow syndrome) 313, 315

Knochenmarkstransfusion 317, 321

Knochensaumzellen 379

Kollektiv-Äquivalentdosis 384

Kollektivdosis 377

Kollektivfolgedosen 379

koloniebildende Einheiten 303

Koloniebildungsfähigkeit 152, 197, 268, 295

Konjunktivitis 307, 311

Konzentrationsfaktormethode 368

Kosmische Strahlung 372

Kosmogene Radionuklide 372, 374

Kosten-Nutzen-Analyse 381, 388

Krebsentstehung (s.a. Carzinogenese) 389

Krebsinduktionsrate 342

Krebsinzidenz 389

Krypten 319

Kunstdünger 365, 369

Laborsystem 30

Lambert-Beer'sches Gesetz 26

La-Place-Transformation 75, 422

Laser 10

Latenzzeit 340, 343, 345, 348

Lebensverkürzung 337

Lebertumoren 349

Leserastermutation (frame shift mutation) 214

LET 62, 65, 76, 132, 144, 162, 195, 278, 291, 345, 384

LET-Abhängigkeit 279

lethal sectoring 153

Letalfaktoren 329

LET-Verteilungen 45, 66, 280

Leukämie 347

lex 237

Ligase 246, 432

Ligatur 232

lig-Mutation 248

lineale Energie 76

linear-quadratisch 292, 341, 346

Linienstrahler 6
liquid holding recovery 244, 255
Lokaldosis 87, 138, 187, 284
Lufthülle 368
Lumen 95
Lunge 351, 379
Lungenkrebs 361
Lux 95
Lymphozyten 209, 303, 317

Mäuse 328, 343
Magen-Darm-Trakt 351
Malpighi-Schicht 308
man-Gy 378
man-Sv 385
Marsupalia 231
Massenbremsvermögen 49
Massenenergieabsorption 60
Massenenergieübertragungs-
    koeffizient 60
Massenschwächungskoeffi-
    zient 28, 60
maturation 302
Mehrbereichs-Eintreffer-
    Kurve 275, 285
Meiose 323, 330, 434
Melanin 308
Melanocyten 309
Melanom 344
Melanosomen 309
Membran 269, 292
Membranschäden 264
messenger-RNS 431
Mesonen 13, 49, 167
Metaphase 433
Metaphasezellen 434
Metastasen 394, 407, 408
8-Methoxypsoralen 123
Methylsulfonsäureester 271
Methonidazol 190
Mikrodosimetrie 73, 282, 292

Milzkolonietechnik 303
Misonidazol 190
Mißbildungen 326
Mitochondrien 214
Mitose 433
mitotische Verzögerung 196
mittlere freie Weglänge 53, 85
mittlere letale Dosis 315
molekulare Theorie 283
Molekulargewicht 136
Monosomie 203
Monte-Carlo-Methode 54
μ-Mesonen 373
Multiplizitätsinaktivierung 149
Mutation 122, 195, 213, 262, 268,
    270, 328, 393, 436
mutation frequency decline (MFD)
    215, 219, 244
Mutationsraten 292

N-acetylmaleimid (NEM) 189
NADH 235
Nagasaki 320, 334, 347
nahes UV 1, 261
natürliche Strahlenbelastung 333,
    372
Nekrose 309, 396
NEM 185
Neoplastische Transformation 223
Neptuniumreihe 18
Neutronen 44, 70, 167, 295, 347,
    373, 404
Neutroneneinfang 45
Neutronenfluenz und KERMA 65
Neutronenquellen 14
Nicht-Disjunktion (non disjunction)
    434
nichtstochastische Wirkungen 383
nominal single dose 399
non-disjunction 330
Normalverteilung 425
NSD-Konzept 399

Nuklearmedizin 381

Nukleosomen 160, 241, 297, 430

numerische Chromosomen-
   aberrationen 202, 332

OER 404, 405

OH-Radikale 107, 109, 111, 130

OKAZAKI-Fragmente 248, 432

Onkogene 340

Oogonium 324

Oozyten 324, 330

optische Strahlung,
   Dosimetrie 94

Organogenese 326

Ouabain 221

"Overkill"-Effekt 165

Ozon 102, 368

Ozongürtel 102, 344, 364, 369,
   370

Ozonproblem 162, 261

Paarbildung 37, 42

Panmixie 436

Pauliverbot 36

Phageninduktion 141, 147, 238

Photonen, Wechselwirkung 37

Phosphoreszenz 36

Phytohämagglutinin 209

π^--Mesonen 404

Platinhalogenverbindungen 273

Plaques 140

Plaquebildungsvermögen 142

Plättchen 316

Plutonium 362

Poisson-Verteilung 15, 75, 85,
   134, 243, 277, 295, 420

pol-Mutationen 247

Polarkoordinaten 410, 414

Polymerase 235, 238, 432

Polymerase I 235, 246

Polymerase III 238

Polyploide 202

Populationsgenetik 436

Postreplikationsreparatur 235,
   258

potentiell letale Strahlenschäden 244, 255, 399, 402,
   403, 404

Präimplantationsphase 326

Praenatale Strahlenschäden 326

Probittransformation 425

Progerie 249

Progression 195

Progressionsverzögerung 254, 258

Promotionsphase 340

Prophageninduktion 340

Prophase 433

proof-reading-Aktivität 235, 238,
   432

Protein X 237, 246

Proteinsynthese 219, 237, 244, 431

Protonen 45

Psoralen 123, 344

Psoriasis 392

Pulsradiolyse 106

Punktmutation 214

Purin 119

PUVA 393

Pyrimidine 119

Pyrimidindimere 119, 143, 199,
   217, 229, 232, 237, 248, 264

Pyrimidin-Thymin-Addukt 119

Qualitätsfaktor 165, 210, 348,
   349, 383

Quantenausbeute 97, 101

Quantenfluenz 57, 95

Quasischwellendosis 156, 304

Quellenorgane 351, 357

Rachitis 104

rad 59

Radikale 98, 107, 129, 175, 187, 191, 251

Radikalfänger 145, 374

Radon 22, 349, 354, 361, 387

Radioaktivität 15, 366

Radiofossilien 21, 374

Radiomimetika 154, 258, 270, 408

Radionuklide 12, 145, 266, 346, 351, 386

Radionuklide, Dosimetrie 89

Radiotaxa 159

Radio-/Mikrowellen 266

Radium 22, 64

RBW 163, 210, 222, 290, 291, 293, 346, 361, 404, 405

Reaktionsgeschwindigkeitskonstante 426

Reaktionskinetik 426

Reaktorsicherheit 114, 376

recA 237

Rec$^-$-Mutanten 217, 247

Redoxpotential 190

reduzierte Masse 30

Referenzmensch 386

Regeneration 400

Reichweiten 51, 413

Reifung 302

Rekombination 235

relative biologische Wirksamkeit s. RBW

Reparatur 227

Reparaturinhibitoren 258

Reparatur-Modelle 287

Reparaturreplikation 200, 232, 235

Replikation 140, 235

Replikationsgabel 431

Replikationsreparatur 238

replikative Form 126, 144

ret 399

Retentionswahrscheinlichkeit 362

Retinoblastom 249

Reversion 213

rezessiv 436

Rezessivität 328

Reziprozitätsgesetz 101

Riboflavin 262

Risiko 327

Risikoanalyse 370

Risikorelevante Gewebe (tissue at risk) 385

Risikostudien 315

Röntgen 61

Röntgendiagnose 380

Röntgen equivalent man 384

Röntgenfluoreszenzstrahlung 43

Röntgenstrahlenentstehung 10

Rückstoßprotonen 45

Ruheenergie 3

Saccharose 259

Saubohne 206

Sauerstoff 109, 113, 131, 144, 199, 262

Sauerstoffbindung, strahlenchemische 179, 188, 252

Sauerstoffeffekt 111, 131, 145, 176, 195, 251, 399, 404

Sauerstoffmimetika 189

Sauerstoffverstärkungsverhältnis s.a. OER 178, 256

Sauerstoffzehrung 252

Säugerzellen 153, 161, 162, 166, 177, 199, 237, 238, 248, 255, 258, 259, 262, 275, 434

Schilddrüse 351, 379

Schmelzkurve 219

Schneeberger Krankheit 361

Schnellmisch-Verfahren (Rapid mix) 178

Schwächungskoeffizient 27, 93

Schwellendosis 383

Schwellenwert 388

Schwerpunktsgeschwindigkeit 29

Schwerpunktsystem 30, 32

Schwesterchromatidaus-
    täusche 206

Schulterkurve 155, 241, 275,
    287

Sekundärelektronen 106, 138

Sekundärteilchengleich-
    gewicht 53

Selektion 436

Semisterilität 330

Senfgas 271

Sensibilisatoren 258

Sensibilisierung 174, 252, 400

SH-Komponenten 185

Short tracks 86

Siedewasserreaktor
    (boiling water reactor)
    376

SIEVERT 349, 384

Singulettsauerstoff 100

Singulettzustand 35

site 276

slowing down 54

solare Komponente 372

Sonne 262, 364

Sonnenfleckenzyklus 373

SOS-Reparatur 217, 235, 237

Spätschäden 251

Spallationen 45, 50

Spektrum, Darstellungs-
    arten 6

Spektren, kontinuierliche 6

Spermatiden 323

Spermatogonien 323, 330

Spermatozoen 323

Spermatozyten 323

spezifische Energie 73, 281,
    291

spezifische Locus-Methode 328

spezifische Strahlungskon-
    stante 63

Sphäroide 306, 402

S-Phase 195, 256, 433

Sporenfotoprodukt 119

spurs 106, 108, 251

Stammzellen 302, 308, 319,
    323, 394

Standardmensch s.a. reference
    man 357

Sterilität 325

Stickstofflost 271

stochastischer Prozeß 15

stochastische Wirkungen 383

Stoffwechselinhibitoren 258, 270

Stoßparameter 32, 46, 418

Stoßprozesse 28

Strahlenarten 1

Strahlenchemie 105

Strahlengefährdung 364

Strahlengürtel (Van-Allen-
    Belts) 373

Strahlenkrankheit 320, 383

Strahlenökologie 368

Strahlenqualität 160, 404

Strahlenquellen 8

Strahlenschutz 208, 209, 289,
    364

Strahlenschutzbestimmungen 337,
    383

Strahlenschutzsubstanzen 112,
    174, 258

Strahlenschutzverordnung 338

Strahlensensibilisatoren 189

Strahlentherapie 381, 393

STRANDQVIST-Formel 311

STRANDQVIST-Kurve 398

Strangbrüche 120, 233, 273

streifende Stöße (glancing
    collisions) 46

Strontium-90 19

strukturelle Chromosomen-
    aberrationen 202

Subläsionen 281, 288, 292

subletale Strahlen-
    schäden 241, 254, 400, 405

Supernova 370

suppressor-Mutationen 214, 219

Synchronie 434

Synchrotronstrahlung 10

Syndrom 312, 320

Syntheserate 199

Systemanalysemethode 368

Teilchenarten, Eigen-
    schaften 3

Teilchenbahnen 137

Teilchenfluenz 62, 67

Teilkörperbestrahlung 386

Teilungsproteine 197

Teilungsverzögerung 196

Temperatur 254

Teratogene Effekte 326

Terrestrische Strahlung 373

Thermotoleranz 256

6-Thioguanin 215, 221

Thoraxuntersuchung 381

Thorium-Reihe 19, 374

Thrombozyten 303

Thoron 357

Thorotrast 349

Thymin 117, 120, 123

Thymidin 268

Thymindimere 121, 123

Tiefendosiskurven 71, 404

Toleranz 396

Toleranzdosen 397

Tonizität 259

Totgeburten 326

track core 85, 106

track segment-Experimente 70

Transfektion 141

Transferfaktoren 352

Transfer-RNS 431

Transformation, neoplastische
    262, 340, 394

transformierende DNS 140

Transferkoeffizienten 368

Transkription 135, 431

Translation 431

Translokation, reziproke 330

Transmutation 145, 268

Transplantationen 317

Treffbereich 135, 275

Trefferereignis 276

Treffertheorie 134, 274

Trefferzahl 274, 275

Triazetonamin-N-Oxyl (TAN) 190

Triplettzustand 35, 123

Trisomie 203

Tritium 146, 268, 352, 374

Tritium-Spektrum 16

Tumoren 270, 394

Tumorbett 396

Tumorinzidenz 342, 345

Tumorknötchen (tumour nodule)
    396

T4-Endonuclease 148

Überlebenskurven 152, 154

Überlebensverhalten 295

Überlebenszeit 315, 338

Überschallflugzeuge 369

Ultraschall 265

Ultrazentrifugation 236

Ulzeration 309

unplanmäßige DNS-Synthese (unscheduled DNA-synthesis) 200

Unsinnmutation (nonsense mutation) 214

Uran-Radium-Reihe 19, 374

UV A 2

UVA-Erythem 309

UV B 2, 104, 392

UV C 2

UV-endonuclease 232, 246

UV-Reaktivierung 148

uvr-Mutationen 247

Verdopplungsdosis 334, 388

Verdopplungsdosis-Methode 330

Verlustanteil 395

Verlustfaktor 401

Vernetzungen 119, 124, 129

Vernichtungsstrahlung 43

Verteilungsorgane 352

Vicia faba 206

Villi 318

Viren 140, 239, 262, 340

Vitamin D 104, 392

Vitiligo (Scheckhaut) 392

Vorwärtsmutation 213

Wachstumsfraktion 395

Wachstumskonstante 395

Wachstumsverzögerung 401

Wasserstoffperoxid 110, 113

Wasser/Strahlenchemie 106

Wechselwirkungsquerschnitt 25

Wechselwirkungsquerschnitt pH, Photonen 43

Wechselwirkung zwischen UV und ionisierender Strahlung 169

WEIGLE-Reaktivierung 148, 237, 239

Wichtungsfaktoren 385

Wiederaufbereitung 377

Wirkungsquerschnitt 33, 36, 285

Wirkungsspektrum 142, 206, 231, 344

Wirtszellreaktivierung 147

Working level 23

Working level month 361

X-Chromosomen 216, 330

Xenon-Lampen 9

Xeroderma pigmentosum 248, 344

Zahlenmittel 7, 66

Zellkerndosis 269

Zellteilung 302, 431

Zellzyklus 194, 243, 254, 399, 433, 434

Zellzykluszeit 395

zentraler Stoß 31

Zentralnervensystem 327

Zerfallskonstante 16

Zerfallsreihen 18

Zielorgane 351, 357

zivilisatorische Strahlenbelastungen 380

ZNS-Syndrom 313

ZNS-Tod 251

Zotten 318

Zwei-Läsionen-Modell 276, 299

The Handbook of Environmental Chemistry

Editor: O. Hutzinger

This handbooks is the first advanced level compendium of environmental chemistry to appear to date. It covers the chemistry and physical behavior of compounds in the environment. Under the editorship of Prof. O. Hutzinger, director of the Laboratory of Environmental and Toxicological Chemistry at the University of Amsterdam, 37 international specialists have contributed to the first three volumes.

For a rapid publication of the material each volume will be divided into two parts. Part A of the first three volumes are now available, Part B will follow in the Spring of 1981. Each volume contains a subject index.

The Handbook of Environmental Chemistry is a critical and complete outline of our present knowledge in this field and will prove invaluable to environmental scientists, biologists, chemists (biochemists, agricultural and analytical chemists), medical scientists, occupational and environmental hygienists, research geologists, and meteorologists, and industry and administrative bodies.

Springer-Verlag
Berlin
Heidelberg
New York

Volume 1 (in 2 parts)
Part A

The Natural Environment and the Biogeochemical Cycles

With contributions by numerous experts
1980. 54 figures, 59 tables, 258 pages
ISBN 3-540-09688-4

Contents:
The Atmosphere. – The Hydrosphere. – Chemical Oceanography. – Chemical Aspects of Soil. – The Oxygen Cycle. – The Sulfur Cycle. – The Phosphorus Cycle. – Metal Cycles and Biological Methylation. – Natural Organohalogen Compounds. – Subject Index.

Volume 2 (in 2 parts)
Part A

Reactions and Processes

With contributions by numerous experts
1980. 66 figures, 27 tables. XVIII, 307 pages
ISBN 3-540-09689-2

Contents:
Transport and Transformation of Chemicals: A Perspective. – Transport Processes in Air. – Solubility, Partition Coefficients, Volatility, and Evaporation Rates. – Adsorption Processes in Soil. – Sedimentation Processes in the Sea. – Chemical and Photo Oxidation. – Atmospheric Photochemistry. – Photochemistry at Surfaces and Interphases. – Microbial Metabolism. – Plant Uptake, Transport and Metabolism. – Metabolism and Distribution by Aquatic Animals. – Laboratory Microecosystems. – Reaction Types in the Environment. – Subject Index.

Volume 3 (in 2 parts)
Part A

Anthropogenic Compounds

With contributions by numerous experts
1980. 61 figures, 73 tables, 274 pages
ISBN 3-540-09690-6

Contents:
Mercury. – Cadmium. – Polycyclic Aromatic and Heteroaromatic Hydrocarbons. – Fluorocarbons. – Chlorinated Paraffins. – Chloroaromatic Compound Containing Oxygen. – Organic Dyes and Pigments. – Inorganic Pigments. – Radioactive Substances.

K. Dose

Biochemie

Eine Einführung

1980. 256 Abbildungen, 21 Tabellen. XIII, 308 Seiten
DM 38,60
ISBN 3-540-09585-3

Inhaltsübersicht: Die Gesetzmäßigkeit biochemischer
Systeme und die Determination ihrer Evolution. –
Topologie der Zelle. – Eigenschaften der Aminosäuren
und Peptide. – Struktur und Eigenschaften der Proteine. – Enzyme und Biokatalyse. – Coenzyme und
Vitamine. – Die Kohlenhydrate und ihr Stoffwechsel. –
Der oxidative Endabbau und die ATP-Synthese. – Die
Lipide und ihr Stoffwechsel. – Der Abbau der Proteine
und Stoffwechsel der Aminosäuren. – Nucleinsäuren
und Proteinbiosynthese. – Regulation und Integration
des Stoffwechsels. – Anhang. – Sachregister.

Dieses Lehrbuch vermittelt dem Studenten der Naturwissenschaften und der Medizin jenes Grundwissen,
das er zum Verständnis biochemischer Vorgänge benötigt. Vorausgesetzt werden nur die chemischen Kenntnisse eines Abiturienten.
Es werden auch aktuelle Themen angeschnitten; z. B.
Fragen nach dem Ursprung des Lebens, der Selbstorga-
nisation biologischer Systeme, der Wirkungsweise bestimmter Gifte und Arzneimittel, der Hormonwir-
kungen, der Zellentwicklung und nicht zuletzt der
Krebsentstehung.
Mehr als 250 Abbildungen, Formeln, Schemata von
Reaktionswegen und Stoffwechselkreisläufen sorgen für
Anschaulichkeit. Die klare Gliederung nach Stoffklassen und Stoffwechselvorgängen hat sich in den Vor-
lesungen des Autors während vieler Jahre bewährt und
macht dieses Buch zu einer unentbehrlichen Hilfe bei
der Examensvorbereitung. Das didaktisch sorgfältig gestaltete Lehrbuch bietet dem Studenten der Chemie,
Biologie, Landwirtschaft, Medizin und Pharmazie, auch
an Fachschulen, einen leichtverständlichen Zugang zur
Biochemie.

Springer-Verlag
Berlin
Heidelberg
New York